生物多样性与环境变化丛书

涡度协方差技术

——测量及数据分析的实践指导

Eddy Covariance

A Practical Guide to Measurement and Data Analysis

[比] Marc Aubinet
[芬] Timo Vesala　主编
[意] Dario Papale
郭海强　邵长亮　董　刚　译
褚侯森　赵　斌　审校

WODU XIEFANGCHA JISHU

8

高等教育出版社·北京

图字:01-2014-1013 号

内容提要

本书为涡度协方差的使用者提供了测量所需的理论及实践方面的详细信息,包括涡度协方差方法的理论基础,建塔和站点设计,数据采集、处理和空缺填补,通量测量和校正等,并具体描述了在不同生态系统(如森林、农田、草地等)环境下开展通量测量的特殊要求。最后一章通过实例分析了当前国际上涡度协方差通量数据库基本情况及数据共享的方法。

本书能更有效地推进涡度协方差技术在我国的应用,真正为一线工作人员提供帮助,可供生态、环境、地理及相关学科的研究生、科研人员和教师参考。

图书在版编目(CIP)数据

涡度协方差技术:测量及数据分析的实践指导 / (比)奥比内(Aubinet,M.),(芬)维沙拉(Vesala,T.),(意)帕普利(Papale,D.)主编;郭海强,邵长亮,董刚译. --北京:高等教育出版社,2016.6
(生物多样性与环境变化丛书)

书名原文:Eddy Covariance—A Practical Guide to Measurement and Data Analysis

ISBN 978-7-04-045176-4

Ⅰ.①涡… Ⅱ.①奥… ②维… ③帕… ④郭… ⑤邵… ⑥董… Ⅲ.①涡度-协方差 Ⅳ.①O211.67

中国版本图书馆 CIP 数据核字(2016)第 077845 号

策划编辑 关 焱　　责任编辑 殷 鸽　　封面设计 张 楠　　版式设计 马敬茹
插图绘制 杜晓丹　　责任校对 高 歌　　责任印制 刘思涵

出版发行	高等教育出版社	咨询电话	400-810-0598
社　　址	北京市西城区德外大街 4 号	网　　址	http://www.hep.edu.cn
邮政编码	100120		http://www.hep.com.cn
印　　刷	唐山市润丰印务有限公司	网上订购	http://www.hepmall.com.cn
开　　本	787mm×1092mm　1/16		http://www.hepmall.com
印　　张	24.25		http://www.hepmall.cn
字　　数	570 千字	版　　次	2016年 6 月第 1 版
插　　页	4	印　　次	2016年 6 月第 1 次印刷
购书热线	010-58581118	定　　价	69.00 元

物 料 号　45176-00

《生物多样性与环境变化丛书》总序

生物多样性是人类赖以生存、繁衍和发展的物质基础和自然资本,是人类自身几乎无法创造或生产的自然产品,无疑也是维持社会经济可持续发展、维护国家安全和社会稳定的战略性资源,具有巨大的经济和社会价值。生物多样性不仅为人类提供了生存的必需品(如食物、工业原料、药物等),而且还提供了无法替代的生态服务,其每年创造的生态服务价值接近人类社会创造的 GNP 的两倍。所以,具有自然生物多样性水平的健康生态系统是人类福祉的基础。

然而,人口的快速增长、工业化和城市化进程的加快以及农业的强化等导致的土地利用方式的改变、资源的不合理利用、外来物种入侵、气候变化、环境污染等主要环境变化过程,正在以前所未有的速度影响着生物多样性及其所栖息的生境。《千年生态系统评估》指出,当前物种灭绝的速度是化石记录速度的 1000 倍,并预测未来物种灭绝速度将是当前的 10 倍多;全球温度上升 1 ℃,意味着 10%的物种将面临灭绝的风险。

我国是世界上生物多样性最丰富的国家之一,物种丰富、特有种众多、遗传资源丰富,被誉为生物多样性大国。然而,我国同世界其他国家一样,生物多样性丧失问题日益严峻。根据中国履行《生物多样性公约》第四次国家报告,我国 90%的草原存在不同程度的退化、沙化、盐渍化、石漠化;全国 40%的重要湿地面临退化的威胁,特别是沿海滩涂和红树林正遭受严重的破坏;物种资源和遗传资源丧失问题突出,等等。

我国是世界上人口最多的国家,对生物多样性资源的依赖程度也是最高的,正因为此,我国也是对生物多样性造成威胁最严重的国家之一。针对生物多样性丧失的严峻态势,中国政府致力于从源头上消除造成生物多样性丧失的因素。随着中国政府加大生态保护和生物多样性保护的力度,生态恶化的趋势将可能得到局部的遏制,部分受损生态系统的结构与功能将得到一定程度的恢复;一些国家重点保护的动、植物物种和部分野生动、植物种群数量保持稳定或有所上升;生物栖息地质量逐渐得以改善。然而,总体来看,中国的生物多样性仍将面临严重的威胁,特别是随着中国人口的进一步增加、经济的持续增长以及环境变化的进一步加剧,生物多样性及其栖息地仍将面临巨大的压力,因此,亟待开展环境变化背景下生物多样性的保护与研究工作,从根本上扭转生物多样性丧失和退化的不利局面。值得注意的是,就目前的研究现状来看,对环境变化背景下我国生物多样性的动态、保护和可持续利用的研究与生物多样性所面临的威胁远不相称。所以,在我国加强环境变化下生物多样性的教育和基础与应用转化研究,不仅有助于有效保护生物多样性以及合理和可持续利用生物多样性资源,而且也有助于提升我国在生物多样性和环境变化科学研究中的整体水平和实力。

编辑和出版《生物多样性与环境变化丛书》,其目的是介绍生物多样性和环境变化科学的理论体系、研究方法和最新研究成就,向社会传播相关的科学知识。为此,本丛书将包括相关的中外优秀教学参考书(中文版)、研究性专著(中文或英文版)、科普性质的著作等。希望本丛书一方面能满足这两大领域发展所需专业人才培养以及知识普及的需要,另一方面能为我国生物多样性和环境变化科学的研究起到推动作用。

总之,人类活动所导致的生物多样性的丧失和环境变化已影响到人类自身的生存和社会的可持续发展。当下,我们需要自觉、理性地调整我们的价值观和行为,以使人与自然能和谐共存、协调发展。这样,我们才能做到为子孙后代留下地球,而不是向他们借用地球,从而能让他们继承地球——我们拥有的唯一星球。

希望本丛书所传播的知识能为遏制生物多样性的丧失和环境变化起到积极作用,这也正是我们编辑和出版这套丛书的努力所在。

李博

2012年立夏于复旦大学

译 者 序

2012年伊始，有幸从网上看到一本当时新出版问世的通量观测书籍，该书有三位编者，分别是Marc Aubinet、Timo Vesala和Dario Papale，他们代表着欧洲通量界的领军力量。值得一提的是，书中各章节的撰写者均为通量领域的顶尖科学家和技术专家，星光闪耀。这类似于电影《十一罗汉》或者《复仇者联盟》中的强强主角组合。将全书通读下来，其内容之详尽和实用给我以很大的震撼，觉得应该将这本好书介绍给中国的通量观测界同仁，因为英文毕竟是外文，理解起来终归不如母语来得快捷容易。然而，当看到这本书的页码（共461页）时，我不禁踌躇起来，单凭我一己之力，恐怕难以在短时间内将其中精髓完美地翻译与呈现。

事情的转机出现在2012年6月召开的第九届中美碳联盟（USCCC）年会上。会议中，我与老友邵长亮、董刚在交谈中言及此书，其间亦提及希望翻译该书的心愿，他们当即表示很感兴趣，于是一拍即合，我们就开始合作翻译这本书。与此同时，我们的翻译工作也得到了与会首席科学家的大力支持，将之作为USCCC的一件大事来鼓励支持。

理想很丰满，现实太骨感。翻译之初，我们按照自己熟悉的领域及生态系统进行划分，觉得应该会很快完成任务。但事实上，因为日常工作的冗繁，我们只能利用业余时间翻译，仅完成第一轮的初稿就花费了半年多时间，随后我们又进行了交叉校对。直到这时，我们才意识到书籍的翻译绝非一件轻松的工作，虽然一字一句都符合基本语法，但每个人的语言习惯存在较大差别，长亮喜欢用长句，我则用短句较多，董刚间于其中。幸得高等教育出版社关焱编辑的帮助，基本确立了总体风格，然后进行了漫长的8轮校对工作。鉴于这本书属于专业性较强的技术手册，我们又邀请了同样多年从事通量科研工作的复旦大学赵斌教授和美国加利福尼亚大学伯克利分校褚侯森（Chu Housen）博士协助校对。

在整个翻译过程中，我们得到了多方的支持，首先是USCCC各位首席科学家的鼎力支持，比如美国密歇根州立大学陈吉泉教授对翻译工作就极为关注，并给予了大力支持，还专门推荐了相关人员帮助校对；其次是复旦大学学生们的支持，作为本书的第一批读者，给出了第一手的反馈意见；最后是高等教育出版社各位编辑的支持和耐心，在此一并表示感谢。

作为本书的翻译和校对者，我们对本书的几个特点作了总结：① 根据不同生态系统的特点，分别给出了针对性较强的通量观测注意事宜；② 不局限于开路或闭路测定，而从更广阔的视野来看待涡度协方差方法，比如对间断涡度协方差方法的详细介绍；③ 可操作性极强，参照此书，就可以动手搭建通量塔，开展通量研究。我们真诚希望本书的出版能更有效地推进涡度协方差技术在我国的应用，真正为一线工作人员提供帮助。因水平所限，书中难免有翻译不当及失误之处，我们诚恳地希望广大读者不吝指出任何问题和错误，以便后续改进。

本书各章主要翻译人员如下:

原书序:郭海强,赵斌

第1章:王丹,郭海强,邵长亮,董刚

第2章:欧阳祖涛,郭海强

第3章:董刚,赵芳媛

第4章:邵长亮,郭海强

第5章:谢潇,郭海强,邵长亮

第6章:董刚,邵长亮

第7章:谢潇,郭海强,董刚

第8章:郭海强,邵长亮,董刚

第9章:邵长亮,郭海强,董刚

第10章:张荣,郭海强

第11章:郭海强,董刚,邵长亮

第12章:邵长亮,董刚,郭海强

第13章:邵长亮,郭海强,董刚

第14章:董刚,郭海强

第15章:邵长亮,郭海强

第16章:董刚,邵长亮,赵芳媛

第17章:邵长亮,郭海强

符号索引:熊俊

缩写及首字母缩写:李红

索引:戴圣骐

此外,全书的图稿、公式等整理得到了熊俊、侯颖及辛凤飞的大力帮助。

本书的出版得到国家科技部国家科技支撑计划项目(2010BAK69B15)、国家自然科学基金项目(31170450)、上海市科学技术委员会科研计划项目:崇明岛自然湿地碳通量监测和监测标准研究(10dz12000603)、围垦驱动的土地利用变化对生态系统碳收支的影响:从湿地到农田(13JC1400400)等项目资助。邵长亮翻译部分得到国家重点基础研究发展计划项目(2013CB956600)资助,在此一并表示感谢。

郭海强　邵长亮　董　刚

2015年5月11日于复旦大学

原 书 序

随着第一个涡度协方差网络在20世纪90年代中期的创立,对其标准化的需求也逐渐变得明确。标准化不仅涉及材料,还包括数据处理、校正和计算。为了在欧洲通量观测网络(EUROFLUX)框架内统一这些流程,科学家们开始对一些软件进行相互比较:有一个“黄金数据”在不同研究组之间流转,这些研究组采用不同的软件包来处理这些“黄金数据”,以比较计算结果之间的差异。除了新软件中存在一些漏洞并且很快被校正之外,由于采用了不同的假设条件,不同计算方法之间仍然存在重要的差异。为了理清这些选择并且提出一个标准化的(即使是可继续完善的)涡度协方差通量计算流程,我们发表了第一篇方法学论文(Aubinet et al. 2000)。在11年之后,这篇论文仍是该领域经常被引用的参考文献之一。

然而,随着理论和测量技术的发展,由于涡度协方差技术已成为一个监测实践手段,而不仅是一个纯科学活动,对这篇文献进行更新并创建一些有助于涡度协方差站点建立及管理的资料的需求与日俱增。2008年12月,在芬兰Hyytiälä森林站点举办的庆祝EUROFLUX网络联盟成立十周年的大会上,有人提出需要产生这样一个更新版本(最早由Samuli Launianinen提出)。然而,一个问题很快出现:如果我们想撰写一篇独立(self-standing)的文档来指导涡度协方差的实践者,那么我们就不能按照一篇论文的篇幅来写作。

因此,我们决定编写一本书,其总体目标是给涡度协方差的使用者提供涡度协方差测量所需的理论及实践方面的信息,包括从站点建立到数据处理的整个过程。在准备了由17章组成的撰稿计划之后,我们为每一章都挑选了不同的第一作者,这些作者都是本领域的知名专家,由他们来组成一个个合作撰写小组,分头准备各自的章节。目前展示的这本书就是自那之后两年半的工作成果。

第1章回顾了涡度协方差方法所依赖的理论基础,第2章紧接着描述了涡度协方差设置的技术需求:建塔的定位和尺寸(高度、方位及在塔上安置的系统的位置)、超声和气体分析仪、定尺寸、校准和维护。

第3章描述了为了获取“未校正”通量以及讨论不同计算选择的优缺点所使用的通用流程,特别是对数据采集设置的描述以及通量计算的详细讨论(波动计算、对原始数据的第一步质量控制、时滞、旋转和通量计算)。

第4章聚焦于不同的校正流程,而这对于获得良好质量的通量及其质量测试至关重要。

第5章关注夜间通量低估的问题、它的成因及其对通量测量的影响。该章描述了不同筛选或校正流程,并且讨论了它们的优缺点。

第6章详细说明了在什么情况下需要进行数据空缺填补,以及当执行数据空缺填补时需要预防什么。该章展示并比较了不同数据空缺填补流程和它们的优缺点。

第7章鉴别并量化了通量测量中不同成因的不确定性,并且分析了在尺度上推过程中这些不确定性是如何合并的。

第8章描述了主要的足迹模型以及它们与植被覆盖地图(为了确定通量的源/汇)或质量测试(为了评估数据的总体质量)结合的方式。

第9章展示了将涡度通量划分为生态系统呼吸和生态系统总光合作用的不同可能性,并且描述了基于夜间或日间数据的不同方法。

第10章聚焦于间断涡度协方差技术,特别适用于捕捉痕量气体。

第11~16章描述了在特定生态系统如森林、草地、农田、湿地、湖泊或城市环境等开展通量测量的特殊要求。

最后,第17章描述了数据库的目标以及维护和管理的方式。此外,该章提出了数据使用、交换和发表的一些方针。

本书编者很感谢这些章节的合作者对这个长期(但是,希望是有用的)工作的热情和参与,并且我们希望这个工作能够有助于加强世界上不同涡度协方差网络之间的联系。

尽管都是这本书的编者,Dario Papale 和 Timo Vesala 特别要感谢 Marc Aubinet,因为他承担了最大份额的编辑工作。

感谢 IMECC EU 项目和 ABBA Cost Action 对编写本书的提议和前期准备的支持。

这本书献给所有的野外技术人员(他们通常是匿名的),他们对生态系统研究持续的系统护理、维护和跟进构成了不可估量的贡献,同时献给那些决心将他们的工作基于这些独特测量之上的博士生们。

伙伴们,请把将于2018年12月10日左右举办的EUROFLUX二十周年纪念日标注到你们的日程中去吧,它将再一次在Hyytiälä举办。我们还不知道到那时会议会产生什么重要成果。

Marc Aubinet
Dario Papale
Timo Vesala

全书作者

Deborah A. Agarwal Lawrence Berkeley National Laboratory, Berkeley, CA, USA, DAAgarwal@lbl.gov

Christof Ammann Agrosocope Reckenholz Tanikon Res Stn ART, CH-8046 Zurich, Switzerland, christof.ammann@art.admin.ch

Nicola Arriga DIBAF, University of Tuscia, Viterbo, Italy, arriga@unitus.it

Marc Aubinet Unit of Biosystem Physics, Gembloux Agro-Bio Tech, University of Liege, 5030 Gembloux, Belgium, Marc.Aubinet@ulg.ac.be

Mika Aurela Finnish Meteorological Institute, P. O. Box 503, FI-00101 Helsinki, Finland, Mika.Aurela@fmi.fi

Dennis Baldocchi Department of Environmental Science, Policy and Management, University of California, Berkeley, CA, USA, baldocchi@berkeley.edu

Alan G. Barr Environment Canada, 11 Innovation Blvd, Saskatoon, SK S7N 3H5 Canada, Alan.Barr@ec.gc.ca

Pierre Béziat Centre d'Etudes Spatiales de la BIOsphère (CESBIO), Toulouse, France

Eric Ceschia Centre d'Etudes Spatiales de la BIOsphère (CESBIO), Toulouse, France, Eric.ceschia@cesbio.cnes.fr

Andreas Christen Department of Geography and Atmospheric Science Program, University of British Columbia, Vancouver, Canada, andreas.christen@ubc.ca

Robert B. Cook Oak Ridge National Laboratory, Oak Ridge, TN, USA, cookrb@ornl.gov

Ankur R. Desai Atmospheric and Oceanic Sciences, University of Wisconsin, Madison, USA, desai@aos.wisc.edu

Werner Eugster Department of Agricultural and Food Sciences, Institute of Agricultural Sciences, ETH Zurich, Zurich, Switzerland, werner.eugster@agrl.ethz.ch

Christian Feigenwinter Institute of Meteorology, Climatology and Remote Sensing, University of Basel, Basel, Switzerland, feigenwinter@metinform.ch

Joshua B. Fisher Jet Propulsion Laboratory, California Institute of Technology, Pasadena, CA, USA

Thomas Foken Department of Micrometeorology, University of Bayreuth, 95440 Bayreuth,

Germany, thomas.foken@uni-bayreuth.de

Mathias Göckede Department of Forest Ecosystems & Society, Oregon State University, Corvallis, OR, USA, mathias.goeckede@oregonstate.edu

André Granier UMR1137 Ecologie et Ecophysiologie Forestières, Centre de Nancy, INRA, F-54280 Champenoux, France, agranier@nancy.inra.fr

Bernard Heinesch Unit of Biosystem Physics, Gembloux Agro-Bio Tech, University of Liege, 5030 Gembloux, Belgium, bernard.heinesch@ulg.ac.be

David Y. Hollinger USDA Forest Service, Northern Research Station, 271 Mast Road, Durham, NH 03824 USA, dhollinger@fs.fed.us

Andreas Ibrom Risø National Laboratory, Riosystems Department, Technical University of Denmark(DTU), Roskilde, Denmark

Risø National Laboratory for Sustainable Energy, Technical University of Denmark (DTU), Frederiksborgvej 399, 4000, Roskilde, Denmark, anib@risoe.dtu.dk

Catharine van Ingen Microsoft Research, San Francisco, CA, USA, vaningen@microsoft.com

Natascha Kljun Department of Geography, Swansea University, Swansea, UK, n.kljun@swansea.ac.uk

Katja Klumpp INRA, Grassland Ecosystem Research (UREP), Clermont-Ferrand, France, katja.klumpp@clermont.inra.fr

Olaf Kolle Max-Planck Institute for Biogeochemistry, Jena, Germany, olaf.kolle@bgc-jena.mpg.de

Werner L. Kutsch Institute for Agricultural Climate Research, Johann Heinrich von Thünen Institute(vTI), Braunschweig, Germany, werner.kutsch@vti.bund.de

Quentin Laffineur Unit of Biosystem Physics, Gembloux Agro-Bio Tech, University of Liege, 5030 Gembloux, Belgium

Gitta Lasslop Max-Planck Institute for Biogeochemistry, 07745 Jena, Germany, gitta.lasslop@zmaw.de

Tuomas Laurila Finnish Meteorological Institute, P.O. Box 503, FI-00101 Helsinki, Finland, tuomas.laurila@fmi.fi

Monique Y. Leclerc Laboratory for Environmental Physics, The University of Georgia, Griffin, GA, USA, mleclerc@uga.edu

Ray Leuning Marine and Atmospheric Research, CSIRO, PO Box 3023, Canberra, ACT 2601 Australia, ray.leuning@csiro.au

Henry W. Loescher National Ecological Observatory Network, Boulder, CO 80301, USA

Institute of Alpine and Arctic Research(INSTAAR), University of Colorado, Boulder, CO 80303, USA, hloescher@neoninc.org

Bernard Longdoz UMR1137 Ecologie et Ecophysiologie Forestières, Centre de Nancy, INRA, F-54280 Champenoux, France, longdoz@nancy.inra.fr

Hongyan Luo National Ecological Observatory Network, Boulder,CO 80301, USA

Institute of Alpine and Arctic Research(INSTAAR), University of Colorado, Boulder,CO 80303, USA, hluo@neoninc.org

Matthias Mauder Institute for Meteorology and Climate Research, Atmospheric Environmental Research, Karlsruhe Institute of Technology, Kreuzeckbahnstr. 19, 82467 Garmisch-Partenkirchen, Germany, matthias.mauder@kit.edu

Christine Moureaux Gembloux Agro-Bio Tech, University of Liege, Gembloux, Belgium, christine.moureaux@ulg.ac.be

J. William Munger School of Engineering and Applied Science, and Department of Earth and Planetary Sciences, Harvard University, Cambridge, MA, USA, jwmunger@seas.harvard.edu

Anne Ojala Department of Environmental Sciences, University of Helsinki, Helsinki, Finland, Anne.Ojala@helsinki.fi

Steven R. Oncley Earth Observing Laboratory, NCAR, P.O. Box 3000, Boulder, CO, 80307-3000, USA, oncley@ucar.edu

Dario Papale DIBAF,University of Tuscia, Viterbo, Italy, darpap@unitus.it

Elizabeth Pattey ECORC, Agriculture and Agri-Food Canada, Ottawa, Canada, elizabeth. pattey@agr.gc.ca

Ronald Queck Department of Meteorology, Institute of Hydrology and Meteorology, TU Dresden (TUD), Dresden, Germany, ronald.queck@tu-dresden.de

Üllar Rannik Department of Physics, University of Helsinki, Helsinki, Finland, ullar.rannik@heuristica.ee

Corinna Rebmann Department Computational Hydrosystems, Helmholtz Centre for Environmental Research-UFZ, 04318 Leipzig, Germany, corinna.rebmann@ufz.de

Markus Reichstein Max Planck Institute für Biogeochemistry, Jena, Germany, mreichstein@bgc-jena.mpg.de

Andrew D. Richardson Department of Organismic and Evolutionary Biology, Harvard University Herbaria, 22 Divinity Avenue, Cambridge, MA, 02138 USA, arichardson@oeb.harvard.edu

Janne Rinne Department of Physics, University of Helsinki, FI-00014, Helsinki, Finland, Janne.Rinne@helsinki.fi

Andrey Sogachev Risø National Laboratory for Sustainable Energy, Technical University of Denmark, Roskilde, Denmark, anso@risoe.dtu.dk

Jean-François Soussana INRA, Grassland Ecosystem Research (UREP), Clermont-Ferrand,

France, Jean-Francois.Soussana@clermont.inra.fr

Paul C. Stoy Department of Land Resources and Environmental Sciences, Montana State University, P.O. Box 173120, Bozeman, MT, 59717-3120 USA, paul.stoy@montana.edu

Juha-Pekka Tuovinen Finnish Meteorological Institute, P. O. Box 503, FI-00101 Helsinki, Finland, Juha-Pekka.Tuovinen@fmi.fi

Timo Vesala Department of Physics, University of Helsinki, Helsinki, Finland, timo.vesala@helsinki.fi

Eva Van Gorsel CSIRO, Canberra, Australia

Roland Vogt Institute of Meteorology, Climatology and Remote Sensing, University of Basel, Basel, Switzerland, Roland.Vogt@unibas.ch

Georg Wohlfahrt Institute of Ecology, University of Innsbruck, Innsbruck, Austria, Georg.Wohlfahrt@uibk.ac.at

目　　录

第 1 章

涡度协方差方法

Thomas Foken, Marc Aubinet, Ray Leuning

1.1 历　　史

用于测量一个平坦、水平均一的表层与覆盖其上的大气之间热量、物质及动量交换的涡度协方差(eddy covariance,EC)方法是由 Montgomery(1948)、Swinbank(1951)及 Obukhov(1951)提出的。在这些条件下,表层与大气之间的净传输在单一维度上,并且可以通过计算垂直风及相关指标的湍流波动之间的协方差来获得垂直通量密度。

在早期,仪器的局限阻碍了这种方法的实施。在 1949 年,Konstantinonov 发明了一种带有两个热线风速仪的风向标来测量气流剪切力(Obukhov 1951),但是直到超声风速仪被开发出来,并且 Schotland(1955)提出超声风速仪的基本方程之后,涡度协方差方法的应用潜力才得以充分体现。首个超声温度计(Barrett and Suomi 1949)被研发出来后,路径长度为 1 m 的垂直

T.Foken(✉)
Department of Micrometeorology, University of Bayreuth, 95440 Bayreuth, Germany
e-mail: thomas.foken@uni-bayreuth.de

M.Aubinet
Gembloux Agro-Bio Tech, Unit of Biosystem Physics, University of Liege, 5030 Gembloux, Belgium
e-mail: Marc.Aubinet@ulg.ac.be

R.Leuning
Marine and Atmospheric Research, CSIRO, PO Box 3023, Canberra, ACT 2601, Australia
e-mail: ray.leuning@csiro.au

M.Aubinet et al. (eds.), *Eddy Covariance: A Practical Guide to Measurement and Data Analysis*, Springer Atmospheric Sciences, DOI 10.1007/978-94-007-2351-1_1,

超声风速仪(Suomi 1957)于1953年被应用在O'Neill实验中(Lettau and Davidson 1957)。现代风速仪的设计是由Bovscheverov和Voronov(1960)、Kaimal和Businger(1963)、Mitsuta(1966)完成的,但这些相移风速仪(phase shift anemometer)如今已经被支持延迟时间测量的滑动时间风速仪(running time anemometer)所取代(Hanafusa et al. 1982; Coppin and Taylor 1983)。

20世纪50—70年代,早期的微气象学实验被设计用于研究均一表面上的大气湍流的基本特征,而20世纪80年代的研究则探讨了非均一表面上的动量、感热及潜热的湍流通量。美国(FIFE, Sellers et al. 1988)、法国(HAPEX, André et al. 1990)和俄罗斯(KUREX, Tsvang et al. 1991)等都开展了类似的实验。这些实验成为许多微气象学研究的基础(Foken 2008),而这些微气象实验需要研究者具有丰富的微气象学知识和传感器操作经验。

20世纪90年代,随着新一代超声风速仪(详见Zhang et al. 1986; Foken and Oncley 1995)以及用于水汽和CO_2测量的红外气体分析仪的开发,加上首个涡度协方差方法的完整软件包的产生(McMillen 1988),连续涡度通量测量成为现实。20世纪90年代早期,生态学研究团体越来越广泛地应用涡度协方差方法来测量生态系统与大气间的CO_2和水汽交换,并安装了首批通量塔,这些通量塔后来组成了国际通量观测网络(FLUXNET)(Baldocchi et al. 2001)。有科学家撰文将涡度协方差技术介绍给了非微气象学家(Aubinet et al. 2000; Moncrieff et al. 1997a, 1997b)。与此同时,新型分析仪的研发使得可研究的痕量气体光谱得以扩展。特别是,可调谐二极管激光(tunable diode laser, TDL)和量子级联激光光谱仪(quantum cascade laser spectrometer)可以用于甲烷和氧化亚氮的测量(Smith et al. 1994; Laville et al. 1999; Hargreaves et al. 2001; Kroon et al. 2010)、质子转移反应质谱仪(proton transfer reaction mass spectrometer)可以用于挥发性有机化合物的测量(Karl et al. 2002; Spirig et al. 2005)以及化学发光传感器(chemiluminescent sensor)可以用于臭氧的测量(Güstenand and Heinrich 1996; Gerosa et al. 2003; Lamaud et al. 1994及其他文献)。

在涡度协方差方法发展过程中的一些里程碑事件(同时给出了本书所涉及的相关章节)参见表1.1。

表1.1 涡度协方差方法的发展历史

历史事件	参考文献	相关章节
涡度协方差方法的理论基础	Montgomery(1948),Swinbank(1951),Obukhov(1951)	第1.2节
三维超声风速仪	Bovscheverov和Voronov(1960),Kaimal和Businger(1963),Mitsuta(1966)	第2章
仪器要求	McBean(1972)	第2章
用于水汽测定的气体分析仪(UV)	Buck(1973),Kretschmer和Karpovitsch(1973),Martini等(1973)	
用于水汽测定的气体分析仪(IR)	Elagina(1962), Hyson和Hicks(1975),Raupach(1978)	第2章
空气密度效应校正	Webb等(1980)	第4.1节

续表

历史事件	参考文献	相关章节
用于 CO_2 测定的气体分析仪	Ohtaki 和 Matsui(1982), Elagina 和 Lazarev (1984)	第 2 章
将浮力通量转换为感热通量	Schotanus 等(1983)	第 4.1 节
用于频谱校正的传递函数系统	Moore(1986)	第 4.1 节
风区条件	Gash(1986)	第 8 章
实时数据处理软件	McMillen(1988)	第 3 章
基于 Gash(1986)的通量源区(足迹)	Schmid 和 Oke(1990), Schuepp 等(1990)	第 8 章
基于 Desjardins(1977)的弛豫涡度积累方法	Businger 和 Oncley(1990)	
闭路传感器管路的影响	Leuning 和 Moncrieff(1990)	第 4.1.3 节,第 3 章
通量足迹和采样策略的理论基础	Horst 和 Weil(1994),Lenschow 等(1994)	第 8 章
表面能量平衡不闭合问题的阐述	Foken 和 Oncley(1995)	第 4.2 节
涡度协方差数据的质量检测	Foken 和 Wichura(1996), Vickers 和 Mahrt (1997)	第 4.3 节
垂直平流问题的阐述	Lee(1998)及许多其他研究	第 1.3 节,第 5 章
FLUXNET 网络的方法学	Aubinet 等(2000)	所有章节
FLUXNET 网络的空缺填补	Falge 等(2001a, 2001b)	第 6 章
国际通量观测网络(FLUXNET)的组织	Baldocchi 等(2001)	所有章节

修改自 Foken 等(1995),Foken(2008),Moncrieff(2004)。

1.2 背景知识

1.2.1 涡度协方差测量的背景

涡度协方差测量通常是在地面边界层中开展的,在不稳定分层情况下,该层的高度为 20~50 m;而在稳定分层情况下,该层有几十米高(欲了解大气各层的完整概念,详见 Stull 1988; Garratt 1992; Foken 2008)。在边界层内,通量随高度几乎恒定;因此,在这一层中开展的测量能够代表期望了解的下垫面的通量。在这一层中,大气湍流是占主导地位的传输机制,具备使用涡度协方差方法来测量通量的合理性。

在详细讨论涡度协方差方法之前,有必要给出一些初步定义。

1.2.2 雷诺分解

接下来的理论部分中，对湍流运动的描述需要将每个变量 ζ 时间序列分解成时间平均部分$\overline{\zeta}$以及波动部分 ζ'，这就是所谓的雷诺分解（如图 1.1）。可以表达为

$$\zeta=\overline{\zeta}+\zeta' \tag{1.1a}$$

其中，

$$\overline{\zeta}=\frac{1}{T}\int_{t}^{t+T}\zeta(t)\,\mathrm{d}t \tag{1.1b}$$

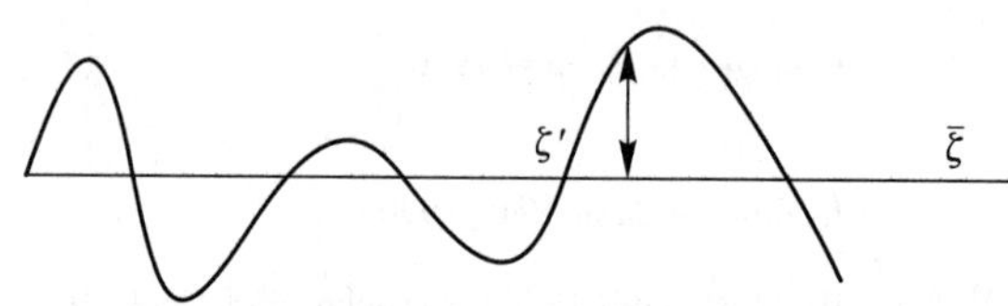

图 1.1 对 ζ 值的雷诺分解的原理展示（Foken 2008）

雷诺分解的应用需要一些用于湍流值 ζ 的平均法则，这被称为雷诺假设：

$$\begin{aligned}
&\text{I} && \overline{\zeta'}=0\\
&\text{II} && \overline{\zeta\xi}=\overline{\zeta}\,\overline{\xi}+\overline{\zeta'\xi'}\\
&\text{III} && \overline{\overline{\zeta}\xi}=\overline{\zeta}\,\overline{\xi}\\
&\text{IV} && \overline{a\zeta}=a\,\overline{\zeta}\\
&\text{V} && \overline{\zeta+\xi}=\overline{\zeta}+\overline{\xi}
\end{aligned} \tag{1.2}$$

式中，a 是一个常数。

严格来说，只有当平均值是“总体”平均时（比如，在同一条件下实现的许多值的平均化，Kaimal and Finnigan 1994），这些关系才是成立的。然而，这在大气测量中是绝不可能的，所以最常见的是在统计量的时间序列基础上计算平均值，即遍历假设（ergodic hypothesis）认为时间平均等同于总体平均（Brutsaert 1982；Kaimal and Finnigan 1994）。为了满足这一假设，在选择的平均时间内，波动必须在统计学上平稳（详见第 4 章）。

1.2.3 标量定义

文献中（以及本书）常用以下变量来定义大气成分 s 的标量强度：密度（ρ_s，单位为 kg m^{-3}）和摩尔浓度（c_s，单位为 mol m^{-3}）分别代表 s 在单位体积空气中的质量和摩尔数。摩尔分数（mol mol^{-1}）是 s 的摩尔数占总混合物摩尔数的比值（也等于成分分压与总压力的比例）；摩尔混合比（χ_s，单位为 mol mol^{-1}）是指成分摩尔数与干空气摩尔数之比；质量混合比

($\chi_{s,m}$，单位为 kg kg^{-1})是指该种成分质量与干空气质量之比。这些变量与理想气体定律、道尔顿(Dolton)分压定律相关联。

然而，在这些变量中，只有摩尔混合比和质量混合比在温度、压力及水汽含量发生变化时是守恒量(更为全面的讨论见 Kowalski 和 Serrano-Ortiz(2007))。可惜的是，那些由红外气体分析仪在野外直接测定的变量，如密度和摩尔浓度，在热传导、空气压缩/扩张或蒸发、水汽扩散过程中是非守恒的。因此，即使在成分的产生、吸收或输送不存在的情况下，这些量也可能发生变化。Webb 等(1980)对此进行了深入讨论，认为将这些效应考虑在内的校正是十分必要的，并且 Leuning(2003, 2007)又重新审查了该项校正。有关这个校正的信息具体可见第 4.1.4节。

在下一小节中所提到的守恒方程由质量混合比来表达，但为了方便起见，本书中也会出现其他变量。将一个变量转变为另一个变量的换算系数见表 1.2。

表 1.2　表征标量强度特征的不同变量之间的换算系数

换算系数	摩尔混合比，$\chi_s=$	质量混合比，$\chi_{s,m}=$	摩尔浓度，$c_s=$	密度，$\rho_s=$
摩尔混合比，$\chi_s\times$	1	$\frac{m_s}{m_d}$	$\frac{p_d}{R\bar{\theta}}$	$\frac{m_s p_d}{R\bar{\theta}}$
质量混合比，$\chi_{s,m}\times$	$\frac{m_d}{m_s}$	1	$\frac{m_d p_d}{m_s R\bar{\theta}}$	$\frac{m_d p_d}{R\bar{\theta}}$
摩尔浓度，$c_s\times$	$\frac{R\bar{\theta}}{p_d}$	$\frac{m_s R\bar{\theta}}{m_d p_d}$	1	m_s
密度，$\rho_s\times$	$\frac{R\bar{\theta}}{m_s p_d}$	$\frac{R\bar{\theta}}{m_d p_d}$		1

注：p_d 相当于干空气压(即 $p-p_v$)。因此，准确地将质量或摩尔混合比转换为浓度或密度需要了解水汽压的情况(详见符号列表)。

1.3　单点守恒方程

描述大气中任一标量或矢量 ζ 守恒的公式可以表示为

$$\underbrace{\frac{\partial \rho_d\zeta}{\partial t}}_{\text{I}}+\underbrace{\nabla(\boldsymbol{u}\rho_d\zeta)}_{\text{II}}+\underbrace{K_\zeta\Delta(\rho_d\zeta)}_{\text{III}}=\underbrace{S_\zeta}_{\text{IV}} \tag{1.3}$$

式中，$\boldsymbol{u}$ 是风速矢量，∇ 和 Δ 分别代表散度算子 $\left(\frac{\partial}{\partial x},\frac{\partial}{\partial y},\frac{\partial}{\partial z}\right)$ 和拉普拉斯算子，ρ_d 是干空气密度，K_ζ 是 ζ 的分子扩散系数，S_ζ 表征 ζ 的源/汇强度。这个公式是无穷小体积空气的瞬时表达。该公式表明 ζ 的变化速率(Ⅰ)取决于它的大气传输(Ⅱ)、分子扩散(Ⅲ)、或者由源生产/

汇吸收到一个无穷小体积中（Ⅳ）。相应地，在源确定的情况下，这个公式能应用于任何标量或矢量。尤其是，如果 ζ 为 1，那么公式（1.3）则为连续方程；如果 ζ 是空气焓，则是焓守恒方程；如果 ζ 是某一大气成分的混合比（水汽、CO_2等），则是标量守恒方程。如果数量 $\boldsymbol{\zeta}$ 是速度矢量在一个给定方向上的组成，那么公式（1.3）表达动量分量在这个方向上的守恒。这三个分别描述三个方向上动量守恒的方程构成了 Navier Stokes 方程。

将这些方程应用于地面边界层时需应用雷诺分解规则：变量 ζ 、ρ_d 、$\boldsymbol{u}$和 S_ζ 根据公式（1.1）被逐个分解成平均分量和波动分量，接下来是应用平均计算，并进行适当的重排和简化。该过程将被应用到下面每一个方程中。

1.3.1 干空气质量守恒（连续性）方程

将公式（1.3）中的 ζ 用 1 替代，得到：

$$\frac{\partial \rho_d}{\partial t} + \nabla(\boldsymbol{u}\rho_d) = 0 \tag{1.4}$$

这是因为大气中既没有干空气的源，也没有干空气的汇。应用时间平均即可得到：

$$\overline{\frac{\partial \rho_d}{\partial t}} + \nabla(\overline{\boldsymbol{u}\rho_d}) = 0 \tag{1.5}$$

1.3.2 动量守恒方程

将公式（1.3）中的 ζ 由风速在某一给定方向上的组成 $\boldsymbol{u}_i$ 代替，可以获得在这个方向上的动量守恒方程：

$$\frac{\partial \rho_d \boldsymbol{u}_i}{\partial t} + \nabla(\boldsymbol{u}\rho_d \boldsymbol{u}_i) = S_i \tag{1.6}$$

在公式（1.6）中，源/汇项相当于动量的源/汇，即作用力。能够对大气边界层中的气团起作用的作用力有阻力、压力梯度、科里奥利力、黏性力或浮力。对粗糙元素（例如，不包括植物）之上的平坦、水平均一的地面边界层来说，前三种作用力可忽略不计（Businger 1982; Foken 2008; Stull 1988）。只有在垂直动量方程中，浮力才会出现。与平均风平行的水平分量动量在边界层中占主导地位，因此浮力项没有被考虑在内。在笛卡儿坐标系（x, y, z）中，x 相当于水平方向，平行于平均风速；y 也是水平方向，但垂直于平均风速；z 是垂直方向；u、v、w 分别为在 x、y、z 方向上的风速分量，这个公式可以写为

$$\frac{\partial \rho_d u}{\partial t} + \frac{\partial \rho_d u^2}{\partial x} + \frac{\partial \rho_d vu}{\partial y} + \frac{\partial \rho_d wu}{\partial z} = 0 \tag{1.7}$$

将雷诺分解应用到公式（1.7），并且使用公式（1.8）的简化（Businger 1982; Stull 1988）：

$$\text{I} \quad \left|p'/\overline{p}\right| \ll \left|\rho_d'/\overline{\rho_d}\right|$$

$$\text{II}\quad |p'/\overline{p}| \ll |\theta'/\overline{\theta}|,$$
$$\text{III}\quad |\rho_d'/\overline{\rho_d}| \ll 1$$
$$\text{IV}\quad |\theta'/\overline{\theta}| \ll 1 \tag{1.8}$$

式中,p 是压力,θ 是气温,导出:

$$\frac{\overline{\partial u}}{\partial t} + \overline{u}\frac{\partial \overline{u}}{\partial x} + \overline{v}\frac{\partial \overline{u}}{\partial y} + \overline{w}\frac{\partial \overline{u}}{\partial z} + \frac{\partial \overline{u'^2}}{\partial x} + \frac{\partial \overline{v'u'}}{\partial y} + \frac{\partial \overline{w'u'}}{\partial z} = 0 \tag{1.9}$$

在公式(1.8)中,Ⅲ相当于 Boussinesq 近似法(Boussinesq 1877),它忽略了密度波动,除了在浮力(重力)项中,这是因为在动量方程中,与其他加速度相比,重力加速度相对较大。通过选择一个坐标系统使得 $\overline{v}$ 和 $\overline{w}$ 为 0,并且假设水平均一(水平梯度无效)和稳态条件(时间导数无效),我们最后得到:

$$\frac{\partial \overline{w'u'}}{\partial z} = 0 \tag{1.10}$$

式中,$\overline{w'u'}$ 是涡度协方差项。公式(1.10)表明,在前面提到的假设下,该通量随高度恒定,并且它代表了通过表面粗糙元素(roughness element)之上的一个水平面的垂直动量通量。这种方法被称为涡度协方差方法。

忽略了气压梯度、分子/黏性输送、重力以及科里奥利力(Coriolis force)来推导出公式(1.10),并不会对在平坦、水平均一表面上的涡度协方差方法造成显著影响。然而,在斑块化景观或起伏地势的生态系统中,这些条件却很难得到满足。由于大气稳定度的昼夜变化,表层的稳态条件也较少见。那么,有必要使用一系列传感器来测量储存项的变化(第 2.5 节)或者假设准稳态(quasi-steady)条件。由于忽视储存项而造成的误差的估计方法将在第 4.3 节中的数据质量步骤中讨论。

1.3.3 标量守恒方程

将公式(1.3)中的 ζ 用某一大气成分的混合比 χ_s 代替,可以获得:

$$\frac{\partial \rho_d \chi_s}{\partial t} + \nabla(\boldsymbol{u}\rho_d\chi_s) = S_s \tag{1.11}$$

应用雷诺分解和连续性公式(1.5),那么 Leuning(2003)提出的公式(1.11)可以写作:

$$\overline{\rho_d}\,\overline{\frac{\partial \chi_s}{\partial t}} + \overline{\rho_d \boldsymbol{u}}\,\nabla(\overline{\chi_s}) + \nabla[\overline{\rho_d}\,\overline{\boldsymbol{u}'\chi_s'}] = \overline{S_s} \tag{1.12}$$

上式指出,源项 $\overline{S_s}$ 是通过计算混合比 χ_s 的变化速率、χ_s 的空间梯度所产生的平流及涡度通量的发散所产生平流的总和而获得。

以空间导数项的形式展开方程,并且假设干空气密度恒定,标量的单点守恒方程变为

$$\overline{\rho_{\mathrm{d}}}\frac{\partial\overline{\chi_{\mathrm{s}}}}{\partial t}+\overline{\rho_{\mathrm{d}}u}\frac{\partial\overline{\chi_{\mathrm{s}}}}{\partial x}+\overline{\rho_{\mathrm{d}}v}\frac{\partial\overline{\chi_{\mathrm{s}}}}{\partial y}+\overline{\rho_{\mathrm{d}}w}\frac{\partial\overline{\chi_{\mathrm{s}}}}{\partial z}+\frac{\partial\overline{\rho_{\mathrm{d}}}\,\overline{u'\chi_{\mathrm{s}}'}}{\partial x}+\frac{\partial\overline{\rho_{\mathrm{d}}}\,\overline{v'\chi_{\mathrm{s}}'}}{\partial y}+\frac{\partial\overline{\rho_{\mathrm{d}}}\,\overline{w'\chi_{\mathrm{s}}'}}{\partial z}=\overline{S_{\mathrm{s}}} \tag{1.13}$$

考虑到 $\bar{v}$ 和 $\bar{w}$ 为0,由于坐标轴的选择(第3.2.4节)并且假设水平均一(水平梯度无效)及稳态条件(时间导数无效),可以得到与公式(1.10)相似的表达:

$$\frac{\partial\overline{\rho_{\mathrm{d}}}\,\overline{w'\chi_{\mathrm{s}}'}}{\partial z}=\overline{S_{\mathrm{s}}} \tag{1.14}$$

上式表明,涡度协方差的垂直梯度等于在单位体积中的痕量源/汇项。对于惰性示踪物(水汽和 CO_2),该项为0。对于活性示踪物(臭氧、挥发性有机污染物和氮氧化物等),相当于单位体积中的成分的化学产生/消灭速率。

1.3.4 焓方程

用空气焓 $c_{\mathrm{p}}\theta$ 代替 ζ,可得到:

$$\frac{\partial\rho c_{\mathrm{p}}\theta}{\partial t}+\nabla(\boldsymbol{u}\rho c_{\mathrm{p}}\theta)=S_{\theta} \tag{1.15}$$

式中,c_{p} 是空气比热,ρ 是湿空气密度。如之前一样可得:

$$\frac{\partial\overline{\theta}}{\partial t}+\bar{u}\frac{\partial\bar{\theta}}{\partial x}+\bar{v}\frac{\partial\bar{\theta}}{\partial y}+\bar{w}\frac{\partial\bar{\theta}}{\partial z}+\frac{\partial\overline{u'\theta'}}{\partial x}+\frac{\partial\overline{v'\theta'}}{\partial y}+\frac{\partial\overline{w'\theta'}}{\partial z}=\frac{1}{\bar{\rho}c_{\mathrm{p}}}\left[\frac{\partial R}{\partial z}\right] \tag{1.16}$$

$$\frac{\partial\overline{w'\theta'}}{\partial z}=\frac{1}{\bar{\rho}c_{\mathrm{p}}}\left[\frac{\partial R}{\partial z}\right] \tag{1.17}$$

式中,$\frac{\partial R}{\partial z}$ 是垂直辐射通量散度,在清晰表层(没有雾、雨和烟等)中,其值接近于0。

1.4 积分关系

涡度协方差测量可被用作估算生态系统交换通量的工具。为此,可能在所测区域 $A(2L\times 2L)$ 的水平方向及从土壤到测量高度 h_{m} 的垂直方向上整合上述方程(图1.2)。

1.4.1 干空气收支方程

在控制容积上对公式(1.5)求积分并假设水平均一,可以得到:

$$\int_0^{h_{\mathrm{m}}}\overline{\frac{\partial\rho_{\mathrm{d}}}{\partial t}}\mathrm{d}z+\bar{w}\,\overline{\rho_{\mathrm{d}}}\big|_{h_{\mathrm{m}}}+\overline{w'\rho_{\mathrm{d}}'}\big|_{h_{\mathrm{m}}}=0 \tag{1.18}$$

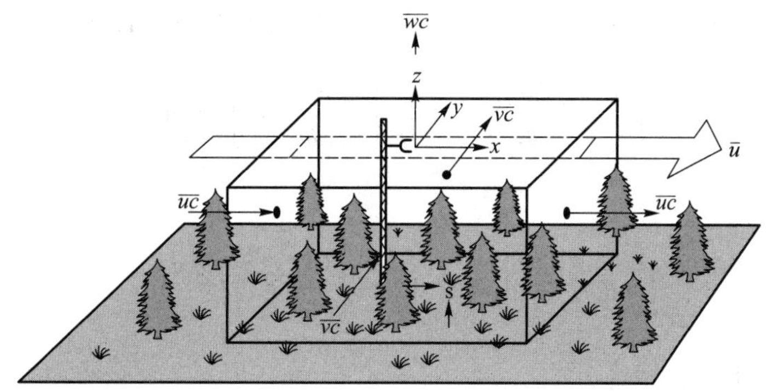

图 1.2 公式(1.15)在均匀地势中的一个控制容积(control volume)上的综合示意图(Finnigan et al. 2003)

式中,假设地面的干空气通量为 0,并且在 h_m 高度之下的空气层中既没有干空气的源也没有干空气的汇。在光合作用、呼吸作用、氮通量或挥发性有机化合物通量过程中,CO_2 和 O_2 的摩尔通量之间的轻微失衡是极其微小的,那么公式(1.18)仍然成立。

1.4.2 标量收支方程(广义涡度协方差方法)

在控制容积中对公式(1.13)求积分可得到:

$$\frac{1}{4L^2}\int_{-L}^{L}\int_{-L}^{L}\int_{0}^{h_m}\Bigg[\underbrace{\overline{\rho_d}\frac{\partial\overline{\chi_s}}{\partial t}}_{\mathrm{I}}+\underbrace{\overline{\rho_d u}\frac{\partial\overline{\chi_s}}{\partial x}+\overline{\rho_d v}\frac{\partial\overline{\chi_s}}{\partial y}+\overline{\rho_d w}\frac{\partial\overline{\chi_s}}{\partial z}}_{\mathrm{II}}+\underbrace{\frac{\partial\overline{\rho_d}\,\overline{u'\chi_s'}}{\partial x}+\frac{\partial\overline{\rho_d}\,\overline{v'\chi_s'}}{\partial y}}_{\mathrm{III}}+$$

$$\underbrace{\frac{\partial\overline{\rho_d}\,\overline{w'\chi_s'}}{\partial z}}_{\mathrm{IV}}\Bigg]\mathrm{d}z\mathrm{d}x\mathrm{d}y=\frac{1}{4L^2}\int_{-L}^{L}\int_{-L}^{L}\int_{0}^{h_m}\underbrace{\overline{S_s}\mathrm{d}z\mathrm{d}x\mathrm{d}y}_{\mathrm{V}} \tag{1.19}$$

公式(1.19)代表组分 s 的完整收支方程。这表明由源所产生或者汇所吸收的成分(V)可能储存在控制容积(I)中,或者由平流所输送(II),或者通过湍流输送(III 和 IV)。在这些条件下,源/汇项既代表空气体积内部的源/汇,也代表体积下限的源/汇(土壤和枯枝落叶)。

使用不同的假设可通过几种方法对这个方程进行简化。最常用的简化方法由 Finnigan 等(2003)充分讨论得到,测量系统被安置在水平均匀平衡层中。在这一层中,公式(1.19)中所有的水平梯度都是可忽略的,并且假设在塔上所测得的混合比和湍流通量代表整个容积。在这些情况下,水平积分并不必要,那么一个简化的单一维度的质量守恒可以推导为

$$\underbrace{\int_0^{h_m}\overline{\rho_d}\frac{\partial\overline{\chi_s}}{\partial t}\mathrm{d}z}_{\mathrm{I}}+\underbrace{\int_0^{h_m}\overline{\rho_d w}\frac{\partial\overline{\chi_s}}{\partial z}\mathrm{d}z}_{\mathrm{II}}+\underbrace{\overline{\rho_d}\,\overline{w'\chi_s'}|_{h_m}}_{\mathrm{IV}}=\underbrace{F_s}_{\mathrm{V}} \tag{1.20}$$

式中,$\overline{w'\chi_s'}|_{h_m}$ 代表控制容积顶部的垂直湍流通量,F_s 是整个控制容积中的平均源/汇强度,即组分 s 的净生态系统交换。II 项代表在控制容积顶部的垂直平流,这是由在高度 h_m 之下的空

气层的干空气密度随时间变化导致的。通过应用干空气稳定方程(1.18),这项可以被改写为

$$\int_0^{h_m} \overline{\rho_d w}\frac{\partial \overline{\chi_s}}{\partial z}dz = -\int_0^{h_m}\left[\int_0^z \frac{\partial \overline{\rho_d}}{\partial t}dz'\right]\frac{\partial \overline{\chi_s}}{\partial z}dz \tag{1.21}$$

并分步积分为

$$\int_0^{h_m} \overline{\rho_d w}\frac{\partial \overline{\chi_s}}{\partial z}dz = \int_0^{h_m}[\overline{\chi_s}(z) - \overline{\chi_s}(h)]\frac{\partial \overline{\rho_d}}{\partial t}dz \tag{1.22}$$

公式(1.20)因此可改写为

$$\int_0^{h_m} \overline{\rho_d}\frac{\partial \overline{\chi_s}}{\partial t}dz + \int_0^{h_m}[\overline{\chi_s}(z) - \overline{\chi_s}(h)]\frac{\partial \overline{\rho_d}}{\partial t}dz + \overline{\rho_d}\,\overline{w'\chi_s'}|_{h_m} = F_s \tag{1.23}$$

然而,通常来说,Ⅱ项是可忽略不计的,因此公式(1.20)可以写得更简单:

$$\underbrace{\int_0^{h_m} \overline{\rho_d}\frac{\partial \overline{\chi_s}}{\partial t}dz}_{\text{I}} + \underbrace{\overline{\rho_d}\,\overline{w'\chi_s'}|_{h_m}}_{\text{IV}} = \underbrace{F_s}_{\text{V}} \tag{1.24a}$$

这个方程是广义涡度协方差方法的基础:它明确指出,一个由生态系统交换的标量通量(F_s,Ⅴ项)能够被估算为在高度 h_m 的垂直涡度协方差(F_s^{EC})以及土壤与这个高度之间的标量储存量的变化(F_s^{STO},Ⅰ项)的总和,即

$$F_s = F_s^{EC} + F_s^{STO} \tag{1.24b}$$

众所周知,湍流充分的白天符合上述假设,但是以上公式不能完整地描述夜间情况。那么,有必要将水平和垂直平流项加到守恒方程中,同时额外假设在单一塔上所测得的垂直积分 $\overline{\rho_d w}\partial\overline{\chi_s}/\partial z$ 能代表整个容积的情况。公式(1.19)则变为

$$\underbrace{\int_0^{h_m} \overline{\rho_d}\frac{\partial \overline{\chi_s}}{\partial t}dz}_{\text{I}} + \underbrace{\int_0^{h_m}\left[\overline{\rho_d w}\frac{\partial \overline{\chi_s}}{\partial z}dz\right]}_{\text{IIa}} + \underbrace{\int_0^{h_m}\left[\overline{\rho_d u}\frac{\Delta\overline{\chi}_{s,x}}{\Delta x} + \overline{\rho_d v}\frac{\Delta\overline{\chi}_{s,y}}{\Delta y}\right]dz}_{\text{IIb}} + \underbrace{\overline{\rho_d\, w'\chi_s'}|_{h_m}}_{\text{IV}} = \underbrace{F_s}_{\text{V}} \tag{1.25a}$$

式中,$\Delta\overline{\chi}_{s,x} = \overline{\chi}_{s,x=L} - \overline{\chi}_{s,x=-L}$ 是在 z 高度、跟 x 方向垂直的顺风($+L$)和逆风($-L$)垂直面之间的混合比的差值(具体可参见图 1.2),而在 y 方向上,$\Delta\overline{\chi}_{s,y}$ 具有相似的定义。公式(1.25a)可以改写为

$$F_s = F_s^{EC} + F_s^{VA} + F_s^{HA} + F_s^{STO} \tag{1.25b}$$

式中,F_s^{VA} 和 F_s^{HA} 分别代表成分 s 的垂直(Ⅱa 项)和水平(Ⅱb 项)平流。目前存在一个问题是:这些项不能在单一塔上测定,并且这个方程的完整应用需要一个三维阵列的仪器设备。这个方程的不同分项的重要性将在第 5 章中讨论。

1.5 谱 分 析

完整的涡度协方差分析、数据质量标准的应用或者一些校正因子的正确评估都需要对(协)方差进行谱分析。本节旨在提供关于信号的谱分析、大气湍流(协)谱及测定影响这些(协)谱的必要信息,以使得读者可完成这些分析。谱分析的更多细节可以在 Stull(1988)、Kaimal 和 Finnigan(1994)或者 Foken(2008)编写的教科书中获得。

1.5.1 湍流的谱分析

任何湍流都可被认为是大范围内各种尺寸的涡旋的叠加。因此,被放置在如此流场中的仪器所测得的信号会随时间的波动在较大频率范围内变化。湍流的空间和时间尺度之间的关系建立离不开泰勒的湍流冻结假说(Taylor 1938),这个假说设定当涡旋通过平均风的对流传输穿过一个固定的观测器时,其大小不会发生显著变化。谱分析采用信号频率分解,这是通过使用一个积分转换来完成的,将时间函数转换为频率函数(f[Hz]):

$$\mathcal{F}_s(f)=\frac{1}{\sqrt{2}}\int_{-\infty}^{\infty}\chi_s(t)\ e^{ift}\mathrm{d}t \tag{1.26}$$

$\mathcal{F}(f)$被称为信号的傅里叶变换。在涡度协方差中特别关注的是信号χ_s 的功率谱 C_{ss} 以及两个信号 w 和χ_s 的协谱 C_{ws} 。第一个可以定义为

$$C_{ss}(f)=\mathcal{F}_s(f)\cdot\mathcal{F}_s^*(f) \tag{1.27}$$

第二个作为交叉谱的实数部分,可定义为

$$C_{ws}(f)=\mathcal{F}_w(f)\cdot\mathcal{F}_s^*(f) \tag{1.28}$$

式中,$\mathcal{F}_s^*(f)$ 是 $\mathcal{F}_w(f)$ 的复数共轭。$C_{ss}(f)$ 和 $C_{ws}(f)$分别是谱和协谱密度。(协)频谱主要关注的是其在整个频率范围上的积分等同于信号(协)方差:

$$\int_0^{\infty}C_{ss}(f)\,\mathrm{d}f=\sigma_s^2$$
$$\int_0^{\infty}C_{ws}(f)\,\mathrm{d}f=\overline{w'\chi_s'} \tag{1.29}$$

因此,(协)谱可以被认为是(协)方差在幅宽为 df 的不同频率范围上的分布。

1.5.2 大气湍流的谱分析

在微气象学关注的频率范围内,湍流谱可被分为三个主要谱区:① 低频率(通常为 10^{-4} Hz)是含能区,这个区产生湍流能量;② 中间频率是惯性子区,其中能量既不产生也不消散,但是由于“能量级联”过程(如 Stull 1988),能量被传递到越来越小的涡旋中;③ 高频率是

耗散区，其中湍流能量通过黏滞作用而耗散。通过考虑相似的争论，我们可以推导得到，适当的归一化的(协)谱形状可重复并且可以由通用关系来描述。Kaimal 等(1972)提出的动量及感热协谱的参数化如下所示：

$$-\frac{fC_{uw}(f)}{u^{*2}}=\frac{12n}{(1+9.6n)^{\frac{7}{3}}} \tag{1.30a}$$

$$-\frac{fC_{w\theta}(f)}{u^{*}\theta^{*}}=\frac{11n}{(1+13.3n)^{\frac{7}{4}}}, 当\ n\leqslant 1\ 时$$

$$-\frac{fC_{w\theta}(f)}{u^{*}\theta^{*}}=\frac{4n}{(1+3.8n)^{\frac{7}{3}}}, 当\ n\geqslant 1\ 时 \tag{1.30b}$$

式中，n 是一个无量纲频率，定义为 $n=f(h_m-d)/\overline{u}$，并且 d 是零平面位移高度。协方差 $\overline{u'w'}$ 和 $\overline{w'\theta'}$ 分别是由 u^{*2} 和 $u^{*}\theta^{*}$ 标准化而得来的，其中 u^{*} 是摩擦风速，θ^{*} 是动态温度。公式(1.30)的示意图见图 1.3(黑色曲线)。

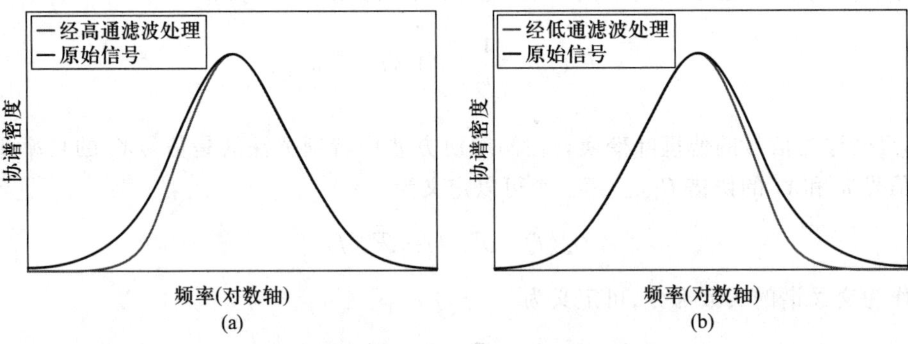

图 1.3 分别经高通滤波((a)，灰色曲线)和低通滤波((b)，灰色曲线)处理的典型大气协谱曲线(黑色曲线)

1.5.3 传感器筛选

如任何传感器一样，涡度协方差系统都会充当抑制高频和低频的频率过滤器。产生这种情况的原因可能多种多样，这将在第 4.1.3 节中详细讨论。在本章中，我们仅限于描述低频或高频滤波对(协)谱形状及随之导致的误差的影响，而该误差会影响通量。同时，我们也会讨论这个影响随测量高度及风速的演变。

为了描述由测量系统造成的高频或低频的衰减，信号理论一般采用 S 型传递函数。在信号没有被减弱的频率范围内，传递函数等于 1，而在信号被减弱的频率范围内，传递函数降为 0。这些函数的形状随影响衰减的过程而变化(见第 4.1.3 节)。

举例来说，图 1.3 描述了过滤对典型协谱的影响，图 1.3a 显示高通滤波的影响，而图 1.3b 显示低通滤波的影响。

由频率丢失所导致的通量的相对误差 $\frac{\delta_s}{F_s^{EC}}$,可根据公式(1.31)进行计算：

$$\frac{\delta_s}{F_s^{EC}} = 1 - \frac{\int_0^\infty C_{ws}(f)\ T_{ws}(f)\,df}{\int_0^\infty C_{ws}(f)\,df} \tag{1.31}$$

式中, $C_{ws}(f)$ 是理论协谱密度, $T_{ws}(f)$ 是设备传递函数。公式(1.31)右侧的积分比率可以由图 1.3 中灰色和黑色曲线下方的面积的比率表示。图 1.3a 清楚地表明,高通滤波会造成协方差的丢失,并且始终引起一个系统误差。图 1.3b 显示低通滤波会导致同样的情况。尽管如此,这种结果可能具有迷惑性,因为低频谱范围(含能区)并没有被很好地定义,它可能也依赖于中尺度大气运动。在一些情况下,有可能观测到在低频和高频下的不同符号的协谱密度。而在这些情况下,低通滤波的影响并不一定是系统性的。

1.5.4 高度和风速测量的影响因素

之前的观察允许预测测量高度和风速对因频率损失导致的误差的影响,这被综合在图 1.4中。

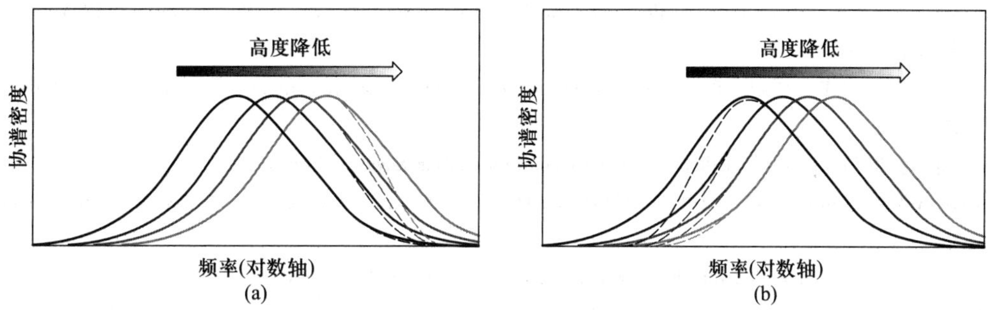

图 1.4 (a)无阻尼(实线)和低通滤波处理(虚线)的协谱;(b)无阻尼(实线)和高通滤波处理(虚线)的协谱

公式(1.30)将通用协谱描述为无量纲频率的函数 $n = \frac{f(h_m - d)}{\bar{u}}$ 。这意味着 $h_m - d$ 的减少会使协谱向高频移动(图 1.4)。然而,由于设备传递函数不依赖于测量高度,被放置在较低高度的系统将会对高频损失更敏感(图 1.4a),而被放置在较高位置的系统则会对低频损失更敏感(图 1.4b)。第一种情况会要求装置能够捕捉更高频率的波动,而第二种情况会需要更长的平均时间(低频损失的主要原因)。更多关于频率损失及其校正的细节将在第 4.3.1 节中介绍。

致 谢

感谢欧盟(FP5, 6, 7)、比利时基金科学研究所(FNRS-FRS),比利时联邦科学政策办公室(BELSPO)和 Communauté française de Belgique (Action de Recherche Concertée)的经费支持。

参考文献

André J-C, Bougeault P, Goutorbe J-P (1990) Regional estimates of heat and evaporation fluxes over non-homogeneous terrain, Examples from the HAPEX-MOBILHY programme. Bound Layer Meteorol 50:77-108

Aubinet M, Grelle A, Ibrom A, Rannik Ü, Moncrieff J, Foken T, Kowalski AS, Martin PH, Berbigier P, Bernhofer C, Clement R, Elbers J, Granier A, Grünwald T, Morgenstern K, Pilegaard K, Rebmann C, Snijders W, Valentini R, Vesala T (2000) Estimates of the annual net carbon and water exchange of forests: the EUROFLUX methodology. Adv Ecol Res 30:113-175

Baldocchi D, Falge E, Gu L, Olson R, Hollinger D, Running S, Anthoni P, Bernhofer C, Davis K, Evans R, Fuentes J, Goldstein A, Katul G, Law B, Lee X, Malhi Y, Meyers T, Munger W, Oechel W, PawU KT, Pilegaard K, Schmid HP, Valentini R, Verma S, Vesala T (2001) FLUXNET: a new tool to study the temporal and spatial variability of ecosystem-scale carbon dioxide, water vapor, and energy flux densities. Bull Am Meteorol Soc 82:2415-2434

Barrett EW, Suomi VE (1949) Preliminary report on temperature measurement by sonic means. J Meteorol 6: 273-276

Boussinesq J (1877) Essai sur la théorie des eaux courantes. Mem Savants Etrange 23, 46 pp

Bovscheverov VM, Voronov VP (1960) Akustitscheskii fljuger (Acoustic rotor). Izv AN SSSR Ser Geofiz 6: 882-885

Brutsaert W (1982) Evaporation into the atmosphere. D. Reidel Publ. Co., Dordrecht, 299 pp

Buck AL (1973) Development of an improved Lyman-alpha hygrometer. Atmos Technol 2:213-240

Businger JA (1982) Equations and concepts. In: Nieuwstadt FTM, Van Dop H (eds) Atmospheric turbulence and air pollution modelling: a course held in The Hague, 21-25 September 1981. D. Reidel Publ. Co., Dordrecht, pp 1-36

Businger JA, Oncley SP (1990) Flux measurement with conditional sampling. J Atmos Ocean Technol 7:349-352

Coppin PA, Taylor KJ (1983) A three component sonic anemometer/thermometer system for general micrometeorological research. Bound Layer Meteorol 27:27-42

Desjardins RL (1977) Description and evaluation of a sensible heat flux detector. Bound Layer Meteorol 11:147-154

Elagina LG (1962) Optitscheskij pribor dlja izmerenija turbulentnych pulsacii vlaschnosti (Optical sensor for the measurement of turbulent humidity fluctuations). Izv AN SSSR, ser Geofiz. 12:1100-1107

Elagina LG, Lazarev AI (1984) Izmerenija tschastotnych spektrov turbulentnych pulsacij CO_2 v prizemnom sloje atmosphery (Measurement of the turbulence spectra of CO_2 in the atmospheric surface layer). Izv AN SSSR Fiz Atm Okeana 20:536-540

Falge E, Baldocchi D, Olson R, Anthoni P, Aubinet M, Bernhofer C, Burba G, Ceulemans R, Clement R, Dolman

H, Granier A, Gross P, Grünwald T, Hollinger D, Jensen NO, Katul G, Keronen P, Kowalski A, Lai CT, Law BE, Meyers T, Moncrieff H, Moors E, Munger JW, Pilegaard K, Rannik Ü, Rebmann C, Suyker A, Tenhunen J, Tu K, Verma S, Vesala T, Wilson K, Wofsy S (2001a) Gap filling strategies for long term energy flux data sets. Agric For Meteorol 107:71-77

Falge E, Baldocchi D, Olson R, Anthoni P, Aubinet M, Bernhofer C, Burba G, Ceulemans R, Clement R, Dolman H, Granier A, Gross P, Grünwald T, Hollinger D, Jensen NO, Katul G, Keronen P, Kowalski A, Lai CT, Law BE, Meyers T, Moncrieff H, Moors E, Munger JW, Pilegaard K, Rannik Ü, Rebmann C, Suyker A, Tenhunen J, Tu K, Verma S, Vesala T, Wilson K, Wofsy S (2001b) Gap filling strategies for defensible annual sums of net ecosystem exchange. Agric For Meteorol 107:43-69

Finnigan JJ, Clement R, Malhi Y, Leuning R, Cleugh HA (2003) A re-evaluation of long-term flux measurement techniques, Part I: averaging and coordinate rotation. Bound Layer Meteorol 107:1-48

Foken T (2008) Micrometeorology. Springer, Berlin/Heidelberg, 308 pp

Foken T, Dlugi R, Kramm G (1995) On the determination of dry deposition and emission of gaseous compounds at the biosphere-atmosphere interface. Meteorol Z 4:91-118

Foken T, Oncley SP (1995) Results of the workshop 'Instrumental and methodical problems of land surface flux measurements'. Bull Am Meteorol Soc 76:1191-1193

Foken T, Wichura B (1996) Tools for quality assessment of surface-based flux measurements. Agric For Meteorol 78:83-105

Garratt JR (1992) The atmospheric boundary layer. Cambridge University Press, Cambridge, 316 pp

Gash JHC (1986) A note on estimating the effect of a limited fetch on micrometeorological evaporation measurements. Bound Layer Meteorol 35:409-414

Gerosa G, Cieslik S, Ballarin-Denti A (2003) Ozone dose to a wheat field determined by the micrometeorological approach. Atmos Environ 37:777-788

Güsten H, Heinrich G (1996) On-line measurements of ozone surface fluxes: Part I: methodology and instrumentation. Atmos Environ 30:897-909

Hanafusa T, Fujitana T, Kobori Y, Mitsuta Y (1982) A new type sonic anemometer-thermometer for field operation. Pap Meteorol Geophys 33:1-19

Hargreaves KJ, Fowler D, Pitcairn CER, Aurela M (2001) Annual methane emission from Finnish mires estimated form eddy co-variance campaign measurements. Theor Appl Climatol 70: 203-213

Horst TW, Weil JC (1994) How far is far enough?: The fetch requirements for micrometeorological measurement of surface fluxes. J Atmos Ocean Technol 11:1018-1025

Hyson P, Hicks BB (1975) A single-beam infrared hygrometer for evaporation measurement. J Appl Meteorol 14: 301-307

Kaimal JC, Businger JA (1963) A continuous wave sonic anemometer-thermometer. J Clim Appl Meteorol 2: 156-164

Kaimal JC, Finnigan JJ (1994) Atmospheric boundary layer flows: their structure and measurement. Oxford University Press, Oxford, 289 pp

Kaimal JC, Wyngaard JC, Izumi Y, Coté OR (1972) Spectral characteristics of surface layer turbulence. Q J R Meteorol Soc 98:563-589

Karl TG, Spirig C, Rinne J, Stroud C, Prevost P, Greenberg J, Fall R, Guenther A (2002) Virtual disjunct eddy covariance measurements of organic compound fluxes from a subalpine forest using proton transfer reaction mass spectrometry. Atmos Chem Phys 2:279-291

Kowalski AS, Serrano-Ortiz P (2007) On the relationship between the eddy covariance, the turbulent flux, and surface exchange for a trace gas such as CO_2. Bound Layer Meteorol 124:129–141

Kretschmer SI, Karpovitsch JV (1973) Maloinercionnyj ultrafiolеtovyj vlagometer (Sensitive ultraviolet hygrometer). Izv AN SSSR Fiz Atm Okeana 9:642–645

Kroon PS, Hensen A, Jonker HJJ, Ouwersloot HG, Vermeulen AT, Bosveld FC (2010) Uncertainties in eddy covariance flux measurements assessed from CH_4 and N_2O observations. Agric For Meteorol 150:806–816

Lamaud E, Brunet Y, Labatut A, Lopez A, Fontan J, Druilhet A (1994) The Landes experiment: biosphere-atmosphere exchanges of ozone and aerosol particles, above a pine forest. J Geophys Res 99:16511–16521

Laville P, Jambert C, Cellier P, Delmas R (1999) Nitrous oxide fluxes from a fertilized maize crop using micrometeorological and chamber methods. Agric For Meteorol 96:19–38

Lee X (1998) On micrometeorological observations of surface-air exchange over tall vegetation. Agric For Meteorol 91:39–49

Lenschow DH, Mann J, Kristensen L (1994) How long is long enough when measuring fluxes and other turbulence statistics? J Atmos Ocean Technol 11:661–673

Lettau HH, Davidson B (eds) (1957) Exploring the atmosphere's first mile, vol 1. Pergamon Press, London/New York, 376 pp

Leuning RL (2003) Measurements of trace gas fluxes in the atmosphere using eddy covariance: WPL corrections revisited. In: Lee X et al (eds) Handbook of micrometeorology. Kluwer Academic, Dordrecht/Boston/London, pp 119–132

Leuning RL (2007) The correct form of the Webb, Pearman and Leuning equation for eddy fluxes of trace gases in steady and non-steady state, horizontally homogeneous flows. Bound Layer Meteorol 123:263–267

Leuning RL, Moncrieff JB (1990) Eddy covariance CO_2 flux measurements using open and closed path CO_2 analysers: correction for analyser water vapour sensitivity and damping of fluctuations in air sampling tubes. Bound Layer Meteorol 53:63–76

Martini L, Stark B, Hunsalz G (1973) Elektronisches Lyman-Alpha-Feuchtigkeitsmessgerät. Z Meteorol 23:313–322

McBean GA (1972) Instrument requirements for eddy correlation measurements. J Appl Meteorol 11:1078–1084

McMillen RT (1988) An eddy correlation technique with extended applicability to non-simple terrain. Bound Layer Meteorol 43:231–245

Mitsuta Y (1966) Sonic anemometer-thermometer for general use. J Meteorol Soc Jpn Ser Ⅱ 44:12–24

Moncrieff JB (2004) Surface turbulent fluxes. In: Kabat P et al. (eds) Vegetation, water, humans and the climate. A new perspective on an interactive system. Springer, Berlin/Heidelberg, pp 173–182

Moncrieff JB, Massheder JM, DeBruin H, Elbers J, Friborg T, Heusinkveld B, Kabat P, Scott S, Soegaard H, Verhoef A (1997a) A system to measure surface fluxes of momentum, sensible heat, water vapor and carbon dioxide. J Hydrol 188–189:589–611

Moncrieff JB, Valentini R, Greco S, Seufert G, Ciccioli P (1997b) Trace gas exchange over terrestrial ecosystems: methods and perspectives in micrometeorology. J Exp Bot 48:1133–1142

Montgomery RB (1948) Vertical eddy flux of heat in the atmosphere. J Meteorol 5:265–274

Moore CJ (1986) Frequency response corrections for eddy correlation systems. Bound Layer Meteorol 37:17–35

Obukhov AM (1951) Charakteristiki mikrostruktury vetra v prizemnom sloje atmosfery (Characteristics of the micro-structure of the wind in the surface layer of the atmosphere). Izv AN SSSR ser Geofiz 3:49–68

Ohtaki E, Matsui T (1982) Infrared device for simultaneous measurement of fluctuations of atmospheric carbon dioxide and water vapor. Bound Layer Meteorol 24:109–119

Raupach MR (1978) Infrared fluctuation hygrometer in the atmospheric surface layer. Q J R Meteorol Soc 104: 309-322

Schmid HP, Oke TR (1990) A model to estimate the source area contributing to turbulent exchange in the surface layer over patchy terrain. Q J R Meteorol Soc 116:965-988

Schotanus P, Nieuwstadt FTM, DeBruin HAR (1983) Temperature measurement with a sonic anemometer and its application to heat and moisture fluctuations. Bound Layer Meteorol 26:81-93

Schotland RM (1955) The measurement of wind velocity by sonic waves. J Meteorol 12:386-390

Schuepp PH, Leclerc MY, MacPherson JI, Desjardins RL (1990) Footprint prediction of scalar fluxes from analytical solutions of the diffusion equation. Bound Layer Meteorol 50:355-373

Sellers PJ, Hall FG, Asrar G, Strebel DE, Murphy RE (1988) The first ISLSCP field experiment (FIFE). Bull Am Meteorol Soc 69:22-27

Smith KA, Clayton H, Arah JRM, Christensen S, Ambus P, Fowler D, Hargreaves KJ, Skiba U, Harris GW, Wienhold FG, Klemedtsson L, Galle B (1994) Micrometeorological and chamber methods for measurement of nitrous oxide fluxes between soils and the atmosphere: overview and conclusions. J Geophys Res 99:16541-16548

Spirig C, Neftel A, Ammann C, Dommen J, Grabmer W, Thielmann A, Schaub A, Beauchamp J, Wisthaler A, Hansel A (2005) Eddy covariance flux measurements of biogenic VOCs during ECHO 2003 using proton transfer reaction mass spectrometry. Atmos Chem Phys 5:465-481

Stull RB (1988) An introduction to boundary layer meteorology. Kluwer Academic, Dordrecht/Boston/London, 666 pp

Suomi VE (1957) Sonic anemometer-University of Wisconsin. In: Lettau HH, Davidson B (eds) Exploring the atmosphere's first mile. Pergamon Press, London/New York, pp 256-266

Swinbank WC (1951) The measurement of vertical transfer of heat and water vapor by eddies in the lower atmosphere. J Meteorol 8:135-145

Taylor GI (1938) The spectrum of turbulence. Proc R Soc Lond A164 (919):476-490

Tsvang LR, Fedorov MM, Kader BA, Zubkovskii SL, Foken T, Richter SH, Zelený J (1991) Turbulent exchange over a surface with chessboard-type inhomogeneities. Bound Layer Meteorol 55:141-160

Vickers D, Mahrt L (1997) Quality control and flux sampling problems for tower and aircraft data. J Atmos Ocean Technol 14:512-526

Webb EK, Pearman GI, Leuning R (1980) Correction of the flux measurements for density effects due to heat and water vapour transfer. Q J R Meteorol Soc 106:85-100

Zhang SF, Wyngaard JC, Businger JA, Oncley SP (1986) Response characteristics of the U.W. sonic anemometer. J Atmos Ocean Technol 2:548-558

第 2 章

测量、建塔及站点设计考虑

J.William Munger, Henry W. Loescher, Hongyan Luo

2.1 引　　言

过去 20 年，虽然开展涡度协方差 CO_2 通量测量的站点数目在迅速增加，但是如何构建一套新的系统依然是个挑战。我们不仅在塔的设计和布局上有无数的选项，而且可供选择的仪器和配置的范围也在持续扩大。我们从这些选项中希望找到一个最优方案，既符合站点针对的科学目标所需的最佳精度和准确度，又有最低的安装和运行成本。站点设计只是保证结果精度和准确度的第一步。站点运行也必须包含一套质量保证测试的程序，以核实随着时间推移，安装的测量系统是否在目标精度和准确度范围内工作。这种校准和验证对于了解站点的整体表现及相关的不确定性是必不可少的，并且对于确保不同站点和同一站点运行期间的数据之间的比较具有可信度来说，也是必要的。在本章中，我们提供关于塔址选择和设计方面的理论基础、实践指导以及相关仪器选择、安装和操作上的建议。

J.W.Munger(✉)
School of Engineering and Applied Sciences, and Department of Earth and Planetary Sciences, Harvard University, Cambridge, MA, USA

H.W.Loescher · H.Luo
National Ecological Observatory Network, Boulder, CO 80301, USA

Institute of Alpine and Arctic Research (INSTAAR), University of Colorado, Boulder, CO 80303, USA
e-mail: hloescher@neoninc.org; hluo@neoninc.org

M.Aubinet et al. (eds.), *Eddy Covariance: A Practical Guide to Measurement and Data Analysis*, Springer Atmospheric Sciences, DOI 10.1007/978-94-007-2351-1_2,

2.2 通量塔的考虑事项

最为重要的决策之一是在哪里建塔、塔的设计以及测量位置。在科学要求、工程标准、费用及可操作性之间做折中是不可避免的。虽然没有完美的塔设计或塔址，但是在本章中，基于理论和实践以及由微气象学、生物气象学、边界层研究团体汇集的经验和智慧，我们会提出一些指导方针。建造一座新站点就变成了这样一个任务，即以最佳方式使各种潜在的气流扰动引起的系统偏差最小化，同时又保持站点的生态完整性（ecological integrity）。在本章中，我们会描述这些系统偏差的来源，并且提出使基于塔的涡度协方差测量（湍流和梯度方法）和微气象学的研究项目的科学完整性（scientific integrity）最优化的指导方针。本章的其他主题还包括了解塔体和塔的设计如何影响周围气流（风）和微气候，以及确保塔的大小、高度、位置、物理属性和朝向最优化，从而使得这些影响最小化。

2.2.1 通量塔设计的理论考量

2.2.1.1 多样的生态系统和环境

测量一个生态系统的微气候及冠层上的标量交换存在一系列独特的挑战。地球上的生态系统在结构与功能上都呈现多样化，并且它们还存在于各种极端环境中。因此，通量塔的设计需要达到以最佳方式捕捉从复杂的森林生态系统到相对简单的草地生态系统的生态驱动力和过程。塔本身及其支撑结构和各种仪器设备都必须足够牢固，从而在使用期间抵挡预期的恶劣环境。此外，塔本身应能保证技术人员在全年都能安全接近仪器设备，尤其是在恶劣条件下，比如高温、0%～100%相对湿度（relative humidity，RH）、冰雪覆盖、狂风、雷电以及筑巢的鸟类或者昆虫等；以上的所有这些恶劣条件都对通量塔设计提出了特殊的挑战。

2.2.1.2 通量塔结构对周围气流的物理影响

通量塔既要穿过植物冠层进行测量，还要接触到冠层之上混合良好的边界层，这就提出了在灵活且移动的冠层中构建稳固而不可活动的平台这一挑战性需求。虽然在物理意义上，森林冠层的测量最具挑战性，但是低矮的农作物和草地也不能完全避免这些问题。几种扰动（层流、尾流、烟囱效应）都能够影响通量塔测量，需要根据通量塔所在的特定生态系统类型（结构和环境条件），对每种扰动方式的影响做出评估。

1）*在通量塔迎风面的气流畸变*

通量塔的结构阻碍气流，改变了附近的风速和风向。关于障碍物周围流线的示意图（图2.1）展示了流线是如何在上游随障碍物而分散的。由风冲击障碍物而产生的增大的压力场会在障碍物的迎风面产生一个滞点（stagnation point）（风速为0）。在障碍物下风向一定距离内的风也会变形。值得注意的是，受气流畸变影响的上风向距离随障碍物大小的增加而增加（Akabayashi et al.1986）。在一个风速恒定为9.2 m s^{-1}的风洞里面，在实验塔前方和迎风方向

1 倍塔直径范围内都观测到风速的降低(Čermák and Horn 1968)。在一个安装在大洋中的塔平台的迎风方向上并且在距塔 1 倍塔直径范围内,风速被降低最高达 30%(Thornthwaite et al. 1962, 1965)。在下游分离(separation downstream)区内,同样可以观测到回流气流(Davies and Miller 1982)(图 2.2)。

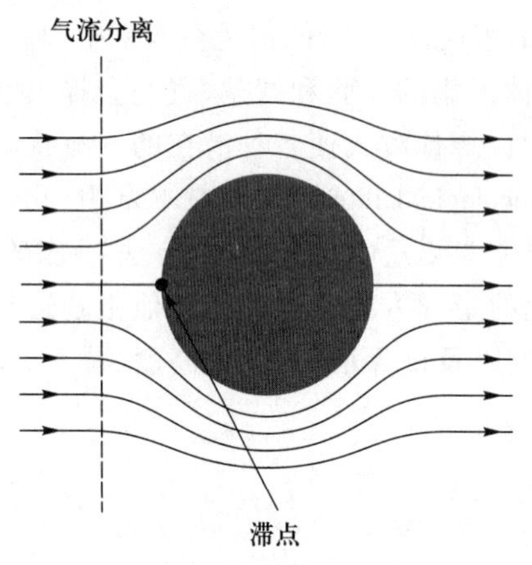

图 2.1 围绕垂直于气流方向(从立柱顶部往下看)的障碍物的流线的概念示意图。流线在上游开始分散的点由虚线表示。气流速度达到 0 的滞点由圆点表示

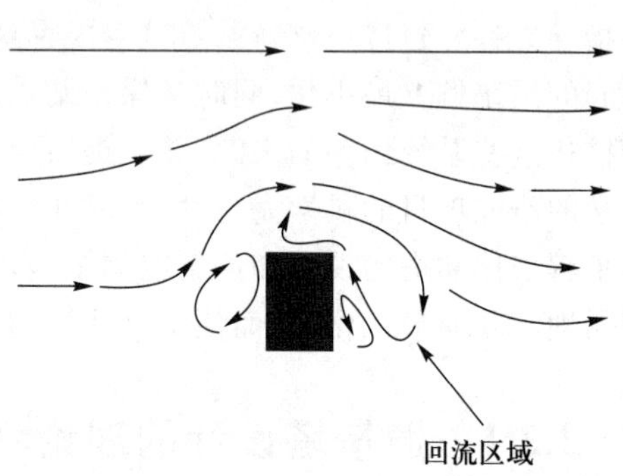

图 2.2 从障碍物的侧面观察。迎风流畸变(windward flow distortion)和背风流畸变(lee-side flow distortion)的概念示意图

2) 在通量塔背风面的气流畸变

风速在塔的背风面被减弱,这就是尾迹区。Moses 和 Daubek(1961)曾报道,在一个横截面为 2 m×2 m 的通量塔的尾迹区,微风的降速达 50%,而速度为 4~6 m s^{-1} 的风的降速达 25%。而在另一个报告中,速度为 8~12 m s^{-1} 的风降速 7%(Shinohara 1958)。障碍物后面的尾迹效应的范围及大小都随风速增加而显著减弱,这是因为随着风速增加,湍流重建也更快。在一个风洞实验中,在 2 倍塔直径范围内,同样也可以观察到速度为 9.2 m s^{-1} 的风降速 40%(Čermák and Horn 1968)(图 2.3)。这种尾迹效应发生在下风向中心线一个±30°扇区的确定范围内。尾迹效应受障碍物大小(长和宽)的影响。

3) 在通量塔侧面的气流畸变

当气流从塔周围经过时,塔会改变气流流线,使塔侧面周围的风加速。加速的原因是由于塔两个侧面的压强降低,就像喷嘴(Munson et al. 1998)。在原地一个"类似箱子"的平台上,在侧面两个"喷嘴"中,最大的风速增速能达到 18%(Thornthwaite et al. 1962, 1965)。此外,在另一个实验中,顺着塔侧面的风速增速达到了 19%(Dabberdt 1968)。在一个风洞实验中,塔两侧周围的风速在 1 倍到 2 倍障碍物直径距离范围内增加了 6%(Čermák and Horn 1968)。

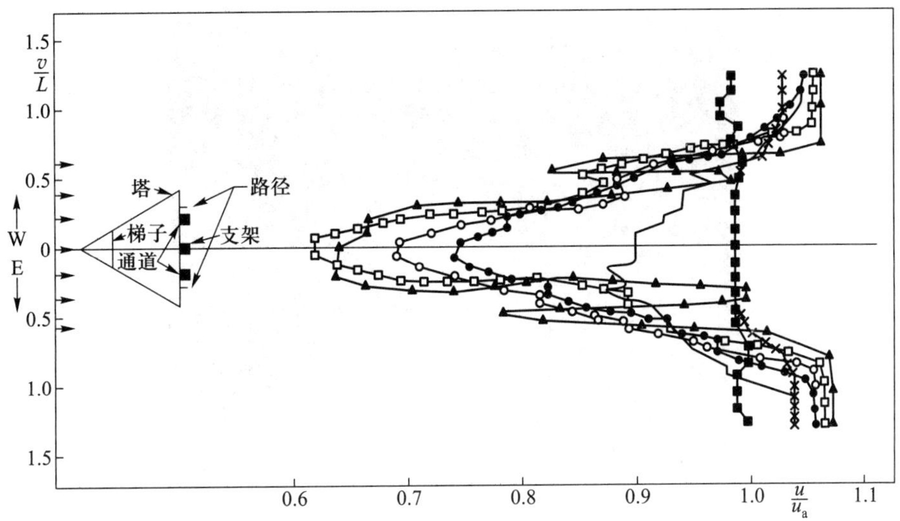

图 2.3 横向风廓线及塔模型,显示了穿过在风洞中设置的几个下游位置的尾迹的水平变化。说明:坐标轴的单位根据工程无量纲分析而作了均一化处理,其中,y 轴是测得的侧风组分(v)及通过物理长度尺度(L)均一化的值,x 轴是测得的纵向风速(u)及通过风洞中的稳定且受控的风速(u_a)所均一化的值,其中 u_a 为 9.2 m s^{-1},设定在 0°。实心正方形,站点-1(-37.5 cm);十字,站点 0(0.00 cm);实心三角,站点 1(37.5 cm);空心正方形,站点 2(75 cm);空心圆,站点 3(150 cm);实心圆,站点 4(300 cm);实线,站点 5(750 cm)(据 Čermák 和 Horn(1968)重绘)

4) 在通量塔顶上的气流畸变和烟囱效应

当气流经过一个垂直障碍物(这里指通量塔),原来的气流被分散,并且在塔的侧面和顶部加速。分散的气流也会沿着障碍物的墙壁垂直加速(图 2.4)。在一个塔的迎风面,可以观察到气流向上偏转和加速(图 2.5, Sanuki and Tsuda 1957)。风速在一个"类似箱子"平台的逆风前缘(upwind leading edge)上的增加可达到 40%(Thornthwaite et al. 1962, 1965)。

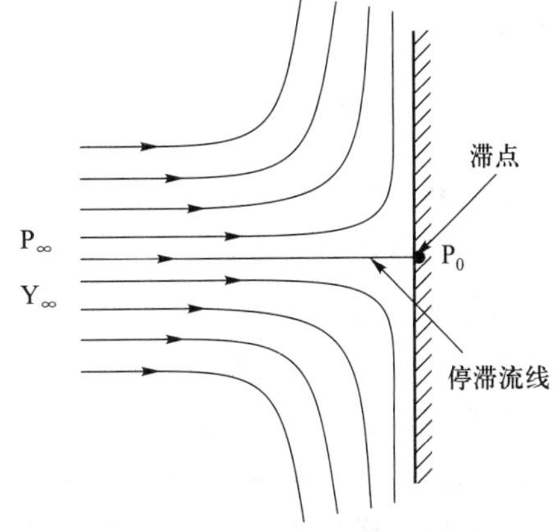

图 2.4 从物体的侧面观看。显示气流的垂直偏转(烟囱效应)的概念示意图

塔基座和结构的加热能引起对流环流,这可能会增强垂直偏转,导致强"烟囱"效应,即选择性地将靠近地面的空气移动到塔的顶部。这种类型的效应是塔(包括基座)的质量、塔的空间分布、塔和基座的热容量、塔的结构形状、对现有植物冠层的干扰度(建塔期间在生态系统中造成的林窗和空地)以及输入生态系统的净辐射量的函数。在塔的设计或者是基于塔的测量中,任何改变自然条件的因素都能加强这些效应。

站点干扰能通过移除植物体、落叶和干扰土壤来改变塔附近的局部对流。如果相比干扰之前,干扰之

图 2.5 围绕一个风速仪塔的气流,其中顶部位于相当于塔直径的高度。在塔的迎风面,可以观测到风向上的偏转和加速(Sanuki and Tsuda 1957)

后的地面(或者说地基)受热更多,那么净辐射量和反照率就会改变,在塔周围形成局部环流。类似地,较大的塔结构和地基、更多的混凝土质量和更多的干扰都会产生附加的对流并增强烟囱效应。由于塔的混凝土地基和金属结构的热容量低,其加热比周围的土壤更加迅速。为了减弱这种影响,建塔时尽可能选择较小的塔结构和混凝土地基。

2.2.1.3 水平支撑杆的大小

在 1976 年国际湍流比较实验(International Turbulence Comparsion Experiment)中,有参与者报道,直径为 0.05 m 的水平支撑结构造成了平均风速为 0.1 m s^{-1}的上升气流(Dyer 1981),而如此大小的上升气流足以使涡度协方差测量无效。因此,用来安装风速仪的水平杆也必须最小化,并且应该恰好可以提供一个安全稳定的测量平台。

2.2.1.4 塔偏转和振动

塔的物理稳定性会影响风的测量和湍流结构(Barthlott and Fiedler 2003)。因为涡度协方差技术利用风速和标量浓度之间的协方差,也就是温度、水分、CO_2等的湍流脉动,所以塔的任何与风速或感兴趣的标量的湍流脉动共变的运动都会增加估算的不确定性,比如塔随着风的摆动或风引起的简谐运动或振动。现有技术能准确测量的风速为 0.02 m s^{-1},因此塔或者吊杆的移动必须低于此临界值,并且不应该有片刻时间与风在 1~20 Hz 存在共变(谐波效应)。快速响应加速计(fast response accelerometer)可以用来量化上述运动。工作人员在塔上操作引起的运动可以忽略不计,这是因为他们引起的运动不会与风或者标量交换产生共变,而且工作人员在塔上维护仪器设备时,数据记录通常会被暂时中断。同时还应该注意一点,塔的摇摆会使工作人员在塔上工作时感觉不舒服。

2.2.1.5 在高冠层林窗处的回流区

气流经过障碍物后,由于压力梯度产生的尾迹效应会形成回流(Arya 1988)(图 2.2)。冠层边缘(Chen et al. 1990, 1992, 1993a, 1993b)、为了进出塔而造成的冠层林窗或者建筑物等其他结构都能导致回流的产生(图 2.6,注意由较低的风向标指示的返回气流与顶部的风向标呈相反方向(Vaucher et al. 2004))。在冠层林窗中形成的回流区域,其水平尺度(距离)等于 2~5 倍冠层高度(也就是垂直尺度,图 2.7,Detto et al. 2008)。回流区域的大小在 1~15 倍冠层高度变化,这取决于导致回流产生的障碍物的长宽比和高宽比(Arya 1988)。即使在非森林生态系统中,虽然其受影响区域更小并且传感器更靠近地面,但回流的产生也是一个值得关注的问题。障碍物(塔)尺寸越大,就越可能形成更大的回流区。返回的气流还会增加产生上升气流的可能性及加强烟囱效应,这会显著影响风的测量和扰乱混合比梯度。为了避免人为造成的回流区域,在塔的建设和布置时期,应该使产生的冠层林窗最小。同时,树和枝条能阻碍(drag)这些回流区域的形成,因此对它们的移除也必须减到最少。气流回流在高大的森林冠层中最为明显,但是在低矮的草地和农作物冠层中也必须加以考虑。值得注意的是,在低矮的冠层中,支撑结构和传感器的尺度相对于冠层高度更大。

图 2.6 一个展示空泡流的实验,其中在建筑物顶的气流向西(地面以上 10 m),而在地上 2 m 的气流向东(根据 Vaucher 等(2004)重绘)

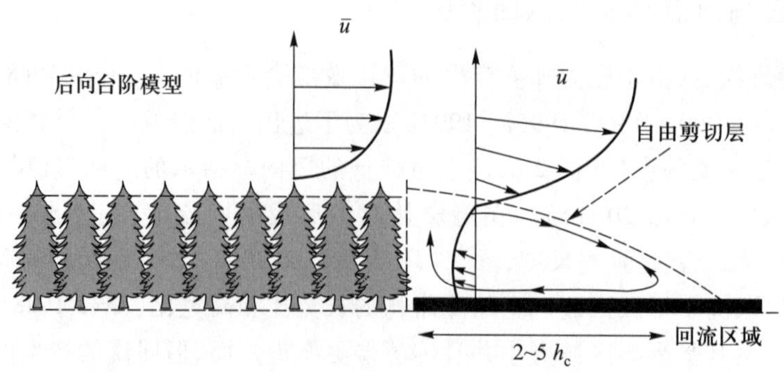

图 2.7 靠近森林边缘的湍流结构的概念模型(Detto et al. 2008)。在森林的开阔地带形成了回流区,其长度(距离)相当于 2~5 倍冠层高度(h_c)

2.2.2 塔的设计与科学要求

2.2.2.1 塔的选址要求

通量塔应该位于感兴趣的代表性生态系统当中。微气象要求包括在所有期望风向和各种大气稳定性条件下都具有足够的风区,并且测量点应该位于空间上均质且结构上均一的植被冠层的中央或者下风向上,而这在实际操作当中很难实现。通量塔(以及相应的支撑杆方向)的位置应当使其能够最长时间地迎着从期望的地表覆盖类型吹来的风,并且可以获得最长的上风区。因为有些生态系统类型不具备均一的覆盖类型,所以应该分析主风方向、地表覆盖类型和地势,以确定在不同稳定条件下、不同风速和风向条件下的源区,这可为选择合适的塔址提供有用的指导(见第 8 章; Foken and Leclerc 2004; Horst 2001; Horst and Weil 1992, 1994, 1995; Kormann and Meixner 2001; Schmid 1994; Schmid and Lloyd 1999; Schuepp et al. 1990)。在复杂地形中,通量塔的位置应该可以使流入/流出站点的气流最小化,并且使水平通量辐散、对流运动及空气域(airshed)的引流(drainage)最小化(Lee 1998; Loescher et al. 2006a; Paw et al. 2000)。

生态系统结构的不连续性也会影响局地环流和气流以及随后的测量,因此也应该在通量塔选址时予以避免。植被冠层是动态变化的,并且其结构和表面热量甚至在通量塔竖立之后也能被自然干扰及人为干扰改变,前者例如树木倒落、风倒木等,而后者如采伐、收割、清除、道路建设、开发,甚至是为了使塔能够穿过冠层而创造的林窗。即使在微气象条件理想的地方(均一的源/汇强度、平坦的地形和植物冠层、较短的粗糙长度),也有研究表明小的清伐能在对流湍流期间改变局地环流以及改变站点的气流统计值(Leclerc et al. 2003; Loescher et al. 2006a)。即使在冠层较矮的植被区,当地表条件改变而不再满足理想条件时(例如单一管理状况下受收割、放牧、刈割等干扰),异常的气流也能够发生并且影响基于塔的测量。即使是那些在高度和其他条件上看起来小的、微观尺度上的不连续性,也能干扰风场和感热/潜热模式或者使测量值不能代表局地微气候,如温度、长波和短波辐射以及反射光合有效辐射等。在另外的一个例子中,低空急流(low-level jets)能下降穿过大气边界层并且改变塔周围的气流

(Karipot et al. 2008, 2009)。然而,这些气流是短暂且罕见的,一旦被识别,可以轻易地从数据集中剔除。驻波(standing wave)则非常常见,其伴随的发生条件包括机械湍流、高风速和地形起伏的矮冠层生态系统,如沙丘、草坪、牧场和苔原。这些异常的气流能在数据集中引起定向的系统偏差。即使在站点位置已经选好和塔已经建成的情况下,也必须对数据集做周期性的严格检查。如果检测到这种气流,应考虑更改塔的位置。

塔的选址标准也视调查研究及感兴趣的项目的科学要求而定。最小化由塔基础构造引起的流入和流出站点的气流,对于减少季节-年际时间尺度上涡度协方差方法和局地尺度微气象估计值的不确定性是十分重要的,但在基于过程的研究中则不那么重要。这是因为不确定性的相对大小每天都在改变或者随着气候在天气尺度上的改变而改变。虽然没有一致接受的标准,通量塔定址的一般原则是:在预期的环境条件下,具备足够的风区来测量所考虑的代表性生态系统,也就是说超过 80% 的贡献来自代表性生态系统,并且设计目标是 90% 的贡献。连续时间序列尽可能多地来自源区有利于年内和年际的净生态系统交换(net ecosystem exchange,NEE)估计,而保证源区对测量的贡献超过 80%则至关重要。然而,在基于过程和基于调查(campaign-based)的研究中,可以把测量限定在预先设定的一套环境条件下,例如,选择特定时期,比如在夏季不稳定大气层下的光响应曲线或者选择 $u^* > 0.25\ \mathrm{m\ s^{-1}}$ 的夜间 NEE,并且限制用于平均周期的数量,比如只选用那些达到 80%标准的时期。在涡度协方差数据的后期处理中,不确定性的估算也能用作评价塔位置是否合适的稳健诊断工具(Göckede et al. 2004, 2006, 2008),可以与足迹和定向分析、地形学、植被作图等一起用于诊断数据质量。

当考虑塔的位置时,其他的生态学标准也可能比较重要,如避免建在野生动物的迁徙路径上(例如,北美驯鹿季节性迁徙的廊道)或濒危动物的繁殖地。所有为选择特定通量塔站点位置的最终决策和标准都必须记录、存档以及与最佳可行的实践方案联系起来,并且作为元数据附加到从站点采集的数据集中。

2.2.2.2 塔的结构要求

多数商业塔一般都是用钢铁或铝制作的。在这里不讨论安全和接近塔的问题,也不讨论需要遵守的相关规程和设计标准,这些问题应该咨询当地的建塔公司。然而,材料本身比起其满足特定站点科学要求的能力来说则不那么重要,这方面的要求包括尺寸大小与稳定性以及气流畸变和由热力作用引起的烟囱效应之间的权衡。拥有大投影足迹的塔($>6\ \mathrm{m^2}$)可能十分稳定,适合大的森林结构,但是不适合高度较低但立木密度较高的林冠。塔的结构完整性应该使其摆动、简谐运动或振动最小。当有人在塔上工作或者风速小于 $20\ \mathrm{m\ s^{-1}}$ 时,塔的摆动应该小于 1.0 mm/m 高度。塔也不应该在 1~20 Hz 频率范围内振动。由于所装载仪器设备、结冰以及有工作人员在上面而超过结构载重,使塔无法正确运行的情况屡见不鲜。塔还必须能够在预期的环境条件范围下支持测量,例如,$40\ \mathrm{m\ s^{-1}}$ 的风速,0%~100%的相对湿度,从-50 ℃到 50 ℃的温度,含盐空气,结冰(12.7 mm 的积冰),积雪(重量,深度为每年 5.1 m),降雨(每年 0~6.35 m)。因此,除了安全问题外,通量塔系统需要针对具体站点来设计,使其拥有足够的强度和稳定性,以能够承载所装载的重量,并经受所应用的温度和/或其他相伴随的环境现象,而不至于发生弯曲、故障和有害的变形。更多具体的指导方针和要求可能需要获得当地所在区域的许可程序的授权,而这些必须得以遵守。塔的大小应该依据安全和管理需要而优化,同时必须能够支持必要的仪器设备。过大的塔体会通过扰乱局地微气候和引起气流畸变而增加对周围环境的影响,这在上面的章节有提及。

塔的设计和材料应尽量达到最小的热质量和反射表面,因为它们能够改变辐射环境,也就是短波、长波、紫外线、红外线、反照率和温度谱线。减少暴露的热质量和最小化辐射环境将降低由塔引起的局部对流和烟囱效应的可能性。塔的结构也不应该为有害的昆虫或危险的动物提供避难所,如蛇、蝎子、浣熊、熊和猎食动物等。通常需要阻止攀爬的栅栏及适当的警告标语来阻止未经授权的人进入。

2.2.2.3 塔的高度要求

塔必须能接近植物冠层内和冠层之上的环境。塔必须足够高,以能在充分混合的表层中远高于周边植物冠层之上的上层放置传感器,但是又不能太高以至于在夜间稳定条件下足迹超出感兴趣的生态系统之上的边界层。塔的高度也不能太低,以免塔顶的测量受到粗糙亚层或者个别靠近塔的冠层的影响。

考虑到生态系统的结构多样性和功能多样性的宽泛范围,我们可以应用两个不同的标准来决定用于顶层测量水平的塔高度:① 在所有草地(或者灌木)之上,使用 6 m 固定塔测量高度(h_m),其中$h_m > [d + 4(h_c - d)]$,并且$h_c \leqslant 1.75$ m,h_c是平均冠层高度,d是零平面位移高度(Monteith and Unsworth 2008);② 在森林或者结构更复杂的生态系统中,$h_m \approx d + 4(h_c - d)$。两个标准都是建立在多个研究工作基础之上(如 Dyer and Hicks 1970; Hicks 1976;Lemon 1960; Monin and Obukhov 1954)。如果同一个研究项目在几种不同生态系统类型中都建有多个通量塔,那么所使用的塔测量高度标准应该在每一特定的生态系统类型内保持一致和均一,以在相似的不确定性范围内提供区域的和空间的可比较数据。

有些情况中,冠层高度会随时间改变(如旺盛生长的幼林和庄稼)。此时,塔的设计需要使塔能随时间改变高度和移动传感器。涡度协方差测量应当在$d+4(h_c-d)$高度维持相同的湍流结构,从而在任何梯度测量中维持其与生态系统结构的关系不变以及维持任何朝下的传感器有相同的源区。对于那些冠层高度在自然活跃增加的站点,可以计划建设站点高度至少达到$5(h_c-d)$,但是传感器安装在$d+4(h_c-d)$高度。当传感器的高度(h_m)小于$d+3.6(h_c-d)$时,应该在方便的时候改变塔和测量高度。对于冠层高度变化但却不会超过 3 m 的农作物,测量高度建议为 8 m。在站点测量的水平风速廓线可以用来确定d。

2.2.2.4 塔的大小要求

塔的大小(水平尺度,不是高度)应该足够大以保证多年的安全且可靠的操作,但也应该限制它对周围环境和对感兴趣的科学测量的影响,并且应该使气流畸变最小化,这在之前的第 2.2.1.2 节有描述。

大的塔结构创造大的冠层林窗,这会促成风的回流(图 2.7),并加强烟囱效应以及改变局地微气候;并且就生物方面来说,这会引入机会主义植物物种(opportunistic plant species);由于林窗处温度和辐射的改变(边缘效应),它们会在局地改变塔周围的生态系统结构。最小化塔基座和冠层林窗,从而限制干扰和模拟自然环境。同样的原因,若非万不得已,不应该移除和干扰附近的植被。

在每一个站点,塔的存在、生态系统类型及结构以及局地微气候之间都存在特定的相互作用。作为塔设计和安装的基本指导方针,塔和周围的树之间的空间应该模拟现有树之间的平均距离(即模仿现有的自然生态系统结构和林窗)。

为了使基于塔的不确定性减到最少,根据特定站点的环境条件来量体裁定地进行塔设计是最为理想的,但并不实用。为了减少在特定研究项目中塔本身对多个通量塔站点的同一系列测量的影响的不确定性,建议塔的基部投影不要大于 4 m^2,例如 2 m×2 m,这是因为:① 在所有站点中,由塔的设计造成的不确定性的来源将会是相似的,而且② 这样会加强全部传感器和支撑硬件的可交换性,使塔的"健康"(tower health)和安全培训保持统一。对于郁闭植物冠层,如果平均树冠投影面积大于 6 倍的塔投影面积(4 m^2),也就是大于 24 m^2 冠层吊塔(canopy crane),可对增加塔结构组成(和投影基础的大小)作特殊考虑。另一方面,在非森林站点,结构组分应该最小化,因为在这些站点没有冠层来掩护塔。

塔的形状也在一定程度上影响它本身满足站点特定的标准和科学要求的能力。一些研究者喜欢三角形的爬塔(天线型),因为它们轻,且能够较轻易地运输到偏远的地方,所需的地基少,穿过冠层创造的空隙小,而且对周围微气候的影响也能达到最小。然而,它们只有有限的扩张空间用于更多的仪器。适当地考虑重量,尤其是塔上的仪器表面积不超过设计规范也非常重要。此外,由于塔结构同时起到攀爬结构的作用,在设计和安放仪器、支撑杆及线缆时,需要考虑怎样不妨碍塔的安全接近和使用。步行脚手架式塔更大,可能产生更多气流畸变,创造更大的冠层空隙以及需要更大的地基。然而,他们的确允许更简单的仪器安装方案,而不需妨碍塔的使用和接近(直到传感器之间不相互干扰所施加的限制),并且工作人员用阶梯而不是梯子攀爬,因此可能更舒服。不管是哪种情况,合适的防坠落系统都是必要的。选择哪种风格的塔在一定程度上是个人爱好问题,需要在科学回报前提下优化结构和操作成本,以及将塔的设计与当地生态系统结构的特殊性相匹配。上述提到的注意事项提供了测量时需要考虑的问题的指导方针。

2.2.2.5 仪器方向要求

塔、仪器的布置和整体设计应该使任何对辐射和其他感兴趣的微气候环境的干扰最小(Culf et al. 1995, 1996)。当塔和支撑结构必须固定且稳定,同时却又被灵活的植被冠层包围的时候,测量表层(和植被冠层之中的微气候,第 2.5 节)就具有挑战性了。塔和从塔结构水平扩展出去的吊杆必须安放在感兴趣的生态层(生态系统结构、微气候等)之内,紧靠并且能够接触到它们。这个条件需要使塔导致的植物冠层林窗尺寸最小化。所有的微气象测量(辐射除外)都应该安装在一个稳定的水平吊杆上,并且具有最小距离①,该最小距离不小于塔面宽的 2 倍。风速仪不应该安装在塔的侧面或者风的尾迹区,而应该安装在塔的迎风面和稳定的水平吊杆上。Gill 等(1967)建议要在 5%精度范围内测量风速,而风速仪应该安置在距网格圆柱状障碍物至少 2 倍塔直径的距离外。这个发现也同样可以应用于正方形、长方形和三角形的塔的表面宽度。迎风面是特定站点塔面向主风方向的一侧,而这个侧面应该安装用于涡度

① 此处指微气象传感器距塔的距离。——译者注

协方差测量的吊杆。然而,对于那些白天和夜间风向存在明显区别的站点,应优化风速仪的朝向来测量白天的风。如果在风速仪没有面向线流的时候测量风,那么则应该检查偏差和畸变。如果风速仪被直接安装在塔顶(不推荐),则必须安装在塔顶以上至少5倍塔直径的地方(Perrin at al. 2007)。

2.2.2.6 塔安装和站点影响要求

在塔的建设、安装和运行期间,应该极度关注如何使任何对周围环境的影响最小化,从而使对我们希望测量的生态变量所产生的干扰最小化,如小的冠层林窗、减少塔结构和地基的热质量以及使工作便道不在传感器的视角里面等。塔底大面积的空地和大的建设设备的使用是不被允许的。应该考虑工作便道对周围土壤和植物的影响是否如预期随季节和时间而增加。

虽然塔结构是稳健的,但是为适应某些站点特殊的条件,必须对其给予特别的考虑,例如有海盐侵蚀或有沙尘暴的站点需要更频繁地涂漆和保护以防止生锈。在高地环境中,更高的风速可能需要更稳固的、拉线固定的塔以保持稳定性,而其他站点则可能不允许使用拉线,因为可能妨碍迁徙鸟类。根据塔制造商的推荐,安排定期的塔检和预防性的维护,这对于保证塔的可靠性和工作人员的安全非常关键。拉索可能应用于任何允许的地方以使塔安全稳固和抵御强风,然而如果树和枝条频繁地倒下而且具有足够的重量破坏拉索,那么在高冠层生态系统中拉索也能成为塔倒塌的一个原因。推荐使用交叉拉索或者横拉条,并且避免与树干和枝条接触以保证塔的稳固和安全。

在很多地方,闪电非常常见,因此需要采取措施减少仪器损害和数据丢失。塔、拉索、锚和建筑体的妥善接地是整个建造中的关键部分。激发的电压可以发生在连接传感器和数据采集系统的长信号线中。不需要花费很多钱就能为每根信号线或者控制线,包括串行通信和网络通信,配置浪涌保护器(压敏电阻、抑制二极管、气体放电管)或者光频隔离器(optical isolator)。优良的接地对于转移浪涌和避免寄生电压的累积至关重要。很明显,当雷电和风暴即将来临时,站点工作人员不应该冒生命危险在塔周围或之上工作。

许多站点需要在塔底附近建造遮挡(shelter)以容纳仪器设备、气瓶和支持设备。它的结构和定位应该不干扰感兴趣的当地生物和非生物环境。如果那里有郁闭的冠层条件能够屏蔽遮挡引起的微气候的改变,例如反射辐射、湍流结构的改变、热量、交通等,那么遮挡可以建造在塔附近。否则的话,遮挡应该放置在离塔比较远的地方。为了严格地最小化遮挡对测量的影响,仪器遮挡的位置应该在塔的主要背风面(视站点而定)。仪器遮挡和塔结构之间的水平距离与遮挡高度之比应当为5∶1(对草地最好)或者3∶1(在郁闭森林冠层中的最小值)。遮挡外部的颜色应该模仿周围景观的颜色和环境反射率(反照率),而且屋顶设计、类型和坡度应该对影响通量塔测量的气流的扰动最小化。

2.3 超声风速仪

2.3.1 基本原理

涡度协方差通量测量基于确定垂直风速的变化和标量的波动(如痕量气体的混合比或气温)之间的协方差(见第 1 章)。测量频率必须足够高以捕捉由大气湍流引起的变化。这个频率一般大于 1~10 Hz,这由在第 4 章中讨论的表面特征决定。超声风速和温度测量(sonic anemometry-thermometry,SAT)的基本原理在 20 世纪 60 年代之前就已经得到论证(Kaimal and Businger 1963a, 1963b),到 20 世纪 70 年代发展出了更加稳健的可在野外安装使用的仪器(Campbell and Unsworth 1979)。可靠的并且相对价格不昂贵的三维 SAT 是目前 CO_2通量测量网络能够广泛存在的一项关键技术。SAT 的基本原理是测量超声脉冲在一对相互分开但距离(d_{pl})已知的传感器之间的传输时间差。传输时间(t)依赖于声速和测量路径中的空气速度,因此声音脉冲以相反的方向经过同一路径的传输时间的倒数差取决于沿传感器主轴的风速(u_{pl}),并且声速(c)可以从传输时间倒数之和推导获得:

$$u_{pl} = \frac{d_{pl}}{2}\left(\frac{1}{t_{1,2}} - \frac{1}{t_{2,1}}\right) \tag{2.1}$$

$$c = \frac{d_{pl}}{2}\left(\frac{1}{t_{1,2}} + \frac{1}{t_{2,1}}\right) \tag{2.2}$$

式中,d_{pl}是路径长度,$t_{1,2}$和 $t_{2,1}$分别是从传感器 1 到 2 和传感器 2 到 1 的传输时间。

声速是空气密度的一个函数,取决于温度与其他气体尤其是水汽的混合比。把声速和温度联系起来的方程会在第 3.2.1.1 节陈述。

2.3.2 问题及校正

虽然 SAT 具有坚实的物理基础,但是在野外实际应用中有几个关键问题会影响测量。不过几乎所有这些问题都可以通过 SAT 软件中基于理论或者经验的校正项来处理。多数情况中,用户不需要明确地考虑它们,但是应该清楚这些潜在的问题,以认识到什么时候结果是不可靠的。SAT 的基础数据是超声脉冲的延迟时间。然而,在应用激发电压到传感器和产生超声脉冲之间存在有限的延迟。这个延迟受传感器温度的影响,因此必须在工厂校准和内置校正中予以考虑。

超声脉冲在一对传感器之间所经过的路径会被穿过主轴的风扭曲,从而使得超声温度的测量受到侧风"污染"。因此,这个影响必须被校正。现今的超声风速仪在它们的固件里面包括了侧风校正,但是那些旧的没有湍流处理器的 Solent R2 型号和 METEK USA-1 型号则没有这项功能。首先给出的校正方法针对具有笛卡儿坐标系的风速仪(Schotanus et al. 1983),然后再为全向探头(omnidirectional probes)重新计算(Liu et al. 2001):

$$(\overline{w'\theta})_{\text{corrected}} = (\overline{w'\theta})_{\text{uncorrected}} + \frac{2\overline{\theta}}{c^2}(\overline{u}\,\overline{u'w'}A + \overline{v}\,\overline{v'w'}B) \tag{2.3}$$

系数 A 和 B 见表 2.1。

表 2.1 公式(2.3)中的系数(根据 Liu 等(2001))

因子	CSAT3	USA-1	Solent (所有其他类型)	Solent R2
A	7/8	3/4	$1\sim1/2\cos2\varphi$	1/2
B	7/8	3/4	$1\sim1/2\cos2\varphi$	1

注:φ:目前所使用的各类型超声风速仪测量主轴与水平线之间的夹角。对于多数最新出品的超声风速仪,校正项写在固件中(旧的没有湍流处理器的 R2 and USA-1 则没有)。

最后,SAT 的支撑结构也会通过阻碍部分测量体或产生小尺度的湍流涡旋和尾迹效应,再或者如前面所讨论的测量平台本身(吊杆和塔)阻碍风(下文有讨论)而干扰气流。已经有大量的研究分析了传感器造成的气流畸变和遮蔽产生的影响(Dyer 1981; Kaimal et al. 1990; Miller et al. 1999; Wyngaard 1981),并且 SAT 制造商已经把这些结果包含在仪器设计、校正和数据处理固件中。这一点会在第 4.1.5.1 节中作更详细的讨论。用户不需要做这些校正,但是对于用户正在使用的 SAT 来说,这些考虑事项规定了可接受的数据范围。尤其应该考虑攻角(风线流的水平偏差),并且检查它是否在 SAT 规格所指示的有效范围内。测量在此范围之外的风会产生较大的误差(Gash and Dolman 2003)。早期的三维超声风速仪使用一系列安置在正交轴上的传感器来测量风速的三个方向分量以简化结构和直接提供正交坐标系中的风速,但结果显示这并不是一个理想的几何构造,部分是由于当风与其中一对传感器主轴对齐时自投影比较大。现在可用的多数 SAT 采用不正交的配置。在信号处理中,利用从同一个物理体积中收集数据的所有传感器对的测量结果,同时使用三角轴转换推导每一个风矢量的正交组分(第 3.2.4 节)。在传感器设计和制造方面的进步已经使得超声风速仪体积更小并且更可靠。

2.3.3 超声选择、位置和使用要求

如今,一些制造商提供快速的适合通量测量的超声风速仪。典型的 SAT 在测量轴之间循环的速度快于数据报道速率,因而每个轴输出的数据都是几次单独测量的平均值,从而减少了噪声。数据处理算法能产生数据质量标记,以标示潜在的错误。在控制环境中进行的一个 SAT 相互比较实验的结果强调了不同 SAT 之间的一些显著区别,又指出了在选择风速仪时所需要考虑的设计属性(Loescher et al. 2005) 。一般来说,“对轭”(yoke)类型的 SAT,即传感器组安置在水平吊杆的两端,比“标杆”(post)类型更好,因为相对于后者,“对轭”类型的传感器安置在支撑结构的上方,产生的气流畸变是非对称的。即使在制造商指定的可接受角度范围内,也能观察到偏差。不推荐使用 SAT 得到的温度作为精确的温度测量,即使已经校正水汽对它的影响(见第 3.2.1.1 节),但是可以用并列安装的可靠的绝对温度测量来校准,从而校正

任何偏差,例如由传感器时间延滞引起的不确定性所传递的偏差。校准后,SAT 得到的绝对温度可以用于通量计算,例如计算摩尔体积。在多数情况中,温度误差都是一个恒定偏差,不影响方差和协方差计算。然而,某些型号的 SAT 超声温度和绝对气温没有呈现线性关系,以至于温度脉动($\theta' = \theta - \bar{\theta}$)既没有围绕 θ 平均值呈对称分布,也没有随着 θ 的变化幅度而保持恒定,从而导致获得不正确的温度协方差,使测量的热通量不可靠。如何把浮力通量(也就是 SAT 所传达的)转化为感热通量见第 4.1.2 节。

SAT 的规格在不断地改进,推荐某一特定的制造商或者型号作为理想的选择是不切实际的。作为替代,我们提供选择一个新的 SAT 时需要考虑的一系列整体属性。首先,三轴 SAT 是进行涡度协方差测量所必需的。仅能用来测量水平风速和方向的两轴 SAT 是不合适的。测量的精度和准度受传感器电子技术和校正质量的影响。研究级别的适合涡度协方差测量的 SAT 会使用更好的传感器,它们具有最小的温度敏感性和精度更高的电子元件,能在非常低的风速条件下测量出信号传输时间上的微小差异。通常研究级别的 SAT 所得到的风和温度的分辨率分别为 0.01 m s^{-1} 和 0.01 ℃或者更好,这是测量两者的湍流脉动所必需的。SAT 测量受到局部环境的影响。因为传感器的性能受到温度的影响,数据处理和内部的校正表必须考虑脉冲传输时间对温度的依赖。确保选择的 SAT 型号的运行温度范围覆盖预期的当地温度变化范围,或者挑选可以视情况而定选择温度范围的。降雨和冰会阻碍传感器路径并且减弱声音脉冲,从而降低 SAT 测量的可靠性。在强降雨或者结冰的条件下,声音脉冲被削弱过多,所有的 SAT 都不能正常工作。在微降雨条件下(如<0.5 mm h^{-1}),传感器的几何配置、材质的选择、毛细作用和适当的信号处理算法是使数据损失最小化的解决方案。有角度的传感器表面更不易累积能阻碍声音传播的水滴,这是非正交版本的 SAT 相比正交版本的一个优势,后者的垂直轴上的传感器表面是水平的。另外,通过毛细作用驱走水滴的疏水材料和物理设计也增强了传感器性能或者加快其在降雨事件后的恢复速度。最后,SAT 制造商已经开发了合适的内置软件来改善其在信号衰减时的表现。在冷的环境中,可能需要选配加热元件来防止传感器上结冰。SAT 的测量精度取决于传感器之间的路径长度,因此必须小心地操作超声阵列以避免支持臂弯曲,如果任何事故改变了其排列都应该返厂作重新校准。

数据的输出模式和电源要求是需要额外考虑的内容。SAT 数据通常以数字形式产生,不过通过一些内置的数模转换也可作为模拟数据输出。其他模拟信号也可以选择性地发送到 SAT,再由板载电子元件数字化而并入 SAT 的输出流,从而提供了一个合并来自其他探测器的数据和风数据的方法。数据采集器时间标记和时钟维护选项在第 2.1 节有更加详细的讨论。

虽然 SAT 提供风速和风向,但是独立测量的风速和风向可用来作比较或重复。传统的风向标和转杯风速仪是风速测量的典型方法,而替代方法是使用集成的风向标和螺旋桨。与质量最好的机械风速仪相比,可获得的两轴风速仪在价格上具有较强的竞争力。所有的机械风速仪都需要一个最小风速(通常为 0.1~0.2 m s^{-1})以克服风向标和风向杯(或者桨叶)的惯性。将组成部件的重量和运动部件间的摩擦力减到最少,可以减少(克服惯性的风速)临界值,但是同时也增加了设备的易碎性。如何优化权衡取决于在一个站点中可能发生的风速以及科学问题对低风速测量精度的依赖程度。风探测器必须安装在支撑结构的迎风面,从而使气流畸变和尾迹效应造成的错误最小。作为一个网络测量,在冠层之上某个任意高度做的单次测量的价值有限。假设风速廓线呈对数,那么可以通过分析冠层界面上开展的多个观测风速廓线的测量来确定阻力系数、粗糙长度和零平面位移。为了给 SAT 测量提供交叉检验，有必要根据制造商提供的指南维护传感器以及监控数据本身，以检查低速临界值的改变。运动部件例如轴承会随着时间损耗，必须定期更换以确保数据的一致性。

超声温度的确证需要对环境温度进行二次测量。使用任何一种典型的温度敏感器件（热敏电阻、热电偶、铂电阻温度计）都可以精确和准确地测量温度，而这些温度敏感器件已被整合到商用温度传感器中，并结合了适当的信号处理和数据采集器连接，以上这些内容在传感器文档中有具体描述。恰当保护测量传感器不受太阳光加热和辐射冷却，对于无偏差的温度测量来说非常关键。带风扇送气（fan aspirated）的辐射防护罩能提供最有效的辐射防护，并且能在任何风速和辐射强度下减少热误差到 0.1 ℃或者更少。

除了比较风速和超声温度与独立的风和气温测量，跟踪风速各个组分的方差和平均值的比率能帮助识别风速仪性能的突然变化，或者需要研究的有异常数据的风向区间（wind sector）（Tropea et al. 2007）。某些 SAT 包括一个“归零室”（zeroing chamber），它能够安装在传感器阵列之上而不干扰信号。此“归零室”被用来确认当测量条件为零风速时，没有任何传感器对具有零点偏移；在必要的时候，它也能用于调整内部常数。有关数据质量检验的详细讨论见第 4.3 节。

超声风速仪和气体分析仪的特性以及它们的位置使得它们起了滤波器的作用，移除了大气信号中的高频和低频组分，并且减少了所测通量的量级。第 4.1.3 节将介绍几个校正损失通量组分的程序。在这里，我们讨论设计方面的考虑以使这些校正项的幅度最小化。沿着超声风速仪或气体分析仪的路径长度的空间平均以及由于速度和标量传感器之间的分离所造成的空间平均是产生低通滤波的重要原因。因此，路径长度和分离距离应该永远小于湍流涡度的大小。因为涡旋的大小与其距地表的高度成比例，所以短路径的风速仪必须靠近地面安装。一个避免显著的高截止频率校正项的经验法则是路径长度为测量高度的 1/20（例如，如果使用 15 cm 路径长度的风速仪，其安装高度须超过 3 m），虽然 Kristensen 和 Fitzjarrald（1984）发现当使用单轴（垂直的）超声风速仪时，合理的通量测量高度可以降低到仅为几倍的路径长度。van Dijk（2002）修正了这个结论，认为（目前所使用的）三维风速仪有更多的路径平均，因此需要安装在比之前推荐高度更高的位置。类似地，开路 CO_2-H_2O 传感器（见下文）的路径长度以及风速仪与标量传感器或者进气口之间的分离距离表明了高于表面高度的最小规格。

2.4 涡度 CO_2/H_2O 分析仪

2.4.1 基本介绍

测定 CO_2 和水汽通量的系统的第二个组成部分是快速反应、能高频测量 CO_2 和水汽摩尔浓度的湍流脉动的分析仪。现在，多数站点使用非分散的红外吸收分析仪（通常归类为红外气体分析仪；infrared gas analyzer，IRGA），可选用开路配置或闭路配置。这些系统的优缺点将会在第 2.4.4 节中讨论。对于任何一个系统，测量组合（scheme）包括一个宽波段的红外光源、一个选择波段范围（包括 CO_2 和水汽吸收谱线）的带通滤波器（不是一个单色仪或者其他选择波段的分散设备)和一个检测器组成。在光路径中,光被 CO_2 和水汽吸收,由检测器检测到的被削弱的光强是 CO_2 和水汽摩尔浓度的一个非线性函数。闭路分析仪有一个内部样品管(光具座,optical bench)被采样的空气不断冲洗,而开路分析仪的样品管则直接在户外。为了将光源强度和检测器响应的变异考虑在内,光吸收是通过比较检测信号和另一个参考信号来计算的。在闭路分析仪中,参考信号在第二个样品管中测定,该样品管用一股小的已知 CO_2 和水汽摩尔浓度(可以为 0)的空气流冲洗。在开路分析仪中,用相邻的无吸收的波段的光强作为参考信号。

通过校正方程和某些常数(见第 3.2.1.2 节)以及将样品管中特定压强和温度下的气体密度考虑在内,检测信号可以被转换为混合比。在开路分析仪中,温度和压强随周围条件改变,所以必须通过被称作 WPL(Webb-Pearman-Leuning)密度校正(Webb et al. 1980;第4.1.4.2节)将温度和压强的变化考虑在内。在闭路通路中,样品管中压强和温度与周围环境不同,但是可以被精确地控制为常数,因此不需在 WPL 密度校正中考虑温度脉动。然而在两个系统中,稀释校正(dilution correction)都应该将水汽脉动考虑在内(第 4.1.4.4 节)。

除了稀释效应,还应该考虑对谱干扰校正。有关这个校正的基本的分光镜细节不在本章讨论范围内,但是光吸收度与密度之间的比例关系取决于温度、压强以及抽样基质(matrix)组成,特别是其水分含量。在混合比更高的时候,增益(分析的气体其密度每变化一单位,吸收率的改变)倾向于减少(部分由于谱带增宽)。McDermitt 等(1993)基于包括压强、温度及水汽对 CO_2 信号影响的非重叠线性近似,并且假设存在干空气加宽系数,推导出了 IRGA 的校准函数。这项校正通常包含在工厂校正中,所以不应该引入到标准数据处理中。如果需要非常精确的绝对 CO_2 混合比,那么推荐应用此方程处理原始数据(第 2.4.2.3 节)。在任何情况下,都需要认识到温度和压强的脉动会影响混合比的计算,这一点非常重要,所以要把它们降到最低。水汽脉动也同样影响混合比的计算,因此需要将其量化来计算水汽通量(潜热)和准确估算水汽对 CO_2 混合比的影响,后者是通过包含在工厂校正中的光谱校正以及应用在数据处理中的稀释校正来实现的。

2.4.2 闭路系统

2.4.2.1 绝对和差分模式

如果参考气体中 CO_2 和水汽浓度为 0,那么闭路系统可以在绝对模式下运行;如果参考气体具有稳定的接近环境条件的摩尔浓度,则可以在差分模式下运行。在绝对模式下,通过一个压缩氮气或无 CO_2 的气瓶、一个吹扫气体发生器或者连接压缩泵的化学洗涤器来提供干的无 CO_2 的净化气体。在后一种情况下,需要注意补充化学洗涤器,以免用完。在差分模式下,则需要一个具有所要求的混合比的压缩气体气瓶。从操作上讲,绝对模式更加简单,但是如果分析仪的 0 值也要被记录并作为例行校准的一部分(见下文),数据记录则必须拥有从 0 到大于 400 ppm① 的较宽跨度。对于任何一种操作模式,冲洗参考气管的必要气流速率通常都只有每分钟几立方厘米,所以气瓶可以持续很长一段时间,并且压缩机或者零级空气发生器的电量需

① 1 ppm = 10^{-6}

求也不大。但是,如果在例行校准中包括0值检查,则必须考虑吹扫气体源有能力递送足够的气流速率冲洗样品管。在差分模式中,数据记录只需横跨环境平均混合比中心附近一个窄的区间;对于应用模数转换器的数据采集器来说,这种方式允许更高的信号分辨率存在。

2.4.2.2 闭路传感器的管道需求

闭路传感器需要带入抽样气体。管道的存在引入了改变空气物理及化学性质的可能性,还会减弱高频波动。以下要求使这些问题最小化并限制了各个校正项的大小:

(1) 通过采样系统使高频波动衰减最小化;

(2) 避免水汽在管道和分析仪中凝结;

(3) 避免气泵引起压强脉动和空气污染;

(4) 遵守气体分析仪运行参数的范围;

(5) 稳定并监测空气气流;

(6) 保持分析仪气室干净;

(7) 避免感兴趣的量(非自然产生)产生、损失或者分解。

传输气体通过管道对测量有两个主要的后果:首先,CO_2浓度的采样相对于风速滞后,这必须在协方差计算中加以考虑(第3.2.3.2节);第二,当空气经过管道里面时,扩散和物理混合作用减弱了抽样气流混合比的高频脉动。在层流条件下($Re<2100$,其中 $Re=\frac{2Q}{\pi r_t \nu'}$ 是雷诺数,Q 是管道中的气流,r_t是管道半径,ν 是空气动黏滞率),可以建立一个抛物线形状的速度廓线,在管道中心其最大速度是流经管道气流的平均速度的两倍。因此,到达CO_2分析仪的气体样本其实是在不同时间进入管道的气体的混合,因此气体脉动被污染。湍流气流穿越管道横截面的速度廓线更加接近常数,只是在接近管道壁的薄边界层中气流速率很低,所以由速度切变产生的物理混合更小。因此,要选择合适的管道直径以及气流速率将雷诺数维持在3000~3500临界值以上来维持湍流气流(Lenschow and Raupach 1991; Leuning and King 1992),从而使通过吸入管路时高频脉动的损失最小(Leuning and King 1992)。然而,电力限制以及站点配置有时候阻碍达到足够高的气流速率以维持湍流气流。在这些情况中,对高频损失做特定的校正是必要的(第4.1.3.2节),并且如果校正项太大,那么数据质量会受到影响。虽然湍流气流减弱了抽样空气的物理混合,但是其他机制包括管道壁对分析物的吸收和管道配件(fitting)及弯曲引起的混合仍然可能削弱高频脉动。因此,评估频谱和协谱以检查在高频端的异常总是非常重要的,必要的时候,可以加以适当的校正(第4.1.3.2节)。

1) 推荐装配

理想的配置由一个尽可能靠近超声平均容积(averaging volume)的进气口、一个采样管道、一个质流控制器、一个气体分析仪和一个气泵组成(图2.8)。气泵需在分析仪的下游位置以维持混合比的变异,但是气泵运行中也必须避免产生压强脉动,这可以通过在气泵和分析仪之间增加一个镇流器(B)轻易实现。推荐在负压条件(即低于环境约25 kPa)下运行分析仪。过滤器是完全必要的,用以保护检测管不受碎片或碎粒的损伤和减少在管道壁积累那些可能吸收和解吸附CO_2及水汽的物质。建议放置两个过滤器,第一个在进气口,另外一个在气体分析

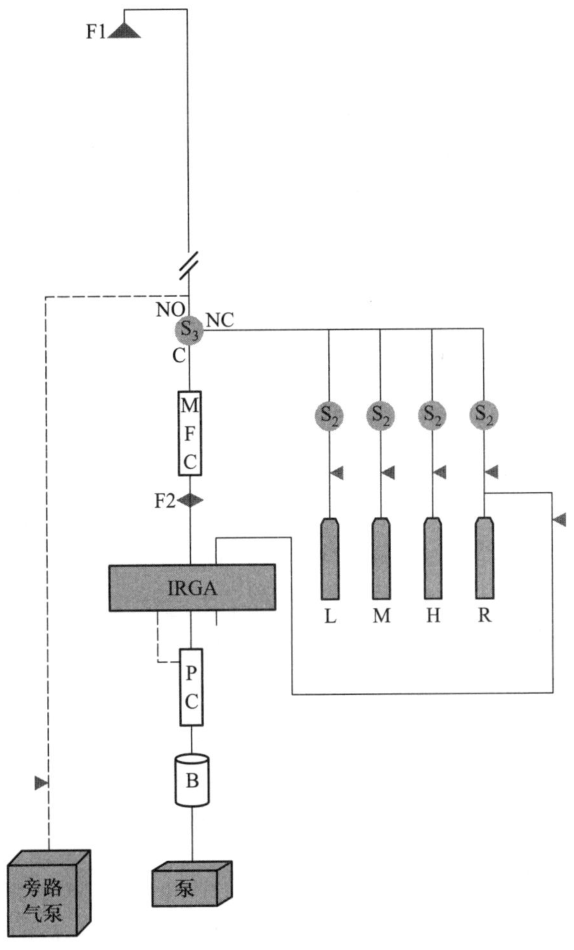

图 2.8　一个配置了 3 点校准及 0 值检测的 CO_2分析仪示意图。旁路气流的选项由连接到旁路气泵的虚线表示。进气口和内联过滤器分别指定为 F1 和 F2。S_3 表示 3 通道转换阀，其中普通、通常开、通常关闭的端口分别标记为 C、NO、NC，这可用于决定分析仪到底是获取样品还是校准标气。在校准气体上的两通道阀(截流阀)显示为 S_2，选择到底使用哪个校准气体。由数据采集器控制的电磁阀可以使得校准自动进行或者可以手动执行。表示为 R 的圆柱可充填混合气体以在差分模式下运行，而混合气体可以是接近大气 CO_2浓度的气体，或者可以是来自钢瓶或者通过 CO_2洗涤器产生的无 CO_2气体(可选择 N_2)在绝对模式下运行。流量调节器/限流器被指定为三角形。校准气体上的限流器限制了气流，因此质流控制器(mass flow controller, MFC)不用克服从采样期间的负压到压缩标气的高压的突然变化。玻璃、毛细管或细针都是适合作为控制组件的设备。从钢瓶 R 到 IRGA 的线连接到参考单元，并且要限制线中的气流以满足净化参考单元的最低要求。IRGA 下游的压力控制器可用于维持采样单元的恒定压力。可以使用结合压力传感器、电子元件和控制阀的整合压力控制器或来自检测单元上的传感器输入的单独控制器。在分析仪和泵之间的镇流器(B)抑制了由泵引起的气压和气流振荡。旁路上游的控制元件可根据需要来调节其中的气流以达到期望的气流速度和压力

仪的附近用于额外的保护。对于在进气口处的过滤器，把 Teflon© 薄膜（例如，Pall Zefluor 直径 47 mm，孔径 2 mm；Gelman ACRO 直径 50 mm，孔径 1 μm）安置在一个单面开放（open-face）过滤器支撑体中就是一个不错的选择。因为 Teflon© 是疏水性的，所以它对液态水具有良好的阻碍作用，并且本身不与大气中的水汽作用。因为在过滤器上积累的脏物可能与水发生作用，所以即使过滤器还没有被堵上，也应该定期置换。第二个过滤器（如 Gelman inline Teflon© 圆盘过滤器）被安装在靠近气体分析仪的位置作为防止脏物和液体水进入检测管的最后屏障。

在进气口与气体分析仪之间管道中的死体积（dead volume）、锐弯和节流（restriction）会促进混合，从而进一步减弱高频脉动。实践中，可以通过选择合适大小的装配件和装配管道将高频脉动降至最低，尽可能形成圆滑的弧度而不是 90°急弯。

另外，管道的材质必须加以考虑。除了那些显而易见的要求，如不会因暴露在极端温度下（例如，聚乙烯在低温时变得易碎）或者紫外线辐射而发生损坏外，管道还必须不能与被分析的物质发生相互作用。CO_2在干燥的表面相当惰性，但水是相当活性的，倾向于在表面平衡从而导致环境空气混合比的脉动在通过管道时被削弱。疏水性的材料如 Teflon© 聚乙烯和 Synflex 都是减少管道壁吸附的最佳选择，但是累积的灰尘和覆盖的半挥发性有机物也能够吸收水，所以应该在进气口处使用过滤器以保持管道干净，并且有计划地定期清洗和置换。

最后，当使用进气口管道时，非常重要的是在从测量路径到达气体分析仪的任何地方都要避免产生凝结。例如，如果管道穿过一个空调房间，同时外面的温度和湿度相对较高，那么水汽可能在管道中凝结。或者在另外一个常见的例子中，当冠层上部的环境温暖潮湿，而气体分析仪在塔的基部达到露点温度，水汽也可能在管道中凝结。加热管路以保持其在所有位置都比环境露点温度高或者降低管道中的压强以使水汽分压不超过饱和压，从而防止凝结。

2）管道尺寸和质流的限制

质流（Q）、管道长度（L_t）和管道半径（r_t）应该各自具有恰当的尺寸以相互折中，从而提供可能达到的最高雷诺数（Re）和最短的时滞$\left(t_1=\dfrac{L_t\pi r_t^2}{Q}\right)$，同时使分析仪气室中压力的降低最小$\left(\Delta p\lesssim 8\dfrac{QL_t\rho\nu}{\pi r_t^4}\text{，使用层流发生条件作为最低值}\right)$。

这意味着 Q 和 r_t 相冲突的约束（更高的质流和更低的半径会导致更大的雷诺数和更短的时滞，但也会导致更高的压力下降和需要更大的气泵）。这显然说明有必要缩短管道长度，并且尽量靠近分析仪，也就是离管道进气口几米距离内。当抽样点在较高的冠层（如森林）上面时，这意味着分析仪需安装在塔上，并且需要更加复杂的环境防护罩以保护仪器免遭天气和环境变化的影响。然而，在这种情况下，接近系统变得困难，不利于维护和校准。另外一个办法是把分析仪放置在地面，再把空气流从冠层顶部通过具有较宽半径的管道以很高的质流速率（例如，>10 L min^{-1}）输送到地面，从而在不过度增加 Δp 条件下最大化雷诺数，同时从靠近分析仪的一个结合处以足够的质流速率递送其中部分气流冲洗检测管。可手动调整的气流阀和自动压力及气流控制器是平衡旁通气流和抽样气流以及维持管内压强在期望值附近所必需的（图 2.8）。无论选择什么样的装配，为了对通量应用进行最相关的高频校正，都必须对通量协谱做仔细分析（第 4.1.3 节）。

为了避免管内压强和时滞随条件改变(温度、过滤筛上脏物的累积、气泵的老化)而改变,推荐使用自动的压强和气流控制元件(质流控制器),而不是只能手动调节的控制器(如针形阀)去设置压强和气流(图 2.8)。

2.4.2.3 CO_2校准

单个仪器的校准常数是通过将校准函数拟合到一系列已知的和可追溯的标准值而推导得到的(McDermitt et al. 1993)。校准拟合的近似度在 CO_2混合比低于 1100 ppm 时最好,而温度和压力校正在 CO_2混合比低于 500 ppm 时最精确,因此正常的环境浓度应充分满足上述条件。事实上,如果校准被限制在期望的环境值范围内(350~650 ppm),而不是分析仪的整个范围,即 0~3000 ppm,那么仪器的分辨率能够得到增强。对于涡度协方差测量,观测值需要减掉平均混合比,因此精确确定湍流脉动比精确测量绝对混合比更为重要。因此,近似观测混合比校准曲线的斜率比近似截距更为关键。然而,非线性的反应仍然需要被正确校正,否则通量就会发生偏差,这是因为混合比在平均值上下的脉动会造成仪器不均衡的反应。不过即便如此,增加混合比绝对测量值精度的辅助活动能够提供额外的过程水平上的理解(如对流和传输研究)以及增强尺度活动(如反演模型),这对于涡度协方差估计是有价值的;因此,使用可用的资源来达到最好的校准是非常有用的。

气管内的压强以及被分析气体的温度是校准方程的一部分。虽然分析仪直接测量压强和温度,但重要的是应该认识到,温度和压强传感器只是测量分析仪中一个点的值,因此不一定能代表管内的抽样气体。使样本和校准模式之间的温度和压强差异最小化也非常关键,因为这可以减少温度和压强的变动,防止在分析仪中形成梯度从而使测量得到的温度和管内的实际条件不一致。增强对仪器热量的管理和压强的控制,使它们不超过工厂默认值,就能提供更好的分析结果。至少要做到保护分析仪不被阳光加热、不受制冷(air conditioning)和加热造成的快速温度循环影响。最理想的情况是将分析仪放置在温度受控的密闭罩中,使仪器处在一个相对稳定的温度中。如果分析仪得到良好校准,并且工作人员遵守设计规范操作,那么其内部计算的混合比结果通常相当精确。然而,对于具有可追溯的已知混合比的周期性野外校准标准测量来说,不存在替代品来确认仪器校准曲线的精确性和检测问题。进行至少三点、覆盖环境混合比范围的多点测量是十分必要的,这可被用于确认传感器非线性是否得到正确补偿及确保绝对精度。限制在大气环境混合比典型范围内的三阶多项式足够以优于 0.01 ppm 的精度来计算 CO_2混合比(Ocheltree and Loescher 2007,图 2.3)。如果一个自动的野外校准被用于闭路传感器,那么让它间隔性地循环,只占据一天时间的微小部分也是非常明智的,这样可以移除每天相同时间的数据而不会使时间序列产生偏差。

如果需要最高绝对精度的 CO_2混合比,那么最好记录原始信号,然后对照已知标准的校准来计算混合比。一个比较实际的考虑事项是用于稀释 CO_2 标气的气体必须是空气。使用其他气体,如 N_2或者具有与大气显然不同的 O_2/N_2 比率的合成空气,会影响吸收波段的形状以及违背 McDermitt 等(1993)所做的简化假设。虽然不同宽波段气体吸收分析仪的 IR 吸收谱线实际偏差很小,但必须注意选择 IR 吸收谱线主要覆盖$^{12}CO_2$谱线的类型。在$^{13}C:^{12}C$ 同位素比率与典型的环境水平大不相同时做的环境测量或者用$^{13}C:^{12}C$ 同位素比率与环境水平差距甚远的 CO_2标气(例如,化石燃料来源的 CO_2)作校准可以导致几个 0.1 ppm 的混合比错误。

对于通量测量来说,此不确定性无关紧要,但是对于精确的绝对混合比测量来说,需要考虑这个问题。

2.4.2.4 水汽校准

水汽校准不能依靠压缩标准气体,因为没有哪种混合气体具有稳定的水汽混合比。露点发生仪可以用于手动校准 IRGA 的水汽通道,它将气流以冒泡的形式穿过一个控温的水体,从而输送具有已知水汽压的空气(Loescher et al. 2009)。非常重要的是,要在空气气流达到与水箱的热力学平衡的流量条件下运行露点发生仪,并且避免气压偏差,而这会影响产生的饱和水汽压。另外一个直接校准水汽的方法是提供绝对湿度的二次测量(例如,使用一个冷镜(Loescher et al. 2009))或者从独立测量的环境温度和相对湿度来计算绝对湿度。

水汽校正的精度会影响 CO_2混合比的测量精度以及稀释校正和 WPL 校正项中的通量(第 4.1.4 节)。很显然,因为 H_2O 和 CO_2通量通常相关,因此水汽校正对于获得精确的 CO_2通量测量非常关键。

2.4.3 开路系统

2.4.3.1 安装和维护

相比于闭路分析仪的进气口过滤器,开路分析仪的物理尺度更大,因此带来了气流阻碍。开路传感器需要足够远离 SAT,以使它产生的气流畸变不影响风的测量,但是又不能太远,使传感器分离超过最小化空间平均问题的标准(见第 2.3.3 节和第 4.1.3.2 节)。如上所述,分离间距必须比湍流涡旋小,并且其能达到的最小物理分离间距限定了在地表之上传感器可使用的高度下限,从而使风的高频协方差的不合理损失不会发生。通过检查协谱可以检测是否存在协方差高频损失,并且估算其校正项以确保它们的大小在合理范围内。传感器窗口上累积的脏物、降雨或者冰雪会阻碍它的运行。为了减少设备的故障时间,传感器应该偏离垂直方向以促进水滴的快速下滑。需要根据制造商推荐的方案来定期清理传感器窗口,移除积累的灰尘。

2.4.3.2 校准

开路传感器不能进行自动的例行校准。比较可行的方法是将已知 CO_2浓度混合气体来清洗放置在传感器路径上的气室,从而进行定期的手动校正。确保密封良好以阻止外面的空气与校准标气混合,从而不引起气室内部的压强扰动,但这并非易事。一个替代的合理解决方案是通过与另外一个已经校准好的分析仪(例如廓线 CO_2分析仪,见下面介绍)的同步测量值比较来进行二级校正,这能满足通量测量的精度要求。使用统一的流程来执行规律性的手动校准可确保获得可靠的数据和发现仪器问题,但是开路校准精度无法达到闭路传感器所能达到的精度。

2.4.4 开路和闭路的优缺点

开路和闭路分析仪都有各自的优缺点。第一,闭路分析仪可以精确控制抽样气体的温度和压强,减少不精确的潜在来源,以及避免将空气密度和水汽协方差的较大校正项考虑在内(见第 4.1.4 节)。第二,使用已知浓度的标气执行例行自动校准以校验测量精度和准度,在闭路系统中实现起来简单容易。闭路分析仪的性能不会由于天气状况不理想而降低。闭路传感器的一个缺点是需要使用吸入管路,这会引起高频变化的衰减,也会造成气团进入管道和到达分析仪之间的延滞。高频损失在第 2.4.2.2 节已进行了讨论。对此影响的校正见第 4.1.3 节。延滞,即时滞,必须在计算混合比与垂直风速之间的协方差时予以考虑(见第 3.2.3.2 节),虽然它能通过计算 CO_2或者 H_2O 与垂直风速或者温度之间的滞后协方差,然后选择产生最大相关系数的时间偏移来确定,但是这个时滞也取决于气流速率和压强。如果没有与管壁发生相互作用,CO_2和 H_2O 的时滞是一样的。实际上,H_2O 更加倾向于粘贴管壁,所以大的时滞差异说明管道或者过滤器已经被亲水物质污染,应该置换或者清理。一个简单有效的质检度量是计算时滞随时间推移的变化。

如果高频响应或电力需求是唯一的考虑,那么开路传感器会是理想的方案。然而,使用开路传感器,高频响应增加和电力消耗减少,但付出的代价是更多的仪器不能正常工作的时间(down time)(雨和险恶的天气)以及在计算 CO_2 和 H_2O 通量时需包括热通量(第 4 章)(Leuning 2007; Webb et al. 1980; Massman 2004),而这会增加更多的不确定性(第 7 章)。传感器的自动加热(或者辐射冷却)(见第 4.1.5.2 节;Burba et al. 2008)可能需要一个校正项,这为垂直朝向的开路传感器测量的 CO_2通量增加额外的不确定性。Haslwanter 等(2009)发现,在长期比较中,并列安装的开路和闭路传感器测量的通量不确定性差异甚微。然而,当使用开路传感器测量实际接近 0 的通量(没有通量)时,WPL 和 Burba 校正有时可能比通量大几个数量级,致使:① 不同时间尺度之间、② 具有明显不同条件的站点之间和③ 不同技术之间的不确定性的估计难以量化。最后,由于传感器路径长度以及它与风速仪之间的间距造成的空间平均会对靠近表面(测量高度 $h_m<\sim3$ m)的通量测量引入不可接受的不确定性。应该基于后勤考虑(logistical consideration)、个体研究需求以及站点的特征来选择开路还是闭路传感器。在降雨频繁的站点或者热通量大的站点,开路传感器改进的高频响应也许不是可以接受的权衡。但对于某些研究目的是可以的,例如基于过程的研究而不是那些需要年平均值的研究,能够通过限制数据收集时期而实现,即在开路环境造成的不确定性能被充分理解并且小到可接受的时间窗口。

把分析仪放置在靠近管道进气口的地方,并且使用非常短的管道,这可以将闭路传感器的不足最小化,但是它需要额外工程对分析仪提供充分的保护,使其不受塔顶严酷的外部环境中天气和温度变化的影响,而这对位于建筑物内部的分析仪则是不必要的。在三角塔上,工程要求还包括安全安装,而这个需求即使在潮湿炎热的热带也已经成功实现。脚手架塔上的安装十分简易,可将分析仪箱子放置在顶部平台之下保护其免受降雨和太阳辐射的影响。

2010 年有一款新的 CO_2分析仪被发布,该分析仪基于开路技术提供了一个含有 CO_2传感器的集成组件但光路被密封,这可能成为开路或闭路分析仪的一个极好替代品。密封光路中包括快速温度和压强传感器,并且由一个集成的低耗能气流模块冲洗。这个混合体能将进气口最小化,并且提供电子设备用于户外安装而不需要额外的环境控制或用户修改。对于通量测量来说,该仪器的质量标准是十分理想的,但是到目前为止,使用时间还没有足够长以评估其实际应用性能。短的进气口管道(1~2 m)将超声路径附近的进气口与分析仪气室和电子设备分离开来,其目的也是减小环境温度的脉动,因此减少与温度关联的密度校正项。另外,此进气口提供了一个理想的引入校准气体的点,其通过"基座"(tee)导入超出采样体积所需的校准气体。

2.4.5 窄波段光谱 CO_2传感器

宽波段吸收仪的工程替代品是一类新的基于激光光谱的分析仪。激光提供的光能转化为非常窄的频率,并且能被调制到扫描 CO_2和 H_2O 红外吸收光谱中单独的谱线。将观测到的光谱拟合到已知的谱线强度数据库,就能提供一个几乎与 CO_2和 H_2O 密度为线性关系的信号。在实践中,此方法仍然需要一些校准以考虑非理想情况和激光频率输出的漂移,但是其所需校准的频率和复杂度都大为减少。这些基于激光的分光仪通过采用多通道光室(herriott)或者将大部分光保留在光室里面的高反射率镜面来达到非常长的光路。光腔衰荡(cavity ring down)发射一个短激光脉冲到高反射室,然后观察从一个小孔径中"泄露"出来的每个很小部分的光的衰减。其中,从光室来的光脉冲的持续时间是我们感兴趣的信号,而不是它的绝对强度,τ 是光在每个波段的传输时间,而不是吸收率。激光的快速激发能提供很多单独的测量,将这些测量信号取平均可以减少噪声,而且激光频率可被调制到扫描吸收光谱(Richman et al. 2004)。另一个选择是积分腔(integrated cavity),它也使用高反射率(但不是100%)镜面,但是没有明确的出口供光线到达检测器。作为替代,穿过其中一个镜面传输的很小部分的光被收集,并且其强度作为被调制成跨越吸收特征的波长而测定。自扫描开始,在任何时刻检测的光都覆盖了发射光的波长范围。分析仪软件中包含的复杂数据处理算法能处理上述情况。这些技术也拓展了一系列针对其他气体(包括同位素鉴别)的新应用与测量能力,并且相对于传统的宽波段红外吸收,这些技术具有更高的精度、准度和分辨率。原则上,这些系统与被高容量气流冲洗的小检测室的联合配置是十分适合 CO_2和其他气体的涡度协方差测量。通过为单次扫描获取的不同气体选择邻近的吸收波段或使用双激光,这些分光仪能够同时测量几个组分。测量的可能性只受限于感兴趣波段上激光的有效性(availability)以及不同频率区间或多路不同激光(multiplexing different laser)之间的转换时滞。最优组合是同时包括 H_2O 和 CO_2(或者其他标量)的高频测量,这是因为水汽协方差对于解释密度脉动非常关键。基于激光分光仪的分析仪也是闭路设备,所以第 2.4.2.2 节有关管道材质、气流速率和压强的讨论也同样适用于该设备。

2.5 廓线测量

净生态系统交换不能由涡度通量单独决定,也需要测量存储项(第 1.4 节,公式(1.19);见

Leoscher et al. 2006b)。在公式(1.19)中,第一项 I,即 $\int_0^{h_m} \overline{\rho_d} \frac{\overline{\partial x_s}}{\partial t} dz$ 为垂直方向上浓度时间导数的积分。值得注意的是,浓度的垂直积分就等于找出柱平均(column-averaged)浓度,而储存项可以通过在所有高度同等吸入空气的良好混合的进气口总管的持续测量来量化,或者使用在地面和传感器高度之间观测总 CO_2密度的长路径仪器的测量值来量化。然而,很难保证完全平衡的采样,并且浓度廓线的形状和变化经常包含重要的生态信息。目前还没有开路长度在几米到 60 m 之间的商用设备,而且由于植被会阻碍路径,因此在多数冠层状况下都难以安装这类长路径设备。精确量化混合比廓线所需的测量层数取决于冠层复杂度和高度。有人使用哈佛森林主通量塔的数据记录评估了这个成熟阔叶林廓线观测值的精度。图 2.9 显示了当 8 个测量高度中的一个被剔除后,CO_2廓线表现的不同。Papale 等(2006)的研究也表明,基于单点测量估算的存储项和基于完整廓线估算的存储项,在一个森林站点净生态系统交换的差异能高达 25 g C m^{-2} a^{-1},而总生态系统呼吸(R_{eco})差异能达到 80 g C m^{-2} a^{-1},总初级生产力的差异能达到 100 g C m^{-2} a^{-1}。因此,在冠层顶部以下的测量水平层对于拟合廓线和正确估算存储项至关重要。移除冠层之上一个测量水平层对年净生态系统交换只产生不到 1% 的不确定性。然而,移除冠层之下的测量水平层会导致在 30 min 时间尺度上检测独立事件如掠风和排气方面的不确定性更大,达到 20%~60%。用来量化冠层存储项的廓线测量的时间尺度必须与涡度协方差的积分时间一致,即 30 min。需要确定的是,为了最佳描述每一个特定 30 min 柱估计均值,需要多少完整的柱抽样。通常来说,混合良好的条件下,在涡度协方差测量高度的 CO_2浓度与生态系统地面 CO_2浓度间差异很小,而当植物冠层不与冠层之上环境耦合时,差异则很大。为了精确地检测这些差异,最好使用单个分析仪来执行,从而消除任何传感器之间的偏差。在廓线层上循序采样时,在每一个水平上测量的时间偏差必须在存储项计算中给予考虑,通常是通过某些平均或者内插来获得一些在连续间隔期间的平均浓度廓线的估算值。从一个采样转换到另一个采样时,分析仪都需要一个稳定时间以达到平衡,此稳定时间能使用 Allan's 方差技术来估算(Allan 1966)。通过持续地从所有廓线进气口抽气,每个进气口都具有相同体积的空气(和阻力)通过一个通用的大体积总管,之后通过分析仪对每个廓线测量进行重采样,这样的话,就能减少廓线采样的传输时间和转换时滞。廓线分析仪与涡度分析仪一样,对凝结和环境控制需做同样的考虑。

与涡度协方差相比,浓度廓线的测量能以较低流速运行,所以浓度廓线可能在运行上更便于以混合比的绝对测量值来校准,而不需要消耗大体积的昂贵标气。对于那些需要频繁进入和简单操作的站点,在进气口提供超额校准标气气流的手动校准可以作为内置校准系统的替代方法。对具有良好绝对校准的廓线系统来说,它的一个优势是当它跟涡度系统从同一位置采样,那么它的数据就为涡度系统提供了二次校准 (secondary calibration)。

2.5.1 测量层数的要求

所需的廓线层数(number of profile level)由充分解决标量的垂直梯度和充分表征垂直廓线形状的需求决定。冠层复杂度和高度的增加要求更多的水平层数。郁闭的冠层阻碍垂直混合,使气体浓度存在更大的浓度梯度。植被分层影响垂直梯度的大小和形状,因此在放置采样

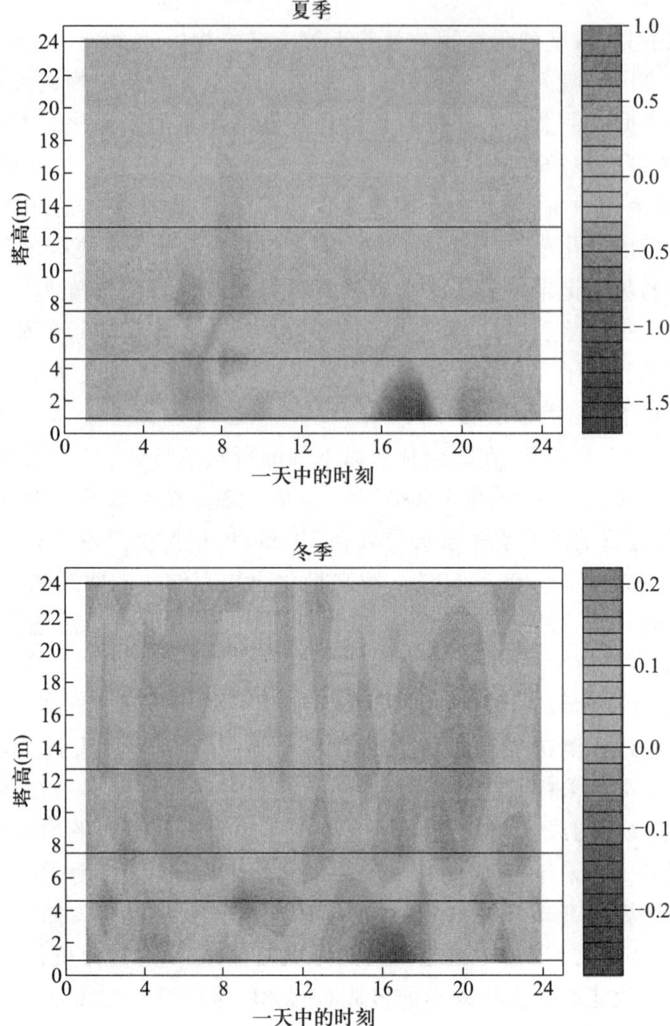

图 2.9　当一个测量位置被移除时，CO_2浓度廓线的差异。数据采自 2004—2008 年的哈佛森林，其中主塔 30 min/次，分别在 0.3 m、0.8 m、4.5 m、7.5 m、12.7 m、18.3 m、24.1 m 和 28 m 高度处测量，而夏季和冬季分别获得 31 142 个数据。我们评估了移除 4.5 m、7.5 m、12.7 m、24.1 m 测量位置对 CO_2廓线的影响（通常固定 0.3 m、18 m、28 m 高度以用于观测和预测值）。在每种情况下，广义增强模型（generalized boosting model, GBM）拟合来自塔不同高度的数据，而排除其中一个测量水平的值。之后，来自所有高度的观测测量值跟 GBM 模型拟合值进行比较评估。观测数据和来自模型拟合的预测值之间的差异可用以下统计值来计算：拟合度的损失＝((观测值-预测值)^2)$^{0.5}$。CO_2单位为 μmol m^{-2} s^{-1}，并且假设正态分布（见书末彩插）

高度时需加以考虑。

一个塔上测量层的数量在不同类型的生态系统结构之间有所差异。冠层较矮的生态系统如草地、农田等,应该至少有4个测量层,如果可能,那么应该包括在冠层环境内测量的底层(最靠近地面,层1)。剩下的测量层的位置(层1和塔顶之间的距离)应该在这类冠层较矮的生态系统之上等距分开(等差标尺而不是对数标尺)。对于灌木地、敞开或者郁闭林冠的森林,在冠层之上至少需要有两层,这包括了在塔顶的测量。没有绝对的标准来决定最靠近冠层的层级(但必须在冠层之上)。它取决于每个冠层的局地标量的源和汇状态、表面粗糙度以及能最佳捕捉该测量水平与塔顶良好混合层之间的垂直辐散的地形。下一个更低的层级应该与平均冠层高度和具有最高叶面积密度的区域相关联。冠层之下的其他测量层的位置应该捕捉其他生态重要分层的特征,例如已形成的下层植被冠层。

在有明显积雪的站点,确定最底层的测量高度会非常困难。生长季节的理想测量高度很可能被雪掩埋,因此需要对传感器高度做调整并仔细记录归档。

2.5.2 廓线混合比测量要求

分析廓线混合比需要考虑与上述涡度分析仪相同的事项。与涡度分析仪使用单一样品线相反,廓线混合比采用多重样品气路且每个进气口都配有过滤器,把气体带入进气总管或者气流选择阀门。分析仪连接在进气总管的出口,并且廓线进气口每次只打开一个。由于阀门转换时会产生气压梯度,以及为了允许进气口被来自选定进气口的空气冲洗,需要将转换到一个新的层级后分析仪瞬时的输出结果丢弃。如果电力不是限制因素,那么可以配置选择枢纽,允许没有使用的进气口被旁通泵持续抽气冲洗。实际应用中,应尽可能维持较快的通过进气口的气流速率以减少不同层级之间的转换时间。通到分析仪的二次抽样的小股旁通气流可以用于快速冲刷进气口,而不需要一个高速气流通过分析仪本身。另外,维持进气口的更高流速能提供减压以防止管内凝结。为了避免每个进气口的压强差异引起的误差,应该在廓线系统上使用一个压力控制器。

致　谢

J.W.Munger 受美国科学办公室能源部 DE-SC0004985 项目资助;H.W.Leoscher 和 H.Luo 受国家自然基金 DBI-0752017 项目资助。作者感谢 P.Duffy 关于廓线分析的统计支持。

参考文献

Akabayashi S, Murakami S, Kato S, Chirifu S (1986) Visualization of air flow around obstacles in laminar flow type clean room with laser light sheet.Paper presented at 8th international symposium on contamination control, Milan, Italy, Sept 9—12

Allan DW (1966) Statistics of atomic frequency standards. Proc IEEE 54:221-231

Arya SPS (1988) Introduction to micrometeorology. Academic, San Diego

Barthlott C, Fiedler F (2003) Turbulence structure in the wake region of a meteorological tower. Bound Layer Meteorol 108:175-190

Burba GG, Anderson DJ, Xu L, McDermitt DK (2008) Correcting apparent off-season CO_2 uptake due to surface heating of an open path gas analyzer: progress report of an ongoing study. LI-COR Biosciences, Lincoln

Campbell GS, Unsworth MH (1979) Inexpensive sonic anemometer for eddy correlation. J Appl Meteorol 18(8): 1072-1077

Čermák JE, Horn JD (1968) Tower shadow effects. J Geophys Res 73(6):1869-1876

Chen J, Franklin JF, Spies TA (1990) Microclimatic pattern and basic biological responses at the edges of old-growth Douglas-fir stands. Northwest Environ J 6(2):424-425

Chen J, Franklin JF, Spies TA (1992) Vegetation responses to edge environments in old-growth Douglas-fir forests. Ecol Appl 2(4):387-396

Chen J, Franklin JF, Spies TA (1993a) An empirical model for predicting diurnal air-temperature gradients from clearcut-forest edge into old-growth Douglas-fir forest. Ecol Model 67:179-198

Chen J, Franklin JF, Spies TA (1993b) Contrasting microclimatic patterns among clearcut, edge, and interior area of old-growth Douglas-fir forest. Agric For Meteorol 63(3-4):219-237

Culf AD, Fisch G, Hodnett MG (1995) The albedo of Amazonian forest and ranchland. J Clim 8:1544-1554

Culf AD, Esteves JL, Marques Filho ADO, da Rocha HR (1996) Radiation, temperature and humidity over forest and pasture in Amazonia. In: Gash JHC, Nobre CA, Roberts JM, Victoria RL (eds) Amazonian deforestation and climate. Wiley, Chichester, pp 175-191

Dabberdt WF (1968) Wind disturbance by a vertical cylinder in atmospheric surface layer. Bull Am Meteorol Soc 49 (7):767-771

Davies ME, Miller BL (1982) Wind effects on offshore platforms - a summary of wind tunnel studies. Rep., National Maritime Institute, Feltham

Detto M, Katul GG, Siqueira M, Juang J-Y, Stoy P (2008) The backward-facing step flow analogy revisited. Ecol Appl 18:1420-1435

Dyer AJ (1981) Flow distortion by supporting structures. Bound Layer Meteorol 20(2):243-251

Dyer AJ, Hicks BB (1970) Flux gradient relationships in the constant flux layer. Q J R Meteorol Soc 96:715-721

Foken T, Leclerc MY (2004) Methods and limitations in validation of footprint models special issue on footprints of fluxes and concentrations. Agric For Meteorol 127(3-4):223-234

Gash JHC, Dolman AJ (2003) Sonic anemometer (co) sine response and flux measurement I. The potential for (co)sine error to affect sonic anemometer-based flux measurements. Agric For Meteorol 119(3-4):195-207

Gill GC, Olsson LE, Scla J, Suda M (1967) Accuracy of wind measurements on towers or stacks. Bull Am Meteorol Soc 48(9):665-674

Göckede M et al (2008) Quality control of CarboEurope flux data - Part 1: coupling footprint analyses with flux data quality assessment to evaluate sites in forest ecosystems. Biogeosciences 5(2):433-450

Göckede M, Rebmann C, Foken T (2004) A combination of quality assessment tools for eddy covariance measurements with footprint modeling for the characterization of complex sites. Agric For Meteorol 127:175-188

Göckede M, Markkanen T, Hasager CB, Foken T (2006) Update of a footprint-based approach for the characterization of complex measurement sites. Bound Layer Meteorol 118:635-655

Haslwanter A, Hammerle A, Wohlfahrt G (2009) Open-path vs. closed-path eddy covariance measurements of the net ecosystem carbon dioxide and water vapour exchange: a long-term perspective. Agric For Meteorol 149(2): 291-302

Hicks BB (1976) Wind profile relationships from wangara experiment. Q J R Meteorol Soc 102(433):535-551

Horst TW (2001) Comment on 'footprint analysis: a closed analytical solution based on height-dependent profiles of wind speed and eddy viscosity'. Bound Layer Meteorol 101(3):435-447

Horst TW, Weil JC (1992) Footprint estimation for scalar flux measurements in the atmospheric surface layer. Bound Layer Meteorol 59(3):279-296

Horst TW, Weil JC (1994) How far is enough - the fetch requirements for micrometeorological measurement of surface fluxes. J Atmos Ocean Technol 11(4):1018-1025

Horst TW, Weil JC (1995) How far is enough - the fetch requirements for micrometeorological measurement of surface fluxes (VOL 11, PG 1018, 1994). J Atmos Ocean Technol 12(2):447-447

Kaimal JC, Businger JA (1963a) A continuous wave sonic anemometer-thermometer. J Appl Meteorol 2(1): 156-164

Kaimal JC, Businger JA (1963b) Preliminary results obtained with a sonic anemometer-thermometer. J Appl Meteorol 2(1):180-186

Kaimal JC, Gaynor JE, Zimmerman HA, Zimmerman GA (1990) Minimizing flow distortion errors in a sonic anemometer. Bound Layer Meteorol 53(1-2):103-115

Karipot A, Leclerc MY, Zhang GS, Lewin KF, Nagy J, Hendrey GR, Starr G (2008) Influence of nocturnal low-level jet on turbulence structure and CO_2 flux measurements over a forest canopy. J Geophys Res 113, D10102, doi:10.1029/2007JD009149

Karipot A, Leclerc MY, Zhang GS (2009) Characteristics of nocturnal low-level jets observed in the north Florida area. Mon Weather Rev 137(8):2605-2621

Kormann R, Meixner FX (2001) An analytical footprint model for non-neutral stratification. Bound Layer Meteorol 99(2):207-224

Kristensen L, Fitzjarrald DR (1984) The effect of line averaging on scalar flux measurement with a sonic anemometer near the surface. J Atmos Ocean Technol 1:138-146

Leclerc MY, Karipot A, Prabha T, Allwine G, Lamb B, Gholz HL (2003) Impact of non-local advection on flux footprints over a tall forest canopy: a tracer flux experiment. Agric For Meteorol 115(1-2):19-30

Lee XH (1998) On micrometeorological observations of surface-air exchange over tall vegetation. Agric For Meteorol 91(1-2):39-49

Lemon ER (1960) Photosynthesis under field conditions. II. An aerodynamic method for determining the turbulent carbon dioxide exchange between the atmosphere and a corn field. Agron J 52(12):697-703

Lenschow DH, Raupach MR (1991) The attenuation of fluctuations in scalar concentrations through sampling tubes. J Geophys Res Atmos 96(D8):15259-15268

Leuning R (2004) Measurements of trace gas fluxes in the atmosphere using eddy covariance: WPL corrections revisited. In: Lee X, Massman W, Law B (eds) Handbook of micrometeorology: a guide for surface flux measurements and analysis. Kluwer, Dordrecht, pp 119-132

Leuning R (2007) The correct form of the Webb, Pearman and Leuning equation for eddy fluxes of trace gases in steady and non-steady state, horizontally homogeneous flows. Bound Layer Meteorol 123(2):263-267

Leuning R, King KM (1992) Comparison of eddy covariance measurements of CO_2 fluxes by open path and closed path CO_2 analysers. Bound Layer Meteorol 59(3):297-311

Liu HP, Peters G, Foken T (2001) New equations for sonic temperature variance and buoyancy heat flux with an omnidirectional sonic anemometer. Bound Layer Meteorol 100(3):459–468

Loescher HW (2007) Enhancing the precision and accuracy within and among AmeriFlux site measurements, expanded annual report, May 2007, DOE report

Loescher HW, Ocheltree T, Tanner B, Swiatek E, Dano B, Wong J, Zimmerman G, Campbell J, Stock C, Jacobsen L, Shiga Y, Kollas J, Liburdy J, Law BE (2005) Comparison of temperature and wind statistics in contrasting environments among different sonic anemometer-thermometers. Agric For Meteorol 133(1–4):119–139

Loescher HW, Starr G, Martin TA, Binford M, Gholz HL (2006a) The effect of local atmospheric circulations on daytime carbon dioxide flux measurements over a Pinus elliottii canopy. J Appl Meteorol Climatol 45(8): 1127–1140

Loescher HW, Law BE, Mahrt L, Hollinger DY, Campbell J, Wofsy SC (2006b) Uncertainties in, and interpretation of, carbon flux estimates using the eddy covariance technique. J Geophys Res 111, D21S90, doi:10.1029/2005JD006932

Loescher HW, Hanson CV, Ocheltree TW (2009) The psychrometric constant is not constant: a novel approach to enhance the accuracy and precision of latent energy fluxes through automated water vapor calibrations. J Hydrometeorol 10(5):1271–1284

Massman W (2004) Concerning the measurement of atmospheric trace gas fluxes with open- and closed-path eddy covariance system: the WPL terms and spectral attenuation. In: Lee X, Massman W, Law B (eds) Handbook of micrometeorology: a guide for surface flux measurements and analysis. Kluwer, Dordrecht, pp 133–160

McDermitt DK, Welles JM, Eckles RD (1993) Effects of temperature, pressure, and water vapor on gas phase infrared absorption by CO_2. Rep., LI-COR, Inc, Lincoln

Miller DO, Tong CN, Wyngaard JC (1999) The effects of probe-induced flow distortion on velocity covariances: field observations. Bound Layer Meteorol 91(3):483–493

Monin AS, Obukhov AM (1954) Osnovnye zakono-mernosti turbulentnogo peremesivanija v prizemnom sloe atmosfery. Trudy Geofiz Inst AN SSSR 24(151):163–187

Monteith JL, Unsworth MH (2008) Principles of environmental physics, 3 edn. Elsevier, Amster-dam/Boston, xxi, 418 pp

Moses H, Daubek HG (1961) Errors in wind measurements on the towers associated with tower-mounted anemometers. Bull Am Meteorol Soc 42:190–194

Munson BR, Young DF, Okiishi TH (1998) Fundamentals of fluid mechanics, 3 edn. Wiley, New York, xvii, 877 pp

Ocheltree TO, Loescher HW (2007) Design of the AmeriFlux portable eddy-covariance system and uncertainty analysis of carbon measurements. J Atmos Ocean Tech 24:1389–1409

Papale D, Reichstein M, Aubinet M, Canfora E, Bernhofer C, Kutsch W, Longdoz B, Rambal S, Valentini R, Vesala T, Yaki D (2006) Towards a standardized processing of Net Ecosystem Exchange measured with eddy covariance technique: algorithms and uncertainty estimation. Biogeosciences 3:571–583

Paw UKT, Baldocchi DD, Meyers TP, Wilson KB (2000) Correction of eddy-covariance measurements incorporating both advective effects and density fluxes. Bound Layer Meteorol 97(3):487–511

Perrin D, McMahon N, Crane M, Ruskin HJ, Crane L, Hurley B (2007) The effect of a meteorological tower on its top-mounted anemometer. Appl Energy 84(4):413–424

Richman B, Rella C, Crosson E, Paldus B (2004) CRDS measures atmospheric CO_2. Laser Focus World 40(11): S5–S7

Sanuki M, Tsuda N (1957) What are we measuring on the top of a tower? Pap Meteorol Geophys 8(1):98–101

Schmid HP (1994) Source areas for scalars and scalar fluxes. Bound Layer Meteorol 67(3):293-318

Schmid HP, Lloyd CR (1999) Spatial representativeness and the location bias of flux footprints over inhomogeneous areas. Agric For Meteorol 93(3):195-209

Schuepp PH, Leclerc MY, Macpherson JI, Desjardins RL (1990) Footprint prediction of scalar fluxes from analytical solutions of the diffusion equation. Bound Layer Meteorol 50(1-4):353-373

Schotanus P, Nieuwstadt FTM, DeBruin HAR (1983) Temperature measurement with a sonic anemometer and its application to heat and moisture fluctuations. Boundary-Layer Meteorol 26:81-93

Shinohara T (1958) On results of an experiment for practical use of the three-cup anemometers. J Meteorol Res 10: 587-590

Thornthwaite CW, Superior WJ, Field RT (1962) Evaluation of an ocean tower for measurement of climatic fluxes. Publ Climatol Lab Climatol 15(3):289-351

Thornthwaite CW, Superior WJ, Field RT (1965) Disturbance of airflow around Argus island tower near Bermuda. J Geophys Res 70(24):6047-6052

Tropea C, Yarin A, Foss JF (2007) Handbook of experimental fluid dynamics. Springer, Berlin/Heidelberg, p 1557

Vaucher G, Cionoco R, Bustillos M (2004) Forecasting stability transitions and air flow around an urban building - Phase I. Paper presented at symposium on planning, nowcasting, and forecasting in the Urban Zone, 84th AMS Meeting, Seattle, 11—15 Jan 2004, American Meteorological Society, Boston, MA

van Dijk A (2002) Extension to 3D of "The effect of line averaging on scalar flux measurements with a sonic anemometer near the surface" by Kristensen and Fitzjarrald. J Atmos Ocean Tech 19:80-82

Webb EK, Pearman GI, Leuning R (1980) Correction of flux measurements for density effects due to heat and water-vapor transfer. Q J R Meteorol Soc 106(447):85-100

Whitaker S (1984) Introduction to fluid mechanics. Krieger Publishing, Malabar, 457 pp

Wyngaard JC (1981) The effects of probe induced flow distortion on atmospheric-turbulence measurements. J Appl Meteorol 20(7):784-794

第 3 章

数据采集与通量计算

Corinna Rebmann, Olaf Kolle, Bernard Heinesch, Ronald Queck, Andreas Ibrom, Marc Aubinet

本章将详细介绍运用涡度协方差技术获得能量、质量和动量的湍流通量的基础理论和计算过程,包括数据采集、高频数据预处理和通量计算等。

C.Rebmann(✉)
Department Computational Hydrosystems, Helmholtz Centre for Environmental Research - UFZ, 04318 Leipzig, Germany

O.Kolle
Max-Planck Institute for Biogeochemistry, Jena, Germany
e-mail: olaf.kolle@bgc-jena.mpg.de

B.Heinesch · M.Aubinet
Unit of Biosystem Physics, Gembloux Agro-Bio Tech, University of Liege, 5030 Gembloux, Belgium
e-mail: bernard.heinesch@ulg.ac.be; Marc.Aubinet@ulg.ac.be

R.Queck
Department of Meteorology, Institute of Hydrology and Meteorology, TU Dresden (TUD), Dresden, Germany
e-mail: ronald.queck@tu-dresden.de

A.Ibrom
Risø National Laboratory, Biosystems Department, Technical University of Denmark (DTU), Roskilde, Denmark
e-mail: anib@risoe.dtu.dk

Risø National Laboratory for Sustainable Energy, Technical University of Denmark (DTU), Frederiksborgvej 399, 4000, Roskilde, Denmark
e-mail: anib@risoe.dtu.dk

M.Aubinet et al. (eds.), *Eddy Covariance: A Practical Guide to Measurement and Data Analysis*, Springer Atmospheric Sciences, DOI 10.1007/978-94-007-2351-1_3,

3.1 数据传输与采集

数据传输与采集主要取决于输出数据类型和监测设备的测量频率。根据超声风速仪、分析仪或其他额外设备的数字或模拟输出信号可以区分不同方法。对用于涡度协方差数据采集的仪器和采集系统的主要要求是它们的响应时间能够处理高达 10 Hz 的波动。这意味着必须有足够高的采样频率以覆盖携带湍流通量的完整频率范围,这通常需要 10～20 Hz 的采样速率。一般来说,数据采集应基于采样频率来调节,并且可依据所使用设备而变化(数据采集器 vs 个人电脑;超声风速仪或气体分析仪的类型)。

需要区分两种主要的数据采集系统组别,即数据采集器或电脑。当使用数据采集器时,其明显优势是稳健性、紧凑性和恶劣环境下(低温、高湿度)的良好运行表现,而最重要的是低能耗,从而使得这个系统成为太阳能供电的涡度协方差站点的优先选择,尤其是在那些不能架设电线的偏远地区。然而,在这种情况下,开路气体分析仪比闭路气体分析仪更受欢迎,这是因为后者需要的泵耗能明显更多。如果不能够实现频繁的站点监管(station supervision)和数据收集,比较明智的做法是通过数据采集器对平均数据进行即时处理。在此情况下,用户需要确保不仅将校正后的通量,而且还要把用于后续处理的原始数据一同记录下来。使用数据采集器的另一个便利之处是可以同时使用具有多种不同输出信号的传感器、仪器或设备。数据采集器能处理模拟输出信号和通过 RS232 串联接口传输的数据,或者就 Campbell Scientific 数据采集器来说,基于同步测量装置(synchronous device for measurment, SDM)协议传输的数据。图 3.1、图 3.2、图 3.3 和图 3.4 给出的是 LiCor 和 ADC 气体分析仪的例子,其他如 Los Gatos CH_4 分析仪或 Picarro $CH_4/CO_2/H_2O$ 分析仪也适用于以下一些方案。

基于数据采集器系统的缺点在于要实现原始或计算数据的图形化显示是非常复杂的,且质量较差,甚至无法实现;以及原始数据通常存储在一个大的文件中,而之后还需要将其分解成例如 30 min 这样便捷时长的文件。如果数据记录器与计算机连接,那么这个过程也可以在线完成,但这样一来,其低能耗的优势可能就被抵消了。

如果用一台装配有某一涡度协方差软件包的电脑来采集数据,那么电脑一般需要接入总电源。不过,市面上已经出现了低能耗的小型 cap rail 电脑,而且价格实惠的太阳能电源供给就可支持其使用。除一些笔记本电脑以外,计算机和多数的数据采集软件包(如 EddySoft)可以设置为在电源中断事件后自动重启,因此不需要操作人员采取行动。使用计算机获取涡度协方差数据有几大优点:① 原始数据可以按照需要时长和格式存储到文件中;② 可视化用户界面使得操作者可以轻松采用或修改任何程序设置;③ 原始数据和处理数据(例如通量)可以在彩图和表格中展示;④ 使用某些软件包,可以使多个数据采集程序在同一个计算机上运行,从而能够同时采集几个涡度系统的数据(例如对于通量廓线来说,这十分有用)。最后,除收集涡度协方差数据外,计算机还可以用于其他任务,例如,通量数据后处理;与数据采集器建立通信以存档气象数据;与捕捉物候影像的网络摄像头建立通信;通过调制解调器或网络传输数据、影像及图表;在外围存储设备上备份数据;从涡度协方差仪器中收集诸如状态信息等的其他数据。

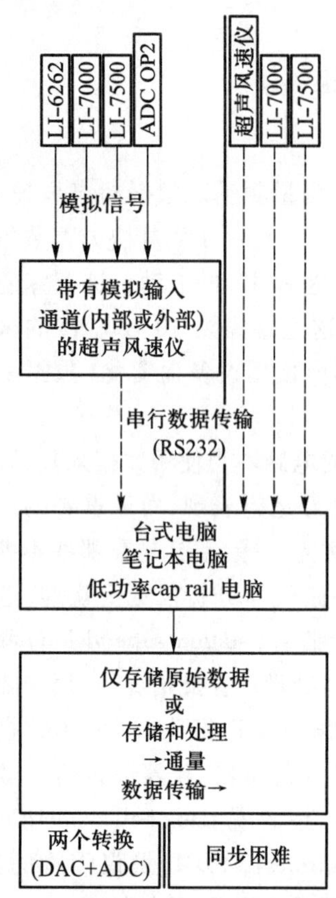

图 3.1 计算机对超声风速仪和多种气体分析仪的模拟和数字数据流进行数据获取。左侧的路径为超声风速仪对模拟信号进行数字化处理的过程;右侧的路径为全部设备向计算机直接传输数字化数据的过程。底部的灰框说明每种配置的缺陷

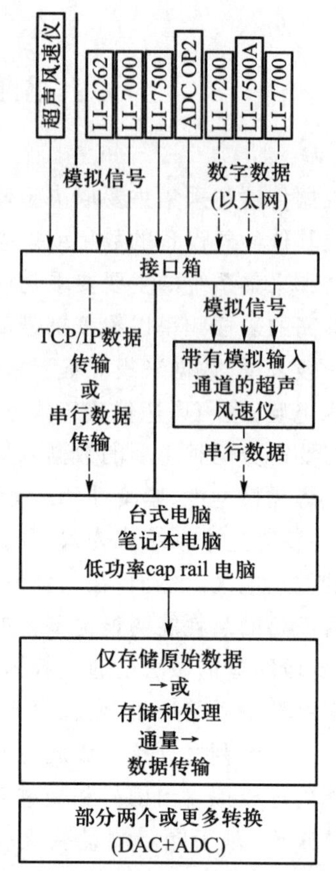

图 3.2 计算机对超声风速仪和多种气体分析仪的模拟和数字数据流进行数据获取。智能接口箱(LI - 7550, LiCor Biosciences)能够合并不同的输入信号(模拟或以太网)。数据输出可以通过以太网、RS232(左侧路径)或模拟信号(右侧路径)实现。底部的灰框说明每种配置的缺陷

使用计算机时,尤其是在 Windows®系统下运行的时候,建议通过唯一的数据流传输一个涡度协方差系统的所有数据。由于 Windows®并不是实时操作系统,因此无法保证将数据传输到计算机不同的输入线中,举例来说,几个串行通信端口在长期内将被同步化。实际上,这意味着应当通过一个物理或虚拟串行通信端口(RS232、USB 或以太网)将数据传输到计算机。这就说明在电脑前必须有一个仪器或设备把来自涡度仪器不同组件的数据合并成一条数据流。许多情况下,这种合并设备是超声风速仪(图 3.1 和图 3.2),因为许多超声风速仪生产商为他们的仪器配备了模拟输入通道(Gill、METEK、Thies、Young),这是通过嵌入式的模数转换器(analog to digital converter,ADC)或可选外置模拟输入箱实现的。模数转换器的质量和分辨率可以相差很大。通过这一解决方法,气体分析仪的模拟输出信号被模数转换器转变为数字信号,这些数据又与超声数据合并,并被传输到计算机中。这一过程的普遍缺陷在于很多情况

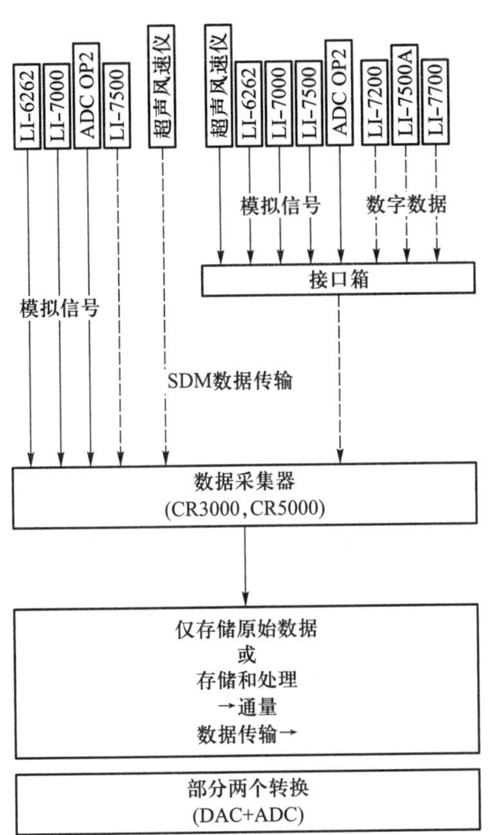

图 3.3 计算机对超声风速仪和多种气体分析仪的模拟和数字数据流进行数据获取。使用的智能接口箱(LI-7550, LiCor Biosciences)与图 3.2 相同(右侧路径),各种设备可以直接连接数据记录器(左侧路径)。两条路径可以同时运行。底部的灰框说明每种配置的缺陷

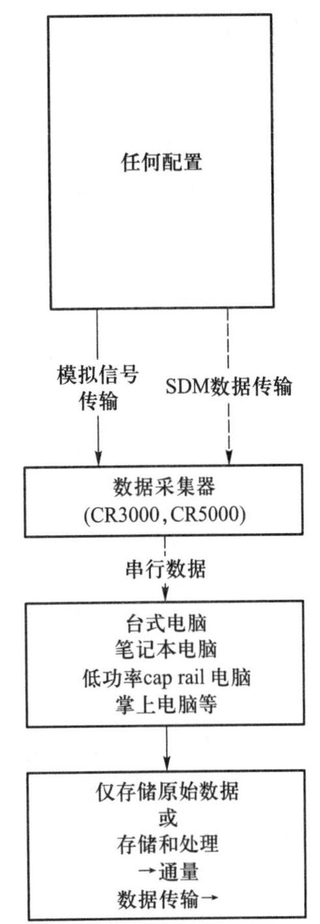

图 3.4 数据记录仪作为整合和同步化设备,利用计算机对超声风速仪和多种气体分析仪的模拟和数字数据流进行数据获取

下要执行两次转化:因为现代的气体分析仪在内部是基于数字基础运行的。为了产生一个模拟输出信号,首先需要将数字信号转化为模拟信号(digital to analog conservation,DAC);接下来数据又必须被转换为数字信号,以便向计算机传输。当然,这两步转换很可能会降低信号质量(详见第 4 章)。

另一个选择由 LiCor Biosciences 公司提供,需与他们的新型气体分析仪结合使用,并且有一个可以收集气体分析仪的数字信号以及额外模拟信号的接口箱可供使用。这个选择的原理就是连接来自超声风速仪的模拟输出信号,这些信号被数字化并与一个或多个气体分析仪的数字数据流合并,并以数字化形式传输到计算机(图 3.2)或数据采集器(图 3.3)中。它同样存在两次转换的缺陷。一方面,有些超声风速仪的数模转换装置(DAC)在分辨率上极为受限。另一方面,相同接口箱能够将气体分析仪的数字数据转变为模拟信号,之后可能会连接到一台

超声风速仪的模拟输入通道(图 3.2)。

需要提一下另外两种不常用的系统配置:

- 一个是由 Eugster 和 Pluss(2010)描述的系统,它是"全数字化"运行的,意味着系统中所有设备的数字化数据全部通过独立的串行通信端口被传输到计算机(图 3.1,右侧的路径)。同步化的问题由一个 Linux 操作系统控制。
- 在另一个系统中,数据采集器被用作连接超声风速仪和气体分析仪的合并装置,而原始数据则通过 RS232 以高频传输到计算机中。由于具备模拟和数字输出的设备可以以多种不同的组合混合在一起使用,因此这一系统具有很高的灵活性(图 3.4)。

在运行任何一种合适的数据采集软件工具之前,使用者必须要确保将超声风速仪和分析仪的硬件设置合适地引入到软件设置中。根据所使用的软件类型,使用者必须对额外的模拟或串行输入通道的测量频率、数目及顺序进行设置,特别是当需要对通量和风向进行实时计算,并且同时保证后处理能够正确进行时,需要在采集软件中固定超声风速仪方位角的校正,以直接获取水平风分量的输出值。

对于像 LI-6262 或 LI-7000 这样的闭路 CO_2/H_2O 分析仪,可以选择线性化或非线性化的输出信号。通常后者必须在高频分辨率下对来自分析仪的压强和温度信号进行采样。对于采集的任何一种信号,如果其为电压信号,那么它的量程和单位必须确保在相应的分析仪输出和数据采集软件中进行设定。

所有风向分量与声速可通过不同类型的三维超声风速仪中的任何一种测得,例如 Campbell CSAT3、Gill R2、Gill R3、HS、WindMaster(Pro)、METEK 或 Young(见第 3.2.1.1 节)。每种风速仪都有其具体特征,因此在数据采集上需要考虑这些因素:模拟输入的数量、方位角校正、角度调整、提示音设置(对于 Gill R3/HS)、加热设定(对于 METEK USA-1)、模拟输出全尺度偏转(对于 Gill R3/HS 和 WindMaster Pro)、传感器头部校正(对于 METEK USA-1)以及分析仪类型。

3.2 原始数据的通量计算

下面详细介绍将高频信号转换为平均值、方差和协方差的不同步骤。首先,需要对传感器输出信号进行转换以表征微气象学变量(见第 3.2.1 节)。其次,须进行一系列质量检验来标记和/或消除由电子噪声造成的出现在原始数据中的峰值和突变(见第 3.2.2 节)。然后,计算变量的平均值、方差和协方差(见第 3.2.3 节)。方差和协方差的获得需要先计算变量波动,有些情况还需要去倾处理(见第 3.2.3.1 节)。另外,协方差的计算还需要确定两个协变变量之间的时滞效应(见第 3.2.3.2 节)。这些过程提供了平均值、方差和协方差的估计,而这些值表示在一个与超声风速仪相关的坐标系中。之后,需要对这些值进行转换以在同一个坐标框架中表示这些变量,而这个坐标框架与所研究的生态系统相关联(见第 3.2.4 节)。

3.2.1 气象单元中的信号转换

3.2.1.1 来自超声风速仪的风分量和声速

第 2.3 节已介绍了超声风速仪的工作原理,一些出版物及教科书中也有描述(Cuerva et al. 2003; Kaimal and Businger 1963; Kaimal and Finnigan 1994; Schotanus et al. 1983; Vogt 1995)。超声风速仪的输出分别给出了与仪器相关的正交轴线系统中的三个风向分量和声速 c。此变量依赖于空气密度,进而也受大气压(p)、水汽压(e)和绝对气温(θ)的影响。

$$c = \sqrt{\gamma \cdot R/m_{\mathrm{d}} \cdot \theta \cdot (1 + 0.32 \cdot e/p)} \tag{3.1}$$

式中,$R = 8.314\ \mathrm{J\ K^{-1}\ mol^{-1}}$,是通用气体常数;$m_{\mathrm{d}} = 28.96 \times 10^{-3}\ \mathrm{kg\ mol^{-1}}$,是干空气摩尔质量;$\gamma = 1.4$,是恒定压力和恒定体积热容之比。在实际应用中,超声风速仪软件计算超声温度的公式如下(Aubinet et al. 2000; Schotanus et al. 1983):

$$\theta_{\mathrm{s}} = \frac{m_{\mathrm{d}}}{\gamma R} \frac{(c_1^2 + c_2^2 + c_3^2)}{3} = \frac{1}{403} \frac{(c_1^2 + c_2^2 + c_3^2)}{3} \tag{3.2}$$

式中,c_1、c_2、c_3对应沿着每个超声风速仪轴线测得的声速。

然而,由于没有将声速对水汽压(e)的依赖考虑在内,因此这一温度偏离真实的绝对温度(θ)1%~2%。超声温度与绝对真实温度的关系由 Kaimal 和 Gaynor(1991)给出,如下:

$$\theta_{\mathrm{s}} = \theta \cdot (1 + 0.32 \cdot e/p) \tag{3.3}$$

这与虚温 θ_{v} 几乎相当,其定义式为

$$\theta_{\mathrm{v}} = \theta \cdot (1 + 0.38 \cdot e/p) \tag{3.4}$$

因此,θ_{s} 可以被直接用于估计浮力通量,甚至稳定性参数 $(h_{\mathrm{m}} - d)/L$。然而,感热通量的估计需要基于公式(3.3)的校正,并且需要独立测量水汽压(SND 校正),这将在第 4.1.2 节详细阐述。

3.2.1.2 来自气体分析仪的浓度

大气组分的标量强度须依照混合比由守恒方程表示(如公式(1.19)—公式(1.25))。红外气体分析仪可以测量大气组分的密度或摩尔浓度,并将这些结果转变为具有或没有水汽校正的摩尔分数(见第 2.4.1 节)。将信号转换成混合比需要了解高频空气密度波动,因此需要估计高频气温和湿度波动。在闭路系统中,考虑到气流通过管道会导致温度波动衰减(详见第 4.1.2.3 节),因此前者可以忽略,而如果分析仪软件(包括 LiCor 6262)中包括了湿度波动这个选项并且被用户所选择,那么分析仪就要将后者考虑在内。如若没有湿度波动这一选项(包括 LiCor 7000),信号转换就必须放在数据后处理时进行。而在开路系统中(包括 LiCor 7500),没有任何校正被计算在内,那么必须在数据后处理时应用这些校正。

在线性化模拟输出模式下,气体分析仪的输出是与摩尔混合比(密度)相关的电压信号 $V_{\chi}(V_{\rho})$。这个关系须由数据采集软件中的设置决定,即最大输出电压 $V_{\max}$(对应痕量气体的

最大混合比(密度)χ_{smax}(ρ_{smax}))以及零电压(对应最小混合比(密度)χ_{smin}(ρ_{smin}))。

$$\chi_s = \chi_{smin} + \frac{\chi_{smax} - \chi_{smin}}{V_{max}} V_\chi \tag{3.5a}$$

$$\rho_s = \rho_{smin} + \frac{\rho_{smax} - \rho_{smin}}{V_{max}} V_\rho \tag{3.5b}$$

χ_{smax}(ρ_{smax})和χ_{smin}(ρ_{smin})都要依照站点预期的混合比(密度)数值来设定,以优化分析仪的分辨率以及校准气体,而只有在这个混合比范围内的校准气体才能被使用(见第2.4.2.3节)。这一确定痕量气体混合比(密度)的方程可应用于许多采用模拟输出的气体分析仪中。新型传感器的输出提供了数字信号的混合比。

3.2.2 原始数据的质量控制

通量数据的质量控制是处理的第二步。高频的原始数据通常包含脉冲噪声,即峰值、漏失、恒定值和噪声。原始数据中的峰值由仪器问题所致,例如超声风速仪传感器调节不够精确、电力供应不足、电子噪声、传感器受水污染、鸟粪、蜘蛛网等以及在超声风速仪测量路径中的雨滴和雪花。有些仪器一旦出现可疑数据就会作出错误标识(如USA-1、CSAT、LI-7500)。

峰值一般都会因其振幅、持续时间或发生的突然性而被检测到。除了检测是否超出物理极限和标准差,Højstrup(1993)提出了一个用点对点自动校正来定义阈值的程序。Vickers和Mahrt(1997)进一步提出了不依赖于统计分布而着重关注仪器故障的湍流时间序列质量控制的测试标准。

任何峰值的检测和消除都会修改数据,尤其是作为测试标准的平均区间的均值和方差也改变。其结果是,质量评估成为了迭代过程(如Schmid et al. 2000)。但是,测定数据的改变也意味着每一个测试都是站点特异性的,必须小心应用,而且这并不是简单移除单个样本或完整平均区间,而是一个有意义标记的应用。正如Vickers和Mahrt(1997)所介绍的,一般而言,硬标记(hard flag)被用于识别由仪器或数据记录问题引起的假象,而软标记(soft flag)则被用于辨识统计学异常现象,这些现象很明显是物理性的,但确实干扰了进一步的统计评估或显示了非平稳时间序列(第4.3.2.1节)。检测到的硬峰值可通过直观目视检查,以确认设置上的错误并剔除数据,或转换成软峰值。带有表征数据质量受限的软标记的数据能被用于某些用途,但却不能在标准数据分析中使用。

数据质量标记的第一步包含对物理极限的检验(分别是风速范围、温度范围及实际痕量气体浓度)。阈值之间一般不应设置得太紧,而要将季节循环(尤其是对于温度)涵盖在内,以避免测量信号的截断。例如,

水平风速:$|u| < 30\ \mathrm{m\ s^{-1}}$

垂直风速:$|w| < 5\ \mathrm{m\ s^{-1}}$(近地面)

超声温度:$|\theta_s - \theta_m| < 20\ \mathrm{K}$($\theta_m$:月平均温度)

站点和仪器特有的阈值可从代表大多数气象状况的时间序列的典型频率分布得到。阈值的可行性可通过对那些被检测到的不寻常范围的时间序列进行直接检查而得到证实,而通过

阈值检测到的峰值则被标识为硬标记。

第二步,可以通过相对于平均区间的标准偏差对数据作检查。Schmid 等(2000)提出,在时间序列中的每个偏离大于差异系数(如 $D=3.5$)与平均值$\overline{X_j}$ 的标准差 σ_j 的乘积的X_i 值应被定义为峰值。更多的选择性筛选可用平均区间的子区间(j)来确定标准差和平均数。

$$|X_i - \overline{X_j}| \geqslant D \cdot \sigma_j \rightarrow \text{峰值(spike)} \tag{3.6}$$

这些数据窗口应当包括区域尺度内绝大部分变量的方差。Schmid 等(2000)使用 15 min 时长的窗口,而 Vickers 和 Mahrt(1997)使用 5 min 时长的滑动窗口。

由于标准偏差随着峰值的消除而降低,因此检测应重复数次,直至没有新峰值出现或完成最大迭代次数。差异系数应随每个迭代步长(k)以常数项增加(如 $D_k=3.5+0.3k$)。

如果平均数的波动超过了临界值,那么可以登记为一个软峰值。在另一情况下,软峰值的判定可使用偏差的持续时间,例如峰值应短于 0.3 s(Schmid et al. 2000)。

更复杂的方法是基于连续数据点之间的差异来消除峰值。Højstrup(1993)通过使用指数筛选函数来应用点对点自相关方法。每个单值X_i都与先前时间序列过程计算出来的测试值$X_{t,i}$相比较,参照公式如下:

$$X_{t,i} = X_{i-1}R_{M,i} + X_{M,i}(1 - R_{M,i}) \tag{3.7a}$$

式中,平均值 $X_{M,i}$ 由公式(3.7b)计算:

$$X_{M,i} = X_{M,i-1}(1 - 1/M) + X_i/M \tag{3.7b}$$

自相关系数($R_{M,i}$)计算如下:

$$R_{M,i} = \frac{R_{M,i-1}(1 - 1/M)\sqrt{\sigma_{M,i-1}^2\sigma_{M,i-2}^2} + [(x_i - X_{M,i})(x_{i-1} - X_{M,i-1})]/M}{\sqrt{\sigma_{M,i}^2\sigma_{M,i-1}^2}} \tag{3.7c}$$

标准偏差计算如下:

$$\sigma_{M,i}^2 = \sigma_{M,i-1}^2(1 - 1/M) + (X_i - X_{M,i})^2/M \tag{3.7d}$$

过滤器的存储记忆的特点是存在大量 M 点,然而,这是个过滤器常数,正如前述点对后续测试值的影响虽然随时间距离而降低,但在理论上是无穷的。在此过程中,过滤器的存储记忆随变化的自相关 R_M而调整:

$$M = \frac{-230}{\ln(|R_{M,i}|)}, \qquad 0.1<|R_{M,i}|<0.99 \tag{3.7e}$$

与下列公式作比较:

$$|X_i - X_{t,i}| \geqslant D \cdot \sigma_{X-X_t} \rightarrow \text{峰值(spike)}$$

式中,σ_{X-X_t} 是测试值和实际数据点差值的标准差。依据超出临界阈值 $D\sigma_{X-X_t}$ 的概率,差异系数 D 一般设定为 3.3~4.9。

Clement(2004)提出了类似的基于连续数据点之间差异 $\Delta X_i = |X_i - X_{i-1}|$ 的方法,并进一

步考虑了遗漏(相应子程序被应用于通量计算软件 EDIRE,爱丁堡大学,大气与环境科学研究所)。$\Delta\chi$ 与平均差异值 $\overline{\Delta\chi}$ 的偏差的阈值是相对于整个平均区间 $\Delta\chi$ 的标准偏差 $\sigma_{\Delta\chi}$ 而设定的。

$$|\Delta\chi_i - \overline{\Delta\chi}| \geqslant D \cdot \sigma_{\Delta\chi} \rightarrow \text{峰值(spike)}$$

一般建议将检测出的差值作为峰值的上限或下限。程序在预先设定的检测到差值的窗口内搜索相应的区段。随后,两个区段之间的间隔通过一个包含区间斜率的补偿函数而得到校正。

为避免数据排除出错,最后两种方法在进行参数化时需要特别小心。事实上,参数非常敏感,以至于物理意义上有价值的数据也被不合理地排除。尽管如此,在自动检测遗漏和峰值时,两种方法依旧非常有效,而之前的方法却无法实现。

进一步的测试旨在检测定义的有效范围外的方差(太大或太小的方差都将被标识出来)。用哈尔(Haar)变换可以检测到不同寻常的非常大的偏斜度、峭度和大的中断(Vickers et al. 2009)。超声温度时间序列中较大的峭度能够指示某些问题,如传感器上有水存在(Foken et al. 2004)。这些测试比较适用于10~15 min长度的滑动窗口。

尤其当必须对数据进行频谱分析的时候,由于排除峰值而在时间序列上留下的空缺需要被填补。对短空缺来说,可通过高斯随机数(Gaussian random number)内插或 Højstrup(1933)的模型完成,而高斯随机数取决于平均值和标准差。线性内插法可能导致系统误差,所以不提倡使用。在进一步的统计学分析前,含有超过1%峰值的时间序列应当被排除(Foken 2008)。

但是,需要仔细检查这些方法的应用。众所周知,物理上貌似合理的行为和仪器问题在参数空间上会发生重叠,这也就强调了可视化检查的重要性,以证实或拒绝由自动测试集合带来的标记。

3.2.3 方差及协方差计算

3.2.3.1 平均值与波动计算

任意变量 χ_s 的方差计算公式如下:

$$\overline{\chi_s'^2} = \frac{1}{N-1}\sum_{j=1}^{N}(\chi_{sj} - \overline{\chi_s})^2 \tag{3.8}$$

式中,N 表示样本数,χ_s 表示感兴趣的标量,χ_s' 是波动部分,$\overline{\chi_s}$ 是非波动部分,即此部分时间序列不代表湍流,如算术平均值。

任意风分量 u_k 或标量 χ_s 与另一风分量 u_i 的协方差由公式(3.9a)和公式(3.9b)计算:

$$\overline{\chi_s' u_i'} = \frac{1}{N}\sum_{j=1}^{N}[(\chi_{sj} - \overline{\chi_s})(u_{i,j} - \overline{u_i})] = \frac{1}{N}\sum_{j=1}^{N}\chi_{sj}' u_{i,j}' \tag{3.9a}$$

$$\overline{u_k' u_i'} = \frac{1}{N}\sum_{j=1}^{N}[(u_{k,j} - \overline{u_k})(u_{i,j} - \overline{u_i})] = \frac{1}{N}\sum_{j=1}^{N}u_{k,j}' u_{i,j}' \tag{3.9b}$$

式中，u_k（$k=1,2,3$）代表风分量 u_j、v_j 或 w_j。

在实际应用中，存在多种计算χ_s和 u_i平均值的方法。第一种方法被称为块平均法（block average，BA）：

$$\overline{\chi}_{sBA}=\frac{1}{N}\sum_{j=1}^{N}\chi_s \tag{3.10}$$

与备选方法相比，其优势在于它将湍流信号的低频部分减小到最低程度。然而，当仪器因0点漂移或大气条件中天气改变而需要对时间序列作去倾处理时，块平均法并不足以根据湍流数据计算出波动值。为了去除这些在时间序列中不期望得到的成分，另外两种高通滤波被使用较多，即线性去倾，其非波动部分由下式计算得出：

$$\chi_{sLDj}=\beta_1 t_1+\beta_0 \tag{3.11}$$

式中，β_0 和 β_1 分别是χ_s 与时间线性回归的截距和斜率（如 Draper 和 Smith（1998））；另一种确定非波动项的方法是计算自动回归过滤时间序列，有时也被误称为滑动平均：

$$\overline{\chi_{sAF,j}}=\alpha\chi_{sj}+(1-\alpha)\cdot\chi_{sj-1} \tag{3.12}$$

式中，α 是滤波器常数，与截止频率 f_c、取样频率 f_s 有关：

$$\alpha=1-e^{-2\pi(f_c/f_s)} \tag{3.13}$$

Rannik 和 Vesala（1999）、Culf（2000）和 Moncrieff 等（2004）比较了不同的去倾算法。由于湍流的自然属性，即在不同阶的频率域上变化，高通滤波不仅排除了协方差中不期望出现的成分，还去除了同一时间尺度下的低频通量部分，而这必须得到校正。Lenschow 等（1994）和 Kristensen（1998）的理论研究工作提供了分别针对三种去倾方法的频谱转换函数（参考 Rannik 和 Vesala（1999））。为计算无偏的完整通量，无论使用哪种去倾方法，任何协方差都必须就高通滤波损失进行校正。然而，由于无法测量协谱的低频部分，也因此无法对其进行明确定义，所以这些函数在通量校正中的应用受到限制（Kaimal and Finnigan 1994）。第 4.1.3.3 节将会介绍高通滤波错误的评估方法。本书的第 7.3.3.1 节将以通量不确定性评估的方式探讨不同高通滤波方法的优缺点。

3.2.3.2 时滞判定

公式（3.9a）的应用需要同时测量瞬时量χ_{sj}和 u_j，这一般是不可能的。因此，在使用该公式之前，记录的时间序列之间必然存在一定时间的延滞。

两个时间序列之间的延滞主要由电子信号处理差异、风和标量传感器的空间隔离、闭路涡度协方差系统中气流通过管道等原因所导致。信号电子处理（信号转换与计算）造成的延滞一般相对较小、恒定，而且已知，因此可以被直接校正。相比之下，由于传感器分离造成的延滞更为重要。风速、风向和传感器间的距离都会影响气团通过两台仪器的时间。新传感器的开发旨在将化学和速度测量集合在一个采样体积内。闭路系统中常见的更大的时滞包括空气从进气管到分析仪测量单元所需要的时间。这一时滞取决于涡度协方差系统（过滤器、导管、阀门、检测元件）的空气传导部分的内部体积、参考气体和穿过系统的质量流（可能随抽气泵老化程度和过滤器污染程度而变化）。事实上，如果气体与导管壁相互作用，也可能观测到更长的时滞，对水汽更加明显(Ibrom et al. 2007a, 2007b; Massman and Ibrom 2008)。

两种方法常被用于估算时滞。对于闭路涡度协方差系统，空气穿过导管是造成时滞的最重要原因，可以在抽气系统中安装质量流量控制器，因此时滞被认为是常数。在这些条件下，在测量周期的开始就可以完成时滞的估算，那么在整个测量活动中时间序列都按照这个恒定数值延迟。但是必须用经验方法检查这一数值，因为管壁相互作用极有可能引入额外的时滞。

通过对感兴趣的标量和垂直风分量之间进行交叉相关分析，可以计算出每个平均区间的时滞。这主要在于比较两种具有不同延迟的信号之间的相关性(图3.5)。所选出的时滞是那些具有最高相关性的。然而这一过程可能导致模棱两可的时滞，这种情况在相关性较小时尤为突出。因此，一个可行的自动确定时滞的程序可以使用一个明确的搜索窗口，而这可通过质量流、管道尺寸以及具有足够高通量时典型的管壁交互作用来确定(Aubinet et al. 2000; Kristensen et al. 1997; Lee and Black 1994; Moncrieff et al. 1997)。当超出这些限制以及出现过于陡峭的时滞变化时，建议使用先前的平均区间的值。尤其对于 H_2O 时滞来说，其有助于确定水汽对相对湿度的依赖性，并进一步通过这一依赖性来确定时滞。在之后的后处理步骤中必须包括每个变量和平均区间的时滞。

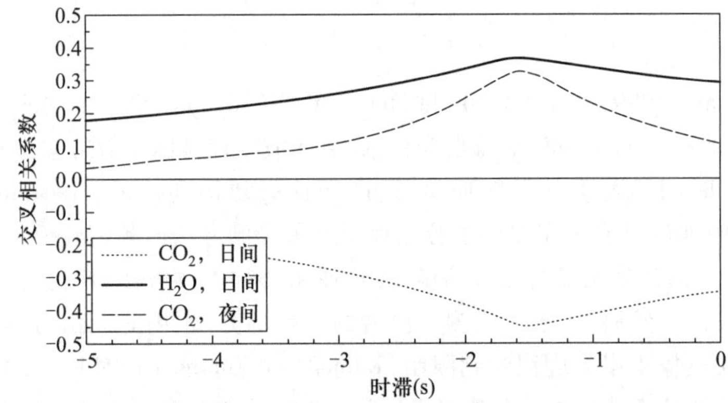

图3.5 CO_2和H_2O相对于垂直方向风分量 w 的时滞测定。虚线表示日间和夜间 CO_2的交叉相关性，实线代表日间 H_2O 和 w 的交叉相关性。数据来源于非洲博茨瓦纳的马翁，采集时间为1999年第58天的2：30～11：00。管长约7 m，内径为0.125英寸，流速约为7 L min^{-1}

3.2.4 坐标旋转

3.2.4.1 坐标系及其方位选择的要求

质量平衡(公式(1.12))中每一项都是标量，独立于坐标系。然而，发散项(公式(1.13)中除左侧(left hand side, LHS)第一项以外的所有项)的单独组分在不同坐标系统中采取不同形式。因为测量一般在单一点取得，所以必须选择坐标系以确保测得的单一散度(公式(1.19)的第Ⅳ项)尽可能接近总散度(Finnigan et al. 2003)。这是指导坐标系及其方位选择的基本要求。

质量平衡(公式(1.19))的建立隐含一个假设,即选取的直角笛卡儿坐标系统的 x 方向平行于当地平均风矢量,一般位于超声风速仪的位置。其他坐标系统,例如物理流线或水平跟踪坐标系统,尤其在地势平缓的条件下,能被用于促进质量平衡方程中额外项的估算以及结合多个风速仪来估算质量平衡方程中的各项,或将测量结果包含到流动和传输模型中。在此并不分析这些备选坐标系。该话题的深入探讨详见 Finnigan(2004)、Lee 等(2004)和 Sun(2007)。

参考坐标系方位的确定需要假定存在一个均匀边界层,其中在与表面垂直且与流线相交的方向上的风及标量场的矩会比气流方向上的梯度更大$\left(\text{即}\frac{\partial\overline{u'\chi'_s}}{\partial x},\frac{\partial\overline{v'\chi'_s}}{\partial y}<<\frac{\partial\overline{w'\chi'_s}}{\partial z}\right)$。均匀源/汇之上的一维、水平均一的平均风场显然满足这一假设,而当单点测量并没有靠近地表地形或地表覆盖的陡然变化处时,二维或三维的气流也同样满足这一假设。对那些被挑选出来以避免较大的地形和源分布异质性的微气象学站点,我们可以认为确实如此,这意味着绝大多数的长期通量研究站点,即使是在复杂地形的那些也满足这一假设。在这些条件下,当设备被定向于跨越平均风矢量和当地垂直表面的平面时,就可以得到坐标系的期望朝向,即能产出在单点使用风速仪时辐散的最佳近似。

如果超声风速仪的垂直轴没有对齐当地的垂直表面,那么将会给通量辐散的各组分造成交叉污染,也被简称为"倾斜误差"(tilt error)。已有研究显示,动量通量对倾斜误差尤其敏感(Wilczak et al. 2001)。在中度不稳定条件下,每 1°的倾斜通常导致大于 10%的误差,而在自由对流条件下,误差可高达 100%。标量通量则不太敏感,对于小的倾斜角(<2°),倾斜误差通常低于 5%,但对年度汇总涡度通量来说,这些误差能导致潜在的系统偏差(Lee 等(2004)及其中的参考文献)。

通常,风速仪都被固定在通量塔的固定位置上,因此将风速仪坐标系和变化的流场相匹配是不现实的。操作员需以合理的、实用的方式来排列超声风速仪以尽可能接近所要求的 z 轴方向,而这也受到技术限制(通常将 z 轴对准重力场或依照陡峭地形的预期斜度来倾斜超声风速仪)。

超声风速仪未对齐的一个结果是可能出现平均垂直风分量不为 0(Heinesch et al. 2007)。本节中未讨论的测量误差如电子故障(Grelle and Lindroth 1994; Wilczak et al. 2001)、气流扰动或风速仪的校准不足也能带来虚假垂直风分量。

为避免上述问题带来的通量组分的交叉污染,强烈建议在对数据进行校正前先进行坐标旋转。接下来的一节将介绍应用旋转方案的一般方法,旋转角的定义将在第 3.2.4.3 节说明。

3.2.4.2 坐标转换方程

三个自由度为以欧拉角 α、β、γ 为特点的三次旋转创造了便利条件。第一、第二、第三次旋转分别绕 z 轴、新 y 轴、新 x 轴进行,生成 α、β、γ 三个角度。如果是右手坐标系,并且定义俯视旋转轴呈逆时针旋转的是正旋角,这些旋转就可以用数学的矩阵形式来表达。

$$\boldsymbol{R}_{01}=\begin{pmatrix}\cos\alpha & \sin\alpha & 0\\ -\sin\alpha & \cos\alpha & 0\\ 0 & 0 & 1\end{pmatrix},\ \boldsymbol{R}_{12}=\begin{pmatrix}\cos\beta & 0 & \sin\beta\\ 0 & 1 & 0\\ -\sin\beta & 0 & \cos\beta\end{pmatrix},\ \boldsymbol{R}_{23}=\begin{pmatrix}1 & 0 & 0\\ 0 & \cos\gamma & \sin\gamma\\ 0 & -\sin\gamma & \cos\gamma\end{pmatrix}\tag{3.14}$$

依次应用这些旋转,即可从超声风速仪坐标系的风矢量转换开始,最终得到目标坐标系统的风矢量。

$$\begin{pmatrix} \overline{u}_3 \\ \overline{v}_3 \\ \overline{w}_3 \end{pmatrix} = \boldsymbol{R}_{03}(\alpha,\beta,\gamma) \begin{pmatrix} \overline{u}_0 \\ \overline{v}_0 \\ \overline{w}_0 \end{pmatrix} \tag{3.15}$$

式中,$\boldsymbol{R}_{03}(\alpha,\beta,\gamma) = \boldsymbol{R}_{23}(\gamma)\ \boldsymbol{R}_{12}(\beta)\ \boldsymbol{R}_{01}(\alpha)$ 是三个连续旋转矩阵的矩阵积。

标量的协方差矩阵算法给出如下:

$$\begin{pmatrix} \overline{u'_3\chi'_s} \\ \overline{v'_3\chi'_s} \\ \overline{w'_3\chi'_s} \end{pmatrix} = \boldsymbol{R}_{03}(\alpha,\beta,\gamma) \begin{pmatrix} \overline{u'_0\chi'_s} \\ \overline{v'_0\chi'_s} \\ \overline{w'_0\chi'_s} \end{pmatrix} \tag{3.16}$$

风组分的(协)方差矩阵给出如下:

$$\begin{pmatrix} \overline{u'_3u'_3} & \overline{u'_3v'_3} & \overline{u'_3w'_3} \\ \overline{v'_3u'_3} & \overline{v'_3v'_3} & \overline{v'_3w'_3} \\ \overline{w'_3u'_3} & \overline{w'_3v'_3} & \overline{w'_3w'_3} \end{pmatrix} = \boldsymbol{R}_{03}(\alpha,\beta,\gamma) \begin{pmatrix} \overline{u'_0u'_0} & \overline{u'_0v'_0} & \overline{u'_0w'_0} \\ \overline{v'_0u'_0} & \overline{v'_0v'_0} & \overline{v'_0w'_0} \\ \overline{w'_0u'_0} & \overline{w'_0v'_0} & \overline{w'_0w'_0} \end{pmatrix} \boldsymbol{R}^{\tau}_{03}(\alpha,\beta,\gamma) \tag{3.17}$$

式中,$\boldsymbol{R}^{\tau}_{03}$ 是转置后的 $\boldsymbol{R}_{03}$ 。

此过程将在每个通量平均区间内频繁使用(典型的是平均 30 min)。

有两种方法可以定义这三个旋转角,即所谓的二次旋转(double rotation, DR)法和平面拟合(planar-fit, PF)法。早期的涡度协方差测量就开始使用二次旋转法,这是最为常见、也是最简便的使用方法。对于复杂地形,平面拟合则有着独特的优势。在下面的章节,我们将介绍这两种方法。

3.2.4.3 旋转角度确定

1) 二次旋转法

在这个矢量基(vector basis)朝向中,z 轴垂直并远离(30 min)平均局部流线,而 x 轴平行于(30 min)平均流,并且 x 沿气流方向增长。

为获得期望的矢量基,第一次旋转必须使得 $\overline{u}$ 与平均风向平行,迫使 $\overline{v}$ 为 0,导致生成偏转角 α:

$$\alpha_{\mathrm{DR}} = \tan^{-1}\left(\frac{\overline{v_0}}{\overline{u_0}}\right) \tag{3.18}$$

第二次旋转须使 $\overline{w}$ 失效,导致生成俯仰角 β :

$$\beta_{\mathrm{DR}} = \tan^{-1}\left(\frac{\overline{w_1}}{\overline{u_1}}\right) \tag{3.19}$$

这个二次旋转法方案最后被称为“自然风系统”，首先是由 Tanner 和 Thurtell(1969)提出来的，并由 McMillen(1988)、Kaimal 和 Finnigan(1994)等对它进行了进一步的阐述。

经过两次旋转后，已不能从速度矢量上提取出进一步的有效信息，但由于仍存在围绕 x 轴的最后的自由度，矢量基的方向依然具有无限性。McMillen(1988)提出的第三次旋转的最初目的是使 $\overline{v'w'}$ 动量通量最小化。实际上，这种旋转给出的总是不合理的矢量基方向，因此不推荐使用(Finnigan 2004)。相反，应该调整风速仪垂直轴，使之尽量对齐下垫面的垂直正交方向，这样只需要应用前两次旋转。因此，公式(3.14)—公式(3.17)依然有效，但其前提条件为 $\boldsymbol{R}_{23}$是单位矩阵。

二次旋转法是一种在理想均匀气流下使风速仪和地表保持平行的有效方法，且具有在线使用的优势，即使当风速仪方向被修改时也能使用。但在非平坦地形长期的涡度协方差测量中，二次旋转法暴露出的缺点也十分明显。限制因素有旋转过度的风险(如果在 w 测量中出现电子偏移，会被误认为是倾斜)、信息的损失(可能的非零 $\overline{w}$ 信息会漏过)、数据质量的降级(在低风速条件下出现不切实际的大俯仰角)和数据的高通滤波(产生诸如间断的湍流时间序列等负面影响，见 Lee 等(2004))。

2）平面拟合方法

Lee(1998)和 Paw 等(2000)最早指出，在通常情况下，尤其在高大植被上或复杂地形中，可能存在非零平均(30 min)垂直风速，而这一点必须加以考虑。因此，Wilczak 等(2001)提出了替代性的旋转方法，所谓的“平面拟合法”是建立在这样一个假设下，即只有在表现所研究站点的不同典型气流特征的长期平均周期内，通常为几周或更长时间内，垂直风分量才等于 0。

为了定义这一参考系统，首先要确定平均流线平面，这是在测量时间足够长，并且足以包含所有风向以及稳健平均的样本大小的基础上完成的。之后，z 轴被垂直固定到这个平面上，而 x 轴表示这一平面上(30 min)平均风矢量的正交投影，而 y 轴则垂直于另外两个轴。为获得这样的平均流线平面，需要对(30 min)风组分使用以下的多元线性回归：

$$\overline{w}_0 = b_0 + b_1\,\overline{u}_0 + b_2\,\overline{v}_0 \tag{3.20}$$

从上式可以推导得到回归系数 b_0、b_1 和 b_2。b_0 给出的是垂直速度分量中的仪器偏移，在进行下一步计算时必须从 w_0 中减去这一分量。b_1、b_2 用于确定俯仰角(β_{PF})和侧倾角(γ_{PF})。结合 Wilczak 等(2001)中的公式(42)和公式(44)可求出这些角度：

$$\sin\beta_{PF} = \frac{-b_1}{\sqrt{b_1^2 + b_2^2 + 1}}, \quad \cos\beta_{PF} = \frac{\sqrt{b_2^2 + 1}}{\sqrt{b_1^2 + b_2^2 + 1}} \tag{3.21}$$

$$\sin\gamma_{PF} = \frac{b_2}{\sqrt{1 + b_2^2}}, \quad \cos\gamma_{PF} = \frac{1}{\sqrt{1 + b_2^2}}$$

在每个用于确定回归系数的(30 min)独立周期中，须共同应用俯仰和侧倾旋转以及这些固定角。参考坐标系的 z 轴与长期本地平均流线平面垂直。最后，偏转旋转以不断变化的角度应用于每个独立的时段：

$$\alpha_{PF} = \tan^{-1}\left(\frac{\overline{v_2}}{\overline{u_2}}\right) \tag{3.22}$$

由于旋转不具有交换性并且回归系数已由超声风速仪框架中的风分量计算得出，因此必须在偏转旋转之前应用俯仰和侧倾旋转，从而使得之前给出的 $\boldsymbol{R}_{03}$ 矩阵定义也得到相应的修改。

为了计算回归系数，建议拒绝低风速条件（一般低于 1 m s^{-1}），这样可以消除不合理的大俯仰角的问题。依据地形的复杂程度，可以将数据集拆分为不同的风扇区，针对不同的风扇区确定不同的平面，但前提是保证有合适数量的数据集可供每个扇区计算。这个方法叫“分段平面拟合旋转”（sector-wise planarfit rotation）。

基于所有观察结果，坐标系随时间稳定，而 x—y 平面几乎与当地地表平行。存在系统性垂直运动的站点属于例外情况（森林边缘或地形上有陡变）且极为罕见，将面临很多其他通量计算上的方法问题，而使用平面拟合法克服了二次旋转法的缺点。实际上，由于 z 轴独立于风向，因此旋转过度的风险也降到了最低。现在也可以获得气流的二维或三维性质的信息，包括了非零（30 min）平均垂直风速，这使得非湍流平流通量研究成为可能（见第 5.4.2 节）。另外，这些优于二次旋转法的优势在非理想站点或恶劣气象条件下尤为重要。平面拟合法的使用使得我们可以深入了解气流的复杂度，尤其在森林中（Lee et al. 2004）。

平面拟合方法也有一些缺点，例如回归系数依赖于分析仪的方向、在垂直风速上可能存在的仪器偏差以及冠层结构。因此，当改变其中一个参数时，就需要重新计算。这与需要有效的长数据集来估算回归系数的要求一起，成为这个方法在特殊站点适用性的一个限制因素（见第 12.3 节）。最后，例如大气稳定度和强风的影响依然需要进行研究，并且对旋转流程完整的相互比较目前仍然很少（Su et al. 2008）。

3.3 通量确定

正如书中第 1.3 节和第 1.4 节所述，任意标量 χ_s 的垂直湍流通量可由垂直旋转风速（w）和上述标量混合比的协方差推导求出。

通量的一般形式如下：

$$F_s^{EC} = \overline{\rho_d} \cdot \overline{w'\chi_s'} = \frac{\overline{p_d} \cdot m_d}{R \cdot \overline{\theta}} \cdot \overline{w'\chi_s'} \tag{3.23}$$

后面会详述每种通量的具体形式。如果在公式（3.23）和后续的方程式中使用的是平均超声温度 $\overline{\theta}_s$，而不是空气温度 $\overline{\theta}$，那么就应该使用公式（3.3）以便考虑两变量间的差异（Liu et al. 2001；Schotanus et al. 1983）。当以密度或摩尔浓度的形式来表示浓度时，需要进一步的校正以便将干空气的高频密度波动考虑在内（第 4.1.4.1 节）。

3.3.1 动量通量

旋转处理之后，动量通量 τ(kg m^{-2} s^{-1})可从垂直(w)和水平(u)风组分的波动来确定：

$$\tau = \overline{\rho_d} \cdot \overline{w'u'} = \frac{\overline{p_d} \cdot m_d}{R \cdot \overline{\theta}} \cdot \overline{w'u'} \tag{3.24}$$

摩擦风速 u^*(m s^{-1})可以直接由垂直和水平风分量计算得到：

$$u^* = \sqrt{-\overline{u'w'}} \tag{3.25}$$

3.3.2 浮力通量和感热通量

浮力通量可由垂直风组分的波动与超声温度 θ_s 波动来确定：

$$H_s = \overline{\rho_d} c_p \overline{w'\theta'_s} = \frac{\overline{p_d} \cdot m_d}{R \cdot \overline{\theta}} \cdot c_p \overline{w'\theta'_s} \tag{3.26}$$

感热通量的表达式为

$$H_s = \overline{\rho_d} c_p \overline{w'\theta'} = \frac{\overline{p_d} \cdot m_d}{R \cdot \overline{\theta}} \cdot c_p \overline{w'\theta'} \tag{3.27}$$

只有在获得水汽压和大气压的高频测量值的情况下，公式(3.27)中的真实气温的波动才可以由公式(3.3)推导得出。如果条件不满足，那么就必须基于平均数据把浮力通量转换为感热通量。具体的校正将在第 4.1.4.2 节详细讲述。

3.3.3 潜热通量和其他痕量气体通量

对于所有其他痕量气体来说，将速度和质量混合比的协方差转换为质量通量均可通过公式(3.23)完成。作为一种选择，表 3.1 列出了一系列从标量浓度来计算以质量或摩尔为单元的通量的方程，而标量浓度可表示为摩尔混合比、质量混合比、摩尔浓度或密度。

表 3.1 用摩尔混合比、质量混合比、摩尔浓度或密度表达的标量浓度计算质量或摩尔通量的公式表。后两种情况应当使用 Webb-Pearman-Leuning(WPL)算法对其进行修正(见第 4.1.3 节)

	质量通量(mass flux) F_s^{EC} =	摩尔通量(molar flux) $F_{s,mol}^{EC}$ =
摩尔混合比(molar mixing ratio), χ_s	$\frac{m_s p_d}{R\overline{\theta}} \overline{w'\chi'_s}$	$\frac{p_d}{R\overline{\theta}} \overline{w'\chi'_s}$

续表

	质量通量(mass flux) F_s^{EC} =	摩尔通量(molar flux) $F_{s,mol}^{EC}$ =
质量混合比(mass mixing ratio), χ_{sm}	$\frac{m_d p_d}{R\bar{\theta}} \overline{w'\chi'_{sm}}$	$\frac{m_d p_d}{m_s R\bar{\theta}} \overline{w'\chi'_{sm}}$
摩尔浓度(包括WPL校正), c_s	$m_s \overline{w'c'_s} + m_s \frac{\overline{c_s}}{\overline{c_d}}\left[(\overline{c_d}+\overline{c_v})\frac{\overline{w'\theta'}}{\bar{\theta}} + \overline{w'c'_v}\right]$	$\overline{w'c'_s} + \frac{\overline{c_s}}{\overline{c_d}}\left[(\overline{c_d}+\overline{c_v})\frac{\overline{w'\theta'}}{\bar{\theta}} + \overline{w'c'_v}\right]$
密度(包括WPL校正), ρ_s	$\overline{w'\rho'_s} + \frac{\overline{\rho_s}}{\overline{\rho_d}}\left[\left(\overline{\rho_d} + \frac{m_d}{m_v}\overline{\rho_v}\right)\frac{\overline{w'\theta'}}{\bar{\theta}} + \frac{m_d}{m_v}\overline{w'\rho'_v}\right]$	$\frac{1}{m_s}\left[\overline{w'\rho'_s} + \frac{\overline{\rho_s}}{\overline{\rho_d}}\left[\left(\overline{\rho_d} + \frac{m_d}{m_v}\overline{\rho_v}\right)\frac{\overline{w'\theta'}}{\bar{\theta}} + \frac{m_d}{m_v}\overline{w'\rho'_v}\right]\right]$

水汽的湍流质量通量 F_v^{EC},可以在标量为水汽混合比时由公式(3.23)推导得出。通常水汽通量以潜热通量(W m^{-2})形式表示,表达式如下:

$$\lambda E = F_v^{EC} \cdot \lambda \tag{3.28}$$

式中,λ =3147.5−2.372θ(θ为热力学温度)是水的汽化潜热(J kg^{-1})。

3.3.4 其他参数的推导

在微气象应用中,描述大气分层的最重要的参数之一就是稳定性参数 ζ,定义式为

$$\zeta = \frac{h_m - d}{L} \tag{3.29}$$

式中,h_m 表示测量高度,d 是零平面位移高度,L 是奥布霍夫长度,与动态、热力学和浮力过程相联系。该长度被定义为

$$L = -\frac{u^{*3}}{\kappa \cdot (g/\overline{\theta_s}) \cdot \overline{w'\theta'_s}} \tag{3.30}$$

另一个参数是波文比(Bowen ratio),与感热通量和潜热通量有关:

$$Bo = \frac{H}{\lambda_v F_v^{EC}} \tag{3.31}$$

波文比有助于研究能量分解。

致　　谢

Marc Aubinet 和 Bernard Heinesch 感谢欧盟(FP 5, 6, 7)、比利时弗兰德研究基金会(FNRS-FRS)、比利时联邦科学政策办公室(BELSPO)、比利时法语社群(Action de Recherche

Concertée)的资助。Andreas Ibrom 受欧盟 FP6 项目 IMECC 的资助。Ronald Queck 受 TUD 的资助。Olaf Kolle 和 Corinna Rebmann 受德国耶拿马普生物地球化学研究所和德国亥姆霍兹环境研究中心的资助。

参考文献

Aubinet M, Grelle A, Ibrom A, Rannik Ü, Moncrieff J, Foken T, Kowalski A, Martin P, Berbigier P, Bernhofer C, Clement R, Elbers J, Granier A, Grünwald T, Morgenstern K, Pilegaard K, Rebmann C, Snijders W, Valentini R, Vesala T (2000) Estimates of the annual net carbon and water exchange of forests: the EUROFLUX methodology. Adv Ecol Res 30:113-175

Clement RJ (2004) Mass and energy exchange of a plantation forest in Scotland using micromete-orological methods. PhD, University of Edinburgh, Edinburgh, 597 pp

Cuerva A, Sanz-Andres A, Navarro J (2003) On multiple-path sonic anemometer measurement theory. Exp Fluid 34(3):345-357

Culf AD (2000) Examples of the effects of different averaging methods on carbon dioxide fluxes calculated using the eddy correlation method. Hydrol Earth Syst Sci 4(1):193-198

Draper NR, Smith HNYW (1998) Applied regression analysis. Wiley, New York, 736 pp

Eugster W, Pluss P (2010) A fault-tolerant eddy covariance system for measuring CH_4 fluxes. Agric For Meteorol 150(6):841-851

Finnigan JJ (2004) A re-evaluation of long-term flux measurement techniques - Part II: coordinate systems. Bound Layer Meteorol 113(1):1-41

Finnigan JJ, Clement R, Malhi Y, Leuning R, Cleugh HA (2003) A re-evaluation of long-term flux measurement techniques - Part I: averaging and coordinate rotation. Bound Layer Meteorol 107(1):1-48

Foken T (2008) Micrometeorology. Springer, Berlin

Foken T, Göckede M, Mauder M, Mahrt L, Amiro BD, Munger JW (2004) Post-field data quality control. In: Lee X, Massman W, Law B (eds) Handbook of micrometeorology: a guide for surface flux measurements. Kluwer, Dordrecht, pp 81-108

Grelle A, Lindroth A (1994) Flow distortion by a Solent sonic anemometer: wind tunnel calibration and its assessment for flux measurements over forest and field. J Atmos Ocean Technol 11(6):1529-1542

Heinesch B, Yernaux M, Aubinet M (2007) Some methodological questions concerning advection measurements: a case study. Bound Layer Meteorol 122(2):457-478

Højstrup J (1993) A statistical-data screening-procedure. Meas Sci Technol 4(2):153-157

Ibrom A, Dellwik E, Flyvbjerg H, Jensen NO, Pilegaard K (2007a) Strong low-pass filtering effects on water vapour flux measurements with closed-path eddy correlation systems. Agric For Meteorol 147:140-156

Ibrom A, Dellwik E, Larsen SE, Pilegaard K (2007b) On the use of the Webb-Pearman-Leuning theory for closed-path eddy correlation measurements. Tellus Ser B Chem Phys Meteorol 59B:937-946

Kaimal JC, Businger JA (1963) A continuous wave sonic anemometer-thermometer. J Appl Meteorol 2:156-164

Kaimal JC, Finnigan JJ (1994) Atmospheric boundary layer flows: their structure and measurement. Oxford University Press, New York, 289 pp

Kaimal JC, Gaynor JE (1991) Another look at sonic thermometry. Bound Layer Meteorol 56: 401-410

Kristensen L (1998) Time series analysis: dealing with imperfect data. Risø National Laboratory, Roskilde

Kristensen L, Mann J, Oncley SP, Wyngaard JC (1997) How close is close enough when measuring scalar fluxes with displaced sensors? J Atmos Ocean Technol 14:814-821

Lee X (1998) On micrometeorological observations of surface-air exchange over tall vegetation. Agric For Meteorol 91:39-49

Lee X, Black TA (1994) Relating eddy correlation sensible heat flux to horizontal sensor separation in the unstable atmospheric surface layer. J Geophys Res Atmos 99(D8):18545-18553

Lee X, Finnigan J, Paw UKT (2004) Coordinate systems and flux bias error. In: Lee X, Massman W, Law B (eds) Handbook of micrometeorology. Kluwer, Dordrecht, pp 33-66

Lenschow DH, Mann J, Kristensen L (1994) How long is long enough when measuring fluxes and other turbulence statistics. J Atmos Ocean Technol 11(3):661-673

Liu HP, Peters G, Foken T (2001) New equations for sonic temperature variance and buoyancy heat flux with an omnidirectional sonic anemometer. Bound Layer Meteorol 100(3):459-468

Massman WJ, Ibrom A (2008) Attenuation of concentration fluctuations of water vapor and other trace gases in turbulent tube flow. Atmos Chem Phys 8(20):6245-6259

McMillen RT (1988) An eddy correlation technique with extended applicability to non-simple terrain. Bound Layer Meteorol 43:231-245

Moncrieff JB, Massheder JM, de Bruin H, Elbers J, Friborg T, Heusinkveld B, Kabat P, Scott S, Soegaard H, Verhoef A (1997) A system to measure surface fluxes of momentum, sensible heat, water vapour and carbon dioxide. J Hydrol 188-189:589-611

Moncrieff J, Clement R, Finnigan J, Meyers T (2004) Averaging, detrending, and filtering of eddy covariance time series. In: Lee X, Massman W, Law B (eds) Handbook of micrometeorology. Kluwer, Dordrecht, pp 7-31

Paw UKT, Baldocchi DD, Meyers TP, Wilson KB (2000) Correction of eddy-covariance measurements incorporating both advective effects and density fluxes. Bound Layer Meteorol 97:487-511

Rannik Ü, Vesala T (1999) Autoregressive filtering versus linear detrending in estimation of fluxes by the eddy covariance method. Bound Layer Meteorol 91(2):259-280

Schmid HP, Grimmond CSB, Cropley F, Offerle B, Su HB (2000) Measurements of CO_2 and energy fluxes over a mixed hardwood forest in the mid-western United States. Agric For Meteorol 103:357-374

Schotanus P, Nieuwstadt FTM, De Bruin HAR (1983) Temperature measurements with a sonic anemometer and its application to heat and moisture fluxes. Bound Layer Meteorol 26:81-93

Su HB, Schmid HP, Vogel CS, Curtis PS (2008) Effects of canopy morphology and thermal stability on mean flow and turbulence statistics observed inside a mixed hardwood forest. Agric For Meteorol 148(6-7):862-882

Sun JL (2007) Tilt corrections over complex terrain and their implication for CO_2 transport. Bound Layer Meteorol 124(2):143-159

Tanner CB, Thurtell GW (1969) Anemoclinometer measurements of Reynolds stress and heat transport in the atmospheric surface layer. US Army Electronics Command, Department of Soil Science, University of Wisconsin, Madison

Vickers D, Mahrt L (1997) Quality control and flux sampling problems for tower and aircraft data. J Atmos Ocean Technol 14:512-526

Vickers D, Thomas C, Law BE (2009) Random and systematic CO_2 flux sampling errors for tower measurements over forests in the convective boundary layer. Agric For Meteorol 149(1):73-83

Vogt R (1995) Theorie, Technik und Analyse der experimentellen Flußbestimmung – ein Beitrag zu den Energiebilanzuntersuchungen über Wäldern beim REKLIP. Geographisches Institut der Universität Basel, University of Basel, Basel, 101 pp

Wilczak JM, Oncley SP, Stage SA (2001) Sonic anemometer tilt correction algorithms. Bound Layer Meteorol 99 (1):127–150

第 4 章

校正和数据质量控制

Thomas Foken, Ray Leuning, Steven R. Oncley, Matthias Mauder, Marc Aubinet

本章描述了因实际仪器设备不能完全满足基于微气象学理论要求而必须进行的校正。一般来说,传感器测量的往往不是一个点而是有限选择体积范围的值,并且传感器的最大响应频率低于用于热量和物质传输的湍流涡旋的最高频率。以上两项都会导致用于计算通量的协方差的高频组分损失。由于热和水汽通量所引起的虚假的密度波动,在计算开路分析仪获得的痕量气体通量时也会出现误差。本章将概述如何通过模型假设和辅助测量来消除或者减小这些误差源。一些特定仪器所需的校正见第 4.1 节,随后讨论常见的使用感热和潜热通量之和

T.Foken(✉)
Department of Micrometeorology, University of Bayreuth, 95440 Bayreuth, Germany
e-mail: thomas.foken@uni-bayreuth.de

R.Leuning
Marine and Atmospheric Research, CSIRO, PO Box 3023, Canberra, ACT 2601, Australia
e-mail: ray.leuning@csiro.au

S.R.Oncley
Earth Observing Laboratory, NCAR, P.O.Box 3000, Boulder, CO, 80307-3000, USA
e-mail: oncley@ucar.edu

M.Mauder
Institute for Meteorology and Climate Research, Atmospheric Environmental Research, Karlsruhe Institute of Technology, Kreuzeckbahnstr. 19, 82467 Garmisch-Partenkirchen, Germany
e-mail: matthias.mauder@kit.edu

M.Aubinet
Unit of Biosystem Physics, Gembloux Agro-Bio Tech, University of Liege, 5030 Gembloux, Belgium
e-mail: Marc.Aubinet@ulg.ac.be

M.Aubinet et al. (eds.), *Eddy Covariance: A Practical Guide to Measurement and Data Analysis*, Springer Atmospheric Sciences, DOI 10.1007/978-94-007-2351-1_4,

的能量平衡闭合的缺失(第 4.2 节)。本章最后将讨论确定最终计算的通量的质量所需的测量值(第 4.3 节)。

4.1 通量数据校正

4.1.1 已经包含在原始数据分析中的校正(第 3 章)

本章中,我们假设原始速度和标量时间序列的几个前处理步骤已完成(第 3.2.2 节)。这些步骤包括剔除野点值(Højstrup 1993; Vickers and Mahrt 1997)以及对时间序列数据进行交叉相关分析以使所有信号调整到同一时间基准。最重要的问题是闭路传感器的时间延迟(第 3.2.3.2 节)及仪器的数字化延迟。同时,超声风速仪测量的虚温必须进行侧向风速影响的校正(Schotanus et al. 1983; Liu et al. 2001)。目前的超声风速仪已经将这个校正包含在它们的固件中,但一些陈旧的风速仪却没有(第 2.3.2 节)。同样,我们也假定坐标系统已经被旋转以确保在一个特定平均时间内垂直风速为 0(第 3.2.4 节)。这种旋转称作倾斜校正(Tanner and Thurtell 1969; Hyson et al. 1977)或坐标旋转(Kaimal and Finnigan 1994),可以使用 2 轴或 3 轴,而一般不推荐使用 3 轴旋转(Finnigan et al. 2003)。目前,常采用的平面拟合法(Wilczak et al. 2001)克服了用于短期平均时间的 2 轴旋转的一些缺陷。更多细节请见第 3 章。

4.1.2 将浮力通量转换为感热通量(SND 校正)

将浮力通量转换为感热通量称为 SND 校正,以 Schotanus 等(1983)所撰写文章的 3 位作者命名,之前也被称作 Schotanus 校正。该校正建立在超声温度或者虚温(θ_s)转换为真实气温的基础上(也见第 3 章,公式(3.3))。

$$\theta_s=\theta\left(1+0.32\,\frac{e}{p}\right) \tag{4.1}$$

式中,p 是大气压,e 是水汽分压。因此需要额外测量湿度来计算感热通量($H=\rho c_p\overline{w'\theta'}$),而 $\rho c_p\overline{w'\theta_s'}$是浮力通量(Kaimal and Gaynor 1991)。

将雷诺分解应用到公式(4.1)中并计算温度方差和协方差,得到下列关系(Schotanus et al. 1983):

$$\sigma_\theta^2=\sigma_{\theta_s}^2-1.02\overline{\theta}\,\overline{\chi_v'\theta'}-0.51^2\,\overline{\chi_v'^2}\,\overline{\theta}^2 \tag{4.2}$$

$$\overline{w'\theta'}=\overline{w'\theta_s'}-0.51\overline{\theta}\,\overline{w'\chi_v'} \tag{4.3}$$

式中,系数 0.51 来自公式(4.1)中的系数 0.32 乘以干空气和水的摩尔质量比率。如果测量了潜热通量,那么该校正就会比较明晰。如果没有测量,那么举例来说,可以使用从两层之间温度和湿度的差异估算的波文比 $Bo = H/\lambda E$(Arya 2001; Hatfield and Baker 2005; Foken 2008b; Monteith and Unsworth 2008)。这种情况下,感热通量被计算为

$$H=\rho c_p(\overline{w'\theta'}) =\rho c_p \frac{(\overline{w'\theta'_s})}{1+\dfrac{0.51c_p\overline{\theta}}{\lambda Bo}} \tag{4.4}$$

因为波文比涉及感热和潜热通量,所以必须知道这两者的值才能应用这个方法。因此,解这个公式需通过反复迭代来计算波文比中的感热通量。然而,Oncley 等(2007)指出同时使用公式(4.3)和公式(4.4)可得到正确的感热通量和潜热通量。

需要注意的是,计算奥布霍夫长度需要浮力通量(Foken, 2006)。浮力通量是$\overline{w'\theta'_v}$,近似、但不等于$\overline{w'\theta'_s}$(见第 3.2.1.1 节)。当 Bo 较大时,$\overline{w'\theta'_s} \cong \overline{w'\theta'}$,不需要对$\overline{w'\theta'}$进行校正。但是,通常情况下,有必要使用公式(4.3),然后用$\overline{w'\theta'}+0.51\overline{\theta}\ \overline{w'\chi'_v}$计算$\overline{w'\theta'_v}$。

4.1.3 频谱校正

4.1.3.1 引言

与其他测量仪器相似,涡度协方差系统本身充当滤波器,移除信号的高频和低频成分。高频损失主要是由不恰当的传感器频率响应、线性平均、传感器分离和空气在闭路系统管路中的传输等原因造成。高频损失对协谱密度的影响见图 4.1(也见第 1.5 节)。用于高频损失的校正步骤见第 4.1.3.2 节。低频损失源自有限的取样持续时间以及平均周期没有足够长到包含所有相关的低频。使用去倾或者递归过滤,减弱在大于滤波器时间常数周期内的波动,也可能增加低频损失的发生。因此,通常不推荐使用这两种方法。然而,当传感器校准漂移需要被移除时,有必要使用以上的方法。这种情况下,所有与大于递归滤波器时间常数周期的波动相关的信息都会丢失。

4.1.3.2 高频损失校正

高截止(通常被称为低通)滤波器引入的通量相对误差由第 1 章中的公式(1.31)所描述:

$$\delta_s/F_s^{EC} = 1-\frac{\int_0^\infty C_{ws}(f)\ T_{ws}(f)\,df}{\int_0^\infty C_{ws}(f)\,df} \tag{4.5}$$

式中,C_{ws}表示未经过滤或者"理想的"协谱密度,而 T_{ws}表示系统的传递函数,包括高截止以及可能的低截止(高通)滤波器效应。本节重点关注用于高截止滤波效应的校正计算。这可以在系统传递函数 $T_{ws}(f)$和非滤波协谱 $C_{ws}(f)$都已知的情况下进行评估。

图 4.2 描述了高频损失对频谱和协谱密度的影响。(闭路)测量系统较差的高频响应导致 CO_2协谱(C_{wc})比温度协谱($C_{w\theta}$)下降更快,而水汽协谱(C_{wv})由于管壁吸附/解吸甚至降低更快。降低的高频响应导致均一化协谱 C_{wc}值比均一化协谱 $C_{w\theta}$值更低,而对 C_{wv}值的影响更大。

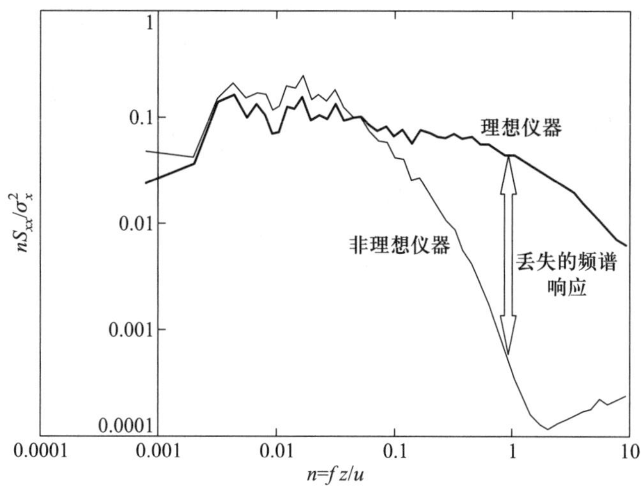

图 4.1 理想仪器和非理想仪器的均一化湍流频谱,其中理想仪器测量不受干扰的湍流频谱。两条响应曲线之间缺失的能量(n:归一化频率;f:频率;z:高度;u:风速;S_{xx}:参数 x 的能量密度;σ_x^2:参数 x 的分散程度)必须加以校正

这会导致 CO_2和水汽通量被低估。接下来的章节将会介绍两种常被用于校正非完美仪器高频响应的方法。

理论上,传递函数 T_{ws}是通过测量系统和协谱函数 C_{ws}的先验知识推导得出的。实际上,相对误差是通过同一站点同时测得的两个协谱密度函数的均一化比值而计算得到:一个是经过过滤的感兴趣标量,另一个是参考及假定的真正协谱。实践中,感热协谱常被用作第二种。这些方法的描述、计算过程及各自优缺点将在下面讨论。更为常见的理论方法被更多使用,而实验方法则需要特定站点及特定仪器的观测。

1) 理论方法

该方法首先由 Moore(1986)提出用于涡度协方差系统中,随后扩展到 CO_2闭路系统,详见 Leuning 和 Moncrieff(1990)、Leuning 和 King(1992)、Lee 和 Black(1994)、Leuning 和 Judd(1996)、Massman(2000)、Ibrom 等(2007a)、Massman 和 Ibrom(2008)及 Horst 和 Lenschow(2009)。Horst(2000)及 Massman 和 Ibrom(2008)提出了一个考虑低通滤波相移的附加部分。

描述被用于测定某痕量气体 s 的垂直通量的涡度协方差系统的总传递函数 T_{ws}可以被描述实际频率 f 的函数:

$$T_{ws}(f)=G_w(f)\cdot G_s(f)\cdot T_{ss}(f)\cdot\sqrt{T_{pw}(f)}\cdot\sqrt{T_{ps}(f)}\cdot\sqrt{T_{ta}(f)} \tag{4.6}$$

式中,$G_{w(s)}(f)$描述了传感器的高频损失,被定义为

$$G_{w(s)}=[1+(2\pi f\tau_{w(s)})^2]^{-1/2} \tag{4.7}$$

$\tau_{w(s)}$是针对传感器(Moore 1986)的时间常数,同见 Horst(1997)。

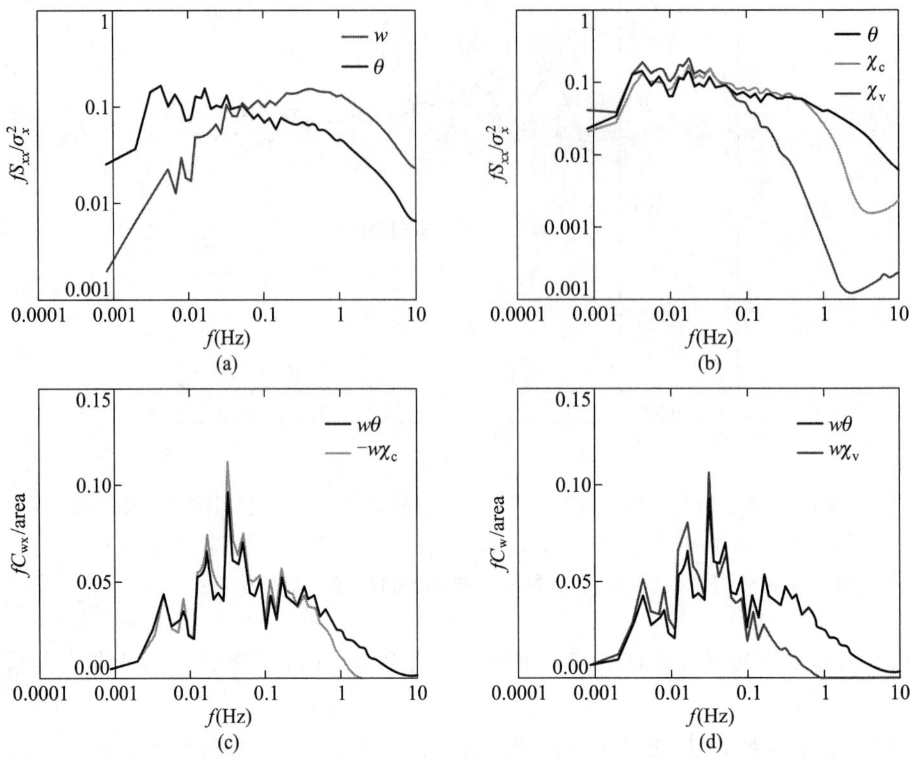

图 4.2 (a) w 和 θ 以及(b) θ、χ_c 和 χ_v 的均一化湍流功率谱 S_{xx}。(c) $w\theta$ 和 $-w\chi_c$ 以及(d) $w\theta$ 和 $w\chi_v$ 的均一化协谱 C_{xy}(Leuning,未发表结果)。符号:n:均一化频率;f:频率;z:高度;u:风速。功率谱通过 σ_x^2(x 的方差)均一化;协谱由相应曲线下的面积均一化

$T_{ss}(f)$ 表示由于两个仪器(这里指超声风速仪和开路分析仪或者闭路分析仪的进气口)的横向分离而导致的高截止过滤。Moore(1986)基于经验拟合各向同性湍流模型,给出了这种位移的简单表达式:

$$T_{ss}(n)=e^{-9.9n_{ss}^{1.5}} \tag{4.8}$$

式中,

$$n_{ss}=\frac{fd_{ss}}{u} \tag{4.9}$$

式中,$\bar{u}$ 是平均风速,$d_{ss}=d_{sa}|\sin(\beta_d)|$ 是两个传感器之间的有效横向分离距离。d_{sa} 是实际分离距离,β_d 是连接传感器的直线和风向之间的夹角。然而,只有各向异性的湍流能产生通量。因此,Horst 和 Lenschow(2009)创建了一个更为实际的各向异性湍流模型,该模型取决于从一个具体的野外观测数据集获得的稳定度,并且被用来获得一定程度上更为复杂的 $T_{ss}(n_{ss})$ 表达式。

T_{pw} 表示用于风矢量分量线性平均的传递函数,近似表示为(Kaimal et al. 1968; Horst 1973)

$$T_{pw}(n) = \frac{2}{\pi n_w}\left(1+\frac{e^{-2\pi n_w}}{2}-3\frac{1-e^{-2\pi n_w}}{4\pi n_w}\right) \tag{4.10}$$

式中，

$$n_w = \frac{fd_{pl}}{\overline{u}} \tag{4.11}$$

d_{pl}表示超声风速仪路径长度。

T_{ps}表示用于标量线性平均的传递函数(Moore 1986)：

$$T_{ps}(n) = \frac{1}{2\pi n_s}\left(3+e^{-2\pi n_s}-4\frac{1-e^{-2\pi n_s}}{2\pi n_s}\right) \tag{4.12}$$

式中，

$$n_s = \frac{fd_s}{\overline{u_{pl}}} \tag{4.13}$$

$\overline{u_{pl}}$是传感器路径长度内空气的平均速度，d_s表示红外气体分析仪(IRGA)路径长度或超声风速仪温度测量的路径长度。

T_{ta}表示由于空气在闭路系统的管路中传输所导致的波动衰减。当流动为层流时，Lenschow 和 Raupach(1991)及 Leuning 和 King(1992)提出下式用于被动标量(如 CO_2)：

$$T_{ta} = \exp\left\{-\frac{\pi^3 r_t^4 f^2 L_t}{6D_s Q}\right\} \tag{4.14}$$

或当管道中的流动为湍流时：

$$T_{ta} = \exp\left\{-160\cdot Re^{-1/8}\cdot\frac{\pi^2 r_t^5 f^2 L_t}{Q^2}\right\} \tag{4.15}$$

式中，r_t和 L_t是气管半径和长度，Q 是管内体积流量，D_s是标量 s 的分子扩散系数。雷诺数定义为 $Re = (2Q)/(\pi r_t \nu)$，其中 ν 是空气动黏滞率。当 $Re \gtrsim 2300$ 时，管内发生湍流流动。

Massman 和 Ibrom(2008)最近重新检查了这些公式，并且发现公式(4.15)有低估波动衰减的趋势。他们对被动标量提出了代替的表达式：

$$T_{ta} = \exp\left\{-(160\cdot Re^{-1/8}+2666\cdot Re^{-29/40})\frac{\pi^2 r_t^5 f^2 L_t}{Q^2}\right\} \tag{4.16}$$

对于在管壁上吸收/解附的标量，他们提出了：

$$T_{ta} = \exp\left\{-(160\cdot Re^{-1/8}+2666\cdot Re^{-29/40}+8000\cdot S_c^{-1/2}\times[10^9\cdot Re^{-2}\cdot r_h\cdot e^{l_* r_h}])\frac{\pi^2 r_t^5 f^2 L_t}{Q^2}\right\} \tag{4.17}$$

式中，$S_c = \nu/D_s$是施密特数(Schmidt number)，r_h是相对湿度，l_* 是经验确定系数，设为8.26(Massman and Ibrom 2008)。

关于上述几个公式的其他备注如下：

在使用公式(4.6)之前，所有的传递函数必须依照真实频率f来表达。

公式(4.8)只能用于不稳定情况，并且传感器之间的分离小于空气动力学测量高度的10%(零平面位移之上的高度)。在稳定分层状况下，传感器之间的距离不能大于0.7%的奥布霍夫长度(Moore 1986)。

受传感器几何学的影响，描述矢量线性平均的关系更为复杂(Kaimal et al. 1968;Horst 1973)。公式(4.10)是一个近似值，可以精确到垂直风速组分的2%。

当传感器的线性平均路径和风场之间的夹角为90°时，公式(4.12)是近似值(Gurvitch 1962)。对于所有角度，公式由Silverman(1968)给出。

只有在协方差没有被交叉相关分析最大化时，才有必要校正传感器之间的纵向分离(见第3.2.3.2节;Mauder and Foken 2004)。用于侧向分离的传递函数也可用于纵向分离校正，这是因为在这两种情况下，两个传递函数的3 dB点(信号衰减$1/\sqrt{2}$)是一样的(Moore 1986)。

理论方法的使用需要波谱模型。在不稳定状况下，推荐使用Højstrup(1981)提出的用于风速组分的频谱、Kaimal等(1972)的标量频谱以及Kristensen等(1997)的标量协谱。频谱和协谱的其他模型见相关专业教材(Kaimal and Finnigan 1994; Foken 2008b)。

深入分析公式(4.5)—公式(4.17)可以得到，对于开路传感器而言，高频频谱校正并非直接取决于风速；δ_s/F_s^{EC}仅取决于各种长度尺度比值，如d_{ss}、d_{pl}等除以h_m-d。在不稳定和中性条件下，校正系数微弱地依赖于稳定性，这是因为均一化协谱形状无显著变化(Kaimal et al. 1972)。然而，均一化协谱在稳定条件下确实变化显著，导致δ_s/F_s^{EC}随稳定度强烈变化。

当气流在管道中是层流时，闭路系统的δ_s/F_s^{EC}取决于风速。在这种情况下，管道的半功率频率滤波器$f_{0,t}$小于大气湍流的高频漂移的半功率频率滤波器：$f_{o,s}=(2\sim5)\bar{u}/(h_m-d)$。在这种情况下，衰减随风速增加而增加。如果管道中气流处于充分湍流的状态，$f_{o,s}$会大于f_c，并且衰减不取决于风速。通过管路的被动标量流动的传递函数是体积流量、管路长度以及管路半径的函数，并且对于吸附标量，需要考虑吸附等温线。

理论方法具有依赖系统的基础描述的优势，并且有过滤过程的完整描述，但也存在一些缺陷。首先，提出的理论协谱密度可能并不对应于在站点观测到的真实协谱密度。Amiro(1990)明确指出，在森林站点测得的感热协谱密度与Kaimal等(1972)的协谱惯性区不一致，而de Ligne等(2010)通过实验证实了这一点。众所周知，在不稳定条件下，协谱的低频部分没有被普遍定义，可能依赖于具体站点的中尺度运动。第二，所有过程不可能完全由传递函数来描述，尤其是对于闭路系统。实际上在这种条件下，如果没有采用质量流控制系统，体积流动的不确定性可能导致问题产生；问题也可能源自流态的不确定性，雷诺常数不会总是管道中湍流流动的一个充分标准；或者问题源自粒子滤波器对传递函数的影响(Aubinet et al. 2000; Aubinet et al. 2001)。另外，管道衰减的传递函数(公式(4.14)—公式(4.15))只有在平直水平管道状况下才是准确的，而这在涡度协方差系统中很少出现。

在实践中，若理论方法适合开路系统，则其在闭路系统中的应用显然更容易出问题。建议在所有情况下都比对根据公式(4.5)—公式(4.17)获得的理论传递函数和在下一节中描述的过程所获得的实验性传递函数。

2）实验方法

实验方法假定我们可以测量没有重大错误的某个变量的协谱（如$\overline{w'\theta'}$），并且这可以被用于重新调整另一个受制于高截止滤波的量的协谱。计算过程包括：① 选择晴好天气、稳定条件以及具有不同风速的（和不同空气湿度，只要涉及吸附标量）长时间段（为减少协谱低频部分的不确定性，至少 3 h）；② 计算每一个时段热量及感兴趣标量的协谱；③ 最后，将传递函数计算为均一化协谱密度比值：

$$T_{ws}^{\exp(f)} = \frac{N_\theta C_{ws}(f)}{N_s C_{w\theta}(f)} \tag{4.18}$$

式中，N_θ和 N_s是均一化系数。相似性需要符合$\frac{N_\theta}{N_s}=\frac{\overline{w'\theta'}}{\overline{w'\chi'_s}}$，但是由于协方差受到高频衰减的影响，所以它们不能被准确地计算出来。因此，Aubinet 等（2000）提出用公式（4.19）来计算：

$$\frac{N_\theta}{N_s} = \frac{\int_0^{f'} C_{w\theta}^{\exp}(f)\ \mathrm{d}f}{\int_0^{f'} C_{ws}^{\exp}(f)\ \mathrm{d}f} \tag{4.19}$$

其中，限制频率f'需足够高以计算出具有足够精度的均一化系数，又需要足够低以免受高频衰减的影响（Aubinet et al. 2000）。

对每一时段，S 形函数可以拟合到 $T_{ws}^{\exp}(f)$ 中，从中可以计算以 Hz 为单位的半功率频率 $f_{o,s}$。之后，可推导得到半功率频率（或者它与风速的关系，并且如果需要，在闭路及层流的情况下，它与大气湿度的关系），并且进一步用于计算响应风速的传递函数。

不同的 S 形函数可分别用于拟合实验传递函数。最常用的是 Gaussian 方程（Aubinet et al. 2001）：

$$T_{ws}^{fit}(f) = \exp\left[-\ln(2)\left(\frac{f}{f_{o,s}}\right)^2\right] \tag{4.20}$$

以及 Lorentzian 方程（Eugster and Senn 1995）：

$$T_{ws}^{fit}(f) = \frac{1}{1+\left(\frac{f}{f_{o,s}}\right)^2} \tag{4.21}$$

公式（4.21）也可被认为具有单位电阻值及感应系数（等于以 Hz^{-1}为单位的 L_{self}）的电阻－电感（resistor-inductor，RL）回路所执行的第一阶过滤的特征。这些情况下，滤波器的感应系数与半功率频率有关：

$$f_{o,s} = \frac{1}{2\pi L_{self}} \tag{4.22}$$

该公式被广泛使用,例如 Horst(1997)、Su 等(2004)、Ibrom 等(2007a)、Hiller 等(2008)和 Mammarella 等(2009)。但是,de Ligne 等(2010)发现公式(4.20)和公式(4.21)的形状与水汽传递函数不甚相符,它们随频率减小过快。于是提出替代关系:

$$T_{\mathrm{ws}}^{\mathrm{fit}}(f) = \exp\left[-\ln(2)\left(\frac{f}{f_{\mathrm{o,s}}}\right)^{n}\right] \tag{4.23}$$

式中,参数 $n<2$,并随空气饱和压差变化(像 $f_{\mathrm{o,s}}$)。Ibrom 等(2007a)和 Mammarella 等(2009)也提出了其他的适合水汽传递函数的流程。

与理论方法类似,实验方法的操作也需要频谱模型。Højstrup(1981)、Kaimal 等(1972)或者 Kristensen 等(1997)的模型均可以使用。作为替代,实验性、站点特异的协谱模型在森林之上的使用也可能是相关的(de Ligne et al. 2010)。实验的传递函数及公式(4.5)中协谱模型(如公式(1.30b))的引入需要一个校正函数,这个校正函数具有与那些通过理论方法获得的函数相同的性质,即在不稳定条件下,它是一个风速和测量高度的单一函数,而在稳定条件下,它是风速、测量高度和稳定度的单一函数。只要传感器设置保持不变,这个函数就是稳定的,并且可被应用于每个单独的通量估计。

实验方法依赖于不同的假设:首先,假设感热和其他气体的大气湍流传输过程类似,因此协谱彼此成比例。值得注意的是,这种假设由 Wyngaard 和 Coté(1971)、Panofsky 和 Dutton(1984)及 Othaki(1985)提出,并且已被广泛应用于频谱校正框架中。很多作者在森林实验中检验了这个假设(Anderson et al. 1986; Monji et al. 1994; Ruppert et al. 2006),并且发现中午时分有较高的标量相似性。

第二,假定与那些影响其他气体的高频衰减相比,感热协谱密度的高频衰减可以忽略不计(即电子反应时间造成的波动衰减或者路径平均比管路中混合和吸附\解吸附所造成的衰减频率更高)。如果在那些高频损失主要是由管路衰减和传感器分离造成的闭路系统中,这个假设行得通,那么该假设在开路系统中就无足轻重了。因此,实验方法会导致开路系统中高频校正的低估,这种情形下不推荐使用(Aubinet et al. 2000; Aubinet et al. 2001)。

4.1.3.3 低频损失

对于非常大的涡旋,传感器就不能在平均周期内完全采样,需要进行低频损失校正。绝大部分研究者使用 30 min 的平均时间来计算涡度通量,但有时可能时间还未足够长以捕捉到通量的所有低频贡献部分(Finnigan et al. 2003)。因此,最好检测通量在所选择的平均时间内是否取得最高值。这可以使用拱形测试(ogive test)来完成(Desjardins et al. 1989; Oncley et al. 1990; Foken et al. 1995)。使用从最高频率开始的湍流通量的协谱的累积积分来计算拱形值(Og_{ws})(图 4.3):

$$Og_{\mathrm{ws}}(f_{\mathrm{o}}) = \int_{\infty}^{f_{\mathrm{o}}} C_{\mathrm{ws}}(f)\,\mathrm{d}f \tag{4.24}$$

当积分值在低频趋近于一个常数(通量)时,平均周期是合适的。

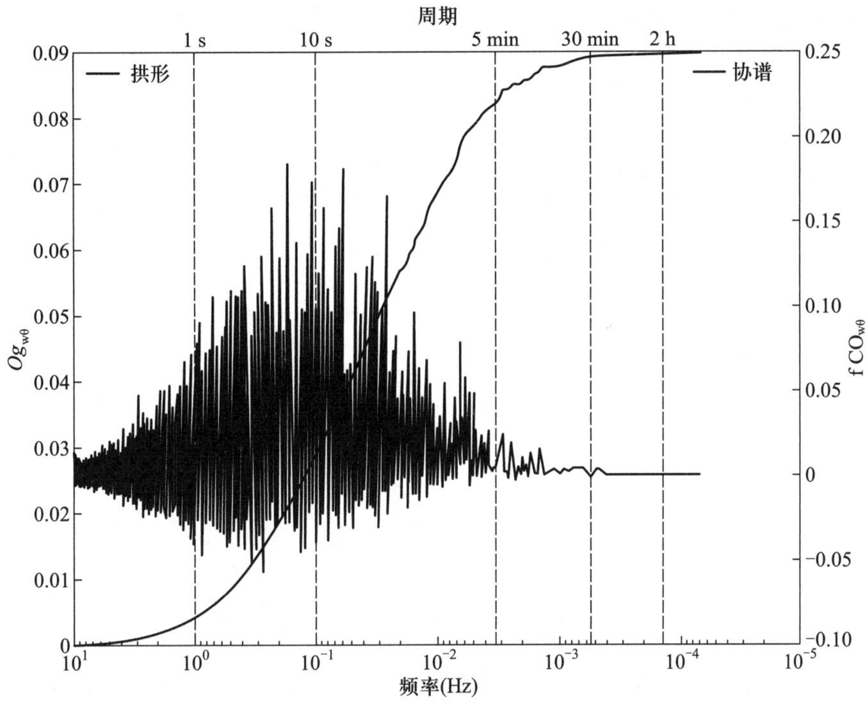

图 4.3 在 LITFASS-2003 实验(2003 年 6 月 17 日,12:30—16:30 UTC, Foken et al. 2006)中的感热通量的拱形($Og_{w\theta}$)和协谱($f\ CO_{w\theta}$)的收敛

Foken 等(2006)显示,对于 LITFASS-2003 实验(Mengelkamp et al. 2006)来说,在约 80%的情况下,拱形在 30 min 周期内收敛。其他情况下,主要在 1 天的转换时期,拱形在 30 min 的收敛时间之前不能收敛或者取得最高值,随后其幅度减少。在这些条件下,最好用一个不同的平均时间来重新计算通量(比第一种情况要长,但比第二种要短)。因为这种平均时间的变化在运行的数据流中很难实现,所以拱形方法通常用在研究项目的数据上。在实际应用中,检测所选的非稳定、稳定及过渡时期的时间序列以及将这些发现应用于数据集是有帮助的。

4.1.4 WPL 校正

4.1.4.1 引言

该校正最初被称为 Webb 校正,以一篇校正水汽通量的会议论文的第一作者命名,但现在称为 WPL 校正,以将其应用拓展到痕量气体的涡度通量测量的三位作者来命名(Webb, Pearman 和 Leuning, 1980, WPL)。在 Webb 等(1980)的第一篇文章发表之后,又有人讨论了这个问题,总结可见 Fuehrer 和 Friehe(2002)及 Lee 和 Massman(2011),其中后者使用了不同的方法(Bernhardt and Piazena 1988; Liebethal and Foken 2003; Liebethal and Foken 2004),却发现了相同的结果,但其解法存在争议(Liu 2005)。最近,Leuning(2004, 2007)又对这个问题做了阐明。必须进行校正的原因在于温、湿度的波动导致痕量气体浓度的波动,而这并不能与我们期望测量的痕量气体通量联系在一起。所测通量的校正可以很大,例如添加的校正显著减少了用垂直风速和密度的协方差计算得到的 CO_2 通量(图 4.4)。对以下讨论的所有痕量气体进行仔细校正是必不可少的。

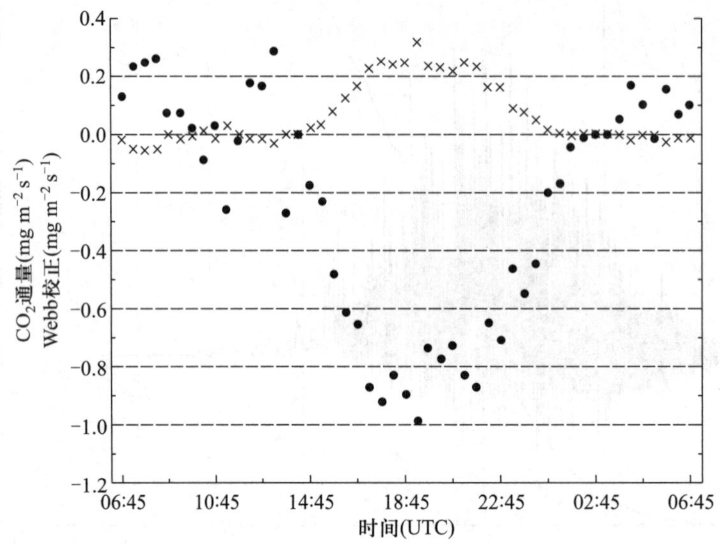

图 4.4 基于 Liebethal 和 Foken(2003)的未校正 CO_2 通量(•)和 WPL 校正项(×)。校正通量是这两个时间序列之和

4.1.4.2 开路系统

Webb 等(1980)推导得到以下用于痕量气体 c 的涡度通量的表达式,并用于解释当使用开路仪器测量时,由于温度和湿度波动所引起的密度波动的效应:

$$\overline{F_c}(h_m)=\overline{w'\rho_c'}+\mu(\overline{\rho_c}/\overline{\rho_d})\,\overline{w'\rho_v'}+(1+\mu\sigma)\,(\overline{\rho_c}/\overline{\theta})\,\overline{w'\theta'} \tag{4.25}$$

式中,$\mu=m_d/m_v$,是干空气和水汽的摩尔质量比,而 $\sigma=\overline{\rho_v}/\overline{\rho_d}$,指水汽和干空气的密度比。其他变量在前面已经定义。

为得到该基础方程右边的最后两项,WPL 假定没有干空气通量通过测量高度 h_m 所在的平面。这个假设在水平均一以及稳定条件(例如,当低于 h_m 的空气层中物质储存没有变化时)下是正确的。然而,对于非稳态气流,存在通过位于 h_m 高度的平面的所有组分空气的净通量,因此违反了原始文章①的假设,并且对 WPL 公式产生疑问(throw doubt)。

该问题在第 1 章中已解决,其中用于非稳定条件下痕量含量 c 的一维守恒方程由公式(1.23)给出:

$$\overline{F_c}=\underbrace{\overline{F_c}(0)}_{\text{I}}+\underbrace{\int_0^{h_m}\overline{S_c}\,dz}_{\text{II}}=\underbrace{\overline{\rho_d}\,\overline{w'\chi_c'}\big|_{h_m}}_{\text{III}}+\underbrace{\int_0^{h_m}\overline{\rho_d}\,\overline{\frac{\partial\chi_c}{\partial t}}\,dz}_{\text{IV}}+\underbrace{\int_0^{h_m}[\overline{\chi_c}(z)-\overline{\chi_c}(h)]\,\overline{\frac{\partial\rho_d}{\partial t}}\,dz}_{\text{V}} \tag{4.26}$$

① 指 Webb 等(1980)的文章。——译者注

我们的目的是估计 c 在地面通量（Ⅰ项）加上测量高度 h_m 以下所有 c 源汇的整合贡献值（Ⅱ项）。具体办法是测量 h_m 处的净湍流通量（Ⅲ项）、储存项变化（Ⅳ项）以及由于干空气密度变化所造成的 c 的平均通量（Ⅴ项）。在稳定条件下，公式(4.26)中的涡度通量Ⅲ项与 WPL 得到的一样，因此，对于非稳定条件，只需要加上第Ⅳ项和第Ⅴ项的公式。

通常用开路涡度协方差仪器测量密度，而非混合比，并且按照 WPL，用公式(4.25)计算痕量气体 c 的涡度通量。

相应的水汽涡度通量为

$$\overline{F_v}(h_m) = (1+\mu\sigma)\ [\overline{w'\rho_v'}+(\overline{\rho_v}/\overline{\theta})\ \overline{w'\theta'}] \tag{4.27}$$

4.1.4.3 WPL 与不完美的仪器设备

以上理论假设涡度通量是使用完美的仪器设备测定的。这要求用于测量$\overline{w'\rho_v'}$和$\overline{w'\theta'}$的仪器阵列的协谱频率响应需与用于测量$\overline{w'\rho_c'}$的仪器阵列的协谱频率响应一致。如第 4.1.3 节所讨论的，在应用 WPL 校正前，有必要对仪器阵列的频率响应之间的任何差异进行校正。一个极端的例子见图 4.5，展示了 Kondo 和 Tsukamoto(2008)在 CO_2和水汽通量均为 0 的沥青停车场上所做的测量。这种情况下，$\overline{w'\theta'}$校正项在每个频率波段下其大小应等于原始$\overline{w'\rho_c'}$，但符号相反。误差项来源于$\overline{w'\theta'}$和$\overline{w'\rho_c'}$协方差高频组分的不匹配。真正的 CO_2通量应该是首先将原始$\overline{w'\rho_c'}$协方差的高频组分调整到红线处（第 4.1.3 节），然后应用 WPL 校正而获得。

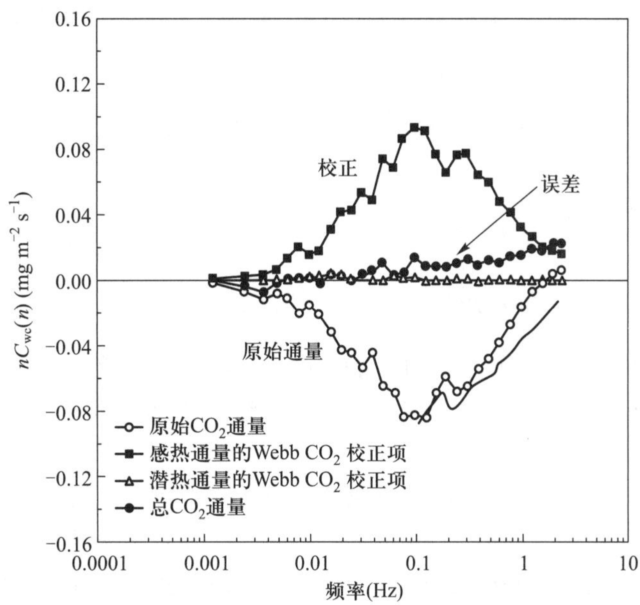

图 4.5 在一个沥青停车场的 1.62 m 高度处用相隔 0.25 m 的超声风速仪和开路传感器测得的垂直风速 w 和 CO_2浓度 c 的协谱（根据 Kondo 和 Tsukamoto(2008)改绘）。同时显示由于感热和潜热所导致的原始 CO_2通量的 WPL 校正项

4.1.4.4 闭路系统

当使用开路气体分析仪时，站点遭遇的雨、雾和降雪都会损害痕量气体浓度的测量，从而导致相当大的涡度通量数据缺失。闭路气体分析仪提供了一个具有吸引力的替代方法，数据缺失率更小，但相对开路系统而言，这种测量系统需要显著不同的时滞、高频滤波及密度效应的校正（见第 2.4 节和第 4.1.4.2 节）。

当管路长度和半径的比值 $L_t/r_t>1200$ 且管路中为层流时，以及当管路长度和半径的比值 $L_t/r_t>500$ 且管路中为湍流时，在具有高热传导率管路中的温度波动降低到它们初始值的 1%（Leuning and Judd 1996；见第 4.1.4.2 节）。当所有频率的温度波动都被空气采样系统消除时，我们就不需要公式（4.27）中的 $\overline{w'\theta'}$ 校正项。那么，痕量气体和水汽的通量就可用下式计算：

$$\overline{F_c}(h_m)=(\bar{p}\,\overline{\theta_i}/\overline{p_i}\bar{\theta})\,[\overline{w'\rho'_{c,i}}+\mu(\overline{\rho_{c,i}}/\overline{\rho_{d,i}})\,\overline{w'\rho'_{v,i}}] \tag{4.28}$$

及

$$\overline{F_v}(h_m)=(\bar{p}\,\overline{\theta_i}/\overline{p_i}\bar{\theta})\,[(1+\mu\,\overline{\rho_{v,i}}/\overline{\rho_{d,i}})\,\overline{w'\rho'_{v,i}}] \tag{4.29}$$

式中，$\bar{p}$ 和 $\bar{\theta}$ 分别是大气平均压力和绝对温度，而$\overline{p_i}$和$\overline{\theta_i}$分别是气体分析仪内测得的对应值。

考虑到管路的实际长度以及管壁的低热传导性，完全消除温度波动不太现实。在这种情况下，必须应用$\overline{w'\theta'}$密度校正的一些未知分数。解决的方法是以 10 或 20 Hz 的频率测量气体分析仪内部的温度和压力波动，这个频率也经常被涡度协方差系统的其他部分所采用。气体和水汽的涡度通量因此可写为

$$\overline{F_c}(h_m)=\overline{\rho_d}\,\overline{w'\chi'_c},\quad \overline{F_v}(h_m)=\overline{\rho_d}\,\overline{w'\chi'_v} \tag{4.30}$$

其中，c 和 v 的瞬时混合比χ'_c和χ'_v相对于干空气为

$$\chi'_c\frac{\rho'_c/m_d}{p'_i/(R\theta'_i)-\rho'_v/m_v},\quad \chi'_v\frac{\rho'_v/m_d}{p'_i/(R\theta'_i)-\rho'_v/m_v} \tag{4.31}$$

图 4.2d 所示的均一化 CO_2和水汽协谱是用以上这些公式计算的。我们注意到有些闭路仪器测量了气体分析单元内壁温度，而非所需的空气温度，因此使用这些测量会将一些高截止滤波引入 θ'信号。

图 4.2b 展示了 CO_2和水汽波动在高频快速衰减造成相应高频协方差的损失。由此导致的通量低估跟图 4.2 中均一化 $w\theta$ 协谱以及相对应的 CO_2和水汽协谱之下的面积之间的差异成比例。因此，使用闭路气体分析仪消除了 WPL 密度校正的需要，而需要对高频的 $w\chi_c$和 $w\chi_v$ 协方差的损失进行校正。例如，图 4.6 表示开路系统的 λE 和 F_c^{EC}（进行适当的高截止滤波和 WPL 密度校正后）分别比使用闭路分析仪计算的相应通量高 13%和 5%。即使用第 4.1.3.1 节中所描述的用于气流在管路中流动导致高频损失的理论转移函数后，情况也是如此。

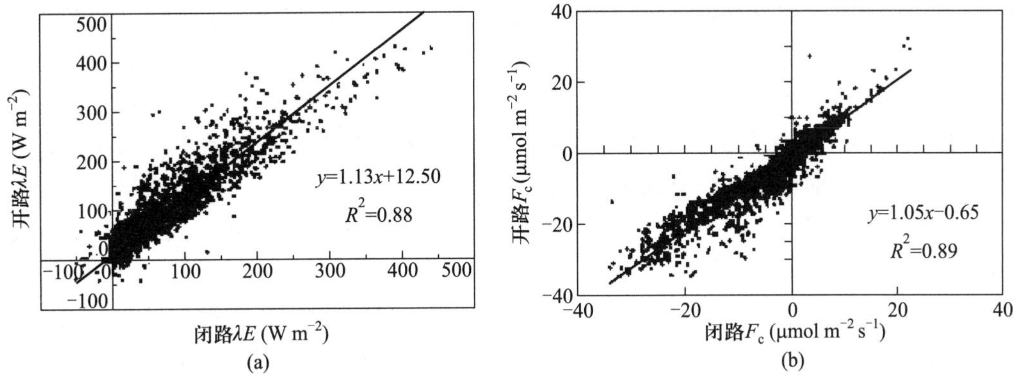

图 4.6 使用普通超声风速仪分别和一个开路及闭路气体分析仪测得的每小时(a)潜热和(b)CO_2通量比较(Leuning,未发表结果)

4.1.5 传感器特定的校正

4.1.5.1 超声风速仪的气流畸变校正

从超声风速测定法创立以来,气流畸变就已经是一个众所周知的问题(Dyer 1981)。其根源在于传感器的安装和传送器/接收器的大小。对于新的传感器,一般要求其通路长度 d_{pl}与传送器/接收器的直径 a 的比值 d_{pl}/a 较大,可高达 20,从而减少气流畸变的影响。另外,风矢量和传送器—接收器之间路径的角度要大(Kaimal and Finnigan 1994)。根据这些要求,可以将超声风速仪分为用于研究的具有较小气流畸变但开放角度受限的类型以及常规应用的全向超声风速仪(表 4.1)。

表 4.1 超声风速仪分类(基于 Foken 和 Oncley(1995)、Mauder 等(2006)的分类)

风速仪分类	传感器类型
A 通量测量的基础研究	Kaijo-Denki A 传感器 Campbell CSAT3,Solent HS
B 通量测量的一般应用	Kaijo-Denki B 传感器 Solent 风速计,R2,R3 METEK USA-1,Young 81000
C 风速测量的一般应用	B 类传感器 各厂家的 2D 风速仪

一种解决方法是制造商使用风洞测量来指导风速仪的设计,减少气流畸变量,从而得出针对特定接受角的未经校正的风速。Campbell Sci 公司的 CSAT3 就采用了这种方法。其他超声风速仪制造商将针对水平气流的气流畸变校正包含在固件中,但不巧的是,这通常没有在说明书中标出。对于超声风速仪 USA-1 和 Solent HS,这个校正可能被关闭。这些校正不仅对风

洞测量值进行补偿，还将来自原位比较的经验值考虑在内。实际上，仪器使用者不可能来操作这种校正。一个悬而未决的问题便是风组分之间是否会因这个校正产生自相关，而这会影响通量测量。由于较小的涡旋接近地面，气流畸变的影响随高度增加而降低。因此，全方位超声风速仪和其他不具有较大的路径长度与传送器/接收器直径比率的传感器不应该用于近地表测量，但在远离地表时使用则没有问题。

最近，有科学家提出包含风矢量和水平面之间角度的校正。该校正被称为攻角校正(angle of attack correction)(van der Molen et al. 2004; Nakai et al. 2006)。Solent R3 有此类风速仪数据(van der Molen et al. 2004; Nakai et al. 2006)；USA-1 的 H4 传感器校正与该校正相类似。该校正的应用显著增加了通量(Cava et al. 2008)。因为所有的校正函数均在风洞中被确定，所以通量会被高估，因此不应使用这个校正(Wyngaard 1981; Högström and Smedman 2004)或者谨慎使用。

最后的方法是将单一通路模型应用到三维阵列中，并将路径几何学包含在内。这种方法在几何学相对简单时很成功，比如 ATI-K 传感器或者 CSAT3(van Dijk 2002)。显然，该方法的应用必须遵循上述提到的注意事项，即单通路校正必须在具有类似大气湍流水平的气流中测定。

4.1.5.2 LiCor 7500 开路气体分析仪的传感器头端加热校正

LiCor 7500 开路气体分析仪的传感器头端会加热，形成测量容积内的对流，因此影响 WPL 校正的应用(LiCor 7500A 做了某些修正)。对这个效应的潜在校正的讨论见 Burba 等(2008)、Järvi 等(2009)及 Burba 和 Anderson(2010)。Grelle 和 Burba(2007)还介绍了一个在测量容积内使用额外的细线温度计的校正。至于哪种方法最有效，目前仍没有一致的结论。所有校正都取决于风速和传感器的倾斜度。因此，任何校正都应谨慎使用。总体而言，寒冷天气的校正应该大于温暖天气的，这是因为该校正通常是仪器表面和周围大气之间温差的函数，而仪器表面温度是热控制(一般设在约 30℃)和辐射负荷的函数。

具体说来，在温暖天气条件下(如+30℃)，空气和仪器表面之间的温度差主要受太阳和负载影响，在正午通常小于 1～2℃。在寒冷的外界温度下，仪器表面温度愈发受到电子设备的影响。这意味着，即使在夏季，也有一些效应是由传感器加热引起。然而，一个潜在的夏季校正通常在绝对数值上很小，这是由于更少需要电子设备加热，并且与冬季校正相比，它相对于较大的夏季生态系统通量的相对贡献更小；而在冬季，这个校正的绝对数值受强烈电子设备加热而增大，并且相对贡献更大，因为此时生态系统通量很小。一个简单的解决方法是将传感器朝下安装(也要保持一定倾斜让雨水流走)。这种方法中，在头端底部产生的热量上升并远离传感器路径。对于那些需要低能耗的应用，另一个解决方案是安装短管作为围绕 LI-7500 测量路径的密封罩(Clement et al. 2009)。该办法促进了 LiCor 7200 的研发，其结合了开路和闭路系统的优点。

4.1.5.3 氪湿度计 KH20 的校正

氪湿度计通过在紫外线光谱吸收 H_2O 分子来测量空气中的水汽含量。由于所使用的波长，氪湿度计存在对 O_2 分子的交叉敏感性，必须按照 Tanner 等(1993)和 van Dijk 等(2003)来校正：

$$\overline{w'\chi'_v}=\overline{w'\chi'_{vKH20}}+C_{k_o}\left(\frac{\overline{\rho_v}}{\overline{\theta}}\right)\overline{w'\theta'} \tag{4.32}$$

式中，

$$C_{k_o}=\frac{C_o m_o}{m_d}\cdot\frac{k_o}{k_w}=0.23\frac{k_o}{k_v} \tag{4.33}$$

k_o和 k_w是氧和水的 KH20 消光系数(extinction coefficient)，$C_o=0.21$ 是氧在大气中的摩尔分数，m_o是氧的摩尔质量。每个仪器都有特定的 k_w和 k_o系数。水的消光系数 k_w见制造商的校正证书。氧的消光系数 k_o 可通过实验获得。在不知道仪器特定系数时，Tanner 等(1993)推荐使用 $k_o=-0.0045$。

4.1.5.4 CH_4和 N_2O 分析仪的校正

近几年，非 CO_2痕量气体快速响应传感器开始商业化生产，尤其是温室气体 CH_4和 N_2O 的分析仪在气候变化研究中越来越受重视。和 CO_2/H_2O 分析仪一样，这些传感器也是基于特定类别分子的光吸收。然而，由于这些气体在大气中的浓度比 CO_2要低很多，所以需要更精确的光源，这也是为什么这些传感器一般使用激光，而不用非相干光。我们能够从这个方面区别两种基本测量原理(Werle et al. 2008)。

可调谐二极管激光(tunable diode laser，TDL)光谱中激光的输出波长在一定波长范围内可调，以便于扫描分子的特定吸收波段。多数这种分析仪的真正测量是在一个非常低压力下的光学单元中开展，其缺点是需要高能量泵，但这会使得所期望的吸收波段变窄，能更好地区分不同种类的气体。这种类型的分析仪例如：Campbell TGA-100/200 或者 Aerodyne QCL。LiCor LI-7700 也使用了可调激光源，但其采用开路测量设置，类似于 LI-7500，并且有更长的路径，且在标准大气压下运行。

光腔衰荡光谱(cavity ring-down spectroscopy，CRDS)或者积分腔输出光谱(integrated cavity output spectroscopy，ICOS)一般需要真空泵来降低光学单元内的压力。测量被捕获在光学腔内光的强度衰减率，这是吸收特定波长光的气体浓度的函数。例如，CRDS 的工作原理被运用在 PICARRO 分析仪上，而 ICOS 则被用在 Los Gatos 快速温室气体分析仪上。

CH_4和 N_2O 分析仪需要的校正与通常使用的 H_2O 或者 CO_2分析仪一样，依赖于它们是开路还是闭路测量通路。有些时候，洗涤器(scrubber)被安置在管道进口和测量单元之间来移除采样气体中的水汽。然而，只有所有温度和压力波动被消除以及任何水分都被完全移除时，我们才不需要进行 WPL 校正(第 4.1.5.4 节)。如上所述，一般对于闭路系统，分析仪信号和超声信号间时滞的准确确定，对于获得准确的通量估计值至关重要。

4.1.6 不推荐的校正

如上所述，并不是所有校正都被推荐用于一般用途，其原因主要在于这些校正没有得到充分验证或者存在明显的限制。过去 40 年中，科学家们提出了一系列校正，并且很多正在应用，有时有更新的版本。但是一些校正不应该被使用，下面具体阐述。

基于 Stull(1988)所展示的,由 Brook(1978)提出的比热的湿度依赖波动校正占通量的百分之几,这个校正经常被使用。然而,紧随着这个校正的发表,几个作者(Leuning and Legg 1982; Nicholls and Smith 1982; Webb 1982)表明这个校正基于错误的条件,应该永不使用。

Liu 等(2006)提出通过使用 WPL 校正来应用能量平衡闭合效应。如果能量平衡闭合是因为涡度协方差方法对通量的不准确测量所引起,那么该假设是正确的。但按照第 4.2 节给出的结果,这并不是能量丢失的原因。因此,该校正不应该被使用。

不推荐使用的方法还有根据波文比能量平衡(energy balance,EB)闭合来调整感热、潜热以及 CO_2通量(Desjardins 1985; Twine et al. 2000)。EB 的不闭合表明存在这样一个问题,但这种解决方式却可能太过简单化,这是因为不明确标量相似性是否可以被假设用于造成涡度协方差通量低估的过程,因此进一步研究不闭合的原因是很有必要的(见第 4.2 节)。

另外,已发表的混叠校正(Moore 1986)也不应该被使用。混叠是指如果测量系统没有低通滤波器,高频能量向更低频的转换。

4.1.7 总体数据校正

如第 4.1.2 节—第 4.1.5 节所示,大多数校正都是稳定度依赖的或者需要湍流通量作为输入参数。因此,校正通常需要反复执行。尽管数学是单调乏味的,Oncley 等(2007)表明以上校正可以通过一组联立方程来解决,而无需重复进行。在图 4.7 中,示意图显示了如何组织原始数据校正(第 3.2.2 节)、协方差校正(第 4.1 节)及数据质量测试(第 4.3 节)的系统。这里的重复只影响约 1%的通量。

另外,在图 4.8 中,Mauder 和 Foken(2006)展示了针对 LITFASS-2003 实验(Mengelkamp et al. 2006)约 6 周数据集的所有校正的影响。其中最相关的是对所有通量的谱校正(这里仅指短波部分),以及将浮力通量转换为感热通量时通量显著下降。该图也显示应该非常谨慎应用 WPL 校正。当潜热仅稍微变化时,其对 CO_2通量和许多其他气体通量的影响非常显著(提示 4.1)。

提示 4.1:对通量校正的建议

- 在第 3.2.2 节所示的所有原始数据修正后,才应用通量校正
- 首先,所有通量必须进行谱损失校正(第 4.1.3 节)
- 浮力通量必须传递到感热通量中,这将用于之后的校正及大部分的应用(第 4.1.2 节)
- 水汽和痕量气体通量必须进行密度波动校正,而这对开路和闭路传感器是不同的(第 4.1.4 节)
- 几个传感器需要特别校正,并且对于新近传感器的校正仍在发展之中(第 4.1.5 节)
- 校正应该通过一个迭代系统或一个所有方程的复合系统进行计算(第 4.1.7 节)
- 大气-生态系统通量计算需要进一步的非传感器特定校正,比如储存和夜间通量校正(第 5.4 节)

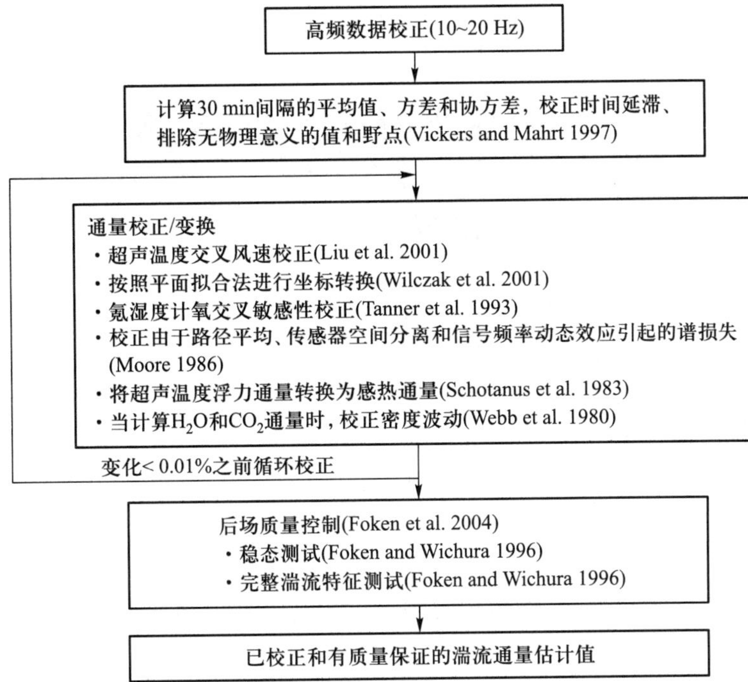

图 4.7 后场数据处理流程图(Mauder and Foken 2006)

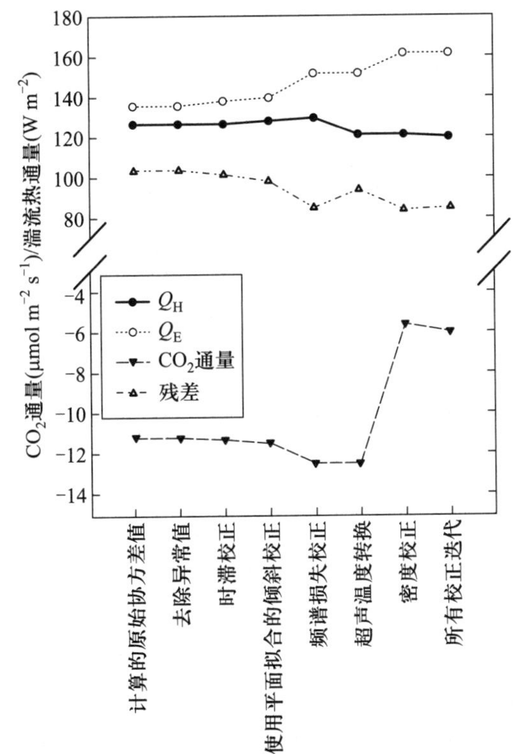

图 4.8 基于下午(12:00—13:00 UTC)一个小时的 30 min 平均时间,单一后场数据处理步骤对感热通量(Q_H)、潜热通量(Q_E)、CO_2通量和表面能量平衡残差(见第 4.2 节)的影响,处理步骤参照 Mauder 和 Foken(2006)。数据集选自一个 LITFASS-2003 实验的玉米田站点

4.2 能量平衡不闭合的影响

4.2.1 能量平衡不闭合的原因

在涡度协方差方法包括所有校正得到广泛应用以及在高精度净辐射仪上市后，基于实验数据的地球表面能量平衡不闭合的现象已经变得十分明显（Foken and Oncley 1995）。可利用能量即净辐射与土壤热通量之和，在多数情况下都大于感热和潜热通量之和。对于许多田间实验及 CO_2 通量网络（Aubinet et al. 2000; Wilson et al. 2002）来说，能量平衡闭合程度大约为 80%。残差为

$$\text{Res}=R_n-G-H-\lambda E \tag{4.34}$$

式中，R_n：净辐射，G：土壤热通量，H：感热通量，λE：潜热通量（图 4.9）。

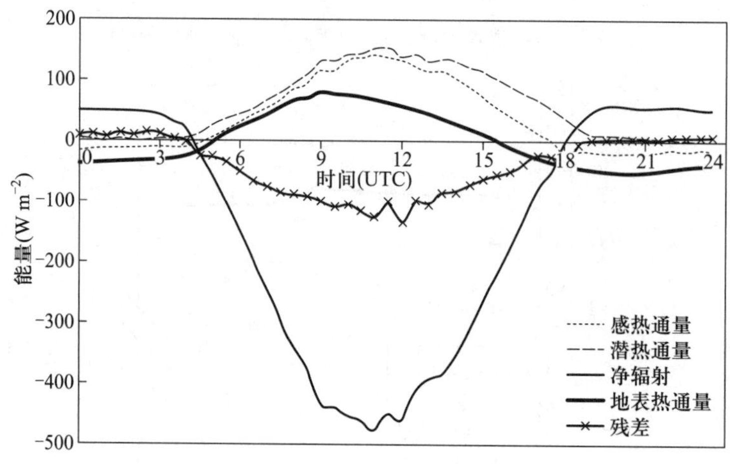

图 4.9 LITFASS-2003（Mengelkamp et al. 2006）实验期间玉米田站点的所有能量平衡组分的日均变化（Liebethal 2006）

能量不闭合问题不能仅仅描述为统计学分布的测量误差的效应，因为存在明显的湍流通量低估或可利用能量高估。已有文献讨论了可能原因，最近的综述文献见 Foken（2008a）。

最近的文献发现时间平均通量（Finnigan et al. 2003）或者包括湍流组织结构的空间平均通量（Kanda et al. 2004）能够闭合能量平衡，因此认为地球表面的能量平衡不闭合现象与涡度协方差技术的误差无关，而与该技术不能测量的大气现象相关。因此，简单的校正是不可能的，如何处理能量通量的这种现象仍然是一个未解决的问题，而痕量气体通量（CO_2）可能也存在这种现象。综合有关该问题的发现，可总结如下（Foken 2008a; Foken et al. 2010）：

过去，涉及能量平衡闭合问题的讨论最常见的观点是测量误差，尤其是涡度协方差技术的误差，这些被认为造成了湍流通量的系统低估。随着仪器的改进、校正方法的发展以及更加严格的数据质量判别的采用，该方法比 10 年前更加精确(Foken et al. 2004; Moncrieff 2004; Mauder and Foken 2006; Mauder et al. 2007b)。同时，涡度协方差测量的数据质量分析(Mauder et al. 2006)并没有明显的影响。如第 4.1.7 节所示，即使认真应用湍流通量的所有校正，也只能稍微减少残差(Mauder and Foken 2006)。

用于测量净辐射、湍流通量和土壤热通量方法的不同参照水平和不同取样尺度常被认为是能量平衡不闭合的另一个可能原因。此外，也有人探讨了冠层及土壤中的能量储存项。对于低矮植被冠层来说，除了土壤热储量(例如见 Culf et al. 2004; Heusinkveld et al. 2004; Meyers and Hollinger 2004; Foken 2008a)，这些能量储存项并不是一个重要问题(Oncley et al. 2007)。

能量平衡不闭合也曾归因于地表异质性(Panin et al. 1998)。这几位作者认为通量站点附近的异质性产生了较长时间尺度的涡旋，但是这种由靠近测量塔的异质性所引起的湍流结构能被涡度协方差方法所测得(Thomas and Foken 2007; Zhang et al. 2007)。因此，约 2 h 的低频波谱部分(Foken et al. 2006)对闭合问题没有显著影响。

该问题和平流及与更长波长相关的通量有紧密联系。一些最近的研究发现，在几个小时的长时间周期上平均的通量(Sakai et al. 2001; Finnigan et al. 2003; Mauder and Foken 2006)或者空间平均通量(Kanda et al. 2004; Inagaki et al. 2006; Steinfeld et al. 2007)可以闭合能量平衡。在 EBEX-2000 实验中，研究者发现平流很重要(Oncley et al. 2007)。由于将平流考虑在内从而使残差降低，EBEX-2000 的能量平衡闭合问题比同类实验要小。

在类似沙漠(Heusinkveld et al. 2004)或灌木地(Mauder et al. 2007a)这样的均一表面上，能量平衡可以闭合。因此，大于 100 m 以及直到超过 10 km 尺度上的异质性是值得关注的可能解释。

为验证这些结果，LITFASS-2003 实验通过大孔径闪烁仪(Meijninger et al. 2006)、飞行测量和大涡模拟开展了面积平均通量测量(Beyrich and Mengelkamp 2006; Mengelkamp et al. 2006)。通过这些面积平均技术，生态系统能达到一个更好的能量平衡(Foken et al. 2010)。

综合以上研究结果，很明显，能量平衡不闭合的校正不是涡度协方差方法及其校正程序的一部分。Foken(2008a)展示了将不同尺度的陆地表面-大气交互考虑在内的概念图。这也是基于众多研究而获得的，而这些研究显示在异质性的区域上，其通量要显著高于更均一区域上的(例如，Schmid and Bunzli 1995a，1995b)。在 Klaassen 等(2002)的实验中也强调了这一点。如果异质性的大小或者特征异质性(如：粗糙度，热通量)的差异很小，这种效应会消失(Friedrich et al. 2000)。图 4.10 展示了接近地表的小涡旋能由微气象学方法测得，如涡度协方差技术，却不能获得长波部分(Steinfeld et al. 2007)。能量从地表转移到大涡主要发生在明显异质的地方，且在区域内分布不均。在计算由大涡旋和小涡旋加和构成的通量时，通过面积平均技术测得的能量能够闭合，通过长期积分测得的也能闭合。这种长期积分(图 4.11)表明感热通量增加，残差闭合，而潜热通量不受影响。这表明两种通量不同，这可能是由于异质条件下的传输所致，而不同站点的情况应该也不一样。

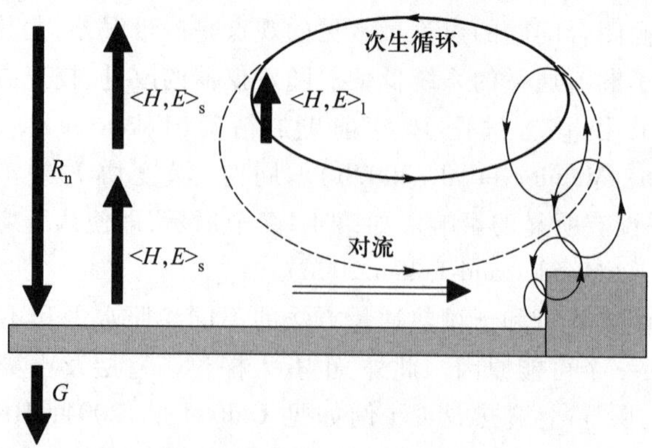

图 4.10 根据 Foken(2008a)所绘的次生循环产生的示意图以及基于小涡旋(s)和大涡旋(l)在不同尺度上的湍流通量假设,其中$\langle H,E\rangle_s$表示平均小涡旋得到的感热或潜热通量,$\langle H,E\rangle_l$表示平均大涡旋得到的感热或潜热通量。R_n是净辐射,G是土壤热通量

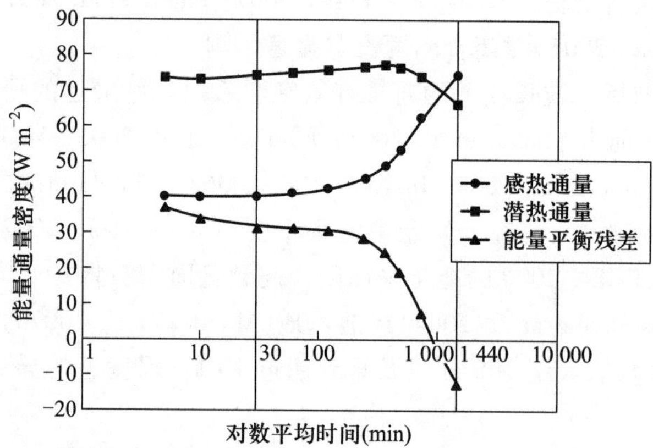

图 4.11 整个 LITFASS-2003 实验时期的玉米田站点,平均时间对感热和潜热通量及能量平衡闭合残差的影响(W m^{-2})(Mauder and Foken 2006)

4.2.2 能量平衡不闭合的校正

如上所述,能量平衡的残差校正不是涡度协方差方法校正的问题,这是因为丢失的能量不是测量点丢失的通量,大多数情况应该或者至多测定为平流。但是,如 EBEX 实验所展示的(Oncley et al. 2007),这种实验设置几乎不可能实现。如果测量站点周围的异质性确实起作用,那么通量塔站点(第 8 章)的足迹和足迹质量分析(Göckede et al. 2008)应该能对这个问题有所提示。但是,所谓足迹质量,也就是目标区域在足迹内的比例,与残差并不相关。换言之,超过 500 m 空间尺度的异质性的存在会显著影响残差(Falge and Foken 2007,个人通信)。由于通常不能获得面积平均通量测量和大涡模拟,因此只有长期积分(Sakai et al. 2001; Finnigan et al. 2003; Mauder and Foken 2006)才能被用于校正。

因此，近地面涡度协方差测量不应该被校正，而应该针对在空间尺度上超过通量足迹区的大气边界层下半部分展开这个问题的探讨。

第一步，超过 1 km 尺度的大气和下垫面之间的能量交换可以用波文比校正（Twine et al. 2000；Foken 2008a）。按照波文比，残差将被分配给感热和潜热通量。这种方法只有在给出两个通量的相似性的情况下才有效，但很明显这通常很难实现。有一些文章（Mauder and Foken 2006；Ingwersen et al. 2011）提出，大部分的非闭合能量平衡与感热通量有关。

更现实的方法是提倡长期积分。在每个站点都使用具有相似天气状况的 3～5 d 数据。但是，必须根据天气情况、风向和所处一年中的时期来修正结果。从图 4.8 比较的最后图形来看，科学家们应先确定感热和潜热通量的变化，再用于校正。因为二次循环是夜间不发生非闭合的可能原因，所以只需要校正白天的数据。另一方面，夜间湍流热通量值非常低，每个校正均在可能的统计误差范围内。但直到现在，没有文献证明 Mauder 和 Foken（2006）的发现与站点和时间有关。

对于痕量气体通量如 CO_2通量，问题更加复杂，这是因为之前提出的能量平衡闭合程度不能用于校正通量（Twine et al. 2000）。在夜间，不需要进行该校正。对于白天数值，长期积分可能是可行的。但是，这种方法取决于很多未解决的问题，并且仍然在发展中。2009 年 10 月召开的针对该主题的专题讨论会提出了一些可能的研究途径，但是并没有提出校正方法（Foken et al. 2011；提示 4.2）。

提示 4.2：能量平衡闭合的建议

表层能量平衡不闭合现象不是涡度协方差方法本身的技术问题。它与异质性地形及其对湍流交换的影响有关。当标量相似性假设满足的情况下，感热和潜热通量可以作为初估值用波文比来校正。痕量气体通量不需要校正。

4.3 数据质量分析

质量保证（quality assurance，QA）和质量控制（quality control，QC）流程对所有微气象学测量都至关重要。对于涡度协方差测量，尤其需要强调 QA/QC，这是因为其计算过程非常复杂。Foken 等（2004）对此有过全面描述。本章仅就已发表的综述文章进行回顾，并给出一些评论。

对比标准微气象学测量（Essenwanger 1969；Smith et al. 1996；DeGaetano 1997），很少有文章讨论涡度协方差测量的 QC 问题（Foken and Wichura 1996；Vickers and Mahrt 1997）。涡度协方差的 QC 流程不仅包括仪器误差和传感器问题的检验，而且还包括评估测量条件在多大程度上满足该方法隐含的理论假设。因为后者依赖于气象条件，涡度协方差 QC 工具必须是一个高时间分辨率序列的典型测试和湍流状况检验的结合。第二个问题与测量的代表性相关联，这取决于测量的足迹。足迹在感兴趣区域内的比例必须加以考虑（第 8 章）。

QA 是建立和管理一个测量项目最重要的方面之一。QA 问题在常规气象测量项目中非常常见(Shearman 1992)。本书是已有 QA 项目的更新版(如 Moncrieff et al. 1997; Aubinet et al. 2000; Foken et al. 2004)。

QA 最重要的部分就是 QC。本章讨论了几个测试。QC 必须实时进行或者刚测完就立即进行,以减少检测及修复仪器的时间而使数据损失最小化。

4.3.1 涡度协方差测量的质量控制

气象数据的质量控制(QC)遵循图 4.12 所示的流程,这对于大部分数据是类似的。第一步是自动检验信号是否在传感器的典型范围内。绝大多数情况下,传感器软件已经完成这一步。对于原始数据,则需要以下几个测定:首先是检查数据是否在气象学的可能范围内,第二步是进行一系列统计测试。

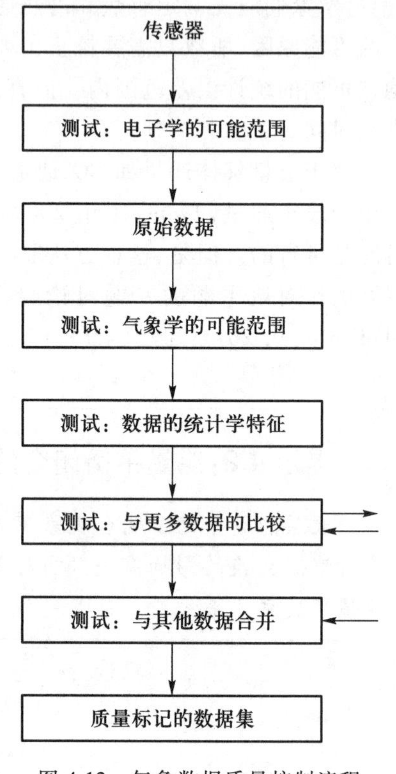

图 4.12 气象数据质量控制流程(VDI 2012)

接下来的测试是与其他气象测量相比较。将平均温度、湿度和痕量气体浓度与辅助测量进行比较十分重要。而对于风速,通常不需要这些比较。

涡度协方差测量的 QC 没有一个统一的体系。这里仅讨论文献中的几个方面。接下来的部分回顾了不同的 QC 步骤:

- 数据分析第一步是原始数据基本检验(Vickers and Mahrt 1997),包括自动测试振幅、信号分辨率、数据的电子和气象范围检验及野点(Højstrup 1993)的检测,详见第 3.2.2 节的讨论。
- 统计学测试和不确定性测试必须要应用于时间序列的取样误差(Haugen 1978; Vickers and Mahrt 1997; Finkelstein and Sims 2001; Richardson et al. 2006),讨论见第 7 章。此外,还需识别在时间序列中的步骤或者非稳态的原因(Mahrt 1991; Vickers and Mahrt 1997)。
- QC 的一个主要方面是测试涡度协方差测量的要求是否得到满足。稳定状态和发展湍流体系不受传感器构造影响,而受天气条件影响(Foken and Wichura 1996)。这些满足条件见第 4.3.2 节。
- 通用数据质量标记系统见第 4.3.3 节。
- 基于足迹分析的依赖于站点的 QC 见第 8.5 节。

4.3.2 是否符合理论要求的测试

Foken 和 Wichura(1996)应用快速响应湍流数据的标准来测试非稳态及与通量-方差相似性理论的巨大偏离,判断是仪器本身还是物理原因引起。Foken 等(2004)提出以下几点:

4.3.2.1 稳态测试

稳态条件意味着所有统计参数不随时间变化而变化(如 Panofsky and Dutton 1984)。典型的非稳态受气象指标在一天中不同时刻的变化、天气模式的变化、显著的中尺度变异或者测量点相对于测量事件(如重力波的相)的变化所驱动。后者的发生可能是因为足迹面积变化、内部边界层变化(尤其是下午的内部热边界层)或者重力波的存在。目前,有两种主要的测试用于识别非稳态条件。第一个是基于某个气象参数在时间序列的平均间隔期内的趋势(Vickers and Mahrt 1997),而第二种方法表明了平均间隔内的非稳态条件(Foken and Wichura 1996)。

Vickers 和 Mahrt(1997)建立了在一个时间序列的平均间隔内气象要素χ_s的回归,并且基于这个回归$\delta\chi_s$,确定了在时间序列的开始和结束之间χ_s的差异。通过该计算,他们确定了主要用于风组分的相对非稳态参数:

$$RN_\chi=\frac{\delta\chi_s}{\overline{\chi_s}} \tag{4.35}$$

海洋上的测量有 15%的时间超过了阈值($RN_\chi>0.50$),而在森林上的测量有 55%的时间超过阈值。更加严格的稳定性估算见 Mahrt(1998)。

Foken 和 Wichura(1996)使用的稳态测试是基于俄国科学家们的研究进展(Gurjanov et al. 1984)。这个方法比较了一个平均周期内及该周期短间隔内确定的统计参数。例如,用于确定所测信号w(垂直风速)和χ_s(水平风速部分或者标量)协方差的 30 min 时间序列被分为$M=6$个间隔,每个间隔为 5 min。N是短间隔内测量点的数目(对于 20 Hz 的扫描频率和5 min 间隔,$N=6000$):

$$(\overline{w'\chi_s'})_i=\frac{1}{N-1}\left[\sum_j w_j\cdot\chi_{sj}-\frac{1}{N}\left(\sum_j w_j\cdot\sum_j\chi_{sj}\right)\right]$$

$$\overline{w'\chi_s'}|_{\mathrm{SI}}=\frac{1}{M}\sum_i(\overline{w'\chi_s'})_i \tag{4.36}$$

该值将用于和通过整个时间段所求得的协方差作比较:

$$|\overline{w'\chi_s'}|_{\mathrm{WI}}=\frac{1}{M\cdot N-1}\left[\sum_i\left(\sum_j w_j\cdot\chi_{sj}\right)_i-\frac{1}{M\cdot N}\sum_i\left(\sum_j w_j\cdot\sum_j\chi_{sj}\right)_i\right] \tag{4.37}$$

作者提出,如果两个协方差之间差异小于 30%,那么这个时间序列是稳态的。

$$RN_{\mathrm{Cov}}=\left|\frac{(\overline{w'\chi_s'})_{\mathrm{SI}}-(\overline{w'\chi_s'})_{\mathrm{WI}}}{(\overline{w'\chi_s'})_{\mathrm{WI}}}\right| \tag{4.38}$$

这个值是长期实践中得出的,但是与其他作者所提出的测试参数都有较好的一致性(Foken and Wichura 1996)。

4.3.2.2 充分发展湍流条件的测试

通量-方差相似度是测试湍流条件发展程度的良好方法。这种相似度意味着湍流参数标准差和湍流通量的比值近乎常数或是稳定度的函数。这些所谓的完整湍流特征是大气湍流的基本相似性特征(Obukhov 1960; Wyngaard et al. 1971),在边界层和微气象学教科书中都有较多讨论(Stull 1988; Kaimal and Finnigan 1994; Arya 2001; Foken 2008b)。Foken 和 Wichura(1996)使用了 Foken 等(1991)确定的函数。这些函数有赖于稳定度,并且对于风组分的标准偏差具有通用形式:

$$\frac{\sigma_{u,v,w}}{u^*}=c_1\left(\frac{h_m-d}{L}\right)^{c_2} \tag{4.39}$$

式中,u 是水平或者纵向风速组分,v 是侧向风组分,u^* 是摩擦风速,L 是奥布霍夫长度。对于标量通量,它们的标准差是通过它们的动力学态参数(dynamical parameter)来归一化:

$$\frac{\sigma_{\chi_s}}{\chi_s^*}=c_1\left(\frac{h_m-d}{L}\right)^{c_2} \tag{4.40}$$

表 4.2 中给出了公式(4.39)和公式(4.40)的常数值。对于中性范围,表 4.3 考虑了 Johansson 等(2001)假设的外部力量及 Thomas 和 Foken(2002)分析的整合湍流特征,并且将纬度也考虑在内(Coriolis 参数 f)。为温度设定的参数可以假定为适合绝大部分标量通量。必须注意,在近中性条件下,标量的完整湍流特征有极高的值(表 4.2),并且不能通过这个测试。

我们能够对用于确定协方差的两个参数的完整湍流特征都进行测试。依照(χ: u、v、w 或者 χ_s),可以比较基于公式(4.39)或公式(4.40)的实测和模拟参数。

表 4.2 完整湍流特征系数(Foken et al. 1991, 1997; Thomas and Foken 2002)

参数	$(h_m-d)/L$	c_1	c_2
σ_w/u^*	$0>(h_m-d)/L>-0.032$	1.3	0
	$-0.032>(h_m-d)/L$	2.0	1/8
σ_u/u^*	$0>(h_m-d)/L>-0.032$	2.7	0
	$-0.032>(h_m-d)/L$	4.15	1/8
σ_θ/θ^*	$0.02<(h_m-d)/L<1$	1.4	−1/4
	$-0.02>(h_m-d)/L>-0.062$	0.5	−1/2
	$-0.062>(h_m-d)/L>-1$	1.0	−1/4
	$-1>(h_m-d)/L$	1.0	−1/3

表 4.3 在中性条件下,风速组分的完整湍流特征系数(Thomas and Foken 2002)

参数	$-0.2<(h_m-d)/L<0.4$
$\frac{\sigma_w}{u^*}$	$0,21\ln\left(\frac{z_+\cdot f}{u^*}\right)+3.1$; $z+=1$ m
$\frac{\sigma_u}{u^*}$	$0,44\ln\left(\frac{z_+\cdot f}{u^*}\right)+6.3$; $z+=1$ m

$$ITC_{\sigma}=\left|\frac{\left(\frac{\sigma\chi}{\chi^{*}}\right)_{\text{model}}-\left(\frac{\sigma\chi}{\chi^{*}}\right)_{\text{measurement}}}{\left(\frac{\sigma\chi}{\chi^{*}}\right)_{\text{model}}}\right| \tag{4.41}$$

如果作为测试参数的完整湍流特征(ITC_{σ})< 30%,那么可以假设认为该湍流充分混合。

4.3.3 总体质量标记系统

这部分同样基于 Foken 等(2004)的综述文章。上文所述的质量测试使得对单一测量的质量标记成为可能。Foken 和 Wichura(1996)提出按照公式(4.38)和公式(4.41)将测试归类到不同步骤中,并且合并不同的测试。如果风速仪不是全向的,并且测量站点没有各个方向上无限风区的话,那么一个必须要被包括进分类方案中的重要参数是三维风速仪的朝向。对于这三个测试,标记的定义见表 4.4。进一步的测试,比如垂直风速的可接受范围,可以包括在方案中。

表 4.4 基于公式(4.38)的稳态测试、公式(4.41)的完整湍流特征以及型号为 CSAT3 的超声风速仪的水平定向进行的数据质量分类(Foken et al. 2004)

基于公式(4.38)的稳态测试		基于公式(4.41)的完整湍流特征		超声风速仪的水平定位	
分类	范围	分类	范围	分类	范围
1	0%~15%	1	0%~15%	1	±0~30°
2	16%~30%	2	16%~30%	2	±31~60°
3	31%~50%	3	31%~50%	3	±61~100°
4	51%~75%	4	51%~75%	4	±101~150°
5	76%~100%	5	76%~100%	5	±101~150°
6	101%~250%	6	101%~250%	6	±151~170°
7	251%~500%	7	251%~500%	7	±151~170°
8	501%~1000%	8	501%~1000%	8	±151~170°
9	>1000%	9	>1000%	9	>±171°

注:对超声风速仪水平定向给出的 1—5 类对整个标记系统有相同的影响(表 4.5)。

标记系统中最重要的部分是将所有的标记合并为一个容易使用的总标记。表 4.5 就对表 4.4中给出的标记完成了合并。这个方案的使用者必须知道被标记数据的合适用途。目前的方案是按照微气象学经验进行分类,所以 1—3 类可以用于基础研究,如参数化;4—6 类可用于一般用途,比如 FLUXNET 项目的连续运行系统;7 和 8 类根据情况决定是否保留使用。有时,使用这些数据要优于使用空缺填补程序,但这些数据不应该与它们在时间序列中位置前后的数据有显著差别;第 9 类数据在任何情况下都应该被排除。这样一个方案给使用者提供了一个良好的机会来使用涡度协方差数据。最后,数据可以与质量控制标记一起给出,正如图 4.13 所示。大多数异常数据可以通过数据质量标记进行解释。在夜间,其他参数能够影响

表 4.5 将多个单质量标记合并为一个总体质量标记的建议(Foken et al. 2004)

一般数据质量标记	基于公式(4.38)的稳态测试	基于公式(4.41)的完整湍流特征	超声风速仪的水平朝向
1	1	1—2	1—5
2	2	1—2	1—5
3	1—2	3—4	1—5
4	3—4	1—2	1—5
5	1—4	3—5	1—5
6	5	≤5	1—5
7	≤6	≤6	≤8
8	≤8	≤8	≤8
	≤8	6—8	≤8
9	有一个标记等于 9		

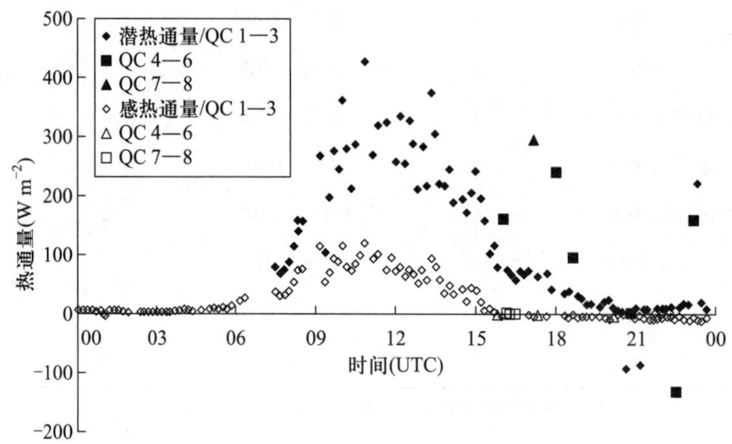

图 4.13 1998 年 6 月 2 日在德国 Lindenberg 草地 LITFASS-1998 实验(Beyrich et al. 2002)中,Bayreuth 大学所测的带有质量等级的感热和潜热通量的日动态(Foken et al. 2004)

测量。对于完整通量分析,剔除的数据需要空缺填补。显然,对于推导过程关系的研究来说,应该排除标记的数据和空缺填补的数据(提示 4.3)。

提示 4.3：推荐或数据质量分析

数据质量分析是涡度协方差技术应用的关键。依靠物理学及气象学来控制输入数据的范围是不够的。稳态条件和充分发展的湍流情势是使用涡度协方差技术的重要条件，并且需要特别的测试。如果测试失败，那么数据应该用空缺填补程序来替换。合适的标记系统的使用对于数据使用者来说十分重要。

4.4 经过校正和质量控制后湍流通量的准确性

涡度协方差方法有非常复杂的算法，这就不可能按照常规误差传递定律来计算其误差。但是如第 7 章所述，使用统计分析来确定该方法的不确定性是可能的（Richardson et al. 2006）。本章给出了更多的实验结果，因此数据使用者有了一些线索来评估测量数据的准确性。

根据传感器比较、EBEX-2000 实验（Mauder et al. 2007b）、LITFASS-2003（Mauder et al. 2006）、其他研究（Loescher et al. 2005）以及软件比较（Mauder et al. 2007b；Mauder et al. 2008）等方面长期积累的经验，Mauder 等（2006）尝试给出一些有关涡度协方差测量的可能的准确性数值，但这些测量是基于现有知识状态而获得的。研究发现，准确性显著依赖于超声风速仪的类型（表 4.1）和数据质量（第 4.3 节）。这些结果的汇总见表 4.6。为了将这些数据传递到 CO_2 通量中，潜热通量结果应该被使用，且其阈值为 0.2 mg m^{-2} s^{-1}。

表 4.6 基于实验结果（Mauder et al. 2006）、数据质量（第 4.3 节）和超声风速仪类型（表 4.1，Foken and Oncley 1995）的涡度协方差方法精确性的评估

超声风速仪	数据质量分类	感热通量	潜热通量
A 型，例如 CSAT3	1—3	5% 或 10 W m^{-2}	10% 或 20 W m^{-2}
	4—6	10% 或 20 W m^{-2}	15% 或 30 W m^{-2}
B 型，例如 USA-1	1—3	10% 或 20 W m^{-2}	15% 或 30 W m^{-2}
	4—6	15% 或 30 W m^{-2}	20% 或 40 W m^{-2}

除这些误差外，还必须考虑能量平衡闭合问题（第 4.2 节）和周边环境的影响。后者见与足迹相关的讨论（第 8.5 节）。有关这个话题，Göckede 等（2008）按照目标区域中不同风向及分层状态下的通量将测量站点进行了分类。

另外，探讨内部边界层造成的影响也很关键。这一边界层会出现在表面粗糙度或者热量条件突然变化的情况下。这种变化的风区应该足够长，从而使得新平衡层大于测量高度（Stull 1988; Garratt 1990）。可以使用一个简单的公式来计算依赖于风区 x_f 的新平衡层的高度（Raabe 1991）：

$$h_e = 0.3\sqrt{x_f} \tag{4.42}$$

通过合并目标区域在足迹中的比例和新平衡层的高度,我们可以获得一种将相对于足迹和内部边界层的测量点特征化的简单方法(Mauder et al. 2006)。如果目标区域在足迹内的比例超过80%(Göckede et al. 2008)以及新平衡层的高度超过测量高度(表4.7),那么我们可以认为通量数据质量很好。

表4.7 LITFASS-2003实验期间,在一个玉米田站点的依赖于风向和稳定性的风区 x_f、新平衡层高度 h_e 及来自目标土地利用类型的通量贡献数据(Mauder et al. 2006)

	30°	60°	90°	120°	150°	180°	210°	240°	270°	300°	330°	360°
x_f(m)	29	41	125	360	265	203	211	159	122	81	36	28
h_e(m)	1.6	1.9	3.4	5.7	4.9	4.3	4.4	3.8	3.3	2.7	1.8	1.6
来自目标土地利用类型的通量贡献(%)												
稳定	26	37	76	97	93	84	86	81	76	61	37	26
中性	56	67	100	100	100	100	100	100	100	88	67	56
不稳定	76	87	100	100	100	100	100	100	100	98	87	76

4.5 可用的校正软件概述

事实上在不同的可用程序包中,不同校正的应用并不一致。然而,程序之间的差别只是一些具体细节,而非基本问题。Mauder等(2008)比较了不同的软件包,发现不同结果之间的差别比方法的精确度要小。使用者选择使用何种软件,取决于使用者需要在线还是非在线软件、非常固定的程序还是允许许多可能性。但是,重点是选择和使用软件需要微气象学经验。另外,在软件包安装过程中,必须仔细记录所有结构上的细节,而这对于软件的成功应用来说十分必要。表4.8是对不同的可用或广泛使用的软件包中的数据校正和数据质量检验的概述。

表 4.8 软件包校正及其所包含的校正和质量检查概述(Mauder et al. 2008,更新版)

软件	TK3	Alteddy	ECPack	EddySoft	EdiRE	eth-flux	TUDD	S+packages	ECO_2S^a
	Bayreuth 大学	Alterra	Wageningen 大学	Max-Planck 研究院	Edinburgh 大学	Zürich 技术大学	Dresden 技术大学	NCAR/EOL	IMECC-EU, Tuscia 大学
数据采集	CSAT3,USA-1,HS,R2,R3,ATI-K,NUW,Young;6262,7000,7500,KH20,ADC OP-2	R2,R3,WMPro;CSAT3,USA-1,6262,7500,7000,KH20,TGA100A,Los Gatos DLT100	R2, R3, CSAT3, KDTR90/TR61, 7500, KH20, Lyman-α	R2,R3,Young;6262,7000, 7500, ADC OP-2	任何探头	CSAT3,R2,R3,HS;6262,7000,7500,FM-100, MonitorLabs, Scintrex LMA3, Los Gatos FMA, FGGA, Aerodyne QCL	R2,R3,HS,USA-1;6262,7000	CSAT3, KH20, 7500 标准版,其他可能的传感器	R2,R3,WM-Pro;CSAT3,USA-1,6262,7500,7000,7550(7200/7700)
数据准备	剔除异常值;块平均;时滞常数/自动校正	剔除异常值;块平均;去倾筛选;时滞常数/自动校正	剔除异常值;线性去倾;时滞常数	剔除异常值;块平均,去倾;时滞常数/自动校正	剔除异常值;去倾(筛选/线性);块平均;时滞常数/自动校正	剔除异常值; 块平均,可选去倾;时滞常数/自动校正	剔除异常值; 块平均;闭路传感器时滞	剔除/更换异常值;块平均;时滞;(均在NIDAS软件)	剔除异常值;块平均;可选去倾及滑动平均;时滞常数/自动校正/RH依赖
坐标旋转	平面拟合/2轴转换;头端校正	2 轴转换;(Nakai et al. 2006)	平面拟合/2 轴/3 轴转换	平面拟合/2 轴/3 轴转换	平面拟合/2 轴/3 轴转换	2 轴/3 轴转换	3 轴转换	平面拟合	平面拟合/2 轴/3 轴转换;Gill 头端校正(Nakai et al. 2006)

续表

软件	TK3	Alteddy	ECPack	EddySoft	EdiRE	eth-flux	TUDD	S+packages	ECO_2S[a]
	Bayreuth 大学	Alterra	Wageningen 大学	Max-Planck 研究院	Edinburgh 大学	Zürich 技术大学	Dresden 技术大学	NCAR/EOL	IMECC-EU，Tuscia 大学
Buoyancy 通量→感热通量	Schotanus 等（1983）/ Liu 等（2001）	Schotanus 等（1983）	Schotanus 等（1983）	Schotanus 等（1983）/ Liu 等（2001）	Schotanus 等（1983）/ Liu 等（2001）	—	Schotanus 等（1983）/ Liu 等（2001）	Schotanus 等（1983）	van Dijk 等（2004）/ Liu 等（2001）
氧气校正	Tanner 等（1993）	Tanner 等（1993）/ van Dijk 等（2003）	Tanner 等（1993）/ van Dijk 等（2003）	—	—	—	—	van Dijk 等（2003）	—
高频损失	Moore（1986）	Moore（1986）；/ Eugster 和 Senn（1995）	Moore（1986）	Eugster 和 Senn（1995）	Moore（1986）/ Eugster 和 Senn（1995）	Eugster 和 Senn（1995）	Moore（1986）/ Eugster 和 Senn（1995）	Horst 和 Lenschow（2009）	Moncrieff（1997），Horst（1997），Ibrom 等（2007a）；执行 Horst 和 Lenshow（2009）
WPL 校正	Webb 等（1980）	Webb 等（1980），Burba 等（2008）	Webb 等（1980）	Webb 等（1980）	Webb 等（1980）	Webb 等（1980）	Webb 等（1980）	Webb 等（1980）	Webb 等（1980），Burba 等（2008），闭路：Ibrom 等（2007b）；7200 用 LI-COR

续表

软件	TK3	Alteddy	ECPack	EddySoft	EdiRE	eth-flux	TUDD	S+packages	ECO_2S[a]
	Bayreuth 大学	Alterra	Wageningen 大学	Max-Planck 研究院	Edinburgh 大学	Zürich 技术大学	Dresden 技术大学	NCAR/EOL	IMECC-EU, Tuscia 大学
反复校正	是	—	是	—	是	—	—	同时方程计算,Oncley 等(2007)	部分
计算	$\lambda(\theta)$; $c_p(c_{p,dry},q)$; $\rho(\theta,p)$	$\lambda(\theta)$; c_p为常数; $\rho(\theta,p)$	$\lambda(\theta)$; c_p为常数; $\rho(\theta,p)$	$\lambda(\theta)$; c_p为常数; $\rho(\theta,p)$	$\lambda(\theta)$; $c_p(c_{p,dry},q)$; $\rho(\theta,p)$	$\lambda(\theta)$; c_p为常数; $\rho(\theta,p)$	$\lambda(\theta)$; c_p为常数; $\rho(\theta,p)$; $\rho(I)$	$\lambda(\theta)$; $c_{p,dry}$和$c_{p,water}$; $\rho(\theta,p)$	$\lambda(\theta)$; $c_p(c_{p,dry},q)$; $\rho(\theta,p)$
质量控制	稳态测试,湍流特征:Foken 和 Wichura(1996);Kormann 和 Meixner(2001)拱形,足迹区	不确定因子	统计误差:van Dijk 等(2004)	稳态测试,湍流特征:Foken 和 Wichura(1996);足迹区	稳态测试,湍流特征:Foken 和 Wichura(1996),Vickers 和 Mahrt(1997);足迹区	稳态测试,湍流特征:Foken 和 Wichura(1996)	夜间关键 u^*	手动;使用附加传感器	稳态测试,湍流特征:Foken 和 Wichura(1996),Vickers 和 Mahrt(1997);足迹区(Schuepp et al. 1990,Kljun et al. 2004)

注:a与 LiCor 的 EddyPro 相类似。

致 谢

MA 感谢欧盟(FP 5, 6 和 7)、Belgian Fonds de la recherche Scientifique(FNRS-FRS)、比利时联邦科学政策办公室(BELSPO)、Communauté française de Belgique(Action de Recherche Concertée)的资助。TF 和 MM 感谢欧盟(FP 5, 6)和德国教育科研联邦局(DEKLIM 项目)的资助。

参考文献

Amiro BD (1990) Comparison of turbulence statistics within three boreal forest canopies. Bound Layer Meteorol 51:99-121

Anderson DE, Verma SB, Clement RJ, Baldocchi DD, Matt DR (1986) Turbulence spectra of CO_2, water vapour, temperature and velocity over a deciduous forest. Agric For Meteorol 38:81-99

Arya SP (2001) Introduction to micrometeorology. Academic, San Diego, 415 pp

Aubinet M, Grelle A, Ibrom A, Rannik Ü, Moncrieff JB, Foken T, Kowalski AK, Martin PH, Berbigier P, Bernhofer Ch, Clement R, Elbers J, Granier A, Grünwald T, Morgenstern K, Pilegaard K, Rebmann C, Snijders W, Valentini R, Vesala T (2000) Estimates of the annual net carbon and water exchange of forests: the EUROFLUX methodology. Adv Ecol Res 30:113-175

Aubinet M, Chermanne B, Vandenhaute M, Longdoz B, Yernaux M, Laitat E (2001) Long term carbon dioxide exchange above a mixed forest in the Belgian Ardennes. Agric For Meteorol 108:293-315

Bernhardt K, Piazena H (1988) Zum Einfluß turbulenzbedingter Dichteschwankungen auf die Bestimmung turbulenter Austauschströme in der Bodenschicht. Z Meteorol 38:234-245

Beyrich F, Mengelkamp H-T (2006) Evaporation over a heterogeneous land surface: EVA_GRIPS and the LITFASS-2003 experiment-an overview. Bound Layer Meteorol 121:5-32

Beyrich F, Herzog H-J, Neisser J (2002) The LITFASS project of DWD and the LITFASS-98 experiment: the project strategy and the experimental setup. Theor Appl Climatol 73:3-18

Brook RR (1978) The influence of water vapor fluctuations on turbulent fluxes. Bound Layer Meteorol 15:481-487

Burba G, Anderson D (2010) A brief practical guide to eddy covariance flux measurements. Li-COR Inc., Lincoln

Burba G, McDermitt DK, Grelle A, Anderson DJ, Xu L (2008) Addressing the influence of instrument surface heat exchange on the measurements of CO_2 flux from open-path gas analyzers. Glob Chang Biol 14:1854-1876

Cava D, Contini D, Donateo A, Martano P (2008) Analysis of short-term closure of the surface energy balance above short vegetation. Agric For Meteorol 148:82-93

Clement RJ, Burba GG, Grelle A, Anderson DJ, Moncrieff JB (2009) Improved trace gas flux estimation through IRGA sampling optimization. Agric For Meteorol 149:623-638

Culf AD, Foken T, Gash JHC (2004) The energy balance closure problem. In: Kabat P et al (eds) Vegetation, water, humans and the climate. A new perspective on an interactive system. Springer, Berlin/Heidelberg, pp 159-166 de Ligne A, Heinesch B, Aubinet M (2010) New transfer functions for correcting turbulent water vapour fluxes. Bound Layer Meteorol 137(2):205-221

DeGaetano AT (1997) A quality-control routine for hourly wind observations. J Atmos Ocean Technol 14:308-317

Desjardins RL (1985) Carbon dioxide budget of maize. Agric For Meteorol 36:29-41

Desjardins RL, MacPherson JI, Schuepp PH, Karanja F (1989) An evaluation of aircraft flux measurements of CO_2, water vapor and sensible heat. Bound Layer Meteorol 47:55-69

Dyer AJ (1981) Flow distortion by supporting structures. Bound Layer Meteorol 20:363-372

Essenwanger OM (1969) Analytical procedures for the quality control of meteorological data. In: Proceedings of the American meteorological society symposium on meteorological observations and instrumentation. Meteorol Monogr 11(33):141-147

Eugster W, Senn W (1995) A cospectral correction for measurement of turbulent NO_2 flux. Bound Layer Meteorol 74:321-340

Finkelstein PL, Sims PF (2001) Sampling error in eddy correlation flux measurements. J Geophys Res D106: 3503-3509

Finnigan JJ, Clement R, Malhi Y, Leuning R, Cleugh HA (2003) A re-evaluation of long-term flux measurement techniques, part I: averaging and coordinate rotation. Bound Layer Meteorol 107:1-48

Foken T (2006) 50 years of the Monin-Obukhov similarity theory. Bound Layer Meteorol 119: 431-447

Foken T (2008a) The energy balance closure problem-an overview. Ecol Appl 18:1351-1367

Foken T (2008b) Micrometeorology. Springer, Berlin/Heidelberg, 308 pp

Foken T, Oncley SP (1995) Results of the workshop 'Instrumental and methodical problems of land surface flux measurements'. Bull Am Meteorol Soc 76:1191-1193

Foken T, Wichura B (1996) Tools for quality assessment of surface-based flux measurements. Agric For Meteorol 78:83-105

Foken T, Skeib G, Richter SH (1991) Dependence of the integral turbulence characteristics on the stability of stratification and their use for Doppler-Sodar measurements. Z Meteorol 41:311-315

Foken T, Dlugi R, Kramm G (1995) On the determination of dry deposition and emission of gaseous compounds at the biosphere-atmosphere interface. Meteorol Z 4:91-118

Foken T, Jegede OO, Weisensee U, Richter SH, Handorf D, Gordorf U, Vogel G, Schubert U, Kirzel HJ (1997) Results of the LINEX-96/2 experiment, vol 48, Dt Wetterdienst, Forsch. Entwicklung, Arbeitsergebnisse. Dt Wetterdienst, Geschäftsbereich Forschung und Entwicklung, Offenbach am Main, 75 pp

Foken T, Göckede M, Mauder M, Mahrt L, Amiro BD, Munger JW (2004) Post-field data quality control. In: Lee X et al (eds) Handbook of micrometeorology: a guide for surface flux measurement and analysis. Kluwer, Dordrecht, pp 181-208

Foken T, Wimmer F, Mauder M, Thomas C, Liebethal C (2006) Some aspects of the energy balance closure problem. Atmos Chem Phys 6:4395-4402

Foken T, Mauder M, Liebethal C, Wimmer F, Beyrich F, Leps JP, Raasch S, DeBruin HAR, Meijninger WML, Bange J (2010) Energy balance closure for the LITFASS-2003 experiment. Theor Appl Climatol 101:149-160

Foken T, Aubinet M, Finnigan J, Leclerc MY, Mauder M, Paw U KT (2011) Results of a panel discussion about the energy balance closure correction for trace gases. Bull Am Meteorol Soc 92:ES13-ES18

Friedrich K, Mölders N, Tetzlaff G (2000) On the influence of surface heterogeneity on the Bowen-ratio: a theoretical case study. Theor Appl Climatol 65:181-196

Fuehrer PL, Friehe CA (2002) Flux correction revised. Bound Layer Meteorol 102:415-457

Garratt JR (1990) The internal boundary layer-a review. Bound Layer Meteorol 50:171-203

Göckede M, Foken T, Aubinet M, Aurela M, Banza J, Bernhofer C, Bonnefond JM, Brunet Y, Carrara A, Clement R, Dellwik E, Elbers J, Eugster W, Fuhrer J, Granier A, Grunwald T, Heinesch B, Janssens IA, Kohnl A (2008) Quality control of CarboEurope flux data-part 1: coupling footprint analyses with flux data quality assessment to evaluate sites in forest ecosystems. Biogeosciences 5:433-450

Grelle A, Burba G (2007) Fine-wire thermometer to correct CO_2 fluxes by open-path analyzers for artificial density fluctuations. Agric For Meteorol 147:48-57

Gurjanov AE, Zubkovskij SL, Fedorov MM (1984) Mnogokanalnaja avtomatizirovannaja sistema obrabotki signalov na baze EVM (Automatic multi-channel system for signal analysis with electronic data processing). Geod Geophys Veröff, R II 26:17-20

Gurvitch AS (1962) Spectry pulsacii vertikalnoj komponenty skorosti vetra i ich svjazi s mikrometeorologitcheskimi uslovijach (Spectra of the fluctuations of the vertical wind component and the connection to micrometeorological conditions). Atmos Turbulent-Trudy inst fiziki atmos AN SSSR 4:101-136

Hatfield JL, Baker JM (eds) (2005) Micrometeorology in agricultural systems. American Society of Agronomy, Madison, 584 pp

Haugen DA (1978) Effects of sampling rates and averaging periods on meteorological measurements. In: Fourth symposium meteorological observations and instrumentation. Am Meteorol Soc, Boston, pp 15-18

Heusinkveld BG, Jacobs AFG, Holtslag AAM, Berkowicz SM (2004) Surface energy balance closure in an arid region: role of soil heat flux. Agric For Meteorol 122:21-37

Hiller R, Zeeman MJ, Eugster W (2008) Eddy-covariance flux measurements in the complex terrain of an Alpine valley in Switzerland. Bound Layer Meteorol 127:449-467

Högström U, Smedman A (2004) Accuracy of sonic anemometers: laminar wind-tunnel calibrations compared to atmospheric in situ calibrations against a reference instrument. Bound Layer Meteorol 111:33-54

Højstrup J (1981) A simple model for the adjustment of velocity spectra in unstable conditions downstream of an abrupt change in roughness and heat flux. Bound Layer Meteorol 21:341-356

Højstrup J (1993) A statistical data screening procedure. Meas Sci Technol 4:153-157

Horst TW (1973) Spectral transfer functions for a three component sonic-anemometer. J Appl Meteorol 12: 1072-1075

Horst TW (1997) A simple formula for attenuation of eddy fluxes measured with first-order-response scalar sensors. Bound Layer Meteorol 82:219-233

Horst TW (2000) On frequency response corrections for eddy covariance flux measurements. Bound Layer Meteorol 94:517-520

Horst TW, Lenschow DH (2009) Attenuation of scalar fluxes measured with spatially-displaced sensors. Bound Layer Meteorol 130:275-300

Hyson P, Garratt JR, Francey RJ (1977) Algebraic und elektronic corrections of measured uw covariance in the lower atmosphere. Bound Layer Meteorol 16:43-47

Ibrom A, Dellwik E, Flyvbjerg H, Jensen NO, Pilegaard K (2007a) Strong low-pass filtering effects on water vapour flux measurements with closed-path eddy correlation systems. Agric For Meteorol 147:140-156

Ibrom A, Dellwik E, Larsen SE, Pilegaard K (2007b) On the use of the Webb-Pearman-Leuning theory for closed-path eddy correlation measurements. Tellus B 59:937-946

Inagaki A, Letzel MO, Raasch S, Kanda M (2006) Impact of surface heterogeneity on energy balance: a study using LES. J Meteorol Soc Jpn 84:187-198

Ingwersen J, Steffens K, Högy P, Warrach-Sagi K, Zhunusbayeva D, Poltoradnev M, Gäbler R, Wizemann HD, Fangmeier A, Wulfmeyer V, Streck T (2011) Comparison of Noah simulations with eddy covariance and soil water measurements at a winter wheat stand. Agric For Meteorol 151:345–355

Järvi L, Mammarella I, Eugster W, Ibrom A, Siivola E, Dellwik E, Keronen P, Burba G, Vesala T (2009) Comparison of net CO_2 fluxes measured with open- and closed-path infrared gas analyzers in urban complex environment. Boreal Environ Res 14:499–514

Johansson C, Smedman A, Högström U, Brasseur JG, Khanna S (2001) Critical test of Monin-Obukhov similarity during convective conditions. J Atmos Sci 58:1549–1566

Kaimal JC, Finnigan JJ (1994) Atmospheric boundary layer flows: their structure and measurement. Oxford University Press, New York, 289 pp

Kaimal JC, Gaynor JE (1991) Another look to sonic thermometry. Bound Layer Meteorol 56:401–410

Kaimal JC, Wyngaard JC, Haugen DH (1968) Deriving power spectra from a three component sonic anemometer. J Appl Meteorol 7:827–834

Kaimal JC, Wyngaard JC, Izumi Y, Coté OR (1972) Spectral characteristics of surface layer turbulence. Q J R Meteorol Soc 98:563–589

Kanda M, Inagaki A, Letzel MO, Raasch S, Watanabe T (2004) LES study of the energy imbalance problem with eddy covariance fluxes. Bound Layer Meteorol 110:381–404

Klaassen W, van Breugel PB, Moors EJ, Nieveen JP (2002) Increased heat fluxes near a forest edge. Theor Appl Climatol 72:231–243

Kljun N, Calanca P, Rotach M, Schmid HP (2004) A simple parameterization for flux footprint predictions. Bound Layer Meteorol 112:503–523

Kondo F, Tsukamoto O (2008) Evaluation of Webb correction on CO_2 flux by eddy covariance technique using open-path gas analyzer over asphalt. J Agric Meteorol 64:1–8

Kormann R, Meixner FX (2001) An analytical footprint model for non-neutral stratification. Bound Layer Meteorol 99:207–224

Kristensen L, Mann J, Oncley SP, Wyngaard JC (1997) How close is close enough when measuring scalar fluxes with displaced sensors. J Atmos Ocean Technol 14:814–821

Lee X, Black TA (1994) Relating eddy correlation sensible heat flux to horizontal sensor separation in the unstable atmospheric surface layer. J Geophys Res 99(D9):18545–18553

Lee X, Massman W (2011) A perspective on thirty years of the Webb, Pearman and Leuning density corrections. Bound Layer Meteorol 139:37–59

Lenschow DH, Raupach MR (1991) The attenuation of fluctuations in scalar concentrations through sampling tubes. J Geophys Res 96:5259–5268

Leuning R (2004) Measurements of trace gas fluxes in the atmosphere using eddy covariance: WPL corrections revisited. In: Lee X et al (eds) Handbook of micrometeorology: a guide for surface flux measurements and analysis. Kluwer, Dordrecht, pp 119–132

Leuning R (2007) The correct form of the Webb, Pearman and Leuning equation for eddy fluxes of trace gases in steady and non-steady state, horizontally homogeneous flows. Bound Layer Meteorol 123:263–267

Leuning R, Judd MJ (1996) The relative merits of open- and closed-path analysers for measurements of eddy fluxes. Glob Chang Biol 2:241–254

Leuning R, King KM (1992) Comparison of eddy-covariance measurements of CO_2 fluxes by open- and closed-path CO_2 analysers. Bound Layer Meteorol 59:297–311

Leuning R, Legg BJ (1982) Comments on 'The influence of water vapor fluctuations on turbulent fluxes' by Brook. Bound Layer Meteorol 23:255-258

Leuning R, Moncrieff JB (1990) Eddy covariance CO_2 flux measurements using open and closed path CO_2 analysers: correction for analyser water vapour sensitivity and damping of fluctuations in air sampling tubes. Bound Layer Meteorol 53:63-76

Liebethal C (2006) On the determination of the ground heat flux in micrometeorology and its influence on the energy balance closure. PhD thesis, University of Bayreuth

Liebethal C, Foken T (2003) On the significance of the Webb correction to fluxes. Bound Layer Meteorol 109: 99-106

Liebethal C, Foken T (2004) On the significance of the Webb correction to fluxes, Corrigendum. Bound Layer Meteorol 113:301

Liu H (2005) An alternative approach for CO_2 flux correction caused by heat and water vapour transfer. Bound Layer Meteorol 115:151-168

Liu H, Peters G, Foken T (2001) New equations for sonic temperature variance and buoyancy heat flux with an omnidirectional sonic anemometer. Bound Layer Meteorol 100:459-468

Liu H, Randerson JT, Lindfors J, Massman WJ, Foken T (2006) Consequences of incomplete surface energy balance closure for CO_2 fluxes from open-path CO_2/H_2O infrared gas analyzers. Bound Layer Meteorol 120:65-85

Loescher HW, Ocheltree T, Tanner B, Swiatek E, Dano B, Wong J, Zimmerman G, Campbell J, Stock C, Jacobsen L, Shiga Y, Kollas J, Liburdy J, Law BE (2005) Comparison of temperature and wind statistics in contrasting environments among different sonic anemometer-thermometers. Agric For Meteorol 133: 119-139

Mahrt L (1991) Eddy asymmetry in the sheared heated boundary layer. J Atmos Sci 48: 472-492

Mahrt L (1998) Flux sampling errors for aircraft and towers. J Atmos Ocean Technol 15: 416-429

Mammarella I, Launiainen S, Grönholm T, Keronen P, Pumpanen J, Rannik Ü, Vesala T (2009) Relative humidity effect on the high frequency attenuation of water vapour flux measured by a closed-path eddy covariance system. J Atmos Ocean Technol A26:1856-1866

Massman WJ (2000) A simple method for estimating frequency response corrections for eddy covariance systems. Agric For Meteorol 104:185-198

Massman WJ, Ibrom A (2008) Attenuation of concentration fluctuations of water vapor and other trace gases in turbulent tube flow. Atmos Chem Phys 8:6245-6259

Mauder M, Foken T (2004) Documentation and instruction manual of the eddy covariance software package TK2, vol 26, Arbeitsergebnisse, Universität Bayreuth, Abteilung Mikrometeorologie. Universität Bayreuth, Abteilung Mikrometeorologie, Bayreuth, 42 pp. ISSN 1614-8916

Mauder M, Foken T (2006) Impact of post-field data processing on eddy covariance flux estimates and energy balance closure. Meteorol Z 15:597-609

Mauder M, Liebethal C, Göckede M, Leps J-P, Beyrich F, Foken T (2006) Processing and quality control of flux data during LITFASS-2003. Bound Layer Meteorol 121:67-88

Mauder M, Jegede OO, Okogbue EC, Wimmer F, Foken T (2007a) Surface energy flux measurements at a tropical site in West-Africa during the transition from dry to wet season. Theor Appl Climatol 89:171-183

Mauder M, Oncley SP, Vogt R, Weidinger T, Ribeiro L, Bernhofer C, Foken T, Kohsiek, de Bruin H, Liu HP (2007b) The energy balance experiment EBEX-2000. Part Ⅱ: Intercomparison of eddy covariance sensors and post-field data processing methods. Bound Layer Meteorol 123:29-54

Mauder M, Foken T, Clement R, Elbers J, Eugster W, Grünwald T, Heusinkveld B, Kolle O (2008) Quality control of CarboEurope flux data-part 2: inter-comparison of eddy-covariance software. Biogeosciences 5:451-462

Meijninger WML, Lüdi A, Beyrich F, Kohsiek W, DeBruin HAR (2006) Scintillometer-based turbulent surface fluxes of sensible and latent heat over heterogeneous a land surface-a contribution to LITFASS-2003. Bound Layer Meteorol 121:89-110

Mengelkamp H-T et al (2006) Evaporation over a heterogeneous land surface: the EVA_GRIPS project. Bull Am Meteorol Soc 87:775-786

Meyers TP, Hollinger SE (2004) An assessment of storage terms in the surface energy of maize and soybean. Agric For Meteorol 125:105-115

Moncrieff JB (2004) Surface turbulent fluxes. In: Kabat P et al (eds) Vegetation, water, humans and the climate. A new perspective on an interactive system. Springer, Berlin/Heidelberg, pp 173-182

Moncrieff JB, Massheder JM, de Bruin H, Elbers J, Friborg T, Heusinkveld B, Kabat P, Scott S, Soegaard H, Verhoef A (1997) A system to measure surface fluxes of momentum, sensible heat, water vapor and carbon dioxide. J Hydrol 188-189:589-611

Monji N, Inoue M, Hamotani K (1994) Comparison of eddy heat fluxes between inside and above a coniferous forest. J Agric Meteorol 50:23-31

Monteith JL, Unsworth MH (2008) Principles of environmental physics, 3rd edn. Elsevier/Academic Press, Amsterdam/Boston, 418 pp

Moore CJ (1986) Frequency response corrections for eddy correlation systems. Bound Layer Meteorol 37:17-35

Nakai T, van der Molen MK, Gash JHC, Kodama Y (2006) Correction of sonic anemometer angle of attack errors. Agric For Meteorol 136:19-30

Nicholls S, Smith FB (1982) On the definition of the flux of sensible heat. Bound Layer Meteorol 24:121-127

Obukhov AM (1960) O strukture temperaturnogo polja i polja skorostej v uslovijach konvekcii (Structure of the temperature and velocity fields under conditions of free convection). Izv AN SSSR, ser Geofiz 1392-1396

Oncley SP, Businger JA, Itsweire EC, Friehe CA, LaRue JC, Chang SS (1990) Surface layer profiles and turbulence measurements over uniform land under near-neutral conditions. In: 9th symposium on boundary layer and turbulence, Roskilde, Denmark, April 30-May 3, 1990, Am Meteorol Soc City pp 237-240

Oncley SP, Foken T, Vogt R, Kohsiek W, de Bruin H, Berhofer C, Christen A, van Gorsel E, Grantz D, Feigenwinter C, Lehner I, Liebethal C, Liu HP, Mauder M, Pitacco A, Ribeiro L, Weidinger T (2007) The energy balance experiment EBEX-2000, part Ⅰ: overview and energy balance. Bound Layer Meteorol 123:1-28

Othaki E (1985) On the similarity in atmospheric fluctuations of atmospheric carbon dioxide, water vapour and temperature over vegetated fields. Bound Layer Meteorol 32:25-37

Panin GN, Tetzlaff G, Raabe A (1998) Inhomogeneity of the land surface and problems in the parameterization of surface fluxes in natural conditions. Theor Appl Climatol 60:163-178

Panofsky HA, Dutton JA (1984) Atmospheric turbulence - models and methods for engineering applications. Wiley, New York, 397 pp

Raabe A (1991) Die Höhe der internen Grenzschicht. Z Meteorol 41:251-261

Richardson AD, Hollinger DY, Burba GG, Davis KJ, Flanagan LB, Katul GG, Williammunger J, Ricciuto DM, Stoy PC, Suyker AE, Verma SB, Wofsy SC (2006) A multi-site analysis of random error in tower-based measurements of carbon and energy fluxes. Agric For Meteorol 136:1-18

Ruppert J, Thomas C, Foken T (2006) Scalar similarity for relaxed eddy accumulation methods. Bound Layer Meteorol 120:39-63

Sakai R, Fitzjarrald D, Moore KE (2001) Importance of low-frequency contributions to eddy fluxes observed over rough surfaces. J Appl Meteorol 40:2178–2192

Schmid HP, Bünzli D (1995a) The influence of the surface texture on the effective roughness length. Q J R Meteorol Soc 121:1–21

Schmid HP, Bünzli D (1995b) Reply to comments by E.M.Blyth on 'The influence of surface texture on the effective roughness length'. Q J R Meteorol Soc 121:1173–1176

Schotanus P, Nieuwstadt FTM, DeBruin HAR (1983) Temperature measurement with a sonic anemometer and its application to heat and moisture fluctuations. Bound Layer Meteorol 26:81–93

Schuepp PH, Leclerc MY, MacPherson JI, Desjardins RL (1990) Footprint prediction of scalar fluxes from analytical solutions of the diffusion equation. Bound Layer Meteorol 50:355–373

Shearman RJ (1992) Quality assurance in the observation area of the Meteorological Office. Meteorol Mag 121: 212–216

Silverman BA (1968) The effect of the spectral averaging on spectral estimation. J Appl Meteorol 7:168–172

Smith SR, Camp JP, Legler DM (1996) Handbook of quality control, procedures and methods for surface meteorology data. Center for Ocean Atmospheric Prediction Studies, TOGA/COARE, Technical Report. 96–3: 60 pp. [Available from Florida State University, Tallahassee, FL, 32306–33041]

Steinfeld G, Letzel MO, Raasch S, Kanda M, Inagaki A (2007) Spatial representativeness of single tower measurements and the imbalance problem with eddy-covariance fluxes: results of a large-eddy simulation study. Bound Layer Meteorol 123:77–98

Stull RB (1988) An introduction to boundary layer meteorology. Kluwer Acad. Publ, Dordrecht/Boston/London, 666 pp

Su HB, Schmid HP, Grimmond CSB, Vogel CS, Oliphant AJ (2004) Spectral characteristics and correction of long-term eddy-covariance measurements over two mixed hardwood forests in non-flat terrain. Bound Layer Meteorol 110:213–253

Tanner CB, Thurtell GW (1969) Anemoclinometer measurements of Reynolds stress and heat transport in the atmospheric surface layer. ECOM, United States Army Electronics Command, Research and Development, ECOM-66-G22-F, Fort Huachuca, AZ, 82 pp

Tanner BD, Swiatek E, Greene JP (1993) Density fluctuations and use of the krypton hygrometer in surface flux measurements. In: Allen RG (ed) Management of irrigation and drainage systems: integrated perspectives. American Society of Civil Engineers, New York, pp 945–952

Thomas C, Foken T (2002) Re-evaluation of integral turbulence characteristics and their parameterisations. In: 15th conference on turbulence and boundary layers, Wageningen, NL, 15–19 July 2002, Am Meteorol Soc, City, pp 129–132

Thomas C, Foken T (2007) Flux contribution of coherent structures and its implications for the exchange of energy and matter in a tall spruce canopy. Bound Layer Meteorol 123:317–337

Twine TE, Kustas WP, Norman JM, Cook DR, Houser PR, Meyers TP, Prueger JH, Starks PJ, Wesely ML (2000) Correcting eddy-covariance flux underestimates over a grassland. Agric For Meteorol 103:279–300

van der Molen MK, Gash JHC, Elbers JA (2004) Sonic anemometer (co)sine response and flux measurement: Ⅱ the effect of introducing an angle of attack dependent calibration. Agric For Meteorol 122:95–109

van Dijk A (2002) Extension to 3D of "The effect of line averaging on scalar flux measurements with a sonic anemometer near the surface" by Kristensen and Fitzjarrald. J Atmos Ocean Technol 19:80–82

van Dijk A, Kohsiek W, DeBruin HAR (2003) Oxygen sensitivity of krypton and Lyman-alpha hygrometers. J Atmos Ocean Technol 20:143–151 van Dijk A, Kohsiek W, DeBruin HAR (2004) The principles of surface flux physics: theory, practice and description of the ECPACK library. University of Wageningen, Wageningen

VDI (2012) Umweltmeteorologie - Meteorologische Messungen-Grundlagen (Environmental meteorology-Meteorological measurements - Basics). Beuth-Verlag, Berlin, VDI 3786, Blatt 1, in print

Vickers D, Mahrt L (1997) Quality control and flux sampling problems for tower and aircraft data. J Atmos Ocean Technol 14:512–526

Webb EK (1982) On the correction of flux measurements for effects of heat and water vapour transfer. Bound Layer Meteorol 23:251–254

Webb EK, Pearman GI, Leuning R (1980) Correction of the flux measurements for density effects due to heat and water vapour transfer. Q J R Meteorol Soc 106:85–100

Werle P, D'Amato F, Viciani S (2008) Tunable diode-laser spectroscopy: principles, performance, perspectives. In: Lackner M (ed) Lasers in chemistry - probing matter. Wiley-VCH, Weinheim, pp 255–275

Wilczak JM, Oncley SP, Stage SA (2001) Sonic anemometer tilt correction algorithms. Bound Layer Meteorol 99: 127–150

Wilson KB, Goldstein A, Falge E, Aubinet M, Baldocchi DD, Berbigier P, Bernhofer C, Ceulemans R, Dolman H, Field C, Grelle A, Ibrom A, Law BE, Kowalski A, Meyers T, Moncrieff J, Monson R, Oechel W, Tenhunen J, Valentini R, Verma SB (2002) Energy balance closure at FLUXNET sites. Agric For Meteorol 113:223–234

Wyngaard JC (1981) The effects of probe-induced flow distortion on atmospheric turbulence measurements. J Appl Meteorol 20:784–794

Wyngaard JC, Coté OR (1971) The budgets of turbulent kinetic energy and temperature variance in the atmospheric surface layer. J Atmos Sci 28:190–201

Wyngaard JC, Coté OR, Izumi Y (1971) Local free convection, similarity and the budgets of shear stress and heat flux. J Atmos Sci 28:1171–1182

Zhang G, Thomas C, Leclerc MY, Karipot A, Gholz HL, Foken T (2007) On the effect of clearcuts on turbulence structure above a forest canopy. Theor Appl Climatol 88:133–137

第 5 章

夜间通量校正

Marc Aubinet, Christian Feigenwinter, Bernard Heinesch, Quentin Laffineur, Dario Papale, Markus Reichstein, Janne Rinne, Eva Van Gorsel

5.1 引　　言

5.1.1 历史

从使用涡度协方差系统完成的早期测试(Ohtaki 1984; Anderson et al. 1984)以及 Goulden 等(1996)所发表文章开始,涡度协方差方法在稳定条件下会低估 CO_2通量的现象逐渐变得明

M.Aubinet(✉) · B.Heinesch · Q.Laffineur
Unit of Biosystem Physics, Gembloux Agro-Bio Tech, University of Liege, 5030 Gembloux, Belgium
e-mail: Marc.Aubinet@ulg.ac.be

C.Feigenwinter
Institute of Meteorology, Climatology and Remote Sensing, University of Basel, Basel, Switzerland
e-mail: feigenwinter@metinform.ch

D.Papale
DIBAF, University of Tuscia, Viterbo, Italy
e-mail: darpap@unitus.it

M.Reichstein
Max Planck Institute für Biogeochemistry, Jena, Germany
e-mail: mreichstein@bgc-jena.mpg.de

J.Rinne
Department of Physics, University of Helsinki, FI-00014 Helsinki, Finland
e-mail: Janne.Rinne@helsinki.fi

E.Van Gorsel
CSIRO, Canberra, Australia

M.Aubinet et al. (eds.), *Eddy Covariance: A Practical Guide to Measurement and Data Analysis*, Springer Atmospheric Sciences, DOI 10.1007/978-94-007-2351-1_5,

显。这种低估表现为一种选择性系统误差(Moncrieff et al. 1996),并可能导致明显高估年尺度上净生态系统交换(NEE)。

目前,在完全不同站点工作的许多研究者都证实了这个问题的存在,包括:在热带森林(Grace et al. 1996; Loescher et al. 2006; Hutyra et al. 2008)、北方森林(Jarvis et al. 1997; Pattey et al. 1997)、温带混合林(Aubinet et al. 2001; Teklemariam et al. 2009)、阔叶林(Pilegaard et al. 2001; Cook et al. 2004)、针叶林(Berbigier et al. 2001; Carrara et al. 2003; Turnipseed et al. 2003)、草原(Wohlfahrt et al. 2005)和农田(Moureaux et al. 2006)。Aubinet 等(2000)(10 个森林站点)和 Gu 等(2005)(5 个森林和 2 个草原站点)首先提出对这个误差进行站点间评估。他们证实,实际上所有站点都受到夜间通量误差的显著影响,因此需要作适当校正。

5.1.2 夜间通量误差存在的证据

如同所有的系统误差一样,夜间通量误差并不容易被分离出来,这是因为其检测需要比较涡度通量和在同一空间及时间尺度下生态系统呼吸的独立测定量。但是由于这种测量不可能获得,所以唯一的可能性是参考间接证据。Goulden 等(1996)提出了两个迹象:首先,由涡度协方差所估算的总生态系统呼吸值一般低于通过自下而上的方法获得的值。其次,在夜间,湍流通量对摩擦风速(u^*)敏感,然而并没有明显理由能说明生物通量对这个变量敏感。接下来的章节将讨论这两个指数。

5.1.2.1 与自下而上方法的比较

比较涡度通量测量与替代性通量估算经常是棘手的,因为不可能找到在同一空间和时间尺度下开展的测量。一般来说,这些估算是根据土壤气室和枝袋获得的土壤及植被呼吸测量值外推得到的。这些估算本身受限于仪器误差以及由空间变异性带来的较大不确定性。此外,这种比较需要同时在空间和时间上外推,因为气室法测量在更小的空间尺度上完成,并且通常为每周或每月尺度。一些基于以上方法的研究(Goulden et al. 1996; Lavigne et al. 1997; Lindroth et al. 1998; Kutsch et al. 2008; Hutyra et al. 2008)证实了涡度协方差方法对夜间通量的低估。此外,这些研究还提供了一套评估该误差重要性并对其进行校正的流程。

5.1.2.2 通量对摩擦风速的敏感性

第二个支持夜间通量误差存在的迹象是在稳定条件下涡度通量对摩擦风速的敏感性(图 5.1)。事实上,由于控制夜间通量的机制与植物和土壤呼吸相关联,所以它们被认为独立于 u^*。因此,任何与 u^* 的相关性应该是人为造成的。然而,这种主张需要一些注释:第一,只有当摩擦风速不与呼吸驱动变量(如温度和土壤湿度)协同变化(covary)时,它才可以是真实的。为了避免这些变量与摩擦风速的任何干扰效应,建议在建立呼吸与 u^* 的关系之前使用这些变量来标准化呼吸(Aubinet et al. 2000)。

第二,几位作者提及了可能的压力泵送机制,并以此质疑土壤呼吸相对于摩擦风速的独立性。Gu 等(2005)提出,因为在空气与第一层土层间的 CO_2 混合比有很大差异,所以由压力波动引起的土壤中空气流入和流出可能会在生物组分之外再引入土壤释放这样一个重要的物理组分。这个组分可能与湍流相关,从而导致夜间通量与摩擦风速存在关联。然而,这个组分在那些具有较大土壤孔隙度的站点是非常重要的(Takle et al. 2004),尤其在覆雪处(Massman et al. 1997; Massman and Lee 2002)或火山土壤上(Rogie et al. 2001)。此外,这个波动可以解释夜间通量为何在 u^* 较大时增加,但它却无法解释在弱湍流条件下观测到的湍流通量下降。

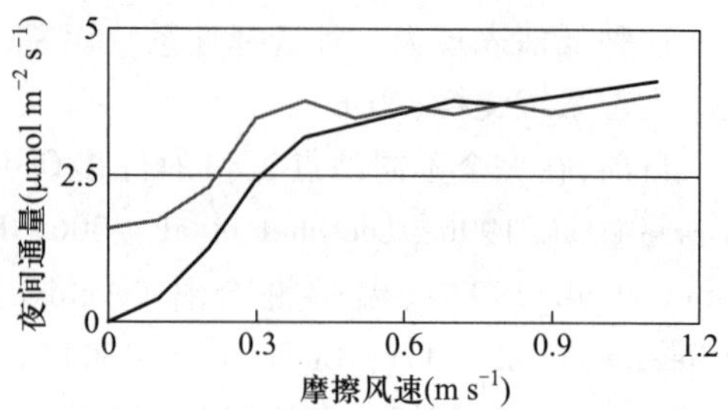

图 5.1 夜间通量随摩擦风速的典型演变。数据源自在 Vielsalm 站点的三个连续植物生长期(5—9月)的平均值。黑色曲线:涡度通量;灰色曲线:涡度通量和储存变化

5.1.3 问题的起因

Massman 和 Lee(2002)列举并详细讨论了可能影响湍流通量测量的仪器误差(参照第4章、第7章)。然而,由于仪器问题导致通量损失,他们认为其本质上主要属于气象学的范畴。气象问题一般被认定如下:

(1) 在测量系统和地表之间形成亚层,使测量系统与地表解耦,从而使得涡度通量和储存项变化不能再代表当地通量。

(2) 即使在亚层不存在的情况下,通量仍然可能因为通量足迹范围而不能代表地表状况。

(3) 在低湍流时,平流项变得重要,并且不可再忽略(Lee 1998; Aubinet et al. 2003, 2005; Feigenwinter et al. 2004; Marcolla et al. 2005)。

(4) 可能出现强烈的浓度或速度变化,使测量条件变得不稳定,这使得涡度协方差的基本假设无效。

(5) 在稳定边界层内符合相似理论的条件并不总是得到满足(Mahrt 1999),使得质量测试、校正和足迹评估在某种程度上无法完成。

在这些不同的问题中,第三个是解释通量的系统性低估的最重要原因。为了更好地理解这个问题,我们将参考 CO_2 质量守恒(公式(1.25a))。

$$\underbrace{\int_0^{h_m} \bar{\rho}_d \frac{\overline{\partial \chi_s}}{\partial t} dz}_{\text{I}} + \underbrace{\int_0^{h_m} \left[\overline{\rho_d w} \frac{\overline{\partial \chi_s}}{\partial z}\right] dz}_{\text{II a}} + \underbrace{\int_0^{h_m} \left[\overline{\rho_d u} \frac{\Delta \bar{\chi}_{s,x}}{\Delta x} + \overline{\rho_d v} \frac{\Delta \bar{\chi}_{s,y}}{\Delta y}\right] dz}_{\text{II b}} + \underbrace{\overline{\rho_d w' \chi_s'} | h_m}_{\text{IV}} = \underbrace{F_s}_{\text{V}} \quad (1.25a)$$

在广义的涡度协方差方法中,假定平稳性与均一性的条件是满足的,因此相对于储存量(Ⅰ)和涡度协方差项(Ⅳ)的变化来说,平流项(Ⅱ)被认为是可以忽略的。在夜间情形下,这些条件可能不能满足,从而导致第Ⅰ项和第Ⅳ项的估算不准确,或第Ⅱ项增加,并且与前两项相比,不可忽略。

5.2 这个问题真的很重要吗?

> 提示 5.1
>
> - 在湍流较弱的夜间,所有站点都存在夜间 CO_2 通量误差。在大多数情况下,它会导致标量的源/汇强度被低估。
> - 当不需要一个完整的数据集时(例如建立函数关系时的情形),建议使用筛选程序去除低湍流时采集的数据。
> - 如果这些数据是必要的(用于长期收支),那么它们应该被校正。
> - 虽然通常来说,储存量并不足以校正通量,但当应用筛选/参数化程序时,必须对此加以考虑。

5.2.1 在什么情况下应当校正夜间通量误差?

目前实验证据表明,夜间通量低估实际上影响所有站点(Schimel et al. 2008)。由于夜间通量误差表现为系统误差,为了抵消这种误差,显然有必要对数据进行处理。

这种处理不能是简单地将储存量加诸于湍流通量之上,如同将在第 5.2.2 节所展示的。根据数据目的不同,它可能有所不同:如果数据分析的目的是建立函数关系,那么数据筛选可能已足够。另一方面,如果需要长期通量收支,所有受误差影响的数据应予以校正。

第 5.3 节陈述了筛选程序的执行方式,而关于校正程序的描述和评价见第 5.4 节。在本节接下来的部分中,我们将首先讨论储存量所起的作用(第 5.2.2 节),接着提出一些夜间通量误差对累积封存(第 5.2.3 节)以及函数关系的影响评估(第 5.2.4 节),最终评价其对其他痕量通量的影响(第 5.2.5 节)。

5.2.2 储存量在夜间通量误差中起什么作用?

本节试图回答两个问题:① 夜间通量误差校正能否仅仅通过将储存项增加到湍流通量上来完成? ② 如何在筛选和校正程序中引入储存项?

从第 5.1 节来看,夜间通量误差的主要成因是在弱湍流条件下,相比湍流通量,储存通量和平流项变得更为重要。然而,如果与湍流通量竞争的是储存项或平流项,那么问题就不一样了(图 5.2)。

在第一种情况下,这意味着由生态系统呼吸产生的 CO_2 会在测量系统以下的空气中积累,而且一旦湍流产生,就会随之释放(图 5.2b)。在这些条件下,测量系统所捕捉到的通量将只是简单地被推迟。这不影响长期收支,但是会引入对半小时通量估算的偏移,从而影响这些通量和气候变量之间的关系。Grace 等(1996)、Berbigier 等(2001)和 Dolman 等(2002)认为尤其是在他们的站点,夜间通量误差仅仅由储存引起,因此当他们计算年总量时,并没有对他们的数据使用任何进一步的夜间数据筛选。不过我们仍然将这些个案视为例外而不是常规情况。

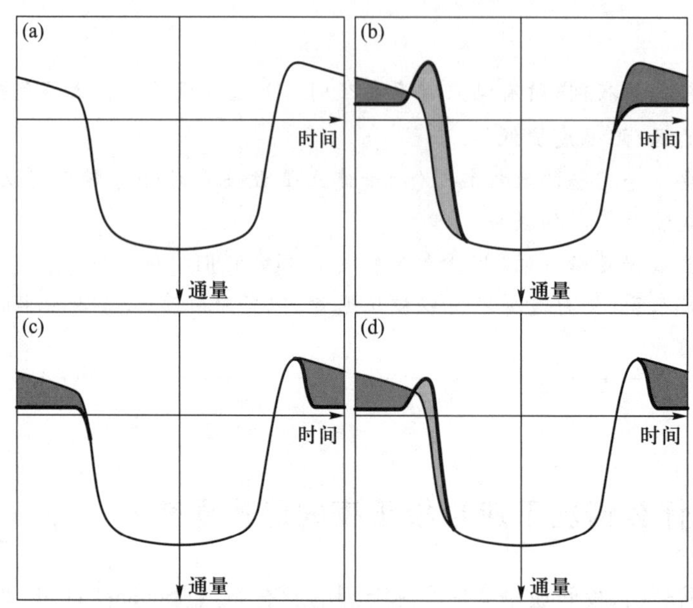

图 5.2 生态系统交换的 CO_2 通量的典型昼夜演变。(a)(及所有其他图中的蓝色曲线):生物通量的期望演变(通量在夜间降低,模拟了对温度的响应);(b)(黑色曲线):期望测得通量,在假设夜间通量低估仅由储存变化(红色和绿色曲面相互抵消)导致的情况下获得;(c)(黑色曲线):期望测得通量,在假设夜间通量低估仅由夜间呼吸产生的 CO_2 的非湍流排放引起的情况下获得。见第 5.4.1 节对傍晚峰值的解释;(d)(黑色曲线):期望测得通量,在假设储存变化和非湍流传输都造成夜间通量低估的情况下获得(红色和绿色曲面不相互抵消)(见书末彩插)

在第二种情况下,呼出的 CO_2 通过平流从生态系统中被移走,这是明确从测量系统中丢失的(图 5.2c)。在这种情况下,不仅半小时估计值,而且长期收支都需要处理。

在大多数情况下,这两个过程会同时发生(图 5.2d)。因此,数据筛选或校正是必要的,但是存在导致夸大校正的风险。在应用筛选或校正程序时,应仔细考虑这一点,这部分内容的详细讨论见第 5.3 节和第 5.4 节。

5.2.3 夜间通量误差对长期碳封存估算有什么影响?

夜间通量误差表现为一种选择性的系统误差(Moncrieff et al. 1996),换言之,相比生态系统表现为汇时的日间通量测量,它对生态系统表现为源时的夜间通量测量影响更大。因此,它总是导致碳封存的高估。误差的重要性在不同站点间不同,并且取决于当地的平均气象条件

(非湍流时期的发生频率)、站点地形、土地覆盖异质性、土壤和植物的生物学(对呼吸很重要)及冠层结构(植被高度、郁闭度)。

这个误差评估可以通过比较经 u^* 校正和未校正的 NEE 估算来获得。这种估算已在文献中被广泛介绍。这些结果都收集在表 5.1 中。热带雨林似乎对这种误差最为敏感,可达到 200 至大于 400 g C m^{-2} a^{-1}。这是因为这些森林高而密,并且一般都经历强烈的呼吸通量。地中海森林能达到 100 g C m^{-2} a^{-1},温带森林为 50~90 g C m^{-2} a^{-1},农田和草原一般小于50 g C m^{-2} a^{-1}。

表 5.1 夜间通量校正对不同站点年碳封存的影响

站点	作者	N_c	c	Δ	阈值	%缺失
森林,温带针叶林 15						
Tharandt 2001	Papale 等 (2006)	-623	-574	49	0.19	
Tharandt 2002	Papale 等 (2006)	-674	-623	51	0.18	
Hainich 2001	Papale 等 (2006)	-591	-559	32	0.35	
Hainich 2002	Papale 等 (2006)	-593	-530	63	0.35	
Braschaat 1997—2001	Carrara 等 (2003)	-171	-110	61	0.20	56
Loobos 1997	Dolman 等 (2002)	-338	-338	0	/	0
Kiryu 2003—2004	Ohkubo 等 (2007)	-798	-589	209	0.50	
Yamasshiro 2000—2002 (混交林)	Kominami 等 (2008)	-312	-127		0.40	80
森林,北方 2						
Hyytiälä 2001	Papale 等 (2006)	-221	-178	43	0.20	
Hyytiälä 2002	Papale 等 (2006)	-299	-215	84	0.25	
森林,温带落叶 9						
Vielsalm 2001	Papale 等 (2006)	-600	-538	62	0.30	
Vielsalm 2002	Heinesch 等 (2007)	-680	-545	75	0.50	62
Hesse 2001	Papale 等 (2006)	-575	-592	-18	0.10	
Hesse 2002	Papale 等 (2006)	-582	-608	-26	0.10	
Soroe 1996—1997	Pilegaard 等 (2001)	-240	-183	57	0.25	
Takayama 1999—2001	Saigusa 等 (2005)	-323	-266	57	0.20	
森林,地中海 3						
Puechabon	Papale 等 (2006)	-445	-302	143	0.18	
Yatir	Papale 等 (2006)	-240	-174	66	0.21	
Roccarespampani	Papale 等 (2006)	-151	-12	139	0.13	
森林,热带 6						
Santarem(Brasil)	Saleska 等 (2003)	-390	+40	430		
Tapajos Nat. For.	Hutyra 等 (2008)	-340	+95	435	0.22	
Pasoh (Malaysia)	Kosugi 等 (2008)	-850	-580	270	0.20	
草地 2						
Schidler	Falge 等 (2001)	-431	-355,383[a]	48,76		
Sierra Nevada	Xu 和 Baldocchi (2004)	-90	-51	39		

续表

站点	作者	N_c	c	Δ	阈值	%缺失
农作物 6						
Lonzée SB 2004	Moureaux 等（2006）	−620	−590	30	0.20	27
Lonzée, WW2005	Moureaux 等（2008）	−670	−620	50	0.30	
Gebesee, WW	Anthoni 等（2004）	−320	−215	105	0.30	
Bondville, Corn	Falge 等（2001）	−547	−526, 563[a]	−16, +21		
Bondville, Soybean	Falge 等（2001）	129	125, 165[a]	−36, +4		
Ponca City, WW 1997	Falge 等（2001）	−249	−147, −174[a]	75, 102		

注：N_c，未校正的总和；c，使用 u^* 筛选校正的总和；Δ，差异；阈值，用于 u^* 筛选的 u^* 阈值；%缺失，被筛选移除的数据比例。a 给出的两个不同值，取决于数据空缺填补方法。

5.2.4 夜间通量误差对函数关系有什么影响？

夜间通量低估可能也会影响通量-气候关系。日间通量对光合有效光量子通量密度（photosynthetic photon flux density，PPFD）的响应以及夜间通量对温度的响应是最常见的与 CO_2通量相关联的关系。夜间通量误差同时导致了夜间通量对温度的随机和系统误差，因为它增加了数据的分散程度，并且导致回归参数（在 10℃ 的呼吸值及温度敏感性）的低估。日间通量对 PPFD 的响应可能也受影响，因为曲线的左端对应低 PPFD，一般来说这与夜晚的开始或结束有关。在曲线的左端，也就是夜间刚开始或者刚结束时，PPFD 相对较小，日间通量对 PPFD 的响应也会受到影响。当然，也可以观察到完全相反的结果：在日落时，稳定条件经常削弱湍流，而土壤冷却并没有足够大至产生平流。在这些条件下，CO_2的累积显得尤为重要，并且湍流通量会低估源/汇项。日出时，随着湍流产生，夜间累积的 CO_2被排空，这可能对湍流通量产生相反的效果，高估源/汇项。因此，在通量对 PPFD 的关系中结合日出和日落的数据可能导致通量高估或低估。这会产生重要的数据分散以及随之而来的较大的光响应截距（暗呼吸）和初始斜率（量子产量）不确定性。有人可能会认为向湍流通量加入储存变化可以解决这个问题。遗憾的是，半小时的储存估算本身就倾向于大的分散，所以这个方法甚少改善这一现状。

5.2.5 夜间通量误差对其他通量有什么影响？

由于夜间通量问题主要源于阻碍痕量气体湍流输送的大气过程，所以它应该会影响任何惰性痕量气体，类似于 CO_2，在夜间的不同表面进行交换，其通量主要受生产/吸收机制控制，而这种机制不受是否存在湍流输送的影响。

首先，某些夜间通量可以忽略不计的痕量气体，例如水汽和异戊二烯，被认为不用担心这个问题。而其他痕量气体，如感热、甲烷、单萜、甲醇、氮氧化物、臭氧或 NO_x，情况则更为复杂。在这些情况下，需要对每种痕量气体进行仔细而有针对性的分析，以确定通量在弱湍流条件下的降低（如果存在这个情况）是源于测量的人为误差还是真实的通量减少。当通量不是由表面的生产/吸收过程所控制，而是储存库与大气之间扩散交换作用的结果，那么与沉降过程一样，通量对湍流的依赖是真实的。在这些情况下，不建议对长期收支使用夜间通量校正，因为这会导致较大的通量高估。

此外,对于惰性或活性气体,夜间通量的影响可能会非常不同。在第一种情况下,预期会得到类似于 CO_2的反应,而第二种情况将会更加复杂。事实上,通过阻碍大气传输而产生的湍流限制,不仅限制痕量气体通量,也将限制活性成分的传输,以及由此引起的活性碰撞及相互破坏。因此,在这些条件下,活性成分的滞留时间在弱湍流下得到延长。

一种释放化合物的化学消除对其在冠层之上的通量的影响主要取决于化合物的化学寿命和湍流输送的有效性。湍流混合时间尺度与化学寿命之比被称为 Damköhler 数(Damköhler 1940),可以被用来评估化学属性对通量的重要性。Damköhler 数可以写为

$$Da=\frac{\tau_*}{\tau_c} \tag{5.1}$$

式中,混合时间尺度可以通过 $\tau_*=(h_m-d)/u^*$ 来估算。化学寿命 τ_c是描述组分分解特征的时间常数,而组分可以通过混合比χ_R来描述。描述分解过程的差分方程可以写作:

$$\frac{d\chi_R}{dt}=-\sum_{i=1}^{N}k_i\chi_i\chi_R-k_{photolysis}\chi_R \tag{5.2}$$

从中变换可得:

$$\tau_c=\left(\sum_{i=1}^{N}k_i\chi_i+k_{photolysis}\right)^{-1} \tag{5.3}$$

式中,χ_i是指不同的氧化剂浓度,k_i是氧化剂和化合物之间反应的速率常数,$k_{photolysis}$是光分解速率。

Rinne 等(2007b)使用随机拉格朗日传输模型估算发现,当 Damköhler 数明显低于 0.1 时,冠层之上的通量已经显著减少。由于摩擦风速在夜间通常更低,混合时间尺度往往要更长。当然,化合物的化学寿命在日间和夜间可以是不同的。例如,碳氢化合物(例如异戊二烯和单萜烯)与表面层(surface layer)中的臭氧、羟基自由基和硝酸盐反应,而这些化合物都具有各自不同的昼夜循环。因此,需要计算不同条件(日间,夜间)下的化学寿命以评估化学作用对通量的重要性。

分析夜间条件下的能量平衡闭合间接支持了感热对 u^* 的依赖性。事实上,在夜间,闭合分数($CF=\frac{H+\lambda E}{Rn+G}$)的分子只依赖于湍流通量(即夜间潜热可忽略不计,主要依赖于感热),所以闭合分数随摩擦风速的演变是感热在夜间被低估的一个象征。

Aubinet 等(2000)、Turnipseed 等(2002)、Wilson 等(2002)、Barr 等(2006)及 Tanaka 等(2008)都特别指出了闭合分数值在低摩擦风速时的下降。此外,Barr 等(2006)强调了晚间闭合分数和标准化净生态系统交换随 u^* 演变的相似性,特别展示了对两个痕量气体来说 u^* 阈值类似。

Rannik 等(2009)研究的臭氧(图 5.3a)以及 Laffineur(个人通信)研究的单萜烯(图 5.3b)都显著证明了其夜间通量对 u^* 的依赖性。然而,这些案例中没有证据证明生产或吸收这些气体的机制是独立于湍流的。因此,这些响应有可能反映了真实的通量对湍流的依赖。

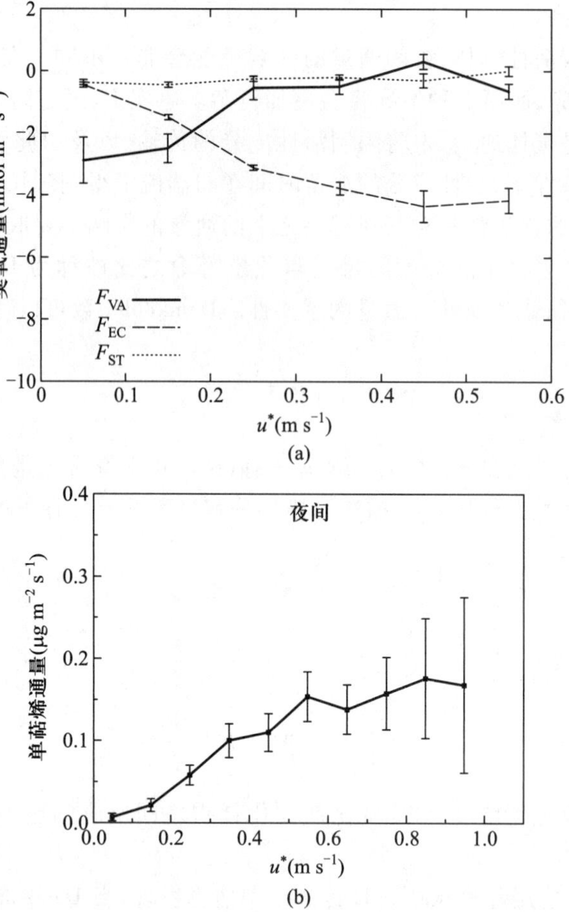

图 5.3 其他痕量气体通量对 u^* 的响应:(a)臭氧通量,来自 Hyytiälä,F_{EC}为涡度协方差测量,F_{ST}为储存变化,F_{VA}为平流(由 Rannik 等(2009)提供);(b)单萜烯通量,来自 Vielsalm(Laffineur,个人通信)

许多作者在分析数据之前,会系统地将他们的数据按照 u^* 滤波来分类。特别是 Rinne 等(2007a)对甲烷或 Davison 等(2009)对甲醇、乙醛、丙酮和单萜烯的研究。然而,再一次仔细分析交换背后的机制是十分必要的,这是为了确定通量对湍流的依赖性到底是由于测量中的人为误差还是真实的生产/吸收作用变小造成的。只有在第一种情况下,对长期收支做夜间通量校正才会有重要作用。

5.3 筛选程序如何实现?

5.3.1 基本原则

筛选方法包括去除在不能表征生物通量的条件下测得的涡度协方差测量值。在必要的时候(例如计算总量时),由于筛选造成的缺失可以填补。第 5.4 节对这部分内容进行了讨论。这里,我们关注筛选本身,而与这个过程相关的主要问题是如何确定最合适的标准来去除受夜间通量误差影响的时期以及执行筛选程序。

5.3.2 筛选标准的选择

考虑到当湍流不足时总会出现夜间通量问题,Goulden 等(1996)提出了一个基于摩擦风速的标准,即去除当 u^* 低于一个给定的阈值 u^*_{crit} 时所测得的数据。

这个阈值可通过查看通量与 u^* 的关系来确定:由于生物通量被认为不依赖于摩擦风速,因此 u^*_{crit} 可以被认定为这样一个阈值——低于它,通量随着 u^* 降低而降低。替代标准也被提了出来。但是,如果有一些通量与 u^* 表现出相关性,我们将在下面的章节集中探讨 u^* 筛选,这是目前使用最多的程序。我们将在第 5.3.3 节中展示如何实施该方法以及讨论一些在执行中可能出现的困难。最后,在第 5.3.4 节里,我们将讨论该方法的利弊,并介绍一些替代筛选标准。

5.3.3 筛选应用

最关键的问题是正确选择摩擦风速阈值 u^*_{crit},也就是说,决定 u^* 范围,在此范围内涡度通量被认为是可靠的。这个范围取决于当地的地形、表面粗糙度及异质性、源的分布和强度,所以它在每个站点都不同,而且即使在给定站点,也可能存在季节变化。如果使用来自文献中某个给定站点的"标准"阈值,那么可能会导致对数据的过度挑选(如果阈值过大),或者更糟糕的情况——导致校正中出现偏差(如果阈值太小)。因此,建议在每个站点都进行阈值的专项评估。

Gu 等(2005)建议数据选择不仅应当在低于下阈值的范围,同时为了将在高湍流下压力输送所造成的湍流通量污染考虑在内,也应该在高于上阈值的范围进行操作。这种上阈值的相关性仍然是一个值得讨论的问题,而且并没有在所有站点都得到证实。

下阈值是每个站点特有的,甚至在一个给定的站点可以根据时期而变化,尤其是在农田中(Moureaux et al. 2008; Béziat et al. 2009)。因此,它需要独立进行评估。评估结果是由两方面折中而得:一方面,阈值应该尽可能小,使被去除的数据量最小化,从而最小化夜间通量数据的随机不确定性;另一方面,它应该足够大,使得累积净生态系统交换(NEE)值不引入任何系统偏差。可以将下阈值定义为最小值,当高于这个值时 NEE 对阈值变化不敏感。这个阈值可通过将夜间 NEE 数据按照 u^* 等级排列,再对每级平均的 NEE 执行统计学比较而确定,因此可以被定义为相应的平均 NEE 之间的差值与滑动平均(plateau-averaged) NEE 不存在显著差异的最小 u^* 值(图 5.4)。Gu 等(2005)和 Reichstein 等(2005)提出了算法来执行这个程序。在实践中,典型的下阈值一般为 0.1~0.5 m s^{-1},依据站点而变化。

上述方法只有在保证摩擦风速不随其他呼吸驱动的气候变量变化而变化时才是有效的。事实上,如果这样的共变存在,它可能引入一些夜间通量对 u^* 的响应,而这不一定是夜间通量误差。为了避免这样的共变,建议在根据 u^* 等级将 NEE 排序之前,将 u^* 与主要驱动变量作

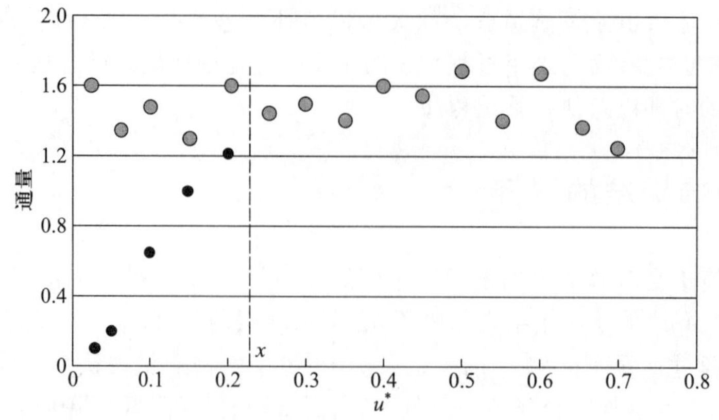

图 5.4　u^*阈值选择(理论和最优状况):黑点为均一化的经过储存项校正的夜间通量(或者是在狭窄温度范围内获得的夜间通量),灰点为通量的理论模式(独立于u^*),x为u^*阈值

图,如果发现任何关系,首先通过描述 NEE 对这些驱动因子响应的方程进行标准化。在温带地区,一般通过温度方程进行标准化(Aubinet et al. 2000)(图 5.4)。

当存在储存项时,筛选方法可能会导致通量被高估。如果平稳时期的通量低估部分是由CO_2在测量点之下的累积所造成,那么这部分通量会在湍流一旦产生时就恢复。在这些情况下,移除通量被低估的平稳时期以及保留通量被高估的湍流起始时期的u^*筛选将导致呼吸的整体高估。此外,如果平稳时期数据被任何参数化数据所代替(筛选-数据填补方法,见第 5.4.2 节),已经短暂储存的部分释放通量就可能被计算两次。为了避免这种偏差,NEE 估算必须将储存的变化考虑在内。因此,一般来说,储存项的引进将减小由u^*筛选所带来的校正(图 5.2d;提示 5.2)。

提示 5.2:应用 u^* 筛选程序的推荐步骤

1. 计算储量变化。它可以表示成$\int_0^{h_m} \rho_d \overline{\frac{\partial \chi_c}{\partial t}} dz$。该项通过对垂直剖面上测定的不同浓度的加权求和的空间积分逼近而计算获得。在森林站点中,垂直剖面应包含尽可能多的采样点(至少四个),在垂直方向上按对数模式分布。在草原和农田,测量高度较低,廓线(profile)可以用一个单点近似。时间导数通过对半小时内连续的瞬时浓度使用有限差分逼近而获得。

2. 将夜间通量数据计算为湍流通量和储存变化的总和。

3. 按照递增u^*对夜间通量数据进行排序。

4. 评估u^*和其他呼吸驱动变量之间是否有共变(最常见是温度)。如果有,标准化数据使得这个变量不再与呼吸共变。

5. 设置若干 u^* 等级(通常为 20~30)并计算每个等级的 NEE 平均值。

6. 通过比较每个 u^* 等级中的 NEE 平均值与更高一级 u^* 中的 NEE 平均值来决定阈值。当一个给定的 u^* 等级内 NEE 与更高一级 u^* 中的平均 NEE 有显著不同时,这个 u^* 将成为新的阈值。

7. 删除位于下阈值以下的数据。

8. 如果有相关的上阈值,遵循相同步骤。

5.3.4 评估

在没有独立通量测量技术的情况下,一个绝对的评估方法很难建立,因为这个方法的目的在于纠正一个未知的选择性系统误差。因此,在 u^* 筛选后不确定性仍然可能存在,这应归因于不完整的(或者过度的)校正。

第一个应该批评的是依据经验操作筛选。首先,标准的选择是可疑的;其次,不能保证数据筛选移除了所有的坏数据,也不能保证它只移除坏数据。

Acevedo 等(2009)提出 u^* 代表一种通量,也可能被中尺度运动"污染"。他们建议使用垂直速度分量的标准偏差 σ_w 作为一种替代 u^* 的标准,这是因为标准偏差不受这个缺陷影响。通过对三个亚马孙站点应用基于 σ_w 或 u^* 的筛选程序,他们发现应用第一种方法表现出明显的改善,并有两个主要后果:更容易确定阈值和归为湍流的更大的呼吸速率系列。

这种方法的另一个缺陷是,一般来说 u^* 是从冠层顶部开展的湍流测量中估算而得。然而,在高大植被中,冠层上方和下方的风场之间可能会解耦,因此冠层上方的 u^* 值可能并不能代表冠层内的湍流和风场。

一些经历强调了在此期间 u^* 筛选的失败在于保留了错误的测量:在湍流混合良好期间(未被 u^* 筛选剔除),在两个森林站点都观察到了异常的高湍流通量(Cook et al. 2004; Rebmann et al. 2010)。这些通量被认为是 CO_2 曾经累积的库中产生的 CO_2 平流所导致的。

与气室法相比,Wohlfahrt 等(2005)在一个高山牧场的测量结果显示,直接使用 u^* 标准将导致选定通量数据的高估。通过在 u^* 筛选中增加稳定性筛查,得到了更可靠的通量估计值。一个可能的假说是,这个站点受到间歇性的湍流影响,因此湍流事件对应于在前述平稳时期累积的 CO_2 的释放。

最后,在那些通量/u^* 关系中不能观测到可辨别的稳定迹象的站点,该方法仍然有可疑的地方。

尽管有这些缺陷,u^* 筛选已经被成功地应用在许多案例中:特别是,u^* 筛选的数据经常被用来寻找生态相关的函数关系(见:Janssens et al. 2001; Suyker et al. 2005; Moureaux et al. 2006; Zhao et al. 2006)。这种方法也有简单的优势,这是因为其选择标准基于能立即从涡度通量测量中获得的变量。此外,当使用适当的数据空缺填补算法时,并不需要任何建模,而这会导致这些数据之后被用于模型校准或验证时出现问题。

5.4 校 正 程 序

根据上面的描述,至少在建立长期收支时,校正程序是必要的。事实上,在这些条件下,为了校正低估的通量,需要完整覆盖测量时间。这里讨论两个校正方法:u^*筛选+数据填补以及平流校正质量平衡(advection corrected mass balance, ACMB)方法。

5.4.1 筛选+数据填补

这个方法简单地将第5.3节描述的筛选程序和第6章展示的数据填补程序结合在一起。最常见的是摩擦风速被用作筛选标准。对于数据填补,不同的方法得到使用,如参数化(Goulden et al. 1996; Aubinet et al. 2000)、查表法(Falge et al. 2001)、神经网络(Papale and Valentini 2003)、限制源优化(constrained source optimization)(Juang et al. 2006)或建模(Lavigne et al. 1997; Lindroth et al. 1998; Kutsch et al. 2008; Hutyra et al. 2008)。

由于基于筛选程序,该方法自然碰到了与前面描述过的相同的缺陷。尽管有这些缺点,但是由于其简单及在许多情况下相对稳健的性质,该方法仍然被经常使用。然而,一些研究人员正在寻求可替代的筛选标准。特别是van Gorsel等(2007)提出一个基于湍流通量加和的峰值以及储存变化的筛选方法。Aubinet等(2005)表明,在大多数站点这个峰值出现在夜晚开始的时候。van Gorsel等(2007, 2008)认为这是由以下事件序列造成的结果:日落之后,当边界层通过冠层辐射冷却变得足够稳定并且分层时,许多呼出的CO_2存储于冠层内,接近地面的CO_2混合比也开始升高。冠层内的凉爽空气层改变浮力,从而影响静水压力梯度。一旦接近表层的空气冷却至静水压力梯度超过水动力压力梯度和叶片阻力的总和时,重力流开始产生(Finnigan 2007)。在山顶具有更低CO_2混合比的空气夹带(entrainment)会导致水平CO_2梯度的形成。一旦这些梯度形成,平流就开始将CO_2排出控制体,这将导致涡度通量总和的减少和储存项的变化。他们推测,在日落和日出的平流之间有一个空隙,在此期间涡度通量和CO_2储存的总和可能被视为生物通量的一个可靠估计值。因此,他们建议只保留这些测量值并使用上述列举的程序中的任意一个来填补数据。通过在覆盖各类植被、气候和地形范围的25个通量站运用这种方法发现,相比使用u^*阈值筛选法,该方法估算的夜间呼吸效率更高,以及在有数据的情况下,与独立估计值(例如在箱式测量尺度上推算得到的估计值)之间具有极佳的一致性(van Gorsel et al. 2009)。该方法的缺点是,程序只保留了很少的数据,因此根据这些数据集建立的函数关系存在较大的随机不确定性。该方法的另一个限制是,不能保证作为方法基础的事件序列在所有条件及所有地方都能发生。因此,该方法在一些站点可能不适用。

5.4.2 ACMB 方法

5.4.2.1 历史

ACMB(Aubinet et al. 2010)法是通过直接测量水平和垂直方向上的平流来完成涡度协方

差和储存量的估算并进而估算 NEE。Lee(1998)是第一个尝试估计垂直平流的。通过假设垂直速度随高度线性增加,他提出一个基于垂直 c_c 剖面以及在控制体顶部开展的垂直风速测量的垂直平流的表达式。这种方法的优点是基于单点测量,并不需要任何辅助测量。值得留意的是,Baldocchi 等(2000)和 Schmid 等(2000)应用此法修改了 NEE 估算方法。在对 Lee 论文的答复中,Finnigan(1999)表示水平平流不应被忽视,因为它与垂直平流有着相同的量级。根据这项建议,使用单一水平 2D(Aubinet et al. 2003)、多水平 2D(Marcolla et al. 2005; Heinesch et al. 2007, 2008; Tóta et al. 2008)、单一水平 3D(Staebler and Fitzjarrald 2004, 2005)和多水平 3D (Feigenwinter et al. 2004; Sun et al. 2007; Leuning et al. 2008; Yi et al. 2008)装置来完成水平平流的直接测量。最先进的装置很可能是那些被安装在 ADVEX 实验框架内的三个欧洲站点中的装置(Feigenwinter et al. 2008)。一个包括四个塔的系统被安装在已经配置涡度协方差系统的站点,而每个塔都装配了四点温度、风速及 χ_c 廓线。在持续 2~4 个月的活动中开展连续测量(Feigenwinter et al. 2010a, 2010b)。Leuning 等(2008)使用了一个替代采样系统,其基于被安置在平行于地表位置的多空管的连续测量。

5.4.2.2 流程

ACMB 方法需要估算水平和垂直平流。Lee(1998)提出公式(5.4)计算垂直平流:

$$F_{VA}=\overline{w}(\overline{\chi_c}|h_m-\langle\chi_c\rangle) \tag{5.4}$$

式中,w 和 $\overline{\chi_c}|h_m$ 代表在控制体顶部的速度的垂直分量和 CO_2 混合比。$\langle\chi_c\rangle$ 是该高度与土壤之间的 CO_2 混合比的均值。在实践中,速度的垂直分量是从超声风速仪执行的 3D 速度风速测量中推导出来的。为了获得这个分量,有必要使用平面拟合方法或分段平面(sectorwise)拟合。许多文献(Lee 1998; Paw et al. 2000; Wilczack et al. 2001)已证明传统的 2D 或 3D 方法会系统性地使 w 无效(参考第 3.2.4 节)。

同时,水平平流要求同一方向上的水平风速和 χ_c 梯度的估算。这对该方法构成强烈的限制,因为在那些水平风速经常变化的站点,它会要求高空间分辨率 χ_c 抽样。此外,这些测量应该在所有控制体高度上积分,这会要求实践中存在一大批塔。在有坡度的站点,倾斜风况经常发生,一些作者假定风况是 2D 的,从而能使用一个更简单的基于垂直于斜面的两个廓线的装置(Aubinet et al. 2003; Marcolla et al. 2005; Heinesch et al. 2007, 2008)。此外,由于预期在土壤附近的 CO_2 积累会更多,因此认为该处的浓度梯度更加重要,并且有时会使用一个只在最低层对 χ_c 取样的简化系统。然而,这些假设都需要被仔细验证,因为在很多站点都报道了在冠层内几乎一致的夜间廓线,而在接近冠层顶部有最大的垂直梯度(如 Reiners and Anderson 1968; Goulden et al. 2006; de Araújo et al. 2008; Tóta et al. 2008; Feigenwinter et al. 2010b)。

5.4.2.3 评估

可惜的是,由于同时受随机和系统不确定性影响,ACMB 方法被发现会给出虚假结果,并且给出不稳健的 NEE 估算值。Aubinet 等(2010)表明,在三个 ADVEX 站点所获得的 ACMB 估算值确实通常比预期生物通量高一数量级,并且依据 u^* 变化,估算值并不稳定。另外他们还发现,估算值随风向变化,然而在均一站点,生物通量不应随风向变化。

水平平流的不确定性主要来自χ_c水平梯度的不确定性。首先,在许多情况下,这些梯度很小,需要具有良好分辨率的仪器来正确测量。此外,采样点的布置至关重要:由于垂直梯度一般比水平梯度大一个量级,因此糟糕的传感器垂直布置会导致严重的系统误差。此外,由于源异质性或在控制体内空气循环的作用,在控制体内可能会出现较大的横向梯度异质性。其结果是,χ_c取样的空间分辨率不足也可能会导致较大的不确定性。最后,在几乎垂直于平均风速的较大水平梯度存在的情况下,浓度梯度与风速之间角度的一个小错误可以导致较大的错误水平平流估计值。另一方面,较大的水平风速与较小的水平梯度组合也可以导致不真实的高平流通量。

垂直平流估计值的不确定性主要是由影响速度垂直分量的测量误差引起。不确定性与其在控制体顶部的垂直平流值以及垂直平流的垂直剖面形状有关。较大的不确定性明显来自计算方法:没有一个方法能被认为是更好的。Vickes 和 Mahrt(2006)指出这些方法之间存在显著差异。面对这样的不一致,Vickes 和 Mahrt(2006)以及 Heinesch 等(2007)提出了一个基于质量连续性方程的替代方法。然而,作为一个基于水平风速辐散估计值的方法,尽管它可能是理论上最合理的方法,但却遭受较大不确定性的影响(提示5.3)。

提示5.3:推荐和不推荐的校正程序

1. 不推荐用 ACMB 来校正涡度协方差测量,这是因为:

(1)很难实现,需要繁重装置及很多劳动力。

(2)平流测量受较大随机误差影响,对半小时估计值经常引入大于100%的相对不确定性。

(3)在大多数情况下,巨大的系统误差会影响平流测量,因此,即使在长时间周期的平均之后,ACMB 仍会导致非真实的结果。

2. 目前,尽管有不同的缺点,筛选-空缺填补法仍然是推荐的校正程序。

3. u^*是目前最常用的数据选择参数。基于垂直风速方差和夜间通量时间序列的标准有望可以替代。

致　　谢

本章作者感谢欧盟(FP5,6和7)、比利时国家科学研究基金会(FNRS-FRS)、比利时联邦科学政策办公室(BELSPO)、比利时法语社群(行动合作研究组)的资助。

参 考 文 献

Acevedo OC, Moraes OLL, Degrazia GA, Fitzjarrald DR, Manz AO, Campos JG (2009) Is friction velocity the most appropriate scale for correcting nocturnal carbon dioxide fluxes? Agric For Meteorol 149:1-10

Anderson DE, Verma SB, Rosenberg NJ (1984) Eddy correlation measurements of CO_2: latent heat and sensible heat fluxes over a crop surface. Agric For Meteorol 29:263-272

Anthoni PM, Freibauer A, Kolle O, Schulze ED (2004) Winter wheat carbon exchange in Thuringia, Germany. Agric For Meteorol 121(1-2):55-67

Aubinet M, Grelle A, Ibrom A, Rannik Ü, Moncrieff J, Foken T, Kowalski AS, Martin PH, Berbigier P, Bernhofer C, Clement R, Elbers J, Granier A, Grünwald T, Morgenstern K, Pilegaard K, Rebmann C, Snijders W, Valentini R, Vesala T (2000) Estimates of the annual net carbon and water exchange of forests: the EUROFLUX methodology. Adv Ecol Res 30: 113-175

Aubinet M, Chermanne B, Vandenhaute M, Longdoz B, Yernaux M, Laitat E (2001) Long term carbon dioxide exchange above a mixed forest in the Belgian Ardennes. Agric For Meteorol 108:293-315

Aubinet M, Heinesch B, Yernaux M (2003) Horizontal and vertical CO_2 advection in a sloping forest. Bound Layer Meteorol 108:397-417

Aubinet M, Berbigier P, Bernhofer Ch, Cescatti A, Feigenwinter C, Granier A, Grünwald T, Havrankova K, Heinesch B, Longdoz B, Marcolla B, Montagnani L, Sedlak P (2005) Comparing CO_2 storage and advection conditions at night at different CARBOEUROFLUX sites. Bound Layer Meteorol 116:63-93

Aubinet M, Feigenwinter C, Bernhofer C, Canepa E, Heinesch B, Lindroth A, Montagnani L, Rebmann C, Sedlak P, van Gorsel E (2010) Advection is not the solution to the nighttime CO_2 closure problem - evidence from three inherently different forests. Agric For Meteorol 150(5):655-664

Baldocchi D, Finnigan J, Wilson K, Paw U KT, Falge E (2000) On measuring net ecosystem carbon exchange over tall vegetation on complex terrain. Bound Layer Meteorol 96:257-291

Barr AG, Morgenstern K, Black TA, McCaughey JH, Nesic Z (2006) Surface energy balance closure by the eddy-covariance method above three boreal forest stands and implications for the measurement of the CO_2 flux. Agric For Meteorol 140:322-337

Berbigier P, Bonnefond J-M, Mellmann P (2001) CO_2 and water vapour fluxes for 2 years above Euroflux forest site. Agric For Meteorol 108(3):183-197

Béziat P, Ceschia E, Dedieu G (2009) Carbon balance of a three crop succession over two cropland sites in South West France. Agric For Meteorol 149:1628-1645

Carrara A, Kowalski AS, Neirynck J, Janssens IA, Curiel Yuste J, Ceulemans R (2003) Net ecosystem CO_2 exchange of mixed forest in Belgium over 5 years. Agric For Meteorol 119:209-227

Cook B, Davis KJ, Wang W, Desai A, Berger BW, Teclaw RM, Martin JG, Bolstad PV, Bakwin PS, Yi C, Heilman W (2004) Carbon exchange and venting anomalies in an upland deciduous forest in northern Wisconsin, USA. Agric For Meteorol 126:271-295

Damköhler G (1940) Der Einfluss der Turbulenz auf die Flammengeschwindigkeit in Gasgemischen. Z Elektrochem Angew Phys Chem 46:601-626

Davison B, Taipale R, Langford B, Misztal P, Fares S, Matteucci G, Loreto F, Cape JN, Rinne J, Hewitt CN

(2009) Concentrations and fluxes of biogenic volatile organic compounds above a Mediterranean macchia ecosystem in western Italy. Biogeosciences 6:1655-1670

de Araújo A, Kruijt B, Nobre AD, Dolman AJ, Waterloo MJ, Moors EJ, de Souza JS (2008) Nocturnal accumulation of CO_2 underneath a tropical forest canopy along a topographical gradient. Ecol Appl 18(6): 1406-1419

Dolman AJ, Moors EJ, Elbers JA (2002) The carbon uptake of a mid latitude pine forest growing on sandy soil. Agric For Meteorol 111:157-170

Falge E, Baldocchi D, Olson R, Anthoni P, Aubinet M, Bernhofer C, Burba G, Ceulemans R, Clement R, Dolman H, Granier A, Gross P, Grünwald T, Hollinger D, Jensen N-O, Katul G, Keronen P, Kowalski A, Ta Lai C, Law B, Meyers T, Moncrieff J, Moors EJ, Munger JW, Pilegaard K, Rannik Ü, Rebmann C, Suyker A, Tenhunen J, Tu K, Verma S, Vesala T, Wilson K, Wofsy S (2001) Gap filling strategies for defensible annual sums of net ecosystem exchange. Agric For Meteorol 107:43-69

Feigenwinter C, Bernhofer C, Vogt R (2004) The influence of advection on short-term CO_2 budget in and above a forest canopy. Bound Layer Meteorol 113:201-224

Feigenwinter C, Bernhofer C, Eichelmann U, Heinesch B, Hertel M, Janous D, Kolle O, Lagergren F, Lindroth A, Minerbi S, Moderow U, Mölder M, Montagnani L, Queck R, Rebmann C, Vestin P, Yernaux M, Zeri M, Ziegler W, Aubinet M (2008) Comparison of horizontal and vertical advective CO_2 fluxes at three forest sites. Agric For Meteorol 148:12-24

Feigenwinter C, Montagnani L, Aubinet M (2010a) Plot-scale vertical and horizontal transport of CO_2 modified by a persistent slope wind system in and above an alpine forest. Agric For Meteorol 150(5):665-673

Feigenwinter C, Mölder M, Lindroth A, Aubinet M (2010b) Spatiotemporal evolution of CO_2 concentration, temperature, and wind field during stable nights at the Norunda forest site. Agric For Meteorol 150(5):692-701

Finnigan JJ (1999) A comment on the paper by Lee (1998): on micrometeorological observation of surface-air exchange over tall vegetation. Agric For Meteorol 97:55-64

Finnigan JJ (2007) Turbulent flow in canopies on complex topography and the effects of stable stratification. In: Flow and transport processes with complex obstructions, vol 236, NATO science series Ⅱ: mathematics, physics and chemistry. Springer, Dordrecht, 414 pp

Goulden ML, Munger JW, Fan SM, Daube BC, Wofsy SC (1996) Measurements of carbon sequestration by long-term eddy covariance: methods and a critical evaluation of accuracy. Glob Change Biol 2:169-182

Goulden ML, Miller SD, da Rocha HR (2006) Nocturnal cold air drainage and pooling in a tropical forest. J Geophys Res 111:D08S04. doi:10.1029/2005JD006037

Grace J, Malhi Y, Lloyd J, McIntyre J, Miranda AC, Meir P, Miranda HS (1996) The use of eddy covariance to infer the net carbon dioxide uptake of Brazilian rain forest. Glob Change Biol 2:209-218

Gu L, Falge E, Boden T, Baldocchi DD, Black TA, Saleska SR, Suni T, Vesala T, Wofsy S, Xu L (2005) Observing threshold determination for nighttime eddy flux filtering. Agric For Meteorol 128:179-197

Heinesch B, Yernaux M, Aubinet M (2007) Some methodological questions concerning advection measurements: a case study. Bound Layer Meteorol 122:457-478

Heinesch B, Yernaux Y, Aubinet M (2008) Dependence of CO_2 advection patterns on wind direction on a gentle forested slope. Biogeosciences 5:657-668

Hutyra LR, Munger JW, Hammond-Pyle E, Saleska SR, Restrepo-Coupe N, Daube BC, de Camargo PB, Wofsy SC (2008) Resolving systematic errors in estimates of net ecosystem exchange of CO_2 and ecosystem respiration in a tropical forest biome. Agric For Meteorol 148:1266-1279

Janssens IA, Lankreijer H, Matteucci G, Kowalski AS, Buchmann N, Epron D, Pilegaard K, Kutsch W, Longdoz B, Grünwald T, Dore S, Montagnani L, Rebmann C, Moors EJ, Grelle A, Rannik Ü, Morgenstern K, Oltchev S, Clement R, Gudmundsson J, Minerbi S, Berbigier P, Ibrom A, Moncrieff J, Aubinet M, Bernhofer C, Jensen NO, Vesala T, Granier A, Schulze ED, Lindroth A, Dolman AJ, Järvis PG, Ceulemans R, Valentini R (2001) Productivity and disturbance overshadow temperature in determining soil and ecosystem respiration across European forests. Glob Change Biol 7(3):269–278

Järvis PG, Massheder J, Hale SE, Moncrieff J, Rayment M, Scott SL (1997) Seasonal variation of carbon dioxide, water vapor and energy exchanges of boreal black spruce forest. J Geophys Res 102:28953–28966

Juang JY, Katul GG, Siqueira MB, Stoy PC, Palmroth S, McCarthy HR, Kim HS, Oren R (2006) Modeling nighttime ecosystem respiration from measured CO_2 concentration and air temperature profiles using inverse methods. J Geophys Res 111(D8):D08S05

Kominami Y, Jomura M, Dannoura M, Goto Y, Tamai K, Miyama T, Kanazawa Y, Kaneko S, Okumura M, Misawa N, Hamada S, Sasaki T, Kimura H, Ohtani Y (2008) Biometric and eddy-covariance-based estimates of carbon balance for a warm-temperate mixed forest in Japan. Agric For Meteorol 148:723–737

Kosugi Y, Takanashi S, Ohkubo S, Matsuo N, Tani M, Mitani T, Tsutsumi D, Nik AR (2008) CO_2 exchange of a tropical rainforest at Pasoh in Peninsular Malaysia. Agric For Meteorol 148:439–452

Kutsch K, Kolle O, Rebmann C, Knohl A, Ziegler W, Schulze ED (2008) Advection and resulting CO_2 exchange uncertainty in a tall forest in central Germany. Ecol Appl 18(6):1391–1405

Lavigne MB, Ryan MG, Anderson DE, Baldocchi DD, Crill PM, Fitzjarrald DR, Goulden ML, Gower ST, Massheder JM, McCaughey JH, Rayment M, Striegl RG (1997) Comparing nocturnal eddy covariance measurements to estimates of ecosystem respiration made by scaling chamber measurements at six coniferous boreal sites. J Geophys Res Atmos 102:28977–28985

Lee X (1998) On micrometeorological observations of surface air exchange over tall vegetation. Agric For Meteorol 91:39–49

Leuning R, Zegelin SJ, Jones K, Keith H, Hughes D (2008) Measurement of horizontal and vertical advection of CO_2 within a forest canopy. Agric For Meteorol 148:1777–1797

Lindroth A, Grelle A, Morén A-S (1998) Long-term measurements of boreal forest carbon balance reveals large temperature sensitivity. Glob Change Biol 4:443–450

Loescher HW, Law BE, Mahrt L, Hollinger DY, Campbell J, Wofsy SC (2006) Uncertainties in, and interpretation of, carbon flux estimates using the eddy covariance technique. J Geophys Res Atmos 111: D21S90. doi: 10. 1029/2005JD006932

Mahrt L (1999) Stratified atmospheric boundary layers. Bound Layer Meteorol 90:375–396

Marcolla B, Cescatti A, Montagnani L, Manca G, Kerschbaumer G, Minerbi S (2005) Role of advective fluxes in the carbon balance of an alpine coniferous forest. Agric For Meteorol 130:193–206

Massman WJ, Lee X (2002) Eddy covariance flux corrections and uncertainties in long term studies of carbon and energy exchanges. Agric For Meteorol 113:121–144

Massman WJ, Sommerfeld RA, Mosier AR, Zeller KF, Hehn TJ, Rochelle SG (1997) A model investigation of turbulence driven pressure-pumping effects on the rate of diffusion of CO_2, N_2O, and CH_4 through layered snowpacks. J Geophys Res 102:18851–18863

Moncrieff JB, Malhi Y, Leuning R (1996) The propagation of errors in long-term measurements of land atmosphere fluxes of carbon and water. Glob Change Biol 2:231–240

Moureaux C, Debacq A, Bodson B, Heinesch B, Aubinet M (2006) Carbon sequestration by a sugar beet crop.

Agric For Meteorol 139:25-39

Moureaux C, Debacq A, Hoyaux J, Suleau M, Tourneur D, Vancutsem F, Bodson B, Aubinet M (2008) Carbon balance assessment of a Belgian winter wheat crop (*Triticum aestivum* L.). Glob Change Biol 14(6):1353-1366

Ohkubo S, Kosugia Y, Takanashia S, Mitania T, Tani M (2007) Comparison of the eddy covariance and automated closed chamber methods for evaluating nocturnal CO_2 exchange in a Japanese cypress forest. Agric For Meteorol 142 (1):50-65

Ohtaki E (1984) Application of an infrared carbon dioxide and humidity instrument to studies of turbulent transport. Bound Layer Meteorol 29:85-107

Papale D, Valentini R (2003) A new assessment of European forests carbon exchanges by eddy fluxes and artificial neural network spatialization. Glob Change Biol 9:525-535

Papale D, Reichstein M, Canfora E, Aubinet M, Bernhofer C, Longdoz B, Kutsch W, Rambal S, Valentini R, Vesala T, Yakir D (2006) Towards a standardized processing of Net Ecosystem Exchange measured with eddy covariance technique: algorithms and uncertainty estimation. Biogeosciences 3:571-583

Pattey E, Desjardin RL, St-Amour G (1997) Mass and energy exchange over a black spruce forest during key periods of BOREAS 1994. J Geophys Res 102:28967-28975

Paw U KT, Baldocchi DD, Meyers TP, Wilson KB (2000) Correction of eddy covariance measurements incorporating both advective effects and density fluxes. Bound Layer Meteorol 97:487-511

Pilegaard K, Hummelshoj P, Jensen NO, Chen Z (2001) Two years of continuous CO_2 eddy flux measurements over a Danish beech forest. Agric For Meteorol 107:29-41

Rannik Ü, Mammarella I, Keronen P, Vesala T (2009) Vertical advection and nocturnal deposition of ozone over a boreal Alpine forest. Atmos Chem Phys 9:2089-2095

Rebmann C, Zeri M, Lasslop G, Mund M, Kolle O, Schulze ED, Feigenwinter C (2010) Influence of meso-scale transport processes on CO_2-exchange at a complex forest site in Thuringia - Germany. Agric For Meteorol 150(5): 684-691

Reichstein M, Falge E, Baldocchi D, Papale D, Aubinet M, Berbigier P, Bernhofer C, Buchmann N, Gilmanov T, Granier A, Grünwald T, Havrankova K, Ilvesniemi H, Janous D, Knohl A, Laurila T, Lohila A, Loustau D, Matteucci G, Meyers T, Miglietta F, Ourcival J-M, Pumpanen J, Rambal S, Rotenberg E, Sanz M, Tenhunen J, Seufert G, Vaccari F, Vesala T, Yakir D, Valentini R (2005) On the separation of net ecosystem exchange into assimilation and ecosystem respiration: review and improved algorithm. Glob Change Biol 11:1424-1439

Reiners WA, Anderson RO (1968) CO_2 concentrations in forests along a topographic gradient. Am Midl Nat 80(1): 111-117

Rinne J, Riutta T, Pihlatie M, Aurela M, Haapanala S, Tuovinen J-P, Tuittila E-S, Vesala T (2007a) Annual cycle of methane emission from a boreal fen measured by the eddy covariance technique. Tellus 59B:449-457

Rinne J, Taipale R, Markkanen T, Ruuskanen TM, Hellén H, Kajos MK, Vesala T, Kulmala M (2007b) Hydrocarbon fluxes above a Scots pine forest canopy: measurements and modeling. Atmos Chem Phys 7: 3361-3372

Rogie JD, Kerrick DM, Sorey ML, Chiodini G, Galloway DL (2001) Dynamics of carbon dioxide emission at Mammoth Mountain California. Earth Planet Sci Lett 188:535-541

Saigusa N, Yamamoto S, Murayama S, Kondo H (2005) Inter-annual variability of carbon budget components in an AsiaFlux forest site estimated by long-term flux measurements. Agric For Meteorol 134:4-16

Saleska SR, Miller SD, Matross DM, Goulden ML, Wofsy SC, da Rocha HR, de Camargo PB, Crill P, Daube BC, de Freitas HC, Hutyra L, Keller M, Kirchhoff V, Menton M, Munger JW, Pyle EH, Rice AH, Silva H (2003)

Carbon in Amazon forests: unexpected seasonal fluxes and disturbance-induced losses. Science 302:1554-1557

Schimel D, Aubinet M, Finnigan J (2008) Eddy flux measurements in difficult conditions. Ecol Appl 18(6): 1338-1339

Schmid HP, Grimmond S, Cropley F, Offerle B, Su HB (2000) Measurements of CO_2 and energy fluxes over a mixed hardwood forest in the mid-western United States. Agric For Meteorol 103:357-374

Staebler RM, Fitzjarrald DR (2004) Observing subcanopy CO_2 advection. Agric For Meteorol 122:139-156

Staebler RM, Fitzjarrald DR (2005) Measuring canopy structure and the kinematics of subcanopy flows in two forests. J Appl Meteorol 44:1161-1179

Sun J, Burns SP, Delany AC, Oncley SP, Turnipseed AA, Stephens BB, Lenschow DH, LeMone MA, Monson RK, Anderson DE (2007) CO_2 transport over complex terrain. Agric For Meteorol 145:1-21

Suyker AE, Verma SB, Burba GG, Arkebauer TJ (2005) Gross primary production and ecosystem respiration of irrigated maize and irrigated soybean during a growing season. Agric For Meteorol 131(3-4):180-190

Takle ES, Massman WJ, Brandle JR, Schmidt RA, Zhou XH, Litvina IV, Garcia R, Doyle G, Ric CW (2004) Influence of high-frequency ambient pressure pumping on carbon dioxide efflux from soil. Agric For Meteorol 124: 193-206

Tanaka H, Hiyama T, Kobayashi N, Yabuki H, Ishii Y, Desyatkin RV, Maximov TV, Ohta T (2008) Energy balance and its closure over a young larch forest in eastern Siberia. Agric For Meteorol 148:1954-1967

Teklemariam T, Staebler RM, Barr AG (2009) Eight years of carbon dioxide exchange above a mixed forest at Borden, Ontario. Agric For Meteorol 149:2040-2053

Tóta J, Fitzjarrald DR, Staebler RM, Sakai RK, Moraes OMM, Acevedo OC, Wofsy SC, Manzi AO (2008) Amazon rain forest subcanopy flow and the carbon budget: Santarém LBA-ECO site. J Geophys Res 113. doi:10.1029/2007JG00597 G00B02

Turnipseed AA, Blanken PD, Anderson DE, Monson RK (2002) Surface energy balance above a high-elevation subalpine forest. Agric For Meteorol 110:177-201

Turnipseed AA, Anderson DE, Blanken PD, Baugh W, Monson RK (2003) Air flows and turbulent flux measurements in mountainous terrain. Part 1: canopy and local effects. Agric For Meteorol 119:1-21

van Gorsel E, Leuning R, Cleugh HA, Keith H, Suni T (2007) Carbon efflux: reconciliation of eddy covariance and chamber measurements using an alternative to the u^* threshold filtering technique. Tellus 59B:397-403

van Gorsel E, Leuning R, Cleugh HA, Keith H, Kirschbaum MU, Suni T (2008) Application of an alternative method to derive reliable estimates of nighttime respiration from eddy covariance measurements in moderately complex topography. Agric For Meteorol 148:1174-1180

van Gorsel E, Delpierre N, Leuning R, Black A, Munger JW, Wofsy S, Aubinet M, Feigenwinter C, Beringer J, Bonal D, Chen B, Chen J, Clement RR, Davis KJ, Desai AR, Dragoni D, Etzold S, Grünwald T, Gu L, Heinesch B, Hutyra LR, Jans WW, Kutsch W, Law BE, Leclerc MY, Mammarella I, Montagnani L, Noormets A, Rebmann C, Wharton S (2009) Estimating nocturnal ecosystem respiration from the vertical turbulent flux and change in storage of CO_2. Agric For Meteorol 149:1919-1930

Vickers DA, Mahrt L (2006) Contrasting mean vertical motion from tilt correction methods and mass continuity. Agric For Meteorol 138(1-4):93-103

Wilczack J, Oncley SP, Stage SA (2001) Sonic anemometer tilt correction algorithms. Bound Layer Meteorol 99: 127-150

Wilson K, Goldstein A, Falge E, Aubinet M, Baldocchi D, Berbigier P, Bernhofer C, Ceulemans R, Dolman H, Field C, Grelle A, Ibrom A, Law B, Kowalski A, Meyers T, Moncrieff J, Monson R, Oechel W, Tenhunen J,

Valentini R, Verma S (2002) Energy balance closure at FLUXNET sites. Agric For Meteorol 113:223-243

Wohlfahrt G, Anfang C, Bahn M, Haslwanter A, Newesely C, Schmitt M, Drösler M, Pfadenhauer J, Cernusca A (2005) Quantifying nighttime ecosystem respiration of a meadow using eddy covariance, chambers and modelling. Agric For Meteorol 128:141-162

Xu LK, Baldocchi DD (2004) Seasonal variation in carbon dioxide exchange over a Mediterranean annual grassland in California. Agric For Meteorol 1232:79-96

Yi C, Anderson D, Turnipseed A, Burns S, Sparks J, Stannard D, Monson R (2008) The contribution of advective fluxes to net ecosystem exchange in a high-elevation, subalpine forest. Ecol Appl 18(6):1379-1390

Zhao LA, Li YN, Xu SX, Zhou HK, Gu S, Yu GR, Zhao XQ (2006) Diurnal, seasonal and annual variation in net ecosystem CO_2 exchange of an alpine shrubland on Qinghai-Tibetan plateau. Glob Change Biol 12(10):1940-1953

第 6 章

数据空缺填补

Dario Papale

6.1 引　　言

涡度协方差技术可提供高时间分辨率的数据，从白天到夜间持续不断，甚至持续数年。近些年，涡度协方差技术的发展有目共睹，也已量产低能耗的仪器，但还是有不可避免的系统故障，导致观测值中出现空缺。数据采集中常见的问题包括电力中断，这种情况在太阳能电池板供能的系统中尤为突出；动物或雷电导致的仪器损伤；错误的系统校准；维护以及人为活动导致的仪器损毁或失窃等。除数据采集阶段以外，非理想状态下采集的数据也会在数据质量筛选过程中被舍弃，从而导致数据缺失。这些筛选的实例见第 3.2.2 节、第 4.3.3 节的原始数据测试以及第 5.3 节中描述的夜间筛选。Falge 等（2001）发现，由于系统故障和数据剔除，19 个涡度协方差通量塔站点的平均数据缺失达到 35%，而 Papale 等（2006）则估计通过不同的数据质量筛选，有 20%～60% 的数据被剔除。

这些空缺是否会给我们的分析带来问题？何时需要进行空缺填补，可供使用的方法有哪些？本章将讨论通量测量的空缺填补，着重分析目前可用的几种方法之间的差异，并依据数据使用方式和生态系统特点，提供数据集空缺填补的最适方法的指导。

D.Papale(✉)
DIBAF, University of Tuscia, Viterbo, Italy
e-mail: darpap@unitus.it

M.Aubinet et al. (eds.), *Eddy Covariance: A Practical Guide to Measurement and Data Analysis*, Springer Atmospheric Sciences, DOI 10.1007/978-94-007-2351-1_6,

6.2 空缺填补:为什么以及何时需要?

我们是否需要对一个涡度协方差时间序列中的空缺进行填补?这个问题取决于数据的使用方式和我们所计划开展的分析。值得庆幸的是,涡度协方差技术具有高时间分辨率的特征,能够在植被状态和气象状况都相似的条件下采集大量数据。这种数据的"冗余"是空缺填补方法的基础;当需要没有缺失的数据集时,它提供了足够的数据来开展特定分析。例如,通量和驱动因子间函数关系的分析,或者模型时间分辨率与涡度协方差测量的时间分辨率一致时进行模型的验证与参数化。在这些情况下,我们并不需要对时间序列中出现的空缺进行填补,且只有所测的未被剔除的数据才能被使用。

与之相反,每当计算汇总值,例如年收支的总值或模型评估所需的日均值,就需要保证数据集的完整性。如果半小时数据集里丢失和剔除的数值呈完全随机分布,那么对所有可用数据求平均值就可轻易得出汇总值。但事实上,数据空缺并不随机分布。举例来说,u^*筛选剔除的主要是夜间数据,或者使用太阳能电池板时,电力故障主要发生在冬季及夜晚。数据集空缺的非随机性迫使我们需要采用更加复杂的空缺填补方法来重建缺失周期。

6.3 空缺填补方法

对于科学文献中出现的不同空缺填补方法,尤其对于碳通量,可以依据不同特点来分类:

- 原理:所有的空缺填补方法都使用有效数据来重建缺失周期。然而,这种重建可以完全基于经验方法或者使用"函数模型"。对于第一种情况,驱动因子与通量之间的关系没有强加任何假设,相反它是利用数据来探索关系,并用参数表达。而在"函数模型"中,研究过程的信息被用来确定驱动因子和通量的关联方式,而数据仅被用于将函数参数化。一般而言,当数据被用于模型评估时,不推荐使用函数模型,这是因为在空缺填补方法和验证模型中用到的是同样的相关过程信息,这会带来假相关和循环论证。然而,如果经验方法在内插法中表现较好,那么它们在外插法中会带来较高的不确定性,因为用现有数据建立的经验关系有可能并不合理(例如用夏季数据建立和参数化的关系来填补冬季的数据)。在这些情况下,函数模型就更为合适,原因在于这一方法将一年各个时间段内的系统动态和不同驱动因子的作用都考虑在内。
- 驱动因子:驱动因子作为变量,至少可以部分解释用涡度协方差技术测量的需要填补的通量的变异性。由于气象变量通常影响包括碳、水、能量和其他温室气体通量在内的生态系统响应,大多数空缺填补方法都将气象变量作为驱动因子。一般最常用的驱动因子有入射短波辐射、气温和土壤温度、水汽压差(vapor pressure deficit, VPD)和土壤含水量;但在特定站点或条件下,降雨、扩散、反射辐射和风速等其他变量也具有重要意义。空缺填补方法在被要求的或被接受的驱动因子上的灵活性可作为选取最适方法的一条重要评判标准。有固定驱动因子清单的方法显然在灵活性上欠佳,并且假如有一个驱动因子缺失或本应该与通量重建有关的变量被排除在模型外，就不能应用该方法。一般来说，经验方法在这一点上有充分的灵活性，正因如此，经验方法在上述情况下更为可取。然而，也存在气象数据全部丢失的情形。在这种情况下，如果不能重建至少某些驱动因子，那么唯一能够应用的方法就是平均日变化（mean diurnal variation，MDV）法。

- 变量模拟：需要空缺填补的变量可能各不相同，除了通量（CO_2、H_2O、能量、CH_4、N_2O、挥发性有机化合物（volatile organic compound，VOC）和其他所有能用涡度协方差方法测量的种类），气象变量也能被填补，以建立完整驱动因子数据集，从而用作通量空缺填补的输入值。应该考虑这些方法模拟不同变量的能力以及为此作为不同通量和气象数据集空缺填补工具的可获得性。
- 噪声保持（noise conservation）：涡度协方差技术测量的通量受到随机误差的影响，这给数据引入噪声。绝大多数空缺填补方法都基于内插法，因此趋向于从数据中剔除噪声信号。也存在一些保持数据噪声的方法，例如卡尔曼滤波（Kalman filter）（Gove and Hollinger 2006）和多重插补法（multiple imputation）（Hui et al. 2004）。
- 实施：目前，计算机具备的计算能力完全足以运行现存所有空缺填补方法。但是，目前有些方法的实现较为复杂，对研究者的编程能力有较高要求。在此情况下，由数据库和门户提供的集中式服务就显得尤为重要，它们执行这些方法并向用户提供完整及稳健的空缺填补工具（见第 17.3 节）。

6.3.1 气象数据的空缺填补

本章介绍的空缺填补技术一直被建议主要用于CO_2数据的处理，但部分技术，尤其是经验方法，能轻易适用于其他通量。除了平均日变化法，其他所有填补方法都需要输入气象变量，因此需要连续无缺失的气象数据集。尽管就移除的数据点来说，气象测量的数据质量筛选只产生较小的影响，但是空缺也会发生，尤其是在传感器发生故障和电力中断时。此时有必要先填补驱动因子的空缺，然后再使用填补好的气象数据来填补通量数据的空缺。很明显这是关键的一步，因为引入的驱动因子误差和不确定性也会反映在通量中。另外需要强调的是，填补的气象数据不能用于通量空缺填补模型的参数化过程。

填补气象数据空缺的最好方法是使用涡度协方差通量塔附近具有独立供电系统的备用气象站测得的主要变量（入射辐射、气温、相对湿度、降雨、风速）。如果没有类似的备用系统，本章后面介绍的经验方法也可帮助读者在仅有部分气象变量缺失时，使用现有变量和附加输入项（如大气上层入射辐射或日期与时间指示等）来作为驱动因子。

常见的比较糟糕的情况是所有气象数据都丢失且当地没有气象站，此时最简便的可行办法是对缓慢变化的变量（例如温度）采取线性内插或使用平均日变化方法。然而，尽管其他使用遥感数据或气象再分析数据的操作更复杂，提供的结果却更为可信。新一代的气象卫星如欧洲气象卫星 MSG（http://www.esa.int/SPECIALS/MSG/）提供了高时间分辨率图像（15～30 min），能被用于推导入射辐射、地表温度或反照率之类的变量（http://landsaf.meteo.pt/）。当涡度协方差通量塔测量值丢失时，只有在找到站点水平的测量值与站点所在位置像素元数据的回归关系后，才有可能应用此回归来重新调整（rescale）站点水平上的遥感产品。使用气象再分析数据而非遥感产品也可应用同样的方法。这些数据也都是整合观测和模型结果得出的栅格数据集，一般具有日时间分辨率（见由 ECMWF 提供的 ERA 临时数据集 http://www.ecmwf.int/research/era/do/get/era-interim），而使用站点特异的感兴趣变量测量期间参数化的关系，这些数据能在当地水平上被降尺度。

6.3.2 一般规则与策略（长缺失）

空缺填补方法的设置和参数化是至关重要的步骤，它们与结果质量直接相关。涡度协方差的高时间分辨率和所测量的气象变量的数目使得数据相对丰富，但不能因此而低估了空缺填补阶段的重要性，相反需要更仔细地操作。举例来说，须谨慎选择驱动因子，在解释再生（reproduced）通量的特定气象变量的已知生物学重要性、气象变量的全年可获得性和质量以及它与其他所使用的驱动因子间的可能关系（有些方法可能导致过度参数化）之间找到合适的折中。

一般而言，在模型参数化中使用的数据集，应当尽可能表征不同条件，并且具有在多种状况下测得的均匀分布的样本。这意味着在白天与夜晚或不同季节间采集的数据之间要维持均衡。另外，用于参数化和模型应用的时间窗口长度也起到重要作用。实际上，模型应该使用全年的数据来参数化，之后应用于所有存在的空缺。但隐含的条件是，模型能够区分不同的"生态系统状态"（ecosystem state），例如物候期或不同的农业时期（见第 6.3.2.1 节）。事实上，在气象条件相似但"生态系统状态"完全不同的情况下获得的通量可能完全不同。作为备选，可以以更短的时间窗口（几周或几月）为基础确定模型参数并使用模型，其中假设某些条件（例如物候或生物量）保持稳定，而只有气象条件影响通量。这些时间窗口可以依长度和位置确定（例如对每月使用不同模型参数化），或者更复杂且更准确地集中于每个单独的需要填补的缺失，不断增加长度，直至达到提供足够数据点数目用于参数化模型的最小窗口尺寸（见 Reichstein et al. 2005）。

存在一个问题是长空缺的存在导致不能获得足够数据用于参数化，尤其是对于短时间窗口。在这些情况下，如果有几年的数据并且在此期间生态系统状态也并未发生改变，就可以利用不同年份里每年同一时间段（如季节）采集的数据来确定模型参数。证明此方法合理性的基本假设为该数据通量主要是气象条件的函数。对于无显著干扰或未受到管理的成熟林、老龄林或物种和季节相同的作物生长季，这一假设可能合理。

6.3.2.1 受人工管理和干扰的站点

受人工管理或干扰的生态系统经历快速的变化，从而使得通量及其与气象因子间的关系彻底改变，这是由于生态系统动态在扰动前后时期发生变化所造成的。在农田和人工管理的草地中，这种情况十分典型，尤其在耕作、收获或放牧之后（Hammerle et al. 2008；Wohlfahrt et al. 2008），这个时候绿色生物量在数天之内被移除，而植被的快速重新生长也开始了。

以上是在选择及执行空缺填补方法时需要考虑的情况。理论上，填补方法应该能够识别系统状态的改变。这种识别可能通过使用一个与生态系统特征相关且受干扰或管理实践影响的变量作为驱动因子而实现。对于收获，与绿色植被相关联的光谱（如归一化植被指数（normalized difference vegetation index，NDVI）波段）的反射率测量或冠层以下辐射传感器有助于识别生态系统状态的剧烈变化，但空缺填补方法必须足够灵活以将这些信息作为输入量。

在空缺填补中，一种将管理和干扰考虑在内的替代方案是改变参数化策略。数据空缺填补方法的参数由在一个时间窗口中测量的有效数据确定，这些时间窗口尺寸从数年到几天不等（见第 6.3.2 节），并且对于存在管理和干扰的生态系统，显然应当尽可能缩小时间窗口，从而避免使用驱动因子（例如气象条件）数值相似但其通量值完全不同的时间段内所采集的数据，而通量值的不同是由于在同一参数化步骤中状态的改变所导致。然而，即使是一个小窗口也可能包含了干扰事件前后的数据，尤其是在农田或草地，在收获期间需要将涡度协方差系统移开，这段空缺较长且集中于关键期。

解决这一问题的最佳办法可能是使用干扰或管理指数（disturbance indicators，DI）来将数据集分解为不含生态系统状态骤变的子集合。在实际应用中，记录可能对通量造成直接和即时影响的管理活动或干扰的时间与日期，就有可能确定那些通量仅为时间（例如再生长）和气象条件的函数的时期。因此，可以仅用在均一的亚周期获得的数据来对空缺填补方法进行参数化（图 6.1）。另外，在管理情况相似的几年内，例如草地中通常每年同一时段会发生 3~4 次刈割或农田中连续几年种植相同的作物，就可以用前几年相同亚周期的数据完成空缺填补模型的参数化处理（如果其他条件保持稳定）。用这种方法，可用数据点数量会增加，从而使得参数化可信度提高。

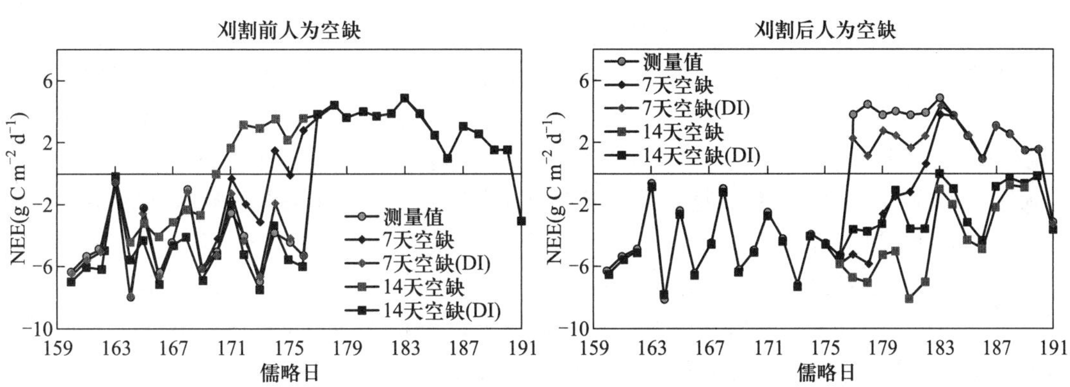

图 6.1 在人工管理草地中，使用干扰指标对所测的 NEE 数据进行空缺填补。两个 7 d 和 14 d 的人为缺失已经添加到造成中断的刈割日期前（左侧）、后（右侧）。已用平均日变化（MDV）方法来填补人为缺失（见第 6.3.3.2 节）。可以发现当使用干扰指标时，空缺填补方法的表现如何得到提升（这些数据经过平滑处理，由 Arnaud Carrara 提供）（见书末彩插）

6.3.3 方法描述

6.3.3.1 平均日变化法

平均日变化（MDV）法是基于通量的时间自相关的内插技术（Falge et al. 2001）。此方法使用相邻几天相同时段测量的有效值的平均值来代替空缺值（相同 0.5 h 或者前后缓冲1 h）。

平均周期(窗口)的长度和定义依照执行方法不同各异。一般来说,建议窗口长度不超过2周,这是因为对于过长的周期,与环境变量的非线性相关会给空缺填补引入很大的不确定性和误差(Falge et al. 2001)。同样,窗口位置可固定亦可移动,第一种情况是,窗口被预先确定并固定,每个窗口中的所有空缺都应用同一时期的平均日变化替换;第二种情况,窗口定义在每个单独空缺周围。显然,第二种方法更可取,因为空缺位于窗口的中央。

平均日变化法并不需要驱动因子,是在所有气象数据丢失的情况下唯一可行的方法。它是一种经验方法,理论上当预期存在时间自相关时,这种方法可以用于填补所有空缺变量。该方法实施简便,但其精确度和性能相对其他方法稍显逊色(见第6.4节)。

6.3.3.2 查表法

查表法(look-up table, LUT)是一种方便易行的经验方法,它用相似气象条件下的有效测量值的平均值来代替缺失值。实际上这种方法创建了一个多维表格,基于气象驱动因子来查找得到空缺值。

例如,Falge 等(2001)基于不同的季节创建了四个表格,其中用到的驱动因子是光合有效光量子通量密度(photosynthetic photon flux density, PPFD)和大气温度。按照驱动因子,将有效的 NEE 数据分类并求平均(光量子通量密度分为23级,以100 μmol m^{-2} s^{-1}为间隔;气温分35级,以2℃为间隔;总共35 * 23 = 805个分级/周期),每个缺失数据点由表格中与空缺时段驱动因子组合等级相同的 NEE 数值填补。当对于特定的两个驱动因子的组合没有有效 NEE 数值时,表格中的空缺就用线性内插法填补。

在表格准备过程中,可以根据站点特征来选择驱动因子,需要考虑的是在感兴趣的过程(即将要被填补的通量数据)中发挥更为重要作用的环境变量而不是过多的变量,否则无法获得足够的有效数据来为每个驱动因子等级组合计算稳定的平均值。一般来说,从入射辐射和散射辐射、大气和土壤温度、土壤含水量、水汽压差中选取3~4个变量就足够了。

此外,每年设计的表格数量也是需要考虑的一个重要方面。如果有效数据充足,就可能有每月或双周的查表法,在这种情况下,驱动因子等级的数目会变少。另外,驱动因子的确定可以依照所处物候循环和日进程的时期而更改,例如入射辐射不属于夜间的驱动因子。

Reichstein 等(2005)提出一种方法(边际分布采样法, marginal distribution sampling, MDS),这一方法将气象变量与通量的协变和通量的时间自相关同时考虑在内。在他们提出的方法中,相似气象条件需从要填补的空缺附近取样,缺口周围的窗口尽可能小到包括足够数目的相似气象条件下的有效数据以计算平均通量。在他们的方法中,为找到驱动因子数量和窗口长度之间的平衡点,可以调整用于评价气象条件相似度的驱动因子。而入射辐射、气温和水汽压差是首要考虑的因素;接着,假使窗口超过了预先确定的最大长度,就只需考虑入射辐射;最后是平均日变化法(见第6.3.3.1节)。对于给定的空缺,在无法获得足够数量的有效数据来计算特定窗口长度和驱动因子组合下的平均值时,就需要进一步扩大窗口尺寸或减少考虑的驱动因子数目;他们的研究对不同条件下如何选择两种方案的策略给出了很好的解释,并且可以用作参考。边际分布采样法作为集中处理模式中一种可行的标准空缺填补方法,已在欧洲数据库投入使用(见第17章)。

6.3.3.3 人工神经网络法

人工神经网络(artificial neural network, ANN)法是纯经验、非线性回归模型,中等使用难度。人工神经网络法包含了一组节点,一般以层组织,并且通过相当于回归参数的权重来连接(Bishop 1995; Rojas 1996)。人工神经网络法的第一步是称作"训练"(training)的网络参数化过程。人工神经网络的训练是通过给它提供输入数据(驱动因子)集及相关的输出数据而实现的,就空缺填补应用来说,输出数据是指有效的通量值。一旦人工神经网络训练完成,输出对驱动因子变量的潜在依赖性就映射到权重上,接下来就可以用人工神经网络预测缺失数值。

有不同的算法可以训练人工神经网络,其中最常用的是反向传播算法(back-propagation algorithm),人工神经网络的训练是这样执行的:通过加权的连接使输入数据穿过节点,再反向传播计算预测和实际输出值之间差异的误差,接着调整权重使误差最小化(Papale and Valentini 2003; Braswell et al. 2005)。

与查表法相似,在人工神经网络中,选择合适的且驱动通量变化的相关环境变量作为输入值十分重要。可能是大的数据集(例如在站点测量的所有气象变量)或仅是预选子集。对于第一种情况,人工神经网络法有可能使用(即分配高权重给)平常不会被考虑的变量作为驱动因子,而在第二种情况下,这些变量很可能被剔除,但是仍然需要注意增加输入变量的数量会导致自由度(权重数目)的增加,并且需要更大的训练数据集以避免模型过度拟合和随之而来的泛化能力(generalization ability)的下降。

训练数据集的质量和代表性同样很重要。人工神经网络法像所有纯粹的经验模型一样,只能映射和提取在参数化中使用的数据集中呈现的信息;因此,数据集必须确保其准确性,并涵盖尽可能多且尽可能均质的不同生态系统状态(例如季节、物候期及日进程)。对训练数据集作预采样以确保不同条件下的同等覆盖以及使用模糊值来代表诸如时间等附加信息已被测试并且使用,结果显示良好(Papale and Valentini 2003; Moffat et al. 2007)。同样,正如第6.3.2.1节介绍的,对日间和夜间的不同人工神经网络进行训练(使用不同的驱动因子)或用邻近年份的数据训练不同时间段的不同人工神经网络能够提高方法的表现。

人工神经网络法在碳通量空缺填补上有良好表现(见第 6.4 节),正因如此,欧洲数据库和国际通量观测网络(FLUXNET)将此技术与之前介绍的边际分布采样法作为标准使用。人工神经网络法需要无空缺的驱动因子数据集,所以首先要对气象变量进行空缺填补(第 6.3.1 节),如果实施起来有困难,即当缺失一或两个驱动因子时,就需要使用另外的方法(例如平均日变化法,第 6.3.3.1 节)。

6.3.3.4 非线性回归法

非线性回归法的基础是参数化的非线性方程,这些方程表达了通量和环境变量(一般是 CO_2通量的温度和光照)之间的半经验关系。目前提出了不同的版本和实现方式(Falge et al. 2001; Hollinger et al. 2004; Barr et al. 2004; Desai et al. 2005; Richardson et al. 2006; Noormets et al. 2007),但主要使用的是两个不同的方程,一个用于夜间数据,通常将其估算为温度的函数;另一个用于日间数据,使用光响应函数。

通量对于光合有效光量子通量密度的响应通常用类似米氏方程(Michaelis and Menten

equation)的等轴双曲线函数(公式(9.6),见第 9.3.3.4 节)或米切利希方程(Mitscherlich equation)之类的指数方程(公式(9.8),见第 9.3.3.4 节)(Falge et al. 2001)来模拟。夜间数据最常用的是劳埃德-泰勒方程(Lloyd-Taylor equation)和阿伦尼乌斯方程(Arrhenius equation)(公式(9.5),见第 9.3.2.2 节)(Lloyd and Taylor 1994; Falge et al. 2001;Moffat et al. 2007)。两个方程都以温度作为驱动因子,使用大气或土壤温度。

所有函数的参数估计通过使用测量的有效数据来实现。在估计之前需要认真检查数据,只使用准确的测量值。另外,回归参数仅能在一定时间内作为常数使用,以适应在方程中未被考虑的所有其他驱动因子在一年中的变化(即季节、水资源可利用量等)。

虽然参数由测量值估计得出,但驱动因子和通量之间的函数形式却是人为施加,因此该方法具有半经验的特点。当模拟活动中需要被填补的数据时,这是需要考虑的一个重要方面,因为要验证或参数化的模型可能使用相同的函数关系来关联,比如温度和呼吸,从而导致伪相关(spurious correlation)(见第 6.2 节)。此外,只有在关联气象变量与通量的函数关系非常清晰且稳定时,这个方法才适用。

6.3.3.5 过程模型

在过程模型中,我们可以将所有用于估计和预测通量的模型包括在内,模拟发生的所有过程,并且通常不仅使用气象变量,还使用类似土壤和植被特征以及其他状态变量(如叶面积指数(leaf area index, LAI)和生物量等)作为输入值。这些模型通常不是专门开发用于空缺填补。

在这些充分利用我们对生态系统运行过程认知的模型中,数据被用于限制一些模型参数。这样做的优势在于,假设模型中的过程与代表的实际情况比较吻合,就有可能用它来重建长时间段的空缺甚至不同气候下的通量,例如不同年份的涡度协方差测量。然而,其缺点与模型中重现过程的不确定性有关,某些重要过程可能全部丢失,或者没有被正确重现。

这一方法的使用相当复杂,并且需要研究者具备模型和参数最优化技术的知识。计算的结果可被用于站点水平分析,但若两个模型的路径或函数相似,则不能用于模型校验和参数化。

6.4 不确定性与质量标记

不确定性估计是在数据空缺填补时经常需要包含在内的重要信息。在空缺填补的数值中,主要有两个不同的不确定性来源:其一是由不同空缺填补方法对同一缺失数据点给出的多样化估计造成的;其二是由于选取的空缺填补模型参数化的不确定性造成的,例如空缺越长,不确定性可能越大。

Moffat 等(2007)在比较碳通量空缺填补方法时指出,绝大多数的方法都能给出良好的结果,通常误差的大小接近于数据中的噪声组分(见第 7.3.3.3 节),但像人工神经网络法和边际分布采样法之类的经验方法效果稍显更好。基于这些结果可以推断,在使用高性能的方法时,如果空缺长度不太长,用于确定空缺填补模型参数的可用数据集又足够多且质量良好,那么与空缺填补方法选择相关的不确定性会相对较小。

评估由于参数化所导致的不确定性的最好方法与所选择的方法有关。参数化的质量是关于数据点的数量、数据质量以及用于约束模型的变量数目的函数。总体而言，处于一般生态系统状态变化的长空缺（例如生长季阶段、地下水位、养分利用率）更难填补，而与空缺填补值相关的不确定性一般比短空缺更高。由于空缺中心与用于估计参数值的测得数据的距离（时间距离及由此导致的生态条件）最远，其不确定性最高。

评估每个空缺填补值的不确定性或置信水平十分重要。这些信息对于正确的数据分析和阐释必不可少。就本章介绍的一些方法来说，其不确定性水平的估计相对简单。例如，在查表法（见第 6.3.3.2 节）中，同一驱动因子组中通量值的标准偏差表征该方法认为相似的数据组内部存在的变异性。这同样也适用于平均日变化法（见第 6.3.3.1 节），其中相邻日期内同一时间测量值的标准偏差或百分位分布提供了有关空缺填补值的不确定性的信息。对于其他情况，如使用人工神经网络法或非线性回归法时（见第 6.3.3.3 节、第 6.3.3.4 节），其不确定性的评估可以通过使用有效数据的子集对同一模型的不同版本参数化，进而获取同一空缺的不同结果来实现。

生成包含在数据集中的应用填补方法的附加信息非常重要，其独立于每个空缺填补值相关的不确定性的估算。这些信息可以包含每个单独半小时缺失值与第一个有效数据的距离、关于填补空缺的驱动因子的指示、需要找到足够数据来模型参数化的窗口长度以及使用的数据点数量。另外，可以定义和添加用于总结每个空缺填补值期望质量的质量标记；质量标记的实例请见 Reichstein 等（2005）研究的附录。

6.5 结 束 语

空缺填补有时不可避免，尤其是在需要日到年的汇总值的时候，并且方法也各有不同。Moffat 等（2007）综合研究分析表明，对短于 10 d 的空缺，在存在相关气象驱动因子的条件下，所有的空缺填补方法结果都普遍良好。此外也有研究显示，在受到人工管理的站点中，包括间断（见第 6.3.2.1 节）在内的信息可以改善填补结果。

决定选择哪种方法时应当考虑不同的因素。首先是驱动因子的有效性：如果无法获得气象数据，通常只能用平均日变化方法，那么与拟合值相关的不确定性就会很大。另一个需要着重考虑的方面是，当空缺填补值被用于过程模型验证时，数据和模型结果之间就会存在虚假或循环关系的可能性。在这些情况下，使用纯粹的经验方法就比较重要了。

在执行阶段出现的问题也可能阻碍某些方法的使用。但在这种情况下，使用数据库提供的集中式空缺填补服务可以无需在本地执行而使用最优方法。

最后，由于空缺填补质量和不确定性（估算时通常很重要）、气象数据的有效性以及管理与扰动事件的信息之间存在紧密联系，仔细记录所有有关站点的辅助信息，并且在涡度协方差塔附近安装一个独立供电的备用气象站就显得尤为必要了。

参考文献

Barr AG, Black TA, Hogg EH, Kljun N, Morgenstern K, Nesic Z (2004) Inter-annual variability in the leaf area index of a boreal Aspen-Hazelnut forest in relation to net ecosystem production.Agric For Meteorol 126:237-255

Bishop CM (1995) Neural networks for pattern recognition. Oxford University Press, Oxford

Braswell BH, Sacks B, Linder E, Schimel DS (2005) Estimating ecosystem process parameters by assimilation of eddy flux observations of NEE. Glob Change Biol 11:335-355

Desai AR, Bolstad P, Cook BD, Davis KJ, Carey EV (2005) Comparing net ecosystem exchange of carbon dioxide between an old-growth and mature forest in the upper Midwest, USA. Agric For Meteorol 128(1-2):33-55

Falge E, Baldocchi D, Olson RJ, Anthoni P, Aubinet M, Bernhofer C, Burba G, Ceulemans R, Clement R, Dolman H, Granier A, Gross P, Grünwald T, Hollinger D, Jensen N-O, Katul G, Keronen P, Kowalski A, Ta LaiC, Law BE, Meyers T, Moncrieff J, Moors E, Munger JW, Pilegaard K, Rannik Ü, Rebmann C, Suyker A, Tenhunen J, Tu K, Verma S, Vesala T, Wilson K, Wofsy S (2001) Gap filling strategies for defensible annual sums of net ecosystem exchange. J Agric For Meteorol 107:43-69

Gove JH, Hollinger DY (2006) Application of a dual unscented Kalman filter for simultaneous state and parameter estimation in problems of surface-atmosphere exchange. J Geophys Res 111:D08S07. doi:10.1029/2005JD006021

Hammerle A, Haslwanter A, Tappeiner U, Cernusca A, Wohlfahrt G (2008) Leaf area controls on energy partitioning of a temperate mountain grassland. Biogeosciences 5(421):431

Hollinger DY, Aber J, Dail B, Davidson EA, Goltz SM, Hughes H, Leclerc M, Lee JT, Richardson AD, Rodrigues C, Scott NA, Varier D, Walsh J (2004) Spatial and temporal variability in forest-atmosphere CO_2 exchange. Glob Change Biol 10:1689-1706

Hui D, Wan S, Su B, Katul G, Monson R, Luo Y (2004) Gap-filling missing data in eddy covariance measurements using multiple imputation (MI) for annual estimations. Agric For Meteorol 121:93-111

Lloyd J, Taylor JA (1994) On the temperature dependence of soil respiration. Funct Ecol 8: 315-323

Moffat AM, Papale D, Reichstein M, Hollinger DY, Richardson AD, Barr AG, Beckstein C, Braswell BH, Churkina G, Desai AR, Falge E, Gove JH, Heimann M, Hui D, Jarvis AJ, Kattge J, Noormets A, Stauch VJ (2007) Comprehensive comparison of gap-filling techniques for eddy covariance net carbon fluxes. Agric For Meteorol 147:209-232. doi:10.1016/j.agrformet.2007.08.011, ISSN: 0168-1923

Noormets A, Chen J, Crow TR (2007) Age-dependent changes in ecosystem carbon fluxes in managed forests in northern Wisconsin, USA. Ecosystems 10:187-203

Papale D, Valentini R (2003) A new assessment of European forests carbon exchanges by eddy fluxes and artificial neural network spatialization. Glob Change Biol 9:525-535

Papale D, Reichstein M, Aubinet M, Canfora E, Bernhofer C, Longdoz B, Kutsch W, Rambal S, Valentini R, Vesala T, Yakir D (2006) Towards a standardized processing of Net Ecosystem Exchange measured with eddy covariance technique: algorithms and uncertainty estimation. Biogeosciences 3:571-583

Reichstein M, Falge E, Baldocchi D, Papale D, Aubinet M, Berbigier P, Bernhofer C, Buchmann N, Gilmanov T, Granier A, Grünwald T, Havrankova K, Ilvesniemi H, Janous D, Knohl A, Laurila T, Lohila A, Loustau D, Matteucci G, Meyers T, Miglietta F, Ourcival JM, Pumpanen J, Rambal S, Rotenberg E, Sanz M, Tenhunen J, Seufert G, Vaccari F, Vesala T, Yakir D, Valentini R (2005) On the separation of net ecosystem exchange into assimilation and ecosystem respiration: review and improved algorithm. Glob Change Biol 11:1424–1439

Richardson AD, Braswell BH, Hollinger DY, Burman P, Davidson EA, Evans RS, Flanagan LB, Munger JW, Savage K, Urbanski SP, Wofsy SC (2006) Comparing simple respiration models for eddy flux and dynamic chamber data. Agric For Meteorol 141:219–234

Rojas R (1996) Neural networks. Springer, Berlin

Wohlfahrt G, Hammerle A, Haslwanter A, Bahn M, Tappeiner U, Cernusca A (2008) Seasonal and inter-annual variability of the net ecosystem CO_2 exchange of a temperate mountain grassland: effects of weather and management. J Geophys Res 113:D08110. doi:10.1029/2007JD009286

第 7 章

不确定性的量化

Andrew D. Richardson, Marc Aubinet, Alan G. Barr, David Y. Hollinger, Andreas Ibrom, Gitta Lasslop, Markus Reichstein

7.1 引　　言

世界上存在着已知的已知事物，这些事物我们知道自己知道。世界上也存在已

A.D.Richardson(✉)
Department of Organismic and Evolutionary Biology, Harvard University Herbaria, 22 Divinity Avenue, Cambridge, MA, 02138 USA
e-mail: arichardson @oeb.harvard.edu

M.Aubinet
Unit of Biosystem Physics, Gembloux Agro-Bio Tech., University of Liege, 5030 Gembloux, Belgium
e-mail: Marc. Aubinet@ulg.ac.be

A.G.Barr
Environment Canada, 11 Innovation Blvd, Saskatoon, SK S7N 3H5 Canada
e-mail: Alan.Barr@ec.gc.ca

D.Y.Hollinger
USDA Forest Service, Northern Research Station, 271 Mast Road, Durham, NH, 03824 USA
e-mail: dhollinger@fs.fed.us

A.Ibrom
Risø National Laboratory for Sustainable Energy, Technical University of Denmark (DTU), Frederiksborgvej 399, 4000 Roskilde, Denmark
e-mail: anib@risoe.dtu.dk

G.Lasslop · M.Reichstein
Max-Planck Institute for Biogeochemistry, 07745 Jena, Germany
e-mail: gitta.lasslop@zmaw.de; mreichstein@bgc-jena.mpg.de

M.Aubinet et al. (eds.), *Eddy Covariance: A Practical Guide to Measurement and Data Analysis*, Springer Atmospheric Sciences, DOI 10.1007/978-94-007-2351-1_7,

知的未知事物，这就是说，有些事物我们知道自己不知道。同时，世界上还存在未知的未知事物，也就是说，我们并不知道自己不知道。（唐纳德·拉姆斯菲尔德，2002.2.12）

尽管我们做了最大的努力，但测量永远不会完美，所有的测量都有误差或不确定性（Taylor 1991）。不确定性的来源包括操作误差（不够小心、手忙脚乱（blunders））、群体抽样误差（抽样设计缺陷）、仪器故障（失灵或出错）、校准误差（0 点和跨度）、仪器限制（有限的分辨率或不恰当的使用）及测量条件与基础理论不符合。误差不可避免，但在一定程度上可以减少，例如改进实验设计和更重视校准。

由于以下两个原因，查明误差来源和量化其性质及程度是十分必要的。首先，减少误差的努力可以针对误差的最大来源；其次，在数据分析和解释时可以将不确定性考虑进去。例如，一个测量结果到底是 10.0±0.1 g，10±1 g，还是 10±10 g？——不确定性的大小可能会影响我们如何理解数据或判断使用哪种数据，这是因为更大的不确定性（换句话说就是有限的信息内容）会减少数据的有效性。

物理学和工程学有开展及报告详细的误差分析的悠久历史（如 Kline and McClintock 1953）。而在环境学和地球科学里，现在才开始认识到应更加重视量化的不确定性，尤其是考虑到这些数据在管理策略和政策决策上的潜在应用（Ascough et al. 2008）。在不确定性量化这一点上，与政策相关的必不可少的项目例子包括碳核算和减缓气候变化的措施，以及在气候变化或土地利用变化下水平衡的量化。

在涡度协方差测量地-气通量方面，特别是 CO_2，一些特殊的应用需要不确定性信息。下面列举三个例子：

（1）在对两套测量数据（比较“站点 A”和“站点 B”）或在测量与模型（模型“验证”或“评估”）（Hollinger and Richardson 2005; Medlyn et al. 2005; Ibrom et al. 2006）之间进行统计学上有效性比较时，需要不确定性估算。只有在了解数据不确定性的情况下，才能对单个观测数据生成一个特定的统计显著度水平上的置信区间，或者才能对一组观测数据计算统计值（例如 X^2）。即使从非正式的意义上说，掌握不确定性也可以指导我们对数据的解释；对不确定性小的测量值，我们应该更有信心，而对不确定性大的测量值，我们的信心会更少。

（2）虽然对数据在空间（从地区到洲际）或时间（计算年或十年时间尺度上的通量积分）上的尺度扩展并不严格要求估算的不确定性，但是如果所产生的数据产品被用于制定政策或风险评估，那么这个信息至关重要。举例来说，对于“估算的区域碳汇强度的真实置信区间是多少?”这样的问题，在没有对不确定性进行全面解释并且将这种方法在尺度分析中进行传递的情况下是无法回答的。

（3）通量数据通常被用于“数据模型融合”，这涉及系统的严格定量的方式。通过这种方式，观测数据包括通量及储量测量被用于约束过程模型（Raupach et al. 2005; Williams et al. 2009; Wang et al. 2009）。为了以一种统计学上可靠的方式来开展这项分析，所有数据流中的不确定性信息必须纳入到那些被认定为数据模型一致性最优化的基础——目标函数（objective function）（或“成本函数”（cost function））内。因此，那些已知或假定的数据不确定性都会直接影响参数估计和模型预测的后验分布，这点已经被最近 OptIC（Trudinger et al. 2007）和 REFLEX（Fox et al. 2009）的实验所证明。在此基础上，Raupach 等（2005）认为“数据的不确定性和数值本身一样重要。”

7.1.1 定义

分析化学国际溯源性合作组织(Cooperation on International Traceability in Analytical Chemistry, CITAC)自发维护了一个基于互联网的指南来量化分析测量中的不确定性(http://www.measurementuncertainty.org/),其中对“误差”和“不确定性”做出了区分。这里我们沿用这些定义:误差是一个单一值,该值表示一个单独的测量值与被测量的实际或真实数值之间的差异,而不确定性则是描述界限的一系列数值,被测量的数值预计会落在此范围内。如果误差是已知的,便可以应用这个误差进行针对性校正。另一方面,不确定性估算却不能用作诸如这种校正的基础,因为不确定性是一个范围,而不是一个单一数字。

7.1.2 误差类型

传统上,测量误差依据根本上不同的内在属性可被分为两类:随机误差和系统误差(或偏差)。在这种分法中,当合并或聚集测量时,误差以不同的方式来传递(propagate)。这样的直接后果是,随机误差和系统误差对数据解释有迥然不同的影响。

国际标准化组织(The International Organization for Standardization, ISO)采用了一种不同的分类方法(ISO/IEC 2008),将不确定性分为可以通过统计学检测确定的误差(类型“A”)以及通过其他方式来评估的误差(类型“B”),但随后以类似的方式将它们一起处理(传递(propagate))。因为在通量测量中系统误差并不恒定,我们更喜欢按照传统的方法分别传递误差。举例来说,我们对一特定的量($\hat{x}$)测量为 x;注意在这里 $x \neq \hat{x}$,这是因为测量值 x 包含了随机(ε)和系统(δ)误差,也就是说我们的实际观察值 $x=\hat{x}+\varepsilon+\delta$。随机误差 ε 是随机的,因此不可预测,可由概率分布函数(probability distribution function, pdf)来描述,一般认为其呈现标准偏差为 σ 的高斯(正态)分布。随机误差会导致“噪声”或数据“分散”,并降低测量精度;因为它们是随机的,所以不可能对其进行校正。重复测量可以被用来描述总随机误差的 pdf(例如,某棵特定的树直径的 10 次测量的标准偏差是多少?)。此外,对 n 次测量取平均会使精度增加 $1/\sqrt{n}$ 倍,从而产生所谓的平均值的标准误差。

另一方面,系统误差 δ,被认为是一个保持恒定但未知的偏差(Abernethy et al. 1985)。因此,必须通过经验判断(experience and judgment)(一般来说误差的方向是已知的,但是范围不确定)、理论分析或者补充测量(例如,比较基于通量塔的和现存量调查估计的生态系统碳储量)来估算。不同于随机误差,系统误差不能通过对测量数据本身作统计分析来确定,也不能通过取平均来减少。在通量测量中,系统误差是需要考虑的重要因素,因为其在白天和夜间可能会有所不同(Moncrieff et al. 1996),因此常常会对年净通量估计有重大影响。

上述关于平均对随机和系统误差影响的评论意味着这些误差以不同的方式积累或传递,例如在对多个测量项做数学运算时。随机误差的积累是“正交”的。如果我们测量 x_1 和 x_2($x_i=\hat{x}+\varepsilon_i$),并假设这些测量值之间的随机误差($\varepsilon_1$ 和 ε_2,其中 ε_i 是一个均值为 0,标准偏差为 σ_i 的随机变量)是相互独立的(ε_1 和 ε_2 之间的协方差为 0),那么(x_1+x_2)之和的预期误差为

$\sqrt{\sigma_1^2+\sigma_2^2}$，这经常小于$(\sigma_1+\sigma_2)$。因此人们常说随机误差“平均”(average out)了。然而，这有点令人误解，因为随机误差从来没有真正“消失”过(样本量无限大的除外)，尽管根据定义$E[\varepsilon_i]$的预期值等于0。比较而言，系统误差呈线性累积：在这种情况下，如果我们测量x_1和x_2($x_i=\hat{x}+\delta_i$)，则(x_1+x_2)预期误差的总和就简单等于$(\delta_1+\delta_2)$。关于正式(formal)误差传递的更全面处理会在其他地方给出(如 Taylor 1991)。

如上所述，在数据模型融合中，随机和系统误差之间应有一个重要的区别(Lasslop et al. 2008; Williams et al. 2009)。随机误差为数据与模型之间的吻合设置了上限。因为随机误差是随机的，它们不能被模拟(Grant et al. 2005; Richardson and Hollinger 2005; Ibrom et al. 2006)。随机误差也会导致模型参数化和归因过程(process attribution)存在更大的不确定性(从本质上来说，这是一个“等效性”的问题，狭义来说，Franks 等(1997)指出：由于数据中的随机误差或噪音，能提供相似的良好模型拟合的模型参数集会变得更大，这是因为数据的不确定性变得更大)。通过比较，没有校正的系统误差能潜在地使数据-模型融合分析发生偏移，但并不一定增加参数或模型预测的不确定性(Lasslop et al. 2008)。甚至在不存在模型误差的情况下，没有校正的系统误差也可能导致模型预测和数据约束之间的不一致，这在已知什么是随机误差或者假定有关随机误差的情况下无法被调和。

7.1.3 不确定性的描述

对于随机误差，我们喜欢用误差分布的全 pdf 来描述相关的不确定性：是正态分布，对数正态分布，均匀分布，还是双指数分布？它的矩(moments)是多少？除了标准差，我们也可能对更高阶的矩感兴趣，例如偏度和峭度。误差的方差是否恒定(同方差(homoscedastic))，或者是在以某种方式随时间变化，又或者与其他的一个或多个独立变量相关联(异方差)？连续测量的误差在时间上是否完全独立，或它们是正(或负)自相关？这些问题需要解答以选择适当的统计或分析方法。

对于系统误差，我们特别有兴趣了解偏差是以相同的程度影响所有的测量值(“全面系统误差”(fully systematic))，还是只影响特定情况下的测量(“选择性系统误差”(selectively systematic))(Moncrieff et al. 1996)。系统误差可能也会导致一个固定的偏差，此偏差或是相对的且与正在测量的值的大小成比例，或可能随时间变化。在CO_2浓度测量方面，一个0值补偿会导致一个固定偏差，然而当参照标识错误的标准作校准，即造成敏感度或量程偏差，会导致一个相对的偏差。

7.1.4 目标

在这一章，我们着重描述和量化影响涡度协方差通量测量的随机和系统误差。我们的重点将会放在一些最近的工作上，而这些工作并没有被整合到之前的综述中(如 Goulden et al. 1996; Moncrieff et al. 1996; Aubinet et al. 2000; Baldocchi 2003; Kruijt et al. 2004; Loescher et al. 2006)。

在半小时的时间尺度，随机误差趋向于非常大，即使在年通量积分的情况下也不能被忽略，尤其是因为它们会传递到空缺填补以及分配的净生态系统交换（NEE）时间序列中。很多方法被发展出来以量化随机误差；这里有对它们的总结及一般模式的描述。

通量测量中的一些系统误差已经得到很好的描述，针对它们的校正方法（有时是从我们的理论理解及处理方法的进步中得到的）已被开发出来（见第3.2.2节、第4.1节及第5.4节）。然而在许多情况下，对这些误差的校正是不完善的，因此即使应用校正之后，一些不确定性仍然存在。对于一些系统性的误差项，特别是平流，目前的做法（例如，u^*筛选）使我们能够减少但不能完全消除相关的不确定性；在这里，我们的目标是量化仍然残留的不确定性。此外我们注意到，虽然在原则上随机和系统误差之间的区别是清楚的，但在实践中区分这两者是比较困难的，这是因为许多误差包括了一个随机组分和一个系统组分，并且在变化的时间尺度中起作用。Moncrieff 等（1996）、Kruijt 等（2004）和 Richardson 等（2008）对这个想法有更充分的讨论。

我们不讨论其他类型的通量测量，如小管（cuvette）或气室法测量光合作用或呼吸作用，或在很多站点中所做的其他生态测量，因为这些都超出了本书的范围，而且在别的地方有所讨论。例如，Smith 和 Hollinger（1991）讨论和量化了气室法测量的不确定性。Davidson 等（2002）和 Savage 等（2008）描述及量化了土壤呼吸测量的不确定性。Yanai 等（2010）提出了一个估算生态系统生物量和养分收支的不确定性的方法。第10.5节中还提到了对间断涡度协方差（disjunct eddy covariance, DEC）测量中不确定性的评估。

7.2 通量测量的随机误差

通量测量的随机误差的来源很多。包括：

（1）湍流的随机本质（Wesely and Hart 1985）和相关的抽样误差，包括对大涡旋（eddies）的不完全采样，计算的垂直风速（w）和目标标量（c）之间协方差的不确定性；

（2）归因于仪器系统的误差，包括测量 w 和 c 的随机误差；

（3）由于风向和风速的变化所导致的不确定性，这会影响足迹（测量值在其上积分形成），从而影响任何单独的30 min测量到底能在多大程度上代表测量系统所处的空间点，或更普遍的周边生态系统（Aubinet et al. 2000）。

虽然可以说在本质上，（3）与（1）和（2）截然不同，不过我们这里将它包括进来作为不确定性的一个来源，这是因为当30 min测量值被汇总为年生态系统碳收支时，或当对30 min测量值进行统计分析时，或当30 min测量值被用于一个更复杂的数据-模型融合组合时，通常不会考虑足迹的变化。

接下来，我们将更细致地讨论每个不确定性来源，但要注意迄今发展出来的量化随机不确定性的方法主要着重于总的不确定性（对于需要使用不确定性信息的地方来说，这是绝大多数应用所需要的），而不是将总值解析为上述的三个成分。

7.2.1 湍流抽样误差

Finkelstein 和 Sims(2001)提供了一份与湍流抽样误差相关的不确定性的综述。他们指出,这些误差的发生是因为占总通量大部分的大涡旋在 30 min 的积分时间内不能被充分采样。他们还通过整合必要的时滞(lag)和互相关性(cross correlation)项来改进之前用于估计算出的协方差的方差的方法。Lenschow 等(1994)及 Mann 和 Lenschow(1994)从湍流的基本公式出发发展出一个公式,而这个公式提供了一个概念框架来估算飞行(aircraft)通量测量的相对误差。Hollinger 和 Richardson(2005)及 Richardson 等(2006a)修改了这个方法以提供一个基于塔的通量测量中的不确定性的近似算法。这个框架把① 协方差的方差中的不确定性估计与② 将湍流组织成大涡旋和有限的积分时间相关的不确定性分开(详情请见 Richardson et al. 2006a)。

像这样的微气象方法相当具有吸引力,它们需要估算积分时间尺度(长湍流如何保持与自己相关的估算,这意味着最有活力的涡旋尺度并且对应谱密度的峰值;Finnigan 2000)以及了解湍流统计的信息,这不仅意味着测量和误差估计是基于同样的通量方差和协方差,而且还意味着标准 30 min 的数据文件应该包括有用的信息。

7.2.2 仪器误差

测量系统造成的随机误差已经使用不同的方法得到量化。与如下所述的成对测量方法类似,Eugster 等(1997)用位于阿拉斯加苔原的两个并列塔同步测量来量化仪器的不确定性:估计结果为 H 是 7%,λE 是 9%,F_c是 15%。使用本质上一样的方法,Dragoni 等(2007)估算了一个温带落叶森林站点(Morgan Monroe)的情况,在 30 min 的时间步长,F_c仪器不确定性约为 13%,而在年时间步长上计算,不确定性累积到±10 g C m^{-2} a^{-1}或 3%的年 NEE。与此相比,Oren 等(2006)用夜间 λE 的变异作为测量系统不确定性的指标,并假设 F_c有类似的误差,在年时间步长上估计时,在杜克松林种植园的测量系统不确定性累积到±8~28 g C m^{-2} a^{-1}。

所有这些比较都建立在很难验证的假设之上,而且这种比较总是冒着混淆仪器和非仪器误差的风险。唯一明确的解决办法是采用传统的工程方法(如 Coleman and Steele 2009)以及自下而上地研究仪器的不确定性,换言之,从涡度通量仪器各组分的不确定性开始研究。

7.2.3 足迹的变化

通量测量值是跨越一个随时间变化的、通常还有点异质性的足迹而积分得到的。Oren 等(2006)重新分析了 Katul 等(1999)描述的一组实验数据,这个实验同时使用了六座塔在杜克松林进行涡度协方差测量以区分① 空间变异性(即"生态系统活性"(ecosystem activity)的差异)和② 湍流抽样误差对测量不确定性的相对贡献。这项研究发现,即使在一个相对同质的森林里,在 30 min 的时间步长,空间变异性(≈10%的白天通量测量值)占测量不确定性的 50%。在年时间步长上,空间变异积累的不确定性为±25~65 g C m^{-2} a^{-1},或在某些年份达到年总 NEE 不确定性(包括经过数据填补的,±79~127 g C m^{-2} a^{-1})的 50%。与此相关,根据 Schmid 等(2003)的观察,基于所使用的数据是在 34 m 还是在 46 m 高度所测量的,密歇根大学生物站(University of Michigan Biological Station, UMBS)落叶阔叶林的年 NEE 积分值的差值达到了 80 g C m^{-2} a^{-1},这大概也部分反映了足迹的差异。

7.2.4 量化总随机不确定性

如果每个随机误差的来源都可以被独立量化,那么通量测量的总随机不确定性可通过各单独不确定性的加和而估算获得。一个更直接的方法是开展统计分析,直接得出总随机不确定性的估值。三种方法已被发展出来,分别为"配对塔"(paired tower)、"24 h 差分"(24 h differencing)和"模型残差"(model residual)。

Finkelstein 和 Sims(2001)提出,配对塔的方法是基于这样一个前提,即对某一量的重复且独立的测量能被用来估计这些测量中随机误差(ε)的统计特性。Hollinger 等(2004)以及 Hollinger 和 Richardson(2005)用位于 Howland 森林的 AmeriFlux 站点中相距约 800 m 的两座塔同步测量($x_{1,t}$和 $x_{2,t}$)来估计误差的矩,他们假设两座塔的测量误差($\varepsilon_{1,t}$和 $\varepsilon_{2,t}$)相互独立,并且分布一致。这个假设要站住脚,足迹区必须不重叠,才会使塔 1 和塔 2 的湍流抽样误差呈不相关(参见 Rannik 等(2006),他们用两个塔的数据估计了不确定性,因为两塔只相距 30 m,有重叠的足迹区并从而导致抽样误差相关,还有 Dragoni 等(2007)使用两个分开约 1 m 的仪器系统来开展同步的通量测量以量化仪器随机误差)。然后,测量误差的标准偏差可用公式(7.1)估算,使用多个真实的 $x_{1,t}$和 $x_{2,t}$值(即随时间重复)来获得更精确的 ε 统计估计。

$$\sigma(\varepsilon_t)=\frac{\sigma(x_{1,t}-x_{2,t})}{\sqrt{2}} \tag{7.1}$$

这种有效方法的关键是:① 在给定的半小时内,塔 1 足迹内的环境条件与塔 2 足迹内的几乎一致;② 塔 1 和塔 2 的足迹内植被、土壤等极其相似,使得对非生物驱动力的生物学响应是一样的。这些能确保 $x_{1,t}$和 $x_{2,t}$基本上是对同一量的测量,使得配对测量值之间的差异完全由测量误差(包括所采样的足迹的随机变化)造成,而不是因为生物或非生物因素的差异。

认识到全世界没有几个涡度协方差站点的两座塔能满足配对塔方法中"相似但独立"的准则,Hollinger 和 Richardson(2005)提出了以时间换空间的 24 h 差分法,随后由 Richardson 等(2006a, 2008)应用在 AmeriFlux 和 CarboEurope 一系列的站点。基于这种方法,在单个塔所开展的两组通量测量($x_{1,t}$和 $x_{1,t+24}$)恰好相隔 24 h(最小化昼夜的影响)并且在相似的环境条件下,被认为近似上述的双塔配对同时测量。需要相似环境条件的标准被包括进来是为了保证 $x_{1,t}$和 $x_{1,t+24}$之间的区别在很大程度上被归因于随机误差而不是环境压力;为了这个筛选,PPFD 的差异在 75 μmol m^{-2} s^{-1}内,空气温度的差异在 3℃内,风速的差异在 1 m s^{-1}内,饱和气压差的差异在 0.2 kPa 内,这可以产生一个可接受的在需要类似的环境条件以及期望获得一个足以估计 ε 统计值的足够大的测量配对的样品尺寸之间的平衡(Richardson et al. 2006a, 2008)。据报道,更严格的筛选(例如,如果每半小时平均的风向相差超过≈±15°则排除数据)会造成不确定性的适当降低(≈10%),而可接受的测量数据对的数目则会大量减少。

第三个,模型残差法使用高度调整的经验模型与通量测量之间的差异(Richardson and Hollinger 2005; Richardson et al. 2008; Stauch et al. 2008; Lasslop et al. 2008)来作为 ε 的估计值。原则上,它假设模型误差是可以忽略的,而模型残差几乎完全可以归因于随机测量误差。这种假设在很大程度上已被 Moffat 等(2007)和 Richardson 等(2008)所证实。这种方法优于 24 h 差分法的地方是有更多的推测误差估算值可被用于估计 ε 的统计参数。

Hollinger 和 Richardson(2005)不仅展示了配对塔法和 24 h 差分法提供大致相近的通量测量的不确定性估计值,同时还证明了这些都与 Mann 和 Lenschow(1994)的抽样误差模型的预测值之间存在合理的一致性(见第 7.2.1 节)。Richardson 等(2008)表明模型残差法所估计的不确定性(20%或更高,实际量取决于所使用的模型)比 24 h 差分法所产生的要大,这大概是因为即使在最好的情况下,模型的误差并不能被完全消除。但是整体形式,尤其是关于 ε 的 pdf 以及 $\sigma(\varepsilon)$ 随通量大小而变化的方式,被发现是极为相似的(尤其是考虑到这种不确定性估计是内禀不确定的),且与方法无关。尽管如此,方法之间的关键区别是依靠成对观测值的两种方法都无法估计奇矩,例如偏度,这是因为差分化意味着产生对称的概率分布函数(pdf)。虽然模型残差法展示了正偏度的结果(Richardson et al. 2008),尤其是对接近 0 的通量,但这可能仅仅是调查者有偏好地去除了正的或负的离群值以及选择性地数据编辑的结果。

7.2.5 随机不确定性的整体模式

与用于量化通量测量随机不确定性的方法无关,即使是在不同的通量(即 H 和 λE 以及 F_c)以及各种各样的站点及生态系统类型中,两个有关不确定性的特点已被证明是非常稳健的(Hollinger and Richardson 2005; Richardson et al. 2006a, 2008; Stauch et al. 2008; Lasslop et al. 2008; Liu et al. 2009)。

首先,测量值的随机不确定性的标准差(μmol m^{-2} s^{-1})常随所探讨的通量($|F_s|$)的量级增加而增加,这种关系可以近似表达为公式(7.2)(见表 7.1 和图 7.1):

$$\sigma(\varepsilon_s)=a+b|F_s| \tag{7.2}$$

对于 F_c,y 轴上的非 0 截距 a 在不同站点之间是不同的,典型值为 0.9~3.5 μmol m^{-2} s^{-1}(Richardson et al. 2008)。相比之下,斜率 b 在站点之间的变化范围更窄,通常为 0.1~0.2。当截距 a 不为 0 时,即便通量为 0,仍然存在基本的残差不确定性;这意味着相对误差随着通量的增大(见第 7.2.1 节,基于湍流统计的误差模型,其相对误差被认为是常数)而减少。

第二,通量测量值不确定性的总体分布呈非高斯分布,最明显的是它有强烈的尖峰——这意味着它有最高值并且有厚尾;拉普拉斯分布或双指数分布是很好的 pdf 近似值。因此,相比正态的误差分布,不仅大的误差会更常见,非常小的误差也会更常见。有人提出,尖峰分布是高斯分布与非恒定方差(Hollinger and Richardson 2005; Stauch et al. 2008; Lasslop et al. 2008)叠加的结果。事实上,Lasslop 等(2008)表明误差标准化(对每个通量观测值除以预期标准差)之后,总体分布会近似高斯分布。然而在一些站点,即使将通量数据合并成相对较窄的级别,接近 0 值的通量的随机误差仍然呈非正态分布(例如,$-1<F_c<1$,图 7.2),而对于较大的吸收通量($F_c<-10$ μmol m^{-2} s^{-1},图 7.2),误差往往更接近高斯分布(见 Richardson et al. 2008 的

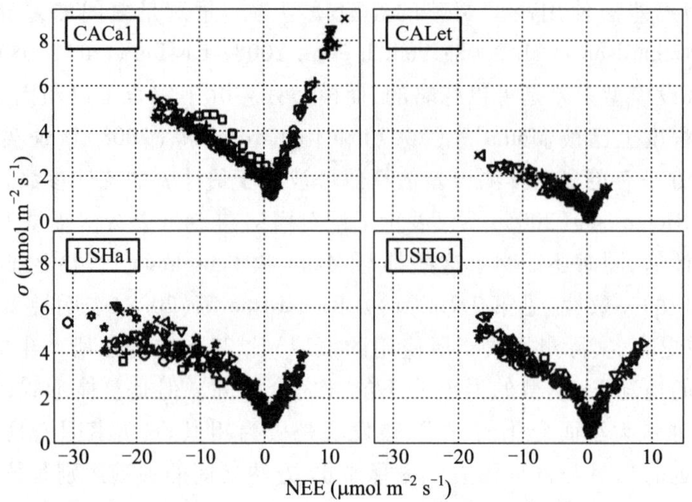

图 7.1 在4个温带站点,随机不确定性(1σ)随通量大小(NEE,μmol m^{-2} s^{-1})的尺度变化,其中CACa1为Campbell河成熟林分站点,优势物种为常绿针叶林道格拉斯冷杉;CALet为加拿大莱斯布里奇的大平原草地站点;USHa1为哈佛森林EMS塔,优势种为橡木的落叶阔叶林站点;USHo1为Howland森林主塔,优势种为云杉的常绿针叶林站点。随机不确定性通过已校准的Fluxnet-Canada空缺填补算法的残差来估算,而该空缺填补算法也被用于预测NEE(来源:Barr,Hollinger和Richardson,未发表数据)。不同的符号代表不同年份的数据,表明不确定性的估算持续进行

表 7.1 H、λE 及 F_c 的随机测量误差随 F 的大小线性变化。之前的三项研究结果总结见于下表。括号内为可获得的参数估计值的标准误。所有的斜率系数显著不同于0(P<0.01)

(A) Hollinger 和 Richardson(2005);双塔

站点		不确定性
Howland	H	$10+0.22\lvert H\rvert$
	λE	$10+0.32\lvert\lambda E\rvert$
	F_c	$2+0.1\ F_c(F\leqslant 0)$
		$2+0.4\ F_c(F\geqslant 0)$

(B) Richardson 等(2006a);24 h 差分法

通量		不确定性 $F\geqslant 0$	$F\leqslant 0$
H	林区	19.7(3.5)+0.16 (0.01)H	10.0(3.8)−0.44 (0.07)H
	草地	17.3(1.9)+0.07 (0.01)H	13.3(2.5)−0.16(0.04)H
λE	林区	15.3(3.8)+0.23(0.02)λE	6.2(1.0)−1.42(0.03)λE
	草地	8.1(1.7)+0.16(0.01)λE	没有数据
F_c	林区	0.62(0.73)+0.63(0.09)F_c	1.42(0.31)−0.19(0.02)F_c
	草地	0.38(0.25)+0.30(0.07)F_c	0.47(0.18)−0.12 (0.02)F_c

续表

(C) Richardson 等(2008);林区站点	
方法	不确定性
模型残差(神经网络)	1.69(0.20)+0.16(0.02)$\|F_c\|$
配对观测	1.47(0.22)+0.17(0.02)$\|F_c\|$

图 3)。我们使用模型残差方法对整个 La Thuile FLUXNET 的数据做了一次分析(图 7.3)。我们发现了上面所讨论的模式,即一个峭度为正的模型残差的整体分布,但是当非恒定方差通过标准化而计算在内时,模型残差得到极大的降低(虽然没有完全减少)。在一些站点的误差分布中也明显存在偏度,尤其在夜间(Richardson and Hollinger 2005; Barr et al.,未发表结果)。Richardson 等(2008)发现去除最大和最小的 1%残差通常会导致一个更对称分布的 ε,同时还减少了峭度(如图 7.3)。然而,不建议盲目过滤野点(outlier),这会造成峭度和偏度加剧,此外还会改变测量的随机误差的概率分布函数的表观,这有可能影响年通量的估算。

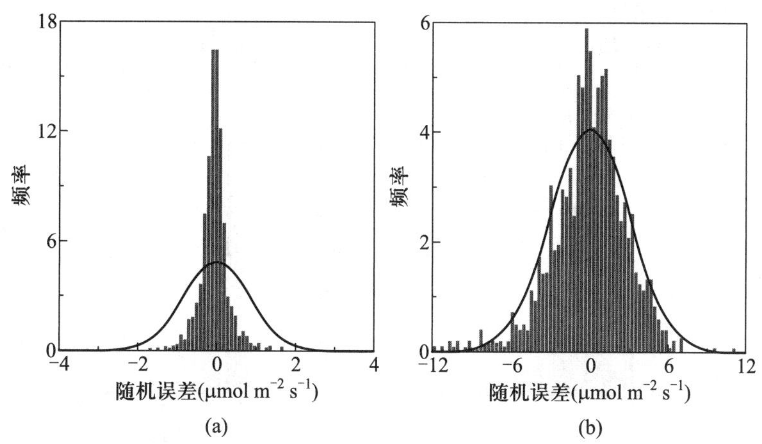

图 7.2 (a)接近于 0 的通量($-1 \leqslant F_c \leqslant 1$,$n=2544$,标准差 = 0.82,峭度 = 123.92)与(b)大的吸收通量($F_c \leqslant -10$ μmol m^{-2} s^{-1},$n=949$,标准差 = 2.97,峭度 = 1.99)的预测随机误差的概率分布对比。随机误差的估计使用配对塔方法(在美国通量网络 Howland 森林站点的"主塔"与"西塔")。在两张图中黑线都表示正态分布

因此,虽然在站点间有一些通用模式,但由于存在站点性质的差异以及站点负责人使用数据接受处理方式上的不同,研究者需要参照这里描述的方法(也见 Richardson et al. 2006a, 2008; Lasslop et al. 2008)针对各站点进行细致的随机误差分析。我们注意到,每个站点必须就有效通量数据在多大程度上受到一个独立过程(非生物或大气的)的污染做出决定。如果被判断证实,那么就可以使用各种方法来识别和删除这些野点(Barnett and Lewis 1994)。然而,数据裁剪方法对数据的基本统计分布十分敏感,而且应该基于误差 pdf 来使用适当的确定野点的方法。Barnett 和 Lewis(1994)为高斯和双指数分布提供了解决方法。

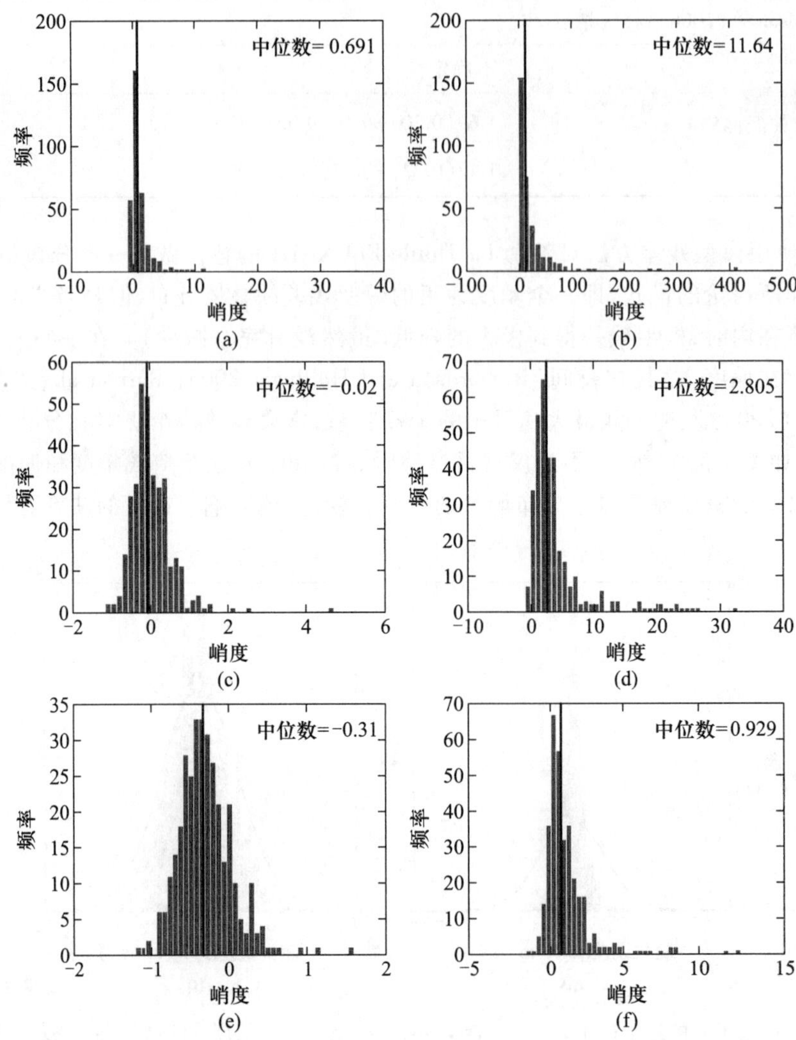

图 7.3 国际通量观测网络的 332 个站点-年的半小时随机误差估计值的峭度直方图。在第一列，只使用了高值通量(NEE<−20 μmol m^{-2} s^{-1})的误差估计值；第二列，只使用了 |NEE|<1 μmol m^{-2} s^{-1} 的误差估计值。第一行展示了不考虑变量标准偏差的误差峭度，而第二行展示了用变量标准偏差均一化的误差峭度，第三行显示了修整过(trimmed, 1%)的误差分布的尾巴，并且误差被均一化

最大似然法常被用于确定能使采样数据概率(似然率)最大化的模型参数(从简单回归模型的系数到复杂碳循环模型的生理参数)。此方法通过使用依赖于数据误差结构的估计值(似然函数)将数据不确定性的先验知识考虑在内。对于拥有稳定方差的正态分布数据，最大似然率通过普通最小二乘法来计算。如果误差分布被视作遵循拉普拉斯分布，那么最小化绝对偏差的总和(而不是偏差平方和)是合适的。如果误差是异方差的，正如通常情况下的涡度通量数据，那么观测值应该适当降低权重，一般是 $1/\sigma(\varepsilon)$(绝对偏差加权)或 $1/\sigma^2(\varepsilon)$(最小二乘加权)。应当指出的是，不同的最小化准则可能会导致不同的最适参数集、参数协方差和

不确定性的估计值,更不用提对数据的不同解释了(Richardson and Hollinger 2005; Lasslop et al. 2008)。

关于随机测量误差,一些值得关注的额外细节如下:

(1) 在一些站点,对于较大的负通量,通量大小和不确定性之间的关系趋于稳定(USHa1;图 7.1);

(2) 在很多但并不是所有的(Richardson et al. 2006a, 2008; Barr et al.,未发表结果)站点,通量为正时(即夜间释放)的斜率 b 比负时(即白天吸收)的要大。这可能和站点负责人删除野点和编辑数据有关,或者与在日间的不稳定条件及夜间的稳定条件之间不同的湍流输送统计相关;

(3) 虽然 Raupach 等(2005)建议,所测得通量中的误差应该是相互关联的(即,F_c的误差与 λE 的误差之间呈正相关),但 Lasslop 等(2008)表明情况并非如此。考虑到不同的标量由同一湍流涡旋所携带,这令人惊讶,但是对这种观测的一个可能解释是不同通量在生态系统内的交换场所不同(讨论见 Hollinger 和 Richardson(2005))。与 Lasslop 等(2008)的结果相反,Howland(Hollinger, 未发表数据)两塔系统的数据表明,两座通量塔之间的通量的差异(误差)在夜间呈弱相关(例如,F_c和 λE,$r=0.2$),而在活跃的日间,其相关度则更高(例如,在生长季节,当 PPFD≥1000 μmol m^{-2} s^{-1},F_c∶λE $r=-0.33$,F_c∶H $r=-0.46$,H∶λE $r=0.52$)。Lasslop 等(2008)还发现,在延滞时间为 30 min 的情况下,通量测量误差的自相关性迅速下降,而且其相关系数通常小于 0.6;

(4) 与理论一致,CO_2通量测量的不确定度随风速增加而降低(Hollinger et al. 2004),但一般不能在 H 或 λE 上观察到这种现象(Richardson et al. 2006a);

(5) 开路和闭路系统之间的通量测量的随机误差的差异或多或少可以忽略不计(Richardson et al. 2006a; Ocheltree and Loescher 2007; Haslwanter et al. 2009)。

7.2.6 在更长时间尺度上的随机不确定性

随着时间推移(日、月、年),通量积分的总随机不确定性随积分周期长度的增加而变大。然而,平均通量的随机不确定性同时变得更小。例如,Rannik 等(2006)报道在 Hyytiälä 站的半小时通量的随机不确定性(1σ)为±1.1 μmol m^{-2} s^{-1}(±23 mg C m^{-2}),而日平均通量的随机不确定性为±0.2 μmol m^{-2} s^{-1}(±4 mg C m^{-2}),这与随机误差随 $1/\sqrt{n}$ 平均而减少(然而,通量积分随 $n/\sqrt{n}$ 平均而增加)的规则相一致。然而,在日通量积分的情况下,这意味着不确定性为±195 mg C m^{-2}。这强调了区分平均值不确定性和积分值不确定性的重要性;后者是前者的 n 倍。然而,所测得通量的符号在昼夜及季节上的不同可能会相互抵消,因此净通量接近 0。对于通量积分的不确定性来说,情况并非如此,它经常随时间增加。最后,值得注意的是,从日(±0.1 g C m^{-2} d^{-1})或年(±40 g C m^{-2} a^{-1})积分的角度来说,半小时平均通量上看起来很小的误差(如±0.1μmol m^{-2} s^{-1})绝不是微不足道的。

不确定性在更长的时间尺度上的传递可以方便地通过某种蒙特卡洛或重采样技术(如 Richardson and Hollinger 2005)来完成,尤其是允许包含由于数据填补引入的不确定性(如

Moffat et al. 2007; Richardson and Hollinger 2007)。Liu 等(2009)用自举(bootstrapping)法量化了不同时间尺度下(30 min、日、月、季、年)一个年轻针叶林的通量积分的随机不确定性;相对不确定性从亚天尺度的≈100%下降到年尺度的7%~22%(±10~40 g C m^{-2} a^{-1})。也有一些其他研究同样试图量化一系列站点年 NEE 积分的随机不确定性。Stauch 等(2008)以及 Richardson 和 Hollinger(2007)研究指出,积分 NEE 的随机不确定性大约累积到±30 g C m^{-2} a^{-1}(95%可信度);这些结果与 Hollinger 等(2004)的观测结果一致,在 3 年时间里,Howland 的“主”和“西”塔之间的年 NEE 积分的差异从来没有超过 25 g C m^{-2} a^{-1},远低于观测到的年际变化。

7.3 通量测量的系统误差

我们现在着手于通量测量中系统误差或偏差的来源。这些可被分为三类。前两类与测量问题相关,这是涡度协方差技术的基本假设不被满足(第 7.3.1 节)或者由于仪器校准和设计错误(第 7.3.2 节)所导致。第三类涉及处理问题,例如在准备一个经过质量控制、校正和填补的“最终”数据的过程中,如何处理高频率的原始数据和 30 min 协方差数据(如 Kruijt et al. 2004)(第 7.3.3 节)。

如上所述,系统误差与随机误差不同,可以而且应该予以校正。如果正确应用校正,这种误差就会完全消失。然而,因为校正不完整,或没有足够精确到消除所有误差,不确定性就出现了。在本节中,我们的重点是对主要系统误差以及用于校正它们的方法做一个简要的概述(这些在其他单独的章节中有更详细的描述),我们还尝试量化应用校正后仍然保留的任何不确定性。

7.3.1 未满足的假设及方法上的挑战带来的系统误差

从守恒方程计算涡度通量需要一些简单假设(Baldocchi et al. 1988, 1996; Dabberdt et al. 1993; Foken and Wichura 1996; Massman and Lee 2002),其中最重要的条件包括周围的地形均一平坦,传输过程在时间上稳定,有足够的湍流驱动传输,垂直湍流通量是唯一显著的传输机制。不符合这些假设将对所测得的通量引入误差和不确定性;我们注意到 Foken 和 Wichura(1996)已经提出数据质量检测,用以标记和过滤不符合基本假设的可疑数据(见第4.3 节)。我们现在来更详细地讨论这些不确定性中的一部分,以及相关的方法论挑战(methodological challenge)——夜间测量问题,这被 Massman 和 Lee(2002)描述为“所有涡度协方差限制的共现(co-occurrence)”。

地表异质性被认为是导致平流(第 5.1.3 节和第 5.4.2 节)和能量平衡不闭合误差的关键因素(第 4.2 节)。例如,Finnigan(2008)指出,如果冠层源/汇强度在空间上是不均匀的,那么即使在平坦地势上也可能产生平流。人们越来越多地认识到如果不考虑平流,很可能会高估每年的碳汇强度,这是因为平流常常是一个选择性系统误差,通常会导致低估夜间 CO_2 释放通量(Staebler and Fitzjarrald 2004)。量化平流偏差具有挑战性(Finnigan 2008),而站点之间偏差的大小可能相差较大(Feigenwinter et al. 2008)。然而,Aubinet(2008)最近提出了一项框架将站点划归到五种不同的平流模式中,这表明一个通用的模型是可能的。

对于能量平衡不闭合的问题,Foken(2008)总结为由地表异质性及与边缘所产生的大涡旋或者土地利用变化相关的低频通量被遗漏所导致的"尺度问题"。Barr 等(2006)发现在低风速下,能量不平衡增加,这可能与有秩序的中尺度环流起始会产生稳定的小空间,从而增加水平和垂直平流(Kanda et al. 2004)相关。我们注意到,如果系统性低估了湍流能量通量的一方或双方,表明在测量 CO_2通量上有相应的潜在误差,因为大气传输过程对于所有标量都是相似的,而且所有标量通量的计算基于同一理论假设(Twine et al. 2000; Wilson et al. 2002)。CO_2通量偏差和能量不平衡已显示出对 u^* 和大气稳定度有相似的响应(Barr et al. 2006)。然而,使用能量不平衡来"校正"CO_2通量并没有得到广泛接受(Foken et al. 2006),因此我们现在并不建议使用这种方法(见第 4.2 节)。

基本的昼夜交替或天气变化可以导致湍流统计的非平稳性(Foken and Wichura 1996)。当非平稳发生时,一个重要的结果是表面交换量不完全等于通量测量值和储存项之和(Finnigan 2008)。在非稳态条件下开展的测量可以通过在第 4.3.2 节中描述的稳态测试(stationarity test)来识别和筛选。由此产生的不确定性主要是随机的,取决于缺失频率和数据填补算法。Rebmann 等(2005)比较了欧洲的 18 个站点,发现测试平均排除了 23%的数据。不过他们并没有研究这种消除对年 NEE 量的影响。在 Vielsalm(森林)和 Lonzée(作物)站点,Heinesch(未发表)发现在日间条件下有一个近似的数据消除比例,但在夜间这一比例更大,达到了 30%~40%。然而,非稳态条件下的夜间数据往往也会被 u^* 筛选去除(见下文)。

在湍流发育不足的稳定条件下,非湍流通量(存储、平流)可能变得与湍流通量一样重要(见第 5.1.3 节),因此涡度协方差技术无法准确测量表面通量。没有满足充分湍流的假设所导致的误差可能是涡度协方差测量中最重要的一项。此外,作为一种选择性系统误差(Moncrieff et al. 1996),这种误差对年通量的影响尤为关键。

最近的实验明确表明,虽然从理论角度看,平流校正很有吸引力,但是却不切实际,这是因为直接平流测量不仅会对通量估计引入很大的不确定性(Aubinet et al. 2003; Feigenwinter et al. 2008; Leuning et al. 2008),还会导致较大的系统偏差(Aubinet et al. 2010)(见第 5.4.2.3 节)。

由于这些原因,去除混合不足期间的夜间测量仍然是最好的方法。Goulden 等(1996)提出基于摩擦风速阈值的过滤方法。在第 5.3 节和第 5.4.1 节中对该方法的优缺点进行了讨论,并且提出了一些替代方法。

通过比较被认为夜间通量数据的误差应该较大的欧洲森林 12 个站点-年的数据,Papale 等(2006)发现与没有对弱湍流进行校正有关的误差导致 NEE 系统性被高估,且随站点及年份变化,其范围一般在 20~130 g C m^{-2} a^{-1}(基于有和无 u^* 筛选计算 CO_2通量积分的差异)。u^* 筛选造成的不确定性可能有两个来源:与决定所应用的具体 u^* 阈值(u^*_{crit})相关的不确定性,以及由此造成数据空缺的填补算法的不确定性。第 7.2 节和第 7.3.3.3 节讨论了与数据填补算法相关的不确定性。Papale 等(2006)分析了 u^*_{crit}的不确定性造成的影响(另见 Hollinger et al. 2004)。根据他们的报道,当 u^*_{crit}的置信区间在 0.15~0.25 m s^{-1}时,会导致年 NEE 的不确定性为10～70 g C m^{-2} a^{-1}。NEE随着u^*_{crit}的增加而下降，也就是说站点成为更小的碳汇。Moureaux等(2008)在分析冬小麦作物时，得到了位于估计值下限的数值，即NEE为10 g C m^{-2}(1.6%)、R_{eco}为50 g C m^{-2}(5.2%)和总生态系统生产力(gross ecosystem productivity, GEP)为30 g C m^{-2}(1.9%)。

7.3.2 源自仪器校准和设计的系统误差

涡度协方差测量系统本身也可以是系统误差的来源，包括与校准和漂移有关的误差以及由红外气体分析仪(IRGA)和超声风速仪本身所造成的误差。这些误差中有许多可以通过对系统设计的细致考虑而被最小化(见第2.3节和第2.4节)。表7.2给出了一份有关这些误差的种类、量级、推荐的校正程序以及校正后可能残余的不确定性。

表7.2 由于仪器导致的系统误差

误差类型(与传感器相关)	误差对年碳交换的影响(默认单位:g C m^{-2} a^{-1})	可能的校正	经过校正后的年碳交换的不确定性(默认单位:g C m^{-2} a^{-1})	附注(剩余不确定性)	参考
校准漂移(主要是气体分析仪)	每周5% Oceeltree和Loescher(2007)	频繁校准，不同校准之间的插值	→0	由校准漂移的非线性所致	第2.4.2.3节，第7.3.2.1节
仪器峰值	<10 Papale等(2006)	峰值检测算法，移除和内插	→0	由于峰值界限检测的不确定性所致	第3.2.2节
遮挡/变形(超声风速仪)	3%～13% Nakai等(2006)	制造者的校准。使用者校准(需要风洞)	→0		
高频损失(超声风速仪+开路传感器)	3% Järvi等(2009)	基于理论协谱和传递函数的频谱校正	2% Järvi等(2009)	由于传递函数和协谱形状的不确定性所致	第1.5节，第4.1.3节
高频损失(超声风速仪+闭路传感器)	11% Järvi等(2009) <5%(日间)，<12%(夜间) Berger等(2001)	基于理论协谱和传递函数的频谱校正；基于实验协谱和传递函数的频谱校正	3% Järvi等(2009) 每0.1单位阻抗为10; Anthoni等(2004)	由于传递函数和协谱形状的不确定性所致	第1.5节
	4% Ibrom等(2007a)			由于阻抗的不确定性所致	第4.1.3节

续表

误差类型（与传感器相关）	误差对年碳交换的影响（默认单位：g C m^{-2} a^{-1}）	可能的校正	经过校正后的年碳交换的不确定性（默认单位：g C m^{-2} a^{-1}）	附注（剩余不确定性）	参考
密度波动（开路传感器和潜在的闭路传感器）	CP：0~160，2.90% Ibrom 等（2007b） OP：190~920 见表 7.3	WPL 校正： CP：水汽（用相对于干空气的摩尔混合比来计算协方差，以避免 WPL 水汽校正） OP：感热和水汽（需要额外的感热测量）	CP：0.09 每单位 MJ 累计潜热通量误差（见表 7.3） OP：见表 7.3	CP：使用原始 WPL 方程(24)会导致过度校正这个效应（参考 Ibrom 等（2007b）） OP：由于感热和潜热通量估算的不确定性所致 由于传感器表面加热所致的额外误差	第 4.1.4 节
传感器表面加热（开路 IRGA）	100 Burba 等（2008） 140 Järvi 等（2009）森林 330 Järvi 等（2009）城市	Burba 校正 不同的估算额外感热通量的算法	5~13 Burba 等（2008） 40 Järvi 等（2009）森林 170 Järvi 等（2009）城市	由于不同算法之间的差异所致	第 4.1.5.2 节

注：CP：闭路气体分析仪；OP：开路气体分析仪。

7.3.2.1 校准的不确定性

对于任何类型的仪器，校准误差和漂移会导致测量结果出现偏差。这些误差在原则上是系统偏差，但在更长的时间尺度（数天至数周）上有一个随机成分在起作用，这是因为误差的符号（sign）和大小往往未知。

校准的不确定性可能源自校准标气的浓度不确定性或校准漂移（calibration drift）。由标准气体的不确定性所导致的涡度协方差通量的相对误差与气体浓度的相对误差相等。虽然 0.5% 的精度很容易实现，但这个误差往往高达 2.5%。

校准漂移误差是由仪器的不稳定性造成，其主要影响气体分析仪。对于 AmeriFlux 的便携式涡度协方差系统，Ocheltree 和 Loescher（2007）发现，在一周长度的时间内，两套不同测量系统之间的校准漂移导致了测得通量有 5% 的差异。因此，需要定期（每天到每周）校准以最小化这个不确定性来源。建立一套自动校准程序能使常规应用变得方便。校准漂移造成的不确定性在很大程度上取决于连续两次校准之间的时间间隔以及被用来解释漂移的过程。有三种不同的流程可以遵循：中心、平均及线性插值校正。为了估计在每种情况下的不确定性，我们假定在每次校准中被测的量(x)和电子信号(V)之间的关系为 $x_j=f_j(V)$,且校准漂移是单调的。在中心校准的情况下,每个相互校准时期(j 到 $j+1$)被分为两部分,上半部分使用 $f_j(V)$ 而下半部分使用 $f_{j+1}(V)$。在这些情况下,校准误差的上限如下:

$$\delta_{Cal}=|f_j(V)-f_{j+1}(V)| \tag{7.3}$$

在平均校准的情况下,在相互校准期间,信号被计算为 $f_j(V)$ 和 $f_{j+1}(V)$ 的均值。校准误差的上限如下:

$$\delta_{Cal}=\frac{|f_j(V)-f_{j+1}(V)|}{2} \tag{7.4}$$

对于插值校准,其校准函数 $f_t(V)$ 在相互校准时期的每个时刻进行计算:

$$f_t(V)=f_j(V)+\frac{t}{T}(f_{j+1}(V)-f_j(V)) \tag{7.5}$$

式中,T 是两次校准之间的持续时间,而 t 为自上次校准(j)至今的时间。在随时间线性漂移的情况下,这个流程能将校准漂移所导致的误差减少到0。然而在非线性漂移的情况下,不确定性可能仍然存在,其上限仍由公式(7.4)表示。

7.3.2.2 峰值

高频原始数据的峰值可以由仪器问题(电子峰值)或任何对测量体积的扰动(鸟粪、蜘蛛网、降水等)造成。检测峰值和异常大的方差、偏度、峭度以及不连续性的算法目前已有不少,而且第3.2.2节讨论了这些校正过程。在最高值较小的情况下,该算法消除了峰值并填补了由此造成的空缺;在其他情况下该测量值可能会被标记,给用户留下是否从数据集移除的选择权。Papale 等(2006)表明,一般来说,峰值对年 NEE 的影响力较小(通常 $<10\ g\ C\ m^{-2}\ a^{-1}$,偶尔 $>20\ g\ C\ m^{-2}\ a^{-1}$)。去除标记数据后残留的不确定性主要取决于标记数据的数量和数据填补算法(见第7.3.3.3节)。

7.3.2.3 超声风速仪误差

与超声风速仪相关的系统误差可能是由于它的位移(misalignment)或特定仪器设计的局限性而造成的。Dyer 等(1982)指出,经过适当的坐标旋转(第3.2.4节)后,由于传感器位移导致的标量通量误差大约是3%/倾斜角度。此外,由于它们的设计,传感器会导致自我遮蔽及风速仪框架引起气流畸变,超声风速仪无法有一个完美的余弦响应(cosine response)。这导致了被称为"攻角"(angle of attack)的误差(第4.1.5.1节,另见第2.3.2节)。这些误差的校正方法已经公布,通常由仪器内置软件对原始的 u、v 和 w 测量值进行校正。一种改进的校正测量法能使 F_c、H 和 λE 通量增加3%~13%(Nakai et al. 2006)。此外,因为超声风速仪设计的不同,测量的湍流统计值(均值和方差)和空气温度往往在一定程度上因制造商和型号而有所不同。特别是对于较短的平均时间,这可能会导致测定的标量通量有较大的不确定性(Loescher et al. 2005)。塔和基础结构造成的畸变(distortion)也可能影响湍流,这一点在第2.2节中有详细讨论。

7.3.2.4 红外气体分析仪误差

开路和闭路 IRGA 受不同的误差和偏差影响(第 2.4 节与第 4.1 节)。然而实际上这些都可以通过周密的系统设计和适当的校正消除,因此剩余的不确定性很小。事实上,Ocheltree 和 Loescher(2007)通过比较 AmeriFlux 便携式涡度协方差系统的开路和闭路 IRGA 测量的 F_c 发现,如果能进行适当的校正(另见 Haslwanter et al. 2009),两个通量之间有较好的一致性($R^2=0.96$)。下文将概述气体分析仪导致的重要误差。

7.3.2.5 高频损失

所有传感器(我们这里集中于 IRGA,但类似的问题会影响到其他气体分析仪和超声风速仪)都受到由各种原因包括仪器时间响应、传感器分离及体积平均等(第 4.1.3 节)导致的高频衰减(high-frequency damping)的影响。闭路系统(IRGA,可调谐二极管激光(TDL)、质子转移反应质谱技术(proton tansfer reaction mass spectrometry, PTR-MS))还额外受取样管中波动衰减导致的衰减作用影响,因此闭路分析仪的谱校正一般比开路分析仪的要大(第 2.4.2 节和第 4.1.3节)。通过使用短的、清洁的管和足以产生完全湍流的高流速可将衰减的负面作用降到最小。在一个城市环境中比较开路和闭路 IRGA 表明,CO_2的高频损失在闭路分析仪中约为 11%±3%(SD),在开路分析仪中约为 3%±2%(Järvi et al. 2009)。

谱校正(第 4.1.3 节)能用于调整所测通量的高频损失。可以同时从理论和经验上来估计适当的校正方法(Massman 2000);理论方法产生的对 F_c的谱校正因子为 4%~25%,而对 λE 的为 6%~35%(Aubinet et al. 2000)。λE 比 F_c的高频损失更大,这是因为在高相对湿度下,取样管中水分的吸附和解吸附会剧烈增加该系统的衰减作用(Ibrom et al. 2007a; de Ligne et al. 2010);λE 的高频损失通常随取样管的老化而增加(Su et al. 2004; Mammarella et al. 2009)。在实践中,这意味着用于谱校正的涡度协方差系统谱转移函数需要对天气条件(相对湿度)、管道老化以及通过该系统的物质流(mass flow)的变化敏感。关于这些校正方法的更详细的描述见第 4.1.3 节和其他地方(Aubinet et al. 2000; Massman 2000; Massman and Lee 2002; Ibrom et al. 2007a; Massman and Ibrom 2008)。

7.3.2.6 密度波动

需要使用 WPL 校正(Webb et al. 1980)对采样空气中的密度波动进行校正已经得到广泛认可(第 4.1.4 节)。开路分析仪及部分闭路 IRGA(如果不以相对于干空气的 CO_2浓度来表示)都需要应用该校正。该校正已在第 4.1.4 节中有描述,它由两个部分组成(公式(4.25)),一个部分考虑与感热传输相关的密度波动,第二部分考虑由水汽通量造成的密度波动。在开路系统的情况下,必须引入这两项来校正;而在闭路系统情况下,只有水汽通量项才可能需要,因为同时发生的感热通量所造成的温度驱动的密度波动在空气样本通过进气管时被衰减了(Rannik et al. 1997)。如果闭路分析仪输出的是干空气摩尔分数(内部自动纠正水汽波动),那么实验者并不需要实施这个校正。这些校正对年总和的影响很大,在不同站点和气象条件下变化很大。表 7.3 列出了对这些校正的量级评估,显示了这些源自 Webb 等(1980)和平均气候数据(Bonan 2008)的校正的潜在重要性。

表 7.3 年 CO_2 通量的密度校正项的预期数量级

气候	年平均能量通量		年 CO_2 通量的密度校正项	
	感热通量 (GJ m^{-2} a^{-1})	潜热通量 (GJ m^{-2} a^{-1})	由温度波动导致 (g C m^{-2} a^{-1})	由水汽波动导致 (g C m^{-2} a^{-1})
寒带	0.3	0.6	138	53
温带	0.9	0.9	413	80
热带	1.8	0.9	826	80
赤道	0.9	1.8	413	160

源自 Webb 等(1980)以及 Bonan(2008)的气候数据。

注意 1:对于闭路分析仪来说,如果 CO_2浓度表示为相对于干空气的量并且通量方程也做了相应的调整,那么就没必要采取 WPL 校正(见 Ibrom 等(2007b)中的方程 4 及附录)。

注意 2:对于闭路系统,如果 CO_2浓度表示为相对于湿空气的量,那么展示在这张表中的 WPL 水汽校正可能会过度校正,这是因为水汽浓度变化落后于 CO_2变化(见正文)。

在闭路分析仪中,CO_2浓度不以相对于干燥空气的相对浓度表示,那么水汽对 CO_2浓度的稀释效应与大气中或开路分析仪是不一样的。由于水汽波动在闭路系统的管道中衰减且发生相位位移(phase shift),使用原始函数(即用大气中真实的潜热通量去校正水汽波动对 CO_2浓度的稀释作用)会过度校正 CO_2通量。Ibrom 等(2007b)发现过度校正的 CO_2通量大小约为30 g C m^{-2} a^{-1},这使得丹麦 Sorø 山毛榉林年碳收支被低估 21%,不过这种影响还取决于闭路系统的细节(管道长度、流速及管道的年龄)。因此,建议研究者在计算(协)方差前,先将密度转换为干空气混合比来使用稀释校正,而非将 WPL 水汽校正应用到闭路设备的计算通量上。许多 IRGA 都同时测量水汽和 CO_2,其中一些(LiCor 6262 或 LiCor 7200),但并不是所有的(LiCor 7000)在仪器软件中有对 CO_2输出进行水汽密度波动校正的选项。

完成这项校正之后剩余的不确定性相对较小,而且在开路分析仪的情况下可以归因于能量通量测量的不确定性(Liu et al. 2006)或者 CO_2密度的不确定性,而这些不确定性会在校正中传递(Serrano-Ortiz et al. 2008)。Liu 等(2006)确认了最小化 H 的随机和系统误差是必要的,否则会对"校正过的"F_c有一个巨大的潜在的负面影响。Serrano-Ortiz 等(2008)计算表明,在西班牙一个半干旱灌丛,对 CO_2浓度仅低估 5%(例如,因为 IRGA 光学通路变脏)会导致净碳吸收被高估 13%(在每月的时间尺度上);这些偏差在那些中午 H 值比较高的生态系统中最为明显(另见第 4.1.4.3 节)。

7.3.2.7 仪器表面热交换

在开路分析仪方面,Burba 等(2008)展示了对于一种广泛使用的仪器,其表面热交换对 CO_2通量测量的影响(第 4.1.5.2 节)。他们发现,在白天开路分析仪的表面温度要比周围的空气高,而这会引起仪器测量路径内的自然对流和非零垂直速率。这将导致通量被高估,在非生长季的寒冷气候时最为明显,并引发生态系统碳吸收的大幅高估。半小时通量上的误差范围在冬季为 40%~770%(此时通量的绝对数值一般较小),但在夏季从来没有超过 5%。对农田的年碳收支的影响大约在 90~100 g C m^{-2} a^{-1}(14%~16%)(Burba et al. 2008),在城市约为 450 g C m^{-2} a^{-1}(17%)(Järvi et al. 2009)。

为了校正这个误差,建议使用具有开路路径内部而非在大气中测定的感热通量的 WPL 校正(Burba et al. 2008)。然而,因为这个通量一般不可获得,所以这个流程几乎不可行。因此,为了克服这个问题,Burba 等(2008)提出了一系列经验校正。不过,这毕竟是经验的,只适用于特定仪器(LI-7500),并且只适用于垂直放置的仪器。

应用 Burba 等(2008)的校正后,残余的不确定性估计为年 CO_2通量的 5%左右(Burba et al. 2008)。Järvi 等(2009)估计(与闭路系统比较)在对自加热进行校正后,在温带森林环境中的误差从 140 g C m^{-2}减少到 20 g C m^{-2},而城市环境的误差从 330 g C m^{-2}减少到 30 g C m^{-2}。

7.3.3 与数据处理相关的系统误差

与处理原始(5~20 Hz)数据以获得 30 min F_c估计值相关的不确定性的来源包括:去倾、坐标旋转、高频和低频校正(Kruijt et al. 2004)。在用于数据处理的不同软件包方面,这些不确定性已被单独逐个量化,同时也被整体量化。表 7.4 列出了这些误差,它们的量级、推荐的校正程序以及校正后可能剩余的不确定性。

表 7.4 由处理过程造成的系统不确定性

误差类型	处理过程	处理之后的年 C 交换的不确定性	评注	
			遗留的问题	参考
高通滤波	使用块平均(当可用时)会降低这类误差	27 g C m^{-2} a^{-1} 表 7.5	简单块平均之外的去倾能通过移除低频噪声来降低随机误差	第 3.2.3.1 节 第 4.1.3.3 节
	应用带有特定滤波传递函数和特定站点模型频谱的频谱校正		因为低频范围的协谱未知,所以在频谱校正之后会导致较大的不确定性。这个问题在高测量高度下会更关键	
坐标旋转	使用平面拟合会降低这类误差	15 g C m^{-2} a^{-1} Anthoni 等(2004) 大约为 0 Mahrt 等(2000)	在变化的表面之上更难应用平面拟合方法	第 3.2.4 节
空缺填补	很多不同的用于空缺填补的算法	10~30 g C m^{-2} a^{-1} Richardson 和 Hollinger(2007)		第 6 章
通量划分	不同算法	小于 10% Desai 等(2008)		第 9 章

7.3.3.1 去倾和高通滤波

去倾和高通滤波被用于减少由湍流时间序列的低频偏差所引起的通量估算中的随机或系统噪音。这个偏差起源于标量浓度、风速和风向的日变化或者偶然变化，或类似突然或瞬时的仪器漂移的测量误差(Aubinet et al. 2000)。

当从一个有限的测量周期(周期比平均周期长的低频涡旋被排除在计算通量之外)来计算协方差，高通滤波是不可避免的，因此校正总是需要的。时间序列的去倾(使用线性去倾或递归滤波，请参阅第3.2.3.1节)是高通滤波的一种特殊情况，在排除低频变异方面比简单平均更有效。由研究者来决定选择的测量周期长度和是否应用去倾，换言之，就是认为哪部分湍流信号受到干扰因而需要通过理论来替换，而哪部分不需要。不过现在对去倾是否与通常的通量方程推导存在冲突仍有争议，这是因为只有对测量周期做简单的块平均才能确保一些通量项会在雷诺平均后消失。虽然有着这样的争议，但是将真实的湍流通量从可能的有偏测得信号中分离出去时，去倾仍然被广泛使用。但是，如果将去倾后的信号解释为不受干扰的湍流信号，那么当使用测得的时间序列时，雷诺平均规则就受到了损害。对这一主题的深入讨论超出了本概述的范围。再次重申，我们的目标是提供与去倾处理相关的不确定性的例子。

Rannik 和 Vesala(1999)利用通量时间序列首次比较了使用三种不同高通滤波法(第3.2.3.1节)——块平均(BA)、线性去倾(linear detrending, LD)和自回归滤波(autoregressive filtering, AF)——对通量估算的影响。他们通过假设一个指数协方差函数来计算有限时间序列的协方差估算中的理论随机误差，并且发现当使用不同的去倾方法时，日平均 CO_2通量的随机误差范围为0.29~0.38 μmol m^{-2} s^{-1}，与之相比，理论值为0.32 μmol m^{-2} s^{-1}。表7.5列举了欧洲碳循环测量框架(European Infrastructure for Measurement of the European Carbon Cycle, IMECC)项目里多站点分析的部分数据，其中测得的协方差的随机误差和系统误差是由“模型残差”法来量化的。

只要使用了适当的校正，在这个站点使用不同的高通滤波方法所造成的影响一般都相对较小。过滤效应越大，随机误差越小。与平常的平均相比，使用最高效的过滤条件(τ=225 s的AF)减少8%的随机误差。简单线性去倾能使随机误差降低6%以上。

正如$\widehat{F}_n$(由一种给定方法计算出来的通量期望值)与$\overline{\widehat{F}_n}$(不同方法计算出来的通量期望值的均值)之间回归的斜率所表现出来的，经不同去倾步骤后估算的校正 CO_2通量之间剩余的系统误差要小于1%。截距均小于0.01 μmol m^{-2} s^{-1}，如果从年的尺度上来看就是+16 g C m^{-2} a^{-1}。然而，模型谱的选择十分重要。使用适应站点的协谱模型估计的净通量比经常使用的Horst参数化要高出2%~3%。

与碳收支估算中的其他系统误差相比，去倾导致的额外系统误差很小，并且当应用适当的协谱模型做校正时，可以在很大程度将其去除。由于去倾也有减少随机误差这一期望属性，所以我们一般建议使用它。这里给出的结果都是从森林站点来的，类似的分析应该在不同站点、站点条件及气候的数据上执行，这样才可以建立起一套普适的协谱模型以及了解去倾处理在通量估算随机和系统误差方面的优点和缺点。

表 7.5 由不同去倾算法造成的年 CO_2 通量数据集的系统和随机误差，数据采自丹麦 Sorø 的山毛榉森林站点

	BA	LD	AF	AF	AF
			$\tau=225$ s	$\tau=450$ s	$\tau=900$ s
绝对随机误差：F_n 和 $\widehat{F}_n$（mmol m^{-2} s^{-1}）之间的线性回归的 RMSE	3.32	3.11	3.05	3.09	3.15
相对随机误差（占平均 RMSE 的百分比）	5.5	−0.9	−2.9	−1.7	0.1
校正之后的绝对系统误差（年 CO_2 通量估算值和 5 个估算值的平均值（−259 g C m^{-2} a^{-1}）之间的差异，单位为 g C m^{-2} a^{-1}）	−13	−2	14	4	0
校正之后的相对系统误差（$\widehat{F}_n$ 与 $\overline{\widehat{F}_n}$ 的平均回归斜率与 1 的差异，单位为%）	0.8	−0.2	−0.8	−0.2	0.0
在站点使用 Horst 峰值频率参数化（Horst 1997）导致的系统误差（$\widehat{F}_n^H$ 与 $\overline{\widehat{F}_n^H}$ 的斜率与 1 的差异，单位为%）	−2.4	−2.2	−1.8	−2.2	−2.5

注：原始数据使用五种不同的高通滤波方法、块平均（BA）、线性去倾（LD）以及采用不同的时间常数（τ）的自回归滤波（AF）处理，并且参照 Rannik 和 Vesala（1999），使用适合于该站点的模型频谱（这会产生存储校正的净 CO_2 通量 F_n）或 Horst（1997）的参数化（这会产生 F_n^H）来校正。随机误差用"模型残差"法估计，如比较 F_n 与预估值 $\widehat{F}_n$，并通过比较不同数据处理方法得到的 $\widehat{F}_n$ 来获得系统误差。预计的净生态系统交换值 $\widehat{F}_n$ 通过二维整合（2D binned）的移动平均得到（Falge 等（2001b）中的查表法）。$\overline{\widehat{F}_n}$ 是不同数据处理方法得到的 $\widehat{F}_n$ 的平均。

7.3.3.2 坐标旋转

坐标旋转的目的是消除超声风速仪不完美安装（即非水平）造成的误差。在第 3.2.4 节讨论了"流线"和"平面拟合"方法之间的差异。Anthoni 等（2004）发现当采用不同的坐标旋转方法时，年 NEE 只有 ±15 g C m^{-2} a^{-1} 的差异。Mahrt 等（2000）比较了不同的坐标旋转方法，发现差异并不显著。然而，Finnigan 等（2003）指出坐标旋转会导致标量协方差的高通滤波，这意味着前一节所讨论的问题（第 4.1.3.3 节）必须予以解决。Finnigan 等（2003）对三个森林站点（Tumbarumba、Griffin、Manaus）的研究显示，强制平均垂直风速在短平均周期（15～30 min）内为 0 会导致 H 和 λE 被系统性低估 10%～15%，从而造成能量平衡闭合问题。建议的解决办法是使用一段更长的周期（4 h 或以上）用于平均和坐标旋转，这样低频部分便不会丢失。然而，Finnigan 等（2003）并没有讨论应用高通滤波校正作为增加平均时间的替代方法。

7.3.3.3 数据填补

与涡度通量时间序列的缺失数值的填补（"空缺填补"）相关的不确定性有许多。例如，Richardson 和 Hollinger（2007）量化了测得通量中的随机误差如何随空缺填补传递的方式：如果测量值更不确定（或更分散），填补值和年碳收支就相应有更大的不确定性。Richardson 和 Hollinger（2007）展示了如何用蒙特卡罗方法来量化这个协方差。

空缺的时机和长度也会引起准随机(quasirandom)不确定性。填补长空缺特别具有挑战性,尤其当空缺发生在生态系统的活跃变化时期(Falge et al. 2001a)。这给年NEE汇总增加了额外的不确定性。例如,在落叶阔叶林内,Richardson 和 Hollinger(2007)发现,在冬季休眠期3周长的空缺可以以合理的精度填补,而春天返青期(green-up)1周长的空缺的不确定性范围为±30 g C m^{-2} a^{-1}(95%可信度)。虽然与超过1 d长度的空缺相关的不确定性取决于所讨论的特定站点和数据-年,但 Richardson 和 Hollinger(2007)发现当在整年汇总不确定性时,其典型范围在±10~30 g C m^{-2} a^{-1}。这个范围在量级上与由于测量造成并且通过数据填补传递的随机误差导致的汇总不确定性相近。

最后,是与选择任何特定的用于空缺填补的算法相关的系统不确定性(Falge et al. 2001a; Moffat et al. 2007)。Moffat 等(2007)比较了不同的空缺填补算法,发现在大多数情况下所使用的算法会接近测量的噪声限值(不确定性)。然而,高度经验的方法,包括人工神经网络和边缘分布采样,在一系列欧洲森林站点里表现最好(例如,比非线性回归模型更好)。在年时间步长上,算法之间的差异一般是中等(modest),这是因为生产力最高的年NEE汇总值也在平均值±25 g C m^{-2} a^{-1}范围内。

相比之下,相对较少的精力被投入到发展和测试用于填补 H 和 λE 时间序列的算法上;Falge(2001b)等的早期分析认为,H 的变化能达到 140 MJ m^{-2} a^{-1}(19%),而 λE 的变化能达到 205 MJ m^{-2} a^{-1}(39%),这取决于所使用的方法。由于涡度通量数据越来越多地被用来评估和改进生态系统及陆地表面模型,更多精力必须被放在量化水和能量通量的不确定性上。

7.3.3.4 通量划分

为了更深入地了解NEE在过程水平上的控制因子,如何将测得的 CO_2 净通量划分成总生态系统生产力(GEP)和总生态系统呼吸(R_{eco})两个部分是相当吸引人的(见第9章对方法的综述)。在夜间,分配很简单,R_{eco}=NEE。在日间,划分依赖于所使用的模型。因此,所获得的GEP和 R_{eco} 估计有很大的不确定性(Hagen et al. 2006; Richardson et al. 2006b)。例如,日间呼吸可以通过使用某个温度响应函数来对夜间测量外推而估算获得,但这种方法不考虑叶面呼吸的日间抑制,而基于 Wohlfahrt 等(2005)的模型分析,这个效应能达到GEP的11%~17%。一种替代方法是通过日间光响应曲线的 y 轴截距来估算日间呼吸。Lasslop 等(2010)对这些方法进行了系统比较。Desai 等(2008)对分配算法进行了广泛的调查,结果表明大多数方法在年积分方面相差不到10%,但是当向数据中添加更多空缺时,方法之间有更大的差异。当将单一的算法应用到所有的数据集时,站点间的模式往往趋于一致,表明由于"真正的"GEP未知,分配算法的选择主要导致未知大小的系统性偏差。在更短的时间尺度(例如,昼夜周期)上,各种算法之间有更大的差异,尤其是考虑到 R_{eco}(另见 Lasslop et al. 2010)。

7.4 闭合生态系统碳收支

以上有关涡度协方差测量地-气交换中的随机误差和系统偏差的讨论提出了这样的问

题:无论如何,从这些测量中得出的生态系统碳收支是否与使用其他类型的数据(例如基于野外调查的方法)估算得到的收支一致。将数据的不确定性考虑进来对于这种类型的比较是至关重要的。Schelhaas 等(2004)报道,虽然 Loobos 松林碳吸收“最好”的估计有大约 40%的差异(涡度通量:295 g C m^{-2} a^{-1};调查法:202 g C m^{-2} a^{-1}),但是置信区间宽到足以认定这两个估计值没有不吻合。在早先的研究中,Curtis 等(2002)发现四个温带落叶阔叶林的基于塔的碳吸收估计值能与从木材和土壤碳库的变化得出的估计值“合理”地吻合。在第五个站点(Walker Branch),由于可能的平流问题,那里的年 NEE 积分十分可疑,因此吻合度较差(涡度通量:575 g C m^{-2} a^{-1},调查法:250 g C m^{-2} a^{-1}),这并不令人惊讶。Gough 等(2008)强调了在几年时间长度上开展这种比较的重要性;当比较基于塔的年测量值和基于野外调查法的年碳储量时,它们的吻合度很低,但就 5 年平均值而言却惊人地相差很小(在 1%以内)。

Luyssaert 等(2009)开发了一种两阶段的“一致性交叉检验”方法来比较基于通量塔和野外调查法的碳平衡成分,而不是比较总的碳封存量。对于所考察的 16 个站点中的 13 个站点,数据被判定为通过测试。虽然这并不一定意味着绝对通量是准确的(一致性测试基于估算碳平衡闭合项及检查不同碳平衡组分的比率),而且还有本章所描述的大量的不确定性,但它确实给我们利用涡度协方差通量来评价模型和检验假设增强了信心。

7.5 结　　论

之前许多研究包括 Goulden 等(1996)、Lee 等(1999)、Anthoni 等(1999,2004)及 Flanagan 和 Johnson(2005)量化了通量测量中不确定性的各种来源,并尝试给发表的年 NEE 总值附加上置信区间;Baldocchi(2003)估计在理想的站点,年 NEE 的不确定性小于±50 g C m^{-2} a^{-1},这是一个已在其他研究中估计过的范围。在本章中,我们试图对随机和系统误差进行一个全面的评价,并且着重于这些误差如何影响我们对数据的使用以及对 30 min 通量和年 CO_2通量的解释。在综述中,我们提出了量化随机误差的方法,并讨论了系统误差的主要来源以及在多大程度上能被校正。在这些误差中,由平流引起的偏差似乎代表最显著的“已知的未知”,不过我们不建议直接使用平流通量测量值作为一种校正,但是不断努力量化平流损失(并且努力寻找平流最不可能是一个问题的站点)显然是合理的。

总之,鉴于面临的挑战和目前应用涡度协方差方法测量碳、水和能量通量的研究问题,特别在从区域到洲际的尺度推演、碳核算与政策决策以及模型数据融合方面,量化及报告通量测量不确定性比以往任何时候都更重要。在最早的有关通量测量不确定性的一篇综述里,Moncrieff(1996)表示,分别报道测量值的随机(ε)和系统(δ)不确定性的估计值在某些领域是很常见,例如 $x\pm\varepsilon+\delta$;但这种做法并没有被涡度协方差团体广泛采用,肯定需要更多的推广(Aubinet et al. 2000)。

致 谢

ADR 和 DYH 感谢科学办公室(BER)、美国能源局通过陆地碳项目在跨部门协议(DE-AI02-07ER64355)和国家气候变化研究所的东北区域中心给予的支持。我们也感谢欧洲基础设施项目 IMECC(http://imecc.ipsl.jussieu.fr/)的资助。

参考文献

Abernethy RB, Benedict RP, Dowdell RB (1985) ASME measurement uncertainty. J Fluid Eng 107:161-164

Anthoni PM, Law BE, Unsworth MH (1999) Carbon and water vapor exchange of an open-canopied ponderosa pine ecosystem. Agric For Meteorol 95:151-168

Anthoni PM, Freibauer A, Kolle O, Schulze ED (2004) Winter wheat carbon exchange in Thuringia, Germany. Agric For Meteorol 121:55-67

Ascough JC, Maier HR, Ravalico JK, Strudley MW (2008) Future research challenges for incorporation of uncertainty in environmental and ecological decision-making. Ecol Model 219:383-399

Aubinet M (2008) Eddy covariance CO_2 flux measurements in nocturnal conditions: an analysis of the problem. Ecol Appl18:1368-1378

Aubinet M, Grelle A, Ibrom A, Rannik Ü, Moncrieff J, Foken T, Kowalski AS, Martin PH, Berbigier P, Bernhofer C, Clement R, Elbers J, Granier A, Grünwald T, Morgenstern K, Pilegaard K, Rebmann C, Snijders W, Valentini R, Vesala T (2000) Estimates of the annual net carbon and water exchange of forests: the EUROFLUX methodology. Adv Ecol Res 30(30):113-175

Aubinet M, Heinesch B, Yernaux M (2003) Horizontal and vertical CO_2 advection in a sloping forest. Bound Layer Meteorol 108:397-417

Aubinet M, Feigenwinter C, Bernhofer C, Canepa E, Heinesch B, Lindroth A, Montagnani L, Rebmann C, Sedlak P, van Gorsel E (2010) Advection is not the solution to the nighttime CO_2 closure problem - evidence from three different forests. Agric For Meteorol 150:655-664

Baldocchi DD (2003) Assessing the eddy covariance technique for evaluating carbon dioxide exchange rates of ecosystems: past, present and future. Glob Chang Biol 9:479-492

Baldocchi DD, Hicks BB, Meyers TP (1988) Measuring biosphere-atmosphere exchanges of biologically related gases with micrometeorological methods. Ecology 69:1331-1340

Baldocchi DD, Valentini R, Running S, Oechel W, Dahlman R (1996) Strategies for measuring and modelling carbon dioxide and water vapour fluxes over terrestrial ecosystems. Glob Chang Biol 2:159-168

Barnett V, Lewis T (1994) Outliers in statistical data. Wiley, Chichester/New York, 604 pp

Barr AG, Morgenstern K, Black TA, McCaughey JH, Nesic Z (2006) Surface energy balance closure by the eddy-covariance method above three boreal forest stands and implications for the measurement of the CO_2 flux. Agric For Meteorol 140:322-337

Berger BW, Davis KJ, Yi CX, Bakwin PS, Zhao CL (2001) Long-term carbon dioxide fluxes from a very tall tower in a northern forest: flux measurement methodology. J Atmos Ocean Technol 18(4):529-542

Bonan G (2008) Ecological climatology, concepts and applications. Cambridge University Press, Cambridge, 550 p

Burba GG, McDermitt DK, Grelle A, Anderson DJ, Xu LK (2008) Addressing the influence of instrument surface heat exchange on the measurements of CO_2 flux from open-path gas analyzers. Glob Chang Biol 14:1854-1876

Coleman HW, Steele WG (2009) Experimentation, validation, and uncertainty analysis for engineers. Wiley, Hoboken, 317 p

Curtis PS, Hanson PJ, Bolstad P, Barford C, Randolph JC, Schmid HP, Wilson KB (2002) Biometric and eddy-covariance based estimates of annual carbon storage in five eastern North American deciduous forests. Agric For Meteorol 113:3-19

Dabberdt WF, Lenschow DH, Horst TW, Zimmerman PR, Oncley SP, Delany AC (1993) Atmosphere-surface exchange measurements. Science 260:1472-1481

Davidson EA, Savage K, Verchot LV, Navarro R (2002) Minimizing artifacts and biases in chamber-based measurements of soil respiration. Agric For Meteorol 113:21-37

de Ligne A, Heinesch B, Aubinet M (2010) New transfer functions for correcting turbulent water vapour fluxes. Bound Layer Meteorol 137:205-221

Desai AR, Richardson AD, Moffat AM, Kattge J, Hollinger DY, Barr A, Falge E, Noormets A, Papale D, Reichstein M, Stauch VJ (2008) Cross-site evaluation of eddy covariance GPP and RE decomposition techniques. Agric For Meteorol 148:821-838

Dragoni D, Schmid HP, Grimmond CSB, Loescher HW (2007) Uncertainty of annual net ecosystem productivity estimated using eddy covariance flux measurements. J Geophys Res Atmos 112: Art. No. D17102

Dyer AJ, Garratt JR, Francey RJ, Mcilroy IC, Bacon NE, Hyson P, Bradley EF, Denmead OT, Tsvang LR, Volkov YA, Koprov BM, Elagina LG, Sahashi K, Monji N, Hanafusa T, Tsukamoto O, Frenzen P, Hicks BB, Wesely M, Miyake M, Shaw W (1982) An International Turbulence Comparison Experiment (ITCE 1976). Bound Layer Meteorol 24:181-209

Eugster W, McFadden JP, Chapin ES (1997) A comparative approach to regional variation in surface fluxes using mobile eddy correlation towers. Bound Layer Meteorol 85:293-307

Falge E Baldocchi D, Olson R, Anthoni P, Aubinet M, Bernhofer C, Burfa G, Ceulemans R, Clement R, Dolman H, Granier A, Patrick G, Grünwald T, Hollinger D, Jensen N-O, Katul G, Keronen P, Kowalski A, Chun TL, Law BE, Meyers T, Moncrieff J, Moors E, Murger JM, Pilegaard K, Rannik Ü, Rebmann C, Suyker A, Tenhunen J, Tu K, Verma S, Vesala T, Wilson K, Wofsy S (2001a) Gap filling strategies for long term energy flux data sets. Agric For Meteorol 107:71-77

Falge E, Baldocchi D, Olson R, Anthoni P, Aubinet M, Bernhofer C, Burba G, Ceulemans R, Clement R, Dolman H, Granier A, Gross P, Grünwald T, Hollinger D, Jensen NO, Katul G, Keronen P, Kowalski A, Lai CT, Law B, Meyers T, Moncrieff J, Moors EJ, Munger JW, Pilegaard K, Rannik Ü, Rebmann C, Suyker A, Tenhunen J, Tu K, Verma S, Vesala T, Wilson K, Wofsy S (2001b) Gap filling strategies for defensible annual sums of net ecosystem exchange. Agric For Meteorol 107:43-69

Feigenwinter C, Bernhofer C, Eichelmann U, Heinesch B, Hertel M, Janous D, Kolle O, Lagergren F, Lindroth A, Minerbi S, Moderow U, Mölder M, Montagnani L, Queck R, Rebmann C, Vestin P, Yernaux M, Zeri M, Ziegler W, Aubinet M (2008) Comparison of horizontal and vertical advective CO_2 fluxes at three forest sites. Agric For Meteorol 148:12-24

Finkelstein PL, Sims PF (2001) Sampling error in eddy correlation flux measurements. J Geophys Res Atmos 106: 3503-3509

Finnigan JJ (2000) Turbulence in plant canopies. Ann Rev Fluid Mech 32:519-571

Finnigan JJ (2008) An introduction to flux measurements in difficult conditions. Ecol Appl 18:1340-1350

Finnigan JJ, Clement R, Malhi Y, Leuning R, Cleugh HA (2003) A re-evaluation of long-term flux measurement techniques - part Ⅰ: averaging and coordinate rotation. Bound Layer Meteorol 107:1-48

Flanagan LB, Johnson BG (2005) Interacting effects of temperature, soil moisture and plant biomass production on ecosystem respiration in a northern temperate grassland. Agric For Meteorol 130:237-253

Foken T (2008) The energy balance closure problem: an overview. Ecol Appl 18:1351-1367

Foken T, Wichura B (1996) Tools for quality assessment of surface-based flux measurements. Agric For Meteorol 78:83-105

Foken T, Wimmer F, Mauder M, Thomas C, Liebethal C (2006) Some aspects of the energy balance closure problem. Atmos Chem Phys 6:4395-4402

Fox A, Williams M, Richardson AD, Cameron D, Gove JH, Quaife T, Riccuuto D, Reichstein M, Tomelleri E, Trudinger CM, van Wijk MT (2009) The REFLEX project: comparing different algorithms and implementations for the inversion of a terrestrial ecosystem model against eddy covariance data. Agric For Meteorol 149:1597-1615

Franks SW, Beven KJ, Quinn PF, Wright IR (1997) On the sensitivity of soil-vegetation-atmosphere transfer (SVAT) schemes: equifinality and the problem of robust calibration. Agric For Meteorol 86:63-75

Gough CM, Vogel CS, Schmid HP, Su HB, Curtis PS (2008) Multi-year convergence of biometric and meteorological estimates of forest carbon storage. Agric For Meteorol 148:158-170

Goulden ML, Munger JW, Fan SM, Daube BC, Wofsy SC (1996) Measurements of carbon sequestration by long-term eddy covariance: methods and a critical evaluation of accuracy. Glob Chang Biol 2:169-182

Grant RF, Arain A, Arora V, Barr A, Black TA, Chen J, Wang S, Yuan F, Zhang Y (2005) Intercomparison of techniques to model high temperature effects on CO_2 and energy exchange in temperate and boreal coniferous forests. Ecol Model 188:217-252

Hagen SC, Braswell BH, Linder E, Frolking S, Richardson AD, Hollinger DY (2006) Statistical uncertainty of eddy flux-based estimates of gross ecosystem carbon exchange at Howland Forest, Maine. Journal of Geophysical Research-Atmospheres 111: Art. No. D08S03

Haslwanter A, Hammerle A, Wohlfahrt G (2009) Open-path vs. Closed-path eddy covariance measurements of the net ecosystem carbon dioxide and water vapour exchange: a long-term perspective. Agric For Meteorol 149: 291-302

Hollinger DY, Richardson AD (2005) Uncertainty in eddy covariance measurements and its application to physiological models. Tree Physiol 25:873-885

Hollinger DY, Aber J, Dail B, Davidson EA, Goltz SM, Hughes H, Leclerc MY, Lee JT, Richardson AD, Rodrigues C, Scott NA, Achuatavarier D, Walsh J (2004) Spatial and temporal variability in forest-atmosphere CO_2 exchange. Glob Chang Biol 10:1689-1706

Horst TW (1997) A simple formula for attenuation of eddy fluxes measured with first-order-response scalar sensors. Bound Layer Meteorol 82:219-233

Ibrom A, Järvis PG, Clement RB, Morgenstern K, Oltchev A, Medlyn B, Wang YP, Wingate L, Moncrieff J, Gravenhorst G (2006) A comparative analysis of simulated and observed photosynthetic CO_2 uptake in two coniferous forest canopies. Tree Physiol 26:845-864

Ibrom A, Dellwik E, Flyvbjerg H, Jensen NO, Pilegaard K (2007a) Strong low-pass filtering effects on water vapour flux measurements with closed-path eddy correlation systems. Agric For Meteorol 147:140-156

Ibrom A, Dellwik E, Larsen SE, Pilegaard K (2007b) On the use of the Webb-Pearman-Leuning-theory for closed-path eddy correlation measurements. Tellus B 59B:937-946

ISO/IEC (International Organization for Standardization) (2008) ISO/IEC Guide 98-3: 2008 - Guide to the expression of uncertainty in measurement, Geneva, Switzerland

Järvi L, Mammarella I, Eugster W, Ibrom A, Siivola E, Dellwik E, Keronen P, Burba G, Vesala T (2009) Comparison of net CO_2 fluxes measured with open-and closed-path infrared gas analyzers in urban complex environment. Boreal Environ Res 14:499–514

Kanda M, Ianagaki A, Letzel MO, Raasch S, Wataqnabe T (2004) LES study of the energy imbalance problem with eddy covariance fluxes. Bound Layer Meteorol 110:381–404

Katul G, Hsieh CI, Bowling D, Clark K, Shurpali N, Turnipseed A, Albertson J, Tu K, Hollinger D, Evans B, Offerle B, Anderson D, Ellsworth D, Vogel C, Oren R (1999) Spatial variability of turbulent fluxes in the roughness sublayer of an even-aged pine forest. Bound Layer Meteorol 93:1–28

Kline SJ, McClintock FA (1953) Describing uncertainties in single-sample experiments. Mech Eng 75:3–7

Kruijt B, Elbers JA, von Randow C, Araujo AC, Oliveira PJ, Culf A, Manzi AO, Nobre AD, Kabat P, Moors EJ (2004) The robustness of eddy correlation fluxes for Amazon rain forest conditions. Ecol Appl 14:S101–S113

Lasslop G, Reichstein M, Kattge J, Papale D (2008) Influences of observation errors in eddy flux data on inverse model parameter estimation. Biogeosciences 5:1311–1324

Lasslop G, Reichstein M, Papale D, Richardson AD, Arneth A, Barr A, Stoy P, Wohlfahrt G (2010) Separation of net ecosystem exchange into assimilation and respiration using a light response curve approach: critical issues and global evaluation. Glob Chang Biol 16:187–208

Lee XH, Fuentes JD, Staebler RM, Neumann HH (1999) Long-term observation of the atmospheric exchange of CO_2 with a temperate deciduous forest in southern Ontario, Canada. J Geophys Res Atmos 104:15975–15984

Lenschow DH, Mann J, Kristensen L (1994) How long is long enough when measuring fluxes and other turbulence statistics. J Atmos Ocean Technol 11:661–673

Leuning R, Zegelin SJ, Jones K, Keith H, Hughes D (2008) Measurement of horizontal and vertical advection of CO_2 within a forest canopy. Agric For Meteorol 148:1777–1797

Liu HP, Randerson JT, Lindfors J, Massman WJ, Foken T (2006) Consequences of incomplete surface energy balance closure for CO_2 fluxes from open-path CO_2/H_2O infrared gas analysers. Bound Layer Meteorol 120:65–85

Liu M, He HL, Yu GR, Luo YQ, Sun XM, Wang HM (2009) Uncertainty analysis of CO_2 flux components in subtropical evergreen coniferous plantation. Sci China Ser D Earth Sci 52:257– 268

Loescher HW, Ocheltree T, Tanner B, Swiatek E, Dano B, Wong J, Zimmerman G, Campbell J, Stock C, Jacobsen L, Shiga Y, Kollas J, Liburdy J, Law BE (2005) Comparison of temperature and wind statistics in contrasting environments among different sonic anemometer-thermometers. Agric For Meteorol 133:119–139

Loescher HW, Law BE, Mahrt L, Hollinger DY, Campbell J, Wofsy SC (2006) Uncertainties in, and interpretation of, carbon flux estimates using the eddy covariance technique. J Geophys Res Atmos 111: Art. No. D21S90

Luyssaert S, Reichstein M, Schulze ED, Janssens IA, Law BE, Papale D, Dragoni D, Goulden ML, Granier A, Kutsch WL, Linder S, Matteucci G, Moors E, Munger JW, Pilegaard K, Saunders M, Falge E (2009) Toward a consistency cross-check of eddy covariance flux-based and biometric estimates of ecosystem carbon balance. Glob BiogeochemCycles 23: Art. No. GB3009

Mahrt L, Lee X, Black A, Neumann H, Staebler RM (2000) Nocturnal mixing in a forest subcanopy. Agric For Meteorol 101:67–78

Mammarella I, Launiainen S, Gronholm T, Keronen P, Pumpanen J, Rannik Ü, Vesala T (2009) Relative humidity effect on the high-frequency attenuation of water vapor flux measured by a closed-path eddy covariance system. J Atmos Ocean Technol 26:1852–1866

Mann J, Lenschow DH (1994) Errors in airborne flux measurements. J Geophys Res Atmos 99:14519-14526

Massman WJ (2000) A simple method for estimating frequency response corrections for eddy covariance systems. Agric For Meteorol 104:185-198

Massman WJ, Ibrom A (2008) Attenuation of trace gas fluctuations associated with turbulent flow in tubes: application to sampling water vapor with closed-path eddy covariance systems. In: European Geosciences Union General Assembly, 2008. EGU, Vienna, EGU2008-A-02259

Massman WJ, Lee X (2002) Eddy covariance flux corrections and uncertainties in long-term studies of carbon and energy exchanges. Agric For Meteorol 113:121-144

Medlyn BE, Robinson AP, Clement R, McMurtrie RE (2005) On the validation of models of forest CO_2 exchange using eddy covariance data: some perils and pitfalls. Tree Physiol 25:839-857

Moffat AM, Papale D, Reichstein M, Hollinger DY, Barr AG, Beckstein C, Braswell BH, Churkina G, Desai AR, Falge E, Gove JH, Heimann M, Hui DF, Jarvis AJ, Kattge J, Noormets A, Stauch VJ (2007) Comprehensive comparison of gap-filling techniques for eddy covariance net carbon fluxes. Agric For Meteorol 147:209-232

Moncrieff JB, Malhi Y, Leuning R (1996) The propagation of errors in long-term measurements of land-atmosphere fluxes of carbon and water. Glob Chang Biol 2:231-240

Moureaux C, Debacq A, Hoyaux J, Suleau M, Tourneur D, Vancutsem F, Bodson B, Aubinet M (2008) Carbon balance assessment of a Belgian winter wheat crop (*Triticum aestivum* L.). Glob Chang Biol 14(6):1353-1366

Nakai T, van der Molen MK, Gash JHC, Kodama Y (2006) Correction of sonic anemometer angle of attack errors. Agric For Meteorol 136:19-30

Ocheltree TW, Loescher HW (2007) Design of the AmeriFlux portable eddy covariance system and uncertainty analysis of carbon measurements. J Atmos Ocean Technol 24:1389-1406

Oren R, Hseih CI, Stoy P, Albertson J, McCarthy HR, Harrell P, Katul GG (2006) Estimating the uncertainty in annual net ecosystem carbon exchange: spatial variation in turbulent fluxes and sampling errors in eddy-covariance measurements. Glob Chang Biol 12:883-896

Papale D, Reichstein M, Canfora E, Aubinet M, Bernhofer C, Longdoz B, Kutsch W, Rambal S, Valentini R, Vesala T, Yakir D (2006) Towards a standardized processing of Net Ecosystem Exchange measured with eddy covariance technique: algorithms and uncertainty estimation. Biogeosciences 3:571-583

Pilegaard K, Mikkelsen TN, Beier C, Jensen NO, Ambus P, Ro-Poulsen H (2003) Field measurements of atmosphere-biosphere interactions in a Danish beech forest. Boreal Environ Res 8:315-333

Rannik Ü, Vesala T (1999) Autoregressive filtering versus linear detrending in estimation of fluxes by the eddy covariance method. Bound Layer Meteorol 91:259-280

Rannik Ü, Vesala T, Keskinen R (1997) On the damping of temperature fluctuations in a circular tube relevant to the eddy covariance measurement technique. J Geophys Res Atmos 102(11D):12789-12794

Rannik Ü, Kolari P, Vesala T, Hari P (2006) Uncertainties in measurement and modelling of net ecosystem exchange of a forest. Agric For Meteorol 138:244-257

Raupach MR, Rayner PJ, Barrett DJ, DeFries RS, Heimann M, Ojima DS, Quegan S, Schmullius CC (2005) Model-data synthesis in terrestrial carbon observation: methods, data requirements and data uncertainty specifications. Glob Chang Biol 11:378-397

Rebmann C, Göckede M, Foken T, Aubinet M, Aurela M, Berbigier P, Bernhofer C, Buchmann N, Carrara A, Cesscatti A, Ceulemans R, Clement R, Elbers JA, Granier A, Grunwald T, Guyon D, Havrankova K, Heinesch B, Knohl A, Laurila T, Longdoz B, Marcolla B, Markkanen T, Miglietta F, Moncrieff J, Montagnani L, Moors E, Nardino M, Ourcival JM, Rambal S, Rannik Ü, Rotenberg E, Sedlak P, Unterhuber G, Vesala T,

Yakir D (2005) Quality analysis applied on eddy covariance measurements at complex forest sites using footprint modelling. Theor Appl Climatol 80(2-4):121-141

Richardson AD, Hollinger DY (2005) Statistical modeling of ecosystem respiration using eddy covariance data: maximum likelihood parameter estimation, and Monte Carlo simulation of model and parameter uncertainty, applied to three simple models. Agric For Meteorol 131:191-208

Richardson AD, Hollinger DY (2007) A method to estimate the additional uncertainty in gap-filled NEE resulting from long gaps in the CO_2 flux record. Agric For Meteorol 147:199-208

Richardson AD, Braswell BH, Hollinger DY, Burman P, Davidson EA, Evans RS, Flanagan LB, Munger JW, Savage K, Urbanski SP, Wofsy SC (2006a) Comparing simple respiration models for eddy flux and dynamic chamber data. Agric For Meteorol 141:219-234

Richardson AD, Hollinger DY, Burba GG, Davis KJ, Flanagan LB, Katul GG, Munger JW, Ricciuto DM, Stoy PC, Suyker AE, Verma SB, Wofsy SC (2006b) A multi-site analysis of random error in tower-based measurements of carbon and energy fluxes. Agric For Meteorol 136:1-18

Richardson AD, Mahecha MD, Falge E, Kattge J, Moffat AM, Papale D, Reichstein M, Stauch VJ, Braswell BH, Churkina G, Kruijt B, Hollinger DY (2008) Statistical properties of random CO_2 flux measurement uncertainty inferred from model residuals. Agric For Meteorol 148:38-50

Savage K, Davidson EA, Richardson AD (2008) A conceptual and practical approach to data quality and analysis procedures for high-frequency soil respiration measurements. Funct Ecol 22:1000-1007

Schelhaas MJ, Nabuurs GJ, Jans W, Moors E, Sabate S, Daamen WP (2004) Closing the carbon budget of a Scots pine forest in the Netherlands. Clim Chang 67:309-328

Schmid HP, Su HB, Vogel CS, Curtis PS (2003) Ecosystem-atmosphere exchange of carbon dioxide over a mixed hardwood forest in northern lower Michigan. J Geophys Res Atmos 108(D14): Art. No. 4417

Serrano-Ortiz P, Kowalski AS, Domingo F, Ruiz B, Alados-Arboledas L (2008) Consequences of uncertainties in CO_2 density for estimating net ecosystem CO_2 exchange by open-path eddy covariance. Bound Layer Meteorol 126: 209-218

Smith WK, Hollinger DY (1991) Stomatal behavior. In: Lassoie JP, Hinckley TM (eds) Techniques and approaches in forest tree ecophysiology. CRC Press, Boca Raton, pp 141-174

Staebler RM, Fitzjarrald DR (2004) Observing subcanopy CO_2 advection. Agric For Meteorol 122:139-156

Stauch VJ, Jarvis AJ, Schulz K (2008) Estimation of net carbon exchange using eddy covariance CO_2 flux observations and a stochastic model. J Geophys Res Atmos 113: Art. No. D03101

Su HB, Schmid HP, Grimmond CSB, Vogel CS, Oliphant AJ (2004) Spectral characteristics and correction of long-term eddy-covariance measurements over two mixed hardwood forests in non-flat terrain. Bound Layer Meteorol 110:213-253

Taylor JR (1991) An introduction to error analysis. University Science, Sausalito

Trudinger CM, Raupach MR, Rayner PJ, Kattge, Liu Q, Par B, Reichstein M, Renzullo L, Richardson AD, Roxburgh SH, Styles J, Wang YP, Briggs P, Barrett D, Nikolovas S (2007) OptIC project: an intercomparison of optimization techniques for parameter estimation in terrestrial biogeochemical models. J Geophys Res Biogeosci 112: Art. No. G02027

Twine TE, Kustas WP, Norman JM, Cook DR, Houser PR, Meyers TP, Prueger JH, Starks PJ, Wesely ML (2000) Correcting eddy-covariance flux underestimates over a grassland. Agric For Meteorol 103:279-300

Wang YP, Trudinger CM, Enting IG (2009) A review of applications of model-data fusion to studies of terrestrial carbon fluxes at different scales. Agric For Meteorol 149:1829-1842

Webb EK, Pearman GI, Leuning R (1980) Correction of flux measurements for density effects due to heat and water-vapor transfer. Q J R Meteorol Soc 106:85–100

Wesely ML, Hart RL (1985) Variability of short term eddy-correlation estimates of mass exchange. In: Hutchinson BA, Hicks BB (eds) The forest-atmosphere interaction. D. Reidel, Dordrecht, pp 591–612

Williams M, Richardson AD, Reichstein M, Stoy PC, Peylin P, Verbeeck H, Carvalhais N, Jung M, Hollinger DY, Kattge J, Leuning R, Luo Y, Tomelleri E, Trudinger CM, Wang YP (2009) Improving land surface models with FLUXNET data. Biogeosciences 6:1341–1359

Wilson KB, Goldstein AH, Falge E, Aubinet M, Baldocchi D, Berbigier P, Bernhofer C, Ceulemans R, Dolman H, Field C, Grelle A, Law B, Meyers T, Moncrieff J, Monson R, Oechel W, Tenhunen J, Valentini R, Verma S (2002) Energy balance closure at FLUXNET sites. Agric For Meteorol 113:223–243

Wohlfahrt G, Bahn M, Haslwanter A, Newesely C, Cernusca A (2005) Estimation of daytime ecosystem respiration to determine gross primary production of a mountain meadow. Agric For Meteorol 130:13–25

Yanai RD, Battles JJ, Richardson AD, Rastetter EB, Wood DM, Blodgett C (2010) Estimating uncertainty in ecosystem budget calculations. Ecosystems 13:239–248

第 8 章

足迹分析

Üllar Rannik, Andrey Sogachev, Thomas Foken, Mathias Göckede, Natascha Kljun, Monique Y. Leclerc, Timo Vesala

8.1 足迹的概念

理想条件下,通量塔应该安装在平坦均一的地形上。这个表面应该在物理上均匀(具有

Ü.Rannik (✉) · T.Vesala
Department of Physics, University of Helsinki, Helsinki, Finland
e-mail: ullar.rannik@heuristica.ee; timo.vesala@helsinki.fi

A.Sogachev
Risø National Laboratory for Sustainable Energy, Technical University of Denmark, Roskilde, Denmark
e-mail: anso@risoe.dtu.dk

T.Foken
Department of Micrometeorology, University of Bayreuth, Bayreuth, Germany
e-mail: thomas.foken@uni-bayreuth.de

M.Göckede
Department of Forest Ecosystems & Society, Oregon State University, Corvallis, OR, USA
e-mail: mathias.goeckede@oregonstate.edu

N.Kljun
Department of Geography, Swansea University, Swansea, UK
e-mail: n.kljun@swansea.ac.uk

M.Y.Leclerc
Laboratory for Environmental Physics, The University of Georgia, Griffin, GA, USA
e-mail: mleclerc@uga.edu

M.Aubinet et al. (eds.), *Eddy Covariance: A Practical Guide to Measurement and Data Analysis*, Springer Atmospheric Sciences, DOI 10.107/978-94-007-2351-1_8,

同样的森林高度及热力学性质）以及被同一树种所覆盖，或在混合林中，不同树种的分布应该均匀（“混合良好”）。风区，即均一表面的扩展范围，应该比测量（足迹）的源面积的延伸还要长。然而，很多站点在塔的所有方向上并没有足够均一。在非均一表面的情况下，我们需要了解源面积及强度来解释所测得信号。值得注意的是，非均一性可以通过调整湍流场而更改足迹。因此，严格地说，任何没有将异质性考虑在内的方法对于源面积估算是无用的。换言之，要么因为关于均一性的隐含假设，足迹模型从根本上就是错误的，或者在完全均一的情况下，其结果微不足道，并不需要估算。然而，基于水平均一湍流场假设的足迹模型，可以作为在真实观测条件下所测得通量的贡献源评价的一级近似。一个替代方法是在足迹估算中考虑气流的非均一性，这可以通过模型模拟这种流场而实现（见第 8.4.1 节）。

足迹定义了通量/浓度传感器的视场，并且反映了地表对所测得的湍流通量（或浓度）的影响。严格来说，对于一个测量点，源面积是包含其有效源及汇的地表（绝大部分在上风向）的一部分（见 Kljun et al. 2002）。然后，足迹被定义为所测得的垂直通量或浓度的表面源/汇的每个组分的相对贡献（见 Schuepp et al. 1990; Leclerc and Thurtell 1990）。描述地表源/汇的空间分布与信号之间关系的函数被称为足迹函数或者源权重函数（Horst and Weil 1992, 1994；详细也可见 Schmid 1994）。足迹函数的基本定义由扩散积分方程给出（Wilson and Swaters 1991；也可见 Pasquil and Smith 1983）：

$$\eta = \int_{\mathrm{R}} \phi(\boldsymbol{x},\boldsymbol{x}')\, Q(\boldsymbol{x}')\, \mathrm{d}\boldsymbol{x}' \tag{8.1}$$

式中，η 是在位置$\boldsymbol{x}$（注意，$\boldsymbol{x}$是矢量）所测得的量，$Q(\boldsymbol{x}')$是地表-植被体积 R 中的源释放速率/汇强度。η 可以是浓度或者垂直涡度通量，而 ϕ 是浓度或通量足迹函数。

实质上，足迹问题处理的是存在某一化合物的任意给定源的情况下，在一个固定点上计算平均浓度$\langle c_s \rangle$或通量$\langle wc_s \rangle$的相对贡献，其中$\langle\ \rangle$表示总体平均。一般来说，浓度足迹趋向于比通量足迹更长（见第 8.2.4 节）。源面积通常依赖于测量高度和风向。如 Leclerc 和 Thurtell（1990）首先指出，足迹也对大气稳定度和表面粗糙度敏感。图 8.1 展示了侧风积分足迹函数在 4 种稳定度情势下的稳定度依赖性。可以发现，峰值位于接收器（仪器）附近，且随着对流条件增强，其在上风向方向倾斜更少。在不稳定条件下，湍流强度相当高，导致任何化合物的向上传输和更短的传输距离/时间。比较典型的是，足迹的峰值位置从测量高度的几倍（不稳定条件下）到几十倍（稳定条件下）不等。在横向上，稳定度以同样的形式影响足迹。值得注意的是，在对流情形下，向下的湍流扩散占的比例很小。从数学上讲，影响整体通量的地表面积趋向于无穷大，因此有必要对地表面积限定百分数水平（见 Schmid 1994）。经常用到的有对单点通量测定有贡献的 50%、75%或 90%源面积。

浓度足迹函数经常为 0~1，然而对于在山上的复杂合流（convergent flow）情形，通量足迹函数甚至可能为负值（Finnigan 2004）。在水平均一的剪切流中，通量足迹ϕ_f确实符合$0<\phi_f<1$，而对于浓度足迹来说，情况经常如此。源/汇的垂直分布也会导致异常行为（如 Markkanen et al. 2003）。通量足迹事实上代表一个组合的足迹函数，即每个单独层的足迹的源强度加权的平均值。由于叠加原则，如果一层或更多层的源强度在符号上与植被和大气之间的净通量相反，那么组合函数可能变成负值（Lee 2003）。从公式（8.1）这个意义上讲，这种组合函数不再

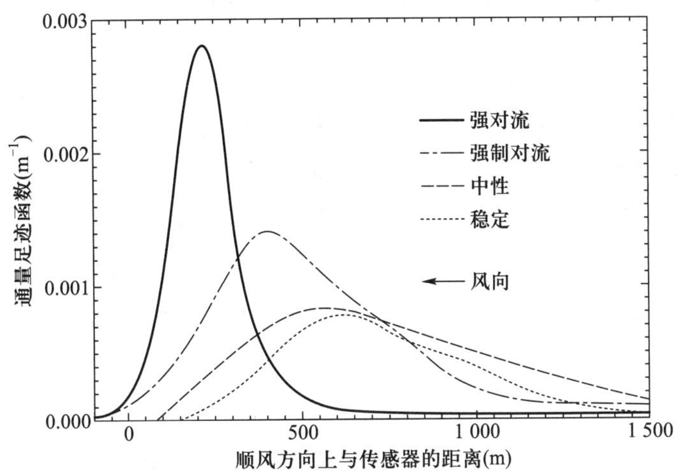

图 8.1　4 种不同稳定度(强对流、强制对流、中性及稳定条件下;测量高度为 50 m,粗糙长度为0.05 m)情况下,通量测量的整合侧风的足迹,该结果基于 Kljun 等(2002)的拉格朗日模拟获得

是足迹函数,我们建议将之称为(均一化的)通量贡献函数(另见 Markkanen et al. 2003)。

足迹函数 ϕ 的确定并不简单,而在过去的几十年中,一些理论方法已被发展出来。它们被分成以下 4 类:① 分析模型;② 拉格朗日随机颗粒分散模型;③ 大涡模拟(large-eddy simulation, LES);④ 整体平均闭合模型。此外,其中一些方法的参数化已得到发展,这简化了实际应用中的原始算法(如 Horst and Weil 1992, 1994; Schmid 1994; Hsieh et al. 2000; Kljun et al. 2004a)。Kljun 等(2004a)的参数化可在网站 http://footprint.kljun.net 上获得。SCADIS 闭合模型(见第 8.4.1 节)也得到了简化(两个维度的域、中性分层及平坦地形等),并且提供了一个用户友好菜单。Sogachev 和 Sedletski(2006)展示了被称作"足迹计算器"的基础及新发现条目集合的操作手册,可向作者或瑞典生态系统碳交换站点研究中心(http://www.necc.nu/NECC/home.asp)要求而免费获得。关于足迹概念的完整综述可见 Schmid(2002),而 Foken 和 Leclerc(2004)、Vesala 等(2008b)及 Vesala 等(2010)提供了关于这个主题的更新信息。表 8.1 列出了在足迹模型工作中的最重要的几个研究。

表 8.1　最重要的足迹模型的概述(如果没有评注,即为分析模型)

作者	评注
Pasquill(1972)	第一个模型表述,有效风区的概念
Gash(1986)	中性层结,累积风区的概念
Schuepp 等(1990)	使用了源面积的概念,但是基于中性层结和平均风速
Leclerc 和 Thurtell(1990)	拉格朗日足迹模型
Horst 和 Weil(1992)	一维足迹模型
Schmid(1994, 1997)	标量足迹及通量足迹的分离

续表

作者	评注
Leclerc 等(1997)	用于足迹的 LES 模型
Baldocchi(1997)	森林中的足迹模型
Rannik 等(2000, 2003)	森林的拉格朗日模型
Kormann 和 Meixner(2001)	具有指数风廓线的分析模型
Kljun 等(2002)	具有后射投影的不同湍流层结的三维拉格朗日模型
Sogachev 和 Lloyd(2004)	具有 1.5 阶闭合的边界层模型
Sogachev 等(2004)	估算了非平坦地形下的足迹
Strong 等(2004)	具有活性化合物的足迹模型
Cai 和 Leclerc(2007)	由 LES 数据驱动的后推和前推实时颗粒模拟获得的足迹
Klaassen 和 Sogachev(2006)	森林边缘的足迹估算
Vesala 等(2008a)	复杂城市表面的足迹估算
Steinfeld 等(2008)	具有内含 LES 颗粒的足迹模型

修改自 Foken(2008)和 Vesala 等(2010)。

8.2 用于大气边界层的足迹模型

8.2.1 分析型足迹模型

首个估计二维源权重分布的概念是由 Pasquill(1972)提出的,他使用一个简单的高斯模型来描述源与测量点之间的传递函数。Schmid 和 Oke(1988, 1990)通过包含一个基于莫宁-奥布霍夫相似理论(Monin-Obukhov similarity theory)的扩散模型,改进了 Pasquill 的方法,该理论的分析解法由 van Ulden(1978)提出。Gash(1986)发表了首篇使用简单分析模型来描述扩散公式的文章,这是通过使用一个固定的速度剖面和中性条件而实现的。之后作为 Leclerc 和 Thurtell(1990)的姐妹篇,Schuepp 等(1990)也采用了同样的方法来描述“通量足迹”的概念。通量足迹是从一个特定的源(地面上、林下层或林冠层)到一个通量测量点来评估个体信号。

通过增加实际速度廓线和稳定度依赖性,Horst 和 Weil(1992, 1994)的分析模型进一步扩展了这个方法的适用范围。另外,他们的分析解法基于 van Ulden(1978)。尽管 Horst 和 Weil(1992,1994)提出了一个近似分析解法,但是他们提出的分析足迹模型并不精确,而且需要数值解。到目前为止,Schmid(1994, 1997)的通量及浓度足迹模型得到广泛使用。这些模型的二维延伸已经催生了更多对在斑块表面上收集的实验数据的深刻见解。

值得一提的是,以上的这些模型虽然在公式上都比较紧凑,但都受到数值不稳定的影响,并且一般在稳定条件下表现不好。

之后,Haenel 和 Grünhage(2001)及 Kormann 和 Meixner(2001)为通量足迹函数提出了精确的分析表达式。Haenel 和 Grünhage(2001)使用风速及涡旋扩散率的幂律扩线(power law profile)来获得一个分析解法。在他们推导的后期,才引入了莫宁-奥布霍夫相似关系。Kormann 和 Meixner(2001)遵循一个相似的方法,从风速及涡旋扩散率的幂律扩线开始,在之后的阶段,通过将幂律扩线纳入相似廓线而引入莫宁-奥布霍夫相似廓线。如 Schmid(2002)所总结的,精确分析表达式推导的简化牺牲了物理精度。因此,我们建议将 Horst 和 Weil(1992, 1994)中的模型用于大气近地层(atmospheric surface layer, ASL)条件。

如这里所描述的其他所有足迹模型一样,分析型足迹模型是基于在分析通量的测定期间大气处于稳态条件这样一个假设。它们进一步假设一个下风向的源对单点通量没有任何贡献,并且不可能将非本地力量的影响包括到通量测量中。后一个观点已经被证明是错误的(Kljun et al. 2002; Leclerc et al. 2003a)。在使用这些方程过程中,以下假设是隐含的:① 一个水平均一的湍流场;② 没有垂直平流;③ 莫宁-奥布霍夫相似理论适用于位于通量塔之上的空气层;④ 通量的所有涡旋贡献被包括在一个采样周期内。最新的关于夜间大气边界层的发现(Karipot et al. 2006, 2008a, 2008b; Prabha et al. 2007, 2008b)显示垂直平流起着调节通量响应的作用,而这个目前并没有被包括在足迹方程中。

原始的足迹概念及它的分析解法将单位源强度分配到上风向的表面源上。目前使用的大部分分析解法都是一维的,并且隐含的假设是在侧风方向上源是无限的。实际上,这当然是一个相关联的问题,正如覆盖一个足够大面积的源/汇很少会允许忽略气流的横向分量。随着风速的降低,横向扩散变得重要,换言之,随着风减弱,横向湍流强度变得更大。

8.2.2 拉格朗日随机方法

拉格朗日随机模型借助随机差分方程(广义朗之万方程)来描述一个标量的扩散:

$$\mathrm{d}X(t)=V(t)\,\mathrm{d}t$$

$$\mathrm{d}V(t)=\boldsymbol{a}(t,X(t),V(t))\,\mathrm{d}t+\sqrt{C_0\bar{\varepsilon}(X(t),t)}\,\mathrm{d}W(t) \tag{8.2}$$

式中,$X(t)$ 和 $V(t)$ 表示投影坐标和速度作为时间 t 的函数,C_0 是科尔莫格罗夫常数(Kolmogorov constant),$\bar{\varepsilon}$是湍流动能(turbulent kinetic energy, TKE)的平均耗散速率,而 $W(t)$ 描述了三维的维纳过程(Wiener process)。这个方程决定了拉格朗日轨道在时间及空间上的演变,这是通过将轨道的演化整合为一个确定漂移 $\boldsymbol{a}$ 与随机项的综合。对于为特定流态而构造的每个拉格朗日模型,其漂移项也需特定(Thomson 1987)。

拉格朗日随机方法能被用于任何湍流形态,因此能够为多种大气边界层流态计算足迹。举例而言,在对流边界层中,湍流统计一般呈非高斯分布,并且为了实际扩散模拟,必须应用一个非高斯轨道模型。违背高斯性的迹象经常可通过使用湍流速度的偏度而发现;举例来说,在对流边界层中,典型的垂直速度偏度为 0.3,而在一个中性冠层中,垂直速度偏度能表现为负值,达到-2.0(Leclerc et al. 1991; Finnigan 2000)。然而,绝大部分拉格朗日轨道模型满足了用于构建拉格朗日随机模型的主要标准,即仅对于一个特定的湍流形态,存在混合良好的条件(Thomson 1987)。

值得注意的是,拉格朗日随机模型并不是唯一为大气气流条件而设定的。甚至在均一但各向异性的湍流情况下,也存在一些其他的随机模型,它们满足混合良好的条件(Thomson 1987; Sabelfeld and Kurbanmuradov 1998)。这经常被称为唯一性(uniqueness)问题(详细讨论可见 Kurbanmuradov et al. 1999, 2001; Kurbanmuradov and Sabelfeld 2000)。除了 Thomson (1987)提出的混合良好条件之外,轨道曲率也被提议作为选择合适拉格朗日随机模型的额外标准(Wilson and Flesch 1997),但是这个额外标准并没有限定唯一的模型(Sawford 1999)。

然而,随机拉格朗日方法在足迹应用中是非常便利的:一旦选定参数化形式,随机朗之万型方程(stochastic Langevin-type equation)可由一个非常简单的方案来解决(如 Sawford 1985; Thomson 1987; Sabelfeld and Kurbanmuradov 1990)。这个方法只需要一个欧拉速度场(Eulerian velocity field)的单点概率密度函数(probability density function, pdf)。拉格朗日随机轨道模型和合适的模拟方法及相应的浓度或通量足迹的估计量经常被一起并入拉格朗日足迹模型中。详细的关于拉格朗日随机方法估算浓度和通量,尤其是浓度和通量足迹的综述,可见 Kurbanmuradov 等(2001)。

拉格朗日随机足迹模型的一个不可避免的弱点是为了产出统计上可靠的结果,需要大量轨道,导致计算时间相对较长。为了克服这个弱点,Hsieh 等(2000)提出了一个由拉格朗日模型结果衍生的分析模型。最近,Kljun 等(2004a)提出了一个基于拉格朗日足迹模型的简单参数化。这个参数化允许从大气变量中确定足迹,而这些大气变量通常可由通量观测测定。

8.2.3 前推及后推拉格朗日随机模型

用于足迹计算的拉格朗日模型的传统用法是在表面点源释放颗粒物,并追踪它们从这个点源随时间顺风朝测量位置推进的轨迹(如 Leclerc and Thurtell 1990; Horst and Weil 1992; Rannik et al. 2000),并且在测量高度对颗粒物轨迹及颗粒物垂直速度进行采样。在水平均一且平稳湍流情况下,由位于 z_0高度的一个持续表面源(Q)所致的在测量位置(x,y,z)的平均浓度被描述为

$$\langle c_s(x,y,z)\rangle = \frac{1}{N}\sum_{i=1}^{N}\sum_{j=1}^{n_i}\frac{1}{|w_{ij}|}Q(x-X_{ij},y-Y_{ij},z_0) \tag{8.3}$$

式中,N 是释放的颗粒物数目,n_i是颗粒物轨迹 i 与测量高度 z 相交的数目;w_{ij}、X_{ij}及 Y_{ij}分别表示在相交时刻颗粒物 i 的垂直速度和坐标。同样的,平均通量可由公式(8.4)给出:

$$F_s = \langle w(x,y,z)\,c_s(x,y,z)\rangle = \frac{1}{N}\sum_{i=1}^{N}\sum_{j=1}^{n_i}\frac{w_{i0}}{|w_{ij}|}Q(x-X_{ij},y-Y_{ij},z_0) \tag{8.4}$$

以上的公式同样能被应用于任一高度的上升源。

浓度足迹和通量足迹可由公式(8.5)确定:

$$\phi_C = \frac{1}{Q}\frac{\partial^2(c_s)}{\partial x\partial y} \tag{8.5}$$

$$\phi_{\mathrm{F}}=\frac{1}{Q}\frac{\partial^{2}F_{\mathrm{s}}}{\partial x\partial y}=\frac{1}{Q}\frac{\partial^{2}(wc_{\mathrm{s}})}{\partial x\partial y} \tag{8.6}$$

作为替代,可以在后推时间框架内计算拉格朗日模型的轨迹(参见 Thomson 1987; Flesch et al. 1995; Flesch 1996; Kljun et al. 2002)。在这种情况下,轨迹从测量点开始,随时间倒转追踪从测量点到任何潜在的表面源。对颗粒物触地位置及触地速度进行采样,而在测量位置的平均浓度和平均通量能被描述为

$$\langle c_{\mathrm{s}}(x,y,z)\rangle=\frac{2}{N}\sum_{i=1}^{N}\sum_{j=1}^{n_i}\frac{1}{|w_{ij}|}Q(X_{ij},Y_{ij},z_0) \tag{8.7}$$

$$F_{\mathrm{s}}=(w(x,y,z)\,c_{\mathrm{s}}(x,y,z))=\frac{2}{N}\sum_{i=1}^{N}\sum_{j=1}^{n_i}\frac{w_{i0}}{|w_{ij}|}Q(X_{ij},Y_{ij},z_0) \tag{8.8}$$

式中,w_{i0}是颗粒物 i 的初始(释放)垂直速度,w_{ij}是颗粒物的触地速度。浓度足迹和通量足迹使用公式(8.5)、公式(8.6)确定。值得注意的是,对于一个在任一高度、源强度为 Q 的升高的平面源来说,公式(8.7)和公式(8.8)通过以下调整也是适用的:移除因子 2,并且将触地速度更换为轨迹与源层面(两个方向上)的垂直交叉速度。

> 前推和后推足迹估算在理论上是一致的。实际上,前推拉格朗日随机模型适用于水平均一条件,这是因为这个方法只有在使用水平坐标转化时才能有效应用。用于浓度和通量足迹的后推估计量没有假设湍流场的均一性和平稳性。计算的轨迹能被直接使用,而不用进行坐标转换。因此,如果使用颗粒物速度的非均一性概率密度函数,后推拉格朗日足迹模型能被有效应用于非均一地形。

从理论上来说,前推和后推足迹估算是相等的(Flesch et al. 1995)。然而,某些数学误差必须避免。Cai 和 Leclerc(2007)指出后推模拟推导的浓度足迹可能是错误的,这是因为接近表面的湍流强烈非均一,导致误差离散化。他们也提出了一个改正数值方案来减少这个误差。此外,当全反射方案被应用于偏态的或非均一湍流时,后推足迹模拟违反了位于表面的混合良好条件(Wilson and Flesch 1993)。这个数值问题也能通过一个合适的数值方案来避免(Cai and Leclerc 2007; Cai et al. 2008)。

拉格朗日足迹模型需要一个预先确定的湍流场。这能通过对大气标度律(atmospheric scaling law)(如莫宁-奥布霍夫相似理论、平流和稳定大气边界层标度律)的参数化而获得,或者通过对大气气流进行测定或数值模拟而获得。

任何阶的闭合模型都能被用于气流及足迹模拟,包括水平非均一气流(见第 8.4.1 节)。由于三维计算的计算成本可能会比较高,一个最小化计算时间的方法是将从一个大气边界层模型推算的气流统计用于拉格朗日随机后推方法。与闭合模型结果一起,拉格朗日随机方法能被用于研究表面属性转换对足迹函数的影响。Luhar 和 Rao(1994)及 Kurbanmuradov 等(2003)进行了首次尝试,之后 Hsieh 和 Katul(2009)应用随机模型来估算非均一表面上的足迹和水汽通量。他们使用一个闭合模型来推算在变化的表面粗糙度上二维气流的湍流场,并且运行拉格朗日模拟来评价足迹函数。

大涡模拟(large-eddy simulation, LES;见第 8.2.5 节)也与拉格朗日随机模拟一起被用于推导平流边界层及林冠流的足迹。举例来说,Cai 和 Leclerc(2007)及 Steinfeld 等(2008)运行拉格朗日模拟来获得亚栅格(sub-grid)尺度湍流分散。最近,Prabha 等(2008a)比较了使用拉格朗日模拟获得的冠层内足迹与那些通过大涡模拟获得的冠层内足迹。在这个模型中,拉格朗日随机模型由从大涡模拟推导的气流统计值驱动。

8.2.4 大气边界层足迹

大部分的足迹模型都是因有限的大气气流形态而发展的。第一个将拉格朗日模拟应用于足迹描述的研究应归于 Leclerc 和 Thurtell(1990),他们将拉格朗日随机方法应用于大气边界层。这个研究首次分析了大气稳定度对足迹的影响;同时,也首次分析了表面粗糙度、大气稳定度及测量高度对足迹的影响。这些结果的重要性反映在,一些 NASA ABLE 3-B 多尺度、多平台的野外调查基于它们的初步计算而做了重新设计。作为这些影响中的一个,Kljun 等(2002)提出了基于一个轨迹模型的适用于各种不同大气边界层分层条件的足迹模型。

Kljun 等(2002)研究了稳定度依赖性,通过使用一个三维的拉格朗日模拟来比较不同稳定度状况下的整合侧风的足迹。在图 8.2 的例子中,测量高度和粗糙长度被分别固定在 10 m 和 0.01 m,而摩擦速率、垂直速率尺度、奥布霍夫长度及边界层高度存在变化,以表征平流、中性及稳定条件。在不稳定条件下,湍流强度较高,这导致任何化合物的往上传输及更短的传输距离和时间。相应地,在不稳定条件下,峰值位置更靠近接受体(receptor)。这与 Leclerc 和 Thurtell (1990)的发现一致,并且与这些模型的实验验证结果一致(Finn et al. 1996; Leclerc et al. 1997)。稳定度强烈影响足迹峰值位置及它的最大值。浓度足迹倾向于更长(图 8.2)。

> 通量与浓度足迹在空间范围上差别显著。在拉格朗日框架内解释如下:在水平面积元素上的通量足迹值与向上及向下穿越测量水平的颗粒(被动示踪物)数目的差异成比例。当远离测量点,向上及向下穿越一个想象中的 x-y 平面的颗粒物或流体单元的数目通常趋向一致,因此向上和向下的运动相互抵消,这降低了这些源单元对通量的各自部分的通量贡献。与通量足迹相比,每次相交对独立于轨迹方向的浓度足迹有正面的贡献。这会在远离接收器位置的距离上增加足迹数值。

在图 8.2b 中展示的累积足迹函数显示了均一表面源对测得通量贡献的通量(或浓度)分数。值得注意的是,这个累积有效风区的概念是由 Gash(1986)引入的,这在 Schuepp 等(1990)提出不同形式的足迹函数之前。这个累积足迹函数在确定测得通量的必要的水平均一的上风向距离上特别有用,这能表征所调查的表面通量的某些部分。依赖于测得通量的代表性要求及表面类型的对比性,不同水平的均一风区的累积风区能够得以确定。举例来说,对于图 8.2 中的观测条件,如果 80% 的通量应该源自感兴趣的表面,均一风区必须分别延伸至 250 m(不稳定条件)和 500 m(稳定条件)。

当在侧风方向上表面均一性的假设被应用时,结合侧风的足迹函数是有用的。在斑块表面以及一些足迹应用(见第 8.5 节)的情况下,是需要二维足迹函数的(图 8.3)。再一次强调,

在同一高度及粗糙度条件下，通量及浓度足迹展现出显著不同的空间范围。

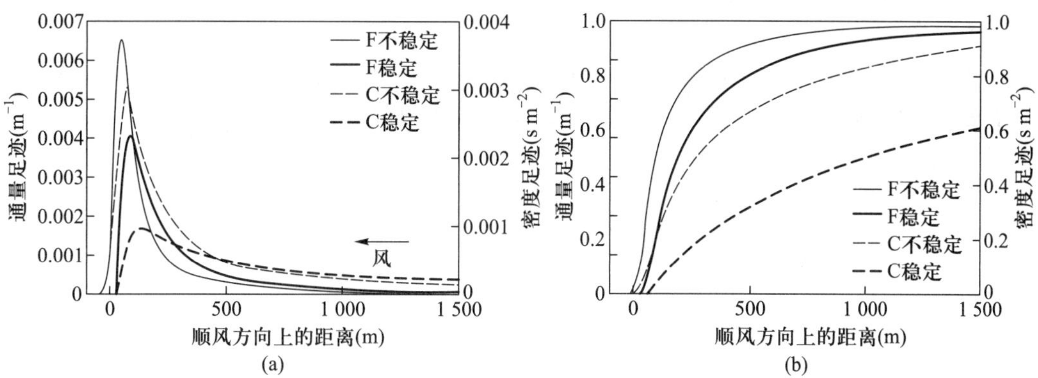

图 8.2 (a)在不稳定($L=-30$ m，$u^*=0.2$ m s^{-1}，$w^*=2.0$ m s^{-1}，$z_i=2\,500$ m)和稳定条件($L=30$ m，$u^*=0.5$ m s^{-1}，$z_i=200$ m)下，整合侧风的通量和浓度足迹(在位点(0,0)，测量高度为10 m，粗糙长度为0.01 m)。(b)同样条件下的累积足迹

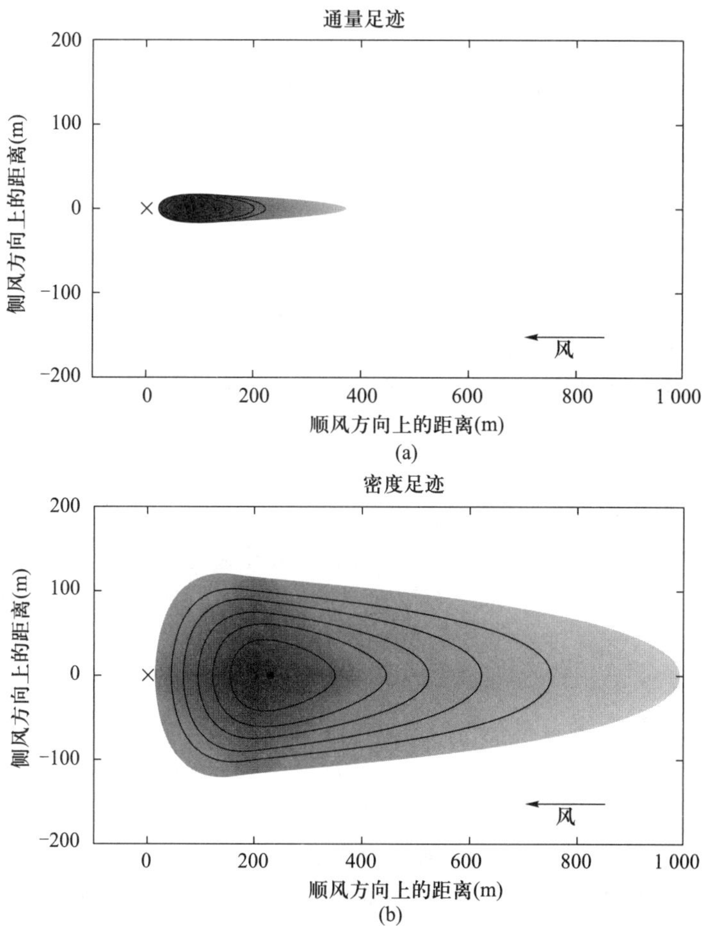

图 8.3 当观测高度为 10 m 及粗糙长度为 0.01 m，中性层结条件($u^*=0.8$ m s^{-1}，$z_i=1,500$ m)下，(a)通量和(b)浓度的足迹函数。等值线表示 10%～50%源面积。×为观测塔位置

通量和浓度足迹函数依赖于测量水平、风速风向、大气稳定度和表面特性。图 8.4 将足迹峰值发生的距离阐述为测量高度和表面粗糙度的函数。足迹峰值位置随观测高度近乎线性增加。表面粗糙度对峰值位置有强烈影响。在不稳定层结，足迹峰值相比在稳定层结下更靠近观测点；比较在同一表面粗糙度 0.01 m 下的曲线。

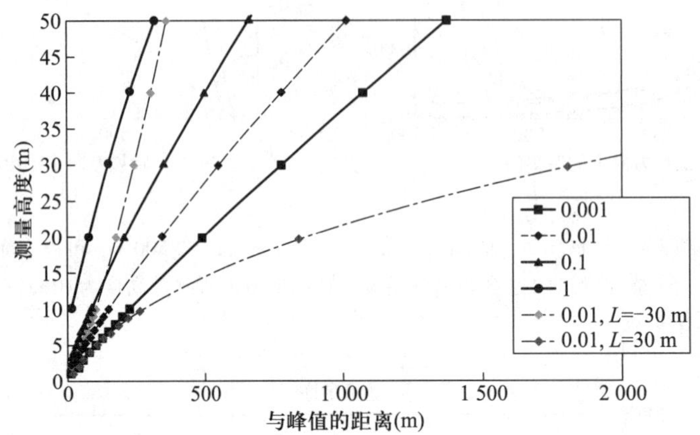

图 8.4 足迹峰值取决于测量高度。曲线呈现了中性层结条件下，不同粗糙度及两个稳定长度数值下（与中性条件（z_0 = 0.01 m）相比较）的情况。假设满足 ASL 条件

8.2.5 大气边界层的大涡模拟

大涡模拟（LES）方法没有预先设定湍流场的缺点。大涡模拟通过使用 Navier-Stokes 方程解析了规模上等于或大于 2 倍栅格尺寸的大涡旋，同时将亚栅格尺度（sub-grid scale, SGS）过程参数化。这个过程预先假定绝大部分的通量包含在大涡旋中：因为这些大涡旋被直接解析，因此尽管存在复杂的边界条件，这个方法提供了一个气流的高水平写实（如 Hadfield 1994）。大涡模拟是一个精密的模型，能直接计算三维的、时间依赖的湍流运动，并且只参数化亚栅格尺度运动。横向的和表面/上边界条件的选择是这种至关重要的技术的一个方面，依赖于应用情况。此外，在稳定边界层，由于不完美 SGS 参数化所导致的误差会变得更为重要，这是因为典型的涡旋尺度在稳定条件下更小。这种技术最先由 Moeng 和 Wyngaard（1988）应用于大气，被认为是许多通常不能用简单模型研究的情形的技术选择，并且能包含压力梯度的影响。

通常来说，LES 能预测三维速度场、压力和湍流动能。依赖于这个目的，它也能模拟水分、CO_2和污染物的湍流输送，并且存在一些有效的参数化能被用于处理亚栅格尺度。其中最为广泛使用的模拟中的一个，最初是由 Moeng（1984）及 Moeng 和 Wyngaard（1988）开发的，经 Leclerc 等（1997）、Su 等（1998）及 Patton 等（2001）修改，以适应包括冠层和边界层标量传输。

SGS 通常使用闭合方案的 1.5 倍来进行参数化。取决于研究兴趣，LES 可以包含一系列云微观物理学方程和热动力学方程，能预测温度、浓度和压力。一些 LES 也能包括地形跟踪（terrain-following）坐标系统。一旦模拟达到了准稳定状态平衡，空间交叉平均和时间平均被应用于模拟的数据。典型的边界条件是周期性的，并且将一个刚性的盖子（lid）应用到领域

(domain)的顶部,只有这样,从领域上部反射及吸收的波才会减弱。LES 在计算上是相当昂贵的,并且由于气流模拟上的栅格点数目而局限于相对简单的气流条件。

这个强大的模拟已被广泛适用于大气气流模拟,特别是平流边界层中(Mason 1988)。这种技术已被成功用于描述在不同尺度下表面斑块性对平流边界层的影响(Hadfield 1994; Shen and Leclerc 1995)。

Hadfield(1994)首次尝试将 LES 方法用于足迹模拟。之后,LES 方法进一步被用于模拟在平流边界层中的足迹(Leclerc et al. 1997; Guo and Cai 2005; Peng et al. 2008; Steinfeld et al. 2008; Cai et al. 2010)。在最近的一些研究(Cai and Leclerc 2007; Steinfeld et al. 2008; Cai et al. 2010)中,LES 结合 SGS 湍流扩散的拉格朗日模拟被用于重现平流边界层湍流及推导浓度足迹。Steinfeld 等(2008)使用 LES 来描述具有不同复杂性的边界层中的足迹。他们以一种类似于 Prabha 等(2008a)在森林冠层中的方式记录了平流边界层中的正负通量足迹。这与 Finnigan(2004)的结论一致,即通量足迹函数是浓度足迹函数的泛函,且在复杂气流下,并不能保证通量足迹是正值,尽管这个值范围为 0~1。Wang 和 Rotach(2010)同时将 LES 和后推拉格朗日随机方法应用于起伏表面,并且观测气流扩散和汇流对近地面接收器的足迹函数的影响。他们观察到在具有表面风汇流的区域,侧风积分足迹函数峰值更靠近接收器,而在具有风扩散的区域,则刚好相反。

8.3 高大植被的足迹模型

8.3.1 森林冠层的足迹

Baldocchi(1997)的研究通过使用拉格朗日模拟方法首次阐述了在森林冠层中的足迹行为。他基于文献将冠层内的湍流垂直剖面和冠层上的相似关系参数化(在本节,我们使用“冠层”来代替“森林冠层”)。这个研究并没有包括高阶速度矩对足迹预测的影响。然而,拉格朗日模型的一个好处是它们能够考虑高斯和非高斯湍流。在表面层内的气流近乎高斯湍流,冠层和平流混合层的流场具有非高斯湍流的特征。拉格朗日随机模型优于分析模型的另一个好处是它们在近场条件下的适用性,即在通量成分与当地梯度分离的条件下,拉格朗日随机模型能为冠层内扩散提供合适的描述。这使得定位冠层内的痕量气体源/汇成为可能。Baldocchi(1997)、Rannik 等(2000, 2003)、Mölder 等(2004)及 Prabha 等(2008a)定性研究了冠层湍流对足迹函数的影响。在高大植被的情况下,足迹预测主要依赖于两个因子:冠层湍流和冠层内的源/汇水平。这些因子与接近树梢的观测水平关系密切(Shen and Leclerc 1997; Rannik et al. 2000; Lee 2003; Markkanen et al. 2003; Göckede et al. 2007; Sogachev and Lloyd 2004)。

Lee(2003, 2004)基于本地化的近场理论采用了一种不同的方法来模拟冠层内部的标量对流,并将之应用于森林冠层之上的足迹预测。在粗糙亚层内,近场影响对足迹区预测起作用,但在惯性亚层内,可以忽略近场影响。

对于拉格朗日随机足迹模拟来说,必要的风统计值源自相似理论、实验数据或一个能够产出风统计值的气流模型的输出值。然而,由于对冠层气流的稳定度依赖性和拉格朗日相关时间缺少理解，我们对冠层内风统计值的描述将变得不确定。就科尔莫格罗夫常数 C_0的参数化来说，拉格朗日随机模型的结果对这个常数的绝对值敏感（Mölder et al. 2004；Rannik et al. 2003）。Poggi 等（2008）揭示了 C_0在冠层内可能表现为非线性变化，而拉格朗日随机模型预测值并不对冠层内的 C_0梯度敏感。

此外，除了拉格朗日随机方法，闭合模型（见第 8.4 节）和 LES 也已成功应用于森林冠层之内和之上的足迹。这些模型显而易见的好处是它们能够模拟复杂的林冠流。

LES 的多功能性已经得到认可，并且被认为是一个描述类似植被冠层（Su et al. 1998；Shen and Leclerc 1997；Watanabe 2009）和城市冠层（Tseng et al. 2006）的强烈剪切大气流之上（Chandrasekar et al. 2003）、边缘（Shen and Leclerc 1997）或内部的气流的潜在工具。最近，LES 研究已被应用于冠层湍流，并且显示许多能够重现植物冠层内部及直接在植物冠层之上的观测到的特征，包括偏度、相干结构及两点统计值（Su et al. 1998；Shen and Leclerc 1997；Prabha et al. 2008a）。

LES 已被用于研究浓度和通量足迹，这是通过考察森林冠层内部的多个源释放的示踪物的行为而实现的。最近，森林冠层之上或之内的通量足迹区已由 Su 和 Leclerc（1998）、Prabha 等（2008a）及 Mao 等（2008）通过使用 LES 模拟来实现。

8.3.2 足迹对传感器和源高度的依赖

Rannik 等（2000）、Markkanen 等（2003）及 Prabha 等（2008a）都突出了足迹函数对垂直源位置的依赖性。这与在高大植被上通量测定的情形相关，很多受到广泛关注的大气成分（CO_2）的交换主要发生在冠层的更高部分。图 8.5 考察了源高度对足迹函数的影响。为了说明这一点，基于 Launiainen 等（2007）中所报道的测量，松树林的足迹函数的拉格朗日随机模拟中的湍流廓线被参数化。可以看出，对于冠层内提高的源，足迹函数的峰值也更高（图 8.5）。依据源高度位于森林地面或在冠层上部，在森林一个典型高度上测量的足迹函数会发生显著变化。在森林地面上且在树木躯干空间内的通量测量的足迹函数受到更多限制。

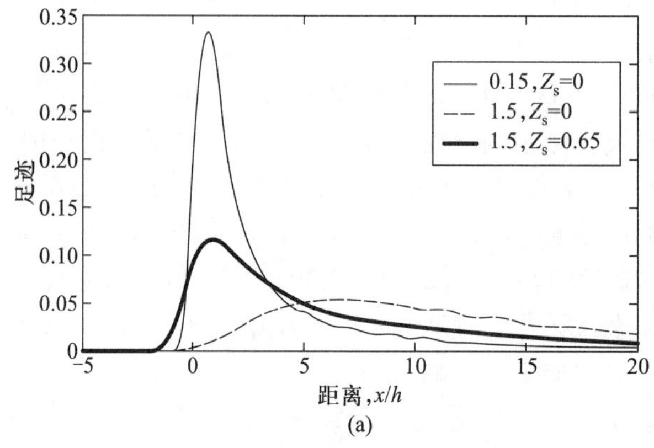

(a)

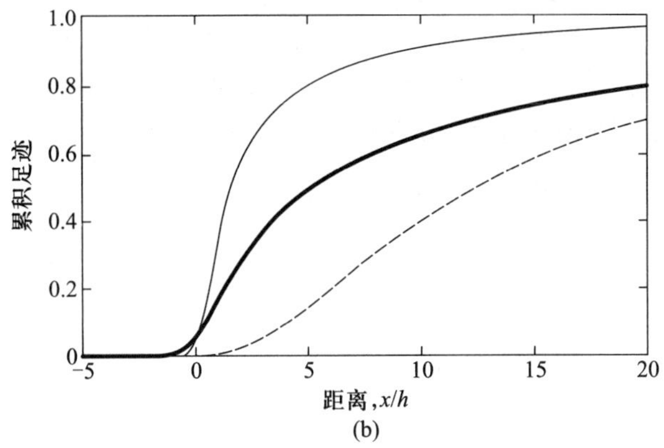

图 8.5 (a)基于 Launiainen 等(2007)的冠层内风统计值而预测的通量足迹,这是通过假设源的位置在森林表面($Z_S=0$)或在 0.65 倍冠层高度的地方而获得。(b)对应于(a)的累积足迹。观测水平 $z/h=0.15,1.5$

8.3.3 高阶矩的影响

在冠层内的速率分布呈现显著偏态(图 8.6)。Leclerc 等(1991)考察了在各种不同大气稳定度(定义为冠层之上的稳定度)下在森林冠层内部及之上的垂直速度偏度的行为,并且发现无量纲(non-dimensionalized)垂直速率的偏度能够达到-2。Thomson(1987)的轨迹模型使得只解释高斯湍流统计值成为可能。Flesh 和 Wilson(1992)开发出一个二维轨迹模型,它也能够解释第三和第四矩。因为不只是一维拉格朗日轨迹模型没有被唯一定义,Flesh 和 Wilson(1992)

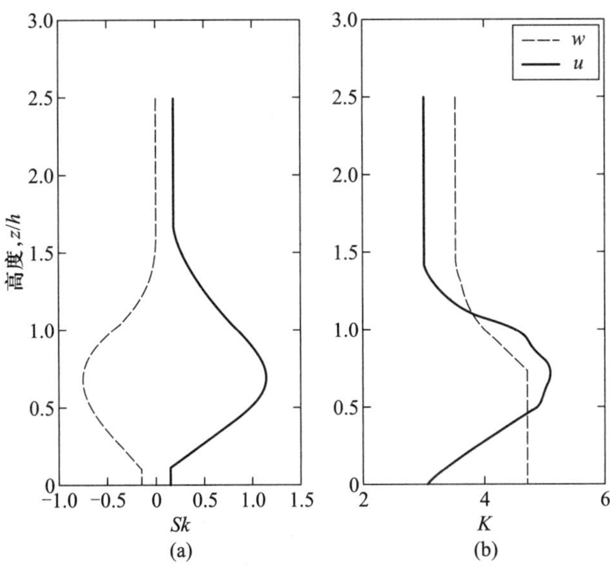

图 8.6 高阶矩的垂直廓线:垂直风(w)和顺风部分(u)的(a)偏度(Sk);(b)峭度(K)(Rannik et al. 2003)

的模型也被用于与速率分布函数的高斯参数化作比较。非高斯湍流统计值倾向于将足迹峰值移动到远离测量点的位置,从而降低来自非常近的在观测点之下及附近的源的贡献(图 8.7)。然而,在水平距离(代表在给定水平距离上贡献的通量部分)上的积分会收敛,并且在两个轨迹模型之间做选择几乎不影响足迹范围的估算。

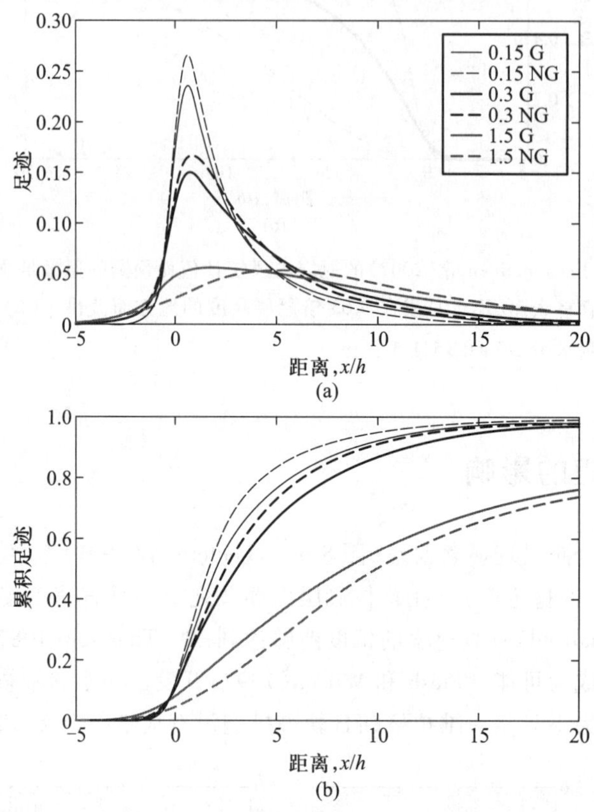

图 8.7 使用 Flesh 和 Wilson(1992)中的拉格朗日随机投影模型预测的通量足迹,并用高斯(G)和非高斯(NG)湍流廓线来参数化。0.15、0.3 及 0.5 分别指使用森林高度 h 均一化的森林表面之上的观测高度,基于 Rannik 等(2003)来对廓线进行参数化,偏度和峭度见图 8.6

8.4 复杂景观及非均一冠层

8.4.1 闭合模型方法

通常来说,生态系统-大气之间交换的估算方法依赖于水平均一性。然而,关于空间均一性的假设在绝大部分自然生态系统都很难得到满足,穿越生态系统及在这些生态系统之上的气流基本上是二维或三维的,导致在湍流输送之外发生对流传输。从单点微气象学测定推导的生态系统-大气之间交换的较大且通常待定的不确定性,这成为了微气象学方法论的最重要议题之一(如 Rannik et al. 2006)。在不完美的站点捕捉对流和水平通量部分需要辅助实验,且不能按照常规来执行(如 Aubinet et al. 2003, 2005)。数值模拟被认为是研究空间依赖的复杂过程的一个有效且灵活的工具,这会提供感兴趣的变量的补充信息,而这一般在地面测定中会被忽视。

因为气流调节生物圈-大气圈之间的交换和耦合,所以理解复杂地形上对流在交换过程中的作用的第一步是特征化风的流动。在过去的 30 年,用来模拟植被-大气交互的不同模型方法被应用于水平均一的冠层,而这些成为了研究更复杂气流的基础。很明显,对于任何以充分模拟在异质表面上的气流为目的的模型来说,湍流长度尺度 l 必须计算为一个动态变量(如 Ayotte et al. 1999; Finnigan 2007)。对于那些认为湍流气流的高阶统计值是多余的实际应用来说,基于两方程闭合的方法似乎是模拟这种气流的最优选择,这是因为提供计算这些统计值的实践框架的第 2 阶及更高阶闭合模型(如 Rao et al. 1974; Launder et al. 1975)或大涡模拟(如 Deardorff 1972; Moeng 1984)对计算的需求更大。用于湍流动能(TKE)E 及用于确定一个与 E 相关的变量的长度尺度(这经常是以下参数中的一个:El、ε 或 ω,这些分别是 E 和 l 的乘积、E 的耗散速率及比扩散(ε/E))的不同差分传输方程的方法提供了最小水平的复杂性,而这复杂性能够在没有任何额外推测时模拟 l(如 Launder and Spalding 1974; Wilcox 2002; Kantha 2004)。尽管有很多众所周知的缺陷,两方程闭合在很长一段时间内仍被用于工业计算,并且被证明是正确性与计算耗费之间的一个极佳折中(综述见 Hanjalić 2005 或 Hanjalić and Kenjereš 2008)。在过去的 20 年中,使用两方程闭合的模型在地球物理模拟团体中受到巨大的关注,很多作者发现这个方法足以应对绝大部分实际任务(Wang and Takle 1995; Umlauf and Burchard 2003; Castro et al. 2003; Hipsey et al. 2004; Katul et al. 2004)。然而,当应用于大气和海洋气流时,这个方法在处理浮力和植物牵制效应(drag effect)时却存在严重的不确定性(如 Duynkerke 1988; Svensson and Häggkvist 1990; Apsley and Castro 1997; Wilson et al. 1998; Baumert and Peters 2000; Kantha 2004; Sogachev and Panferov 2006)。最近,Sogachev (2009)展示了如何在辅助方程中以一种最小化不确定性的方法来处理由这些效应导致的出现在湍流动能方程中的不同源/汇。这给两方程闭合模型应用于环境问题提供了新的机会。然而,除非能包括额外的项(如 Kantha 2004),一些类型的模型(如 E-El)有不能准确再现近壁对数律(log-law)区的问题。这种模型在冠层及行星边界层的应用应该受到限制;例如,存在植被的情况下,近壁项的确定可能与确定 l 一样困难(讨论见 Sogachev and Panferov 2006)。

一个需要更多仔细考虑的自然问题仍然是这些模型基于梯度-扩散方案来充分描述不稳定层结条件下和植被内湍流的能力。有关植被这个问题的讨论在科学文献中重复出现(Sogachev et al. 2002; Katul et al. 2004; Sogachev et al. 2008)。这里,我们总结主要的观点。任何第 1 阶或 1.5 阶闭合模型的中心是一个简单的用于描述植被内部湍流交换的关系式,即 K 理论,在这个理论中,平均湍流通量(F_s)与平均浓度(c_s)梯度相关,如下所示:

$$F_s = -K_s(z)\frac{\mathrm{d}\,\bar{c}_s}{\mathrm{d}z} \tag{8.9}$$

式中,z 是高度,$K_s(z)$ 是 c_s 的本地涡旋扩散率。然而,很多研究者注意到 K 理论对于描述冠层内的来自本地梯度的湍流通量并不合适,这是由于任何标量 s 的源/汇的强烈的变异性以及可能发生反梯度传输(Denmead and Bradley 1985; Raupach 1988; Finnigan 2000)。然而,研究者仍然考虑用基于梯度扩散近似的模型来探索受干扰的气流(Gross 1993; Wilson et al. 1998; Wilson and Flesch 1999; Pinard and Wilson 2001; Katul et al. 2004, 2006; Sogachev and Lloyd 2004; Foudhil et al. 2005; Sogachev and Panferov 2006)。这部分是由于相比其他方法,维持最小数目的方程及必要常数能提供一个显著的计算盈利,这能在欧拉框架(如大涡模拟,Shaw and Schumann 1992; Shen and Leclerc 1997; 高阶闭合模型,Wilson and Shaw 1977; Meyers and Paw 1986)内重现非本地的、非扩散性的行为。然而,最重要的是,描述强烈干扰冠层气流(如森林边缘与开阔林窗之间的过渡(Wilson et al. 1998; Belcher et al. 2003)附近或山上(Finnigan and Belcher 2004)的气流)的行为有明显的动力学支持。

因此,在森林边缘附近,大部分的气流畸变开始是由惯性效应主导的,从而导致较大的对流项(Belcher et al. 2003)。这导致 K 的降低,并且不能由在气流碰到树叶时产生的新的高能小尺度涡旋所抵消。因此,这些涡旋具有较小的积分长度尺度,并且与它们相关的近场效应(相邻源的非扩散贡献)是本地化的。因此,在这里并没有违反 K 理论的基本要求(混合过程的长度尺度需要明显低于同一标量或非均一性的动量梯度的长度尺度)(Corrsin 1974)。在山上的气流与靠近森林边缘的气流是不一样的,但它也会导致大涡旋的畸变和解散,并且可以使用 K 理论(Wilson et al. 1998; Katul et al. 2004)。

Gross(1993)给出了关于以上的一个共同结论,他发现通过二维及三维模拟来使用通量-梯度方法是可行的,尤其是在模拟那些对流过程比扩散过程更重要的情况中。这种情形在非均一植被和复杂地形中是非常典型的。考虑到不论对流存在与否,扩散过程总是存在,我们注意到对于前推问题(这个问题在我们寻找通量足迹的时候会有考虑),其目的是计算从冠层及之下的表面到一个参考点的通量。在这种情况下,近场分散造成冠层内本地浓度廓线的畸变,但对冠层分层与参考点之间的传输没有明显贡献(Raupach 1989; Katul et al. 1997; Leuning et al. 2000)。

8.4.2 模型验证

下面展示的所有数值结果都是使用 ABL 模型 SCADIS 推导得出,而该模型基于拥有处于模型发展不同阶段的不同闭合方案的 1.5 阶闭合。这个模型的最后一个版本是基于 E-ω 闭合方案,后者根据 Sogachev(2009)作出修改。目前存在许多关于植被冠层内部气流特征的实验数据。一般来说,这种数据是从单点测量推导而来。在文献中,我们可以找到具有不同复杂度水平的用于冠层气流的模型(包括那些分析模型),这主要是由以上数据来验证。这些模型被证明适用于均一条件,但对于异质条件却相当可疑。有一些自然实验探索湍流特征的空间变化,即在森林边缘附近(Gash 1986; Kruijt 1994; Irvine et al. 1997; van Breugel et al. 1999; Flesch and Wilson 1999; Morse et al. 2002)。实验数据的缺乏严重限制了将自然异质性考虑在内的高分辨率气流模型的发展。然而,最近在不同的冠层结构上进行的模型测试的结果表明 SCADIS 模型能够充分重演气流与森林边缘之间的交互(Sogachev and Panferov 2006)。因此,我们的两方程模型所预测的湍流尺度及湍流场的行为在性质上与 Belcher 等(2003)(见上)所描述的一致,并且符合 Krujit(1994)和 Morse 等(2002)的实验数据(图 8.8)。

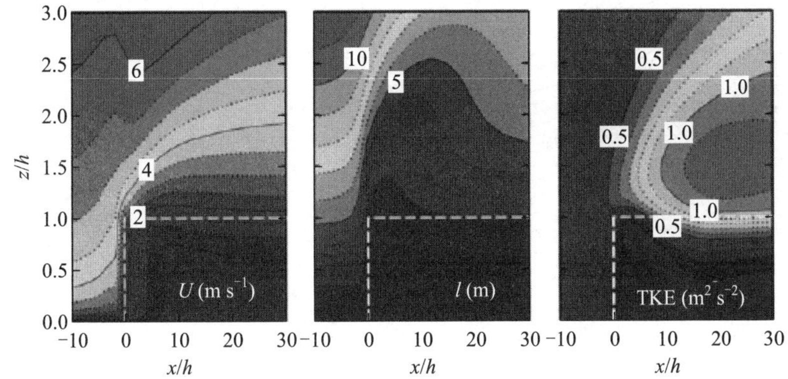

图 8.8 通过 $E-\omega$ 模型推导获得的靠近森林前沿的水平风速(U)、混合长度(l)和湍流动能(TKE)的二维场。粗虚线将一个森林包括在内,其近似为具有 15 m 冠层高度和 LAI=3 的垂直均匀植被。水平距离通过树木高度而均一化,x/h。这里及之后的图中,气流都是从左到右(Sogachev and Panferov 2006)(见书末彩插)

比较 Chen 等(1995)对通过风洞研究推导获得的典型森林顺风向上大林窗中的湍流动能的观测结果与模型结果发现,模型也能很好地处理湍流场在森林背风面的重新调整(图 8.9)。

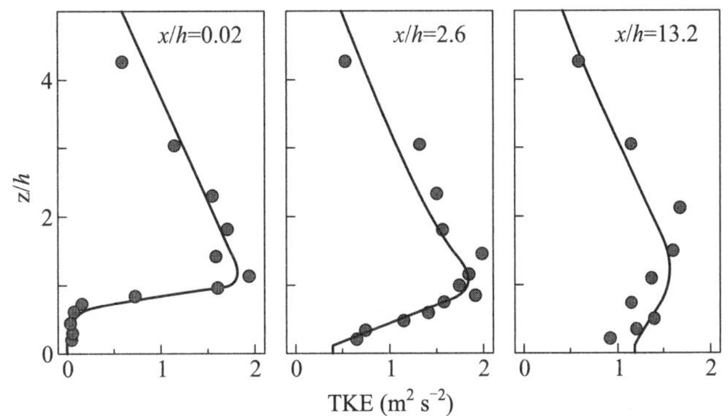

图 8.9 实际测量(点)和模拟(线)的典型森林边缘下风向的湍流动能(TKE)垂直廓线的比较。位置 $x/h=0$ 对应开阔区域的起点(Sogachev and Panferov 2006)

平滑和粗糙山脊上的气流存在不同。Belcher 和 Hunt(1998)指出更高粗糙度的山脊或迫近流场的更大风切变会增强应力扰动,因此分离倾向于在更小的斜坡发生。在两种不同山脊(一个有较为平滑的表面,另一个被均一森林覆盖)上气流的模型结果见图 8.10。比较图 8.10 左边和右边,可以发现分离(separation)发生在具有较大表面粗糙度的山脊,而在具有较小表面粗糙度的山脊并没有分离。这很好地吻合了 Belcher 和 Hunt(1998)的结果。正如所见,模型定性地重现了丘陵地形最显著的气流特征(Raupach and Finnigan 1997),因此适合在复杂地形的标量扩散和足迹行为的初步研究。

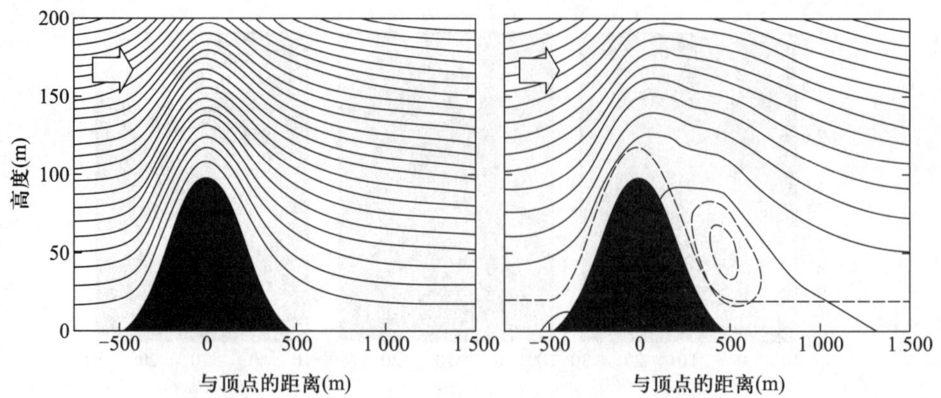

图 8.10 在一个山脊上的中性稳定度气流的流函数的等值线,其中左图为具有相对平滑的表面(假定表面粗糙度 $z_0=0.3$ m 的土壤)的山脊上获得的结果,右图为具有相对粗糙表面(森林)的山脊的结果。森林的高度假定为 20 m(用虚线表示),LAI = 2.4。考虑了森林的空气动力学阻力和穿过森林的气流。地形的变化由黑色面积表示。箭头表示气流的方向(Sogachev et al. 2004)

8.4.3 闭合模型的足迹估算

冠层内源和汇的空间分布具有强烈的异质性,并且取决于植被性质和主导气象条件。然而,在许多实践任务中并不需要考虑这种当地源和汇分布的细节。为了准确解释实验数据,经常需要以有限的水平分辨率来充分了解测量足迹,这才能充分确认主要植被类型对测得通量的贡献。

因此,假设位于给定位点的传感器所测得的垂直标量通量能由公式(8.9)估算,那么我们可以从标量浓度和湍流扩散的模拟场发现每个模型单元对测量的整体贡献。当使用 SCADIS 时,两个几乎相同的技术(它们之间的差异可能由模拟域中的边界条件造成)可以估计任何模型单元对在指定位置测得的垂直通量的贡献。它们以简图的形式展示在图 8.11。

基于第一种技术(Ⅰ),给定单元对在位点(k, Z)测得的垂直通量的贡献通过排除在所研究单元(如图 8.11a 中的 $i=3$)的所有源和汇而确定。替换的方法(Ⅱ)是补充式的,除了那些在研究单元内的源和汇(如图 8.11b 中的 $i=3$),模型域中的其他所有源和汇都被排除($1,I$)。在位点(k, Z)的垂直体积通量是通过汇总每个单元的单个计算值的结果而获得(图 8.11c)。将所有单元对体积通量的总贡献作为一个整体,那么有可能估计每个单元的影响(或权重),从而定义通量足迹函数。

在目前的模型方法中,预先设置每个栅格单元中的源强度一致是比较困难的,尤其在复杂地形。这是因为复杂地形和变化的具有不同高度和密度的树木组成会以不可预测的方式改变空气动力学导度和气孔导度。因此,需要模型方法来对每个栅格单元的源标准化以得到均匀分布的源来估算足迹。这种方法的主要问题发生在当靠近流入口的横向边界的单元具有显著不同的源/汇强度或当模型的流入口的横向边界并没足够远离点(k)的时候。这是因为来自流入口边界单元($i=1$)的源/汇通常将模型的背景通量定义为模型域之外的部分对点(k, Z)

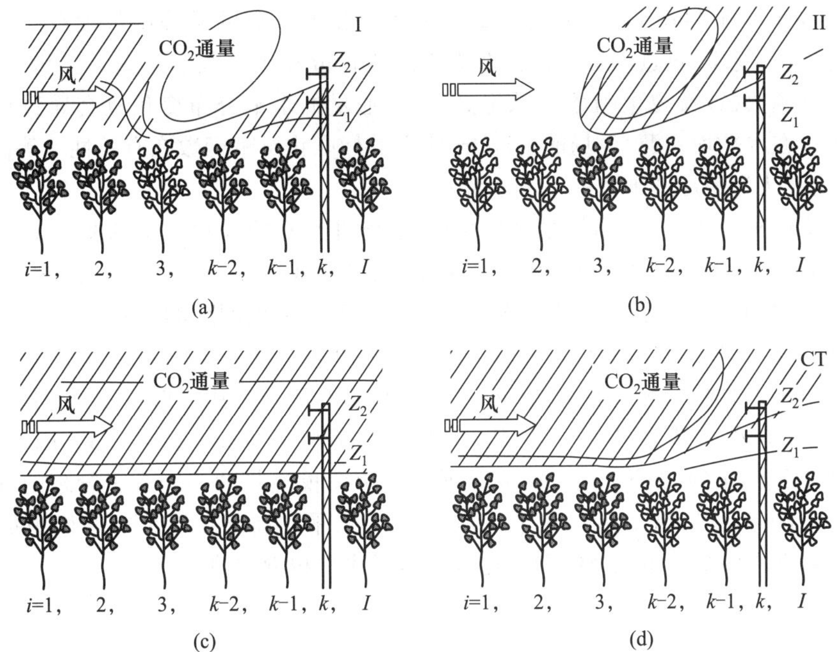

图 8.11 通过数值模型来估计源权重函数的方法。"i"表明栅格 I 的域中一个模拟栅格,"k"是所调查的栅格(测量点),"Z_1"和"Z_2"是进行足迹区估算的高度。阴影面积表示垂直标量通量的高密度区(Sogachev and Lloyd 2004)

的贡献。因此,任何流入条件的突然变化都能导致不确定的足迹估算。

然而,这些问题能通过将冠层属性添加到一些流入单元或将流入单元足够远离估计测量点而得到解决。有关合适距离的一些指导意见能通过分析型足迹模型而获得。具有模型步(model step)(随远离测量点而增加)的不规则水平栅格也有助于解决横向边界条件的问题,尤其是对于二维模型域,并且不需要显著增加计算需求。

然而,值得注意的是,源或汇强度取决于特定周边条件(如光合活性和大气 CO_2浓度)的通量的足迹估算略有不正确,这是因为对流项被忽略了。当使用累积技术(cumulative technique, CT)时,对于二维模型来说,将上风向影响考虑在内的足迹估算是相对简单的。这种方法见图 8.11d。模型单元也用这个方法来估算所研究的测量点的通量贡献,具体如下。首先,当对于其他的所有单元(i=2, I),所有源/汇都不活跃时,估算流入边界单元(i=1)对源/汇的影响。然后,相邻顺风向单元的源/汇被激活,并且估算两个单元的联合影响。之后,下一个相邻顺风向单元的源/汇被激活(i=1, 3),并持续这个过程直到达到了所研究点的体积通量值,这也是所有上风向源/汇(i=1, k)的联合影响的结果。这之后,从数值数据推导每个上风向单元的累积通量就比较容易了。这个累积通量函数的导数就是足迹。然而,这个技术在三维情况下更难执行或甚至不可能执行,这是因为存在非常复杂的上风向条件。因此,对于完整的三维模拟,一般假设不同单元的源/汇强度是相互独立的,而上风向边界层单元是例外。那么,在所研究(测量)的点得到的通量是所有单元产生的通量场叠加的结果。基于这个假设,两个最早的足迹模拟技术是等同的。

基于 Sogachev 和 Lloyd(2004),通过如上所述的技术计算的足迹函数没有严格遵守足迹定义,而根据这个定义,足迹函数应该仅取决于湍流扩散和源接收器位置。当然,它代表一个标准化的贡献函数(或源权重函数),从定义上说,通量的水平分布变化也会导致估算的足迹函数的变化。在水平均一源/汇场的情况下,我们的标准化贡献函数在有效性上等同于一个足迹函数,因此被认为是足迹函数的一个参考。

目前并没有统一的标准来指导足迹模型的验证,并且只能获得少量的验证实验(见 Foken and Leclerc 2004)。因此,基于 SCADIS 的足迹估算方法主要通过与其他方法的比较来验证,例如通过 SCADIS 模拟的足迹函数与在统一表面条件下由分析型和拉格朗日随机方法推导的足迹作比较(如 Schuepp et al. 1990; Leclerc and Thurtell 1990; Kormann and Meixner 2001)。在中性条件下,两者取得了最佳的吻合度。在 Sogachev 等(2005a)中,闭合方法可信度的额外证明是由比较 SCADIS 预测的足迹和两种不同的拉格朗日随机模型(Thomson 1987; Kurbanmuradov and Sabelfeld 2000)而给出的(图 8.12)。图 8.12 展示了佛罗里达州的一个人工管理的湿地松森林(Leclerc et al. 2003a)得到的结果。这个森林冠层郁闭,平均高度在13.5 m,叶面积指数约为 3。与拉格朗日随机模型结果相比,SCADIS 足迹显示了非常相近的值。

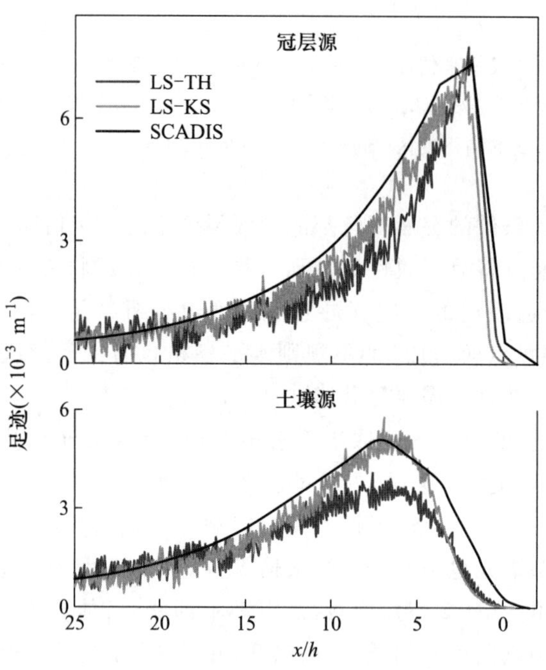

图 8.12 针对佛罗里达州一个人工管理种植林($z=1.4\ h$),在中性条件下,基于 Thomson (1987)(LS-TH)、Kurbanmuradov 和 Sabelfeld(2000)(LS-KS)的拉格朗日随机投影模拟的通量足迹区预测值以及 SCADIS 模型通量足迹估算(Sogachev et al. 2005a)

8.4.4 复杂地形上的足迹

基于闭合模型的足迹估算方法的主要优势是它没有依赖于空间上均一植被的假设。因此,它能被成功地应用于很多不同的实践任务,例如为复杂地形上的通量测量挑选最优的传感器位置或解释来自现有测量站点的数据。

这个方法已被应用于 Tver 地区(欧陆俄罗斯)(Sogachev and Lloyd 2004)和 Hyytiälä(芬兰)(Sogachev et al. 2004)的已有通量测量站点的足迹估算。在前一个例子中,主要将植被异质性考虑在内,而在第二个例子中,主要将复杂地形考虑在内。当将这个方法应用于实际站点时,产生了一些有趣的观测结果。举例而言,在欧陆俄罗斯一个平原地形上的混交针叶林中,可以观测到足迹区在侧风方向上呈明显不对称,这对于包括具有不同形态学和生理学属性的植被类型的非均一植物分布来说尤其明显(图 8.13)。也存在这样的发现,对于冠层之上的测量传感器,当其他因子保持一致,与冠层光合作用的足迹峰值相比,森林土壤呼吸的足迹峰值通常是其距离的两倍。这个结果对于解释使用涡度协方差方法估算年生态系统碳平衡具有重要的影响。Hyytiälä 站点的研究揭示了在大气地面层内,地形对标量浓度和通量场的影响。在固定高度的通量变化表现为在地形中所处位置的函数。通量倾向于在山脊的上风向更大,而在山脊峰顶的下风向这一边,随下坡而变得更小。相应的通量足迹依赖于通量测量点位置,

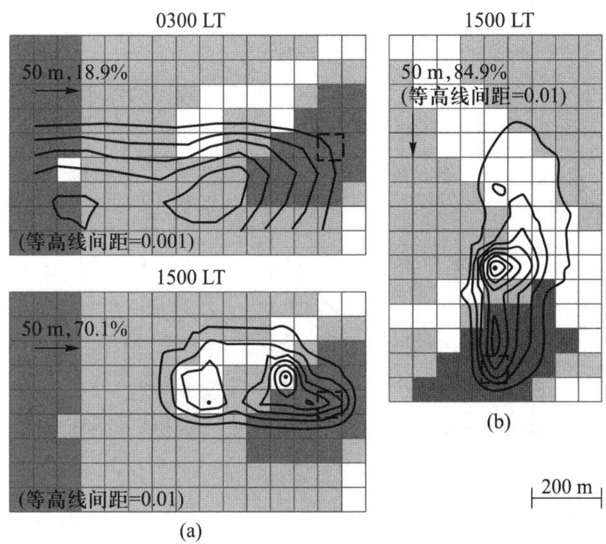

图 8.13 在两种不同的表面风向以及森林冠层之上三个高度的时间点预测的足迹例子。(a)西风:上图是当地时间 3:00($L\approx50$ m),下图是当地时间 15:00($L\approx-120$ m)。(b)北风,当地时间 15:00($L\approx-120$ m)。所有图中的虚线框表明测量塔的位置。箭头表示表层风向。比例数表示模型域对测得通量的所有贡献。每种类型的颜色对应于域中近似的植被类型颜色(白色表示桦树;不同灰色表示不同的云杉林)(Sogachev and Lloyd 2004)

可能显著偏离平坦地形的足迹。

Sogachev 等(2005b)研究了在一些简化景观类型上的垂直通量和足迹行为。该文章考虑了假设的异质植被模式(被清伐的森林、假设的异质地形、钟形的山谷及被森林覆盖的山脊)。与均一条件下的通量相比,干扰会导致大气表面层内标量通量场的变化:在一个固定高度,通量变化表现为离干扰的距离的函数。相应地,从模型数据估算的通量足迹取决于感兴趣位点的位置(通量测量点)。这个研究主要阐述了将足迹和通量行为概括为景观异质性的函数仍然是一个充满挑战性的任务,这是因为各个站点都存在特异性。

在佛罗里达州 AmeriFlux 站点(Sogachev et al. 2005a)和荷兰的 Bankenbosch 森林(Klaassen and Sogachev 2006),森林边缘附近的标量通量和通量足迹的行为得到了详细研究。前一个研究考察了位于涡度协方差塔上风向的裸土斑块对森林种植园的通量的影响,模拟了来自一个具有收割宽度尺度随风向而变的采伐土地的清伐森林样线的标量通量和通量足迹(图 8.14)。与动量通量形成鲜明对比的是,研究者发现 CO_2 和标量通量的大小对清伐宽度敏感。将新的内在标量通量值作为离前沿森林边缘的距离的函数,相比动量通量,这个调整对标量通量的影响更大。这个结果与所有模拟的清伐宽度-森林冠层交界面一致,表明对森林通量塔来说,使用涡度协方差技术测量 CO_2 通量需要比之前设想的还要大的风区。足迹分析显示了清伐区、森林地表和森林冠层对清伐森林交界处下风向几百米的塔的通量的贡献,并且强调了需要谨慎解释远离前沿森林边缘(直到冠层高度的 30 倍)的数据(图 8.14)。当地表和冠层内源的强度具有类似的强度时,这种处理尤其正确。

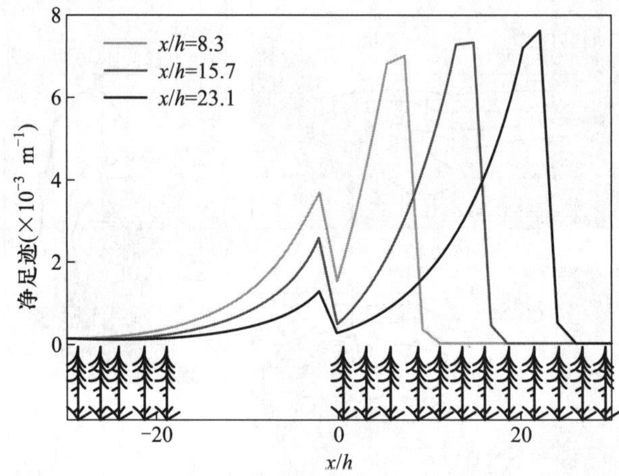

图 8.14 模型推导的净足迹(冠层内和土壤表面的源共同作用都被考虑在内)的案例,这是针对具有 17 *h* 距离宽的清伐区,传感器安装高度为 1.4 *h* 且在森林边缘下风向不同均一化距离 x/h 的情况(Sogachev et al. 2005a)

此外,Klaassen 和 Sogachev(2006)的研究显示,随着森林密度增加,在更短的风区上,大气通量甚至更强烈地偏离表面通量。总之,森林之上的标量通量通常受到边缘区下风向的大风区之上非均一湍流的影响。当计算森林边缘下风向的大气通量测定的足迹时,建议将湍流的水平变化考虑在内。推荐使用在空间上积分的足迹来描述在森林之上的湍流通量和源面积中的平均表面通量的比值。

有关足迹本身的知识极大地增强了我们将通量信号分解成它的不同源信号的能力。然而,Sogachev 等(2005b)指出,为了通量塔的建设和选址,如果能以不同的形式来表示,足迹函数提供的信息会更便利。他们将描述给定源贡献的分数通量函数引入到虚构的通量塔的信号中。图 8.15 比较了在测量高度 $z=1.4\ h$ 测定的用以代表模拟的不同清伐规格的分数通量函数。这些函数的表现依赖于清伐森林过渡地区中的气流结构,而这些反过来由冠层结构定义。所有在较低冠层之中及之上的气流加速以及在冠层上层区域的气流减速与垂直气体运动一起都发生在这个区域,从而导致标量场和垂直通量的复杂分布。基于来自清伐区和森林区域的土壤以及森林冠层的通量信息(例如,在夜间条件下,观测到向上的 CO_2 通量),研究者可以估计在森林边缘下风向给定高度的净通量。

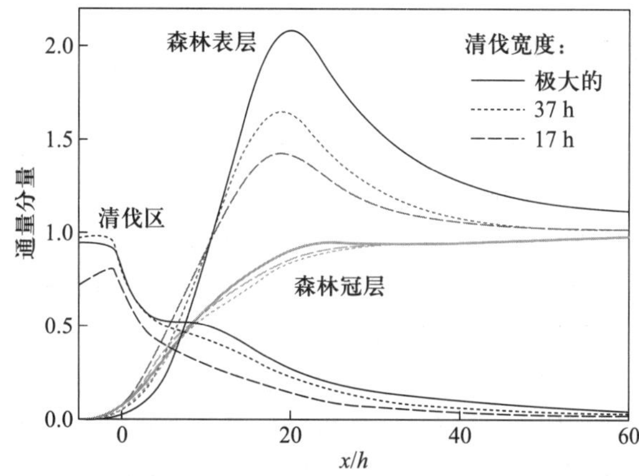

图 8.15 在高度为 1.4 h 且距森林边缘下风向均一化距离为 x/h 的通量分量函数的变化,这是通过对森林表面的源(在乔木层和清伐区内)做足迹模拟获得。这些函数描述了在清伐-森林边缘下风向的任一位置,相应源对测得信号的贡献(Sogachev et al. 2005a)

两个研究都建议,为了改进我们目前对净碳吸收的评估,我们应该认识到在绝大部分自然生态系统中都能观测到的不同表面特性相间的景观中仔细选择通量塔位置的重要性。对于位于复杂地形中的塔,基于二维及三维气流模型的方法能够将表面异质性考虑在内,因此强烈推荐将其用于足迹估算。在 Helsinki 环境研究中心项目框架内,位于 Valkea-Kotinen 湖之上的涡度协方差通量测量的解释就是证明这种方法适用性和有效性的实例(Vesala et al. 2006)。

在森林边缘附近的标量通量的定量行为强烈取决于森林结构和周边条件。无论如何,可以得出一些通用结论,而在解释较短及中等风区(在森林边缘下风向,小于树高的 40 倍)观测到的数据时,这些结论应该被考虑在内。

动量通量的调整并不是必然意味着标量通量的调整。推荐对标量通量观测使用更严格的风区要求。

源自冠层内部源的标量通量的调整速率比任何森林结构中的土壤通量要更快。因此，在上风向的清伐尺寸之外，从联合源/汇来的通量的调整速率也依赖于冠层/地面源强度的比值。

尽管存在树叶源/汇的贡献不变这样一个事实，但是地面源在森林边缘下风向之上的波状垂直标量行为的形成中扮演重要作用。这一变化是由树木躯干空间中的标量对流而造成的。这种效应在叶面积集中于冠层上部的模型森林中更为明显。

总之，科学家们经常需要更深入地检查来自位于清伐-森林不连续体的下风向的涡度通量测量系统的数据解释，以确保计算得到正确的足迹，并且相对于净生态系统交换，确保测得通量得到正确解释。

8.4.5 在城市区域的模拟

最近，Vesala 等(2008a)成功地将这个方法用于被复杂城市地形包围的测量塔的足迹区估算。除了以上用于 Tver 地区(欧陆俄罗斯)的例子(Sogachev and Lloyd 2004)，这是第二个报道的在三维景观中进行足迹预测的尝试。所执行的足迹分析能使我们区分表面和冠层源/汇以及复杂地形对测得通量的影响。城市表面的异质性导致从源到接收器的复杂传输以及在盛行风方向上足迹信号的不对称分布。因此，任何二维足迹模型(尤其是基于分析解法的)应该避免用于城市环境，甚至在具有平坦地形的情况下也不行。Järvi 等(2009)也将大气边界层模型用于在城市区域上的足迹估算，并将真实城市结构对气流的影响包括在内。在模拟中，土地利用被分成 9 种类型，包括道路、停车场、土壤、具有两种不同高度等级的树木以及具有四种不同高度等级的建筑物。其中，建筑物被认为是不能穿透的。道路部分的足迹计算是通过假设存在垂直于道路的表面风并且地转风速(geostrophic wind)为 10 m s^{-1}的情况而进行。假设存在大气的中性分层。在模拟中使用的单元尺寸为 20×20 m^2。图 8.16 展示了在表面之上 10 m 高度的气流和地面源的通量足迹以及位于 31 m 高度的传感器的通量足迹。

气流模式受到建筑物的强烈影响，因此表面通量的足迹函数显示出一个复杂的模式，这与水平均一条件下的平滑模式性质不同。实际上，函数具有两个本地极大值，一个接近测量塔，另一个在上风向一定距离。模型拟合结果显示足迹函数对风向高度敏感。

以上只展示了在城市区域之上的足迹估算的一些尝试。然而，在复杂地形和异质性地形上，数值计算是唯一可能的估算表面源对测得通量影响的方法。

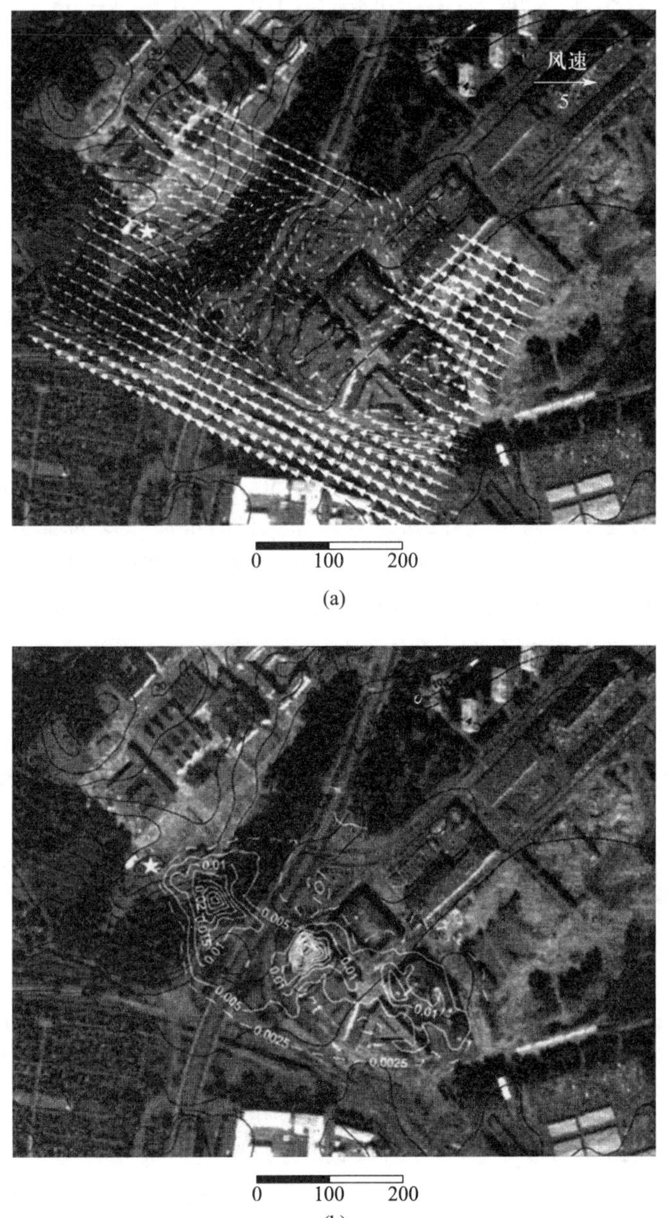

图 8.16 测量位置的航空照片。测量站点的地形(相对于海平面)用黑色等高线表示。当风向垂直于道路时(117°)时,会显示(a)风矢量图和(b)通量足迹函数(尺度为 10^{-6},通量足迹的单位是 m^{-2})。地转风速是 10 m s^{-1},边界层呈中性分层。测量塔的位置标记为白色星星,其距道路边缘的距离约为 150 m(Järvi et al. 2009)

8.5 使用足迹模型进行质量评估

应用涡度协方差技术来监测地表与大气之间的湍流交换过程受到基本理论假设的限制，其中最重要的是稳态气流、一个为0的平均垂直风组分及非对流条件（如 Foken et al. 2004; Foken 2006; Kaimal and Finnigan 1994）。偏离这些假设会增加测定的不确定性，从而对所有数据质量造成负面影响（也可见第4章第4.3节）。围绕一个涡度协方差测量站点的区域异质性，如森林中的空地、在农业区域中具有不同作物类型的场地或障碍物，如开阔草地上的建筑物或树，都有可能影响大气气流，引发上述提到的偏离理想条件的情况，从而导致数据质量下降（如 Baldocchi et al. 2005; Panin and Tetzlaff 1999; Schmid and Lloyd 1999）。因此，通过足迹模拟来评价地形异质性对涡度协方差测量的影响能够作为整体涡度协方差数据质量评估策略中一个重要的组成部分（Foken et al. 2004）。

最近几年，在类似 FLUXNET（Baldocchi et al. 2001）、CarboEurope（Valentini et al. 2000）或 AmeriFlux（Law 2005）组织网络中，涡度协方差站点数目的增加导致从理想的均一站点到复杂的异质性条件的转变（如 Schmid et al. 2002）。为了覆盖更大范围的生态系统，很多站点不得不建立在具有多样的土地覆盖类型的异质性区域上，这是新站点的生态学重要性与合适的以获得高质量涡度协方差测量的周边环境之间不得不存在的一个妥协。相应地，人们对能够将测得数据的质量特征与周边地形的属性联系在一起的方法和应用抱有浓厚的兴趣。这种努力对于不断增加的 FLUXNET 综合研究尤其有价值，因为这些研究将多个站点的观测聚集在一起以产生能代表更大尺度的产品（Grant et al. 2009; Luyssaert et al. 2008; Stoy et al. 2009）。

作为对现存数据库的诊断性的质量评估工具，足迹分析一般能被应用于三个不同的区域：

（1）检测测得空间代表性（通量）。足迹模型结果能揭示测量风区内不同的植被覆盖类型及不同的森林年龄级别等信息（Göckede et al. 2004, 2006）。这个信息能被用于描述由于传感器视场角变化而造成的通量时间序列变化的特征，并且在理想状况下，所有通量能被分解成来自不同生物群区的通量贡献（Barcza et al. 2009; Soegaard et al. 2003; Wang et al. 2006）。举例来说，如果需要来自均一通量源的数据来训练用于特定生物群落如针叶林的模型，那么足迹筛选能表明哪些测量提供"真实"的森林信号，而哪些被例如空地或水体所"污染"（Göckede et al. 2008; Rebmann et al. 2005）。空间代表性（通量）的测试对于将涡度协方差测量值与在不同空间分辨率上的数据联系起来是十分必要的，例如尺度上推到遥感信息栅格（Chen et al. 2008; Kim et al. 2006; Reithmaier et al. 2006）或飞行器数据（Kustas et al. 2006; Ogunjemiyo et al. 2003）或尺度下推以与土壤气室法测定作比较（Davidson et al. 2002; Myklebust et al. 2008; Reth et al. 2005）。

（2）将数据质量和地形属性联系起来。如第4.3节中所概述的，涡度协方差数据质量评估结果能与足迹分析联系在一起，以产出数据质量的空间分布图（Göckede et al. 2004, 2006; 详见以下内容）。这些地图有可能帮助识别一般的仪器问题、在不同大气稳定度条件下受干扰的风向区间，甚至是单一障碍物在传感器近场区中的影响。潜在效应会显示为空间地图的结构，如将一个具有降低的数据质量（reduced data quality）的单一风向区间作为一种特定大气稳定度状态。这种结构通常是由在标准数据库筛选中可能被轻易忽略的细微趋势所造成的。这种坏的情况能被标记出来以加强数据库。

(3) 使辅助参数中的空间结构可视化。以上述对数据质量一样的方式,原则上任何测得参数(标量和通量)都能与足迹分析联系在一起以产生空间地图。这种应用的一个经典例子是在平均垂直风部分中的空间结构可视化(Göckede et al. 2008)。另外一个例子包括感热或潜热的通量场的可视化,这可能揭示了这些参数在空间上变化的源。

除了以诊断的方式分析现存数据库,足迹模型也能以“预测”的方式来辅助规划气象学实验。使用假设的或测定的风气候学数据库,能通过比如最大化来自计划监测的生物群系的通量的影响和/或最小化在传感器风区内潜在障碍物的影响而优化仪器位置。

8.5.1 质量评估方法论

一个将足迹分析包括在涡度协方差数据质量评估方案中的完整质量评估框架首先是由 Göckede 等(2004)采用。他们的方法建立在分析型通量足迹模型上(FSAM; Schmid 1994, 1997),提出了以上列举的所有三个通用质量评估区域,并被 Rebmann 等(2005)成功应用于 CARBOEUROFLUX 网络的 18 个站点。这个框架的升级版本(Göckede et al. 2006)将分析型足迹模型更换为前推拉格朗日随机轨迹模型(Rannik et al. 2003),其目的在于提供更可靠的表现以及更广泛的应用性。这个软件工具为 CarboEurope-IP 数据的广泛质量控制研究提供了结果(Göckede et al. 2008),而这个研究总结了来自 25 个森林站点的发现。

为了确保获得代表性的发现,用于数据质量评估的足迹分析应该使用几个月(至少 2~3 个月)的气象学数据库,从而可以获得几千个半小时平均的观测值。这些发现的准确解释依赖于当地风气候学的良好采样,并且充分覆盖所有风向区间的不同大气稳定度条件。这个分析能通过选择一个数据库而增强,而这个数据库需覆盖一年中包含表面与大气之间较高的交换通量绝对值的时期。考虑到所需的地形特征(如土地覆盖类型或树木年龄)的栅格化地图,只要地图解决了特定研究所针对的周边地形的细节,那么空间分辨率及所分配的级别数目就只起到很小的作用(Reithmaier et al. 2006)。举例来说,粗糙分辨率地图可能足够用于简单区分一般森林和在森林边缘之外的非森林区域的研究,而当针叶林、落叶林和混合林需要被解析或森林中散布着小空地时,需要具有更精细分辨率的地图。总之,通过使用更详细的基于遥感的地图材料,足迹结果的质量趋向提高。

基于足迹的质量评价方法的一个主要部分是在更长测量周期内的平均源权重函数,即所谓的足迹气候学(如 Amiro 1998)。这是通过将在更长时期内个体 30 min 测量的源权重函数求和而获得的,因此反映了当地风气候学和在长期测量条件下不同大气稳定度级别的分布。图 8.17 展示了在不同分层状态下足迹气候学的变异性,也强调了随着条件变化,足迹区内的土地覆盖类型组成的变化。在这些二维可视化中,白色效应水平环显示了足迹气候学的三维地形,同时受影响最大的地区位于同心环的中间。

对于评估涡度协方差通量数据库的空间代表性来说,如图 8.17 所示的足迹气候学与土地覆盖地区的结合已能提供地形异质性对观测值的潜在影响的第一印象。在白色等值线所围绕区域内的最显著的梯度覆盖类别也会主导通量测量。当“干扰元素”(如森林中的空地)的位

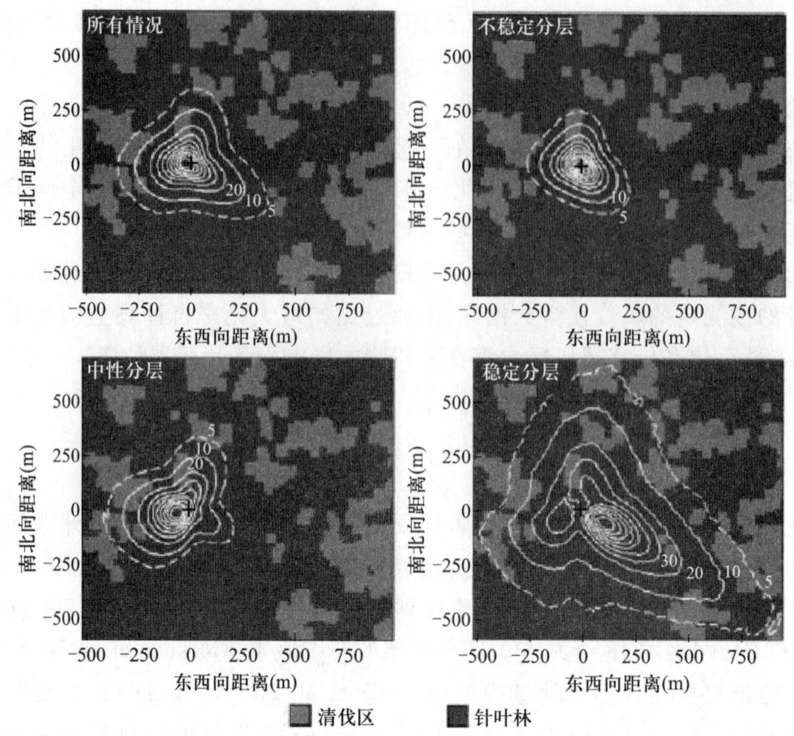

图 8.17 自上而下的足迹气候学(白线)视野,分别表示不同气象稳定度状况下的累积情况,数据源自位于德国东南部的 Weidenbrunnen 塔。这些图提供了所有情况(上左)、不稳定分层(上右)、中性分层(下左)和稳定分层(下右)状况下的足迹气候学。数值表示为函数最高值的比例,同时实线表明 10%~90%的范围,而虚线是最高值的 5%。高值表征在给定观测期间,特定区域对测得通量的贡献。背景中的颜色表征陆地覆盖等级。离塔(红色十字)的距离单位为 m(见书末彩插)

置更靠近中心效应水平环的中心时,其对数据库的影响更大。为了获得一个更详细的分析,每个 30 min 源权重函数需被投影到栅格化土地覆盖地区上,并为每个栅格单元分配一个权重因子以代表其对实际测量值的相对贡献。来自不同土地覆盖类型的通量贡献值的分布能通过累积这些被土地覆盖类型排序的权重而获得。在更大的数据库上的应用揭示了足迹组成的模式,而这些模式依赖于风向区间(wind sector)和稳定度状态。在一个数据库被认为代表一个特定的"目标土地覆盖类别"的情况下,例如站点的相互比较以及生态物理学模型的训练,这个信息是特别有用的。对于这类应用,足迹结果能被用于提供指定目标土地覆盖类型对总通量的百分比贡献,而不能达到用户指定的最小阈值的测量需要从数据库中移除(如 Nagy et al. 2006)。

为了网络间的相互比较研究,如 Rebmann 等(2005)或 Göckede 等(2008)所展示的,推荐通过定义目标面积通量贡献的阈值来将源面积内的通量源的异质性进行分类。Göckede 等(2008)定义了四种不同的级别:

- 均一测量,≥95%的通量由目标土地覆盖类型所释放
- 代表性测量(80%~95%)
- 可接受测量(50%~80%)
- 受干扰测量(<50%)

对于站点间的相互比较,它能决定在每个站点的所有数据库有多少比例能被归类为均一或代表性测量,这能作为站点在多大程度上被比较或在多大程度上适合用作聚焦一个特定生物群系的模型的训练指标。

对于第二种将足迹应用于涡度协方差质量评价的方法,即将数据质量与地形特征联系在一起,足迹结果需要跟测量的通量数据质量的评估方法耦合在一起。只要质量分级是数值的且允许聚合(aggregation),使用者可以选择指派通量数据质量的特定方法以及质量等级的定义和分辨率,并且针对每个研究来定制。Göckede 等(2006, 2008)使用一个由 Foken 和 Wichura(1996)提出的在 Foken 等(2004)基础上的修改版本方案,其给动量通量、感热通量、潜热通量和 CO_2通量指派 1(最好)~9(最差)的质量标志(见第 4.3.3 节)。为了建立数据质量的空间地图,单个 30 min 测量的质量标记被投射到一个离散的栅格上,并将每个栅格单元的相对影响和质量标记结果保存在数据库中。在处理整个数据库之后,这个信息能被转换成每个单元的数据质量的频率分布,而这反过来将整体质量分级产出为分布的中值(详细见 Göckede et al. 2004, 2006)。结果的可视化帮助解释了数据质量的空间模式,例如与邻近的区域相比,分离风向区间(isolated wind sector)具有显著降低的质量分级(图 8.18)。例如,这种模式可能暗示地形结构的影响,其中特定的风向区间(specific wind sector)对大气测量条件起负面影响,或是由仪器设置引发的气流畸变所造成的。对测量特定子集的数据质量在多方向上降低(multidirectional reduction)的观测(图 8.19)能指示仪器问题,例如在一个闭路近红外气体分析仪中的水只在夜间的低温下才沉淀。无论降低数据质量的起因是什么,受影响的风向区间或稳定度状态能被标记且从数据库中移除以提高整体数据质量。

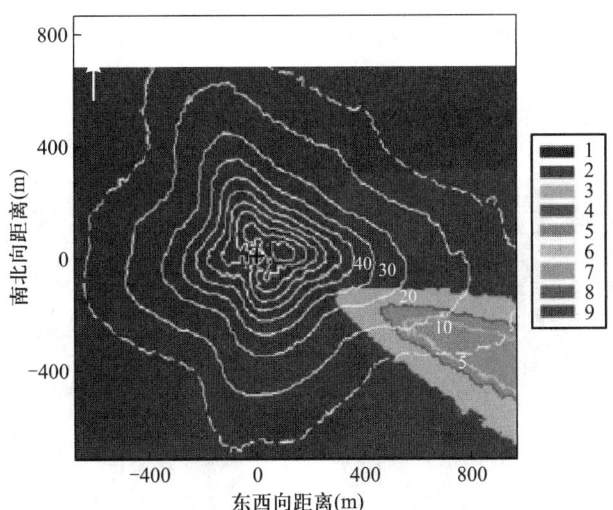

图 8.18 数据质量下降的分离风矢量的例子,引自 Göckede 等(2008)。背景颜色表明在稳定分层(z/L>0.0625,z:测量高度(m);L:奥布霍夫长度(m))状况下动量通量的中值质量等级(1 为最好),数据来自在德国中东部的 Wetzstein 站点(更多细节见图 8.17 的标题)(见书末彩插)

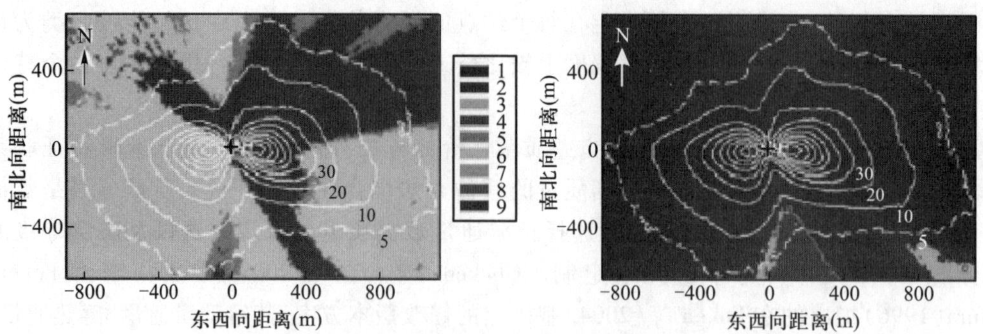

图 8.19 在稳定分层状况下,潜热通量(左图)和 CO_2 通量(右图)的空间数据质量的比较,引自 Göckede 等(2008)。背景颜色表明中值质量等级(1 为最好),数据来自丹麦的 Soroe 站点(更多细节见图 8.17 的标题)(见书末彩插)

对于辅助参数的空间结构的可视化,其过程类似于上述的质量标记分析,只是类似平均垂直风速或摩擦速率的观测数据取代了数据质量分级。这个应用允许大量参数的空间效应的探索,而这些参数可能帮助解释低数据质量的例子或识别仪器问题。这种包括在 Göckede 等(2006)框架中分析的一个例子是在应用 planar-fit 坐标旋转(Wilczak et al. 2001)之前和之后垂直风部分的空间结构的可视化。这些结果显示了初始风场的倾斜、畸变和坐标旋转以校正气流条件到平均垂直风速为 0 的有效性,而这些都是涡度协方差测量所需要的。图 8.20 给出了旋转前后垂直风场的结构的案例。在这个案例中,为 0 的理想值的绝对偏离值能通过平面拟合显著降低,但是空间模式仍然维持在校正过的数据库中,这是因为在这个站点的复杂地形产生了一个轻微弯曲的不能用一组转换角度完整校正的风场。以类似的方式,具有特别低的夜间摩擦速率的部分能被识别出来,以突出易于发生对流的条件。围绕站点的动量、热或 CO_2 源的异质性的可视化也是可能的,然而对于这个应用,外部驱动力如温度或辐射对通量变化的影响需要通过额外的筛选而被考虑在内。

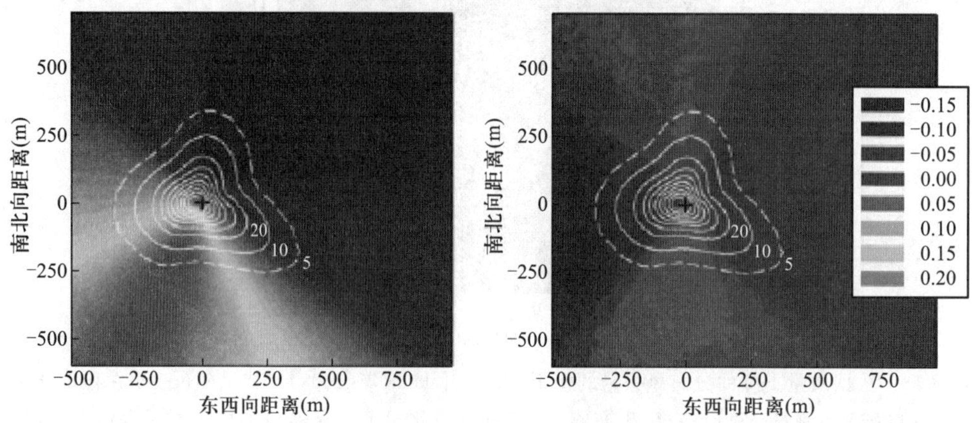

图 8.20 应用平面拟合坐标旋转前(左图)、后(右图)的平均垂直风组分的空间地图。结果来自德国东南部的 Weidenbrunnen 站点的站点分析(更多细节见图 8.17 的标题)(见书末彩插)

8.5.2 基于分析型和拉格朗日随机足迹模型的站点评估

分析型足迹模型被广泛应用于特征化涡度协方差测量的“视场角”。它们的流行主要是基于它们在数学上相对简单(如 Schmid 2002),允许将它们整合到涡度协方差处理软件包中,而不用较高的额外计算支出,或者甚至可以通过电子表格应用来估算足迹长度。这种简单化使得这些方法作为站点工具的一个组分十分具有吸引力,这是因为尤其是网络研究需要成千上万个足迹估算。分析型足迹模型经常受限于相当狭窄的输入参数(如空气动力学粗糙长度或大气分层的稳定度)范围,这会减少能被实际处理的数据库,并且/或要求适应有效粗糙长度的分配。Rebmann 等(2005)阐述了 Göckede 等(2004)提出的基于分析型足迹模型的站点评估工具在包括大量站点的全网络研究上的潜力。尽管他们的研究受到分析型足迹模型的某些理论的限制(例如排除超出某个稳定度阈值的稳定分层情况),他们进行了一个 18 个观测站点参与的风区状态和数据质量的完整调查,并且指出了跟足迹相关的测量问题。因为对顺风扩散(along-wind diffusion)的忽略,分析型足迹估算倾向于比随机模型估算的要更大,同时地表覆盖结构随离塔距离的增加而变得更加不均匀(塔所处的位置通常挑选在均一下垫面,至少是在近场区),而基于分析型模型的站点评估提供了一个质量结果的保守估计。

拉格朗日随机足迹模型提供更多的适应当地测量条件的方法,这对于在高大植被之上的研究特别有用(也可见第 8.3 节)。然而,通过考虑冠层内部的传输(Baldocchi 1997; Rannik et al. 2003)、多层的源(Markkanen et al. 2003)及顺风扩散(Rannik et al. 2000)而达到的准确性的增加伴随着显著增加的计算支出,而这在几个月时间框架内覆盖多个站点的站点评估理念中起着重要作用。同时,模拟的质量取决于对多种大气条件下垂直湍流廓线的可靠描述(Göckede et al. 2007),而在 FLUXNET 内部只有小部分站点能提供高质量的数据库来描述这些廓线。因此,在广泛站点评估研究中,应用拉格朗日随机模型经常需要简化的设置,例如使用没有为每个具体林分定制的通用湍流廓线,以及为大气稳定度、测量高度及地形粗糙度的特定组合的源权重函数的预计算(Göckede et al. 2006)。使用这个策略,Göckede 等(2008)的网络研究处理了来自 25 个站点的 76 个通量测量数据月的 30 min 足迹,并且阐述了拉格朗日随机足迹作为一种涡度协方差数据库的标准质量评估工具的适用性。

8.5.3 适用性与限制

像大部分经常使用那些足迹的其他领域一样,使用足迹模型的质量评估受到内在矛盾影响,这在解释结果时需要将其考虑在内。绝大部分足迹区模型的应用在理论上受到水平均一气流条件的限制,这只有在被包括地形学、空气动力学粗糙度、感热和潜热的源的完美均一地形所包围的塔才能获得。对分析型和前推拉格朗日随机模型来说尤其如此,这些模型易于使用并且足够灵活以应用到较长时间框架内的多个站点,而这也是上述引用的网络研究所需要的。然而,基于足迹的站点评估的最重要的目标是特征化周边地形异质性对通量测量的影响。因此,这类工具经常违反采用的足迹模型定义的适用性范围(Vesala et al. 2008b),除非对于那些不平常的情况,如地形是完美平坦,所分析的异质性只影响类似 CO_2的“消极”标量的源而非气流条件。这些问题只有通过使用后推拉格朗日随机足迹模型(Kljun et al. 2002)或闭合方法(Sogachev et al. 2005a, 2005b;也可见第8.2节、第8.4节)才能避免,而这些模型或方法能够明确处理非均一气流条件,但是它们需要建立模型域的要求可能使得广泛网络研究不可行。

所有在基础模型的适用性范围之外获得的足迹结果会受到不确定性增加的影响。复杂地形以及粗糙度或热通量源强度的突变会改变大气气流条件(Foken and Leclerc 2004; Klaassen et al. 2002; Leclerc et al. 2003a; Schmid and Oke 1988),因此基于均一传输假设的源面积预测会存在偏差(Finnigan 2004)。这个不确定性只会轻微影响定性的站点评估结果,例如降低数据质量的风向区间(wind sector)的确认,但是类似某种土地覆盖类型的百分比通量贡献这样的定量发现需要被仔细评估。不能提供一个通用的误差估计,这是因为理想气流条件的偏移取决于关于传感器位置的“令人烦恼的”地形元素的相对位置以及当地风气候学,因此需要对每个案例研究都进行重新评估。

以类似代表性足迹气候学或特定部分的平均数据质量这样的长期平均特征评价为目标的足迹研究很可能被与模拟夜间源权重相关的问题所带偏。类似在Göckede等(2004)的框架中使用的FSAM模型(Schmid 1994, 1997)这样的分析型模型经常受到输入参数范围的限制,排除了稳定分层范围的部分,有效地排除了夜间测量值,这是因为夜间测量经常有较大的源面积并且倾向于更低的通量质量分级。在较弱和间歇湍流或甚至波动主导的气流条件情况下,相比分析型模型,拉格朗日随机模型更少出现数值不稳定,但是其足迹的代表性在上述条件下也是可疑的。相比处理整个数据库,排除这些情况会导致系统性地转向更高数据质量以及更小的足迹气候学;然而,至少就拉格朗日随机模型来说,被排除数据的主要部分不能满足涡度协方差数据处理的理论假设,因此这些数据也不会被考虑用于净碳收支的评估。

在更好地特征化与异质性气流条件下足迹模型应用相关的问题的尝试中,Markkanen等(2009)把不同足迹模型与一个大涡模拟研究(Steinfeld et al. 2008)的一致性做了分类。他们的结果对关于不同通量源对总通量的贡献的模型之间的相关性做了分级,并且也考虑了相对于源权重函数的峰值位置的“令人烦恼的”栅格元素的位置。类似水平栅格分辨率或传感器的测量高度这样的影响模型输出结果的因子已被考虑在敏感性研究中。通过比较采用的更适用于异质性条件的参考模型的不同足迹模型之间的一般精度,前面章节所描述的数据质量分析通常能得到改进。这样可加强数据质量分析,并且在站点特征上提取更多可靠结论。

8.6 足迹模型验证

足迹模型的验证经常是不同足迹模型的比较。根据Foken和Leclerc(2004)的研究,只有一些示踪物实验的实验数据库可用于验证。分析型足迹预测值经常是使用拉格朗日足迹区模型的结果来评价,但是对于拉格朗日足迹模型的评价,却没有这样简单的可能性。拉格朗日随机足迹模型包括一个扩散模型和一个用于足迹函数的估算方案。在很多案例中,拉格朗日随机模型已通过扩散试验来做不同湍流形态下的检验测试(Reynolds 1998; Kurbanmuradov and Sabelfeld 2000; Kljun et al. 2002)。因此,拉格朗日随机模型重现一些气流的分散统计值的功能被很好地建立起来。只有一些拉格朗日模型的足迹结果被用于与实验数据作比较:Leclerc

等(1988)首次将拉格朗日模拟结果与将示踪物在低矮的苜蓿冠层内部及之上的不同高度上释放的结果作比较。这些结果显示,植物冠层内部的热稳定性对湍流扩散的影响起着重要作用。随后,Finn 等(1996)开展了在对流边界层且不稳定条件下,在 Hanfrod 的蒿属植物冠层之上的示踪物实验,并将其用于检验 Leclerc 和 Thurtell(1990)所使用的拉格朗日模拟和 Horst 和 Weil(1994)对扩散方程的分析解法。Leclerc 等(1997)将大涡模拟和拉格朗日模拟与具有较好结果的在对流边界层中的示踪物通量数据作比较。Leclerc 等(2003a, 2003b)已经通过示踪物通量测量实验比较了森林冠层之上通量的足迹模型。Mölder 等(2004)把比较分析型和拉格朗日模型与实验数据作为处理足迹区模型验证的方法。Kljun 等(2004b)将前推和后推拉格朗日模型与一个风洞中的示踪物释放实验的数据作对比。这种模型和实验验证之间的独立比较使得模型对多种环境变量的敏感性的稳健评价成为可能。一般来说,所研究的足迹模型与示踪物实验能比较好地吻合。尽管这些比较提供了令人信服的结果,但仍然需要进一步的实验数据以允许足迹模型的验证能够进行,尤其是对于拉格朗日随机模型。

Foken 和 Leclerc(2004)指出复杂验证实验代价很高,因此很难完成。然而,当两个或更多的意义明确且相邻的具有显著不同通量的表面能被研究时,上文作者表示进行中的实验也能被用于验证足迹模型。如果足迹模型要被使用为一个定义实验需要及验证实验数据的工具,那么这些问题是重要的。这个方法的成功应用是由 Göckede 等(2005)完成的,他们使用了在裸地及牧场之上的两个通量站点。具有能覆盖两个生态系统表面的足迹区面积的第三个通量站点被用于验证足迹模型,这是因为两个表面的贡献随稳定度和风速而变。更早的研究使用了一个类似的方法:Soegaard 等(2003)操作了五种不同农田上的五个地面水平的涡度协方差系统,而第六个则装配在更高平台上以使得景观尺度的通量测量成为可能。高水平的数值与那些使用 Gash(1986)和 Schuepp 等(1990)中模型的重新设置版本(reformulated version)从地面水平开始积分获得的数值的一致性很好。Hsieh 等(2000)基于拉格朗日分散模型和尺度分析发展出了一种分析型模型。他们发现在从一个沙漠到一个灌溉土豆田的样带上测定的通量值与模型预测值之间存在较好的一致性。最近,Marcolla 和 Cescatti(2005)比较了在具有不同表面特征的牧场之上的三个分析型足迹模型,并且发现其中一个模型(Schuepp et al. 1990)高估了足迹。

大涡模拟方法提供了有价值的"数据库",其中包括真实大气气流中内在的大部分气流复杂性,而一个简化的足迹模型能通过这复杂性而得到证实。最近,Prabha 等(2008a)比较了使用拉格朗日模拟得到的冠层内足迹与那些通过大涡模拟得到的值。在该模型中,拉格朗日随机模型是由从大涡模拟推导的气流统计值所驱动的。Markkanen 等(2009)发表了一篇综述,其中 Kljun 等(2002)和 Rannik 等(2000)中的传统随机模型分别对由大涡模拟驱动的用于大气边界层和大气近地层条件的足迹估算做了测试。他们的结论是,在绝大部分测量高度,模型吻合很好。在近中性条件下,两个传统通量足迹模型吻合最好,而在中等测定高度和对流情况下,用于大气边界层的大涡模拟模型和拉格朗日随机模型的一致性更好。

致　谢

感谢 ACCENT-BIAFLUX、欧盟 IMECC 项目、欧盟 ICOS 项目及芬兰科学院卓越研究中心(项目号:1118615)的资助。

参考文献

Amiro BD (1998) Footprint climatologies for evapotranspiration in a boreal catchment. Agric For Meteorol 90(3):195-201

Apsley DD, Castro IP (1997) A limited-length-scale k-ε model for the neutral and stably-stratified atmospheric boundary layer. Bound Layer Meteorol 83:75-98

Aubinet M, Heinesch B, Yernaux M (2003) Horizontal and vertical CO_2 advection in a sloping forest. Bound Layer Meteorol 108(3):397-417

Aubinet M, Berbigier P, Bernhofer Ch, Cescatti A, Feigenwinter C, Granier A, Grünwald Th, Havrankova K, Heinesch B, Longdoz B, Marcolla B, Montagnani L, Sedlak P (2005) Comparing CO_2 storage and advection conditions at night at different Carboeuroflux sites. Bound Layer Meteorol 116:63-94

Ayotte KW, Finnigan JJ, Raupach MR (1999) A second-order closure for neutrally stratified vegetative canopy flows. Bound Layer Meteorol 90:189-216

Baldocchi DD (1997) Flux footprints within and over forest canopies. Bound Layer Meteorol 85:273-292

Baldocchi DD, Falge E, Gu LH, Olson R, Hollinger D, Running S, Anthoni P, Bernhofer C, Davis K, Evans R, Fuentes J, Goldstein A, Katul G, Law B, Lee XH, Malhi Y, Meyers T, Munger W, Oechel W, U KTP, Pilegaard K, Schmid HP, Valentini R, Verma S, Vesala T, Wilson K, Wofsy S (2001) FLUXNET: a new tool to study the temporal and spatial variability of ecosystem-scale carbon dioxide, water vapor, and energy flux densities. Bull Am Meteorol Soc 82(11):2415-2434

Baldocchi DD, Krebs T, Leclerc MY (2005) "Wet/dry Daisyworld": a conceptual tool for quantifying the spatial scaling of heterogeneous landscapes and its impact on the subgrid variability of energy fluxes. Tellus B 57(3):175-188

Barcza Z, Kern A, Haszpra L, Kljum N (2009) Spatial representativeness of tall tower eddy covariance measurements using remote sensing and footprint analysis. Agric For Meteorol 149(5):795-807

Baumert H, Peters H (2000) Second-moment closures and length scales for weakly stratified turbulent shear flows. J Geophys Res 105:6453-6468

Belcher SE, Hunt JCR (1998) Turbulent air flow over hills and waves. Annu Rev Fluid Mech 30:507-538

Belcher SE, Jerram N, Hunt JCR (2003) Adjustement of a turbulent boundary layer to a canopy of roughness elements. J Fluid Mech 488:369-398

Cai XH, Leclerc MY (2007) Forward-in-time and backward-in-time dispersion in the convective boundary layer: the concentration footprint. Bound Layer Meteorol 123:201-218

Cai X, Peng G, Guo X, Leclerc MY (2008) Evaluation of backward and forward Lagrangian footprint models in the surface layer. Theor Appl Climatol 93:207-233

Cai X, Chen J, Desjardins RL (2010) Flux footprints in the convective boundary layer: large-eddy simulation and lagrangian stochastic modelling. Bound Layer Meteorol 137:31-47

Castro FA, Palma JMLM, Silva LA (2003) Simulation of the Askervein flow: Part 1: Reynolds averaged Navier-Stokes equations (k-ε turbulence model). Bound Layer Meteorol 107:501-530

Chandrasekar A, Philbrick CR, Clark R, Doddridge B, Georgopoulos P (2003) A large-eddy simulation study of the convective boundary layer over Philadelphia during the 1999 summer NE-OPS campaign. Environ Fluid Mech 3: 305-329

Chen JM, Black TA, Novak MD, Adams RS (1995) A wind tunnel study of turbulent air flow in forest clearcuts. In: Coutts MP, Grace J (eds) Wind and trees. Cambridge University Press, London, pp 71-87, chap. 4

Chen BZ, Chen JM, Mo G, Black A, Worthy DEJ (2008) Comparison of regional carbon flux estimates from CO_2 concentration measurements and remote sensing based footprint integration. Glob Biogeochem Cycles 22(2): 148-161

Corrsin S (1974) Limitations of gradient transport models in random walks and turbulence. Adv Geophys 18A:25-60

Davidson EA, Sawage K, Verchot LV, Navarro R (2002) Minimizing artifacts and biases in chamber-based measurements of soil respiration. Agric For Meteorol 113(1-4):21-37

Deardorff JW (1972) Numerical investigations of neutral and unstable planetary boundary layers. J Atmos Sci 18: 495-527

Denmead OT, Bradley EF (1985) Flux-gradient relationships in a forest canopy. In: Hutchison BA, Hicks BB (eds) The forest-atmosphere interaction. Reidel, Dordrecht, pp 421-442

Duynkerke PG (1988) Application of the E-ε turbulence closure model to the neutral and stable atmospheric boundary layer. J Atmos Sci 45:865-880

Finn D, Lamb B, Leclerc MY, Horst TW (1996) Experimental evaluation of analytical and Lagrangian surface-layer flux footprint models. Bound Layer Meteorol 80:283-308

Finnigan JJ (2000) Turbulence in plant canopies. Annu Rev Fluid Mech 32:519-571

Finnigan JJ (2004) The footprint concept in complex terrain. Agric For Meteorol 127:117-129

Finnigan JJ (2007) Turbulent flow in canopies on complex topography and the effects of stable stratification. In: Gayev YA, Hunt JCR (eds) Flow and transport processes with complex obstructions. Springer, Dordrecht, pp 199-219

Finnigan JJ, Belcher SE (2004) Flow over a hill covered with a plant canopy. Q J R Meteorol Soc 130:1-29

Flesch TK (1996) The footprint for flux measurements, from backward Lagrangian stochastic models. Bound Layer Meteorol 78:399-404

Flesch TK, Wilson JD (1992) A two-dimensional trajectory-simulation model for non-Gaussian, inhomogeneous turbulence within plant canopies. Bound Layer Meteorol 61:349-374

Flesch TK, Wilson JD (1999) Wind and remnant tree sway in forest cutblocks: I. Measured winds in experimental cutblocks. Agric For Meteorol 93:229-242

Flesch TK, Wilson JD, Yee E (1995) Backward-time Lagrangian stochastic dispersion models and their application to estimate gaseous emissions. J Appl Meteorol 34:1320-1332

Foken T (2006) Angewandte Meteorologie, Mikrometeorologische Methoden, 2. überarb. u. erw. Aufl. Springer, Berlin/Heidelberg/New York, 326 pp

Foken T (2008) Micrometeorology, Springer-Verlag, Berlin, Heidelberg

Foken T, Leclerc MY (2004) Methods and limitations in validation of footprint models. Agric Forest Meteorol 127: 223-234

Foken T, Wichura B (1996) Tools for quality assessment of surface-based flux measurements. Agric For Meteorol 78:83-105

Foken T, Göckede M, Mauder M, Mahrt L, Amiro B, Munger W (2004) Post-field data quality control. In: Lee X et al (eds) Handbook of micrometeorology: a guide for surface flux measurements. Kluwer Academic Publishers, Dordrecht, pp 181-208

Foudhil H, Brunet Y, Caltagirone J-P (2005) A fine-scale k-ε model for atmospheric flow over heterogeneous landscapes. Environ Fluid Mech 5:247-265

Gash JHC (1986) A note on estimating the effect of a limited fetch on micrometeorological evaporation measurements. Bound Layer Meteorol 35:409-413

Göckede M, Rebmann C, Foken T (2004) A combination of quality assessment tools for eddy covariance measurements with footprint modelling for the characterisation of complex sites. Agric For Meteorol 127(3-4): 175-188

Göckede M, Markkanen T, Mauder M, Arnold K, Leps J-P, Foken T (2005) Validation of footprint models using natural tracer measurements from a field experiment. Agric For Meteorol 135 (1-4):314-325

Göckede M, Markkanen T, Hasager CB, Foken T (2006) Update of a footprint-based approach for the characterisation of complex measurement sites. Bound Layer Meteorol 118:635-655

Göckede M, Thomas C, Markkanen T, Mauder M, Ruppert J, Foken T (2007) Sensitivity of Lagrangian Stochastic footprints to turbulence statistics. Tellus B 59:577-586

Göckede M, Foken T, Aubinet M, Aurela M, Banza J, Bernhofer C, Bonnefond JM, Brunet Y, Carrara A, Clement R, Dellwik E, Elbers J, Eugster W, Fuhrer J, Granier A, Grunwald T, Heinesch B, Janssens IA, Kohnl A (2008) Quality control of CarboEurope flux data-Part 1:coupling footprint analyses with flux data quality assessment to evaluate sites in forest ecosystems. Biogeosciences 5:433-450

Grant RF, Barr AG, Black TA, Margolis HA, Dunn AL, Metsaranta J, Wang S, McCaughey JH, Bourque CA (2009) Interannual variation in net ecosystem productivity of Canadian forests as affected by regional weather patterns-a Fluxnet-Canada synthesis. Agric For Meteorol 149(11):2022-2039

Gross G (1993) Numerical simulation of canopy flows. Springer, Berlin, 168 pp

Guo XF, Cai XH (2005) Footprint characteristics of scalar concentration in the convective boundary layer. Adv Atmos Sci 22:821-830

Hadfield MG (1994) Passive scalar diffusion from surface sources in the convective boundary layer. Bound Layer Meteorol 69:417-448

Haenel HD, Grünhage L (2001) Reply to the comment on 'footprint analysis: a closed analytical solution based on height-dependent profiles of wind speed and eddy viscosity' by T.W.Horst. Bound Layer Meteorol 101:449-458

Hanjalić K (2005) Will RANS survive LES? A view of perspectives. ASME J Fluid Eng 27:831- 839

Hanjalić K, Kenjereš S (2008) Some developments in turbulence modeling for wind and environmental engineering. J Wind Eng Ind Aerodyn 96:1537-1570

Hipsey MR, Sivapalan M, Clement TP (2004) A numerical and field investigation of surface heat fluxes from small wind-sheltered waterbodies in semi-arid Western. Environ Fluid Mech 4:79-106

Horst TW, Weil JC (1992) Footprint estimation for scalar flux measurements in the atmospheric surface layer. Bound Layer Meteorol 59:279-296

Horst TW, Weil JC (1994) How far is far enough? The fetch requirements for micrometeorological measurement of surface fluxes. J Atmos Ocean Technol 11:1018-1025

Hsieh C-I, Katul G (2009) The Lagrangian stochastic model for estimating footprint and water vapor flux over inhomogeneous surfaces. Int J Biometeorol 53:87-100

Hsieh C-I, Katul G, Chi T (2000) An approximate analytical model for footprint estimation of scalar fluxes in thermally stratified atmospheric flows. Adv Water Resour 23:765-772

Irvine MR, Gardiner BA, Hill MK (1997) The evolution of turbulence across a forest edge. Bound Layer Meteorol 84:467-496

Järvi L, Rannik Ü, Mammarella I, Sogachev A, Aalto PP, Keronen P, Siivola E, Kulmala M, Vesala T (2009) Annual particle flux observations over a heterogeneous urban area. Atmos Chem Phys 9:7847-7856

Kaimal JC, Finnigan JJ (1994) Atmospheric boundary layer flows: their structure and measurement. Oxford University Press, New York, 289 pp

Kantha LH (2004) The length scale equation in turbulence models. Nonlinear Process Geophys 11:83-97

Karipot A, Leclerc MY, Zhang G, Martin T, Starr G, Hollinger D, McCaughey JH, Hendrey GR (2006) Nocturnal CO_2 exchange over a tall forest canopy associated with intermittent low-level jet activity. J Theor Appl Climatol 85: 243-248

Karipot A, Leclerc MY, Zhang G (2008a) Climatology of the nocturnal low-level jets observed over north Florida. Mon Weather Rev 137:2605-2621

Karipot A, Leclerc MY, Zhang G, Lewin K, Nagy J, Starr G (2008b) Influence of nocturnal low-level jet on turbulence structure and CO_2 flux measurements over a forest canopy. J Geophys Res 113:D10102

Katul GG, Oren R, Ellsworth D, Hseih CI, Phillips N, Lewin K (1997) A Lagrangian dispersion model for predicting CO_2 sources, sinks and fluxes in uniform loblolly pine (*Pinus taeda* L.) stand. J Geophys Res 102: 9309-9321

Katul GG, Mahrt L, Poggi D, Sanz C (2004) One- and two-equation models for canopy turbulence. Bound Layer Meteorol 113:81-109

Katul GG, Finnigan JJ, Poggi D, Leuning R, Belcher SE (2006) The influence of hilly terrain on canopy-atmosphere carbon dioxide exchange. Bound Layer Meteorol 118:189-216

Kim J, Guo Q, Baldocchi DDD, Leclerc M, Xu L, Schmid HP (2006) Upscaling fluxes from tower to landscape: overlaying flux footprints on high-resolution (IKONOS) images of vegetation cover. Agric For Meteorol 136(3-4): 132-146

Klaassen W, Sogachev A (2006) Flux footprint simulation downwind of a forest edge. Bound Layer Meteorol 121: 459-473

Klaassen W, van Breugel PB, Moors E, Nieveen JP (2002) Increased heat fluxes near a forest edge. Theor Appl Climatol 72 (3-4):231-243

Kljun N, Rotach MW, Schmid HP (2002) A 3-D backward Lagrangian footprint model for a wide range of boundary layer stratifications. Bound Layer Meteorol 103:205-226

Kljun N, Calanca P, Rotach MW, Schmid HP (2004a) A simple parameterisation for flux footprint predictions. Bound Layer Meteorol 112:503-523

Kljun N, Kastner-Klein P, Fedorovich E, Rotach MW (2004b) Evaluation of a Lagrangian footprint model using data from a wind tunnel convective boundary layer. Special issue on footprints of fluxes and concentrations. Agric For Meteorol 127:189-201

Kormann R, Meixner FX (2001) An analytic footprint model for neutral stratification. Bound Layer Meteorol 99: 207-224

Kruijt B (1994) Turbulence over forest downwind of an edge. PhD thesis, University of Groningen, Groningen

Kurbanmuradov OA, Sabelfeld KK (2000) Lagrangian stochastic models for turbulent dispersion in the atmospheric boundary layer. Bound Layer Meteorol 97:191-218

Kurbanmuradov OA, Rannik Ü, Sabelfeld KK, Vesala T (1999) Direct and adjoint Monte Carlo algorithms for the footprint problem. Monte Carlo Methods Appl 5:85-112

Kurbanmuradov OA, Rannik Ü, Sabelfeld KK, Vesala T (2001) Evaluation of mean concentration and fluxes in turbulent flows by Lagrangian stochastic models. Math Comput Simul 54:459-476

Kurbanmuradov OA, Levykin AI, Rannik Ü, Sabelfeld KK, Vesala T (2003) Stochastic Lagrangian footprint calculations over a surface with an abrupt change of roughness height. Monte Carlo Methods Appl 9:167-188

Kustas WP, Anderson MC, French AN, Vickers D (2006) Using a remote sensing field experiment to investigate flux-footprint relations and flux sampling distributions for tower and aircraft-based observations. Adv Water Resour 29:355-368

Launder BE, Spalding DB (1974) The numerical computation of turbulent flows. Comput Methods Appl Mech Eng 3: 269-289

Launder BE, Reece GJ, Rodi W (1975) Progress in the development of a Reynolds-stress turbulent closure. J Fluid Mech 68:537-566

Launiainen S, Vesala T, Mölder M, Mammarella I, Smolander S, Rannik Ü, Kolari P, Hari P, Lindroth A, Gatul G (2007) Vertical variability and effect of stability on turbulence characteristics down to the floor of a pine forest. Tellus B59:919-936

Law BE (2005) Carbon dynamics in response to climate and disturbance: recent progress from multiscale measurements and modeling in AmeriFlux. In: Omasa K et al (eds) Plant responses to air pollution and global change. Springer, Tokyo, pp 205-213

Leclerc MY, Thurtell GW (1990) Footprint prediction of scalar fluxes using a Markovian analysis. Bound Layer Meteorol 52:247-258

Leclerc MY, Thurtell GW, Kidd GE (1988) Measurements and Langevin simulations of mean tracer concentration fields downwind from a circular line source inside an alfalfa canopy. Bound Layer Meteorol 43:287-308

Leclerc MY, Beissner KC, Shaw RH, den Hartog G, Neumann HH (1991) The influence of buoyancy on third-order turbulent velocity statistics within a decidious forest. Bound Layer Meteorol 55:109-123

Leclerc MY, Shen S, Lamb B (1997) Observations and large-eddy simulation modeling of footprints in the lower convective boundary layer. J Geophys Res 102(D8):9323-9334

Leclerc MY, Karipot A, Prabha T, Allwine G, Lamb B, Gholz HL (2003a) Impact of non-local advection on flux footprints over a tall forest canopy: a tracer flux experiment. Agric For Meteorol 115:19-30

Leclerc MY, Meskhidze N, Finn D (2003b) Comparison between measured tracer fluxes and footprint model predictions over a homogeneous canopy of intermediate roughness. Agric For Meteorol 117:145-158

Lee X (2003) Fetch and footprint of turbulent fluxes over vegetative stands with elevated sources. Bound Layer Meteorol 107:561-579

Lee X (2004) A model for scalar advection inside canopies and application to footprint investigation. Agric For Meteorol 127(3-4):131-141

Leuning R, Denmead OT, Miyata A, Kim J (2000) Source-sink distributions of heat, water vapour, carbon dioxide and methane in rice canopies estimated using Lagrangian dispersion analysis. Agric For Meteorol 104:233-249

Luhar AK, Rao KS (1994) Source footprint analysis for scalar fluxes measured over an inhomogeneous surface. In: Gryning SE, Milan MM (eds) Air pollution modeling and its applications. Plenum Press, New York, pp 315-323

Luyssaert S, Schulze ED, Borner A, Knohl A, Hessenmoller D, Law BE, Ciais P, Grace J (2008) Old-growth forests as global carbon sinks. Nature 455(11):213–215

Mao S, Leclerc MY, Michaelides EE (2008) Passive scalar flux footprint analysis over horizontally inhomogeneous plant canopy using large-eddy simulation. Atmos Environ 42:5446–5458

Marcolla B, Cescatti A (2005) Experimental analysis of flux footprint for varying stability conditions in an alpine meadow. Agric For Meteorol 135:291–301

Markkanen T, Rannik Ü, Marcolla B, Cescatti A, Vesala T (2003) Footprints and fetches for fluxes over forest canopies with varying structure and density. Bound Layer Meteorol 106:437–459

Markkanen T, Steinfeld G, Kljun N, Raasch S, Foken T (2009) Comparison of conventional Lagrangian stochastic footprint models against LES driven footprint estimates. Atmos Chem Phys 9:5575–5586

Mason PJ (1988) Large-eddy simulation of the convective atmospheric boundary layer. J Atmos Sci 46:1492–1516

Meyers T, Paw UKT (1986) Testing of a higher-order closure model for modeling airflow within and above plant canopies. Bound Layer Meteorol 37:297–311

Moeng C-H (1984) A large-eddy simulation model for the study of planteray boundary-layer turbulence. J Atmos Sci 41:2052–2061

Moeng C-H, Wyngaard JC (1988) Spectral analysis of large-eddy simulations of the convective boundary layer. J Atmos Sci 45:3575–3587

Mölder M, Klemedtsson L, Lindroth A (2004) Turbulence characteristics and dispersion in a forest – tests of Thomson's random-flight model. Agric For Meteorol 127(3–4):203–222

Morse AP, Gardiner BA, Marshall BJ (2002) Mechanisms controlling turbulence development across a forest edge. Bound Layer Meteorol 103:227–251

Myklebust MC, Hipps LE, Ryel RJ (2008) Comparison of eddy covariance, chamber, and gradient methods of measuring soil CO_2 efflux in an annual semi-arid grass, *Bromus tectorum*. Agric For Meteorol 148(11):1894–1907

Nagy MT, Janssens IA, Yusta JC, Carrara A, Ceulumans R (2006) Footprint-adjusted net ecosystem CO_2 exchange and carbon balance components of a temperate forest. Agric For Meteorol 139(3–4):344–360

Ogunjemiyo SO, Kaharabata SK, Schuepp PH, MacPherson IJ, Desjardins RL, Roberts DA (2003) Methods of estimating CO_2, latent heat and sensible heat fluxes from estimates of land cover fractions in the flux footprint. Agric For Meteorol 117(3–4):125–144

Panin GN, Tetzlaff G (1999) A measure of inhomogeneity of the land surface and parametrization of turbulent fluxes under natural conditions. Theor Appl Climatol 62(1–2):3–8

Pasquill F (1972) Some aspects of boundary layer description. Q J R Meteorol Soc 98:469–494

Pasquill F, Smith FB (1983) Atmospheric diffusion, 3rd edn. Wiley, New York

Patton EG, Davis HJ, Barth MC, Sullivan P (2001) Decaying scalars emitted by a forest canopy: a numerical study. Bound Layer Meteorol 100:91–129

Peng G, Cai X, Zhang H, Li A, Hu F, Leclerc MY (2008) Heat flux apportionment to heterogeneous surfaces using flux footprint analysis. Adv Atmos Sci 25:107–116

Pinard J-P, Wilson JD (2001) First- and second-order closure models for wind in a plant canopy. J Appl Meteorol 40:1762–1768

Poggi D, Katul GG, Cassiani M (2008) On the anomalous behavior of the Lagrangian structure function similarity constant inside dense canopies. Atmos Environ 42:4212–4231

Prabha T, Leclerc MY, Karipot A, Hollinger DY (2007) Low-frequency effects on eddy-covariance fluxes under the influence of a low-level jet. J Appl Meteorol 46:338–352

Prabha T, Leclerc MY, Baldocchi D (2008a) Comparison of in-canopy flux footprints from Lagrangian simulations against wind tunnel experiments and large-eddy simulation. J Appl Meteorol Climatol 47(8):2115–2128

Prabha TV, Leclerc MY, Karipot A, Hollinger DY, Mursch-Radlgruber E (2008b) Influence of nocturnal low-level jets on eddy covariance fluxes over a tall forest canopy. Bound Layer Meteorol 126:219–236

Rannik Ü, Aubinet M, Kurbanmuradov O, Sabelfeld KK, Markkanen T, Vesala T (2000) Footprint analysis for the measurements over a heterogeneous forest. Bound Layer Meteorol 97:137–166

Rannik Ü, Markkanen T, Raittila J, Hari P, Vesala T (2003) Turbulence statistics inside and over forest: influence on footprint prediction. Bound Layer Meteorol 109:163–189

Rannik Ü, Kolari P, Vesala T, Hari P (2006) Uncertainties in measurement and modelling of net ecosystem exchange of a forest ecosystem at different time scales. Agric For Meteorol 138:244–257

Rao KS, Wyngaard JC, Coté OR (1974) Local advection of momentum, heat, and moisture in micrometeorology. Bound Layer Meteorol 7:331–348

Raupach MR (1988) Canopy transport processes. In: Flow and transport in the natural environment: advances and applications. Springer, Berlin, pp 95–127

Raupach MR (1989) Applying Lagrangian fluid mechanics to infer scalar source distributions from concentration profiles in plant canopies. Agric For Meteorol 47:85–108

Raupach MR, Finnigan JJ (1997) The influence of topography on meteorology variables and surface-atmosphere interactions. J Hydrol 190:182–213

Rebmann C, Göckede M, Foken T, Aubinet M, Aurela M, Berbigier P, Bernhofer C, Buchmann N, Carrara A, Cescatti A, Ceulemans R, Clement R, Elbers JA, Granier A, Grunwald T, Guyon D, Havrankova K, Heinesch B, Knohl A, Laurila T, Longdoz B, Marcolla B, Markkanen T, Miglietta F, Moncrieff J, Montagnani L, Moors E, Nardino M, Ourcival JM, Rambal S, Rannik Ü, Rotenberg E, Sedlak P, Unterhuber G, Vesala T, Yakir D (2005) Quality analysis applied on eddy covariance measurements at complex forest sites using footprint modelling. Theor Appl Climatol 80(2–4):121–141

Reithmaier LM, Göckede M, Markkanen T, Knohl A, Churkina G, Rebmann C, Buchmann N, Foken T (2006) Use of remotely sensed land use classification for a better evaluation of micrometeorological flux measurement sites. Theor Appl Climatol 84(4):219–233

Reth S, Göckede M, Falge E (2005) CO_2 efflux from agricultural soils in Eastern Germany – comparison of a closed chamber system with eddy covariance measurements. Theor Appl Climatol 80(2–4):105–120

Reynolds AM (1998) A two-dimensional Lagrangian stochastic dispersion model for convective boundary layers with wind shear. Bound Layer Meteorol 86:345–352

Sabelfeld KK, Kurbanmuradov OA (1990) Numerical statistical model of classical incompressible isotropic turbulence. Sov J Numer Anal Math Model 5:251–263

Sabelfeld KK, Kurbanmuradov OA (1998) One-particle stochastic Lagrangian model for turbulent dispersion in horizontally homogeneous turbulence. Monte Carlo Methods Appl 4:127–140

Sawford BL (1985) Lagrangian statistical simulation of concentration mean and fluctuation fields. J Clim Appl Meterol 24:1152–1166

Sawford BL (1999) Rotation of trajectories in Lagrangian stochastic models of turbulent dispersion. Bound Layer Meteorol 93:411–424

Schmid HP (1994) Source areas for scalar and scalar fluxes. Bound Layer Meteorol 67:293–318

Schmid HP (1997) Experimental design for flux measurements: matching scales of observations and fluxes. Agric For Meteorol 87:179–200

Schmid HP (2002) Footprint modeling for vegetation atmosphere exchange studies: a review and perspective. Agric

For Meteorol 113:159-183

Schmid HP, Lloyd CR (1999) Spatial representativeness and the location bias of flux footprints over inhomogeneous areas. Agric For Meteorol 93(3):195-209

Schmid HP, Oke TR (1988) Estimating the source area of a turbulent flux measurement over a patchy Surface. In: Proceedings of the eighth symposium on turbulence and diffusion, Preprints. American Meteorological Society, Boston, pp 123-126

Schmid HP, Oke TR (1990) A model to estimate the source area contributing to turbulent exchange in the surface layer over patchy terrain. Q J R Meteorol Soc 116:965-988

Schuepp PH, Leclerc MY, MacPherson JI, Desjardins RL (1990) Footprint prediction of scalar fluxes from analytical solutions of the diffusion equation. Bound Layer Meteorol 50:355-373

Shaw RH, Schumann U (1992) Large-eddy simulation of turbulent flow above and within a forest. Bound Layer Meteorol 61:47-64

Shen S, Leclerc MY (1995) How large must surface inhomogeneities be before they influence the connective boundary layer structure? A case study. Q J R Meteorol Soc 121:1209-1228

Shen S, Leclerc MY (1997) Modelling the turbulence structure in the canopy layer. Agric For Meteorol 87:3-25

Soegaard H, Jensen NO, Boegh E, Hasager CB, Schelde K, Thomsen A (2003) Carbon dioxide exchange over agricultural landscape using eddy correlation and footprint modelling. Agric For Meteorol 114:153-173

Sogachev A (2009) A note on two-equation closure modelling of canopy flow. Bound Layer Meteorol 130(3): 423-435

Sogachev A, Leclerc MY, Karipot A, Zhang G, Vesala T (2005a) Effect of clearcuts on footprints and flux measurements above a forest canopy. Agric For Meteorol 133:182-196

Sogachev A, Leclerc MY, Zhang G, Rannik Ü, Vesala T (2008) CO_2 fluxes near a forest edge: a numerical study. Ecol Appl 18(6):1454-1469

Sogachev A, Lloyd JJ (2004) Using a one-and-a-half order closure model of the atmospheric boundary layer for surface flux footprint estimation. Bound Layer Meteorol 112:467-502

Sogachev A, Menzhulin G, Heimann M, Lloyd JJ (2002) A simple three dimensional canopy - planetary boundary layer simulation model for scalar concentrations and fluxes. Tellus B54:784-819

Sogachev A, Panferov O (2006) Modification of two-equation models to account for plant drag. Bound Layer Meteorol 121:229-266

Sogachev A, Panferov O, Gravenhorst G, Vesala T (2005b) Numerical analysis of flux footprints for different landscapes. Theor Appl Climatol 80(2-4):169-185

Sogachev A, Rannik Ü, Vesala T (2004) On flux footprints over the complex terrain covered by a heterogeneous forest. Agric For Meteorol 127:143-158

Sogachev A, Sedletski A (2006) SCADIS "Footprint calculator": operating manual. In: Kulmala M, Lindroth A, Ruuskanen T (eds) Proceedings of bACCI, NECC and FCoE activities 2005, Book B: Report Series in Aerosol Science 81B. The Finnish Association for Aerosol Research, Helsinki, Finland

Steinfeld G, Raasch S, Markkanen T (2008) Footprints in homogeneously and heterogeneously driven boundary layers derived from a Lagrangian Stochastic particle model embedded into large-eddy simulation. Bound Layer Meteorol 129:225-248

Stoy PC, Richardson AD, Baldocchi DDD, Katul GG, Stanovick J, Mahecha MD, Reichstein M, Detto M, Law BE, Wohlfahrt G (2009) Biosphere-atmosphere exchange of CO_2 in relation to climate: a cross-biome analysis across multipe time scales. Biogeosciences 6:2297-2312

Strong C, Fuentes JD, Baldocchi DD (2004) Reactive hydrocarbon flux footprints during canopy senescence. Agric For Meteorol 127:159-173

Su HB, Leclerc MY (1998) Large-eddy simulation of trace gas footprints from infinite crosswind line sources inside a forest canopy. In: Preprints, Proceedings of the 23rd conference on agriculture and forest meteorology. American Meteorological Society, Boston, pp 388-391

Su HB, Shaw RH, Paw KT, Moeng C-H, Sullivan PP (1998) Turbulent statistics of neutrally stratified flow within and above a sparse forest from large-eddy simulation and field observations. Bound Layer Meteorol 88:363-397

Svensson U, Häggkvist K (1990) A two-equation turbulence model for canopy flows. J Wind Eng Ind Aerodyn 35: 201-211

Thomson DJ (1987) Criteria for the selection of stochastic models of particle trajectories in turbulent flows. J Fluid Mech 189:529-556

Tseng YH, Meneveau C, Parlange MB (2006) Modeling flow around bluff bodies and predicting urban dispersion using large eddy simulation. Environ Sci Technol 40(8):2653-2662

Umlauf L, Burchard H (2003) A generic length-scale equation for geophysical turbulence models. J Mar Res 61: 235-265

Valentini R, Matteucci G, Dolman AJ, Schulze ED, Rebmann C, Moors EJ, Granier A, Gross P, Jensen NO, Pilegaard K, Lindroth A, Grelle A, Bernhofer C, Grunwald T, Aubinet M, Ceulemans R, Kowalski AS, Vesala T, Rannik Ü, Berbigier P, Loustau D, Guomundsson J, Thorgeirsson H, Ibrom A, Morgenstern K, Clement R, Moncrieff J, Montagnani L, Minerbi S, Jarvis PG (2000) Respiration as the main determinant of carbon balance in European forests. Nature 404(6780):861-865

van Breugel PB, Klaassen W, Moors EJ (1999) Fetch requirements near a forest edge. Physics and chemistry of the earth, Part B. Hydrol Oceans Atmos 24:125-131

van Ulden AP (1978) Simple estimates for vertical diffusion from sources near the ground. Atmos Environ 12: 2125-2129

Vesala T, Huotari J, Rannik Ü, Suni T, Smolander S, Sogachev A, Ojala A (2006) Eddy covariance measurements of carbon exchange and latent and sensible heat fluxes over a boreal lake for a full open-water period. J Geophys Res. doi:10.1029/2005JD006365

Vesala T, Järvi L, Launiainen S, Sogachev A, Rannik Ü, Mammarella I, Siivola E, Keronen P, Rinne J, Riikonen A, Nikinmaa E (2008a) Surface-atmosphere interactions over complex urban terrain in Helsinki, Finland. Tellus 60B:188-199

Vesala T, Kljun N, Rannik Ü, Rinne J, Sogachev A, Markkanen T, Sabelfeld K, Foken Th, Leclerc MY (2008b) Flux and concentration footprint modelling: state of the art. Environ Pollut 152:653-666

Vesala T, Kljun N, Rannik Ü, Sogachev A, Markkanen T, Sabelfeld KK, Foken Th, Leclerc MY (2010) Flux and concentration footprint modelling. In: Modelling of pollutants in complex environmental systems, vol Ⅱ. ILM Publications, St Albans, pp 339-355

Wang W, Rotach M (2010) Flux footprints over an undulating surface. Bound Layer Meteorol 136:325-340

Wang H, Takle ES (1995) A numerical simulation of boundary-layer flows near shelterbelts. Bound Layer Meteorol 75:141-173

Wang WG, Davis KJ, Cook BD, Butler MP, Ricciuto DM (2006) Decomposing CO_2 fluxes measured over a mixed ecosystem at a tall tower and extending to a region: a case study. J Geophys Res Biogeosci 111(G2):1-14

Watanabe T (2009) LES study on the structure of coherent eddies inducing predominant perturbations in velocities in the roughness sublayer over plant canopies. J Meteorol Soc Jpn 87:39-56

Wilcox DC (2002) Turbulence modeling for CFD. DCW Industries Inc, La Cañada, CA, 540 pp

Wilczak JM, Oncley S, Stage SA (2001) Sonic anemometer tilt correction algorithms. Bound Layer Meteorol 99(1): 127-150

Wilson JD, Flesch TK (1993) Flow boundaries in random-flight dispersion models: enforcing the well-mixed condition. J Appl Meteorol 32:1695-1707

Wilson JD, Flesch TK (1997) Trajectory curvature as a selection criterion for valid Lagrangian stochastic dispersion models. Bound Layer Meteorol 84:411-426

Wilson JD, Flesch TK (1999) Wind and remnant tree sway in forest openings Ⅲ. A windflow model to diagnose spatial variation. Agric For Meteorol 93:259-282

Wilson NR, Shaw RH (1977) A higher order closure model for canopy flow. J Appl Meteorol 16:1197-1205

Wilson JD, Swaters GE (1991) The source area influencing a measurement in the planetary boundary-layer - the footprint and the distribution of contact distance. Bound Layer Meteorol 55:25-46

Wilson JD, Finnigan JJ, Raupach MR (1998) A first-order closure for disturbed plant-canopy flows, and its application to winds in a canopy on a ridge. Q J R Meteorol Soc 124:705-732

第 9 章

净通量划分

Markus Reichstein, Paul C. Stoy, Ankur R. Desai, Gitta Lasslop, Andrew D. Richardson

9.1 动　　机

涡度协方差方法可以测量生态系统与大气间的物质和能量的净交换。CO_2 的净生态系统交换(NEE)来源于两个相反信号的更大通量,即通过光合作用吸收 CO_2(总生态系统生产力,GEP)和通过生态系统呼吸作用(R_{eco})释放 CO_2,定义公式如下:

$$\text{NEE} = R_{eco} + \text{GEP} \tag{9.1}$$

M.Reichstein(✉) · G.Lasslop
Max-Planck Institute for Biogeochemistry, 07745 Jena, Germany
e-mail: mreichstein@bgc-jena.mpg.de; gitta.lasslop@zmaw.de

P.C.Stoy
Department of Land Resources and Environmental Sciences, Montana State University, P.O.Box173120, Bozeman, MT, 59717-3120, USA
e-mail: paul.stoy@montana.edu

A.R.Desai
Atmospheric and Oceanic Sciences, University of Wisconsin, Madison, USA
e-mail: desai@aos.wisc.edu

A.D.Richardson
Department of Orgasmic and Evolutionary Biology, Harvard University Herbaria, 22 Divinity Avenue, Cambridge, MA 02138, USA
e-mail: arichardson@oeb.harvard.edu

M.Aubinet et al. (eds.), *Eddy Covariance: A Practical Guide to Measurement and Data Analysis*, Springer Atmospheric Sciences, DOI 10.1007/978-94-007-2351-1_9,

按照气象学惯例,从大气到生物圈的通量考虑为负值。根据这个定义,R_{eco}总为正值,GEP 在夜间为负值或者 0。NEE 给出了生态系统碳封存的重要测算,但其本身无法描述与碳通量相关的过程。出于生态系统研究和模型模拟的目的,研究者需要测量或估算 R_{eco}和 GEP,以获得对 NEE 有贡献的过程的信息。使用较长时间范围内涡度协方差数据来估算这些通量分量时,通量划分算法不可或缺。

从 1 个观测值(NEE)推断 2 个相关联的变量(R_{eco}和 GEP)是一个提法不当的问题;如果 R_{eco}和 GEP 同时发生或在用于描述 NEE 的平均时间间隔内已经发生,那么同一净通量源自有限数目的 R_{eco}和 GEP 的组合。因此,需要有关通量过程的额外限定条件或信息。绝大多数通量划分策略基于这样一个概念,在 C3 和/或 C4 光合作用占主导的生态系统中,夜间只有 R_{eco}发生,而 GEP 事实上为 0(但该概念不适合 CAM 光合作用,San-José et al. 2007)。将这些夜间 R_{eco}测量扩展到日间条件下,进而使用公式(9.1)中的差值来估算 GEP 是一个挑战。该挑战因为这样一个现象而变得更加复杂,即夜间通量测量经常受到稳定大气条件的影响,而在这种大气条件下,并没有足够的湍流来满足涡度协方差测量系统的假设。因此,这些观测值必须从涡度协方差数据记录中删除(见第 5.3 节),同时这也导致了 R_{eco}信息的丢失,从而影响 GEP。

本章旨在总结现有的 NEE 通量划分的策略,并且讨论其优缺点,重点关注模型表述和参数化所带来的挑战。我们会简要描述在 FLUXNET 数据库中使用的标准通量划分方法,包括 Reichstein 等(2005a)使用夜间数据以及 Lasslop 等(2010)主要使用白天数据所尝试的。值得说明的是,这些算法需要改进,并且将来会有其他的算法补充到 FLUXNET 中。最后,我们以通量划分研究的未来方向的建议作为结尾,包括直接使用高频涡度协方差测量(Scanlon and Kustas 2010; Scanlon and Sahu 2008; Thomas et al. 2008)和稳定同位素测量(Zobitz et al. 2007, 2008)来估算同化、呼吸及呼吸源的技术,以及为了水文学中基于过程的研究和碳/水循环耦合研究,将基于涡度协方差的蒸发散测量区分为蒸发和蒸腾的挑战。我们不仅重点阐述使用简单模型来进行通量划分,从而获得一个简单的、数据驱动的对过程的第一手理解,而且也关注来自其他策略的重要贡献,包括数据同化、神经网络以及更多复杂的基于过程的生态系统模型,这些模型有助于对 NEE 过程进行更为完整的描述(比较见 Desai et al. 2008)。

9.2 概　　念

R_{eco}是指以太阳为主要能量来源的有机体(即植物)主导的自养呼吸和以其他有机体为主要能量来源的异养呼吸的组合。在某些生态系统中,地质上的 CO_2释放或者吸收不能被忽略(Emmerich 2003; Kowalski et al. 2008; Mielnick et al. 2005; Were et al. 2010),但是我们认为这些通量在绝大多数全球性生态系统中都很小,所以公式(9.1)代表了生物学过程。

为了避免可能发生的歧义,这里定义了几个重要的通量概念,因为不同文献中可能表示不同的含义。本章一致使用下列公式和定义(也见第 1.4.2 节):

$$\mathrm{NEE}=F_c^{EC}+F_c^{STO}=R_{eco}+\mathrm{GEP} \tag{9.2}$$

式中,F_c^{EC} 是指通过冠层以上某个水平面的净湍流 CO_2通量(通常向大气释放计为正值)(公式(1.24)中的Ⅳ项,其中所考虑的组分为 CO_2),F_c^{STO} 是该水平面以下的大气中碳储存的变化(增加时计为正值,公式(1.24)中的第Ⅰ项),NEE 是 CO_2的净生态系统交换(当释放时为正值)(公式(1.24)的第Ⅴ项)。生态系统 CO_2净吸收(常被称为净生态系统生产力,NEP)等于 -NEE。基于 NEE 的这个定义,生态系统的边界为叶片、茎、枝、(动物)和土壤表面,这与下列描述的用于通量划分的模型相符。总生态系统生产力(GEP)是源自初级生产的 CO_2通量,而生态系统呼吸(R_{eco})是源自生态系统所有呼吸组分的 CO_2通量。与 NEE 和 NEP 具有相反的符号相类似,GEE 也可用于 GEP 的负值。涡度协方差方法给出了 F_c^{EC} 的估计值(参见第 1.4 节和第 3.3 节)。另外,储存项(F_c^{STO})可以通过整合 CO_2垂直浓度梯度进行估算(也见第 1.4.2 节和第 2.5 节),由此公式(9.2)的中间项就被确定了。

取决于研究目的,R_{eco}可在功能上被分为自养有机体及异养有机体的呼吸,或者在空间上被分为地上呼吸和地下呼吸(R_{above},R_{soil})两部分,其中 R_{soil}包括根系和微生物(即土壤微生物)呼吸。这里被忽略的是源自无机过程(主要指土壤碳酸盐的风化)以及水平输入和输出通量足迹的土壤 CO_2释放,这些值都被假定为很小。

蒸发散(E_{tot})在这里定义为通过冠层以上某个水平面的 H_2O 通量(当向大气释放计为正值,同 CO_2通量)。它包括植物蒸腾(E_{plant})、截留水分蒸发(E_{int})和土壤表面水分蒸发(E_{soil})。

$$F_v^{EC} = E_{tot} = E_{plant} + E_{int} + E_{soil} \tag{9.3}$$

在湍流状态下,涡度协方差方法测得总通量($F_v^{EC} = E_{tot}$)(公式(1.24)中的Ⅳ项,其中考虑的组分是水汽)(也见第 3.3.3 节)。液流法也能用于测量 E_{plant},但必须将尺度扩展为涡度协方差通量足迹的观测范围(见第 11.3.4 节)。

9.3 标准方法

9.3.1 概述

通量划分算法已经在多个采用多种方法的测量站点间进行了较为全面的比较(Desai et al. 2008; Lasslop et al. 2010; Moffat et al. 2007; Reichstein et al. 2005a; Stoy et al. 2006b)。现有方法的区别在于:① 包含驱动变量的模型的形式;② 包含用于估算参数的价值函数(cost function)的参数化过程;③ 考虑到参数的时间变异性的选择;④ 用于模型参数化的夜间、日间或所有涡度协方差数据的使用(Moffat et al. 2007)。

为方便起见,将通量划分方法分为两类:一类是只使用经过筛选(第 5.3 节)的夜间数据来直接测算 R_{eco}的方法(Reichstein et al. 2005a);一类是使用日间和夜间数据或者只使用日间数据,利用光反应曲线来估测 R_{eco},将其作为零光照下的截距参数或作为零光照下的一组数据点以用于进一步的模拟(表 9.1)(本质上,数据同化方法依赖于一些先验的模型结构,而非光响应或温度响应曲线本身。)Falge 等(2002)、Stoy 等(2006b)、Lasslop 等(2010)以及其他学者比较了这两大类方法,得出的结论是尽管会有一些偏差,但一般情况下两者吻合很好(Desai et al. 2008)。另外,任何输出结果必须仔细解析,最好能与独立测量结果或可能存在的模型进行比较验证。

表 9.1 通量划分方法汇总表，涡度协方差测量的净生态系统 CO_2 交换（NEE）划分为生态系统呼吸（R_{eco}）和总生态系统生产（GEP）

方法	优点	缺点
A:夜间数据	通量数据代表 R_{eco}	需要外推到日间阶段，夜间涡度协方差数据质量问题
（1）R_{eco}模拟为随时间恒定的温度的函数（Hollinger et al. 1994）	简单，全球通用	仅温度显著影响 R_{eco}的情况下才适用，不通用
（2）R_{eco}模拟为随时间不变的温度及其他环境因子的函数（Rambal et al. 2003; Reichstein et al. 2002）	简单，考虑了呼吸的其他驱动因子及其温度敏感性的季节变化	导致每个站点选择特定的 R_{eco}决定因子，可能没有测量辅助变量（如 SWC），或在生态系统之间没有统一测量
（3）R_{eco}使用随时间变化的基础呼吸（R_{ref}）参数及从整年数据集推导获得的单一温度敏感性来模拟	考虑了底物有效性变化所导致的参考温度下呼吸速率随时间的变化	从整年数据推导获得的长期温度敏感性可能不能反映对环境变化的短期响应，外推到日间会产生系统误差
（4）R_{eco}模拟为随时间变化的温度的函数（包括 R_{ref}和温度敏感都变化，本研究）	考虑了任何因子所导致的参考温度下呼吸速率随时间的变化，也考虑了温度敏感性的季节变化（Davidson and Janssens 2006）	涡度协方差数据的噪声经常导致不能获得一年内较长时期的温度敏感性，即实际适用性受限制
B:从日间 NEE 数据推导 R_{eco}	推导结论需要更大的数据集；减少对夜间数据的依赖	依赖于特定的光响应曲线模型；光响应曲线可能受其他因子的干扰影响（如水汽压差），有时得到不稳定的参数估计值（高标准误）；R_{eco}估算值易受储存通量问题的影响，这是因为这些储存通量发生在低光条件下的早晨和傍晚
（1）R_{eco}是 GEP 光响应曲线的截距（Falge et al. 2002）	可反映 R_{eco}的日变化	只能推导得到日间 R_{eco}
（2）R_{eco}（温度驱动）和 GEP（辐射驱动）同时模拟为一个固定模型方程的不同部分（Gilmanov et al. 2003）	使用所有数据（夜间和日间）	从模型推导得到 GEP，因此受到模型假设的限制（不能与其他模型相比较），温度敏感性可能与 GEP 对环境因子的响应相混淆，难以区分（如，下午 NEE 的降低是受作为 $f(T)$ 函数的 R_{eco}影响，还是高 VPD 所致，或者甚至受植物内部水分限制）
（3）R_{eco}和 GEP 同时模拟为一个具有状态依赖参数的模型方程的不同部分（基于数据的机理模拟方法）	使用所有数据（夜间和日间）；非常灵活的方法；参数随时间和状态而演化	统计假设（例如残差不相关）及对干扰的稳健性或许有问题；与 B2 类似，可能受因子混淆影响
（4）R_{eco}（温度驱动）和 GEP（辐射驱动）同时模拟为具有状态依赖参数的模型方程的不同部分（Lasslop et al. 2010）	使用夜间数据构建温度敏感性，使用日间数据求得 GEP 参数和 R_{eco}通量范围	价值函数采用局部最小或等价标准。干旱会限制呼吸。R_{eco}受早晚测量强烈影响，而此时也出现碳储存峰值
（5）R_{eco}和 GEP 通过以全部数据为条件的人工神经网络的后验分析推导获得。数据插补参考 Papale 和 Valentini（2002）；通量划分未探究	使用所有数据（夜间和日间）；非常灵活的方法；能够评价不同输入数据的影响以获得数据集的最佳描述	外推问题，这是因为在白天，从神经网络估算 R_{eco}需假设 0 值辐射；与 B2 类似，潜在地受其他因子混淆影响

9.3.2 基于夜间数据的方法

基于夜间数据的通量划分技术必须首先保证这些数据的质量是可靠的。问题在于湍流经常在夜间受到抑制,而且涡度协方差系统的前提假设——表面和大气间物质的传输可近似等于穿过生态系统之上某一平面的垂直湍流通量,加上在这一平面之下的储存项(公式(9.2))——常常受到不寻常的水平和垂直对流通量的影响而出现偏差(Aubinet et al. 2010; Rebmann et al. 2010; Staebler and Fitzjarrald 2004)。该问题在第5章有详细介绍。绝大部分用于判断通量数据质量的技术,如摩擦风速(u^*)筛选法(Aubinet et al. 2000; Barford et al. 2001; Falge et al. 2001; Papale et al. 2006; Reichstein et al. 2005a)(第5.3节和第5.4节),也解释了大气稳定度,因此会将浮力和机械项(Novick et al. 2004; van Gorsel et al. 2009)和通量足迹尺度包括在内(Rebmann et al. 2005; Stoy et al. 2006b),而使用完整数据质量评价系统(Foken et al. 2004)进行数据筛选也较为常见。经过数据质量筛选之后留下来的夜间数据点集合,可以认为构成了 R_{eco},那么可以通过具有不同的模型方程和模型参数的时间变异性的假设的方法来模拟(Reichstein et al. 2005a)。

9.3.2.1 模型构成:温度-测量

呼吸作用是一种受酶调节的生物反应,因此受到温度和可用底物的控制。所以可能的生态系统呼吸最简单的机理模型是一次方程,即 R_{eco} 是温度和所谓的基础呼吸的函数,而基础呼吸则完全取决于底物的可利用率。

将 R_{eco} 当作是一个简单的受温度决定的方程或许是最简单的方法,但也带来了另外的挑战。考虑到生态系统包含了几个不同的温度范围,而在这些温度范围内,呼吸过程分别发生在土壤、根系、茎干、叶片及其他有机体中,那么我们应该选择哪个范围?考虑到在时间和空间尺度上,混合的不同底物在不同温度敏感性下被呼吸消耗,我们应该如何对待呼吸模型参数的时间变异性(Fierer et al. 2005; Janssens and Pilegaard 2003)?

尽管存在这些复杂性以及站点水平上的差异(Richardson et al. 2006a),并且有这样一个事实——很少有呼吸源在任一时刻刚好处在所测温度的大气中,但是相比由土壤温度驱动的 R_{eco} 模型,作为气温的简单函数的 R_{eco} 模型倾向于解释更多的观测到的模型方差(van Dijk and Dolman 2004)。平均来说,气温和 R_{eco} 间有更好的相关性,很有可能是由于大部分土壤呼吸发生在近地表处;当将 R_{eco} 作为一定深度的土壤温度的函数时,可以发现存在一个日间滞后效应(Bahn et al. 2008; Vargas and Allen 2008)。这表明土壤温度往往测量过深,不能获得土壤温度和生态系统呼吸的最佳相关性。理论上,在二源或多源模型(见 Ciais et al. 2005; Reichstein et al. 2005b)中,把呼吸作用视作不同温度的多变量函数表现更好,但用来验证多源模型的实践经验证据却很少。从实际角度看,在 FLUXNET 数据记录中,某些站点和站点年缺乏土壤温度测量。因此,在 FLUXNET 数据库中,目前最常见的是将气温作为用于通量划分的 R_{eco} 模型的独立变量。尽管如此,在研究单个站点时,还是推荐分析哪个温度与通量观测有最好的相关性。

9.3.2.2 R_{eco}模型构成

常用的以温度为主要驱动因子模拟 R_{eco}的模型,即 Q_{10}方程:

$$R_{eco}=R_{10}Q_{10}^{\frac{\theta-10}{10}} \tag{9.4}$$

式中,R_{10}是在 10 ℃时的生态系统基础呼吸,Q_{10}是温度敏感性参数,这里表示随温度变化10 ℃时 R_{eco}的变化大小(即 $Q_{10}=2$ 表示温度变化 10 ℃时,R_{eco}增加 1 倍)。相应地,也可采用不为 10 ℃的基础温度(Ryan 1991)。

呼吸作用还常用 Arrhenius 经验模型及其变换形式;举例来说,Lloyd 和 Talor(1994)遵循阿伦尼乌斯动力学,通过分析多来源的土壤呼吸数据得出一般表达式:

$$R_{eco}=R_{10}\exp\left[E_0\left(\frac{1}{283.15-\theta_0}-\frac{1}{\theta-\theta_{ref}}\right)\right] \tag{9.5}$$

式中,E_0是活化能参数,由数据拟合得出;在初始模拟,θ_{ref}参数一般推荐设为 227.13 K(-46.02 ℃,如 Reichstein et al. 2005a)。很多使用涡度协方差数据的 R_{eco}研究已经将该类型的方程参数化,以用于通量划分(Falge et al. 2001)。

虽然在文献中已经有人提出了从热动力学推导出基于温度的其他指数模型(例如 Eyring 模型,Desai et al. 2005; Cook et al. 2004)或 Arrhenius 方程的变型(Gold et al. 1991),但是从根本上来说,它们仍然保留了类似于以上方程的函数形式和敏感性。

9.3.2.3 挑战:呼吸作用的其他驱动因子

R_{eco}并非仅响应于温度;充足的水分和养分条件是发挥生物功能所需的首要条件。营养缺乏可能限制生态系统产出的生物量,在自然或很少被管理的生态系统中,营养条件也不会在短期内剧烈变化。这些动态变化最好能整合到基础呼吸参数中,而不宜明确作为 R_{eco}模型的附加变量。对于以通量划分为目的的模型而言,土壤湿度对 R_{eco}的效应更为复杂,这是因为其效应具有时间和空间动态,且对自养和异养呼吸的限制不同,并且与降雨相关的快速变化可能引发呼吸脉冲,还常可能伴随营养的可利用性变化等方面(例如,Järvis et al. 2007,更早的参考文献见 H.F.Birch)。

土壤水分在干旱条件下限制生物活性以及在极端湿润条件下抑制氧的可利用性,进而强烈影响 R_{eco}和土壤呼吸(Carbone et al. 2008; Irvine and Law 2002)。土壤水分效应可以作为对基础呼吸参数、温度敏感性参数的不同调节项或者作为整个基于温度的 R_{eco}方程的乘数而加入模型(Palmroth et al. 2005)。到目前为止,据我们所知,当使用涡度协方差数据在生态系统水平上对多个站点进行比较时,没有哪个包含土壤水分的模型表述被证明优于其他模型。遗憾的是,目前只有一小部分 FLUXNET 站点测量了土壤水分,这限制了包含土壤水分的模型的全球适用性。因此,考虑到最佳表述的不确定性和数据可获得性的缺乏,在包含多个站点的通量网络范围的研究中,土壤水分变化和其他限制因子对生物功能的效应可能最好通过 R_{eco}模型参数随时间的变化来实现,而非改变模型表述。在站点水平上,理解土壤水分对不同来源的呼吸作用的影响,对于全面理解生态系统碳代谢十分关键,但从通量网络的角度而言,更简单

的 R_{eco} 模型表述则更受欢迎。

一些涡度协方差研究站点已经开始测试光降解在 R_{eco} 中的作用,即太阳辐射下有机物的分解(Rutledge et al. 2010)。在全球生态系统中,光降解对 R_{eco} 的重要性及模拟这个过程的最佳方法也需要进一步研究,但是这对于较大范围内具有暴露的有机质的生态系统来说,可能十分重要(Austin and Vivanco 2006; Rutledge et al. 2010)。

9.3.2.4 挑战:光合作用-呼吸作用耦合及生态系统内的传输

最近的研究表明,很多生态系统中以 R_{eco} 的形式释放出的大量碳就近以 GEP 的形式被固定(Barbour et al. 2005; Drake et al. 2008; Högberg et al. 2001; Horwath et al. 1994; Janssens et al. 2001; Knohl et al. 2005; Zhang et al. 2006)。这使得 R_{eco} 模拟和划分变得更为复杂:如果 R_{eco} 是存在一段时滞的 GEP 的函数(Mencuccini and Hölttä 2010),并且 R_{eco} 又通过公式(9.1)中的差值来确定 GEP,那么一个循环论证就紧接着发生了(Vickers et al. 2009)。人们可以根据同位素研究的发现结果来将前几天的 GEP 估算值整合到 R_{eco} 模型中(如 Stoy et al. 2007 表 1 所示),但是如果将韧皮部中的压力/浓度波动都考虑进去,那么 GEP 和根系/土壤呼吸间的时滞可能非常短(Mencuccini and Hölttä 2010; Thompson and Holbrook 2003)。

由于气体从呼吸源的位置传输到涡度协方差的测量仪器导致滞后,使用涡度协方差系统来测定生态系统的代谢就更为复杂了(Baldocchi et al. 2006; Stoy et al. 2007; Suwa et al. 2004)。换句话说,涡度协方差所测量的 CO_2 释放,是过去某段时间发生的呼吸的结果,这取决于 CO_2 从土壤或植物传送到大气间的时间尺度。这些从 CO_2 在土壤中产生到传输至冠层之上大气之间的时滞,往往超过通常通量和气象测量所用的 30 min 的平均时间。换句话说,通量系统"看到"的作为呼吸的部分 CO_2 很有可能是在不同温度条件下所产生的,而非在它从生态系统体量中释放的时间点所测得的。

这些时滞减小了所测温度与真实呼吸过程之间的关联。关于 CO_2 在土壤或者整个生态系统中的产生和传输的全面探讨对于阐明 CO_2 产生和运输机理是十分明智并且值得提倡的,但是这需要对生态系统内的 CO_2 通量进行额外的更广泛测量(Baldocchi et al. 2006; Daly et al. 2009; Tang and Baldocchi 2005)。应用涡度协方差时,如果把这部分知识整合到 R_{eco} 模型中,那么我们需要对呼吸源的位置及其在土壤中的传输进行充分假设,而这方面如果仅使用基于涡度协方差的全生态系统测量是无法实现的。前面提到的过程,可能最好通过增加 R_{eco} 模型参数的时间变异性而整合到通量划分模型中,而不是当绝大多数情况下有关这些过程的信息很少时,将这些额外的过程整合到模型中。通过估测参考呼吸(参考温度下的 R_{eco})以及使用几天的移动窗口法(图 9.1),参考呼吸可能作为其他因子的函数而变化,而这方面并没有被考虑在公式内(例如,物候、土壤水分和底物可利用性)。移动窗口的大小反映了用于统计模型的数据可用性与采用尽量小窗口必要性之间的权衡。Desai 等(2005)提出一个方法,其窗口大小随数据数量而变,而 Reichstein 等(2005a)则使用固定大小窗口。任何情形下,这种方法假设在用于参数估计的时间窗口内,R_{ref} 并非由线性插补所描述的那样变化。尤其是如果参考呼吸有日变化时(例如,因为与 GEP 或者短期土壤水分变化或者地形来源的 CO_2 相关),这个方法并没有反映这一点,就会导致误差产生。此外,该方法不能体现参考呼吸的快速响应,例如对降雨脉冲的响应。

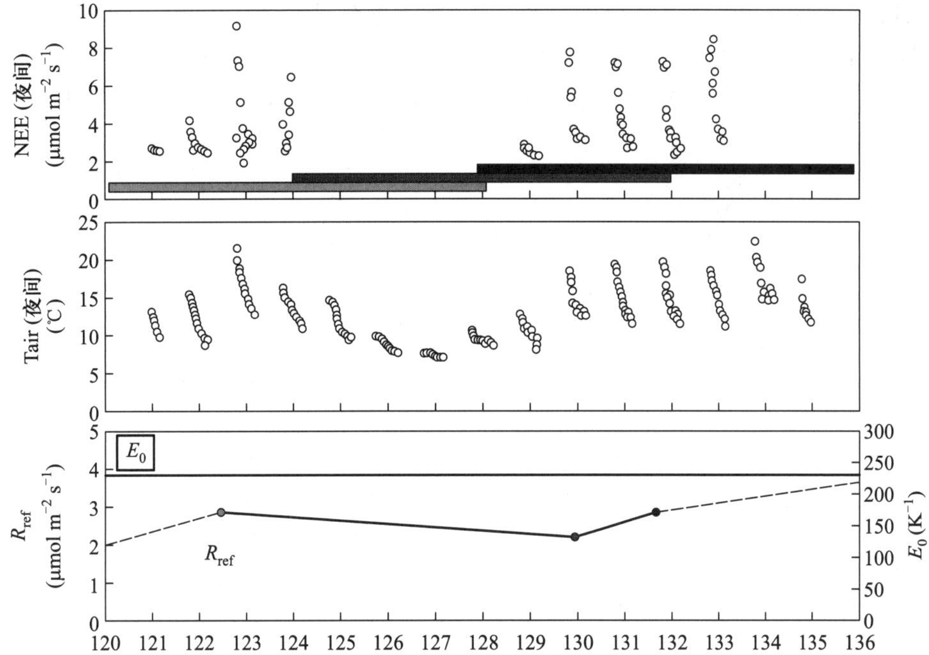

图 9.1 从涡度协方差夜间通量数据中推导 R_{eco}参数的示意图。上图表示用于参数估计的通量数据(含空缺),其中长条表示有 50%重叠的数据窗口。下图表示基于相应窗口中的数据所获得的参考呼吸(R_{ref})估算值。R_{ref}估计值被划分到时间窗口的数据权重中心(圆点),然后进行线性插补。此处,E_0全年都采用同一常数值,但这一点并非必需

9.3.3 基于日间数据的方法

将夜间数据用于 R_{eco}模型有一个问题,即输入数据仅是所有可用数据的一个子集,因此其数据质量不可能为最好。一个替换做法是将模型拟合到日间净生态系统交换观测值上,从而将辐射和水汽压差对 GEP 的影响以及温度对 R_{eco}的影响包含在内(Falge et al. 2001; Gilmanov et al. 2003)。到目前为止,这种方法虽然比不上基于夜间数据的通量划分那样得到普遍应用,但早已被早期涡度协方差研究采用(Lee et al. 1999),并且可以作为基于夜间数据方法的补充(Lasslop et al. 2010)。

9.3.3.1 模型构成:NEE 光响应

直角双曲线(rectangular hyperbola)是简单通用的利用辐射(这里指光合有效光量子通量密度,PPFD)模拟 NEE 的公式:

$$NEE=\frac{\alpha_{RH}\beta_{RH}PPFD}{\alpha_{RH}PPFD+\beta_{RH}}+\gamma_{RH} \tag{9.6}$$

R_g即总辐射,可以代替公式(9.6)中的 PPFD;拟合参数 α_{RH}(光反应曲线截距)及 β_{RH}(光饱

和时的 GEP 值)的值和单位也会相应改变。γ_{RH} 指零光照时的截距参数,表征 R_{eco},并且能通过使用温度启动方程来扩展(如 Gilmanov et al. 2010,图 9.2)。将直角双曲线方法用于日间通量数据插补已经有很长的历史,并且使用者通常会对参数作出微调(如 Wofsy et al. 1993)。

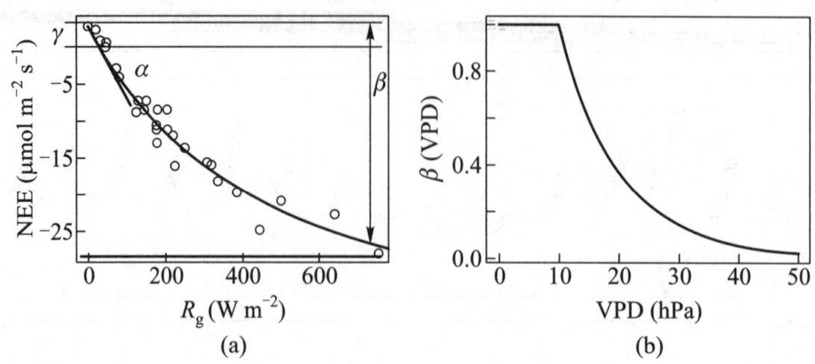

图 9.2 (a)观测到的作为总辐射函数的净生态系统交换(NEE),图中解释了与函数形状相关的 3 个参数:光利用效率 α 是起始斜率;β 是最大碳吸收,表示 NEE 的范围;γ 是呼吸,表示补偿。(b)按照公式(9.9),参数 β 是随 VPD 增加而减小的函数;值得注意的是,定义公式陡度的参数 k 是从数据中估算得来的

非直角双曲线引入一个参数描述曲率的度数(θ_{NRH}):

$$\text{NEE} = -\frac{1}{2\theta_{NRH}}\left(\alpha_{NRH}\text{PPFD}+\beta_{NRH} - \sqrt{(\alpha_{NRH}\text{PPFD}+\beta_{NRH})^2-4\alpha_{NRH}\beta_{NRH}\theta_{NRH}\text{PPFD}}\right)+\gamma_{NRH} \tag{9.7}$$

非直角光响应曲线在模拟所测数据上优于直角双曲线(Gilmanov et al. 2003; Marshall and Biscoe 1980)——原因在于增加了其他参数——但参数常规收敛可能不好掌握,并且逻辑参数阈值和初始设定都最好确保选择了最佳的参数集(Stoy et al. 2006b)。

Lindroth 等(2008)和 Aubinet 等(2001)使用一个稍微不同的光响应函数形式(Mitscherlich 方程):

$$\text{NEE} = -(\beta_M+\gamma_M)\left(1-\exp\left(\frac{-\alpha_M\text{PPFD}}{\beta_M+\gamma_M}\right)\right)+\gamma_M \tag{9.8}$$

需要强调的一点是,尽管公式(9.6)—公式(9.8)中的各种光响应模型都可以很好地模拟数据,但其公式中的参数并不需要采用同一数值(因此下标也不同),并且可能不会获得像图 9.3 及表 9.2 中所显示的碳交换现象的真实值。这里,杜克阔叶森林生态系统中(US-Dk2)的 1 天 NEE 观测值通过公式(9.6)—公式(9.8)来模拟,并用非线性最小二乘法来决定最优参数值。对于直角双曲线,β_{RH} 最优值是 0.66 mg C m^{-2} s^{-1},远大于当天观测到的最大通量值(0.34 mg C m^{-2} s^{-1}),而这个最大通量值本身也可能被视为异常值。这个 β_{RH} 的饱和值在现实中绝不可能达到的光水平下才会出现,而且也不是野外条件下 NEE 的饱和值,而更像是描述直角双曲线拟合观测值所得到的最大值。通量研究应该注意这种差别,更合理的最大碳吸收

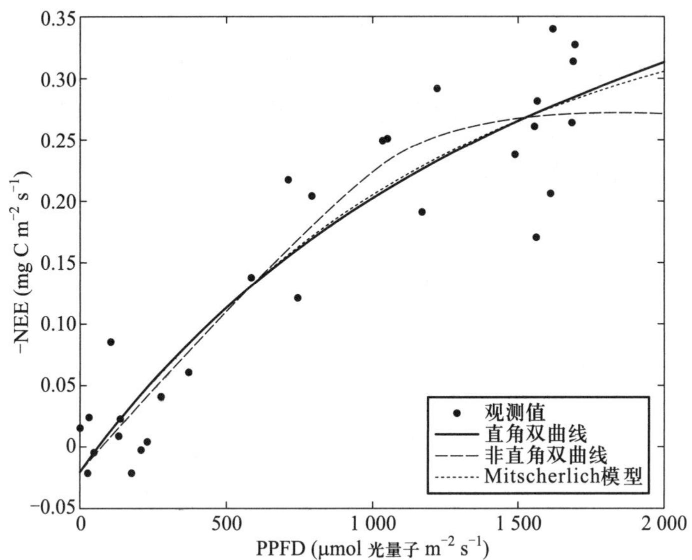

图 9.3 2005 年第 170 天在杜克阔叶森林生态系统观测到的(负值)净生态系统交换值(-NEE,即净生态系统生产力,NEP),图中表示为光合有效光量子通量密度(PPFD)的函数,分别用公式(9.6)—公式(9.8)的直角双曲线、非直角双曲线和 Mitscherlich 模型(Aubinet et al. 2001; Lindroth et al. 2008)拟合。拟合参数见表 9.2

表 9.2 将光响应曲线(公式(9.6)—公式(9.8))拟合观测到的 1 天 NEE 值所获得的参数,含单位和正常范围,该 NEE 值为 2005 年第 170 天在杜克阔叶森林生态系统中通过涡度协方差测量获得(图 9.3)

参数	单位	值(图 9.3)	取值范围
直角双曲线			
α_{RH}	mg C μmol^{-1}光量子	0.00033±0.00024	a
β_{RH}	mg C m^{-2} s^{-1}	0.66±0.52	[NEE_{min}, $R_{eco,max}$]
γ_{RH}	mg C m^{-2} s^{-1}	0.019±0.042	[0, $R_{eco,max}$]
非直角双曲线			
α_{NRH}	mg C μmol^{-1}光量子	0.00026±0.00013	a
β_{NRH}	mg C m^{-2} s^{-1}	0.29±0.10	[NEE_{min}, $R_{eco,max}$]
θ_{NRH}	unitless	0.98±0.13	[0, 1]
γ_{NRH}	mg C m^{-2} s^{-1}	0.016±0.036	[0, $R_{eco,max}$]
Mitscherlich 方程			
α_{M}	mg C μmol^{-1}光量子	0.00033±0.00020	a
β_{M}	mg C m^{-2} s^{-1}	0.39±0.22	[NEE_{min}, $R_{eco,max}$]
γ_{M}	mg C m^{-2} s^{-1}	0.020±0.040	[0, $R_{eco,max}$]

注:$R_{eco,max}$是观测到的最大生态系统呼吸;a 是在最低 PPFD 合理值时达到 NEE_{max}的斜率的正值和负值,即光响应曲线的最大合理斜率。

值可通过使用模型参数和一个被认为是最大辐射的辐射值计算获得。在图 9.1, β_{NRH} = 0.29 mg C m^{-2} s^{-1},大约是高光下的中位数。β_M = 0.39 mg C m^{-2} s^{-1},超过观测值的极限,但相对于 β_{RH},更接近现实中饱和光条件下的 NEE 值。尽管任一上述方程都可能得出能够自圆其说的 NEE 值以及划分出的 GEP 和 R_{eco} 值,但是参数值本身可能没有物理意义。

9.3.3.2 挑战:其他驱动因子及 FLUXNET 数据库方法

辐射不是 NEE 的唯一驱动因子;在日间占主导作用的光合作用项可能受到气孔关闭的限制,通常被模拟为水汽压差(VPD)的函数(Oren et al. 1999;Lasslop et al. 2010)。这些效应具体表现为光响应曲线的滞后模式,当下午温度和 VPD 均更高时,NEE 值更低(Gilmanov et al. 2003)。气孔行为可以用最优假说解释,即假设气孔会表现为使碳收益最大化同时使水分损失最小化(如 Cowan 1977;Mäkelä et al. 2002)。气孔在调节碳水通量中的根本作用表明,蒸腾估测可以作为 GEP 的限制条件。从涡度协方差角度考虑,这样的方法需要进一步模拟蒸腾与蒸发散的关系,要考虑到基于涡度协方差的蒸发散测量与基于涡度协方差的 GEP 估测并非独立,而存在关联。

R_{eco} 随温度升高而增加的程度及 GEP 随气孔对 VPD 的响应而减小的程度尚不确定。VPD 一定程度上是温度的函数。在日间,当叶片存在时,R_{eco} 和 GEP 同时发生。尽管存在这些问题,从日间 NEE 观测值划分 GEP 和 R_{eco} 的多种方法也已经被测试。

Gilmanov 等(2003, 2006)将指数函数引入到公式(9.7)的 γ_{RH} 位置,并添加了一个 GEP 随相对湿度指数减小的项,以将气孔效应包括在内。Lasslop 等(2010)扩展了这个方法,将劳埃德-泰勒方程(Lloyd-Taylor 方程)(公式(9.5))引入到公式(9.6)的 γ_{RH} 位置,并增加了一个对 NEE 的 VPD 限制,即当 VPD 高于一定值时,β_{RH} 从最高值 β_0 呈指数减小,而基于叶片水平上的综合分析,这个值被认为是 1 kPa(Körner 1995;Oren et al. 1999)(图 9.3):

$$\beta_{RH}=\begin{cases}\beta_0 e^{-k\cdot(VPD-VPD_0)} & ,当\ VPD>VPD_0 \\ \beta_0 & ,当\ VPD<VPD_0\end{cases} \tag{9.9}$$

将整合公式(9.5)、公式(9.6)和公式(9.9)的模型参数化具有很大的挑战性,并且参数等效性很有可能会发生:由 VPD 引起的 GEP 减少与温度引起的 R_{eco} 增加对 NEE 的效果相同。Lasslop 等(2010)通过多步过程估算了复合方程的参数。首先参照 Reichstein 等(2005a)的方法,以 15 d 为窗口,从夜间数据估算了温度敏感性。第二步,固定温度敏感性,用 4 d 步长日间数据估测剩余拟合参数,值得注意的是在其他参数之外,基础呼吸参数也使用日间数据拟合,以确保获得区别于夜间数据的独立性。将这 5 个参数包括在优化过程中仍然导致了在一定条件下的一个过度参数化模型。举例来说,当 VPD 较低,参数 k 不能很好地被约束,但是如果它被外推到高 VPD 时,会影响结果大小。对于冬天的阔叶林和杨树生态系统来说,光合参数通常是无意义的(Lasslop 等(2010)的表 A1 解释了当参数没有在预先设定的范围内时,它们是如何被处理的)。

在全球生态系统中,无数使用日间数据来模拟 R_{eco} 和 GEP 的可用选择使得未来 FLUXNET 通量划分算法的多项进步成为可能。Desai 等(2008)描述了基于光响应曲线的不同方法间的显著差异,并且指出,尽管一些方法相比其他方法可能更容易受偏差的影响,但在给定的通量观测和一个未知的“真实”通量下，不可能确定一个更优的方法。这表明，将来使用多种互补的方法来划分通量不失为一种理想方式，能确保提供可信的、具有保守误差范围的划分估算。

9.3.3.3 未解决的问题及未来工作展望

据报道，冠层同化作用不仅受到总短波辐射密度的影响，而且还受到其直射或漫射特征的影响；在同样的总辐射通量密度下，漫射辐射通量占主导条件时，观测到的同化速率更高（Baldocchi et al. 1997；Gu et al. 2003；Hollinger et al. 1994；Jenkins et al. 2007；Knohl and Baldocchi 2008；Niyogi et al. 2004）。目前，仅有极少数的 FLUXNET 站点测量漫射辐射，而且需要模型把净辐射与直射和漫射辐射区分开，才能将漫射辐射对 NEE 的影响包含到全球通量划分中。这就带来了一个用模拟数据驱动模型的问题。漫射辐射也与低 VPD 值相关，在模拟开展之前，需要搞清楚每一个指标的相对重要性（Rodriguez and Sadras 2007；Wohlfahrt et al. 2008）。

总之，推荐使用简单的、基于过程的 R_{eco}模型，包含多个变化的参数以整合冠层结构、土壤水分、生态系统养分水平和碳传输的快速的、季节或者年际间变化，从而为全球涡度协方差通量塔网络进行 GEP 和 R_{eco}划分服务（Reichstein et al. 2005a）。在站点水平上，我们提倡整合冠层以上涡度协方差仪器、冠层以下涡度协方差方法仪器（Baldocchi et al. 1997）、精细设计的呼吸气室（Bain et al. 2005；Subke et al. 2009；Xu et al. 2006）、同位素技术（Ekblad et al. 2005；Ekblad and Högberg 2001；Högberg et al. 2001）、实验室分析（Conant et al. 2008）及模型研究（Adair et al. 2008；Thompson and Holbrook 2004），进而在生态系统水平上来理解 R_{eco}的机理。

9.4 其他思考及新方法

9.4.1 振荡模式

到目前为止，气孔导度的节律变化还没有被正式考虑到通量划分之中。气孔导度的节律变化要么是内源性的，要么由下午的水压限制所造成。这种在昼夜节律上的模式可以持续一周以上，并且不受环境变化的影响（Hennessey and Field 1991）。尽管这种效应已经被广泛观察到（Gorton et al. 1993；Hennessey et al. 1993；Nardini et al. 2005），但在野外条件下它们对碳交换的影响程度尚不清晰。Williams 等（1998）通过模型方法指出这种节律变化在野外对光合作用和气孔导度影响不显著。最近室内研究发现，在植株水平上，根系功能的节律变化与叶片功能相吻合（James et al. 2008），但在生态系统水平上的关系还有待探索。目前，最好以模型参数化方式而非改变模型结构的方式来对待振荡模式。

9.4.2 模型参数化

到目前为止，我们已经讨论了模型参数，但未涉及求参数值以及相关不确定性的方法，而这是将数据同化到生态系统模型中的关键步骤（Raupach et al. 2005；Williams et al. 2009）。

相比用于寻找最佳参数值的技术，成本函数(cost function)的形式对于使用通量数据以准确估算参数值来说更加重要(Fox et al. 2009; Trudinger et al. 2007)。据报道，通量测量的误差符合Laplace(双指数)分布，因此应该将最小绝对偏差而非最小平方技术用于成本函数(Hollinger and Richardson 2005;Richardson et al. 2006b，也见第7.2.5节)，但其他研究指出，涡度协方差通量测量的误差近似为具有非稳态方差的正态分布，是通量大小的函数(Lasslop et al. 2008)。Rannik 和 Vesala(1999)提出了感热通量的相对系统误差和随机误差分布，定性地来说，这与其他标量的误差分布一致。重要的是，任何方法都不应该低估参数值及其产生的划分通量估算的不确定性。

针对这一点，讨论的主要主题为仅依赖半小时涡度协方差观测是不能充分理解 R_{eco} 和 GEP 的相关机制的。推荐的简单模型尽管极为普通，但也是用于通量划分的一种方法。同时，我们也应当加强对其他技术的研究，以增强对生态系统过程和生物圈-大气圈 CO_2 通量的理解。

9.4.3 用高频数据进行通量划分

据报道，高频(例如 10 Hz 或者 20 Hz)通量数据含有比通常所知道的 CO_2 源(Thomas et al. 2008)及同化作用/呼吸作用动态(Scanlon and Kustas 2010; Scanlon and Sahu 2008)更多的信息。为了将呼吸源划分成冠层以上及冠层以下的组件，Thomas 等(2008)用条件取样的方法鉴别了代表水汽和 CO_2 向大气排放源的湍流事件，并且将这些事件划归为来自植被冠层之下的传输。值得一提的是，所获得的呼吸通量与基于气室的测量和涡度协方差的光响应曲线的斜率相一致。

Scanlon 和 Kustas(2010)指出，气孔过程(即 GEP 和 E_{transp})和非气孔过程(R_{eco} 和 E_{soil})分别符合通量-方差(Monin-Obukhov)相似性，并且提供了一个基于水分利用效率的解析式，这就为使用高频数据来划分 CO_2 和水分通量提供了可能(Scanlon and Sahu 2008)。在一个农业生态系统中，这些划分的通量估算值的季节动态与冠层发育高度一致。

尽管对于站点水平的研究及未来研究来说，这些方法可能不仅对于量化生态系统碳水动态，而且对于在生物圈-大气界面上的传输现象都极为重要，然而将这些方法整合到 FLUXNET 数据库中的明显问题是在全球范围内，缺乏可用的或综合的高频通量数据来进行这些分析。

9.4.4 使用稳定同位素技术进行通量划分

如上讨论，通量划分的一个基本问题是通过一个测量(NEE)来推断两个过程(R_{eco} 和 GEP)。一个自然的解决办法是增加能提供额外信息的测量。大气中天然丰富的稳定同位素提供了一种方法。虽然通过稳定同位素观测来更好地理解植物生态和生物化学已有很长时间的历史(Dawson et al. 2002)，但是用来划分涡度协方差测得的 NEE 还是最近的事情(Bowling et al. 2001; Lloyd et al. 1996)。光合作用的生物化学过程表现为植物偏好 CO_2 的轻同位素，由此在有机质(重同位素大大减少)及大气中(重同位素富集)中都留下印记(Yakir and da Silveira Lobo Sternberg 2000)。光合作用的分馏导致大气中含 ^{13}C 的 CO_2 富集，并且通过水分蒸发和CO_2同化间的平衡，从而导致CO_2中^{18}O富集。另外，在自养呼吸及微生物呼吸中CO_2同位素的额外分馏进一步使呼吸产物和同化作用的同位素标记区分开（Knohl and Buchmann 2005）。

参照 Ogée 等（2004），由 GEP 和R_{eco}而导致的同位素分馏的公式可以表示为

$$\delta_N NEE = \delta_R R_{eco} - (\delta_a - \Delta_{canopy}) \cdot GEP \tag{9.10}$$

式中，第一项表示 NEE 的生产及其同位素组成（δ_N），通常称为同位通量（isoflux）；第二项表示呼吸作用对大气同位素组成（δ_R）的影响；而最后一项表示光合作用对大气中CO_2的轻质同位素的分馏（Δ_{canopy}），同时大气也有自己的同位素组成（δ_a）。同位素比率一般表示为相当于基准标准的每 mil 单位。合并公式（9.10）和公式（9.1）及观测的 NEE、同位通量、δ_R、δ_a及Δ_{canopy}模型，就可以得到R_{eco}和 GEP。

目前，由于涡度协方差的同位素通量观测受到仪器频率响应的限制，因此通常从通量-梯度或弛豫（或称为分离）涡度累积技术推导获得。R_{eco}的同位素组成通常由 Keeling 曲线的截距得出，而 Keeling 曲线是夜间CO_2的倒数与其同位素组成比值的曲线图（Pataki et al. 2003）。同化过程中的同位素分馏（Δ_{canopy}）通常也是假定从光合过程中气孔导度和叶片细胞CO_2扩散的公式中获得。

这种方法存在很多不确定性，需要被普及使用以得到可靠的 GEP 和R_{eco}估算值。这些不确定性包括浓度廓线与通量足迹的不匹配、微气象学通量-梯度技术对大气稳定性和混合的敏感性、在 Keeling 曲线图分析和冠层分馏模型中作出的假设（例如 C3 和 C4 光合作用明显不同）、同位素观测的取样频率、与植物和土壤水分的同位素平衡相关的假设以及自养呼吸和异养呼吸在分馏上等价的假设。举例来说，Ogée 等（2004）证明，使用同位通量方法时，GEP 和R_{eco}的半小时观测值的不确定性可以超过 4 $\mu mol\ m^{-2}\ s^{-1}$。甚至同位素通量划分法对R_{eco}和 GEP 之间的同位素不平衡程度极为敏感，而$^{13}CO_2$的同位素不平衡程度相对较小。直接的原位高频同位素观测（如 Zhang et al. 2006）及冠层光合和同位素模型的贝叶斯参数化（如 Zobitz et al. 2007）均探讨了与同位素技术相关的一些不确定性。大多数 FLUXNET 站点都缺乏稳定同位素观测，这是限制 NEE 的同位素划分的主要原因；然而，随着相关仪器降价及稳定性增强，相信在未来这些不足都会得到改善。

9.4.5 气室法

将CO_2吸收和排放的气室法测量（例如土壤、叶片及茎基粗木通量）（Bolstad et al. 2004; Harmon et al. 2004; Lavigne et al. 1997; Law et al. 1999; Ohkubo et al. 2007; Wang et al. 2010）尺度上推，可以把涡度协方差法测量的 NEE 划分为不同组分的通量。尺度上推包括了对在空间（即从单个气室到整个生态系统）和时间（即从周期性或者间断测量到与塔测量的通量相当的半小时时间步长，或到用于生态系统碳收支估算的全年时间步长）上的测量的外推。这也需要各种碳库大小的额外信息，如叶面积指数和冠层密度剖面、树干体积、不同直径级别的树的边材面积以及粗糙木质碎屑分解的数量和状态。用于尺度上推的整体方法和组分通量与环境驱动因子之间交互的方式因不同研究而各异，并与数据可用性及要做出的假设高度相关。

上述引用的研究提供了一些例子。

基于气室法对光合吸收或源自茎干、叶片和土壤的呼吸进行测量有其固有的不确定性(Lavigne et al. 1997; Loescher et al. 2006)。这些不确定性包括取样不确定性(代表性和空间异质性)、气室和塔足迹的尺度不匹配以及系统和随机的测量误差(如 Savage et al. 2008; Subke et al. 2009)。举例来说,Lavigne 等(1997)报道,在 6 个常绿阔叶林野外站点,气室法测量尺度上推的结果与夜间 NEE 测量吻合较差,这主要是由于这两种方法的内在噪声,以及存在大约为 20%~40%的系统偏差。当改进气室设计且采用改善后的时空测量策略,这些不确定性会减小(Bain et al. 2005; Subke et al. 2009; Xu et al. 2006)。

估测单个测量内在的不确定性,然后将这些不确定性在尺度上推方法学中进行传递是可取的,但全面做到的并不多。然而,如果尺度上推是通过模型-数据融合框架结合基于过程的生态系统碳动态模型(划分通量的后验不确定性可以有条件的通过模型及用作约束条件的数据来估算(如 Richardson et al. 2010))来进行的话,这是一个相对简单的任务(另外一种方法是在全年时间步长进行蒙特卡罗方法,见 Harmon et al. 2004)。

9.4.6 水汽通量的划分

涡度协方差通量的划分并不局限于碳通量。考虑到碳通量观测的普遍性,加上到目前为止相对较少的水和能量通量研究,碳通量划分成为了最为主要的关注点,然而对水分从陆地表面进入大气路径的了解可以极大地促进基于过程的水文研究。

与碳通量相类似,在一些时段,蒸发散公式(公式(9.3))中的某些项为 0 或可忽略不计。举例来说,在落叶林中,除了在刚下雨后,E_{transp}和 E_{int}在无叶期接近为 0。假设茎蒸发很低,则 E_{tot}约等于 E_{soil}。Stoy 等(2006a)把美国东南部的温带森林和草原生态系统的 E_{soil}模拟为透过地上植被的辐射的函数。在干旱期,当已知相应的冠层处于非活跃情况时,模型通过涡度协方差测得的 E_{tot}进行参数化。对于杜克火炬松森林生态系统,划分的 E_{transp}估计值近似等于通过液流密度估算的单株水平上的 E_{transp}值(Schäfer et al. 2002)。Oishi 等(2008)利用杜克阔叶林生态系统在冬季干旱期的一个涡度协方差数据子集,将 E_{soil}模拟为 VPD 的函数,并且发现涡度协方差测量的年蒸发散值与基于这个蒸发模型、立株尺度液流密度测量和模拟的冠层截获之和所获得的年蒸发散值有较好的一致性。另外常用的技术是直接使用尺度上推的液流密度测量值来划分涡度协方差的 E_{tot}(见第 11.3.4 节)。

基于稳定同位素将蒸发散测量划分为蒸发和蒸腾的方法已有报道(Wang and Yakir 2000; Albertson et al. 2001),但到目前为止并没有得到广泛应用。我们注意到美国 NEON① 将使用基于稳定同位素的方法并结合涡度协方差数据来划分蒸发和蒸腾,这些方法在不久的将来很有可能得到广泛的应用。

① 原文为 National Earth Observation Network,但经查询,并无此网络。目前国际公认的 NEON 为 National Ecological Observatory Network,特此改正。——译者注

9.5 建　　议

到目前为止,对于生态系统碳通量划分,科学家们已经进行了深入的研究,但仍有很多工作需要做。考虑到潜在的误差,我们再次提醒不要使用一个算法来划分 R_{eco} 和 GEP(Desai et al. 2008);在每个站点都应该比较多种方法以确保输出结果是稳健的。我们建议比较光响应曲线和温度反应曲线作为相互独立检验(Lasslop et al. 2010; Reichstein et al. 2005a),并且通过发展其他通量划分方法来挑战和改进标准方法。

常有的一个争议是:为什么不采用更复杂的基于过程的模型来进行通量划分(Desai et al. 2008)? 更复杂的模型有潜力提供更为精确的通量划分,但很难量化模型表述的不确定性(Rastetter et al. 2010),同时划分出的估计值可能被用于约束模型输出或者与模型输出相比较,从而导致循环论证。在某种程度上,通过确保通量估计是数据驱动的,使用可用的最为简单的在生理学上合理的模型来进行通量划分是可能的,并且可以找到受到模型假设条件污染最小的数值。完全数据驱动的技术(例如人工神经网络)照样可以得到数值,但很难将这些观测值外推。

我们注意到,当前受欢迎的技术并不是静止不变或是"终极"方法,仍有不断改善及提高的潜力。将涡度协方差推导获得的净通量和划分通量与独立通量估算相对照仍然有潜力改善现有算法。考虑到 FLUXNET 数据库的中心化管理,在不增加额外工作量的基础上,新的、不同的或改进的方法能作为额外推导的产品而被整合进去,这将帮助产生 NEP、GEP 和 R_{eco} 的保守误差界限。因此我们提倡继续使用 FLUXNET 数据库数据对碳水通量划分进行研究。

参 考 文 献

Adair EC, Parton WJ, Del Grosso SJ, Silver WL, Harmon ME, Hall SA, Burke IC, Hart SC (2008) Simple three-pool model accurately describes patterns of long-term litter decomposition in diverse climates. Glob Chang Biol 14: 2636-2660

Albertson JD, Kustas WP, Scanlon TM (2001) Large eddy simulation over heterogeneous terrain with remotely sensed land surface conditions. Water Resour Res 37:1939-1953

Aubinet M, Grelle A, Ibrom A, Rannik Ü, Moncrieff J, Foken T, Kowalski AK, Martin PH, Berbigier P, Bernhofer Ch, Clement R, Elbers J, Granier A, Grünwald T, Morgenstern K, Pilegaard K, Rebmann C, Snijders W, Valentini R, Vesala T (2000) Estimates of the annual net carbon and water exchange of forests: the EUROFLUX methodology. Adv Ecol Res 30:113-175

Aubinet M, Chermanne B, Vandenhaute M, Longdoz B, Yernaux M, Laitat E (2001) Long-term carbon dioxide exchange above a mixed forest in the Belgian Ardennes. Agric For Meteorol 108:293-315

Aubinet M et al (2010) Direct advection measurements do not help to solve the night-time CO_2 closure problem: evidence from three different forests. Agric For Meteorol 150:655-664

Austin AT, Vivanco L (2006) Plant litter decomposition in a semi-arid ecosystem controlled by photodegradation.

Nature 442:555-558

Bahn M, Rogeghiero M, Anderson-Dunn M, Dore S, Gimeno C, Drolser M, Williams M, Ammann C, Berninger F, Flechard C, Jones S, Balzarolo M, Kumar S, Newesely C, Priwitzer T, Raschi A, Siegwolf R, Susiluoto S, Tenhunen J, Wohlfahrt G, Cernusca A (2008) Soil respiration in European grasslands in relation to climate and assimilate supply. Ecosystems 11:1352-1367

Bain WG, Hutyra L, Patterson DC, Bright AV, Daube BC, Munger JW, Wofsy SC (2005) Wind-induced error in the measurement of soil respiration using closed dynamic chambers. Agric For Meteorol 131:225-232

Baldocchi DD, Vogel CA, Hall B (1997) Seasonal variation of carbon dioxide exchange rates above and below a boreal jack pine forest. Agric For Meteorol 83:147-170

Baldocchi DD, Tang J, Xu L (2006) How switches and lags in biophysical regulators affect spatial-temporal variation of soil respiration in an oak-grass savanna. J Geophys Res Atmos 111:G02008. doi:02010.01029/02005JG000063

Barbour MM, Hunt JE, Dungan RJ, Turnbull MH, Brailsford GW, Farquhar GD, Whitehead D (2005) Variation in the degree of coupling between δC13 of phloem sap and ecosystem respiration in two mature Nothofagus forests. New Phytol 166:497-512

Barford CC, Wofsy SC, Goulden ML, Munger JW, Pyle EH, Urbanski SP, Hutyra L, Saleska SR, Fitzjarrald D, Moore K (2001) Factors controlling long- and short-term sequestration of atmospheric CO_2 in a mid-latitude forest. Science 294:1688-1691

Bolstad PV, Davis KJ, Martin J, Cook BD, Wang W (2004) Component and whole-system respiration fluxes in northern deciduous forests. Tree Physiol 24:493-504

Bowling DR, Tans PP, Monson RK (2001) Partitioning net ecosystem carbon exchange with isotopic fluxes of CO_2. Glob Chang Biol 7:127-145

Carbone MS, Winston GC, Trumbore SE (2008) Soil respiration in perennial grass and shrub ecosystems: linking environmental controls with plant and microbial sources on seasonal and diel timescales. J Geophys Res Biogeosci 113. doi:10.1029/2007JG000611

Ciais P, Reichstein M, Viovy N, Granier A, Ogée J, Allard V, Aubinet M, Buchmann N, Bernhofer C, Carrara A, Chevallier F, De Noblet N, Friend AD, Friedlingstein P, Grunwald T, Heinesch B, Keronen P, Knohl A, Krinner G, Loustau D, Manca G, Matteucci G, Miglietta F, Ourcival JM, Papale D, Pilegaard K, Rambal S, Seufert G, Soussana JF, Sanz MJ, Schulze ED, Vesala T, Valentini R (2005) Europe-wide reduction in primary productivity caused by the heat and drought in 2003. Nature 437:529-533

Conant RT, Drijber RA, Haddix ML, Parton WJ, Paul EA, Plante AF, Six J, Steinweg JM (2008) Sensitivity of organic matter decomposition to warming varies with its quality. Glob Chang Biol 14:868-877

Cook BD, Davis KJ, Wang WG, Desai A, Berger BW, Teclaw RM, Martin JG, Bolstad PV, Bakwin PS, Yi CX, Heilman W (2004) Carbon exchange and venting anomalies in an upland deciduous forest in norhern Wisconsin, USA. Agric For Meteorol 126:271-295

Cowan I (1977) Stomatal behaviour and environment. Adv Bot Res 4:117-228

Daly E, Palmroth S, Stoy P, Siqueira M, Oishi AC, Juang JY, Oren R, Porporato A, Katul GG (2009) The effects of elevated atmospheric CO_2 and nitrogen amendments on subsurface CO_2 production and concentration dynamics in a maturing pine forest. Biogeochemistry 94:271-287

Davidson EA, Janssens IA (2006) Temperature sensitivity of soil carbon decomposition and feedbacks to climate change. Nature 440:165-173

Dawson TE, Mambelli S, Plamboeck AH, Templer PH, Tu KP (2002) Stable isotopes in plant ecology. Annu Rev Ecol Syst 33:507-559

Desai AR, Bolstad PV, Cook BD, Davis KJ, Carey EV (2005) Comparing net ecosystem exchange of carbon dioxide between an old-growth and mature forest in the upper Midwest, USA. Agric For Meteorol 128:33–55

Desai AR, Richardson AD, Moffat AM, Kattge J, Hollinger DY, Barr A, Falge E, Noormets A, Papale D, Reichstein M, Stauch VJ (2008) Cross-site evaluation of eddy covariance GPP and RE decomposition techniques. Agric For Meteorol 148:821–838

Drake JE, Stoy PC, Jackson RB, DeLucia EH (2008) Fine root respiration in a loblolly pine (*Pinus taeda*) forest exposed to elevated CO_2 and N fertilization. Plant Cell Environ 31:1663–1672

Ekblad A, Högberg P (2001) Natural abundance of ^{13}C reveals speed of link between tree photosynthesis and root respiration. Oecologia 127:305–308

Ekblad A, Boström B, Holm A, Comstedt D (2005) Forest soil respiration rate and $\delta^{13}C$ is regulated by recent above ground weather conditions. Oecologia 143:136–142

Emmerich WE (2003) Carbon dioxide fluxes in a semiarid environment with high carbonate soils. Agric For Meteorol 116:91–102

Falge E, Baldocchi DD, Olson R, Anthoni P, Aubinet M, Bernhofer C, Burba G, Ceulemans R, Clement R, Dolman H, Granier A, Gross P, Grunwald T, Hollinger D, Jensen NO, Katul G, Keronen P, Kowalski A, Lai CT, Law BE, Meyers T, Moncrieff H, Moors E, Munger JW, Pilegaard K, Rannik Ü, Rebmann C, Suyker A, Tenhunen J, Tu K, Verma S, Vesala T, Wilson K, Wofsy S (2001) Gap filling strategies for defensible annual sums of net ecosystem exchange. Agric For Meteorol 107:43–69

Falge E, Baldocchi DD, Tenhunen J, Aubinet M, Bakwin P, Berbigier P, Bernhofer C, Burba G, Clement R, Davis KJ, Elbers JA, Goldstein AH, Grelle A, Granier A, Guomundsson J, Hollinger D, Kowalski AS, Katul G, Law BE, Malhi Y, Meyers T, Monson RK, Munger JW, Oechel W, Paw KT, Pilegaard K, Rannik Ü, Rebmann C, Suyker A, Valentini R, Wilson K, Wofsy S (2002) Seasonality of ecosystem respiration and gross primary production as derived from FLUXNET measurements. Agric For Meteorol 113:53–74

Fierer N, Craine J, McLauchlan K, Schimel JP (2005) Litter quality and the temperature sensitivity of decomposition. Ecology 86:320–326

Foken T, Göckede M, Mauder M, Mahrt L, Amiro BD, Munger JW (2004) Post-field data quality control. In: Lee X, Massman W, Law B (eds) Handbook of micrometeorology: a guide for surface flux measurement and analysis. Kluwer, Dordrecht, p 250

Fox A, Williams M, Richardson AD, Cameron D, Gove JH, Quaife T, Riccuuto D, Reichstein M, Tomelleri E, Trudinger CM, van Wijk MT (2009) The REFLEX project: comparing different algorithms and implementations for the inversion of a terrestrial ecosystem model against eddy covariance data. Agric For Meteorol 149:1597–1615

Gilmanov TG, Verma SB, Sims PL, Meyers TP, Bradford JA, Burba GG, Suyker AE (2003) Gross primary production and light response parameters of four southern plains ecosystems estimated using long-term CO_2-flux tower measurements. Glob Biogeochem Cycle 17:1071. doi:1010.1029/2002GB002023

Gilmanov TG, Aires L, Barcza Z, Baron VS, Belelli L, Beringer J, Billesbach D, Bonal D, Bradford J, Ceschia E, Cook D, Corradi C, Frank A, Gianelle D, Gimeno C, Gruenwald T, Guo HQ, Hanan N, Haszpra L, Heilman J, Jacobs A, Jones MB, Johnson DA, Kiely G, Li SG, Magliulo V, Moors E, Nagy Z, Nasyrov M, Owensby C, Pinter K, Pio C, Reichstein M, Sanz MJ, Scott R, Soussana JF, Stoy PC, Svejcar T, Tuba Z, Zhou GS (2010) Productivity respiration, and light-response parameters of world grassland and agroecosystems derived from flux-tower measurements. Rangel Ecol Manage 63(1):16–39

Gilmanov TG, Svejcar TJ, Johnson DA, Angell RF, Saliendra NZ, Wylie BK (2006) Long-term dynamics of production, respiration and net CO_2 exchange in two sagebrush-steppe ecosystems. Rangel Ecol Manage

59:585-599

Gold V, Loening KL, McNaught AD, Sehmi P (1991) Compendium of chemical terminology softcover (IUPAC chemical data series). CRC Press, Boca Raton Gorton

Gorton HL, Williams WE, Assmann SM (1993) Circadian-rhythms in stomatal responsiveness to red and blue-light. Plant Physiol 103:399-406

Gu LH, Baldocchi DDD, Wofsy SC, Munger JW, Michalsky JJ, Urbanski SP, Boden TA (2003) Response of a deciduous forest to the mount Pinatubo eruption: enhanced photosynthesis. Science 299:2035-2038

Harmon ME, Bible K, Ryan MG, Shaw DC, Chen H, Klopatek J, Li X (2004) Production, respiration, and overall carbon balance in an old-growth Pseudotsuga-tsuga forest ecosystem. Ecosystems 7:498-512

Hennessey TL, Field CB (1991) Circadian rhythms in photosynthesis: oscillations in carbon assimilation and stomatal conductance under constant conditions. Plant Physiol 96:831-836

Hennessey TL, Freeden AL, Field CB (1993) Environmental-effects of circadian-rhythms in photosynthesis and stomatal opening. Planta 189:369-376

Högberg P, Nordgren A, Buchmann N, Taylor AFS, Ekblad A, Hogberg MN, Nyberg G, Ottosson-Lofvenius M, Read DJ (2001) Large-scale forest girdling shows that current photosynthesis drives soil respiration. Nature 411: 789-792

Hollinger DY, Richardson AD (2005) Uncertainty in eddy covariance measurements and its application to physiological models. Tree Physiol 25:873-885

Hollinger DY, Kelliher FM, Byers JN, Hunt JE, Mcseveny TM, Weir PL (1994) Carbon-dioxide exchange between an undisturbed old-growth temperate forest and the atmosphere. Ecology 75:134-150

Horwath WR, Pretziger KS, Paul EA (1994) ^{14}C allocation in tree-soil systems. Tree Physiol 14:1163-1176

Irvine J, Law BE (2002) Seasonal soil CO_2 effluxes in young and old ponderosa pine forests. Glob Chang Biol 8: 1183-1194

James AB, Monreal JA, Nimmo GA, Kelly CL, Herzyk P, Jenkins GI, Nimmo HG (2008) The circadian clock in *Arabidopsis* roots is a simplified slave version of the clock in shoots. Science 322:1832-1835

Janssens IA, Pilegaard K (2003) Large seasonal changes in Q_{10} of soil respiration in a beech forest. Glob Chang Biol 9:911-918

Janssens IA, Lankreijer H, Matteucci G, Kowalski AS, Buchmann N, Epron D, Pilegaard K, Kutsch W, Longdoz B, Grunwald T, Dore S, Montagnani L, Rebmann C, Moors EJ, Grelle A, Rannik Ü, Morgenstern K, Oltchev S, Clement R, Gudmundsson J, Minerbi S, Berbigier P, Ibrom A, Moncrieff J, Aubinet M, Bernhofer C, Jensen NO, Vesala T, Granier A, Schulze ED, Lindroth A, Dolman AJ, Jarvis PG, Ceulemans R, Valentini R (2001) Productivity overshadows temperature in determining soil and ecosystem respiration across European forests. Glob Chang Biol 7:269-278

Järvis P, Rey A, Petsikos C, Wingate L, Rayment M, Pereira J, Banza J, David J, Miglietta F, Borghetti M, Manca G, Valentini R (2007) Drying and wetting of Mediterranean soils stimulates decomposition and carbon dioxide emission: the "Birch effect". Tree Physiol 27:929-940

Jenkins JP, Richardson AD, Braswell BH, Ollinger SV, Hollinger DY, Smith ML (2007) Refining light-use efficiency calculations for a deciduous forest canopy using simultaneous tower-based carbon flux and radiometric measurements. Agric For Meteorol 143:64-79

Knohl A, Baldocchi DD (2008) Effects of diffuse radiation on canopy gas exchange processes in a forest ecosystem. J Geophys Res 113:G02023. doi:02010.01029/02007JG000663

Knohl A, Buchmann N (2005) Partitioning the net CO_2 flux of a deciduous forest into respiration and assimilation using stable carbon isotopes. Glob Biogeochem Cycle 19:GB4008

Knohl A, Werner RA, Brand WA, Buchmann N (2005) Short-term variations in δ13C of ecosystem respiration reveals link between assimilation and respiration in a deciduous forest. Oecologia 142:70–82

Körner C (1995) Leaf diffusive conductances in the major vegetation types of the globe. In: Schulze E-D, Caldwell MM (eds) Ecophysiology of photosynthesis. Springer, Berlin, pp 463–490

Kowalski AS, Serrano-Ortiz P, Janssens IA, Sanchez-Moral S, Cuezva S, Domingo F, Were A, Alados-Arboledas L (2008) Can flux tower research neglect geochemical CO_2 exchange? Agric For Meteorol 148:1045–1054

Lasslop G, Reichstein M, Kattge J, Papale D (2008) Influences of observation errors in eddy flux data on inverse model parameter estimation. Biogeosci Discuss 5:751–785

Lasslop G, Reichstein M, Papale D, Richardson AD, Arneth A, Barr A, Stoy P, Wohlfahrt G (2010) Separation of net ecosystem exchange into assimilation and respiration using a light response curve approach: critical issues and global evaluation. Glob Chang Biol 16:187–208

Lavigne MB, Ryan MG, Anderson DE, Baldocchi DDD, Crill PM, Fitzjarrald DR, Goulden ML, Gower ST, Massheder JM, McCaughey JH, Rayment M, Striegl RG (1997) Comparing nocturnal eddy covariance measurements to estimates of ecosystem respiration made by scaling chamber measurements at six coniferous boreal sites. J Geophys Res Atmos 102:28977–28985

Law BE, Ryan MG, Anthoni PM (1999) Seasonal and annual respiration of a ponderosa pine ecosystem. Glob Chang Biol 5:169–182

Law BE, Falge E, Gu L, Baldocchi DDD, Bakwin P, Berbigier P, Davis K, Dolman AJ, Falk M, Fuentes JD, Goldstein A, Granier A, Grelle A, Hollinger D, Janssens IA, Jarvis P, Jensen NO, Katul GG, Mahli Y, Matteucci G, Meyers T, Monson R, Munger W, Oechel W, Pilegaard K, Paw KT, Thorgeirsson H, Valentini R, Verma S, Vesala T, Wilson K, Wofsy S (2002) Environmental controls over carbon dioxide and water vapor exchange of terrestrial vegetation. Agric For Meteorol 113:97–120

Lee X, Fuentes JD, Staebler RM, Neumann HH (1999) Long-term observation of the atmospheric exchange of CO_2 with a temperate deciduous forest in southern Ontario, Canada. J Geophys Res Atmos 104:15975–15984

Lindroth A, Klemedtsson L, Grelle A, Weslien P, Langvall O (2008). Measurement of net ecosystem exchange, productivity and respiration in three spruce forests in Sweden shows unexpectedly large soil carbon losses. Biogeochemistry 89:43–60

Lloyd J, Taylor JA (1994) On the temperature dependence of soil respiration. Function Ecol 8:315–323

Lloyd J, Kruijt B, Hollinger DY, Grace J, Wong SC, Francey RJ, Kelliher F, Farquhar GD, Schulze ED, Miranda AC, Miranda HS, Wright IR, Gash JHC (1996) Vegetation effects on the isotopic composition of atmospheric CO_2 at local and regional scales: theoretical aspects and a comparison between rain forest in Amazonia and a boreal forest in Siberia. Austr J Plant Physiol 23:371–399

Loescher HW, Law BE, Mahrt L, Hollinger DY, Campbell J, Wofsy SC (2006) Uncertainties in, and interpretation of, carbon flux estimates using the eddy covariance technique. J Geophys Res Atmos 111:D21S90

Mäkelä A, Givnish TJ, Berninger F, Buckley TN, Farquhar GD, Hari P (2002) Challenges and opportunities of the optimality approach in plant ecology. Silva Fennica 36:605–614

Marshall B, Biscoe PV (1980) A model for C3 leaves describing the dependence of net photosynthesis on irradiance. J Exp Bot 31:29–39

Mencuccini M, Hölttä T (2010) The significance of phloem transport for the speed with which canopy photosynthesis and belowground respiration are linked. New Phytol 185:189–203

Mielnick PA, Dugas WA, Mitchell K, Havstad K (2005) Long-term measurements of CO_2 flux and evapotranspiration in a Chihuahuan desert grassland. J Arid Environ 60:423–436

Moffat AM, Papale D, Reichstein M, Hollinger DY, Barr AG, Beckstein C, Braswell BH, Churkina G, Desai AR, Falge E, Gove JH, Heimann M, Hui DF, Jarvis AJ, Kattge J, Noormets A, Stauch VJ (2007) Comprehensive comparison of gap-filling techniques for eddy covariance net carbon fluxes. Agric For Meteorol 147:209–232

Nardini A, Salleo S, Andri S (2005) Circadian regulation of leaf hydraulic conductance in sunflower (*Helianthus annuus* L. cv Margot). Plant Cell Environ 28:750–759

Niyogi D, Chang H, Saxena VK, Holt T, Alapaty K, Booker F, Chen F, Davis KJ, Holben B, Matsui T, Meyers T, Oechel WC, Pielke RA, Wells R, Wilson K, Xue YK (2004) Direct observations of the effects of aerosol loading on net ecosystem CO_2 exchanges over different landscapes. Geophys Res Lett 31: L20506. doi: 20510.21029/22004GL020915

Novick KA, Stoy PC, Katul GG, Ellsworth DS, Siqueria MBS, Juang J, Oren R (2004) Carbon dioxide and water vapor exchange in a warm temperate grassland. Oecologia 138:259–274

Ogée J, Peylin P, Ciais P, Bariac T, Brunet Y, Berbigier P, Roche C, Richard P, Bardoux G, Bonnefond JM (2004) Partitioning net ecosystem carbon exchange into net assimilation and respiration with canopy-scale isotopic measurements: an error propagation analysis with $^{13}CO_2$ and $CO^{18}O$ data. Glob Biogeochem Cycle 18:GB2019

Ohkubo S, Kosugi Y, Takanashi S, Mitani T, Tani M (2007) Comparison of the eddy covariance and automated closed chamber methods for evaluating nocturnal CO_2 exchange in a Japanese cypress forest. Agric For Meteorol 142:50–65

Oishi AC, Oren R, Stoy PC (2008) Estimating components of forest evapotranspiration: a footprint approach for scaling sap flux measurements. Agric For Meteorol 148:1719–1732

Oren R, Sperry JS, Katul GG, Pataki DE, Ewers BE, Phillips N, Schafer KVR (1999) Survey and synthesis of intra- and interspecific variation in stomatal sensitivity to vapor pressure deficit. Plant Cell Environ 22:1515–1526

Palmroth S, Maier CA, McCarthy HR, Oishi AC, Kim HS, Johnsen KH, Katul GG, Oren R (2005) Contrasting responses to drought of the forest floor CO_2 efflux in a loblolly pine plantation and a nearby oak-hickory forest. Glob Chang Biol 11:421–434

Papale D, Valentini R (2002) A new assessment of European forests carbon exhcanges by eddy fluxes and artificial neural network spatialization. Glob Chang Biol 9:525–535

Papale D, Reichstein M, Aubinet M, Canfora E, Bernhofer C, Kutsch W, Longdoz B, Rambal S, Valentini R, Vesala T, Yakir D (2006) Towards a standardized processing of net ecosystem exchange measured with eddy covariance technique: algorithms and uncertainty estimation. Biogeosciences 3:571–583

Pataki DE, Ehleringer JR, Flanagan LB, Yakir D, Bowling DR, Still CJ, Buchmann N, Kaplan JO, Berry JA (2003) The application and interpretation of keeling plots in terrestrial carbon cycle research. Glob Biogeochem Cycle 17:1022

Rambal S, Ourcival JM, Joffre R, Mouillot F, Nouvellon Y, Reichstein M, Rocheteau A (2003) Drought controls over conductance and assimilation of a Mediterranean evergreen ecosystem: scaling from leaf to canopy. Glob Chang Biol 9:1813–1824

Rannik Ü, Vesala T (1999) Autoregressive filtering versus linear detrending in estimation of fluxes by the eddy covariance method. Bound Layer Meteorol 91:259–280

Rastetter EB, Williams M, Griffin KL, Kwiatkowski BL, Tomasky G, Potosnak MJ, Stoy PC, Shaver GR, Stieglitz M, Hobbie JE, Kling GW (2010) Processing arctic eddy-flux data using a simple carbon-exchange model embedded in the ensemble Kalman filter. Ecol Appl 20:1285–1301

Raupach MR, Rayner PJ, Barrett DJ, DeFries RS, Heimann M, Ojima DS, Quegan S, Schmullius CC (2005)

Model-data synthesis in terrestrial carbon observation: methods, data requirements and data uncertainty specifications. Glob Chang Biol 11:378-397

Rebmann C, Göckede M, Foken T, Aubinet M, Aurela M, Berbigier P, Bernhofer C, Buchmann N, Carrara A, Cesscatti A, Ceulemans R, Clement R, Elbers JA, Granier A, Grunwald T, Guyon D, Havrankova K, Heinesch B, Knohl A, Laurila T, Longdoz B, Marcolla B, Markkanen T, Miglietta F, Moncrieff J, Montagnani L, Moors E, Nardino M, Ourcival JM, Rambal S, Rannik Ü, Rotenberg E, Sedlak P, Unterhuber G, Vesala T, Yakir D (2005) Quality analysis applied on eddy covariance measurements at complex forest sites using footprint modelling. Theor Appl Climatol 80:121-141

Rebmann C, Zeri M, Lasslop G, Mund M (2010) Treatment and assessment of the CO_2-exchange at a complex forest site in Thuringia Germany. Agric For Meteorol 150:684-691

Reichstein M, Tenhunen JD, Ourcival JM, Rambal S, Dore S, Valentini R (2002) Ecosystem respiration in two mediterranean evergreen holm oak forests: drought effects and decomposition dynamics. Funct Ecol 16:27-39

Reichstein M, Falge E, Baldocci D, Papale D, Aubinet M, Berbigier P, Bernhofer C, Buchmann N, Gilmanov T, Granier A, Grunwald T, Havrankova K, Ilvesniemi H, Janous D, Knohl A, Laurila T, Lohila A, Loustau D, Matteucci G, Meyers T, Miglietta F, Ourcival J-M, Pumpanen J, Rambal S, Rotenberg E, Sanz M, Tenhunen J, Seufert G, Vaccari F, Vesala T, Yakir D, Valentini R (2005a) On the separation of net ecosystem exchange into assimilation and ecosystem respiration: review and improved algorithm. Glob Chang Biol 11:1424-1439

Reichstein M, Subke J-A, Angeli AC, Tenhunen J (2005b) Does the temperature sensitivity of decomposition of soil organic matter depend upon water content, soil horizon, or incubation time? Glob Chang Biol 11:1754-1767

Richardson AD, Braswell BH, Hollinger DY, Burman P, Davidson EA, Evans RS, Flanagan LB, Munger JW, Savage K, Urbanski SP, Wofsy SC (2006a) Comparing simple respiration models for eddy flux and dynamic chamber data. Agric For Meteorol 141:219-234

Richardson AD, Hollinger DY, Burba GG, Davis KJ, Flanagan LB, Katul GG, Williammunger J, Ricciuto DM, Stoy PC, Suyker AE, Verma SB, Wofsy SC (2006b) A multi-site analysis of random error in tower-based measurements of carbon and energy fluxes. Agric For Meteorol 136:1-18

Richardson AD, Williams M, Hollinger DY, Moore DJP, Dail DB, Davidson EA, Scott NA, Evans RS, Hughes H, Lee JT, Rodrigues C, Savage K (2010) Estimating parameters of a forest ecosystem model with measurements of stocks and fluxes as joint constraints. Oecologia 164:25-40

Rodriguez D, Sadras VO (2007) The limit to wheat water-use efficiency in eastern Australia. I. Gradients in the radiation environment and atmospheric demand. Aust J Agric Res 58:287-302

Rutledge S, Campbell DI, Baldocchi DD, Schipper LA (2010) Photodegradation leads to increased carbon dioxide losses from terrestrial organic matter. Glob Chang Biol 16:3065-3074

Ryan MG (1991) Effects of climate change on plant respiration. Ecol Appl 1:157-167

San-José J, Montes R, Nikonova N (2007) Diurnal patterns of carbon dioxide, water vapour, and energy fluxes in pineapple [*Ananas comosus* (L.) Merr. cv. Red Spanish] field using eddy covariance. Photosynthetica 45:370-384

Savage K, Davidson EA, Richardson AD (2008) A conceptual and practical approach to data quality and analysis procedures for high-frequency soil respiration measurements. Funct Ecol 22:1000-1007

Scanlon TM, Kustas WP (2010) Partitioning carbon dioxide and water vapor fluxes using correlation analysis. Agric For Meteorol 150:89-99

Scanlon TM, Sahu P (2008) On the correlation structure of water vapor and carbon dioxide in the atmospheric surface layer: a basis for flux partitioning. Water Resour Res 44:W10418

Schäfer KVR, Oren R, Lai CT, Katul GG (2002) Hydrologic balance in an intact temperate forest ecosystem under ambient and elevated atmospheric CO_2 concentration. Glob Chang Biol 8:895–911

Staebler RM, Fitzjarrald D (2004) Observing subcanopy CO_2 advection. Agric For Meteorol 122:139–156

Stoy PC, Katull GG, Siqueira MBS, Juang JY, Novick KA, McCarthy HR, Oishi AC, Uebelherr JM, Kim HS, Oren R (2006a) Separating the effects of climate and vegetation on evapotranspiration along a successional chronosequence in the southeastern U.S. Glob Chang Biol 12:2115–2135

Stoy PC, Katul GG, Siqueira MBS, Juang J-Y, Novick KA, Oren R (2006b) An evaluation of methods for partitioning eddy covariance-measured net ecosystem exchange into photosynthesis and respiration. Agric For Meteorol 141:2–18

Stoy PC, Palmroth AC, Oishi S, Siqueira MB, Juang JY, Novick KA, Ward EJ, Katul GG, Oren R (2007) Are ecosystem carbon inputs and outputs coupled at short time scales? a case study from adjacent pine and hardwood forests using impulse-response analysis. Plant Cell Environ 30:700–710

Subke J-A, Heinemeyer A, Reichstein M (2009) Experimental design to scale up in time and space and its statistical considerations. In: Kutsch W, Bahn M, Heinemeyer A (eds) Soil carbon dynamics: an integrated methodology. Cambridge University Press, Cambridge, 315

Suwa M, Katul GG, Andrews J, Pippen J, Mace A, Schlesinger WH (2004) Impact of elevated atmospheric CO_2 on forest floor respiration in a temperate pine forest. Glob Biogeochem Cycle 18: GB2013. doi: 2010.1029/2003GB00218

Tang J, Baldocchi DD (2005) Spatial-temporal variation in soil respiration in an oak-grass savanna ecosystem in California and its partitioning into autotrophic and heterotrophic components. Biogeochemistry 73:183–207

Thomas C, Martin J, Goeckede M, Siqueria MB, Foken T, Law BE, Loescher HW, Katul GG (2008) Estimating daytime subcanopy respiration from conditional sampling methods applied to multi-scalar high frequency turbulence time series. Agric For Meteorol 148:1210–1229

Thompson MV, Holbrook NM (2003) Application of a single-solute non-steady-state phloem model to the study of long-distance assimilate transport. J Theor Biol 220:419–455

Thompson MV, Holbrook NM (2004) Scaling phloem transport: information transmission. Plant Cell Environ 27: 509–519

Trudinger CM, Raupach MR, Rayner PJ, Kattge, Liu Q, Pak B, Reichstein M, Renzullo L, Richardson AD, Roxburgh SH, Styles J, Wang YP, Briggs P, Barrett D, Nikolovas S (2007) OptIC project: an intercomparison of optimization techniques for parameter estimation in terrestrial biogeochemical models. J Geophys Res 112:G02027

van Dijk AIJM, Dolman AJ (2004) Estimates of CO_2 uptake and release among European forests based on eddy covariance data. Glob Chang Biol 10:1445–1459

van Gorsel E, Delpierre N, Leuning R, Black A, Munger JW, Wofsy S, Aubinet M, Feigenwinter C, Beringer J, Bonal D, Chen B, Chen J, Clement RR, Davis KJ, Desai AR, Dragoni D, Etzold S, Grünwald T, Gu L, Heinesch B, Hutyra LR, Jans WW, Kutsch W, Law BE, Leclerc MY, Mammarella I, Montagnani L, Noormets A, Rebmann C, Wharton S (2009) Estimating nocturnal ecosystem respiration from the vertical turbulent flux and change in storage of CO_2. Agric For Meteorol 149:1919–1930

Vargas R, Allen MF (2008) Environmental controls and the influence of vegetation type, fine roots and rhizomorphs on diel and seasonal variation in soil respiration. New Phytol 179:460–471

Vickers D, Thomas CK, Martin JG, Law BE (2009) Self-correlation between assimilation and respiration resulting from flux partitioning of eddy-covariance CO_2 fluxes. Agric For Meteorol 149:1552–1555

Wang XF, Yakir D (2000) Using stable isotopes of water in evapotranspiration studies. Hydrol Process 14:1407–1421

Wang M, Guan DX, Han SJ, Wu JL (2010) Comparison of eddy covariance and chamber-based methods for measuring CO_2 flux in a temperate mixed forest. Tree Physiol 30:149-163

Were A, Serrano-Ortiz P, de Moreno Jong C, Villagarcia L, Domingo F, Kowalski AS (2010) Ventillation of subterranean CO_2 and eddy covariance incongruities over carbonate ecosystems. Biogeosciences 7:859-867

Williams WE, Gorton HL (1998) Circadian rhythms have insignificant effects on plant gas exchange under field conditions. Physiol Plant 103:247-256

Williams M, Richardson AD, Reichstein M, Stoy PC, Peylin P, Verbeeck H, Carvalhais N, Jung M, Hollinger DY, Kattge J, Leuning R, Luo Y, Tomelleri E, Trudinger CM, Wang YP (2009) Improving land surface models with FLUXNET data. Biogeosciences 6:1341-1359

Wofsy SC, Goulden ML, Munger JW, Fan SM, Bakwin PS, Daube BC, Bassow SL, Bazzaz FA (1993) Net exchange of CO_2 in a mid-latitude forest. Science 260:1314-1317

Wohlfahrt G, Hammerle A, Haslwanter A, Bahn M, Tappeiner U, Cernusca A (2008) Disentangling leaf area and environmental effects on the response of the net ecosystem CO_2 exchange to diffuse radiation. Geophys Res Lett 35: L16805. doi:16810.11029/12008GL035090

Xu L, Furtaw MD, Madsen RA, Garcia RL, Anderson DJ, McDermitt DK (2006) On maintaining pressure equilibrium between a soil CO_2 flux chamber and the ambient air. J Geophys Res 111:D08S10

Yakir D, da Silveira Lobo Sternberg L (2000) The use of stable isotopes to study ecosystem gas exchange. Oecologia 2000:297-311

Zhang J, Griffis TJ, Baker JM (2006) Using continuous stable isotope measurements to partition net ecosystem CO_2 exchange. Plant Cell Environ 29:483-496

Zobitz JM, Burns SP, Ogee J, Reichstein M, Bowling DR (2007) Partitioning net ecosystem exchange of CO_2 in a high-elevation subalpine forest: comparison of a Bayesian/isotope approach to environmental regression methods. J Geophys Res Biogeosci 112:G03013

Zobitz JM, Burns SP, Reichstein M, Bowling DR (2008) Partitioning net ecosystem carbon exchange and the carbon isotopic disequilibrium in a subalpine forest. Glob Chang Biol 14:1-16

第 10 章

间断涡度协方差方法

Janne Rinne, Christof Ammann

10.1 引　　言

涡度协方差(eddy covariance, EC)方法要求测量系统能够记录对通量有贡献的所有频率的湍流运动和痕量气体变化。在传统的涡度协方差系统中,这是通过使用具有快速响应时间和高数据采样频率的风速仪和气体分析仪来实现,从而可以捕获高频端的变化以及使用足够长的平均周期来捕获低频端的变化。我们通常使用响应时间约为 0.1 s 的仪器。然而,对很多大气痕量化合物来说,具有如此短响应时间的分析仪目前还不能获得或者不能提供连续的时间序列数据。

间断涡度协方差(disjunct eddy covariance, DEC)方法提供了一种降低分析仪要求的可能。在间断涡度协方差方法中,仅采用一个完整的连续浓度和风力数据系列的子集来计算通量。这种方法减少了样本数的子集并且可以进行非连续(即分离的)的采样,这为较慢的痕量气体分析或用同一仪器对多个化合物进行顺序测量(扫描)提供了机会。

J.Rinne(✉)
Department of Physics, University of Helsinki, FI-00014 Helsinki, Finland
e-mail: Janne.Rinne@helsinki.fi

C.Ammann
Agrosocope Reckenholz Tanikon Res Stn ART, CH-8046 Zurich, Switzerland
e-mail: christof.ammann@art.admin.ch

M.Aubinet et al. (eds.), *Eddy Covariance: A Practical Guide to Measurement and Data Analysis*, Springer Atmospheric Sciences, DOI 10.1007/978-94-007-2351-1_10,

10.2 原　　理

传统涡度协方差系统按照一个典型的 10 Hz 数据采样频率来运行（采样间隔 0.1 s）。对一个典型的通量计算周期——半小时来说，总共产生 18 000 个记录值。通过记录的垂直风速 w_j和痕量气体浓度 c_{sj}的时间序列数据，涡度协方差通量可按如下计算（类似公式（3.9a））：

$$\overline{c'_s w'} = \frac{1}{N}\sum_{j=1}^{N}\left[(c_{sj} - \bar{c}_s)(w_j - \bar{w})\right] = \frac{1}{N}\sum_{j=1}^{N} c'_{sj} w'_j \tag{10.1}$$

间断涡度协方差方法的基本概念是相同的通量可通过对完整的 w_j和 c_{sj}系列数据作类似随机的二次抽样计算得出（公式（10.1））。由于发育良好的湍流不具有周期性，在规律间隔内采集的次级样本可以被认为是随机的。因此，分离样本通常在 1~30 s 的一个固定间隔内采集。相应地，在已发表的研究中，间断涡度协方差方法在半小时内采集的样本数（N）在 70~1800 变化。

通过数据模拟和田间实验，间断涡度协方差方法已对照传统涡度协方差方法进行了验证（Lenschow et al. 1994; Rinne et al. 2000, 2008; Bosweld and Beljaars 2001; Ammann et al. 2006; Turnipseed et al. 2009）。这些结果证实了间断涡度协方差方法中样本数的减少不会导致通量测量值的系统误差这一假设，但是它会增加通量的随机不确定性。在间断涡度协方差方法中，对时间序列数据的二次抽样不会使通量值发生偏移的事实是由混叠（aliasing）造成的，我们将在第 10.4 节中讨论这部分内容。然而，间断涡度协方差方法较低的采样速率会导致测得通量的随机不确定性增加。正如将要在第 10.5 节中所讨论的，在多数情况下，这种不确定性是用于通量计算的样本数的函数。

由于文献中对间断涡度协方差测量技术的术语存在一些混淆，我们在这里列举了一些推荐术语，并且证明这些术语的适用性。

10.2.1 采样间隔

采样间隔 Δ 是指样本（数据记录）之间一个恒定的时间间隔，包括 w 和 c_s。在传统涡度协方差方法中，Δ 通常为 0.1 s（远小于总体湍流时间尺度，见 Lenschow et al. 1994）。在间断涡度协方差方法中，Δ 受浓度数据的取样规则限制，其范围为 1~30 s。样本间隔的倒数被称为采样频率：$f_s = 1/\Delta$。

10.2.2 响应时间

测量系统的响应时间 τ_R是一个用来描述当输入（测得量）变化时，系统调整输出信号所花费时间的特征尺度。这通常取决于分析器的内部架构，例如测量元件和进气管的尺寸、取样流速、可靠测量所需的内部整合时间长度等等（见第 4.1.3.2 节）。响应时间定义了涡度协方差或间断涡度协方差系统的高频截留（cut-off）（而不是采样频率）。在传统的涡度协方差系统中，采样间隔 Δ 通常接近 τ_R，然而在间断涡度协方差系统中，采样间隔相对较长。

10.2.3 间断涡度协方差的定义

我们将任何采样间隔 Δ 大于系统响应时间 τ_R 的涡度协方差系统称为间断涡度协方差（DEC），这一术语由 Lenschow 等（1994）提出，并且证明其比当时所用的其他一些术语更为合适。

目前，使用的间断涡度协方差方法主要有两种应用类型：

（1）定点采样-间断涡度协方差（DEC by grab sampling，DEC-GS）方法：在时间间隔 $\Delta=1\sim30$ s范围时，空气以近似瞬时的速度（通常在 0.1 s 内）被采集到一个容器中。与传统的涡度协方差方法测量相比，定点采样的这个过程允许对所获取的痕量气体进行较慢速的分析，而这会产生近似瞬时浓度值的离散时间序列（图 10.1）。在这种情况下，系统响应时间由样本获取所需时间决定。在通常情况下垂直风速是连续测量的，必须与离散浓度时间序列同步。

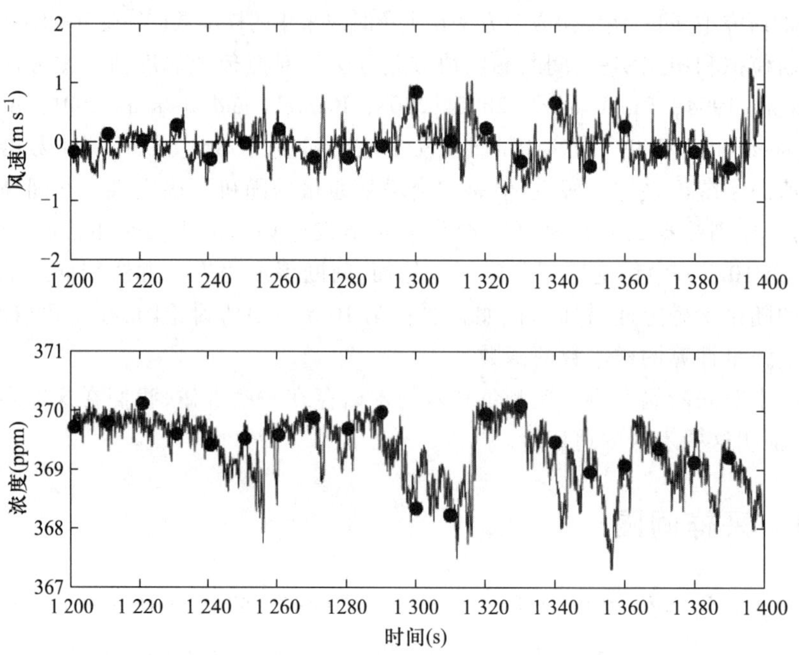

图 10.1 时间序列数据的离散式二次采样的基本概念示意图。灰色线代表原始连续10 Hz 时间序列数据，而黑点表示从这些数据中每隔 0.1 s 的二次取样数据

（2）质量扫描-间断涡度协方差（DEC by mass scanning，DEC-MS）方法：这种技术通常适用于具有连续采样流的四极质谱仪，这种设备提供对多种物体（痕量气体）的快速响应检测。然而，只有不同质量的一次顺序检测是可能的，因此每种单独的化合物都被作为一个离散时间序列记录下来。

质量扫描-间断涡度协方差方法经常被称作“虚拟间断涡度协方差（virtual disjunct eddy covariance，vDEC）”，而这是误导性的，因为这种方法无论是作为间断还是作为涡度协方差都不是虚拟的。因此,我们不推荐应用这个术语。相反,我们建议所有满足上述定义的系统都使用"间断涡度协方差方法"这个术语,并且在必要时,根据气体采集的方式来确切说明这种技术:例如,定点采样-间断涡度协方差方法(DEC-GS)、质量扫描-间断涡度协方差方法(DEC-MS)。

间断涡度取样(disjunct eddy sampling, DES)方法指的是在相对较长的时间间隔内对气体进行定点采样的过程。空气样本可以用不同的方法来处理,因而形成了间断涡度协方差技术或间断涡度累积技术(如 Rinne et al. 2000, 2001)。

这两种间断涡度协方差方法的应用类型的实践案例详见第 10.3 节。我们基于已发表的文献来概述测量系统,但并不一定是最理想的。

10.3 间断涡度协方差的实践应用

10.3.1 定点采样-间断涡度协方差方法

如果能够在不到 1 s 的时间内采集到合适的气体样本,那么一台能够在 1~60 s 内开展一次浓度测量的气体分析仪是可以用于间断涡度协方差测量的。我们将这种采样称为定点采样。在这里,基于 Rinne 等(2001)提出的设计方案,我们提出一种用于定点采样-间断涡度协方差测量的基础设计方案。这种设计采用所谓的中等储存库(intermediate storage reservoir, ISR),其可由真空泵排空,随后通过打开一个快速响应的高流导阀填充(阿尔法阀门,图 10.2)。采样间隔通常为 10~60 s,这段时间被用来分析中等储存库内的痕量气体浓度,并且在下一个样本进入前排空。因此,这个系统的操作顺序包括:① 排空 ISR;② 开启阿尔法阀门,在不到 1 s 的时间内进行定点采样;③ 分析 ISR 的内容物。

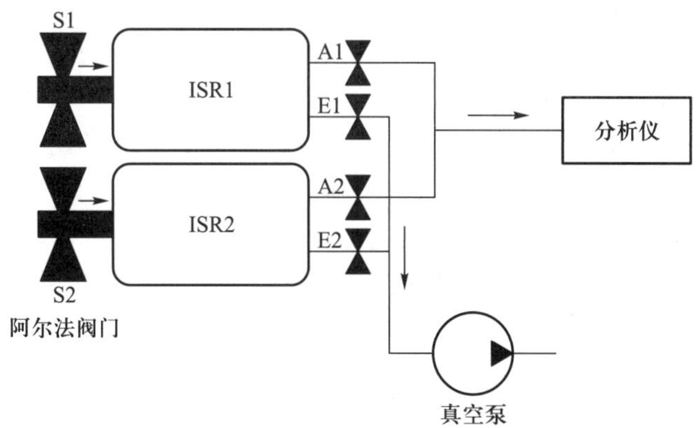

图 10.2 有两个定点采样器的 DEC 系统的示意图;ISR 是间断储存库①;阀的编号见表 10.1

① 在本章中,关于 ISR,有两个英文名,分别为 intermediate storage reservoir 和 intermittent storage reservoir,其实是从不等的角度来看待这个储存库。——译者注

表10.1展示了具有两个定点采样器的间断涡度协方差系统的操作顺序。这个例子中的采样时间为0.1 s，采样间隔为20.5 s。取样阀(S1和S2)和分析阀(A1和A2)在取样和分析之间会关闭0.2 s，这是为了确保转换时阀门没有同时开启。分配给分析的时间取决于分析设备的需求，以及在合适的泵及大直径管道及阀门的情况下，中等储存库能否在更短时间内被排空。

表10.1 具有两个定点采样器的DEC系统的操作顺序

	0.2 s	0.1 s	0.2 s	20 s	0.2 s	0.1 s	0.2 s	20 s
S1	x	o	x	x	x	x	x	x
S2	x	x	x	x	x	o	x	x
A1	x	x	x	o	x	x	x	x
A2	x	x	x	x	x	x	x	o
E1	x	x	x	x	x	o	o	o
E2	x	o	o	o	x	x	x	x

注：o表示开阀，x表示关阀。S1和S2分别为导向ISR1和ISR2的采样阀。A1和A2分别为从ISR1和ISR2导向分析仪的阀门，而E1和E2分别为从ISR1和ISR2导向排气泵的阀门。

大部分参数造成的由这类系统测得的通量的不确定性或偏差将在第10.5节讨论。这里，我们讨论在这种类型的测量系统中如何最小化采样时间和采样间隔的影响。此外，对DEC-GS来说，样品残留(sample carryover)是造成通量测量误差和不确定性的一个典型特征。

采样时间是指中等储存库被打开抽取外界大气样本的时间，而且它限定了系统的响应时间(见第10.2节中的τ_R)。响应时间远大于0.1 s会导致高频损失，从而导致湍流通量的系统低估。因此，必须尽量缩短采样时间，以使其接近0.1 s。为此，所使用的阿尔法阀门必须具有高流量导度，并且它必须在几十毫秒内打开和关闭。流量导度，也就是要求的流量系数，取决于中等储存库的大小，因为它的大小限定了一次定点采样中需要通过阀门的气体的量。Rinne等(2001)所使用的用于填充1 L大小的中等储存库(ISR)的阿尔法阀门(Skinner71215SN33N00N0L111P3)的流量系数$C_v=2$，并且打开和关闭的时间要低于15 ms。目前，我们不能轻易获得符合要求的阀门，这限制了定点采样器的设计。目前只有直接传动电磁阀(direct acting solenoid)拥有足够短的打开和关闭时间，与之相比，导阀控制阀(pilot operated valve)要慢得多。另一方面，商品化的直接传动电磁阀的流量导度要比大型导阀控制阀低得多。

同样为了降低流动阻力，连接阿尔法阀门和中等储存库的管道应该尽可能的短且宽。当外界与中等储存库之间的压力差减小时，对中等储存库的填充也应减慢。因此，通常当中等储存库的内部压力达到外界大气压力的80%~90%时，采样时间就终止。

样本间隔限定了在涡度协方差平均周期内多少样本能被采集，因此也部分限定了所测得的通量值的不确定性。在这种情况下，一个简单的定点采样器仅包括一个中等储存库，而采样间隔取决于分析中等储存库内容物的时间以及在采样前排空中等储存库所需的时间。然而，绝大多数已实现的定点采样利用两个平行的中等储存库来最小化样本间隔。当一个中等储存库内容物被分析的同时,另一个中等储存库正在被排空。在这种方法中,样本间隔被显著缩短。在该系统中,一个在分析时间内能够将中等储存库排空的泵是满足要求的,而膜式泵(diaphragm pump)是其中经常被使用的。

定点采样-间断涡度协方差的一个典型问题是样品残留,这是由于在中等储存库内经常会有一些前一样本的残留。这将降低浓度变异,因而导致通量的系统低估。这种低估可以被估算,并且由 Langford 等(2009)提出的一个简单混合考虑所校正(公式(10.2)):

$$c_{s,corr}=\frac{c_s p_f - c_{s,old} p_e}{p_f - p_e} \tag{10.2}$$

式中,$c_{s,corr}$表示校正后的浓度,c_s表示目前在中等储存库内测得的浓度,$c_{s,old}$表示前一次测量所得的浓度,p_f表示当中等储存库充满时的压力,p_e是排空后的压力。样品残留减少了浓度差异,也会降低浓度变异的信噪比,从而增加了所测通量值的不确定性。为了减少样品残留,中等储存库应该排空到一个尽可能低的压力。这不仅需要泵的表现要足够好,还需要流动限制小的排空路线。这可以通过缩短路线的长度及使用宽直径的管道来实现。在 Rinne 等(2001)所展示的系统中,通过使用带有 2 m 半管(one half in tubing)的膜式泵使排空压力比大气压低 10%。

定点采集的样本应该能代表当阀门开启时在超声测量容积内的大气痕量气体浓度。如果通过发送一个模拟信号到超声的输入中或者在阀门开启时将风值记录到痕量气体数据中,阀门的开启时间会被标记到超声数据记录中,那么数据处理将会变得更加容易。

因为在阿尔法阀门前不能设置入口管,定点采样器必须安置于靠近超声风速仪的地方。由于定点采样器必然是一个有点庞大的物体,一个典型采样器的尺寸为 15×30×50 cm(高×宽×长),这可能会阻碍超声风速仪周围空气的自由流动。为了减少超声风速仪测量中的流动畸变效应,采样器必须被放置在距离超声风速仪几十厘米的地方,这会导致通量的低估(传感器分离效应)。然而,将采样器置于超声风速仪之下将导致最小的通量低估,甚至是在低测量高度(2~3 m)下(Kristensen et al. 1997)也会出现这种情况。当采样器位于超声风速仪之下,由超声风速仪和采样器的位移所造成的通量低估可以通过公式(10.3)估算:

$$\frac{F_{vd}}{F}=\left[1-0.1\left(\frac{h_{mw}}{h_{mc}}-1\right)\right] \tag{10.3}$$

式中,F_{vd}是指垂直位移传感器测得的通量,F 是真实通量,h_{mw}和 h_{mc}分别是垂直风速和浓度的测量高度。

值得注意的是,传感器在垂直方向上的分离效应是强烈不对称的。如果采样器被放置于风速仪之上,那么低估的通量要比用上述方程估算的大得多。横向位移也会导致更大的低估通量。

间断涡度协方差系统的定点采样器材料的选择取决于目标化合物。对活性碳氢化合物而言,特氟龙(Teflon,聚四氟乙烯)通常被用于采样线路和中等储存库的材料。相比不锈钢阀体或黄铜阀体的阀门,特氟龙阀体的阀门更受欢迎。然而,拥有足够响应时间和流动导度的合适的阿尔法阀门并不一定是特氟龙阀体。由于空气与该阀门在很短的时间内接触,使用不锈钢是合理的。中等储存库的表面可对化学活性的化合物产生影响。因此,明智的做法是减小中等储存物的表面积和体积之比,如果可能,选择一个具有合适几何形态的储存库。另外,中等储存库和分析仪之间的样品线路长度应尽可能短,以减少传输时间以及潜在的表面效应。

10.3.2 质量扫描-间断涡度协方差方法

响应时间低于 1 s 的在线质谱仪也可被用于测量,例如使用传统涡度协方差方法测量碳氢化合物通量(Karl et al. 2001)。一个典型的例子是质子传递反应-四极质谱仪(PTR-QMS)。然而,四极质谱仪一次只能测量一个化合物/质量。因此,在传统的涡度协方差方法中,这种仪器测量一系列化合物的能力没有被开发出来。然而,使用间断涡度协方差方法来扫描一组质量,可以为每个单独的化合物创造一个分离的时间序列。在质量扫描-间断涡度协方差方法中,样本间隔是四极质谱仪测量循环的长度。这取决于测定的质量数目以及每个浓度测量的集成或停顿时间。目前报道的质量扫描-间断涡度协方差方法的采样间隔为 1~10 s,因此,采样数量 n 要高于定点采样-间断涡度协方差方法的采样量。

质子传递反应-四极质谱仪的响应时间由名义上的仪器响应时间或用于浓度测量的积分/停顿时间中的较长者所限定。仪器的响应时间取决于分析仪和入口管道的规格和流动速率。用于浓度测量的停顿时间由使用者设定。然而对间断涡度协方差测量来说,人们愿意选择尽可能短的停顿时间,低浓度可能需要使用较长的停顿时间以使信号超出检测极限。因此,目前使用的停顿时间为 0.5 s。在较高的测量高度,如在森林之上,这通常会导致小于 10%的通量被低估。然而,测量高度越低,低估程度越高。

质量扫描-间断涡度协方差方法的测量设置(图 10.3)很简单,因为它不需要一个复杂的采样器。在许多方面,这种设置类似于传统涡度协方差测量的设置。同理,很多测量问题也是类似的。例如,在样品管路中的样品流速必须足够高以维持湍流的存在(高雷诺数)。然而,因为质子传递反应-四极质谱仪通常很重(超过 100 kg),并且需要被保护免受外界的损害,特别是在森林生态系统中,样品线路需要 30 m 或更长。

质子传递反应-四极质谱仪的规格对建立系统造成了一些限制。流进分析仪的样品非常少。因此,为了减少在这部分样品线路中的高频损失,样品线路应尽可能短。同时,进气口的压力不应低于质子传递反应-四极质谱仪进口处压力控制器的设定值。因此,在主要样品线路中应该使用宽直径管道来确保最小压降下的高流量。较长的采样线路(大约 30 m)内部直径须达到 8 mm,而侧管鼓风机(side canal blower)是一种比较适合在接近大气压下维持高流量的泵。

在这种测量设置中,和任何闭路涡度协方差测量系统一样,采样线路会导致风测量和浓度测量之间的时滞。因此,为了能够计算通量,研究者需要对齐两个时间序列,也就是说找出时滞(第 3.2.3.2 节)。这是涡度协方差测量较低通量时会碰到的一个常见问题,而在间断涡度协方差方法中,时滞因统计值减少而进一步增加。通常基于协方差函数最大值识别的自动算法并不起作用,这是因为在协方差函数中有太多的噪音。更为复杂的情形是,超声风速仪的风数据和来自四极质谱仪的浓度数据储存在不同的电脑中。因此,计算机时钟的漂移会造成额外的两个时间序列的时滞。

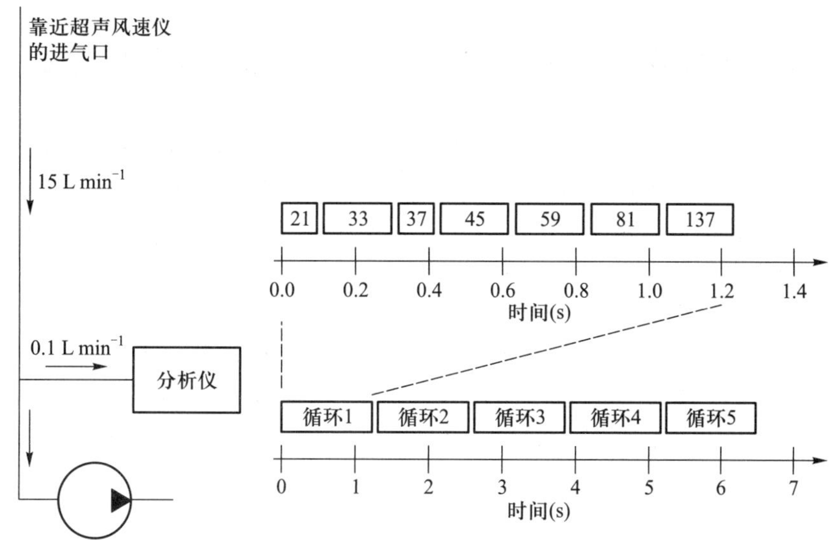

图 10.3 左图:扫描 DEC 系统的示意图。进样口应尽可能地靠近超声风速仪。右图:用于测量的质量扫描循环例子

通常需要通过目测分析协方差函数来指引时滞的选择。有几个技巧可以使时滞监测变得容易一点。为了消除由计算机时钟漂移造成的时滞,我们可以采取以下两种方法中的一种。一种是在一次测量周期中,将一次垂直风速信号读取到质子传递反应-四极质谱仪模拟输入中,然后用这个信号来确定由时钟漂移所造成的时滞。这是通过将在四极质谱仪数据文件中的间断垂直风速信号和在原始超声数据文件中的连续垂直风速信号相关联而完成的。为了做到这个,需要一个具有模拟输出的超声风速仪。另一种选择是将四极质谱仪的原始信号读到超声风速仪的模拟输入中。由于两个信号是必需的,即质量和 cps(每秒计数)信号,所以在超声风速仪中需要两个模拟输入。

为了帮助确定由于质子转移反应-四极质谱仪测量的取样管路所造成的时滞,M37 水簇信号可以被使用。由于水汽通量比挥发性有机化合物通量高几个数量级,垂直风速 w 与 M37 之间的协方差函数的峰值更加清晰。因此,可以先找到 M37 信号的协方差函数的峰值,然后在其周围的小窗口中找到一些其他峰值。然而,壁吸附效应会导致不同化合物的延滞时间不同,比如具有不同溶解度和极性的化合物(Ammann et al. 2006)。

为了减少用于确定时滞的传统最大协方差法可能引起的偏置效应(biasing effect),也可以使用协方差函数的平滑化来处理(Taipale et al. 2010)。在这种方法中,举例来说,通过五点滑动平均滤波器来平滑协方差函数,而延滞时间被确定为最大平滑函数所在的位置。由于平滑的协方差函数会低估通量,原始的未经平滑处理的协方差函数的值被用来确定平滑化函数在时滞点的通量值。

Spirig 等(2005)提议通过插值或插补以相对较低采样速率记录的痕量气体数据来匹配垂直风速数据的采样速率,从而减轻间断涡度协方差所产生的数据的处理负担。Spirig 等(2005)使用了邻近点插值,也使用了其他插值方法。然而,正如 Hörtnagl 等(2010)所指出的,这种方法会导致通量低估。

10.3.3 利用间断涡度协方差方法减少数据传输和储存的负担

正如在 20 世纪 80 年代的博尔德大气观测站(Boudler Atmospheric Observatory),间断涡度协方差也被用来缓解数据传输或储存上的负担(Kaimal and Gaynor 1983)。在这种应用中,使用具有快速响应仪器的传统涡度协方差方法来开展测量,但只有数据的子集被储存或传递。在大多数涡度协方差测量站点,数据储存通常不是一个限制因素,而在没有电线并且进入比较困难的偏远站点这可能成为一个重要因子。在这些站点,数据采集器如果不能在站点视察(site visit)之间储存所有的原始数据,那么当然可以决定只保存经过处理的通量值。然而,任何原始数据将不可能被重新处理。间断涡度协方差方法的另一个使用功能是储存数据,例如,只保存每个 10 Hz 测量的第十个数据,那么在每半小时内仍然有 1800 个数据点用于通量计算。通过这种方法,这种特殊的采集器所储存的数据相比传统涡度协方差数据能多出 10 倍的测量周期。间断涡度协方差的这个应用只适用于没有因为管路等原因而导致时滞的拥有同位传感器(colocated sensor)的系统,这是因为痕量气体和垂直风速测量之间的时滞通常不能通过离散数据确定和调整。因此,应该将开路式分析仪放置于超声风速仪附近,或更好的是放置于其下。

10.4 间断涡度协方差的频谱空间

任何非偏的涡度协方差通量测量都要解决所有时间尺度下近地层中物质湍流输送的大气运动和痕量气体浓度变化问题。垂直风速和痕量气体浓度的协谱和累积拱形曲线展示了多种尺度的贡献,这通过傅里叶转换得到(分别见第 1.5.1 节及第 4.1.3.3 节中有关协谱和累积拱形的介绍)。大多数通量被相对较大的涡旋携带,即低频的部分,但是较高频率的涡旋也作出了显著贡献。对于传统的涡度协方差系统和间断涡度协方差系统,其能够检测所有相关频率的通量贡献的能力受测量系统的响应时间 τ_R 限制。半功率频率 $f_c=1/(2\pi\tau_R)$ 以上频率的贡献大多数都丢失了(Kaimal and Finnigan 1994)。

然而,由于间断涡度协方差系统中采样频率 f_s 的降低,相应的协谱也被降低到了 Nyquist 频率 $f_N=f_s/2$。根据第10.2.3节中的定义,间断涡度协方差系统的 Nyquist 频率 f_N 要低于 f_c。然而,降低的间断涡度协方差协谱并不意味着 f_N 以上的频率(或 f_c 以下的频率)丢失了,而是它们被混叠(反映)到低于 f_N 的频率(Kaimal and Finnigan 1994),如图 10.4 所示。如累积拱形曲线中所能看到的,这

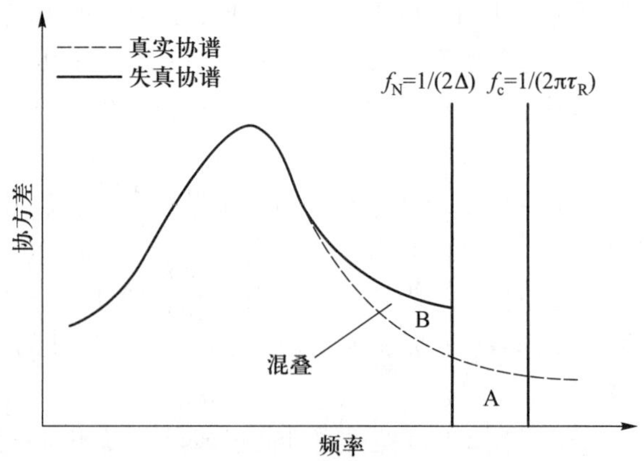

图 10.4 痕量气体通量的协谱示意图,其中该通量带有由 DES 导致的 Nyquist 频率 f_c 及由分析仪响应时间导致的半功率频率 f_0

种混叠谱的积分等同于从非离散时间序列所获得的全频谱的积分,因此没有偏移被引入通量中。图 10.5 显示了一个以 10 Hz 频率采样的时间序列以及同一个时间序列但以 6.4 s 采样间隔被二次采样的拱形曲线的例子。我们可以清楚地看到在协谱和累积拱形曲线中的混叠现象。由于混叠,高频累积拱形以及来自二次采样时间序列的累积拱形都达到同一数值。这是由于每个单独的浓度和风速测量仍然代表一个快速响应(0.1 s)值。间断涡度协方差协谱的一个缺点是混叠和非混叠的贡献不能轻易被分开。然而,在很多情况下,基于频谱或在低频范围的拱形相似性的高频衰减校正仍然可能(图 10.5)。

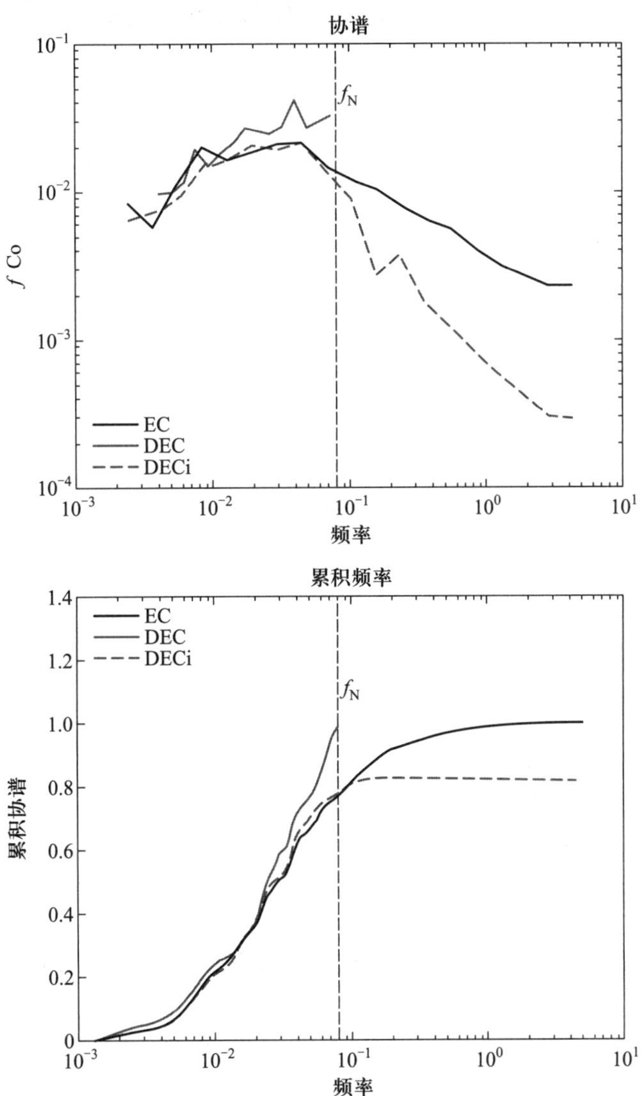

图 10.5 感热通量的协谱和分布。EC 表示传统的具有 10 Hz 采样速率的涡度协方差方法。DEC 是间断涡度协方差方法,通过模拟从完整 10 Hz 时间序列中按 6.4 s 间隔采样获得。DECi (imputed disjunct eddy covariance)是插补的间断涡度协方差方法,通过将 DEC 时间序列使用最近点插值补充到 10 Hz 而模拟获得。垂直虚线是用于 DEC 测量的 Nyquist 频率

Hörtnagl 等(2010)展示了由 Spirig 等(2005)提出的数据插补会导致通量低估。协谱以及它的累积拱形(图 10.5)表明,这是由于更高频率的(不必要的)有效丢失所造成。

w 和 c_s之间的潜在时滞被认为可能是间断涡度协方差采样间隔的一小部分(不是完整倍数)。因此必须使用完整的涡度协方差 w 时间序列(10 Hz)来确定。为了通过交叉协方差函数的 FFT 计算来确定一个有效的时滞,分离的浓度时间序列必须被扩大到一个完整的 10 Hz 时间序列(通过用 0 值填补空缺)。

10.5 间断涡度协方差的不确定性

从理论考量以及实验结果中都能得出结论:降低采样速率严重扭曲了频谱,但是并不会导致通量的系统误差。然而,这会增加另一种随机不确定性来源。这可以通过涡度协方差和间断涡度协方差通量之间的相关性随样本数目减少而降低来阐明(图 10.6)(Turnipseed et al. 2009)。

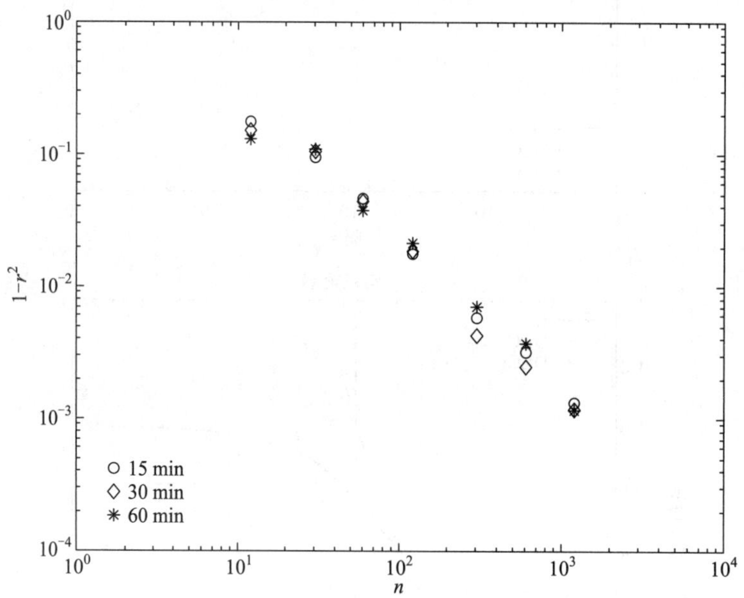

图 10.6 EC 和模拟 DEC 的感热通量之间的关系(为了方便,使用 $1-r^2$ 来作图),该关系表现为用于不同通量平均时间(15,30,60 min)的样本数(n)的函数。这些 10 Hz 数据是在科罗拉多州 Morgan 农村 4 d 内记录的(Warneke et al. 2002),覆盖了 91 h。模拟 DEC 通量是通过对完整时间序列采用合适时间间隔来二次采样而获得

Lenschow 等(1994)将间断涡度协方差方法测量通量的随机不确定性用公式表达为

$$\frac{\sigma_F^2}{\sigma_{w'c'}^2}\frac{T}{\tau_f}=\frac{\Delta}{\tau_f}\coth\left(\frac{\Delta}{2\tau_f}\right) \tag{10.4}$$

式中，σ_F^2是产生的通量误差方差，$\sigma_{w'c'}^2$是时间序列 $w'c'$乘积的方差，T 是通量平均时间，τ_f是$w'c'$的积分时间尺度。通过公式(10.4)可以计算出 σ_F，这代表通量不确定性的估算。当采样间隔 Δ 比积分时间尺度更短时，公式(10.4)可以简化为

$$\frac{\sigma_F^2}{\sigma_{w'c'}^2}=2\frac{\tau_f}{T} \tag{10.5}$$

这跟传统涡度协方差方法测量的通量是一样的，而且仅取决于积分时间尺度和通量平均周期的比率。

在相反的情况下，当采样间隔比积分时间尺度更长时，公式(10.4)简化为

$$\frac{\sigma_F^2}{\sigma_{w'c'}^2}=\frac{\Delta}{T} \tag{10.6}$$

对于上式，通过注释 $\Delta/T=1/n$ 所得出的结果与当考虑后续 $w'c'$时间序列记录在统计学上是独立的且将它们平均的统计学不确定性通过公式(10.7)编写表达时获得的结果是相同的(Rinne et al. 2008)：

$$\sigma_F=\frac{\sigma_{w'c'}}{\sqrt{n}} \tag{10.7}$$

因此，当采样间隔比 $w'c'$的积分时间尺度更长时，通过间断涡度协方差方法测量所得通量的误差与样本数量平方根的倒数呈比例关系。在这种情况下，由于通量的不确定性是独立于样本间隔的，那么对于一个给定的样本间隔，研究者可以通过增加通量平均周期来降低不确定性，而这会导致样本数目的增加。然而，在传统涡度协方差方法中，对平稳性的要求会对这个方法构成限制。在许多情况下，平均周期为 1 h 仍然是实际可行的。

积分时间尺度 τ_f是一个不能从离散时间序列中获得的参数。它可以通过假设与另一个标量存在相似性而估算，这也是连续高频测量存在的理由，比如 CO_2或水汽的例子。通常情况下，近地层的标量(痕量气体浓度)的积分时间尺度是长于相应垂直风速的，因此受 w 积分时间尺度的限制，而后者能被用来赋予一个较低的限制/代替值。w 的积分时间尺度与测量高度成比例，根据经验法则，可以假设 τ_w(单位：s)≈z(单位：m)。因此，特别是在低矮植被上的测量，样本间隔在大多数情况下要长于积分时间尺度，取样数量而非样本间隔是控制通量不确定性的参数。

$w'c'$的方差取决于 w 和 c 的变化。两者数量上的变化部分是由大气变率引起，部分是由仪器噪声引起。对于痕量气体通量的测量，气体分析仪的仪器噪声通常是影响通量不确定性的主要因子。在公式(10.7)中，如果只考虑仪器噪声对浓度测量的影响，那么 $\sigma_{w'c'}$可以被替代为

$$\sigma_{w'c'}^2=\sigma_w^2\cdot\sigma_{c,\mathrm{noise}}^2 \tag{10.8}$$

由于 w' 和 c'_{noise}的方差并不相关，这会导致：

$$\sigma_F=\frac{\sigma_w\sigma_{c,\mathrm{noise}}}{\sqrt{n}} \tag{10.9}$$

因此，通量的不确定性直接与由仪器噪声造成的浓度不确定性成比例关系。浓度测量的不确定性通常可以通过增加分析时间来减小。然而，由于浓度测量的不确定性通常跟测量时间的平方根成反比，因此增加浓度测量时间并不会导致通量值不确定性的减小。

一个基于协方差函数的用于计算涡度协方差测量不确定性的估算方法也适用于间断涡度协方差方法。在这种由 Wienhold 等(1994)提出的方法中，通量的不确定性是由协方差函数的方差决定的，这与它的峰值相差很远。

值得注意的是，只有在随机过程中，周期性采样可以被认为是统计上无偏的，如完全发育的湍流。在波动情形下，这种规律的二次采样可能会导致统计上的系统误差。因此，在高度稳定状况下，波状运动能够存在，那么使用具有规则采样间隔的间断涡度协方差方法是有问题的。

10.6 间断涡度协方差方法的历史

Duane Haugen(1978)首次讨论了采样速率降低对测得的湍流通量的影响。他指出，决定从非连续数据获得的湍流统计的不确定性的重要参数是样本大小，而非样本间隔。他同样注意到，当降低的采样速率由于混叠而严重扭曲频谱时，这并不会导致湍流统计上的系统误差。然而，与之后的研究相比，他对由湍流通量的间断涡度采样所导致的不确定性的等级估计是比较悲观的。

20 世纪 80 年代初，有人首次提议间断涡度协方差方法的实践应用，其目的是减轻位于科罗拉多州的博尔德大气观测站的数据储存和传输的负担(Kaimal and Gaynor 1983)。将间断涡度协方差方法应用于痕量气体通量测量是在 20 世纪 90 年代初由 Dabbert 等(1993)和 Lenschow 等(1994)首先提出的。Lenschow 等(1994)也提出了间断涡度协方差这一术语。在 20 世纪 90 年代末期，Rinne 等(2000)发展出使用定点采样器的间断涡度累积系统，并且建议在涡度协方差测量中使用类似的采样器。

间断涡度协方差方法用于痕量气体通量测量的首次实践应用是在 21 世纪的第一年实现的(Rinne et al. 2001; Karl et al. 2002; Warneke et al. 2002)。Rinne 等(2001)在科罗拉多州摩根县的一个紫花苜蓿地里测试了具有定点采样器的间断涡度协方差方法，并且用低响应的质子转移反应-四极质谱仪来测量挥发性有机化合物通量。他们同样建议使用质量扫描-间断涡度协方差方法，后来这一方法被 Karl 等(2002)应用于科罗拉多州的 Niwot Ridge 高山针叶林的挥发性有机化合物通量的测量。他们使用一个具有快速响应时间的质子传递反应-四极质谱仪的原型机作为分析仪。在 21 世纪的前 10 年(2001—2010 年)，使用快速响应的质子传递反应-四极质谱仪设备的质量扫描-间断涡度协方差方法已经是挥发性有机化学物的通量测量的选择方法之一，并且应用在森林、湿地和草地生态系统中。从根本上来说，质子传递反应-四极质谱仪是一个需要远离自然环境的实验室设备，并且整个测量系统的总电力消耗通常在 1 kW 左右，因此测量通常是在那些具有良好基础设施的站点中开展。

新的质子转移反应-飞行时间质谱仪(proton transfer reaction - time of flight mass spectrometer, PTR-ToFMS)的发展使得传统涡度协方差方法能够用于挥发性有机化合物通量的测量(Müller et al. 2010)，但目前这种仪器仍然比较昂贵，并且在野外条件下操作复杂。

致　　谢

感谢 Risto Taipale 绘制图 10.4。

参 考 文 献

Ammann C, Brunner A, Spirig C, Neftel A (2006) Technical note: water vapour concentration and flux measurements with PTR-MS. Atmos Chem Phys 6:4643-4651

Bosveld FC, Beljaars ACM (2001) The impact of sampling rate on eddy-covariance flux estimates. Agric For Meteorol 109:39-45

Dabberdt WF, Lenschow DH, Horst TW, Zimmerman PR, Oncley SP, Delany AC (1993) Atmosphere-surface exchange measurements. Science 260:1472-1481

Haugen DA (1978) Effects of sampling rates and averaging periods on meteorological measurements. In: Proceedings of the fourth symposium on meteorological observations and instrumentation, American Meteorological Society, Denver, CO, pp 15-18

Hörtnagl L, Clement R, Graus M, Hammerle A, Hansel A, Wohlfahrt G (2010) Dealing with disjunct concentration measurements in eddy covariance applications: a comparison of available approaches. Atmos Environ 44:2024-2032

Kaimal JC, Finnigan JJ (1994) Atmospheric boundary layer flows their structure and measurement. Oxford University Press, New York, p 289

Kaimal JC, Gaynor JE (1983) The boulder atmospheric observatory. J Clim Appl Meteorol 22:863-880

Karl T, Guenther A, Jordan A, Fall R, Lindinger W (2001) Eddy covariance measurement of biogenic oxygenated VOC emissions from hay harvesting. Atmos Environ 35:491-495

Karl TG, Spirig C, Rinne J, Stroud C, Prevost P, Greenberg J, Fall R, Guenther A (2002) Virtual disjunct eddy covariance measurements of organic trace compound fluxes from a subalpine forest using proton transfer reaction mass spectrometry. Atmos Chem Phys 2:279-291

Kristensen L, Mann J, Oncley SP, Wyngaard JC (1997) How close is close enough when measuring scalar fluxes with displaced sensors? J Atmos Ocean Technol 14:814-821

Langford B, Davison B, Nemitz E, Hewitt CN (2009) Mixing ratios and eddy covariance flux measurements of volatile organic compounds from an urban canopy (Manchester, UK). Atmos Chem Phys 9:1971-1987

Lenschow DH, Mann J, Kristensen L (1994) How long is long enough when measuring fluxes and other turbulence statistics? J Atmos Ocean Technol 11:661-673

Müller M, Graus M, Ruuskanen TM, Schnitzhofer R, Bamberger I, Kaser L, Titzmann T, Hörtnagl L, Wohlfahrt G, Karl T, Hansel A (2010) First eddy covariance flux measurements by PTR-TOF. Atmos Meas Tech 3:387-395

Rinne HJI, Delany AC, Greenberg JP, Guenther AB (2000) A True eddy accumulation system for trace gas fluxes using disjunct eddy sampling method. J Geophys Res 105:24791-24798

Rinne HJI, Guenther AB, Warneke C, de Gouw JA, Luxembourg SL (2001) Disjunct eddy covariance technique for trace gas flux measurements. Geophys Res Lett 28:3139–3142

Rinne J, Douffet T, Prigent Y, Durand P (2008) Field comparison of disjunct and conventional eddy covariance techniques for trace gas flux measurements. Environ Pollut 152:630–635

Spirig C, Neftel A, Ammann C, Dommen J, Grabmer W, Thielmann A, Schaub A, Beauchamp J, Wisthaler A, Hansel A (2005) Eddy covariance flux measurements of biogenic VOCs during ECHO 2003 using proton transfer reaction mass spectrometry. Atmos Chem Phys 5:465–481

Taipale R, Ruuskanen TM, Rinne J (2010) Lag time determination in DEC measurements with PTR-MS. Atmos Meas Tech 3:853–862

Turnipseed AA, Pressley SN, Karl T, Lamb B, Nemitz E, Allwine E, Cooper WA, Shertz S, Guenther AB (2009) The use of disjunct eddy sampling methods for the determination of ecosystem level fluxes of trace gases. Atmos Chem Phys 9:981–994

Warneke C, Luxembourg SL, de Gouw JA, Rinne HJI, Guenther AB, Fall R (2002) Disjunct eddy covariance measurements of oxygenated volatile organic compound fluxes from an alfalfa field before and after cutting. J Geophys Res 107(D8): 4067, 10.1029/2001JD000594

Wienhold FG, Frahm H, Harris GW (1994) Measurements of N_2O fluxes from fertilized grassland using a fast response tunable diode laser spectrometer. J Geophys Res 99(D8):16557–16568

第 11 章

森林生态系统涡度协方差通量测量

Bernard Longdoz, André Granier

11.1 引　　言

20 世纪 70 年代,有研究发现用通量-梯度关系来估算高大植被(如森林)之上的通量并不可行(Raupach 1979)。交换表面的粗糙度促进了湍流混合,从而降低了浓度梯度,使得莫宁-奥布霍夫相似理论无效(Lenshow 1995)。20 世纪 90 年代,涡度协方差方法得到发展,被证明是在这些高大生态系统之上量化 CO_2、潜热及感热交换的非常有前景的方法。当第一批涡度协方差测量网络得以实现(EuroFlux, Valentini et al. 2000; AmeriFlux, Running et al. 1999),它们包括了大部分的森林站点。这种历史性的森林占主导地位的另外的原因是森林较大比例的陆地覆盖面积(FAO 2005 报告)以及它们在较长期间内储存碳的潜力(Valentini 2003)。

森林生态系统的涡度协方差测量存在一些特别之处:① 通量计算的方法学,通量依赖性的选择及确定;② 需要辅助测量来正确解释 EC 数据;③ 生态系统管理所产生的干扰。在本章,我们将详细阐述这些特性。

B.Longdoz(✉) · A.Granier
INRA, UMR1137 Ecologie et Ecophysiologie Forestières, Centre de Nancy,
F-54280 Champenoux, France
e-mail: longdoz@nancy.inra.fr; agranier@nancy.inra.fr

M.Aubinet et al. (eds.), *Eddy Covariance: A Practical Guide to Measurement and Data Analysis*, Springer Atmospheric Sciences, DOI 10.1007/978-94-007-2351-1_11,

11.2 通量计算、选择及依赖性

11.2.1 高频损失校正

当使用闭路红外气体分析仪(IRGA)时(见第 2.4.2 节),气体浓度的高频波动会在管路传输过程中被减弱(见第 4.1.3.2 节)。这会引发协谱的高频部分损失,因此需要使用校正因子。原则上,这些损失的幅度与管路长度、气流速率、冠层之上的测量高度及冠层的粗糙度和风速相关(第 4.1.3.2 节)。

在高大森林中,由于闭路分析仪不能被安装在采样点附近,而只能安装在靠近塔基的遮蔽处,因此气体传输可能会非常长(大于 30 m)。一方面,这种配置使得人工开展校准操作变得十分便利,并且使所需的技术介入(technical intervention)变得更加舒适。另一方面,高频损失以及随之的校正因子可能会变得非常重要,而这会导致较大的不确定性。一个减少不确定性的方法是在管路中维持一个相对较大的气流速率。这会对电力提出更高要求,也会使泵的使用寿命缩短。在这种情况下,一般建议使用两个或更多的串联且比名义上电压更低的泵。当校准气体注射可以在地表完成或者由一个自动系统驱动时,建议在塔顶安装 IRGA 来减少高频损失以及校正因子的影响。

如前所述,高频损失取决于冠层粗糙度。因此,对于落叶林来说,校正因子在无叶和有叶期间会发生变化,因此有必要通过确定每个时期的校正因子来测试差异。同样,如果在测量活动期间,在森林顶部之上的涡度协方差系统高度被明显降低(由于明显的树木生长),涡度协方差系统所观测到的涡旋尺寸会更小,这会增强协谱的高频部分。因此,高频衰减的影响就变得更加重要。所以建议重新评估校正因子。另一个解决问题的方法是提升涡度协方差系统,但是这暗示需要一个新的足迹分析来保证所测得的通量仍然来自目标生态系统(见第 8 章)。

11.2.2 旋转方法

在森林中,涡度协方差系统由一个准稳态系统(quasi-systematically)的塔支撑,其包括了一个比杆更大的结构,这能被用于草地或农田(见第 2.2 节)。超声风速仪必须远离塔,使用一根长度相当于塔直径 2 或 3 倍的臂杆(见第 2.2.2.5 节),这可能会导致传感器的稳定性及水平性问题。此外,其他测量设备的存在可能会构成额外的障碍(其他传感器、辅助的塔元件等)。在这些条件下,风流线流中产生的畸变能产生显著的影响,那么有必要选择平面拟合分区方法(planar fit sector approach,第 3.2.4.3 节)作为旋转方法。

11.2.3 摩擦速率阈值

当湍流变弱,所研究的痕量气体的重要部分被储存在冠层空气中或通过平流转移出去(见第 5.1.3 节,Aubinet et al. 2005)。那么,涡度协方差系统可能会低估生态系统所交换的通量。垂直温度或浓度廓线的测量(见第 11.3.1 节)能用于校正涡度协方差数据的储存项,但是目前唯一一个用来克服平流问题的方法是应用 u^* 筛选(见第 5.3 节)。一些高密度的森林冠层降低了湍流的穿透性,同时与较大的内部气体空间一起,导致相对频繁且重要的储存及平流事件。因此,使用者应仔细确定垂直廓线(见第 11.3.1 节),同时用于数据筛选的摩擦速率阈值(u^*_{crit},见第 5.3.2 节)可能会较高,从而导致较大数目的剔除数据。这会在数据集中产生高达 50%的时间大空缺(Papale et al. 2006)。因此,数据空缺填补方法(第 6 章)的精确度对于正确确定较长时间周期(月、季节、年)上的汇总净交换至关重要。

11.2.4 基于足迹的选择

测量高度的选择应该是在降低高频损失的必要性(见第 4.1.3.2 节)与限定足迹的范围(见第 8.3.2 节)以使得所测通量主要来自目标生态系统的必要性之间的权衡。遗憾的是,在森林中,接近塔体的问题(平台、支撑臂杆的存在等)限制了系统高度选择的可能性,使得有些时候不适合放置仪器设备。那么,开展足迹研究(见第 8 章)就非常重要,这也是一个额外的用于数据筛选及选择的工具(Göckede et al. 2008)。当需要在接受的足迹中排除一些样地时,这个过程也是十分必要的,因为这些样地与周边的森林相比变得非常特殊。举例来说,这种情况会在当不同的人来执行疏伐(在国家森林中的不同样地调整)从而导致较大的空间异质性的时候发生。

11.3 辅助测量

一些涡度协方差通量的辅助测定对于获得净生态系统交换、将其在主要组成之间作划分并且解释它们是十分必要的。此外,当在森林中开展测量时,除了描述气候条件(辐射、气温、湿度等)、土壤排放(Kutsch 等(2010)对 CO_2 排放有详细的探讨)和反射指数(NDVI、PRI,见 Grace et al. 2007),辅助测量还有一些特别之处。

11.3.1 冠层气体浓度的垂直廓线

对一些气体如 CO_2来说,量化在冠层气体中的储存量很有必要,这能在湍流相对较低且生态系统较高时更好地估算半小时 NEE。这种情况在拥有高大树木及郁闭冠层的森林中比较常见(可以达到一半的时间,Longdoz et al. 2008),因为这会限制涡旋的穿透。储存量可通过冠层气体中气体量的连续估算值的差异以及垂直浓度廓线来计算(Xu et al. 1999)。这个廓线的采样位置不仅包括涡度协方差系统之下的自由空气,还包括土壤中的,这是因为 CO_2也能被储存在土壤孔隙气体中。在森林中,当树木较高时,高采样位置和低采样位置之间的距离必须比较大。由于气体浓度变化迅速,廓线的所有采样位置应该在较短时间内采样,以准确估算总冠层气体量。之后由一个大的泵来执行不同管路的快速清空,但是这会在气体分析仪中引发过大的压力下降以致不能准确测定浓度。因此,另外一个小泵应该从主管道吸取气体到分析仪。

当气体浓度有显著的时间动态时，应该测量土壤孔隙气体中的垂直廓线。在森林中，由于土壤中的混合过程更不活跃，导致浓度梯度更加陡峭，因此在土壤中的采样点数目（不同深度）要比自由大气中的更多。科学家们已经测试了用于测量梯度的不同方法（Risk et al. 2002; Tang et al. 2003; Jassal et al. 2005）。水平插入的且与气体分析仪通过闭合回路连接的多空管路（Gut et al. 1998）似乎提供了最好的结果（Flechard et al. 2007），与其他技术（注射器取样、将传感器埋在采样深度或位于在采样深度穿洞的垂直管中）相比，这种方法表现出更大的空间代表性、更短的响应时间及更便宜的优势。

11.3.2 叶面积指数

与农田相比，生长季期间森林叶面积指数（leaf area index, LAI）相对稳定，而这个指数的确定是分析通量年际变化所必需的。该指数的测定有不同的非破坏性的方法（辐射传输、LAI 尺及凋落物收集等；见 Bréda 2003），而每个方法都展现了优势及限制，它们的组合仍然是获得更准确且更具代表性的估算值的最好方法。可以使用固定或移动的传感器来测定辐射被冠层截留而产生的 LAI。一个传感器安置在冠层上方，而其他几个安装在冠层下方。很明显，这些数据应同时记录。传感器数量取决于冠层的空间异质性，但最少是 10 个（Widlowski 2000）。对于半球照片（hemispherical picture）的数目，可做出同样的建议。光学方法不需要经常到所研究的森林中去，但是特定的设备（LAI 尺、辐射传感器等）以及关于叶片角度分布的重要假设是必需的。这个分布能基于物种及树的密度通过多种方法来估算（Beta 分布函数、椭球函数、旋转椭球函数、Verhoef 算法、de Wit 函数；见 Wang et al. 2007）。关于凋落物收集方法，落在袋（可以吊着或者平放在土壤上，并且穿小孔以排水）中的叶片或针叶需要带回实验室确定面积（使用面积仪）及干物质量，需要经常收集以避免叶片或针叶在袋中降解以及在测量前它们面积及质量改变。这种方法比较耗时，因为需要经常到站点上去，同时需要使用叶面积仪来分析大量的叶片或针叶，但是这也提供了凋落物生产生物量的定量信息。

11.3.3 生物量估算

当已知生物量增加量及生物量的碳（或其他元素）含量时，它们能与涡度协方差净生态系统交换的验证及比较相关联（Granier et al. 2008）。在森林中，在中等的时间周期（典型为 1 年）上，当忽略土壤碳含量及木材碳密度的变化时，通过涡度协方差估算的碳封存量能被当作树木的年生物量增加量，而后者考虑了死亡率及输出（由于管理、疏伐或清伐所致）、整株树的时间演化及下层生物量的估算。树木的生物量通常是通过树木的胸径（diameter at breadth height, DBH）及树木高度的相对生长关系（van Laar and Akça 2007）来估算。不确定性主要源自地下部分生物量的估算，但是随着越来越多的根系被挖掘以达到这一目的（Peichl and Arain 2007），这会降低绝大部分被调查的树木种类的不确定性。源自 DBH 的树木生物量的估算需要在足迹范围内代表性的树木样本的 DBH 清单。这种选择包括足迹内不同土壤类型之上的不同直径级别及不同地位（优势、亚优势、中间及受抑制）的树木。因此，所选择树木的数目会非常大，人工测量 DBH 会相当耗时，这也解释了这种调查活动（季节到年）较少开展。此外，死亡率的估算也来自重要的野外调查活动,而输出的木材数量的准确性取决于森林管理者提供的信息(见第 11.4 节)。由于所有这些限制,只有相对较少的森林站点能够进行 NEE 与生物量增加量之间的比较(Granier et al. 2008)。举例来说,我们能在图 11.1 看到,在 Hesse 森林(法国东北部的三毛榉林)的生长季末期,通过涡度协方差数据估算的汇总 NEE 与通过人工测量树木生长所估算的生物量增加量之间表现出一个偏差。在生态系统从一个 CO_2 汇转换成源之前,树木的生长已经停止了几个星期。这种偏差可以由从结构性碳生产到碳储存(在糖、淀粉、氨基酸及脂质中)之间的转换来解释。

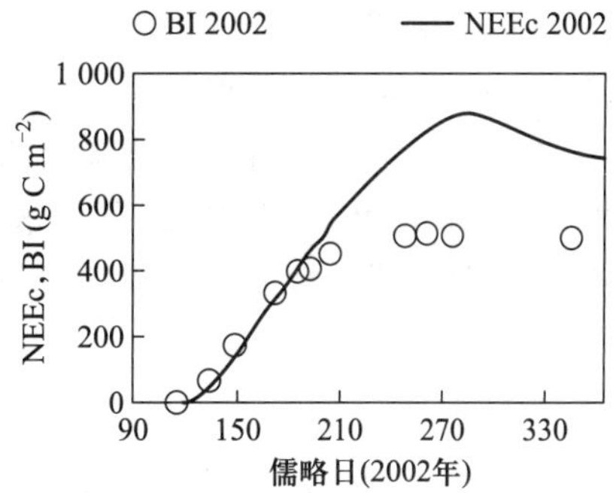

图 11.1 2002 年,从 EC 数据计算的累积净生态系统交换(NEEc,黑线)和从 Hesse 森林的连续胸径调查活动估算的碳生物量增量(BI,空心圆)的时间动态。NEE 的起点设在径向树木生长开始的时候(第 120 天)。

在更短的时间尺度(天,最大到季节)上,自动胸径带(automatic dendrometer band)提供了树木直径或周长的变化。考虑到技术及花费,使用者可以在一小部分树木上安装胸径带。因此,比较从胸径带测量估算的生物量增加与涡度协方差碳封存只是相对而言的,但是能够带来非常有趣的结果。图 11.2 展示了由于不同的环境条件(在 2003 年,Hesse 森林经历了一次异常的干旱),这种偏差发生在每年的不同日期。因此,在树木中储存的碳量的年际变化会影响来年的萌芽期(budburst date)、LAI 及生长。

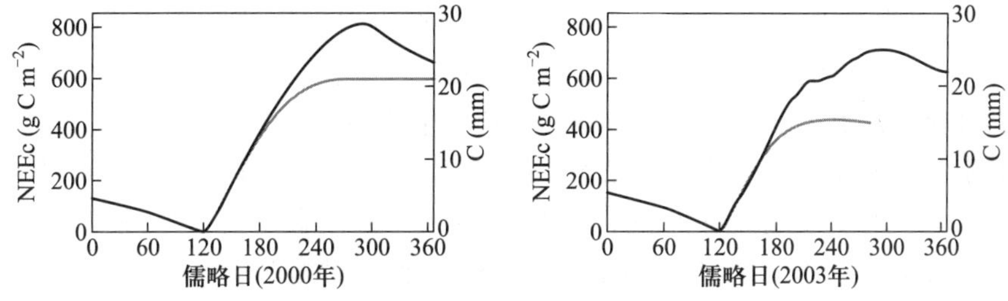

图 11.2 从 Hesse EC 数据计算的累积净生态系统交换(NEEc,黑线)和用植物生长测量带测量(直到稳定状态)的平均树胸围(C,灰线)的时间动态。NEE 的起点设在径向树木生长开始的时候(第 119 天)。

11.3.4 液流

在密闭森林中,树木蒸腾与土壤蒸发及下层蒸腾之间的偏差甚至能高达总水分释放的 25%,因此为了将两种通量区分开,树林尺度的液流测量需要能与涡度协方差测得的潜热通量相比较(Ganier et al. 1996)。树木蒸腾对应于在根系区损失的水分,它的确定对于完成土壤液压平衡十分必要。一个最常用的测量液流的方法已被开发,那就是热扩散方法(heat dissipation,又被称为“Granier 方法”)(Lu et al. 2004)。因此,大部分的液流数据都是关于森林的。

当目标是估算树林尺度(在足迹区)上的蒸腾,那么研究者对蒸腾通量上具有更大权重的树木开展液流测量可以获得最大的准确性。采样数量是覆盖年龄、直径、土壤组成、叶结构等异质性的必要性与可获得材料所施加的限制之间的一个权衡。在大部分时间,三种树木地位(优势、亚优势、劣势)会被考虑,基于这些地位,需要 3(用于劣势种)到 5(用于优势种)个液流传感器。林分的树干液流密度(E_{SF},m^3 水 m^{-2} 土壤 s^{-1})计算如下:

$$E_{SF} = \sum_i (u_{SF,i} \cdot A_{SF,i}) \tag{11.1}$$

式中,i 是树木级别,$u_{SF,i}$是树干液流密度(m^3 水 m^{-2} 边材 s^{-1}),$A_{SF,i}$是边材面积(m^2 边材 m^{-2} 土壤)。可以通过整合边材深度确定(来自对取样树干中树心的分析)及 DBH 测量来估算每个级别的 $A_{SF,i}$。

11.3.5 可提取土壤水、贯穿降水量及茎流

根区的土壤含水量(soil water content, SWC)是调节气孔开关的一个重要因子,因此对其进行了解有助于分析从 EC 数据推导的蒸发散及碳吸收(Granier et al. 2007)。SWC 经常被表示为相对含水量(relative water content, REW),在 0 和 1 之间变化,这对应于实际可提取土壤水 EW 与最大可提取土壤水 EW_{max}的比值。EW 和 EW_{max}分别是真实土壤含水量或田间持水量与永久萎蔫点(-1.6 MPa)之间的差值。在森林中,土壤水分及相应的 REW 的空间变异性非常大。这种变异部分是由与连续树叶间隙相关的贯穿降水量及在树干基部累积的茎流造成。在落叶林中,这能达到总降水的 30%(Andre et al. 2011),但一般在针叶林中更低(Levia and Frost 2003)。在样地水平上,土壤水分测量的实验设置需要被设计成能同时捕捉空间及时间变异。研究者可以使用埋在不同土壤深度的自动传感器(经常通过时间或频率域反射计所测量的土壤介电常数来推导 SWC;Prichard 2010)来监测时间变异。这些传感器响应快速,但是它们的安装需要在土壤中挖沟或挖洞,这会对土壤结构造成扰动(层混合、压缩、造成优先水流道)。不仅如此,传感器较小的采样体积(仅几十到几百立方厘米)限制了空间变异性的测量。在理想状况下,它们与可移动系统结合在一起,这种系统能被用来在很多位点的不同深度手动开展测量。这些系统用一个探针在插入土壤的不同垂直管道之间流转测量,从而能够在不直接接触土壤(存在管壁)的状况下测量 SWC。中子探测器(neutron probe)及有频率域反射计环的仪器棒是目前主要使用的系统(见 Prichard 2010)。

贯穿降水量及茎流的测量使得水分平衡数据库变得完整(包括总降水量和土壤水分含量)。贯穿降水量的测定通过布置在地表水平上的收集器完成。当聚焦到水平衡的短期(小时到天)成分时,那些收集器须与自动倾覆桶相连以便能够估算与总降水量之间的时滞。在降水量很小的情况下,贯穿降水量会相当小,因此这些倾覆桶应该在相对较低的水量(0.1 或 0.2 mm)就倾覆。有关需要多少收集器以覆盖空间异质性的问题类似于那个冠层截留的辐射的测量问题(见第 11.3.2 节),一般推荐最少 10 个。

茎流收集是通过卡在树干中的通道来实现的,而且当需要短期量化时,这些水被引导到一个带有自动倾覆桶的雨量筒中。在这种情况下以及为了克服桶过快被填满(导致没被计数的水分损失),桶的体积应该大于贯穿降水量。实际上,即使茎流比最少的三次降水还少,截留

的面积(用于茎流的冠层与用于贯穿降水量的收集器表面相比)却约大 10 倍。

11.3.6 热储存

生态系统热储存是涉及能量平衡闭合问题的通量之一(Franssena et al. 2010),有关这方面的认识在评价气候变化对土壤及植物温度的影响上十分关键。热量在土壤部位之间的传输可用土壤热通量板测得(Mayocchi and Bristow 1995)。另外,在森林中,储存在树木茎干及冠层中的热量也很重要。它的量化可通过在茎的不同深度、不同高度(树干的底部和顶部,主要分枝及次要分枝)、不同方位(考虑北方和南方的太阳照射变化)及不同地位(优势、亚优势及劣势)的树木中插入热电偶而实现。除了这个相对繁重的实验设计,另一个重点是木材比热的确定。由于木材的比热取决于物种,而且可能由于木材水分变化而在白天发生显著变化,这项测量能变得十分复杂(Čermák et al. 2007)。

11.4 生态系统管理及操作的影响

在受管理的森林中,树林结构可通过疏伐和清伐而变化。与森林管理者的良好合作对于收集输出的木材生物量及留在地面部分的量化信息十分必要。这个信息对于建立完整的生态系统碳平衡必不可少。不幸的是,有些时候很难在森林中获得这些信息,这是因为一些持有者可能共同享有表征足迹的土地,而且他们使用不同的方法选择可被砍伐的树木以及用不同的方法来执行疏伐。管理方式在足迹区中创造新的异质性(叶面积指数、生物量),这使得定期更新地图成为必要。在森林中,涡度协方差系统相当大的足迹面积使得任何生态系统操作(施肥、排水或加水、去根等)变得困难,这是因为任何生态系统操作需要在整个足迹上开展,以在涡度协方差数据上用一种明确的方式来分析它的影响。

参考文献

Andre F, Jonard M, Jonard F, Ponette Q (2011) Spatial and temporal patterns of throughfall volume in a deciduous mixed-species stand. J Hydrol 400(1-2):244-254

Aubinet M, Berbigier P, Bernhofer CH et al (2005) Comparing CO_2 storage and advection conditions at night at different CarboEuro flux sites. Bound Layer Meteorol 116:63-94

Bréda N (2003) Ground-based measurements of leaf area index: a review of methods, instruments and current controversies. J Exp Bot 54(392):2403-2417

Čermák J, Kučera J, Bauerle WL, Phillips N, Hinckley TM (2007) Tree water storage and its diurnal dynamics related to sap flow and changes in stem volume in old-growth Douglas-fir trees. Tree Physiol 27:181-198

FAO (2005) Chapter 2: Extent of forest resources. In: Global forest resources assessment 2005, progress towards sustainable forest management. FAO, Rome, pp 11-12

Flechard CR, Neftel A, Jocher M, Ammann C, Leifeld J, Fuhrer J (2007) Temporal changes in soil pore space CO_2

concentration and storage under permanent grassland. Agric For Meteorol 142:66-84

Franssena HJH, Stöcklid R, Lehner I, Rotenberg E, Senevirantne SI (2010) Energy balance closure of eddy-covariance data: a multisite analysis for European FLUXNET stations. Agric For Meteorol 150:1553-1567

Göckede M, Foken T, Aubinet M, Aurela M, Banza J, Bernhofer C, Bonnefond JM, Brunet Y, Carrara A, Clement R, Dellwik E, Elbers J, Eugster W, Fuhrer J, Granier A, Grunwald T, Heinesch B, Janssens IA, Kohnl A (2008) Quality control of CarboEurope flux data-part 1: coupling footprint analyses with flux data quality assessment to evaluate sites in forest ecosystems. Biogeosciences 5:433-450

Grace J, Nichol C, Disney M, Lewis P, Quaife T, Bowyer P (2007) Can we measure terrestrial photosynthesis from space directly, using spectral reflectance and fluorescence? Glob Chang Biol 13:1484-1497

Granier A, Biron P, Köstner B, Gay LW, Najjar G (1996) Comparison of xylem sap flow and water vapour flux at the stand level and derivation of the canopy conductance for Scots Pine. Theor Appl Climatol 53:115-122

Granier A, Breda N, Reichstein M, Janssens IA, Falge E, Ciais P, Grunwald T, Aubinet M, Berbigier P, Bernhofer C, Buchmann N, Facini O, Grassi G, Heinesch B, Ilvesniemi H, Keronen P, Knohl A, Kostner B, Lagergren F, Lindroth A, Longdoz B, Loustau D, Mateus J, Montagnani L, Nys C, Moors E, Papale D, Peiffer M, Pilegaard K, Pita G, Pumpanen J, Rambal S, Rebmann C, Rodrigues A, Seufert G, Tenhunen J, Vesala I, Wang Q (2007) Evidence for soil water control on carbon and water dynamics in European forests during the extremely dry year: 2003. Agric For Meteorol 143:123-145

Granier A, Breda N, Longdoz B, Gross P, Ngao J (2008) Ten years of fluxes and stand growth in a young beech forest at Hesse, North-eastern France. Ann For Sci 64:704-726

Gut A, Blatter A, Fahrni M, Lehmann BE, Neftel A, Staffelbach T (1998) A new membrane tube technique (METT) for continuous gas measurements in soils. Plant Soil 198:79-88

Jassal R, Black A, Novak M, Morgenstern K, Nesic Z, Gaumont-Guay D (2005) Relationship between soil CO_2 efflux concentrations and forest-floor CO_2 effluxes. Agric For Meteorol 130:176-192

Kutsch WL, Bahn M, Heinemeyer A (2010) Integrated methodology on soil carbon flux measurements. Cambridge University Press, Cambridge

Lenschow DH (1995) Micrometeorological techniques for measuring biosphere-atmosphere trace gas exchange. In: Matson PA, Harriss RC (eds) Biogenic trace gas: measuring emissions from soil and water. Blackwell, London, pp 126-163, Great-Britain

Levia DF Jr, Frost EE (2003) A review and evaluation of stemflow literature in the hydrologic and biogeochemical cycles of forested and agricultural ecosystems. J Hydrol 274:1-29

Longdoz B, Gross P, Granier A (2008) Multiple quality tests for analysing CO_2 fluxes in a beech temperate forest. Biogeosciences 5:719-729

Lu P, Urban L, Zhao P (2004) Granier's Thermal Dissipation Probe (TDP) method for measuring sap flow in trees: theory and practice. Acta Botanica Sin 46(6):631-646

Mayocchi CL, Bristow KL (1995) Soil surface heat flux: some general questions and comments on measurements. Agric For Meteorol 75:43-50

Papale D, Reichstein M, Aubinet M, Canfora E, Bernhofer C, Kutsch W, Longdoz B, Rambal S, Valentini R, Vesala T, Yakir D (2006) Towards a standardized processing of net ecosystem exchange measured with eddy covariance technique: algorithms and uncertainty estimation. Biogeosciences 3:571-583

Peichl M, Arain MA (2007) Allometry and partitioning of above and below ground tree biomass in an age-sequence of white pine forests. For Ecol Manag 253:68-80

Prichard TL (2010) Document. Soil moisture measurement technology. http://cecentralsierra.ucanr.org/files/96233.pdf

Raupach MR (1979) Anomalies in flux-gradient relationships over forests. Bound Layer Meteorol 16:467-486

Risk D, Kellman L, Beltrami H (2002) Carbon dioxide in soil profiles: production and temperature dependence. Geophys Res Lett 29(6):1029-2001

Running SW, Baldocchi DD, Turner D, Gower ST, Bakwin PS, Hibbard KA (1999) A global terrestrial monitoring network, scaling tower fluxes with ecosystem modelling and EOS satellite data. Remote Sens Environ 70:108-127

Tang JW, Baldocchi DD, Qi Y, Xu LK (2003) Assessing soil CO_2 efflux using continuous measurements of CO_2 profiles in soils with small solid-state sensors. Agric For Meteorol 118:207-220

Valentini R (2003) An integrated network for studying the long-term responses of biospheric exchanges of carbon, water and energy of European forests. Ecol Stud 163:1-8

Valentini R, Matteucci G, Dolman AJ et al (2000) Respiration as the main determinant of carbon balance in European forests. Nature 404:861-864

van Laar A, Akça A (2007) Tree volume tables and equation. In: Managing forest ecosystems, forest mensuration. Springer Edition, Dordrecht

Wang WM, Li ZL, Su HB (2007) Comparison of leaf angle distribution functions: effects on extinction coefficient and fraction of sunlit foliage. Agric For Meteorol 143(1-2):106-122

Widlowski JL (2010) On the bias of instantaneous FAPAR estimates in open-canopy forests. Agric For Meteorol 150: 1501-1522

Xu LK, Matista AA, Hsiao TC (1999) A technique for measuring CO_2 and water vapour profiles within and above plant canopies over short periods. Agric For Meteorol 94:1-12

第 12 章

农田生态系统涡度协方差通量测量

Christine Moureaux, Eric Ceschia, Nicola Arriga, Pierre Béziat, Werner Eugster, Werner L. Kutsch, Elizabeth Pattey

12.1 引 言

农田是生长季期间，在养分可利用性（施肥）、水分可利用性（干旱条件下合理灌溉）、竞争（单种群，其中杀虫剂和杀菌剂的应用排除了其他竞争者）和植物健康（杀虫剂减少昆虫取食）

C.Moureaux(✉)
Gembloux Agro-Bio Tech, University of Liege, Gembloux, Belgium
e-mail: christine.moureaux@ulg.ac.be

E.Ceschia · P. Béziat
Centre d'Etudes Spatiales de la BIOsphère (CESBIO), Toulouse, France
e-mail: Eric.ceschia@cesbio.cnes.fr

N.Arriga
DIBAF, University of Tuscia, Viterbo, Italy
e-mail: arriga@unitus.it

W.Eugster
Department of Agricultural and Food Sciences, Institute of Agricultural Sciences, ETH Zurich, Zurich, Switzerland
e-mail: werner.eugster@agrl.ethz.ch

W.L.Kutsch
Institute for Agricultural Climate Research, Johann Heinrich von Thünen Institute (vTI), Braunschweig, Germany
e-mail: werner.kutsch@vti.bund.de

E.Pattey
ECORC, Agriculture and Agri-Food Canada, Ottawa, Canada
e-mail: elizabeth.pattey@agr.gc.ca

M.Aubinet et al. (eds.), *Eddy Covariance: A Practical Guide to Measurement and Data Analysis*, Springer Atmospheric Sciences, DOI 10.1007/978-94-007-2351-1_12,

等接近最优条件下快速生长的人为管理下的生态系统。

农作物的播种和收获发生在几个月的时间跨度内，通常短于 1 年。在温暖气候下，特别是在亚热带和热带条件下，1 年可收获 2 季甚至 3 季农作物。

在非生长季，土壤可能裸露，或仅存农作物残留，也可能伴随农作物再生长或者野草的出现。除此之外，也可能播种休耕作物(fallow crop)。

因此，在 1 年之中，可以在同一地块的农田上观测到非常不同的、差异显著的状况：从裸地到农作物最大生长期。这意味着冠层高度、冠层结构、叶面积指数(LAI)和植被面积指数(Vegetation area index，VAI)的巨大变化。因此，在作物种植期间，湍流结构和反照率不断变化，在这些生态系统上可以观测到热通量和净 CO_2通量的巨大变化，包括 CO_2通量从吸收到释放过程的转换。

作物的另一个特征是其种植和收获时间取决于作物物种和田间气候条件。例如在欧洲和北美，冬季作物通常在 9—10 月播种(见 Eugster et al. 2010)，而春季作物则在 4—5 月种植(例如，春小麦、油菜籽、马铃薯、玉米和向日葵等)。因此，旺盛生长和具有高 CO_2吸收率的时期随作物种类不同而不同，如图 12.1 中比利时作物的 4 年轮作所示。作物生长季之间的时间间隔取决于作物的更替，可能会从几周到几个月。对单作作物而言，时间周期相对稳定，而对轮作作物来说，可能会发生变化。这在图 12.2 所示的比利时和德国的 4 年轮作中有所显述。在这两个站点，收获至下次播种之间的时间间隔从少于 1 个月(当春季作物收获之后播种冬小麦作物时)至 8~9 个月(当冬小麦收获之后播种春季作物时)。

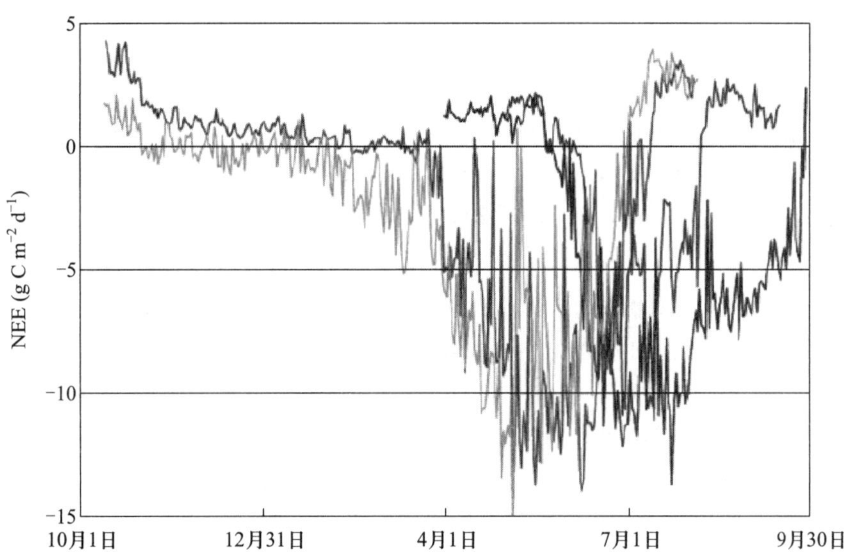

图 12.1 在比利时(Lonzée 站点)，4 种农作物从播种至收获期间的 NEE 的日变化。红色和橙色线条分别表示 2005 年和 2007 年的冬小麦。蓝线表示甜菜(2004)，绿线表示马铃薯(2006)(见书末彩插)

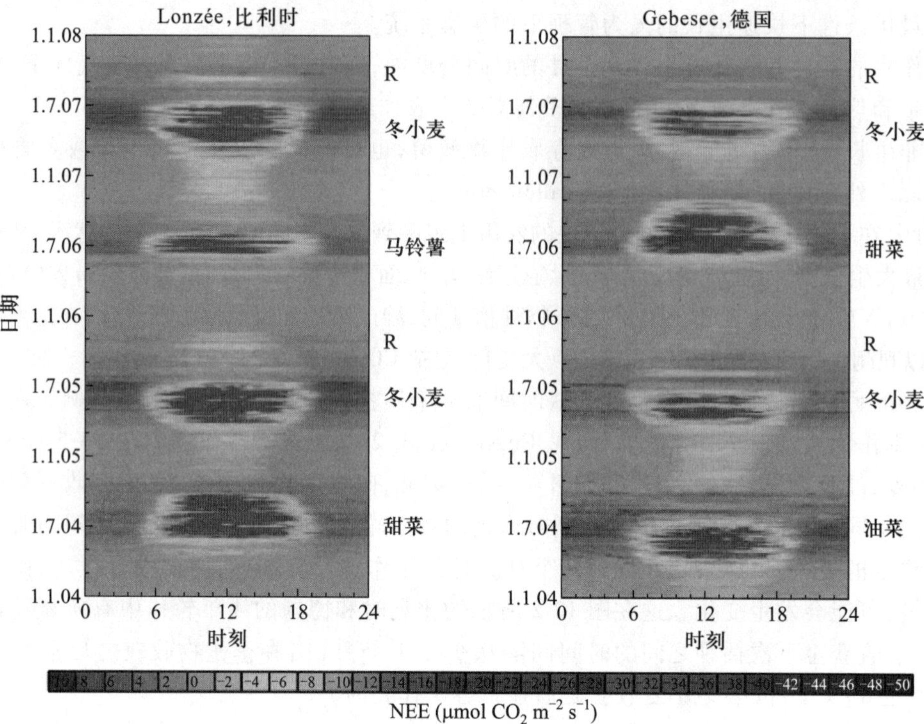

图 12.2 比利时(Lonzée 站点)和德国(Gebesee 站点)4 种农作物轮作的 NEE。R 表示植物再生长(见书末彩插)

播种至收获时期,生物量中累积的碳可达到高值,例如法国西南部玉米的茎秆生物量为 0.810±0.311 kg C m^{-2}(Béziat et al. 2009),而比利时冬小麦和甜菜的总生物量分别为 0.88±0.05 kg C m^{-2}及 1.01±0.09 kg C m^{-2}(Aubinet et al. 2009)。后两种作物的干生物量分别为 2.6 kg m^{-2}和 1.97 kg m^{-2}(Moureaux et al. 2006, 2008)。已报道的北美玉米茎秆的生物量范围为 1.7~2.5 kg DM m^{-2}(Pattey et al. 2001; Suyker et al. 2004, 2005)。

涡度协方差通量测量观测到了较高的作物日生态系统 CO_2净交换值。冬小麦净吸收值为 −9~−13 g C m^{-2} d^{-1}(Baldocchi 2003; Soegaard et al. 2003; Anthoni et al. 2004; Moureaux et al. 2008; Béziat et al. 2009)。在大豆(Hollinger et al. 2005)、油菜(Béziat et al. 2009)和甜菜(Moureaux et al. 2006)农田中也观测到了相近的吸收值。在北美的玉米田中,报道的最高吸收值可高达−18~−20 g C m^{-2} d^{-1}(Pattey et al. 2001; Hollinger et al. 2005; Verma et al. 2005)。

农田生态系统的另一个特征是伴有许多管理活动:耕地、种植、施肥、喷洒除草剂、杀菌剂、杀虫剂及最后使用脱叶剂、灌溉、收获等等。这些管理活动很大程度上受到所耕种的作物种类、气候条件及作物轮作的影响(例如在比利时,马铃薯作物之后的冬小麦作物种植一般采用少耕法)。除了这些管理活动对净生态系统交换的影响之外,机械作业也会释放 CO_2,从而会影响 CO_2浓度和通量测量。

总体来说,相对于森林或草地的冠层,农作物冠层具有更为均一的空间组成。它们通常位于平坦或者平缓起伏的地形上,并且被其他农田围绕,这减小了涡度协方差技术在“自然”生态系统中测定通量可能会遇到的部分潜在影响。

本章将讨论在耕作区域上开展的涡度协方差测量的特点,具体涉及农业生态系统的构建、测量、数据处理等方面,相关的更为一般性的介绍可见第 2—9 章。本章也探讨了用以解释作物生长期 CO_2 通量、比较不同作物、量化净生态系统碳平衡(net ecosystem carbon balance,NECB)以及评估管理实践影响所需的辅助测量。最后将讨论在样区内安置通量测量系统的最新进展,以用于比较和量化不同管理方式对碳通量和碳收支的影响。

12.2 测量系统

12.2.1 站点选择及与农场主的沟通

农田通量测量的挑战在于:① 管理实践和仪器之间的潜在干扰;② 作物的快速生长。代表性站点的选择在第 2 章中有详细讨论。除了在第 2 章中所提到的通用特性之外,站点研究者必须与土地所有者/生产方建立合作协议。这种正式或者非正式的协议应该包括以下几方面:① 关于测量站点位置的共同协议;② 对于下一次的管理活动,生产者和研究人员之间要及时沟通,并且在必要时保护/暂时拆卸仪器;③ 研究团队能够获悉有关管理实践的详细信息;④ 对破坏性植物取样的潜在补偿(见第 12.7 节)、用电通路等等。由于管理活动可能影响当时及之后的通量,所以需要将这些管理活动的信息记录在案。这个记录也可以由每 1 周或 2 周到站维护测量系统的研究人员来完成。

12.2.2 通量塔和气象站配置

第 2.2.2.1 节讨论了通量塔位置选择的一般标准,包括主风向、风区、站点均匀性等,这对于农业系统测量来说也非常重要,但还需要考虑一些其他方面。其中之一是塔架,会对农田拖拉机形成障碍。一种减少妨碍的方式是将通量塔和气象站建在农田边缘,这样既不影响农民劳作,同时仍然足够靠近农田,使得绝大部分的通量足迹仍在感兴趣的农田范围内。如果将通量塔建在田间,那么农民只能使用小型农机具了。

为了应对在集中管理的生态系统开展测量所带来的挑战,一些研究者采用了移动测量系统(图 12.3a)来代替永久性安装(图 12.3b—d)。永久性系统由固定围栏内支撑涡度协方差系统的支架及周边固定的气象传感器组成。在这种配置下,支架下的土壤不能被翻耕,围绕塔的区域要么不耕种,要么采取手工管理。因此,这种配置可使土壤传感器和仪器围栏保持永久性固定。另外,这种安装类型甚至在管理活动期间都可以保证连续测量,使得监测田间管理活动完成后生态系统的响应成为可能。但是,由于装备的支架区域并没有像农田的其余部分那样进行相同方式的耕种,使得这块区域不能代表农田的其余区域,并且造成如第 2.2.1.2 节所述的烟囱效应。在这个位置,土壤温度、湿度、热通量和净辐射均会产生偏差。因此,应尽量减小这样的区域面积,才能保证通量足迹尽量不受影响。对于至少是安装在翻耕深度之下的土壤传感器,只要电缆能从翻耕深度之下的某一深度导向到数据采集器上,那么就可以将其安装在

图 12.3 农田涡度协方差站点举例：(a) 移动式轻型塔，其中只有电源输出/电池盒（在黑色 PVC 管之上的白色箱子）是固定结构（CH-Oen2）；(c) 农田中间的固定塔，其中在围栏内的作物是按照类似围栏外作物的管理方式用手工管理的（FR-Lam）；(b)、(d) 来自西班牙水稻田的例子，表明对于受到季节性水淹的站点，需要做出特别的计划（照片分别由 Eugster(a)、Carrara(b)、(d) 及 Béziat(c) 提供）（见书末彩插）

受到管理的区域中，并将土壤传感器的线延长以安装到代表性区域。这同样也适用于其他线缆，包括电力供应和连接线，这些线缆应该埋在翻耕深度之下，但在排水深度之上，这是考虑到农田需要排水。

移动或流动测量系统常常是减少侵害的解决方案之一。涡度协方差系统和气象传感器可以固定在重量较轻的支架上（例如，三脚架或者有拉线的支架上），这些支架是在播种后再搭建在农田中。但是，深层土壤传感器应在播种之前提前安装好，这样就会不影响整个农田的耕种，并且对作物干扰更小。尽管如此，涡度协方差系统和气象传感器必须在收获或其他耕种活动之前移除，并且在耕种之后尽快重新安装。因此，通量测量会被中断，一些关键时期的测量也可能会缺失。此外，土壤传感器的安装会干扰土壤剖面。推荐先挖一个坑，将传感器插入坑的未受干扰的一侧。然后将坑回填，回填过程中要考虑土层水平面。土壤和传感器之间要求良好接触以确保高质量的测量值。可能需要几天时间才能获得代表性的土壤测量值，具体等待时间长短取决于土壤质地和降雨情况。

另外，也可以考虑使用混合配置，比如固定的涡度协方差支架和气象站，伴以安装在农田中的临时土壤和辐射传感器。

12.2.3 测量高度

再次强调,作物的快速生长,尤其是其不断变化的高度会影响测量高度的选择。通量仪器能离冠层多近?具体应当考虑以下几个方面:① 传感器的测量路径长度。路径上风速的线性平均会影响传感器对小尺度湍流的响应,尤其是在农田研究中,往往会遇到低测量高度(Pattey et al. 2006),这一点就尤为重要。例如,对于一个 0.1 m 的路径长度来说,在零平面位移高度(d)之上的 0.5 m 处,可以观测到垂直风速变异(σ_w)减少 5%,而在零平面位移高度之上的 2.5 m 处,垂直风速变异的减少不到 3%(Wamser et al. 1997)。② 取样频率。越靠近地面,取样频率应该越高(见第 1.5.4 节)。同样,对于协方差的确定,当高风速和低测量高度结合在一起时,会发生高频低估。当以 5 作为归一化频率的阈值($f_s(h_m-d)/u$;这里,f_s是取样频率,等于 10 Hz,h_m是测量高度,单位为 m,d 是位移高度,单位为 m,u 是水平风速,单位是 m s^{-1}),高频低估会在以下情形发生:在 h_m-d = 0.5 m, u > 1 m s^{-1}时;在 h_m-d = 1.0 m, u > 2 m s^{-1}时;在 h_m-d = 1.5 m ,u > 3 m s^{-1}时; 在 h_m-d = 2.0 m,u > 4.5 m s^{-1}时 (Pattey et al. 2006)。通过将涡度协方差传感器放置在惯性亚层(又叫做平衡边界层或者良好混合层),可以避免与粗糙亚层异质性相关的近场影响。惯性亚层的厚度随风区增加而增加,并且是冠层结构的函数(Munroe and Oke 1975)。对于一个 200 m 长的风区,惯性亚层的厚度为 2.4~3.4 m,并随玉米的冠层高度而变化,而对于 100 m 长的风区,惯性亚层厚度为 0.1~1.7 m,这表明在后一种情况下,这个风区对监测整个生长季的玉米地的通量来说太短了(Pattey et al. 2006)。惯性亚层的底端可近似为 1.66~2.16 h_c(其中 h_c是冠层高度)。

另外,在农田测量中应考虑尽量减小周边区域的混杂影响,因为有些区域的农田面积较小。但是,如果周边栽种着相同或者具有类似物候的作物,这种情况下将农田分成个别小块就成了一个现实问题而非植物生理学问题,那么则不需要过分考虑这个问题。像第 8 章及本章随后会讨论的,足迹面积与空气动力学位移有关,并且测量系统越靠近冠层,足迹面积就越小(第 8.3.2 节)。但是,为了获得能代表田间区域的通量测量值,传感器应该安装在惯性亚层范围内。

在一些站点,测量高度随作物高度可以调节,即建立可伸缩塔或者通过垂直移动安装在一个坚实支架上的装有仪器的水平杆。通过这种方式,使测量既可以保持在惯性亚层中,又使得足迹面积尽量小。

12.2.4 维护

干旱条件下,收获和土壤翻耕都能产生大量灰尘。当使用闭路系统时,这种灰尘会迅速阻塞气流入口与分析器之间的滤膜。另外,由于农田中的测量系统十分靠近土壤(一般小于 4 m),并且有些农田站点可能靠近居民区,污染也会同样快速阻塞这个滤膜,尤其是在冬天。由于这个原因,有必要持续注意滤膜(或监测气流)和及时更换过滤器。

同样,开路分析仪系统也会受灰尘落到光学窗口上的影响。在一些情况下,扬灰事件之后的降雨可能会清洗光学窗口,但在其他情况下需要手动清洁。

更复杂的是鸟和啮齿类动物。由于农田区域中鸟类捕食所需的自然物体(如篱笆、树)不多，尤其在集中管理的农田，鸟类常常会降落在景观内最高的物体上，这往往就是涡度协方差通量系统。在通量系统旁边竖一个比系统本身要高的 T 形杆会有助于解决这个问题，但在南部地区已有报道，需要制作更为精心的结构来阻止鸟类靠近科学设备。啮齿类动物也会出现在农田中，并且可能会啃食线缆或进入放置在农田中的仪器柜中，在电子组件上排便。所以应该用钢丝缠绕线缆，并且放置在仪器柜的所有可能入口。

12.3 通量计算

作物高度的动态变化会影响应用在原始数据平均值和二阶距上的坐标旋转。因此，对于在作物之上的测量，推荐使用半小时的 2 轴旋转（见第 3.2.4 节）。第一次旋转使坐标系统与平均风向对齐，第二次旋转将流线的倾斜考虑在内，产生为 0 的平均垂直风速。用于倾斜校正的平面拟合法（见第 3.2.4.3 节）并不适合于农田，这是因为其需要几周的测量值，并且在此期间设置条件保持不变，而作物测量很少满足这些前提条件。

12.4 通量校正

12.4.1 储存项

与森林生态系统（见第 2.5 节）相比，在类似农田的低矮生态系统中，储存项预计（F_C^{STO}，见公式（1.24b）和公式（1. 25b））较小，因此常在涡度协方差通量测量高度上的单点 CO_2浓度测量值基础上进行计算（Anthoni et al. 2004; Moureaux et al. 2006; Suyker et al. 2005; Verma et al. 2005; Wohlfahrt et al. 2005; Xu and Baldocchi 2004; Béziat et al. 2009）。有科学家比较了从单点法估算的储存项和从多点廓线法估算的储存项。Saito 等（2005）报道，在低湍流时期，相比六点廓线法，单点法估算的储存项有 22%的低估，而 Moureaux 等（2008）发现在湍流时期，单点法估算的储存量有 6%的高估，这说明在湍流条件下，单点法是可用的。无论何时讨论半小时 CO_2通量，都要将储存项考虑在内。

12.4.2 夜间通量数据筛选

在夜间低湍流情况下，基于湍流传输的微气象学技术往往会低估 CO_2通量。第 5.3 节中提出了一个筛选程序来将数据归类成有风及平静情形。提出的两个选择标准如下：一个基于摩擦风速（u^*），另一个基于垂直风速的标准差（σ_w）。Pattey 等（2002）发现 σ_w更有效，不受超声风速仪头端构造的影响。用于筛选的阈值取决于作物种类及作物是否存在（Moureaux et al. 2008; Béziat et al. 2009）。

正因如此，农田中的阈值要根据不同管理时期来重新计算，并且是播种及收获日期和重新生长事件的函数。甚至可以根据作物生长或土壤翻耕来将一年划分为不同阶段。然而，不同时间的长度要足够计算一个可信的阈值。Béziat 等(2009)定义了播种期、最大作物生长期、收获期及翻耕期之间的作物功能期,并计算了各个功能期的 u_{crit}^* 阈值。

12.5 数据空缺填补和足迹估算

与 u_{crit}^* 的确定类似,由于快速的作物生长和管理实践,农田生态系统的空缺填补(第 6 章)和足迹评估(第 8 章)需要注意与生态系统状态的快速、甚至急剧变化相关的方面。

12.6 累积碳交换

通常,涡度协方差测量的通量以 1 年时间为单位来整合及比较。但是,对于农田作物来说,日历年度并不合适。

为了比较不同作物的 CO_2 通量,整合期应该从播种开始,到收获或者下一次播种前结束。一些关于欧洲作物的综合分析中(Kutsch et al. 2010; Ceschia et al. 2010),选择的整合期从 10 月初到来年的 9 月末。这包括了春季和冬季作物的播种和收获。但是,按照这种方法,在收获之后发生的作物残留的碳降解(发生在秋季,冬季甚至春季)会被包括在下一季作物周期内,并且这个降解的影响会被归到下个作物中。对于春季作物,整合期的开始定在春季播种,结束定在下一次播种之前,这会将一开始的残留降解包括在内。

因此,计算作物轮作的累计碳通量或碳平衡的最佳方法是从播种到下一次作物轮作播种前整合为一个完整的作物轮作序列,这通常意味着整合范围并不与公历日期对齐,这样可以将作物序列、管理实践的影响、收获和播种之间的时期考虑在内。在北美的 2 年轮作(玉米/土地)(Hollinger et al. 2005; Suyker et al. 2004, 2005; Verma et al. 2005)、比利时的 4 年轮作(Aubinet et al. 2009)以及整合欧洲不同农田站点的 6 次完整作物轮作(Kutsch et al. 2010)都使用了这种方法。

12.7 其 他 测 量

对辅助测量的需求取决于研究目标的设置。但是,播种期、收获期、耕耘期、作物密度、LAI 和生物量分配动态等信息对于理解通量有着重要价值。这可能需要在通量足迹内充分取样。由于 LAI 影响光合辐射截留、潜热和感热通量,在空间和时间上测量 LAI 就十分重要。近来,除了传统方法,数码彩色摄像技术也被用于农田 LAI 的测量(Liu and Pattey 2010),这种方法受光线条件的限制较小,并且测量标准能被轻易地贯彻于大范围采样中。为了对作物进行比较,生产的生物量是关键因素。在碳平衡评价的框架中,无论是为了计算净生态系统碳平衡(NECB),还是计算净生物群系生产力(net biome productivity, NBP),都必须知道输入和输出的生物量值。

为了得到可靠的干物质估算值及相关的不确定性,建议在农田的代表性区域内采集一些样本。为了密切关注植被动态,可以根据作物动态每 1 周或者 2 周取样。各器官的生物量可通过将样品分成种子/果实、绿的和枯的茎以及叶来估算。根生物量很难测量,并且具有很多不确定性,因此通常不进行常规测量。

农民通过对载有作物输出部分(即谷物)的一部分货车进行计重,得出所收获生物量的估算值,但这可能不精确。一个替代方法是在收获前,破坏性地取样测量输出干物质(如谷物,茎秆)。另一种方法是估算收获之前总生物量和之后的作物残留量,然后二者相减。最后,只要装在联合收割机甲板上的产量监测计经过校准,那么也可以使用。它们的优势在于提供产量地图。

任何情况下,都要注意尽量减少生物量采样上的不确定性,这是因为生物量估算上的不确定性可能要比其他通量测量的不确定性要大得多(Béziat et al. 2009)。在使用有机肥的情况下,为了获得可信的碳输入估算,在有机肥应用期间应该在农田放置几个已知面积的取样桶以测量样本的碳含量。

12.8 未来实验展望

农业管理实践预计会影响碳通量和碳收支。在碳减排机会的框架下,有必要评估这些措施对碳通量和碳收支的影响。一个可行的比较农田实践的方法是将农田区域分割为多个不同管理方式的亚区,并且使用几套涡度协方差系统(如 Pattey et al. 2006;Davis et al. 2010)。当测量"代表性数据"时,为了减少标量通量的源面积,应当把测量系统放置在惯性亚层的底部。如果安装在粗糙亚层,那么通量测量会检测到周边农田的贡献,而非更大区域的平均贡献。另外,还会存在第 12.3 节中讨论的限制涡度协方差测量高度-冠层顶部间最小距离的技术和理论问题。使用较小尺寸传感器和更高采样频率的仪器可以降低对测量高度的要求。

自然界痕量气体的释放研究和不同技术测量的比较实验应该能够提供数据来说明如何更好地进行小尺度通量观测以及小尺度测量最明显的缺陷是什么。利用不同高度的多层涡度协方差系统来量化作物通量,有助于农业气象学家找到粗糙亚层测量的合适经验校正。这类实验还有助于足迹模型分析,例如对那些大的涡度模拟,需要足够小尺度的湍流动态参数的研究以更好地预测标量浓度和通量的源面积。

致 谢

CM 感谢 EU(FP6)、比利时科学研究基金(FNRS-FRS)及 the Communauté française de Belgique(Action de Recherche Concertée)的资助。

参考文献

Anthoni PM, Freibauer A, Kolle O, Schulze ED (2004) Winter wheat carbon exchange in Thuringia, Germany. Agric For Meteorol 121:55-67

Aubinet M, Moureaux C, Bodson B, Dufranne D, Heinesch B, Suleau M, Vancutsem F, Vilret A (2009) Carbon sequestration by a crop over a 4-year sugar beet/winter wheat/seed potato/winter wheat rotation cycle. Agric For Meteorol 149:407-418

Baldocchi DD (2003) Assessing the eddy covariance technique for evaluating carbon dioxide exchange rates of ecosystems: past, present and future. Glob Chang Biol 9:479-492

Béziat P, Ceschia E, Dedieu G (2009) Carbon balance of a three crop succession over two cropland sites in South West France. Agric For Meteorol 149:1628-1645

Ceschia E, Béziat P, Dejoux JF, Aubinet M, Bernhofer C, Bodson B, Buchmann N, Carrara A, Cellier P, Di Tomasi P, Elbers JA, Eugster W, Grünwald T, Jacob CMJ, Jans WWP, Jones M, Kutsch W, Lanigan G, Magliulo E, Marloie O, Moors EJ, Moureaux C, Olioso A, Osborne B, Sanz MJ, Saunders M, Smith P, Soegaard H, Wattenbach M (2010) Management effects on net ecosystem carbon and GHG budgets at European crop sites. Agric Ecosyst Environ 139:363-383

Davis PA, Clifton BJ, Saunders M, Lanigan G, Wright E, Fortune T, Burke J, Connolly J, Jones MB, Osborne B (2010) Assessing the effects of agricultural management practices on carbon fluxes: spatial variation and the need for replicated estimates of net ecosystem exchange. Agric For Meteorol 150:564-574

Eugster W, Moffat A, Ceschia E, Aubinet M, Ammann C, Osborne B, Davis PA, Smith P, Jacobs C, Moors E, Dantec VL, Béziat P, Saunders M, Jans W, Grünwald T, Rebmann C, Kutsch W, Czerný R, Janouš D, Moureaux C, Dufranne D, Carrara A, Magliulo V, Tommasi PD, Olesen JE, Schelde K, Olioso A, Bernhofer C, Cellier P, Larmanou E, Loubet B, Wattenbach M, Marloie O, Sanz MJ, Soegaard H, Buchmann N (2010) Management effects on European cropland respiration. Agric Ecosyst Environ 139:346-362

Hollinger SE, Bernacchi CJ, Meyers TP (2005) Carbon budget of mature no-till ecosystem in north central region of the United States. Agric For Meteorol 130:59-69

Kutsch WL, Aubinet M, Buchmann N, Smith P, Osborne B, Eugster W, Wattenbach M, Schulze ED, Tomelleri E, Ceschia E, Bernhofer C, Béziat P, Carrara A, Di Tommasi P, Grünwald T, Jones MB, Magliulo V, Marloie O, Olioso A, Sanz MJ, Saunders M, Soegaard H, Ziegler W (2010) The net biome production of full crop rotations in Europe. Agric Ecosyst Environ 139:336-345

Liu J, Pattey E (2010) Measuring agricultural crop canopy structural descriptors using digital photography. Agric For Meteorol 150: 1485-1490 (GreenCropTracker software to process the color photos can be downloaded for free from Flintbox www.flintbox.com)

Moureaux C, Debacq A, Bodson B, Heinesch B, Aubinet M (2006) Annual net ecosystem carbon exchange by a sugar beet crop. Agric For Meteorol 139:25-39

Moureaux C, Debacq A, Hoyaux J, Suleau M, Tourneur D, Vancutsem F, Bodson B, Aubinet M (2008) Carbon balance assessment of a Belgian winter wheat crop (*Triticum aestivum* L.). Glob Chang Biol 14:1353-1366

Munro DS, Oke TR (1975) Aerodynamic boundary-layer adjustment over a crop in neutral stability. Bound Layer Meteorol 9:53-61

Pattey E, Edwards G, Strachan IB, Desjardins RL, Kaharabata S, Wagner RC (2006) Towards standards for measuring greenhouse gas flux from agricultural fields using instrumented towers. Can J Soil Sci 86:373-400

Pattey E, Strachan IB, Boisvert JB, Desjardins RL, McLaughlin NB (2001) Detecting effects of nitrogen rate and weather on corn growth using meteorological and hyperspectral reflectance measurements. Agric For Meteorol 108:85-99

Pattey E, Strachan IB, Desjardins RL, Massheder J (2002) Measuring nighttime CO_2 flux over terrestrial ecosystems using eddy covariance and nocturnal boundary layer methods. Agric For Meteorol 113(1-4):145-153

Saito M, Miyata A, Nagai H, Yamada T (2005) Seasonal variation of carbon dioxide exchange in rice paddy field in Japan. Agric For Meteorol 135:93-109

Soegaard H, Jensen NO, Boegh E, Hasager CB, Schelde K, Thomsen A (2003) Carbon dioxide exchange over agricultural landscape using eddy correlation and footprint modelling. Agric For Meteorol 114:153-173

Suyker AE, Verma SB, Burba GG, Arkebauer TJ, Walters DT, Hubbard KG (2004) Growing season carbon dioxide exchange in irrigated and rainfed maize. Agric For Meteorol 124:1-13

Suyker AE, Verma SB, Burba GG, Arkebauer TJ (2005) Gross primary production and ecosystem respiration of irrigated maize and irrigated soybean during a growing season. Agric For Meteorol 131:180-190

Verma SB, Dobermann A, Cassman KG, Walters DT, Knops JM, Arkebauer TJ, Suyker AE, Burba GG, Amos B, Yang H (2005) Annual carbon dioxide exchange in irrigated and rainfed maize-based agroecosystems. Agric For Meteorol 131:77-96

Wamser C, Peters G, Lykossov VN (1997) The frequency response of sonic anemometers. Bound Layer Meteorol 84:231-246

Wohlfahrt G, Anfang C, Bahn M, Haslwanter A, Newesely C, Schmitt M, Drosler M, Pfadenhauer J, Cernusca A (2005) Quantifying nighttime ecosystem respiration of a meadow using eddy covariance, chambers and modelling. Agric For Meteorol 128:141-162

Xu L, Baldocchi DD (2004) Seasonal variation in carbon dioxide exchange over a Mediterranean annual grassland in California. Agric For Meteorol 123:79-96

第 13 章

草地生态系统涡度协方差通量测量

Georg Wohlfahrt, Katja Klumpp, Jean-François Soussana

在本章，我们首先概述草地涡度协方差通量测量的历史回顾，总结草地通量测量的某些特点，并且详细阐述在估测草地生态系统净碳平衡时需要量化的其他指标，最后讨论目前面临的与人工管理草地的 N_2O 及 CH_4 通量测量相关的一些挑战。

13.1 草地涡度协方差通量测量的历史回顾

1950 年，Swinbank(1951)首次使用涡度协方差方法在草地上开展了潜热/感热通量的测量。那时及随后的几年内，涡度协方差方法的实验评估集中于理解表层湍流属性以及解决已有仪器带来的技术性挑战。20 世纪 80 年代中期，超声风速仪及标量传感器技术的发展促进了涡度协方差方法的应用，而当时的科研兴趣已经是确定草地生态系统的潜热/感热及痕量气体如氧化亚氮、臭氧和 CO_2 的源/汇强度(Delany et al. 1986; Kim and Verma 1990; Verma et al. 1989; Zeller et al. 1989)。但是这些研究通常局限于几个月之内的观测，直到 1996 年，才出现了首个基于涡度协方差技术的草地全年 CO_2 和能量通量的测量(Meyers 2001; Suyker and Verma 2001)。在 FLUXNET 项目的早期，大部分站点分布在森林生态系统中(在 Baldocchi 等

G.Wohlfahrt(✉)
Institute of Ecology, University of Innsbruck, Innsbruck, Austria
e-mail: Georg.Wohlfahrt@uibk.ac.at

K.Klumpp · J.-F.Soussana
INRA, Grassland Ecosystem Research (UREP), Clermont-Ferrand, France
e-mail: katja.klumpp@clermont.inra.fr; Jean-Francois.Soussana@clermont.inra.fr

M.Aubinet et al. (eds.), *Eddy Covariance: A Practical Guide to Measurement and Data Analysis*, Springer Atmospheric Sciences, DOI 10. 1007/978-94-007-2351-1_13,

(2001)所列的34个站点中,只有3个分布在非森林生态系统中)。这种情况直到21世纪初才发生明显改观,当时欧盟启动了两个专注于草地生态系统的项目:CarboMont(Cernusca et al. 2008)和GreenGrass(Soussana et al. 2007)。同时期,在北美的大草原区域(例如Flanagan et al. 2002; Hunt et al. 2004)及中亚的几个站点(例如Kato et al. 2004; Li et al. 2005)也开始了涡度协方差通量测量。到现在,FLUXNET内草地通量塔的相对比例已接近草地占全球陆地面积的比例(http://www.fluxdata.ornl.gov)。

13.2 草地涡度协方差通量测量的特性

接下来,我们会识别及举例说明草地生态系统涡度协方差通量测量所特有的问题,以作为前述章节的补充。

对比森林和草地的涡度协方差通量测量,或者更为普遍一点,对比高冠层和类似农田及湿地的低冠层之间,测量的主要差异在于草地上的通量测量更接近地表。因此草地测量存在这样一个优势,即相比于涡度所测通量,储存通量通常相对较小(见第1.4.2节的公式(1.24)),并且量化储存通量中的任何误差在数值上对推导的净生态系统CO_2交换(NEE)影响相对较小。举例来说,在3 m的测量高度及常用的30 min平均情况下,1 ppm的CO_2摩尔分数变化仅可转变为0.07 μmol CO_2 m^{-2} s^{-1}的储藏通量(20 ℃,101.3 kPa空气条件下)。在Neustift草地站点(奥地利)(Wohlfahrt et al. 2008a),长期储存通量(不考虑正负)为0.03 ± 0.04 μmol CO_2 m^{-2} s^{-1},比相应的夜间(6 μmol CO_2 m^{-2} s^{-1})和中午(−10 μmol CO_2 m^{-2} s^{-1})NEE小2个数量级。然而,与森林站点相比,草地站点较低的测量高度使得协谱向更高频率转移(见第1.5.4节和第4.1.3节)。反过来,这意味着一定程度上存在与任何涡度协方差系统都相关的低通和高通滤波所导致的通量损失(第4.1.3.2节)以及排除这种偏差所需的校正(Massman 2000)。因此,草地站点的频率响应校正值高于森林站点(图13.1),尤其是在高风速和/或稳定分层情况下(这时协谱表现为更大的高频组成)(Kaimal and Finnigan 1994)。而在极低风速条件下,典型的草地和森林的频率响应校正因子之间的差异变小甚至逆转,这时由于森林中协谱的低频组成更大,与块平均及任何去倾操作相关的高通滤波都会导致森林的通量损失相对较大(图13.1)。

在人工管理的草地开展涡度协方差通量测量的一个主要挑战是,由于不同土地利用方式的存在(例如草地和农田的混合)、不同管理强度(例如放牧动物的数量、刈割频率、施肥类型和数量)、管理活动的时间异步性(例如,发生在不同日期的刈割事件)以及复杂地形的景观,通量足迹常常呈现异质性。在这些情形下,需要仔细选择站点,并充分考虑地表异质性。作为涡度协方差方法的替代,基于气室的测量可能是复杂地形中矮小植物生态系统NEE测量的合适方法(Risch and Dougas 2005; Li et al. 2005; Schmitt et al. 2010)。

足迹模型(见第8章)可以用于判断在任何给定测量高度和大气条件下可能的源面积范围(Schmid 2002)。具体例子见图13.2,展示了Neustift研究站点(奥地利)的NEE,分别是白

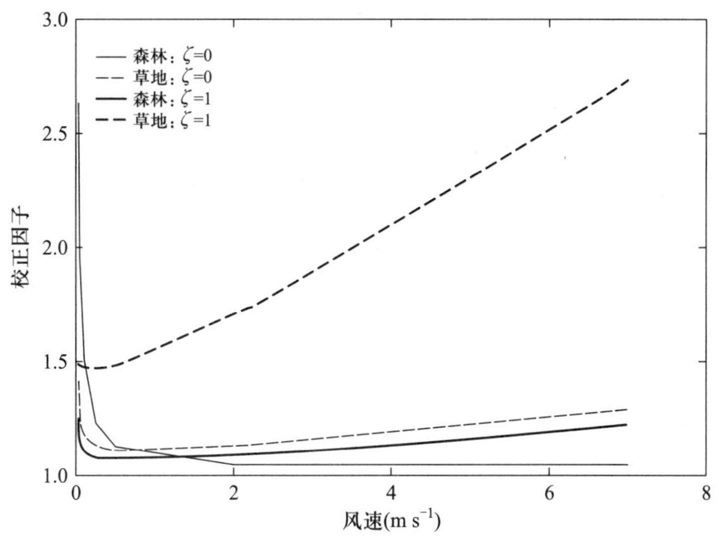

图 13.1　对于假设的森林（测量高度为 30 m，零平面位移高度为 14 m）和草地（测量高度为 3 m，零平面位移高度为 0.7 m）站点，在近中性（$\zeta=0$）和稳定条件（$\zeta=1$）下，频率响应校正因子是水平风速的函数。按 30 min 平均时间（不去倾）以及水平分离距离为 0.2 m 的超声风速仪（时间响应可忽略，测量路径长度为 0.15 m）和开路系统（响应时间 0.1 s，测量路径长度为 0.15 m）的组合，并且假定使用基于 Kaimal 和 Finnigan（1994）的协谱参考模型来计算

天源面积的前 100 m 区域割草之后经过 11 天再生长①情形下的 NEE 以及 100 m 之外的上风向割草之后经过 3 周再生长情形下②的 NEE。在这两个区域同时使用透明气室法进行了 NEE 测量（Wohlfahrt et al. 2005）。源面积加权的气室通量（图 13.2）和涡度协方差方法测得的 NEE 有很好的一致性（从线性回归的斜率和 y 轴截距判断，没有表现出显著差异），证明了 Hsieh 等（2000）足迹模型的有效性。在早晨，与只表现出相对中等的净 CO_2 吸收的老生的草相比，涡度协方差塔测得的通量绝大部分由新生的草所贡献（超过 95% 的通量来源于新生的草）。然而，随着白天时间的推移，这种贡献逐渐减少（降到 41%）；因为老生的草 NEE 也降低，模拟和测量的 CO_2 通量变化相对较小。这个例子显示了在管理所导致的足迹异质性情况下，足迹分析在处理草地涡度协方差数据方面的意义。然而，除了非常简单的情况（如 Marcolla and Cescatti 2005）和/或如果可获得如图 13.2 所示的辅助测量，我们很难基于足迹模型来划分通量。当然，足迹模型可被用于指导站点选择和塔的设置，以最大限度地获取来自感兴趣的草地区域的数据，并可作为一种后处理质量控制条件（Novick et al. 2004）来排除被足迹异质性所混淆的通量测量数据。

① 新生的草。——译者注
② 老生的草。——译者注

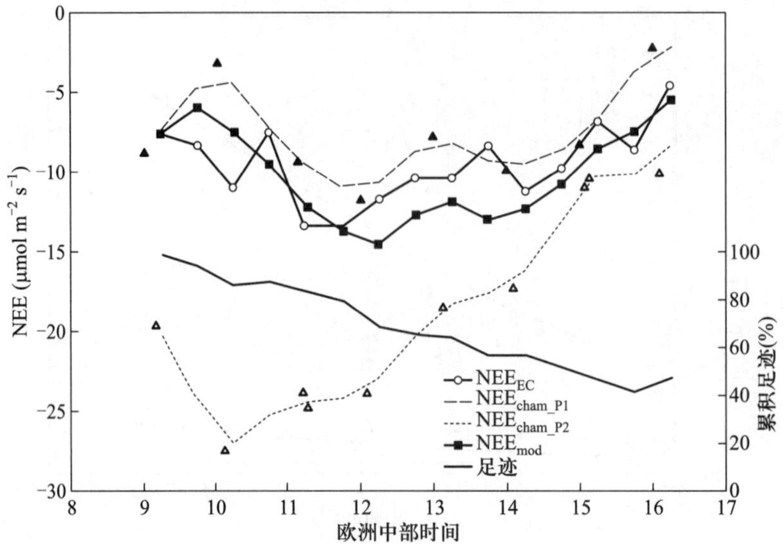

图 13.2　描述了在一个涡度协方差塔的足迹内存在双峰分布的 CO_2 汇对测得的净生态系统 CO_2 交换（NEE_{EC}）的影响。在塔上风向区域（Plot 1）为测量前 11 天做的割草处理，而在上风向相邻 Plot1 的区域（Plot 2）为 3 周前做的割草处理。采用 Wohlfahrt 等（2005）的透明气室法对两个小区的 NEE 进行测量的比较（NEE_{cham_P1}，NEE_{cham_P2}）。基于 Hsieh 等（2000）的足迹模型，涡度协方差通量塔的 NEE 预测值（NEE_{mod}）可以通过计算由气室测得的 NEE 的源面积加权平均而获得。数据来源为 Wohlfahrt G 和 Drösler M 在奥地利 Neustift 站点的未发表数据

草地通量塔较低的测量高度以及相对较小的足迹使得草地研究站点具有在田间尺度上易于操作的优势。通过采用处理和对照足迹，我们可以设计因子实验（factorial experiment），这将涡度协方差方法的优势（即在近乎连续空间上整合的通量监测）和经典生态学因子实验所提供的因果分析的解释力结合在一起。在同样的仪器、土地利用历史和近乎一致的环境条件下，系统不确定性会降到最低（Ammann et al. 2007），处理效应可以被准确测定。到目前为止，此类实验仅限于在管理变化的情况下开展（Allard et al. 2007; Ammann et al. 2007）；而且，对环境因子的处理（例如，增加降水）也有可能实现。事实上，在我们期待不久的将来这个方向有重要的新进展。

草地，尤其是人工管理的草地的另一个问题是放牧/刈割后草地的快速生长或再生长，这表现为 NEE 和能量通量的快速变化（Hammerle et al. 2008; Wohlfahrt et al. 2008a）。作为 FLUXNET 数据处理中的一个标准步骤（也见第 6 章），在对涡度协方差时间序列中不可避免的空缺进行插补时（Falge et al. 2001）需要将这些快速变化考虑在内（Ammann et al. 2007）。因此，需要在时间窗口的长度（应尽可能短，以捕捉通量的动态行为）和空缺填补所基于的数据量（应尽可能大，以获得统计显著性）之间取得权衡（详见第 6.3.2.1 节）。

13.3 从通量测量估算草地碳封存

一种直接测量草地碳(C)储存变化的替代方法(Conant et al. 2001)是测量系统边界交换的碳通量的净平衡(即净生态系统碳平衡,net ecosystem carbon balance, NECB;Chapin et al. 2006)。采用这种方法可以得到1年内的碳储量变化。与之相反,考虑到样本之间的高度变异性,直接测量土芯碳储量变化需要几年甚至几十年才能检测显著性效应(Arrouays et al. 2003)。但是,通量测量的主要不足在于需要量化几种碳通量(Soussana et al. 2010):① 与大气的气态碳交换,② 颗粒有机碳通量,③ 水中的溶解碳通量和侵蚀产生的土壤碳的横向输送(也见第13.4节)。NECB($g\ C\ m^{-2}\ a^{-1}$)是所有这些通量的质量平衡(公式(13.1))。值得注意的是,当把NECB从样点尺度上推到区域尺度时,净生物群系生产力(net biome productivity, NBP)是另一个经常使用的词(例如,Schulze et al. 2009)。

$$\begin{aligned}NBP = NECB = NEP&+F_{CH_4\text{-}C}+F_{VOC}+F_{fire}+F_{mature}\\&+F_{harvest}+F_{animal\text{-}products}+F_{leach}+F_{erosion}\end{aligned} \tag{13.1}$$

按照符号惯例,碳通量正值表示生态系统吸收,负值表示向大气中释放,那么通量组(单位:$g\ C\ m^{-2}\ a^{-1}$)可以被区别如下:构成清晰的生态系统吸收的碳通量,如施肥造成的碳输入(F_{mature});和负的碳通量,例如通过收获输出的碳($F_{harvest}$)、动物产品($F_{animal\text{-}products}$)、侵蚀($F_{erosion}$)、淋溶($F_{leach}$,有机碳和/或无机碳)以及火灾释放($F_{fire}$)。净生态系统$CO_2$吸收(NEP,见第9.2节)、$CH_4$($F_{CH_4\text{-}C}$)及挥发性有机化合物($F_{VOC}$)交换的正负通量均有报道(Soussana et al. 2007; Wohlfahrt et al. 2008a; Ruuskanen et al. 2011)。

根据所研究的系统及其管理方式,计算NECB时可以忽略某些通量。例如在温带(如欧洲),草地的火灾排放非常低(在1997—2004年,低于$1\ g\ C\ m^{-2}\ a^{-1}$),但在地中海及热带草原,则分别高达$10\ g\ C\ m^{-2}\ a^{-1}$和$100\ g\ C\ m^{-2}\ a^{-1}$(van der Werf et al. 2006)。在永久草地,侵蚀($F_{erosion}$)也极不显著(例如在欧洲),但在播种的草地,耕地会造成$F_{erosion}$增加。van Oost等(2007)构建的全球$F_{erosion}$图表明草地碳侵蚀率通常低于$5\ g\ C\ m^{-2}\ a^{-1}$,即使是在干旱的热带草原也是如此(van Oost et al. 2007)。刈割会造成草地系统VOC排放的短期增加(Ruuskanen et al. 2011),并且豆科的排放高于其他草本物种(Davison et al. 2008)。然而,即使一些VOC包含几个碳原子,草地VOC通量一般至少比其他通量小1个数量级,所以通常在碳交换中被省略。因此,对于温带的人工管理草地,公式(13.1)可简化为(Allard et al. 2007)

$$NECB = NEP+F_{CH_4\text{-}C}+F_{manure}+F_{harvest}+F_{animal\text{-}products}+F_{leach} \tag{13.2}$$

由于涡度协方差通量测量采用自由空气技术,因此与封闭测量的方法相反,它对测量区域没有干扰,食草动物可以自由进入。放牧时反刍动物打嗝产生的CO_2(消化和代谢产生的CO_2),可以采用SF_6方法测定(Pinares-Patiño et al. 2007),因此可被包括在NEP测量中。因为这些是"短期循环"的碳,之前已经被植物所固定,因此不会直接影响大气CO_2浓度。

通常,我们不能测定 NECB 收支的所有组分。例如,DOC/DIC 损失及牛奶和肉类产品中的碳输出有时候会被忽略。Siemens 和 Janssens(2003)估算了欧洲平均 DOC/DIC 损失为 11±8 g C m^{-2} a^{-1}。这个通量具有高度变异性,取决于土壤(pH、碳酸盐)和气候(降雨、温度)因子,并且在湿润的热带草地中会更高,尤其是在钙质基质上。假设取该估计值的上限,草地 NBP 会减少 20%。相反,肉类生产系统中有机碳的输出相对较小(如 1.6%的 NBP, Allard et al. 2007),但在密集奶制品生产系统中有机碳输出更高。

13.4 其他测量

计算 NECB(公式(13.2))时,除了第 13.2 节和第 13.5 节介绍的 CO_2和 CH_4通量,研究者还需要量化其他几个碳通量。在刈割情形下,大部分初级生产力以干草或者青贮饲料形式从样地输出,而这可能通过牲畜排泄和液态肥料输入有机碳的形式所补偿。为了确定完整碳收支,研究者需要量化收获的干物质和有机肥料的量及其碳含量(g C m^{-2} a^{-1})。放牧情况下,60%以上的地上干物质产量被当地食草动物所取食(Lemaire and Chapman 1996),而大部分被摄取的碳经短暂消化后又以 CO_2和 CH_4的形式排出。这些通量的大小主要取决于所摄取的干物质的质量、动物的数量、体重及类型(即羊、小母牛和奶牛等)。例如,利用 SF_6双示踪技术(例如,Pinares-Patiño et al. 2007),科学家发现 CH_4 排放为 0.33~0.45 g CH_4 kg^{-1} LW d^{-1}(小母牛及公牛),并可达到 0.68~0.97 g CH_4 kg^{-1} LW d^{-1}(奶牛)(Soussana et al. 2007)。提供给动物的牧草生物量的数量和质量可以采用无放牧围栏[①]来测定。为了密切跟踪植被动态,应该至少每月移动围栏并且刈割一次。对收获的生物量进行详细分析能使我们更加了解凋亡植物材料的比例以及植物功能群(即草、非禾本草本植物和豆科植物)。牧场牧草的潜在生产力与总初级生产力有密切关系,这可以通过测量每月生物量的再生长来估计(g DM m^{-2} d^{-1})。

动物摄入体内的不可消化碳(25%~40%)常以排泄物和尿液施肥形式返还到牧场/草甸中。我们已知有机肥、尿液和无机肥料会轮流刺激 N_2O 排放,并且其多少取决于应用肥料时的土壤水分情况。因此,有关放牧率(单位面积平均牲畜数量)、牲畜的重量及生长率、放牧周期、施肥时间及气象土壤状况(即土壤水分含量、土壤温度)的详细信息有助于理解和解释涡度协方差数据(也见第 13.5 节)。

由于精细管理的草地表现出非常快的冠层生长,知道地上生物量的大小对于解释通量测量值很关键(Hammerle et al. 2008; Wohlfahrt et al. 2008b)。因此,至少需要周期性地测量地上生物量或者叶面积指数(LAI),例如使用破坏性收获法和叶面积量化法。通过反演冠层内辐射传输模型来间接测量 LAI(Wohlfahrt et al. 2001),或者对地上生物量和 LAI 的指示参数(如冠层高度)的测量可分别通过"线型 PAR"(line PAR, Wohlfahrt et al. 2010)和雪深(Jonas et al. 2008)传感器自动测量获得,并且可与直接测量结合来产出关于植被发展的定量的高分辨率时间序列信息(Wohlfahrt et al. 2008a)。

---

① 相对于放牧来比较。——译者注

13.5 其他温室气体

过去的20年,我们已经积累了很多基于涡度协方差通量测量的草地碳循环文献(如 Gilmanov et al. 2007, 2010; Soussana et al. 2007, 2010; Wohlfahrt et al. 2008b)。我们预计在不久的将来,这些 CO_2 通量测量将与其他两种源自草地的重要温室气体通量(即甲烷(CH_4)和氧化亚氮(N_2O))监测一起增加。由于这两种气体具有更高的增温潜力(Soussana et al. 2007, 2010),它们的排放可能会轻易地抵消任何碳吸收)。然而,由于源复杂性的不同组合(即时空变异)、设备及方法学上的限制,CH_4 和 N_2O 通量的测量伴随着显著的不确定性。土壤 N_2O 的排放通常发生在与尿斑、残留颗粒及肥料相关的"热点"中(Flechard et al. 2007)。草地 N_2O 排放通常在施肥后有短期的爆发(Leahy et al. 2004)。在田间和年尺度上,时空变异是 N_2O 排放的主要不确定性源(Flechard et al. 2005)。牛的 CH_4 排放表现出时空变异,取决于放牧率和消耗饲料的数量和质量(Pinares-Patiño et al. 2007,也见第13.4节)。另外,动物行为也会导致很大的变异,毕竟动物行为不是随机的。放牧和反刍在时空上是分离的。在大多数情况下,感兴趣区域(牧场)的面积要比测量足迹大,这需要我们跟踪动物(例如使用网络摄影头或者激光系统)。而且,反刍会造成 CH_4 流,这可能表现为浓度时间序列中的峰值(spike),但事实上这是"自然现象",可能无意中被自动去峰算法剔除(Vickers and Mahrt 1997)。

用于 CH_4 和 N_2O 的涡度协方差测量的仪器必须符合4个条件(Nelson et al. 2002):① 连续性,即系统能够在无人值守情况下连续运行;② 分析仪的响应时间应该在0.1 s这个数量级,这样即使最小的涡旋也能捕捉到(Monteith and Unsworth 1990);但只要系统的响应时间足够短,采样间隔可以更长(见第10.2.3节);③ 在大气稳定时期(30 min)有最小的漂移;④ 考虑到大气 CH_4 和 N_2O 的平均浓度分别为1800 ppb① 和320 ppb,仪器精确度分别为4 ppb和0.3 ppb。目前已经可以获得符合 CH_4 和 N_2O 的涡度协方差测量要求的仪器,并且已经有少量的基于闭路涡度协方差测量的结果发表,包括使用TDL(tunable diode laser)光谱测量(如 Smith et al. 1994; Wienhold et al. 1994; Laville et al. 1999; Hargreaves et al. 2001; Werle and Kormann 2001)、光量子级联(quantum cascade, QC)激光(CH_4 和 N_2O; Kroon et al. 2007; Neftel et al. 2007; Eugster et al. 2007)、偏轴积分腔输出光谱法(CH_4; Hendriks et al. 2008; Smeets et al. 2009)以及在写作本章节过程中,市场上已经可以买到开路 CH_4 分析仪。在上述研究中,CH_4 和 N_2O 通量的测量时间在1周到几年之间,得到具有标准差的平均排放速率。然而,标准差主要象征着时间上的变异性,并不代表与平均通量相关的不确定性(Kroon et al. 2009)。基于30 min的涡度协方差通量,相对不确定性主要来自相对较小的涡度协方差通量和单点采样。一般来说,以上两项对总不确定性的贡献占到90%以上;其余10%包括系统误差校正算法的不确定性(例如,不适当的足迹、非稳态、平流、储存项、低通和高通滤波等;也可见前面章节)。尽管如此,因为涡度协方差方法是对较大空间面积的积分并且提供了近乎连续的数据,

① $1\ ppb = 10^{-9}$

因此相比仅基于气室法测量来估算,涡度协方差通量测量可以得到更为准确的 N_2O 和 CH_4 净生态系统交换的估计值。

致谢

感谢 EU(FP5,6 和 7)、奥地利及法国国家基金、Tyrolean 科学基金、奥地利科学院及 Österreichische Forschungsgemeinschaft 的资助,感谢广大维护涡度通量测量设备人员的帮助。

参考文献

Allard V, Soussana JF, Falcimagne R (2007) The role of grazing management for the net biome productivity and greenhouse gas budget (CO_2, N_2O and CH_4) of semi-natural grassland. Agric Ecosyst Environ 121:47-58

Ammann C, Flechard CR, Leifeld J, Neftel A, Fuhrer J (2007) The carbon budget of newly established temperate grassland depends on management intensity. Agric Ecosyst Environ 121:5-20

Arrouays D, Jolivet CI, Boulonne L, Bodineau G, Saby NPA, Grolleau E (2003) Le Réseau de Mesures de la Qualité des Sols (RMQS) de France. Étude et Gestion des Sols 10:241-250

Baldocchi DD, Falge E, Gu LH, Olson R, Hollinger D, Running S, Anthoni P, Bernhofer C, Davis K, Evans R, Fuentes J, Goldstein A, Katul G, Law B, Lee XH, Malhi Y, Meyers T, Munger W, Oechel W, Paw KT, Pilegaard K, Schmid HP, Valentini R, Verma S, Vesala T, Wilson K, Wofsy S (2001) FLUXNET: a new tool to study the temporal and spatial variability of ecosystem-scale carbon dioxide, water vapor and energy flux densities. Bull Am Meteorol Soc 82:2415-2435

Cernusca A, Bahn M, Berninger F, Tappeiner U, Wohlfahrt G (2008) Preface to CarboMont special feature: effects of land-use changes on sources, sinks and fluxes of carbon in European mountain grasslands. Ecosystems 11: 1335-1337

Chapin FS Ⅲ, Woodwell GM, Randerson JT, Rastetter EB, Lovett GM, Baldocchi DD, Clark DA, Harmon ME, Schimel DS, Valentini R, Wirth C, Aber JD, Cole JJ, Goulden ML, Harden JW, Heimann M, Howarth RW, Matson PA, McGuire AD, Melillo JM, Mooney HA, Neff JC, Houghton RA, Pace ML, Ryan MG, Running SW, Sala OE, Schlesinger WH, Schulze ED (2006) Reconciling carbon cycle concepts, terminology, and methods. Ecosystems 9:1041-1050

Conant RT, Paustian K, Elliott ET (2001) Grassland management and conversion into grassland: effects on soil carbon. Ecol Appl 11:343-355

Davison B, Brunner A, Ammann C, Spirig C (2008) Cut-induced VOC emissions from agricultural grasslands. Plant Biol 10:76-85

Delany AC, Fitzjarrald DR, Lenschow DH, Pearson R, Wendel GJ, Woodruff B (1986) Direct measurement of nitrogen oxides and ozone fluxes over grassland. J Atmos Chem 4:429-444

Eugster W, Zeyer K, Zeeman M (2007) Methodical study of nitrous oxide eddy covariance measurements using quantum cascade laser spectrometry over a Swiss forest. Biogeosciences 4:927-939

Falge E, Baldocchi DD, Olson R, Anthoni P, Aubinet M, Bernhofer C, Burba G, Ceulemans R, Clement R,

Dolman H, Granier A, Gross P, Grunwald T, Hollinger D, Jensen NO, Katul G, Keronen P, Kowalski A, Lai CT, Law BE, Meyers T, Moncrieff H, Moors E, Munger JW, Pilegaard K, Rannik Ü, Rebmann C, Suyker A, Tenhunen J, Tu K, Verma S, Vesala T, Wilson K, Wofsy S (2001) Gap filling strategies for defensible annual sums of net ecosystem exchange. Agric For Meteorol 107:43-69

Flanagan LB, Wever LA, Carlson PJ (2002) Seasonal and interannual variation in carbon dioxide exchange and carbon balance in a northern temperate grassland. Glob Change Biol 8:599-615

Flechard CR, Ambus P, Skiba U, Rees RM, Hensen A, van Amstel A, Pol-van Dasselaar AV, Soussana JF, Jones M, Clifton-Brown J, Raschi A, Horvath L, Neftel A, Jocher M, Ammann C, Leifeld J, Fuhrer J, Calanca P, Thalman E, Pilegaard K, Di Marco C, Campbell C, Nemitz E, Hargreaves KJ, Levy PE, Ball BC, Jones SK, van de Bulk WCM, Groot T, Blom M, Domingues R, Kasper G, Allard V, Ceschia E, Cellier P, Laville P, Henault C, Bizouard F, Abdalla M, Williams M, Baronti S, Berretti F, Grosz B (2007) Effects of climate and management intensity on nitrous oxide emissions in grassland systems across Europe. Agr Ecosyst Env 121:135-152

Flechard CR, Neftel A, Jocher M, Ammann C, Fuhrer J (2005) Bi-directional soil/atmosphere N_2O exchange over two mown grassland systems with contrasting management practices. Glob Change Biol 11:2114-2127

Gilmanov TG, Soussana JF, Aires L, Allard V, Ammann C, Balzarolo M, Barcza Z, Bernhofer C, Campbell CL, Cernusca A, Cescatti A, Clifton-Brown J, Dirks BOM, Dore S, Eugster W, Fuhrer J, Gimeno C, Gruenwald T, Haszpra L, Hensen A, Ibrom A, Jacobs AFG, Jones MB, Lanigan G, Laurila T, Lohila A, Manca G, Marcolla B, Nagy Z, Pilegaard K, Pinter K, Pio C, Raschi A, Rogiers N, Sanz MJ, Stefani P, Sutton M, Tuba Z, Valentini R, Williams ML, Wohlfahrt G (2007) Partitioning European grassland net ecosystem CO_2 exchange into gross primary productivity and ecosystem respiration using light response function analysis. Agric Ecosyst Environ 121:93-120

Gilmanov TG, Aires L, Barcza Z, Baron VS, Belelli L, Beringer J, Billesbach D, Bonal D, Bradford J, Ceschia E, Cook D, Corradi C, Frank A, Gianelle D, Gimeno C, Gruenwald T, Guo HQ, Hanan N, Haszpra L, Heilman J, Jacobs A, Jones MB, Johnson DA, Kiely G, Li SG, Magliulo V, Moors E, Nagy Z, Nasyrov M, Owensby C, Pinter K, Pio C, Reichstein M, Sanz MJ, Scott R, Soussana JF, Stoy PC, Svejcar T, Tuba Z, Zhou GS (2010) Productivity, respiration, and light-response parameters of world grassland and agroecosystems derived from flux-tower measurements. Rangel Ecol Manage 63:16-39

Hammerle A, Haslwanter A, Tappeiner U, Cernusca A, Wohlfahrt G (2008) Leaf area controls on energy partitioning of a temperate mountain grassland. Biogeosciences 5:421-431

Hargreaves KJ, Fowler D, Pitcairn CER, Aurela M (2001) Annual methane emission from Finnish mires estimated from eddy covariance campaign measurements. Theor Appl Climatol 70:203-213

Hendriks DMD, Dolman AJ, van der Molen MK, Van Huissteden J (2008) A compact and stable eddy co-variance set-up for methane measurements using off-axis integrated cavity output spectroscopy. Atmos Chem Phys 8:1-13

Hsieh CI, Katul G, Chi TW (2000) An approximate analytical model for footprint estimation of scalar fluxes in thermally stratified atmospheric flows. Adv Water Resour 23:765-772

Hunt JE, Kelliher FM, McSeveny TM, Ross DJ, Whitehead D (2004) Long-term carbon exchange in a sparse, seasonally dry tussock grassland. Glob Change Biol 10:1785-1800

Jonas T, Rixen C, Sturm M, Stoeckli V (2008) How alpine plant growth is linked to snow cover and climate variability. J Geophys Res 113:G03013. doi:10.1029/2007JG000680

Kaimal JC, Finnigan JJ (1994) Atmospheric boundary layer flows. Oxford University Press, Oxford, 289 pp

Kato T, Tang Y, Gu S, Cui X, Hirota M, Du MY, Li YN, Zhao ZQ, Oikawa T (2004) Carbon dioxide exchange between the atmosphere and an alpine meadow ecosystem on the Qinghai-Tibetan Plateau, China. Agric For Meteorol 124:121-134

Kim J, Verma SB (1990) Components of surface energy balance in a temperate grassland ecosystem. Bound Layer Meteorol 51:401-417

Kroon PS, Hensen A, Jonker HJJ, Zahniser MS, van't Veen WH, Vermeulen AT (2007) Suitability of quantum cascade spectroscopy for CH_4 and N_2O eddy co-variance flux measurements. Biogeosciences 4:715-728

Kroon PS, Hensen A, Jonker HJJ, Ouwersloot HG, Vermeulen AT, Bosveld FC (2009) Uncertainties in eddy covariance flux measurements assessed from CH_4 and N_2O observation. Agric For Meteorol. doi: 10.1016/j.agrformet.2009.08.008

Laville P, Jambert C, Cellier P (1999) Nitrous oxide fluxes from a fertilized maize crop using micrometeorological and chamber methods. Agric For Meteorol 96:19-38

Leahy P, Kiely G, Scanlon TM (2004) Managed grasslands: a greenhouse gas sink or source? Geophys Res Lett 31: L20507. doi:10.1029/2004GL021161

Lemaire G, Chapman D (1996) Tissue flows in grazed plant communities. In: Hodgson J, Illius AW (eds) The ecology and management of grazing systems. CABI, Wallingford

Li SG, Asanuma J, Eugster W (2005) Net ecosystem carbon dioxide exchange over grazed steppe in Mongolia. Glob Change Biol 11:1941-1955

Marcolla B, Cescatti A (2005) Experimental analysis of flux footprint for varying stability conditions in an alpine meadow. Agric For Meteorol 135:291-301

Massman WJ (2000) A simple method for estimating frequency response corrections for eddy covariance systems. Agric For Meteorol 104:185-198

Meyers T (2001) A comparison of summertime water and CO_2 fluxes over rangeland for well-watered and drought conditions. Agric For Meteorol 106:205-214

Monteith JL, Unsworth MH (1990) Principles of environmental physics, Edward Arnold, London, 1990

Neftel A, Flechard C, Ammann C (2007) Experimental assessment of N_2O background fluxes in grassland systems. Tellus B 59:470-482

Nelson DD, Shorter JH, McManus JB (2002) Sub-part-per-billion detection of nitric oxide in air using a thermoelectrically cooled mid-infrared quantum cascade laser spectrometer. Appl Phys B 75:343-350

Novick KA, Stoy PC, Katul GG, Ellsworth DS, Siqueira MBS, Juang J, Oren R (2004) Carbon dioxide and water vapor exchange in a warm temperate grassland. Oecologia 138:259-274

Pinares-Patiño CS, Dhour P, Jouany JP (2007) Effects of stocking rate on methane and carbon dioxide emissions from grazing cattle. Agric Ecosyst Environ 121:30-46

Risch A, Frank DA (2005) Carbon dioxide fluxes in a spatially and temporally heterogeneous temperate grassland. Oecologia 147:291-302

Ruuskanen TM, Müller M, Schnitzhofer R, Karl T, Graus M, Bamberger I, Hörtnagl L, Brilli F, Wohlfahrt G, Hansel A (2011) Eddy covariance VOC emission and deposition fluxes above grassland using PTR-TOF. Atmos Chem Phys 11:611-625

Schmid HP (2002) Footprint modeling for vegetation atmosphere exchange studies: a review and perspective. Agric For Meteorol 113:159-183

Schmitt M, Bahn M, Wohlfahrt G, Tappeiner U, Cernusca A (2010) Land use affects the net ecosystem CO_2 exchange and its components in mountain grasslands. Biogeosciences 7:2297-2309

Schulze ED, Ciais P, Luyssaert S, Freibauer A, Janssens IA, Soussana JF, Smith P, Grace J, Levin I,

Thiruchittampalam B, Heimann M, Dolman AJ, Valentini R, Bousquet P, Peylin P, Peters W, Rodenbeck C, Etiope G, Vuichard N, Wattenbach M, Nabuurs GJ, Poussi Z, Nieschulze J, Gash JH (2009) The greenhouse gas balance of Europe: methane and nitrous oxide compensate the carbon sink of EU-25. Nat Geosci 2:842-850

Siemens J, Janssens IA (2003) The European carbon budget: a gap. Science 302:1681

Smeets CJPP, Holzinger R, Vigano R, Goldstein AH, Rockmann T (2009) Eddy covariance methane measurements at a Ponderosa pine plantation in California. Atmos Chem Phys 9:8365-8375

Smith KA, Clayton H, Arah JRM, Christensen S, Ambus P, Fowler D, Hargreaves KJ, Skiba U, Harris GW, Wienhold FG, Klemedtsson L, Galle B (1994) Micrometeorological and chamber methods for measurement of nitrous oxide fluxes between soils and the atmosphere: overview and conclusions. J Geophys Res 99:16541-16548

Soussana JF, Allard V, Pilegaard K, Ambus P, Amman C, Campbell C, Ceschia E, Clifton-Brown J, Czobel S, Domingues R, Flechard C, Fuhrer J, Hensen A, Horvath L, Jones M, Kasper G, Martin C, Nagy Z, Neftel A, Raschi A, Baronti S, Rees RM, Skiba U, Stefani P, Manca G, Sutton M, Tubaf Z, Valentini R (2007) Full accounting of the greenhouse gas (CO_2, N_2O, CH_4) budget of nine European grassland sites. Agric Ecosyst Environ 121:121-134

Soussana JF, Tallec T, Blanfort V (2010) Mitigating the greenhouse gas balance of ruminant production systems through carbon sequestration in grasslands. Animal 4:334-350

Suyker AE, Verma SB (2001) Year-round observations of the net ecosystem exchange of carbon dioxide in a native tallgrass prairie. Glob Change Biol 7:279-289

Swinbank WC (1951) The measurement of vertical transfer of heat and water vapor by eddies in the lower atmosphere. J Meteorol 8:135-145

van der Werf GR, Randerson JT, Giglio L, Collatz GJ, Kasibhatla PS, Arellano AF (2006) Interannual variability in global biomass burning emissions from 1997 to 2004. Atmos Chem Phys 6:3423-3441

van Oost K, Quine TA, Govers G, De Gryze S, Six J, Harden JW, Ritchie JC, McCarty GW, Heckrath G, Kosmas C, Giraldez JV, da Silva JRM, Merckx R (2007) The impact of agricultural soil erosion on the global carbon cycle. Science 318:626-629

Verma SB, Kim J, Clement RJ (1989) Carbon dioxide, water vapor and sensible heat fluxes over a tallgrass prairie. Bound Layer Meteorol 46:53-67

Vickers D, Mahrt L (1997) Quality control and flux sampling problems for tower and aircraft data. J Atmos Ocean Technol 14:512-526

Werle P, Kormann R (2001) Fast chemical sensor for eddy correlation measurements of methane emissions from rice paddy fields. Appl Opt 40:846-858

Wienhold FG, Klemedtsson L, Galle B (1994) Micrometeorological and chamber methods for measurement of nitrous oxide fluxes between soils and the atmosphere: overview and conclusions. J Geophys Res 99:541-548

Wohlfahrt G, Sapinsky S, Tappeiner U, Cernusca A (2001) Estimation of plant area index of grasslands from measurements of canopy radiation profiles. Agric For Meteorol 109:1-12

Wohlfahrt G, Anfang C, Bahn M, Haslwanter A, Newesely C, Schmitt M, Drösler M, Pfadenhauer J, Cernusca A (2005) Quantifying nighttime ecosystem respiration of a meadow using eddy covariance, chambers and modelling. Agric For Meteorol 128:141-162

Wohlfahrt G, Anderson-Dunn M, Bahn M, Balzarolo M, Berninger F, Campbell C, Carrara A, Cescatti A, Christensen T, Dore S, Eugster W, Friborg T, Furger M, Gianelle D, Gimeno C, Hargreaves K, Hari P, Haslwanter A, Johansson T, Marcolla B, Milford C, Nagy Z, Nemitz E, Rogiers N, Sanz MJ, Siegwolf RTW, Susiluoto S, Sutton M, Tuba Z, Ugolini F, Valentini R, Zorer R, Cernusca A (2008a) Biotic, abiotic and management controls on the net ecosystem CO_2 exchange of European mountain grasslands. Ecosystems 11: 1338-1351

Wohlfahrt G, Hammerle A, Haslwanter A, Bahn M, Tappeiner U, Cernusca A (2008b) Seasonal and inter-annual variability of the net ecosystem CO_2 exchange of a temperate mountain grassland: effects of weather and management. J Geophys Res 113:D08110. doi:10.1029/2007JD009286

Wohlfahrt G, Pilloni S, Hörtnagl L, Hammerle A (2010) Estimating carbon dioxide fluxes from temperate mountain grasslands using broad-band vegetation indices. Biogeosciences 7:683-694

Zeller K, Massman W, Stocker D, Fox DG, Stedman D, Hazlett D (1989) Initial results from the Pawnee eddy correlation system for dry acid deposition research, USDA Forest Service Research Paper RM-282. U.S. Dept. of Agriculture, Forest Service, Rocky Mountain Forest and Range Experiment Station, Fort Collins

第 14 章

湿地生态系统涡度协方差通量测量

Tuomas Laurila, Mika Aurela, Juha-Pekka Tuovinen

14.1 引　　言

湿地可以依据不同的系统类型来进行分类,其中一种方法定义了三种主要类型:① 北半球泥炭地(总面积 350×10^6 hm^2);② 淡水木本沼泽和草本沼泽(204×10^6 hm^2);③ 滨海湿地(36×10^6 hm^2)(Mitsch et al. 2009)。按照定义,湿地覆盖 3%~6%的地球陆地面积。本章集中讨论北半球泥炭地,它是全球生物地球化学循环非常重要的组成部分,这是因为北半球寒带和极地泥沼的碳储量占全球土壤有机碳总量的 1/3(Gorham 1991)。Turunen 等(2002)估计其碳库规模为 270~370 Tg C,而另一向大气释放温室气体(greenhouse gas, GHG)的重要源的热带泥炭地,碳储量估计约为 50 Tg C(Hooijer et al. 2006)。

北方地区泥炭地的形成过程各异,但他们发育的主要先决条件是有水分盈余。泥沼在排水差以及降水经常超过蒸发的低地形成(Kuhry and Turunen 2006)。水位高导致沼泽通气不畅,进而减缓植物凋落物降解速度。碳的累积主要源自在厌氧条件下微生物的分解过程受到抑制,而非高的光合吸收速率。另一方面,这一条件下占主导的还原反应也导致微生物介导的 CH_4生产(Limpens et al. 2008)。

泥沼(mire)影响大气辐射效应的两种方式是对立的:① 以千年为时间尺度,通过从大气吸收 CO_2而诱导降温;② 在几十年的时间尺度上,通过 CH_4排放诱导升温(Frolking et al. 2006)。

T. Laurila (✉) · M.Aurela · J.-P.Tuovinen
Finnish Meteorological Institute, P.O. Box 503, FI-00101 Helsinki, Finland
e-mail: tuomas.laurila@fmi.fi; mika.aurela@fmi.fi; juha-pekka.tuovinen@fmi.fi

M.Aubinet et al. (eds.), *Eddy Covariance: A Practical Guide to Measurement and Data Analysis*, Springer Atmospheric Sciences, DOI 10.1007/978-94-007-2351-1_14,

这些大量有机碳的质量稳定性极大地依赖于水文条件，而这作为气候变化的结果可能会发生变化（Griffis et al. 2000；Lafleur et al. 2003），同时水文条件还取决于人为干扰的程度，例如为农业和林业需要而对泥沼排水。

泥沼的温室气体交换很早就吸引了科学界的研究目光，并且学者们运用了不同的方法来测量其交换率。在全新世（Holocene）或一个更短的周期内，碳在泥炭中长期的明显积累反映了CO_2交换和它的净吸收（Clymo et al. 1998；Turunen et al. 2002；Schulze et al. 2002）。气室法测量已经在植物群落尺度和通量的环境响应层面上提供了有关温室气体交换的重要信息（Moore and Knowles 1990；Alm et al. 1999；Riutta et al. 2007）。涡度协方差测量提供了生态系统尺度的持续的非干扰性的观测，因此涡度协方差方法的使用为推动了解当今湿地温室气体交换迈出了重要一步。如今，全年的涡度协方差测量已成为现实，可以获得当年温室气体平衡的直接观测结果。

本章首先对基于涡度协方差方法的温室气体研究进行了简单的历史回顾，概述当前湿地测量站点网络情况。正如贯穿本章的内容一样，站点调查的重点放在北半球自然泥炭地，但也会穿插一些低纬度湿地的实例；然后，突出介绍与涡度协方差技术在泥沼生态系统的应用相关的一些特殊属性；接下来是对有助于涡度协方差通量数据解释的辅助和补充测量的概述以及对有关北半球冬季条件下实施通量测量可能遇到的额外挑战进行讨论；最后，作为基于涡度协方差通量数据的应用实例，探讨生态系统总碳平衡的确定以及它对气候的相关影响。

14.2 历史概述

对于用涡度协方差技术测量CO_2通量，快速响应的非色散红外（nondispersive infrared，NDIR）传感器早在30年前就已出现。现今的涡度协方差系统用优化后的开路或闭路设备来测量CO_2通量（见第2.4节）。与CO_2相比，大气中CH_4浓度较低并且吸收频谱差，CH_4测量在技术上更有难度。因此，用于CH_4通量的涡度协方差野外测量的用户友好的分析仪的发展一直比较缓慢，并且涉及更多样化（激光吸收）的技术。这类仪器最早是基于Zeeman-split氦氖激光（Fan et al. 1992），但可调谐二极管激光（tunable diode laser，TDL）的吸收峰选择更胜一筹（Verma et al. 1992；Zahniser et al. 1995）。尽管铅盐TDL光谱仪在20世纪90年代就已问市，但它需要通过液氮来冷却，稳定性差且维护成本高。量子级联激光器（quantum cascade laser，QCL）光谱仪提供了一个更加稳定和准确的替代方法（Faist et al. 1994；Kroon et al. 2007）。最近，光腔衰荡方法（cavity ring-down method）的引入显著提高了分析仪的灵敏度和稳定性。基于量子级联激光或窄频工业激光的仪器也已证实在室温下检测CH_4是可行的，这极大地方便了野外测量站点的维护（Hendriks et al. 2008）。

首批研究生态系统与大气温室气体交换的微气象学家就对偏远湿地产生了兴趣，而这些湿地保证了最原始数据的获取。首例微气象CO_2通量测量是于1971年在阿拉斯加的湿草甸冻原上用梯度法完成的（Coyne and Kelly 1975）。第一次用涡度协方差方法测量湿地CO_2和CH_4通量是Fan等（1992）于1988年在阿拉斯加的一个冻原上进行的，他们使用非色散红外传感器（NDIR）测量CO_2，并且用氦氖激光光谱仪（HeNe laser spectrometer）和总碳氢化合物检测仪（total hydrocarbon detector）来测量CH_4浓度。在高位沼泽上进行的第一例CO_2涡度协方差测量是 1990 年 7 月由 Neumann 等(1994)在哈德逊湾(Hudson Bay)低地完成的。在同样的研究中,Edwards 等(1994)用基于可调谐二极管激光(TDL)仪器测量了 CH_4 通量。Verma 等(1992)在明尼苏达州南部的一个沼泽证明了他们新研发的可调谐二极管激光传感器在涡度协方差测量 CH_4 通量上的适用性。同一站点连续多年的观测表明,生态系统既可表现为 CO_2 汇,也可为 CO_2 源,而这取决于生长季的气象和水文状况(Shurpali et al. 1995)。

欧洲利用涡度协方差技术对泥沼的观测起步晚于北美。首次 CO_2 通量测量大概是 1994—1995 年用商用仪器在荷兰一个受干扰的沼泽完成的(Nieveen et al.1998)。1995 年,欧洲人第一次对原始湿地即亚北极沼泽地带进行了测量。此次测量活动中得到的 CO_2 通量由 Aurela 等(1998)报道,而 CH_4 通量由 Hargreaves 等(2001)报道。在位于芬兰北部 Kaamanen 的站点从 1997 年开始就一直进行相关方面的测量。另一个基于涡度协方差的长期(从 1998 年开始)CO_2 通量时间序列是在加拿大渥太华附近的一个雨养沼泽(ombrotrophic bog)收集的(Lafleur et al. 2001)。这些站点证明了使用涡度协方差技术可以对湿地生态系统进行连续多年的测量,并且提供了已被证明对环境响应研究最有效的数据,也使得我们能够考虑气候变化对温室气体交换的影响(Lafleur et al. 2003; Aurela et al. 2004)。

近些年,越来越多的涡度协方差测量在不同湿地生态系统相继开展。2000 年,Arneth 等(2002)首次对俄罗斯北方广袤的湿地进行了涡度协方差测量。这块区域尤其重要,尤其是涉及可能的冻土融化,继而推动了数项基于涡度协方差技术的研究(Corradi et al. 2005; Kutzbach et al. 2007; van der Molen et al. 2007; Sachs et al. 2008; Laurila et al. 2010)。图 14.1 和表 14.1 展示了对已开展涡度协方差测量的湿地站点的调查。这些站点大多数分布在北方泥炭地和北极泥炭地,这是本章的重点所在,同时我们还会介绍一些在热带湿地生态系统的测量实例。

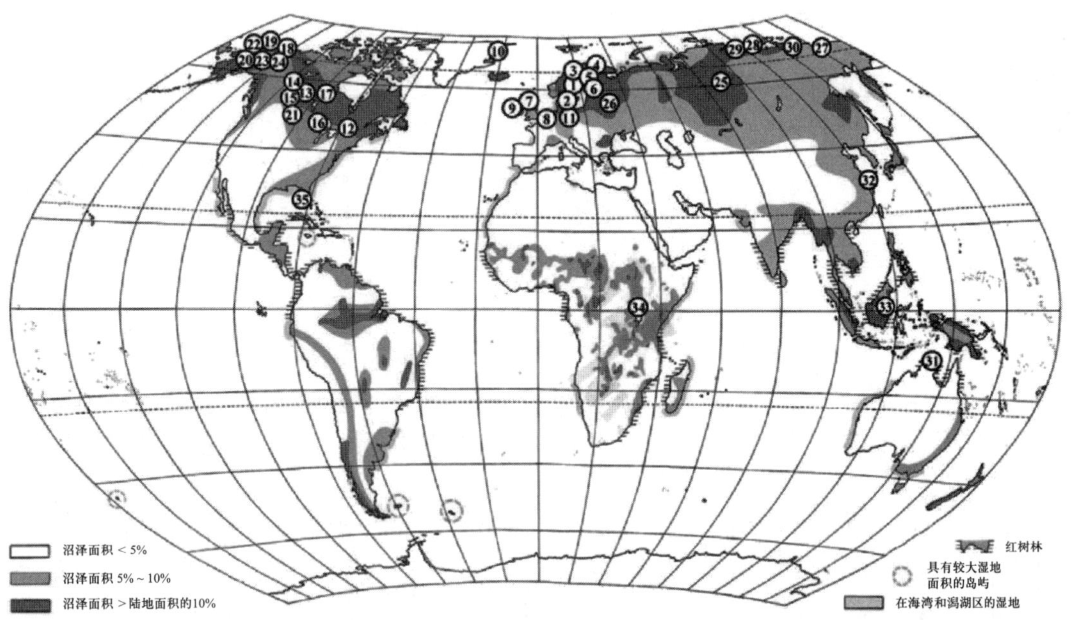

图 14.1 全球沼泽分布(Lappalainen 1996)以及目前和早期全世界多种湿地生态系统的涡度相关测量站点(圈码编号)。对应表 14.1 中的序号,介绍了每个站点的具体信息(见书末彩插)

表 14.1 多种湿地生态系统的涡度协方差测量站点

序号	站点名	坐标	季节范围	湿地类型	测量的温室气体	气体分析仪	超声风速仪	参考文献
欧洲								
1	Degerö	64°11′N, 19°33′E	A	fen	CO_2	LI-6262	Gill R2	Sagerfors 等(2008)
2	Fäjemyr	56°15′N, 13°33′E	A	bog	CO_2	LI-6262	Gill R3	Lund 等(2007)
3	Stordalen	68°20′N, 19°03′E	A	fen	CO_2, CH_4	Aerodyne TDL, LI-7500	Gill R3	Jackowicz-Korczyński 等(2010)
4	Kaamanen	69°08′N, 27°17′E	A	fen	CO_2, CH_4	LI-7000, Aerodyne TDL, LGR RMT-200	ATI SWS-211, METEK USA-1	Aurela 等(2004);Hargreaves 等(2001)
5	Siikaneva	61°50′N, 24°11′E	A	fen	CO_2, CH_4	LI-7000, Campbell TGA100, LGR RMT-200	METEK USA-1	Rinne 等(2007);Aurela 等(2007)
6	Lompolojänkkä	67°60′N, 24°13′E	A	fen	CO_2, CH_4	LI-7000, LGR RMT-200	METEK USA-1	Aurela 等(2009)
7	Auchencorth Moss	55°48′N, 3°15′W	A	bog	CO_2, CH_4	LI-7000, LGR RMT-200	Gill R2	Dinsmore 等(2010)
8	Fochtelooer area	53°01′N, 6°24′E	A	bog	CO_2	LI-6262, LI-7000	Gill R2	Nieveen 等(1998)
9	Ireland	51°55′N, 9°55′W	A	bog	CO_2	LI-7500	Campbell 81000	Sottocornola 和 Kiely(2005)
10	Zackenberg	74°28′N, 20°34′W	GS	tundra	CO_2	LI-6262	Gill R2	Soegaard 和 Nordstroem (1999)
11	Rzecin	52°46′N, 16°31′E	A	fen	CO_2	LI-7500	Gill R3	Chojnicki 等(2007)
北美								
12	Mer Bleue	45°25′N, 75°31′W	A	bog	CO_2	LI-6262, LI-7000	Gill R2	Lafleur 等(2003)
13	Canada-WP1	54°57′N, 112°28′W	GS	treed fen	CO_2	LI-7000	Gill R3	Syed 等(2006)
14	Canada-WP2	55°32′N, 112°20′W	GS	fen	CO_2	LI-7500	Campbell CSAT3	Glenn 等(2006)

续表

序号	站点名	坐标	季节范围	湿地类型	测量的温室气体	气体分析仪	超声风速仪	参考文献
15	Canada-WP3	54°28′N, 113°19′W	GS	fen	CO_2	LI-7500	Campbell CSAT3	Glenn 等(2006)
16	Minnesota	47°32′N, 93°28′E	GS	bog	CO_2, CH_4	LI-6251, 优胜公司 TDL	Kaijo-Denki, DA-600	Shurpali 等(1995);Verma 等(1992)
17	Manitoba	55°54′N, 98°24′W	GS	fen	CO_2	LI-6252	ATI SWS-211	Joiner 等(1999)
18	Atqasuk	70°28′N, 157°25′W	A	tundra	CO_2	LI-7500	Gill R3	Kwon 等(2006)
19	Barrow[a]	71°19′N, 156°38′W	A	tundra	CO_2	LI-7500, Advanet E009a	Gill R3, Kaijo-Denki DA-600	Harazono 等(2003);Kwon 等(2006)
20	Ivotuk	68°29′N, 155°45′W	A	tundra	CO_2	LI-7500	Gill R3	Walter Oechel 和 Olaf Vellinga, 个人通信(2011)
21	Saskatchewan	53°57′N, 105°57′E	GS	fen	CO_2	LI-6262, LI-7000	ATI Sx	Suyker 等(1997)
22	Happy Valley	69°09′N, 148°51′W	GS	tundra	CO_2	LI-6262	ATI SWS-211	Vourlitis 和 Oechel(1999)
23	U-Pad	70°17′N, 148°53′W	GS	tundra	CO_2	LI-6262	ATI SWS-211	Vourlitis 和 Oechel(1997)
24	24-Mile	69°56′N, 148°48′W	GS	tundra	CO_2	NOAA/ATDD 开路	ATI SWS-211	Vourlitis 和 Oechel(1997)
俄罗斯								
25	Zotino	60°45′N, 89°23′E	GS	bog	CO_2	LI-6262	Gill R3	Arneth 等(2002)
26	Fyodorows-koye	57°27′N, 32°55′E	GS	bog	CO_2	LI-6262	Gill R3	Arneth 等(2002)
27	NE Siberia	68°37′N, 161°20′E	GS	tundra	CO_2	LI-6262	Gill R3	Corradi 等(2005)
28	Lena River Delta	72°22′N, 126°30′E	GS	tundra	CO_2, CH_4	LI-7000, Campbell TGA100	Gill R3	Kutzbach 等(2007);Sachs 等(2008)

续表

序号	站点名	坐标	季节范围	湿地类型	测量的温室气体	气体分析仪	超声风速仪	参考文献
29	Tiksi	72°22′N，126°30′E	A	tundra	CO_2，CH_4	LI-7000，LGR RMT-200	METEK USA-1	Laurila 等(2010)
30	Kytlyk	70°50′N，147°30′E	GS	tundra	CO_2	LI-7500	Gill R3	van der Molen 等(2007)
热带湿地								
31	Fogg Dam	12°54′S，131°31′E	A	floodplain	CO_2	LI-7500	Campbell CSAT3	Jason Beringer，个人通信(2011)
32	Dongtan	31°31′N，121°58′E	A	estuarine	CO_2	LI-7500	Campbell CSAT3	Yan 等(2008)
33	Indonesia	2°20′S，114°2′E	A	swamp	CO_2	LI-7500	Campbell CSAT3	Hirano 等(2007)
34	Jinja	0°24′N，33°11′E	A	papyrus	CO_2	LI-7500	Campbell CSAT3	Saunders 等(2007)
35	Everglades	25°22′N，81°04′W	A	mangrove	CO_2	LI-7500	Gill RS50	Barr 等(2010)

注：站点序号与湿地地图(图 14.1)的圈码编号对应。测量年覆盖范围分两类表示：年际(A)和生长季(GS)。

a. Barrow 站有数个不同冻原(苔原)生态系统的 CO_2 通量涡度协方差系统。

14.3 湿地生态系统特别需要考虑的因素

鉴别出来的与草地上涡度协方差测量有关的许多特征(第 15 章)也同样适用于开放沼泽。沼泽的微地貌并不像草地那样平坦,但相对低的(3~5 m)测量高度通常已经足够,因为典型沼泽植被由相对低矮的苔藓、灌丛、禾草和莎草组成。一方面,这减小了储存通量的重要性及与确定储存通量相关的不确定性,但另一方面增加了对测量系统不完善频率响应校正的重要性(见第 1.5.4 节和第 4.1.3 节)。沼泽通常位于平坦的地区,因此减少了斜坡带来的空气平流问题。然而,在小的沼泽中,湍流场可能会受到感兴趣区域周围环境地表覆盖类型的影响,这一干扰应该用第 8 章中描述的足迹模型进行评估。低测量高度也显著简化了测量塔/桅杆的设计(第 2.2 节)。对于森林湿地,如树沼(treed fen)和热带沼泽这些超出本章范围的湿地,许多涡度协方差特性在大体上与森林比较接近(第 11 章)。

虽然在第 2 章已经就测量站点的设计和操作进行了极为详尽的探讨,但对于湿地仍然有一些针对性的问题值得进一步关注。大部分湿地处在偏远地区,这就对后勤和站点基础设施提出了额外要求。沼泽通常形成广阔的复杂地貌,从微气象的角度来看,其中存在最有吸引力的站点,但汽车往往很难到达。假如具有矿质土壤的带状土地可以延伸到测量站点附近,那么开展通量监测则十分有利。由于泥沼土质松软并且有时可能被淹没,测量系统的安装和站点进入都变得十分复杂。为确保测量桅杆稳固,有必要将桅杆架设在稳固的地基上,可构建一个支撑杆深插入泥炭的工作平台,如果可能,可直插到矿质土壤中。类似地,木板路(boardwalk)是典型的且必要的用于进入站点,同时又将后期维护对生态系统的扰动降到最小的方式。由于沼泽地植被相对脆弱,应当仅限在木板路上行走,这也预防了人多所导致的干扰。图 14.2 是建立在湿地的测量站点的例子。

一个主要的实际问题是能否有电力供应。当在寒冷条件下用闭路分析仪进行 CO_2通量测量时,电力网(mains power)供电是理想的解决方案,这是因为在这种情况下,全年大部分时间闭路系统的进气管和仪表舱都需要保温。电力网供电也是闭路 CO_2分析仪抽气泵的电力来源,并且在实际应用中,现今闭路 CH_4分析仪需要更强功率的抽气泵。现如今,我们也能获得用于 CO_2和 CH_4测量的低能耗开路设备。然而,太阳辐射可能并不足以支撑全年的测量工作,从而损害测量的季节性覆盖。另外,为获得寒冷条件下全年无缺失的数据,在实际应用中有必要使用具备传感器加热功能的超声风速仪。发电机供电系统需要不断地进行维护,但对于偏远站点实现起来通常有很大困难。如果使用发电机,必须确保尾气对痕量气体测量的影响降到最低。

以上建议的一些具体解决办法对测量的质量保证都有影响。站点的必要建设,尤其是仪器挡板或仪器室,都会潜在地影响通量及其他测量,在安置传感器的时候需要将此考虑在内(图 14.2)。为把这些干扰降到最低,可能需要对通量数据做基于风向的筛选。如果测量桅杆接近沼泽边缘,为了优化在特定流动方向上的通量足迹区或解决前面提到的后勤保障问题,就可能为了风区上的考虑采取相似的筛选步骤(如 Aurela et al. 1998)。以上方法同样适用于避免发电机废气。

图 14.2 位于芬兰北部 Lompolojänkkä 沼泽(67°59.832′N, 24°12.551′E)的通量测量站点。微气象桅杆立于支持平台上。辐射传感器安装在分离的桅杆上。水平支持杆装载了从超声风速仪到分析仪的加热进气管

许多沼泽位于北方(图 14.1),这意味着存在一些特定的与冬季相关的测量问题,包括较少的温室气体通量的检测问题,将会在下面独立的章节讨论。但是,对于夏季的实用性需要强调的一点是,需要避免标准进气口过滤器受到由湿地区域大量小型昆虫如黑蝇等导致的快速阻塞,因此输入流的额外过滤就显得至关重要。

14.4 补充测量

净辐射、全球及反射太阳辐射、全球及反射光合有效光量子通量密度(photosynthetically active photon flux density, PPFD)是基本的辐射组分,可作为涡度协方差通量的辅助数据而测量。在北方及北极站点,由于积雪消融,深色的泥沼地表会显露出来,这时反射率迅速降低。随着新生植物的出现,反射率逐渐升高,但反射的光量子通量密度依旧较低。短波辐射的反射与入射比率,和相应的光合有效光量子通量密度项一样,可应用于追踪定义生长季的植被的出现和衰老(senescence)(Huemmrich et al. 1999)。

从生物学来说,北方和极地沼泽的特点是具有不同植物群落的生境的高度变化,经常对应于随微地形改变而变化的水文条件,而这些条件导致形成湿润的凹陷处、干燥小丘和中间过渡带的镶嵌模式。辅助测量应体现这些不同的地表。因此,补充涡度协方差数据的环境测量应具备至少一套以上的土壤温度廓线。在北方地区,土壤温度在较长时间内都保持在冰点附近。土壤温度测量系统,包括数据记录仪和传感器,需能处理 0.1 K 的温度变化,而在物理上能够忍受淹没和寒冷条件。

通常,每一处站点至少需要在一处使用浸入式压力传感器(submerged pressure sensor)连

续测量地下水位深度(water table depth, WTD)。地下水位深度的参考水平通常是在泥炭地表,但需要注意的是,地表水平本身也可能随地下水位深度波动而改变。因此,在矿质土壤上锚定一个附加地下水位深度传感器用以测量绝对地下水位深度变化是非常有用的。用时域反射仪(time-domain reflectometer, TDR)传感器可以测量地下水位深度以上的泥炭土含水量。TDR 探针也可作为土壤冻结检测的传感器,这是因为当土壤冻结时介电性剧烈下降,而单靠温度测量很难区分相变。另外还需用连续型记录仪对雪深度进行测量。

土壤热通量一般用热通量板测量,这主要为矿质土壤而设计。热通量板与地表接触不良或不稳以及土壤含水量的变化都能造成错误的信号。在沼泽,地下水位深度多变,高于或低于热通量传感器,但对于热通量板放置来说,任一情况都充满了困难与挑战。在地下水位深度以下,水流导致的热交换可能严重干扰测量,而在其他情况下,泥炭土水分的巨大变化以及多孔泥炭土与热通量板的有限接触可引发问题。在某种程度上,所谓的自校式热通量板可能会克服这些问题(Ochsner et al. 2006)。然而,估算土壤热通量更可靠的方法是采用高分辨率温度廓线,通过温度变化来计算热通量。

除了以上讨论的物理参数,生化变量的测量也可为描述土壤特性和理解土壤过程提供有用信息。例如,雨养沼泽(ombrotrophic bog)的特点是土壤水分呈酸性,pH 为 3.0~4.5,而矿养沼泽(minerotrophic fen)的 pH 相对较高,为 4.5~8.0;好氧活跃层(acrotelm)和厌氧惰性层(catotelm)的氧化还原电势恰好相反;O_2浓度和氧化还原电势随冬季冰雪覆盖和春季洪水而发生季节性变化;暴雨事件造成酸度和养分状况的变化。为了检测这些类型的变化,传感器组件目前已能获得 O_2、氧化还原反应、土壤水分 pH、温度和压力的连续测量;这些传感器能被永久地安置在泥炭土中。这些仪器提供了令人欣喜的生物地球化学过程的时间变化信息,补充了生态系统和大气交换的数据。

CO_2和 CH_4的大气通量在之前描述的微地貌元素间变化显著。小丘处 CO_2交换最为剧烈,而 CH_4排放量在潮湿地表最高。因为这个原因,用气室法测量技术在沼泽生态系统尺度上获得具有空间代表性(通量)的数据就比较费力了。与此相反,涡度协方差方法提供了在观测足迹或通量传感器视野内的地表交换的加权测量(第 8 章),因此在小尺度异质性上的平均与生境变异性相关。然而,为进一步了解生态系统的运行,还需要确定植物群落对环境变量的响应,例如,分别对每个微地形中温度、地下水位深度及水汽压差的响应。足迹分析可为涡度协方差测量的阐释提供额外信息(如 Aurela et al. 2009; Laine et al. 2006),尽管不能从空间平均的涡度协方差通量数据中完全提取小尺度变异,却可以使用能代表单个地表类型的附加气室法测量和辅助气象测量。

气室法测量先前一直被认为是微气象通量测量的替代选择。然而,那些同时使用两种技术的研究已证明,在低矮植被沼泽上,涡度协方差和气室法测量具有互补的性质。例如,在均匀覆被沼泽(Laine et al. 2006)、北方平坦沼泽(Riutta et al. 2007)和具有明显微地形特点的亚北极沼泽(Maanavilja et al. 2011)上的测量都呈现相似的结果。所有这些站点,虽然植物群落类型高度变化,但在使用涡度协方差方法时,在生态系统尺度上可以被认为相当均一。然而,气室法测量表明在这些沼泽中不同植物群落间的 CO_2交换差异非常明显(2~6 倍),并且呼吸作用和光合作用的差异也类似。

除了揭示微站点(microsite)间的差异,气室法数据还有助于将测量的净生态系统交换

(NEE)划分为光合和呼吸两部分。对于涡度协方差测量,其划分算法可参考第 9.3 节介绍的不同方法。然而,尽管较涡度协方差数据而言,气室法会引入潜在的代表性问题(representativeness problem),但由于同时测量呼吸和光合作用通量,气室法的划分更加直接。因此,推荐综合使用两种划分方法。

以上讨论的研究表明,气室法测量可以作为支持涡度协方差通量测量的补充信息来源。但需注意的是,在一个密闭罩内测量得到的多孔泥炭土气体交换可能与在湍流大气流动影响下所得到的结果相差甚远,这就需要像涡度协方差这样的非入侵式通量测量方法(Sachs et al. 2008)。同时需要注意,即便不进行气室法测量,植被清查和连续叶片面积测量也必不可少。泥沼的一个特点是具有丰富的苔藓,在植物清查中需要考虑其盖度及绿色部分生物量特征。

14.5 冬季的涡度协方差测量

目前,发现的沼泽主要分布在北半球高纬度处(图 14.1)。在这些北方和极地地区,冬季相当漫长,一年中大部分时间生态系统都被冰雪覆盖。通常冬季的温室气体通量较生长季要小。无论气温如何极端,由积雪覆盖而隔绝的土壤温度始终保持在 0 ℃左右。多个研究都发现,土壤中微生物活动即使在低于冰点的温度下依然继续进行(Flanagan and Bunnell 1980; Coxon and Parkinson 1987; Zimov et al. 1993),使得整个冬天都有 CO_2和 CH_4形成。不少长期研究表明冬季 CO_2的释放对全年 CO_2平衡有重要贡献。举例来说,在加拿大南方的北部泥沼中,冬季 CO_2通量估计占全年 CO_2平衡的 25%~35%(Lafleur et al. 2003),而在芬兰北部亚北极沼泽,冬季排放通量实际上比全年吸收还要多(Aurela et al. 2002)。对于 CH_4,冬季通量对全年总量就不那么重要了。在芬兰南方的北部沼泽,冬季 CH_4释放量约占全年总排放通量的 5%(Rinne et al. 2007)。图 14.3 是在亚北极沼泽观测到的 CO_2和 CH_4通量的季节变化图。

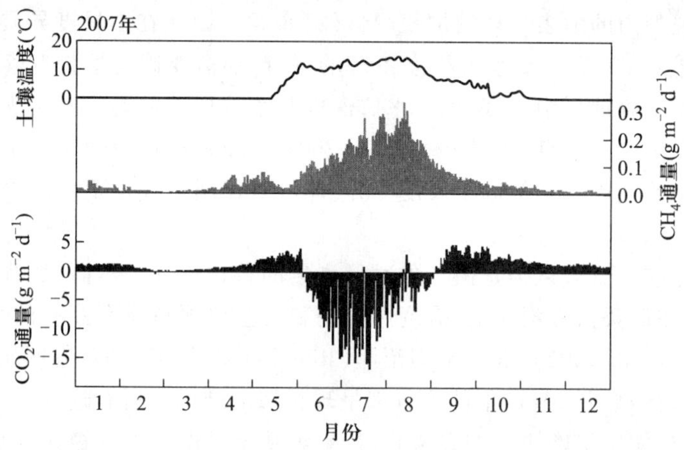

图 14.3 位于芬兰北部的 Lompolojänkkä 沼泽(67°59.832′N, 24°12.551′E)的 CO_2(黑色柱图)和 CH_4(灰色柱图)的平均日交换与土壤温度(地表下 10 cm)(曲线)

冬季温室气体形成的减少以及由此引发的通量幅度的降低，导致使用涡度协方差方法测量获得的数据中噪声增加。这通常由通量时间序列里的负值来证明，对应于在那些预期没有吸收的条件下观测到的明显吸收。由于这种变化可被视作随机噪声，因此在更长时间对这些数据求平均会产生无偏估计。因此，数据筛选原则十分重要，以避免在数据选择时引入系统误差。举例来讲，将所有负值作为非正常值舍弃无疑会给估计的平均值带来偏差，从而影响温室气体的长期平衡。

信噪比的降低也会产生间接影响，尤其对于闭路系统测量的温室气体通量，这是因为在通量计算时必须考虑空气通过管道时产生的时滞（见第 3.2.3.2 节）。当通量强度足够高且湍流清晰，时滞-协方差关系显示明显的（绝对）最大值。然而，随通量减少，这一关系越发嘈杂，时滞搜索窗口内会出现许多局部最大数。如果这一变化即使只有部分由随机噪声造成，当总是选择最高值时，系统误差就会被引入长期平均通量。因此，当所测的通量较小，例如冬季北方泥沼的温室气体排放，就应慎重选择时滞算法。在这种情况下，建议使用相对窄的搜索窗口，在超出窗口范围时则使用预先定义的时滞常量值。

除了减少的通量，积雪覆盖也带来其他影响，使得冬季测量数据的解释变得复杂。由于积雪层作为缓冲，观察到的温室气体通量在一定程度上与发生在不同泥炭层的微生物活动相关的气体的实际形成解耦了。这会对通量及其与驱动因子之间关系的参数确定造成影响，比如将通量划分成光合和呼吸两组分正需要这样的关系（见第 9.3 节）。在夏季，观察到的通量与同时期的土壤和气温相关，而积雪季节的气温变化对分解过程的影响则相对较小，因此与观测到的通量的相关性也就更差。然而，由于积雪下的热力学状况相当恒定，用合适的土壤温度的简单温度响应模型来捕捉更长期的变化依旧是可行的（Aurela et al. 2002）。

另一个使得冬季通量复杂化的现象是它们对气流的依赖性，在实际应用中表现为与风速或摩擦速率的相关性。在积雪覆盖的生态系统中常常能观测到测量的 CO_2 排放通量随风速增加而增加（Goulden et al. 1996; Aurela et al. 2002）。这通常是由积雪层的空气流通引起的，其中在缓慢扩散进入大气的情况下，温室气体浓度趋于累积（即低风速时）（Massman et al. 1997）。原则上，将这一现象纳入 CO_2 通量参数化中是可行的，但即便是短期时间内这种关系通常都是非线性的。空气流通在增加通量的同时也降低了储量，所以随着时间延长，这种效应逐渐减弱。通常，空缺填补模型里并不考虑这种气流依赖关系，这是因为在较长平均时间里其影响已经可以忽略不计。

14.6 碳平衡和气候效应

就温室气体平衡而言，湿地与其他许多生态系统的差异在于 CH_4 释放在湿地起主要作用，而 N_2O 通量通常并不重要。因为 CH_4 分析仪变得更加实惠，且在野外的安装也更加容易，越来越多的通量站开始同时测量 CH_4 和 CO_2 通量。图 14.3 阐释了在一个北方沼泽观测到的 CO_2 和 CH_4 交换的全年典型循环过程，伴有共同决定年平衡的典型季节性动态。如上所述，冬季通量虽小，但显然不可忽略。融雪后土壤温度升高，促进了 CO_2 和 CH_4 的排放通量。在融雪过程中，CH_4 通量常会呈现出一种额外增强，而这一现象不能直接与土壤温度变化或 CH_4 形成过程相关联。这一所谓的春季脉冲是由在冬季冻结泥炭层下所积累的 CH_4 储层释放造成（Hargreaves et al. 2001）。生长季的 CO_2 通量受同时期光合吸收和呼吸过程的共同控制。CH_4 的季节性循环则更简单，主要受土壤温度和植被物候影响。因此将简单的特定站点温度响应函数匹配到 CH_4 通量就更为轻松。这一函数可用于之后的测量时间序列的空缺填补。CH_4 通量甚至可以参数化处理为日平均值，而 CO_2 通量则做不到。

除了用涡度协方差方法测量 CO_2 和 CH_4 的净交换外，沼泽生态系统的净碳平衡中还包括其他组分：经由横向水流的总有机碳（total organic carbon, TOC）、溶解无机碳（dissolved inorganic carbon, DIC）、CH_4 的输入和输出及通过降雨输入的碳。实际上并非所有组分都重要，但其中一些组分可能在总平衡中起重要作用。譬如在瑞典北方的一个贫营养型成矿沼泽，平衡最大项是 CO_2 净吸收（2005 年为 48 g C m^{-2}）带来的碳，接下来是 CH_4 排放（14 g C m^{-2}）和溪流输出的总有机碳（12 g C m^{-2}）（Nilsson et al. 2008）。另一方面，溪流输出的溶解无机碳和 CH_4（分别是 3.1 和 0.1 g C m^{-2}）以及总有机碳沉降（1.4 g C m^{-2}）就相对次要。这些组分合计全年总碳累积为 20 g C m^{-2}，占 CO_2 的净生态系统交换的 42%。

将当前碳平衡的估测值与较长时间范围内泥炭廓线中累积的碳量进行比较是十分有趣的，这在当特定泥炭层（例如追溯树木的生长起始点；Schulze et al. 2002）或泥炭底部被记录时是有可能进行的。后者提供了全新世期间沼泽在生命周期内的长期表面碳积累（long-term apparent carbon accumulation，LARCA）。以累积模型为基础的 LARCA 可用于计算当前碳积累速率（如 Clymo et al. 1998），上面讨论的瑞典沼泽得出的累积速率就很接近用涡度协方差和其他测量得到的当前平衡结果（Nilsson et al. 2008）。

当自然生态系统受到人类管理介入的影响，温室气体通量的气候效应会发生极大改变（例如 Lohila et al. 2010）。例如，将自然沼泽排水以用于农业或林业灌溉会导致 CH_4 排放中止，同样受其影响，泥炭土可能从 CO_2 汇转为 CO_2 源。为估测碳平衡和气候效应，对 CO_2 和 CH_4 通量的了解是必需的，一般不需要对第三大温室气体 N_2O 进行测量，这是因为寒冷和洪泛的条件不利于 N_2O 的生成（Regina et al. 1996）。然而，已准备投入农业生产的泥炭土中，N_2O 的排放通常很高（Augustin et al. 1998）。这一影响可能持续很长时间。例如，30 多年前用于绿化造林的泥塘（Lohila et al. 2007）在首次被抽水用于农业后，仍释放大量的 N_2O 气体（Mäkiranta et al. 2007）。实际上，欧洲的所有沼泽站点，排除位于大陆边缘的那些，其他的在过去的数百年里都受到了人类活动的影响，为确定测量需要，以及方便后续结果分析，有必要调查潜在通量观测站点的管理历史。非 CO_2 温室气体的重要性需要得到强调，这是基于这样一个事实：相比 CO_2，非 CO_2 温室气体每单位排放的辐射驱动效率更高以及还有不同的大气寿命，使得这些生态系统对气候的影响分析变得更为复杂。

14.7 结 束 语

本章的重点在于北方和北极环境中的自然沼泽。然而，低纬度湿地以及经受管理或受气候变化影响的沼泽也非常重要，对于前者，在这些地方有时可能观测到具有意外变异的高通量。举例来说，从一个排水的热带沼泽生态系统得到的三年涡度协方差数据显示了非常高的呼吸作用(3870 g C m^{-2} a^{-1}),造成向大气净释放大量 CO_2(430 g C m^{-2} a^{-1})(Hirano et al. 2007)。由于光合吸收强(2340 g C m^{-2} a^{-1})而呼吸消耗较弱,佛罗里达州的红树林成为巨大的 CO_2汇(1170 g C m^{-2} a^{-1})(Barr et al. 2009)。在这些站点,涉及与高湿度和温度、雷雨和飓风有关的潜在技术问题,显然与本章中所讨论的有所不同。因此,这些测量应该说已是显著的成就,这进一步证明涡度协方差技术的适用性。

另一个更值得注意的环境是正随气候变暖不断融化的永久冻土带。在退化的冻土带,景观的组成有泥炭湿地(flark)、草地、不同植被类型的条形地带、无植被的泥炭霉菌(mold)和池塘。这组成了具有相反方向的通量热点的极度异质性的地表。这种变化不仅针对 CO_2和 CH_4,还包括 N_2O,因为在亚北极湿地的裸露泥炭地表上观察到了其排放(Repo et al. 2009)。另一个例子是,在阿尔卑斯山脉北部瑞典的解冻湿地,观测到湿润的泥炭湿地区域有扩大的趋势,加剧了 CH_4排放(Christensen et al. 2004)。在这些环境中,涡度协方差测量为追踪在长期基础上气候变化对温室气体交换的影响提供了非常有价值的帮助。

参考文献

Alm J, Schulman L, Walden J, Nykänen H, Martikainen PJ, Silvola J (1999) Carbon balance of a boreal bog during a year with an exceptionally dry summer. Ecology 80:161-174

Arneth A, Kurbatova J, Kolle O, Shibistova O, Lloyd J, Vygodskaya NN, Schulze ED (2002) Comparative ecosystem-atmosphere exchange of energy and mass in a European Russian and a central Siberian bog Ⅱ. Interseasonal and interannual variability of CO_2 fluxes. Tellus B 54:514-530

Augustin J, Merbach W, Rogasik J (1998) Factors influencing nitrous oxide and methane emissions from minerotrophic fens in northeast Germany. Biol Fertil Soils 28:1-4

Aurela M, Tuovinen J-P, Laurila T (1998) Carbon dioxide exchange in a subarctic peatland ecosystem in northern Europe measured by eddy covariance technique. J Geophys Res 103:11289-11301

Aurela M, Laurila T, Tuovinen J-P (2002) Annual CO_2 balance of a subarctic fen in northern Europe: importance of the wintertime efflux. J Geophys Res 107:4607. doi:10.1029/2002JD002055

Aurela M, Laurila T, Tuovinen J-P (2004) The timing of snow melt controls the annual CO_2 balance in a subarctic fen. Geophys Res Lett 31:L16119. doi:10.1029/2004GL020315

Aurela M, Riutta T, Laurila T, Tuovinen J-P, Vesala T, Tuittila E-S, Rinne J, Haapanala S, Laine J (2007) CO_2 balance of a sedge fen in southern Finland - the influence of a drought period. Tellus B 59:826-837

Aurela M, Lohila A, Tuovinen J-P, Hatakka J, Riutta T, Laurila T (2009) Carbon dioxide exchange on a northern boreal fen. Boreal Environ Res 14:699-710

Barr JG, Fuentes JD, Engel V, Zieman JC (2009) Physiological responses of red mangroves to the climate in the Florida Everglades. J Geophys Res 114:G02008. doi:10.1029/2008JG000843

Barr JG, Engel V, Fuentes JD, Zieman JC, O'Halloran TL, Smith TJ Ⅲ, Anderson GH (2010) Controls on mangrove forest-atmosphere carbon dioxide exchanges in western Everglades National Park. J Geophys Res 115: G02020. doi:10.1029/2009JG001186

Chojnicki BH, Urbaniak M, Józefczyk D, Augustin J, Olejnik J (2007) Measurements of gas and heat fluxes at Rzecin wetland. In: Okruszko T, Maltby E, Szatylolowicz J, Świątek D, Kotowski W (eds) Wetlands:

monitoring, modeling and management. Taylor & Francis Group, London, pp 125-131

Christensen TR, Johansson T, Åkerman HJ, Mastepanov M, Malmer N, Friborg T, Crill P, Svensson BH (2004) Thawing sub-arctic permafrost: effects on vegetation and methane emissions. Geophys Res Lett 31:L04501. doi:10.1029/2003GL018680

Clymo RS, Turunen J, Tolonen K (1998) Carbon accumulation in peatland. Oikos 81:368-388

Corradi C, Kolle O, Walter K, Zimov SA, Schulze ED (2005) Carbon dioxide and methane exchange of a north-east Siberian tussock tundra. Glob Change Biol 11:1910-1925

Coxon DS, Parkinson D (1987) Winter respiratory activity in aspen woodland forest floor litter and soils. Soil Biol Biochem 19:49-59

Coyne PI, Kelly JJ (1975) CO_2 exchange in the Alaskan tundra: meteorological assessment by the aerodynamic method. J Appl Ecol 12:587-611

Dinsmore KJ, Billett MF, Skiba UM, Rees RM, Helfter C (2010) Role of the aquatic pathway in the carbon and greenhouse gas budgets of a peatland catchment. Glob Change Biol 16:2750-2762

Edwards GC, Neumann HH, den Hartog G, Thurtell GW, Kidd G (1994) Eddy correlation measurements of methane fluxes using a tunable diode laser at the Kinosheo Lake tower site during the Northern Wetlands Study (NOWES). J Geophys Res 99:1511-1517

Faist J, Capasso F, Sivco DL, Sirtori C, Hutchinson AL, Cho AY (1994) Quantum cascade laser. Science 264: 553-556

Fan SM, Wofsy SC, Bakwin PS, Jacob DJ, Anderson SM, Kebabian PL, McManus JB, Kolb CE, Fitzjarrald DR (1992) Micrometeorological measurements of CH_4 and CO_2 exchange between the atmosphere and subarctic tundra. J Geophys Res 97:16627-16643

Flanagan PW, Bunnell FL (1980) Microflora activities and decomposition. In: Brown J, Miller PC, Tieszen LL, Bunnell FL (eds) An arctic ecosystem: the coastal tundra at Barrow, Alaska. Dowden, Hutchinson & Ross, Inc., Stroudsburg, pp 291-334

Frolking S, Roulet N, Fuglestvedt J (2006) How northern peatlands influence the Earth's radiative budget: sustained methane emission versus sustained carbon sequestration. J Geophys Res 111:G01008. doi:10.1029/2005JG000091

Glenn AJ, Flanagan LB, Syed KH, Carlson PJ (2006) Comparison of net ecosystem CO_2 exchange in two peatlands in western Canada with contrasting dominant vegetation, *Sphagnum* and *Carex*. Agric For Meteorol 140:115-135

Gorham E (1991) Northern peatlands: role in the carbon balance and probable responses to climatic warming. Ecol Appl 1:182-195

Goulden ML, Munger JW, Fan SM, Daube BC, Wofsy SC (1996) Measurements of carbon sequestration by long-term eddy covariance: methods and a critical evaluation of accuracy. Glob Change Biol 2:169-182

Griffis TJ, Rouse WR, Waddington JM (2000) Interannual variability of net ecosystem CO_2 exchange at a subarctic fen. Glob Biogeochem Cycles 14:1109-1121

Harazono Y, Mano M, Miyata A, Zulueta RC, Oechel WC (2003) Inter-annual carbon dioxide uptake of a wet sedge tundra ecosystem in the Arctic. Tellus B 55:215-231

Hargreaves KJ, Fowler D, Pitcairn CER, Aurela M (2001) Annual methane emission from Finnish mire estimated from eddy covariance campaign measurements. Theor Appl Climatol 70:203-213

Hendriks DMD, Dolman AJ, van der Molen MK, van Huissteden J (2008) A compact and stable eddy covariance set-up for methane measurements using off-axis integrated cavity output spectroscopy. Atmos Chem Phys 8: 431-443

Hirano T, Segah H, Harada T, Limin S, June T, Hirata R, Osaki M (2007) Carbon dioxide balance of a tropical peat swamp forest in Kalimantan, Indonesia. Glob Change Biol 13:412–425

Hooijer A, Silvius M, Wosten H, Page S (2006) PEAT-CO_2, Assessment of CO_2 emissions from drained peatlands in SE Asia. Delft Hydraulics report Q3943

Huemmrich KF, Black TA, Järvis PG, McCaughey J, Hall FG (1999) High temporal resolution NDVI phenology from micrometeorological radiation sensors. J Geophys Res 104:27935–27944

Jackowicz-Korczyński M, Christensen TR, Bäckstrand K, Crill P, Friborg T, Mastepanov M, Ström L (2010) Annual cycle of methane emission from a subarctic peatland. J Geophys Res 115:G02009. doi:10.1029/2008jg000913

Joiner DW, Lafleur PM, McCaughey JH, Bartlett PA (1999) Interannual variability in carbon dioxide exchanges at a boreal wetland in the BOREAS northern study area. J Geophys Res 104:27663–27672

Kroon PS, Hensen A, Jonker HJJ, Zahniser MS, van't Veen WH, Vermeulen AT (2007) Suitability of quantum cascade laser spectrometry for CH_4 and N_2O eddy covariance measurements. Biogeosciences 4:715–728

Kuhry P, Turunen J (2006) The postglacial development of boreal and subarctic peatlands. In: Wieder RK, Vitt DH (eds) Boreal peatland ecosystems. Springer, Berlin, pp 25–46

Kutzbach L, Wille C, Pfeiffer E-M (2007) The exchange of carbon dioxide between wet arctic tundra and the atmosphere at the Lena River Delta, Northern Siberia. Biogeosciences 4:869–890

Kwon H-J, Oechel WC, Zulueta RC, Hastings SJ (2006) Effects of climate variability on carbon sequestration among adjacent wet sedge tundra and moist tussock tundra ecosystems. J Geophys Res 111: G03014. doi: 10.1029/2005JG000036

Lafleur PM, Roulet NT, Admiral SW (2001) Annual cycle of CO_2 exchange at a bog peatland. J Geophys Res 106: 3071–3081

Lafleur PM, Roulet NT, Bubier JL, Frolking S, Moore TR (2003) Interannual variability in the peatland-atmosphere carbon dioxide exchange at an ombrotrophic bog. Glob Biogeochem Cycles 17:1036. doi:10.1029/2002GB001983

Laine A, Sottocornola M, Kiely G, Byrne KA, Wilson D, Tuittila E-S (2006) Estimating net ecosystem exchange in a patterned ecosystem: example from blanket bog. Agric For Meteorol 138:231–243

Lappalainen E (ed) (1996) Global Peat Resources. International Peat Society, Jyväskylä, Finland, 368 pp

Laurila T, Asmi E, Aurela M, Uttal T, Makshtas A, Reshetnikov A, Ivakhov V, Hatakka J, Lihavainen H, Hyvärinen A-P, Viisanen Y, Laaksonen A, Taalas P (2010) Long-term measurements of greenhouse gases and aerosols at Siberian Arctic site, Tiksi. In: Abstracts of the international polar year conference, June 2010, Oslo. http://ipy-osc.no/abstract/382008

Limpens J, Berendse F, Blodau C, Canadell JG, Freeman C, Holden J, Roulet N, Rydin H, Schaepman-Strub G (2008) Peatlands and the carbon cycle: from local processes to global implications – a synthesis. Biogeosciences 5:1475–1491

Lohila A, Laurila T, Aro L, Aurela M, Tuovinen J-P, Laine J, Kolari P, Minkkinen K (2007) Carbon dioxide exchange above a 30-year-old Scots pine plantation established on organic soil cropland. Boreal Environ Res 12: 141–157

Lohila A, Minkkinen K, Laine J, Savolainen I, Tuovinen J-P, Korhonen L, Laurila T, Tietäväinen H, Laaksonen A (2010) Forestation of boreal peatlands: impacts of changing albedo and greenhouse gas fluxes on radiative forcing. J Geophys Res 115:G04011. doi:10.1029/2010JG001327

Lund M, Lindroth A, Christensen TR, Ström L (2007) Annual CO_2 balance of a temperate bog. Tellus B 59: 804–811

Maanavilja L, Riutta T, Aurela M, Pulkkinen M, Laurila T, Tuittila E-S (2011) Spatial variation in CO_2 exchange at a northern aapa mire. Biogeochemistry 104:325-345. doi:10.1007/s10533- 010-9505-7

Mäkiranta P, Hytönen J, Aro L, Maljanen M, Pihlatie M, Potila H, Shurpali N, Laine J, Lohila A, Martikainen PJ, Minkkinen K (2007) Soil greenhouse gas emissions from afforested organic soil croplands and cutaway peatlands. Boreal Environ Res 12:159-175

Massman WJ, Sommerfield RA, Mosier AR, Zeller KF, Hehn TJ, Rochelle SG (1997) A model investigation of turbulence-driven pressure pumping effects on the rate of diffusion of CO_2, N_2O, and CH_4 through layered snowpacks. J Geophys Res 102:18851-18863

Mitsch WJ, Gosselink JG, Anderson CJ, Zhang L (2009) Wetland ecosystems. Wiley, Hoboken, 295 pp

Moore TR, Knowles R (1990) Methane emissions from fen, bog and swamp peatlands in Quebec. Biogeochemistry 11:45-61

Neumann HH, den Hartog G, King KM, Chipanshi AC (1994) Carbon dioxide fluxes over a raised open bog at the Kinosheo Lake tower site during the Northern Wetlands Study (NOWES). J Geophys Res 99:1529-1538

Nieveen JP, Jacobs CMJ, Jacobs AFG (1998) Diurnal and seasonal variation of carbon dioxide exchange from a former true raised bog. Glob Change Biol 4:823-834

Nilsson M, Sagerfors J, Buffam I, Laudon H, Eriksson T, Grelle A, Klemedtsson L, Weslien P, Lindroth A (2008) Contemporary carbon accumulation in a boreal oligotrophic minerogenic mire – a significant sink after accounting for all C fluxes. Glob Change Biol 14:2317-2332

Ochsner TE, Sauer TJ, Horton R (2006) Field tests of the soil heat flux plate method and some alternatives. Agronomy J 98:1005-1014

Regina K, Nykänen H, Silvola J, Martikainen PJ (1996) Fluxes of nitrous oxide from boreal peatlands as affected by peatland type, water table level and nitrification capacity. Biogeochemistry 35:401-418

Repo ME, Susiluoto S, Lind SE, Jokinen S, Elsakov V, Biasi C, Virtanen T, Martikainen PJ (2009) Large N_2O emissions from cryoturbated peat soil in tundra. Nat Geosci 2:189-192

Rinne J, Riutta T, Pihlatie M, Aurela M, Haapanala S, Tuovinen J-P, Tuittila E-S, Vesala T (2007) Annual cycle of methane emission from a boreal fen measured by the eddy covariance technique. Tellus B 59:449-457

Riutta T, Laine J, Aurela M, Rinne J, Vesala T, Laurila T, Haapanala S, Pihlatie M, Tuittila E-S (2007) Spatial variation in plant community functions regulates carbon gas dynamics in a boreal fen ecosystem. Tellus B 59:838-852

Sachs T, Wille C, Boike J, Kutzbach L (2008) Environmental controls on ecosystem-scale CH_4 emission from polygonal tundra Lena river delta, Siberia. J Geophys Res 113:G00A03. doi:10.1029/2007JG000505

Sagerfors J, Lindroth A, Grelle A, Klemedtsson L, Weslien P, Nilsson M (2008) Annual CO_2 exchange between a nutrient-poor, minerotrophic, boreal mire and the atmosphere. J Geophys Res 113:G01001. doi:10. 1029/2006JG000306

Saunders MJ, Jones MB, Kansiime F (2007) Carbon and water cycles in tropical papyrus wetlands. Wetl Ecol Manage 15:489-498

Schulze ED, Valentini R, Sanz MJ (2002) The long way from Kyoto to Marrakesh: implications of the Kyoto protocol negotiations for global ecology. Glob Change Biol 8:1-14

Shurpali NJ, Verma SB, Kim J (1995) Carbon dioxide exchange in a peatland ecosystem. J Geophys Res 100: 14319-14326

Soegaard H, Nordstroem C (1999) Carbon dioxide exchange in a high-arctic fen estimated by eddy covariance measurements and modelling. Glob Change Biol 5:547-562

Sottocornola M, Kiely G (2005) An Atlantic blanket bog is a modest CO_2 sink. Geophys Res Lett 32: L23804.

doi:10.1029/2005GL024731

Suyker AE, Verma SB, Arkebauer TJ (1997) Season-long measurement of carbon dioxide exchange in a boreal fen. J Geophys Res 102:29021-29028

Syed KH, Flanagan LB, Carlson P, Glenn A, Gaalen DEV (2006) Environmental control of net ecosystem CO_2 exchange in a treed, moderately rich fen in northern Alberta. Agric For Meteorol 140:97-114

Turunen J, Tomppo E, Tolonen K, Reinikainen A (2002) Estimating carbon accumulation rates of undrained mires in Finland - application to boreal and subarctic regions. Holocene 12:79-90

van der Molen MK, van Huissteden J, Parmentier FJW, Petrescu AMR, Dolman AJ, Maximov TC, Kononov AV, Karsanaev SV, Suzdalov DA (2007) The growing season greenhouse gas balance of a continental tundra site in the Indigirka lowlands, NE Siberia. Biogeosciences 4:985-1003

Verma SB, Ullman FG, Billesbach DP, Clement RJ, Kim J (1992) Micrometeorogical measurements of methane flux in a northern peatland ecosystem. Bound Layer Meteorol 58:289-304

Vourlitis GL, Oechel WC (1997) Landscape-scale CO_2, water vapour, and energy flux of moist-wet coastal tundra ecosystems over two growing seasons. J Ecol 85:575-590

Vourlitis GL, Oechel WC (1999) Eddy covariance measurements of net CO_2 flux and energy fluxes of an Alaskan tussock tundra ecosystem. Ecology 80:686-701

Yan Y, Zhao B, Chen JQ, Guo HQ, Gu YJ, Wu QH, Li B (2008) Closing the carbon budget of estuarine wetlands with towerbased measurements and MODIS time series. Glob Change Biol 14:1690-1702

Zahniser MS, Nelson DD, McManus JB, Kebabian PK (1995) Measurement of trace gas fluxes using tunable diode laser spectroscopy. Philos Trans R Soc A 351:371-382

Zimov SA, Zimova GM, Daviodov SP, Daviodova AI, Voropaev YV, Voropaeva ZV, Prosiannikov SF, Prosiannikova OV, Semiletova IV, Semiletov IP (1993) Winter biotic activity and production of CO_2 in Siberian soils: a factor in the greenhouse effect. J Geophys Res 98:5017-5023

第15章

湖泊生态系统涡度协方差通量测量

Timo Vesala, Werner Eugster, Anne Ojala

15.1 引　　言

我们将概述在湖面上开展涡度协方差测量的重要性,并且聚焦于 CO_2 通量。内陆水域在有机碳的封存、输送和矿化方面起着重要作用(Battin et al. 2009; Tranvik et al. 2009)。尽管内陆水域在碳的横向输送上尤为重要,但是其与大气的直接碳交换(也称为排气(outgassing))也被认为是全球碳收支的重要组成部分(Tranvik et al. 2009; Bastviken et al. 2011)。同时,湖泊还能通过沉积作用有效储存碳,但是例如在北方地区,年 CO_2 释放量是净碳沉积的 17~43 倍(Kortelainen et al. 2006)。据估计,在森林集水区(forested catchment),湖泊的 CO_2 年释放量可达年净生态系统交换的 14%(Hanson et al. 2004)。

湖泊仅占地球表面积的 3%(Downing et al. 2006),但在北方地区可占陆地面积的 7%,而在芬兰和加拿大北部的一些地区,其占比更高(Raatikainen and Kuusisto 1990),分别为 20%和

T.Vesala (✉)
Department of Physics, University of Helsinki, Helsinki, Finland
e-mail: timo.vesala@helsinki.fi

W.Eugster
Institute of Agricultural Sciences, ETH Zürich, Zürich, Switzerland
e-mail: werner.eugster@agrl.ethz.ch

A.Ojala
Department of Environmental Sciences, University of Helsinki, Helsinki, Finland
e-mail: Anne.Ojala@helsinki.fi

M.Aubinet et al. (eds.), *Eddy Covariance: A Practical Guide to Measurement and Data Analysis*, Springer Atmospheric Sciences, DOI 10.1007/978-94-007-2351-1_15,

30%。然而,大多数水体面积都较小(图 15.1)。作为可能是单位面积湖泊密度最高的欧洲国家,芬兰平均每 100 km^2 内有 56 个湖泊(Raatikainen and Kuusisto 1990),并且湖面面积小于 0.01 km^2 的湖泊数目超过 130 000 个。更为重要的是,北极冻原也类似地被大量的小池塘和湖泊所占据,因此其对高纬度温度升高的响应及其导致的 CO_2 和 CH_4 释放变化具有高度的不确定性(Walter et al. 2007)。MacIntyre 等(2010)推断区域及全球的湖泊温室气体排放可能高于目前估测值。

图 15.1 位于芬兰南部的 Valkea-Kotinen 湖(湖面面积为 0.041 km^2),周边为典型的北方针叶林(©Ilpo Hakala)

目前,对湖泊排气的估测仍然是临时性的(provisional),且很可能被低估(Alsdorf et al. 2007)。虽然可能通过合适的气室设计,利用气室法可以获得与涡度协方差方法一致的结果(Cole et al. 2010),但涡度协方差(EC)技术仍然是直接评估湖泊通量的不可替代的工具。除了气室法,基于测得的大气与水体之间的 CO_2 分压差和参数化的总体传输系数,我们也可以使用气体交换模型,但是传输系数很难通过实验来确定(MacIntyre et al. 2010)。然而,长期涡度协方差通量测量数据非常匮乏,因此急需更多的来自不同大小、不同类型(如水体颜色)及不同气象条件下湖泊的测量数据来评估湖泊在地方、区域和全球碳收支中的作用。湖泊大小与气体饱和度(即大气与水体之间 CO_2 达到平衡时表层水中 CO_2 的浓度)呈负相关关系,而且小湖泊是相对大的 CO_2 源(Kelly et al. 2001; Kortelainen et al. 2006)。在开展涡度协方差相关工作时,大气物理学家/微气象学家需要与湖泊学家和水生生态学家密切合作,以获得最好的科研效果。

15.2 已有研究

已有 6 篇文章报道了湖泊的涡度协方差 CO_2 通量测量，具体包括 Anderson 等(1999)(AN)对美国明尼苏达州一个小林地湖泊的研究；Morison 等(2000)(MO)研究了亚马孙平原的一个热带草原 Echinochloa 在高水位期间的生产力；Eugster 等(2003)(EU)确定了北极阿拉斯加的一个湖泊及瑞士一个孤立的中纬度(没有入水口和出水口)湖泊的交换率；Vesala 等(2006)(VE)报道了一个小高地湖泊(没有入水口)在完全开放水域时期(full open-water period)的通量；Guerin 和 Abril(2007)(GU)调查了法国圭亚那地区的一个热带水库及 Jonsson 等(2008)(JO)研究了位于北极圈北部的瑞典北方森林地区的湖泊；Huotari 等(2011)(HU)在与 VE 相同的湖泊进行了连续 5 年的通量记录。大部分的记录长度都很短。在 3 年期间，AN 的研究中，湖泊-大气间交换仅在春、夏和秋三季进行了为期 5 周的测量。MO 报道了处于水生草地阶段 2 周的测量结果以及处于陆生低水位阶段 1 个月的测量结果，而这种情形不能视为内陆水体。EU 的研究覆盖了 3 个不同的阶段，每个阶段仅几天，但主要关注排气过程，而非其与长期碳收支的相关性。在第一阶段(2 d)，仪器安装在 Toolik 湖滨(阿拉斯加州)，需排除风从内陆吹来情形下的数据；第二阶段也在 Toolik 湖，观测 5 d，但仪器安装在湖泊中心的锚泊浮体上；第三阶段在 Soppensee 湖上(瑞士)，观测为期 3 d，仪器也安装在锚泊浮体上。GU 仅报道了所研究水库的堤坝上游几百米的 24 h 测量数据。JO 进行了为期 3 个月的测量，并且最短的风区离岸仅 350 m。发表在同行评阅杂志上的两个最长的有效数据集是在芬兰 Valkea-Kotinen 湖 2003 年 4—11 月水面无冰时期以及 5 个连续无冰期(2003—2007 年)的观测数据，可分别见 VE 和 HU。

Nordbo 等(2011)也强调了小湖泊通量研究的重要性及相关数据的匮乏。除了 MO 研究，已报道研究的湖泊大小按如下顺序依次增大：Valkea-Kotinen 湖(VE)长约 460 m，宽 130 m(平均深度 (ad) 2.5 m)；Soppensee 湖(EU)长约 800 m，宽 400 m(ad 12 m)；Williams 湖(AN)为椭圆形，长轴长 900 m，短轴长 550 m(ad 5.2 m)；Toolik 湖(EU)湖面面积为 1.5 km^2(ad 7 m)；Merasjärvi 湖(JO)湖面面积为 3.8 km^2(ad 5.1 m)；Sinnamary 河(GU)的 Petit-Saut 坝所在水库面积为 300 km^2，水位高低不同。在湖泊上开展的长期(5 个月以上)及短期的感热和潜热 EC 通量测量数据见 Nordbo 等(2011)的表 1，不仅列出了已经提到的研究(VE、EU、AN、JO 和 GU)，还包括 3 个长期研究(Rouse et al. 2008; Liu et al. 2009)和 6 个短期能量通量记录(Elo 2007; Panin et al. 2006; Beyrich et al. 2006; Assouline et al. 2008; Vercauteren et al. 2008; Salgado and Le Moigne 2010)。CH_4通量的涡度协方差方法测量才刚刚起步，至今还没有见到已发表的同行评审的文章，因此本章对此不作探讨。

在 1999 年，最早的文章(AN)总结说：“鉴于预测湖泊-大气 CO_2传输的不确定性以及其在大气-水交换上的全球重要性，我们强烈建议其他研究者进行相关同类研究，以便更好地理解和量化在自然状况下环境对大气-水界面气体传输的调控。”在 12 年之后，我们仍然不得不认同这个观点。

15.3 湖面特定的设置问题

相比有植被生长的相邻陆地,湖泊的 CO_2通量通常要小很多。根据湖泊类型及营养状况,清晰定义湖泊的界限可能比较困难,也就是说,在很多湖泊,湖岸带是陆地生态系统的关键组成部分。如果水生植物如芦苇和莎草生长在湖岸边,那么必须对这种状况加以特殊考虑,应该将其归于湿地(第 14 章),而不必考虑"这些区域是湖泊的一部分"这一事实。

即使对于有明显界限的湖泊,它们的表现也不相似:需要运用湖沼学知识来将分层湖泊和浅水湖泊区分开,其中浅水湖泊没有表现出典型的温度随深度变化而分层。浅水湖泊通常是好氧的,即水体从下到上完全混合,因此我们可以预期在湖底的任何(微生物分解)过程与表层湖水的 CO_2浓度存在直接联系。当然,考虑到湖水深度,在湖底发生的过程与我们在表层湖水中所发现的过程之间存在时滞。由于大气湍流混合是一个连续动态过程,需要一段时间(取决于水体中湍流混合情况)将湖底产生的单位气体传输到表层湖水体。

还应注意的是,由于机械湍流强度较低,平滑湖面上的通量足迹(源区)一般较大(见第 8 章的足迹),因此在小水体上的测量会遇到没有足够大风区的问题。但是,Vesala 等(2006)研究了较小的 Valkea-Kotinen 湖,并且证明,相对于具有较大平滑表面的大湖,由于周边森林产生的湍流的存在,Valkea-Kotinen 湖的源区相对较小。相对于其他表面,湖泊有较小的日间及夜间足迹变化,这是因为表层在日间会变凉,稳定近表面层,而在夜间,湖泊表层比空气更为暖和。

为了合理地解释涡度协方差通量,还需要测量除 CO_2通量外的许多其他变量。任何欲搭建湖泊涡度协方差设施的研究者,要考虑一个基本气象变量观测传感器的"购物清单"。接下来的清单显示了希望理解湖泊排气背后过程的科学家的终极需求。对于仅是简单量化 CO_2释放来说,在大多数情况下使用缩减的变量集合也是可行的。终极清单包括向下和向上的辐射组分(短波和长波组分分开)、倾角计、浮标/平台朝向、空气 CO_2浓度梯度、水温廓线、沉积物温度(或者靠近湖底的水温)、水的流速、水的电导率、水体 CO_2浓度廓线、溶解无机碳(dissolved inorganic carbon,DIC)和溶解无机氮(dissolved inorganic nitrogen,DIN)、溶解有机碳(dissolved organic carbon,DOC)和溶解有机氮(dissolved organic nitrogen,DON)、具有相关流入的湖泊的颗粒有机质(particulate organic matter,POM)、溶解氧廓线/氧化还原势、pH、叶绿素浓度、总氮、总磷及底泥采样计。如果能通过气室法测量通量以用于相互比对,那就更可取了。通过监测输入和输出水流的 CO_2、DIC、DOC 和 POM,我们就能估算总体碳平衡了。

15.3.1 湖泊分层

在分层湖泊中,情况会更加复杂,如图 15.2 的概略表示,分层湖泊包括上层的混合层(跃变层,epilimnion)和下层密度大的均温层(深水层,hypolimnion)。两层被中间的具有剧烈密度梯度的变温层(metalimnion)隔离开,由于该层水体密度梯度通常是水温的函数,所以又被称为温跃层(温度突变层,thermocline)。然而在盐湖,水体密度可能也是盐分浓度的函数,因此该过渡层又被称为密度跃变层(pycnocline)。如果湖底有可利用的有机底物,例如新近的有机沉积物和植物凋落物或在寒冷区域冻土融化所产生的有机质,那么这些底物的分解产物可以在均温层累积。穿过温跃层的交换可能是一个限制因子,就像图15.2中小箭头所示。而一旦湖底分解产物传递到跃变层,它们几乎处于一个氧化环境中,最终在到达表层水之前被氧化为CO_2。因为在跃变层内的混合通常比穿过温跃层的交换更充分(图15.2中的大箭头),因此表层水的状况更多反映了穿过温跃层的交换情况,而非跃变层的混合情况。

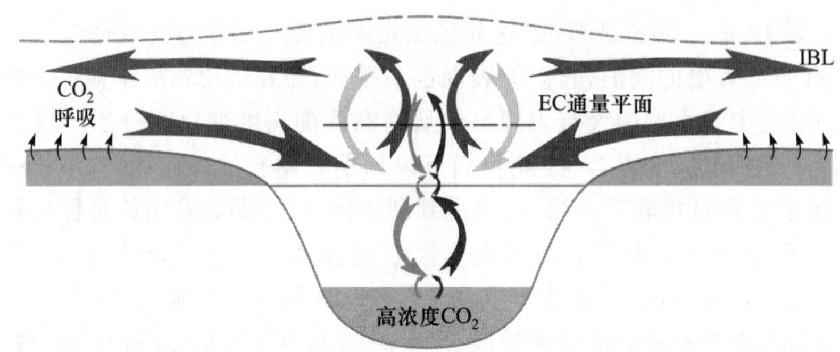

图15.2 在夜间,影响湖面上涡度协方差(EC)通量测量的过程。因为EC测量不能直接在大气-水界面进行,在EC参照高度(黑色虚线)进行的湖泊-大气CO_2交换(蓝色和红色箭头)的测量同时包括了与湖泊周边陆地富含CO_2大气的交换通量(粉红和黄色箭头)。在这些陆地,CO_2源自土壤和植被的呼吸作用。这种本地湖泊-陆风类型的循环在其垂直范围上受到内部边界层(internal boundary layer,IBL)的限制(根据Eugster等(2003)重绘)(见书末彩插)

15.3.2 CO_2的水化学

对于CO_2这种特殊情况,一个需要考虑的重要方面是其在水中的化学活跃性。由于CO_2易溶为碳酸(H_2CO_3),因此当其到达湖面时并不必然以CO_2气体的形式释放。该过程以小箭头的形式在图15.2中表示,这表明即使在跃变层进行了充分混合,也只有少量交换通量可能穿过湖泊表面。另一方面,湖泊化学的任何变化,即水体pH的变化,也可能会迅速改变CO_2排放条件,而并不需来自大气的驱动力。影响表层水体pH的因子之一是光合活性。

总之,在湖面上开展的涡度协方差通量测量可能准确反映表面通量的现有状况,但同时可能很难解释这些通量,这是因为这些通量的主要驱动力并不仅仅与大气湍流相关,还与湖泊中湍流混合相关(如果不是主要由湖泊过程引起的情况下)。

15.3.3 陆地-湖泊交互

湖泊的内在特征之一是它们被陆地所环绕,并且在大多数情况下湖泊的空间范围太小,以至于不能期望达到严格的大气湍流与本地水体表面的平衡状态。当使用涡度协方差测量通量时,以上这一点可以很容易地通过动量通量和稳定度测量反向计算粗糙长度z_0来检验。相比我们预期从一个相对平滑表面所获得的，通过这种方式所得到的 z_0值通常显示更粗糙的状况。这不是测量误差，但反映了这样一个事实，即尤其是具有较长时间尺度的大涡保留着上风向表面粗糙度的印记。当气流从周边陆地区域到达湖泊表面时，湍流情况没有很快适应湖泊表面的平滑情形（Jensen 1978）。当然，这个效应在小湖泊中表现更为明显，但是在大湖泊中也有。

类似地，这种陆地-湖泊交互也能够影响湖面上的 CO_2浓度和通量测量，如图 15.2 中的大箭头所示。考虑到日间情形，围绕湖的具有良好植被覆盖的陆地的 CO_2吸收量要比穿过湖泊表面的 CO_2吸收或释放的量高 2 个数量级。之后，由陆地过程所导致的低浓度 CO_2可被平流输送到湖泊上，这时使用标准涡度协方差数据处理可能将之错认为本地向下通量。也就是说，如果湖泊表面温度比周边陆地植被低，这种平流会将周边空气带到涡度协方差传感器下边，如图 15.2 所示。Sun 等（1998）详细描述了这种局部环流（local circulation）及从周边森林到湖泊 CO_2平流的具体特征。

Eugster 等（2003）和 Vesala 等（2006）尝试采用的解决方法是将涡度协方差的平均时间从 30 min 减少到 5 min。其理由是大气湍流与 z/u（测量高度与水平风速的比值）成比例，因此更短的平均时间可部分消除集成通量中来自通量足迹末端的那部分（详见 Eugster et al. 2003）。在理想中性或者非稳定状态下，我们可以预期 5 min 通量平均值仍然可达 30 min 通量值的 92%。图 15.3 清晰地表示出了在日间和夜间条件下，对于 5 min 和 30 min 平均周期来说，芬兰 Valkea-Kotinen 湖泊的通量非常相似，但在清晨的几个小时存在显著差别。这个差别可用来自周边森林的呼吸通量影响解释，这种影响可以被有效消除或至少通过选用 5 min 平均而减少。其他筛选方法可进一步提高通量测量的准确性；然而需要记住的一点是，任何应用于时间序列数据的筛选方法都可能引入人为痕迹（artifact），因此值得仔细评估，并且谨慎采用（如 Stull 1988）。

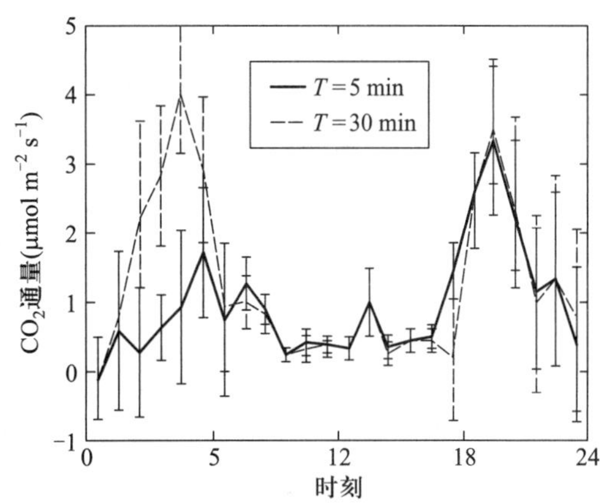

图 15.3 2003 年 7 月 Valkea-Kotinen 湖（芬兰）CO_2通量日均变化曲线，分别表示为 30 min 平均（额外做了去倾处理的时间序列数据）和 5 min 平均的值（据 Vesala 等（2006）重绘）

图 15.3 所示，日间的湖泊 CO_2释放通量大小为 0.3 μmol m^{-2} s^{-1}，而周边森林的 CO_2吸收值可轻易超过 10~15 μmol m^{-2} s^{-1}，这是穿过湖泊表面交换通量的 30~50 倍，这需要高精度的闭路气体分析仪来可靠地解析这些通量。然而，采用开路传感器最有可能受到 Webb 等（1980）的通量密度校正及 Burba 热通量校正（Järvi et al. 2009；也见第 4.1.4 节和第 4.1.5.2 节）的影响，这些校正项与真实的净通量处于同一数量级甚至高几个数量级。

15.3.4 质量控制程序

对于广泛认可的筛选涡度协方差数据（质量控制）的经验概念来说，关键的一点是这些经验概念可能并不适合湖泊通量研究。像上面提到的，相对于大气湍流的时空尺度，大多数情形下湖泊的空间范围相对较小。因此,Foken 和 Wichura(1996)及 Foken 等(2004)(第 4.3.2.2 节)使用的整合湍流统计标准,如 σ_w/u^* 标准可能会误导其他人。首先,当然是由于湍流状态缓慢适应湖上更平滑的表面粗糙度(Jensen 1978),这表明湖上所测得的 σ_w/u^* 主要还是受周边上风向粗糙度的强烈影响。另外,合理大小的湖泊是巨大的能量储存库,可以使得大气分层,这与从周边景观上所观测到的相反。这种现象在秋季最为显著,在夜间,湖泊仍然比较温暖而陆地表面却十分凉爽。因此,在夜间,湖面比空气暖和并非不可能,从而导致湖上出现不稳定分层,这嵌套在湖泊周边或多或少具有稳定分层的大气中。所以在这些情况下,很难构建稳健的 σ_w/u^* 期望值。如果白天湖泊比空气凉爽,那么可能导致湖泊之上的稳定分层大气被包围在周边不稳定分层大气中。然而,总体而言,大气边界层的风速和湍流在白天充分发展,更大尺度的条件可能仍会增强湖上大气的混合,从而减少通常与平静夜晚的陆地地表之上的低 u^* 条件相关的任何问题。

还须指出的是,u^* 仅是机械湍流的尺度参数,并且它在达到局部自由平流极限时($\zeta \ll -1$)(如 Wyngaard et al. 1971)消失。然而在夜间,局部自由平流并非不可能发生在湖上,特别是秋天(见上)。因此,表观上低的 u^* 值可能被误解为弱的湍流混合,而实际上,湍流混合多数由水平平流(在湖泊上)而非机械混合(剪切流)所导致。由于 CO_2 从湖泊中的释放最有可能受水体过程的限制,因此一些研究探讨了湖泊中平流的影响。图 15.4 显示了一个案例,其中对流速度尺度 w^* 与测得的 CO_2 通量相关,而气体通量不依赖于 u^*。总之,将适用于森林涡度协方差通量测量的经验概念传递给其他表面(比如湖泊表面)时,需要非常谨慎。

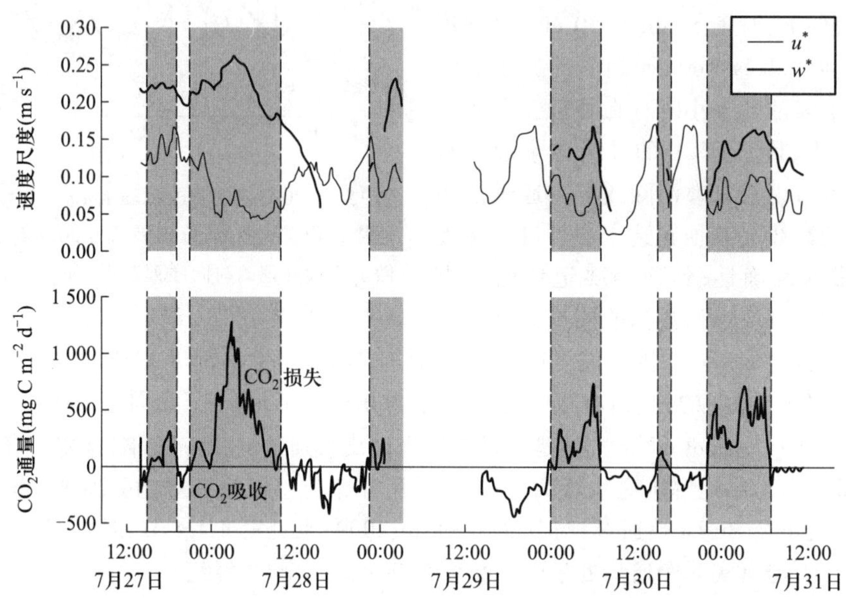

图 15.4 1995 年 7 月,为期 4 天的美国阿拉斯加州 Toolik 湖泊的剪切流和对流速度尺度(上图)及气体通量(下图)。最大气体通量与以 u^* 表示的风速没有关联,但取决于热量是否从表层散发($w^*>0$,灰色背景)。最高风速时气体通量小于 100 mg C m^{-2} d^{-1},但是当浮力通量导致对流反转时,气体通量可高达 500 mg C m^{-2} d^{-1}(修改自 MacIntyre 等(2001),并有更新。速度尺度 u^* 和 w^* 都以大气的方式表示)

15.3.5 设备安装

在湖上开展涡度协方差通量测量的一个特别挑战是将仪器安装在塔上。主要有两种方法:① 将塔安装到坚固的湖底底座上,或者② 把仪器固定在锚泊浮体上。第一种选择的优点是比第二种牢靠。但是,塔结构的侧面动态压力可能会成为一个问题,这取决于湖泊水流和强风条件下的剪切力作用。锚泊浮体是一个动态构造,受湖泊水流及相关侧压的影响更小,但远不如第一种牢靠。根据浮体大小及停靠位置,对浮体上的测量来说,一定程度的晃动是不可避免的。Eugster 等(2003)仔细评价了这个因子的影响,并且发现对于晃动频率为 1 Hz 的小浮体来说,尽管额外的方差可能会污染垂直风速组分,但通量测量并没有受到严重影响。

对于重量较轻的设备,有科学家成功测试了阻尼浮标的布置(由瑞士 Eawag 研究所的 Mike Schurter 设计),其中一个较重的混凝土块被依附到一根几米长的金属管上,而金属管利用一系列浮标保持漂浮。涡度协方差设备能够安装在金属管的顶端。取决于金属管的长度,整个构造的晃动频率能够转变到非常低,这是因为使用这种物理惯性摆系统,任何移动都受到阻尼影响。当需要安装较重设备时,这个稳定的振动体能被依附在传统的锚泊浮体上以降低浮体的晃动频率。尽管 Eugster 等(2003)认为这种浮体的晃动没有过度影响(overly critical)通量测量,但我们的目标仍然应该是获得具有最高准确性的时间序列的协方差和方差,并且这需要有坚固的构造或者阻尼系统,使得浮体的晃动频率变化在通量和方差的相关频率范围之外。

参 考 文 献

Alsdorf D, Bates P, Melack J, Wilson M, Dunne T (2007) Spatial and temporal complexity of the Amazon flood measured from space. Geophys Res Lett 34. doi:10.1029/2007GL029447

Anderson DE, Striegl RG, Stannard DI, Micherhuizen CM, McConnaughey TA, LaBaugh JW (1999) Estimating lake-atmosphere CO_2 exchange. Limnol Oceanogr 44:988-1001

Assouline S, Tyler SW, Tanny J, Cohen S, Bou-Zeid E, Parlange MB, Katul GG (2008) Evaporation from three water bodies of different sizes and climates: measurements and scaling analysis. Adv Water Res 31:160-172

Bastviken D, Tranvik LJ, Downing JA, Crill PM, Enrich-Prast A (2011) Freshwater methane emissions offset the continental carbon sink. Science 331:50

Battin TJ, Luyssaert S, Kaplan LA, Aufdenkampe AK, Richter A, Tranvik LJ (2009) The boundless carbon cycle. Nat Geosci 2:598-600

Beyrich F, Leps J-P, Mauder M, Bange J, Foken T, Hunke S, Lohse H, Lüdi A, Meijninger WML, Mironov D, Weisensee U, Zitterl P (2006) Area-averaged surface fluxes over the LITFASS region based on eddy-covariance measurements. Bound Layer Meteorol 121:33-65

Cole JJ, Bade DL, Bastviken D, Pace ML, van de Bogert M (2010) Multiple approaches to estimating air-water gas exchange in small lakes. Limnol Oceanogr Methods 8:285-293

Downing JA, Prairie YT, Cole JJ, Duarte CM, Tranvik LJ, Striegl RG, McDowell WH, Kortelainen P, Caraco NF,

Melack JM, Middelburg JJ (2006) The global abundance and size distribution of lakes, ponds, and impoundments. Limnol Oceanogr 51(5):2388-2397

Elo A-R (2007) The energy balance and vertical thermal structure of two small boreal lakes in summer. Boreal Environ Res 12:585-600

Eugster W, Kling G, Jonas T, McFadden JP, Wüest A, MacIntyre S, Chapin FS Ⅲ (2003) CO_2 exchange between air and water in an arctic Alaskan and midlatitude Swiss lake: importance of convective mixing. J Geophys Res 108:4362-4380. doi:10.1029/2002JD002653

Foken T, Wichura B (1996) Tools for quality assessment of surface-based flux measurements. Agric For Meteorol 78:83-105

Foken T, Göckede M, Mauder M, Mahrt L, Amiro B, Munger W (2004) Post-field data quality control. In: Lee X, Massman W, Law B (eds) Handbook of micrometeorology. Kluwer Academic, Dordrecht, pp 181-208

Guerin F, Abril G (2007) Significance of pelagic aerobic methane oxidation in the methane and carbon budget of a tropical reservoir. J Geophys Res Biogeosci 112:G03006

Hanson PC, Pollard AI, Bade DL, Predick K, Carpenter SR, Foley JA (2004) A model of carbon evasion and sedimentation in temperate lakes. Glob Change Biol 10:1285-1298

Huotari J, Ojala A, Peltomaa E, Nordbo A, Launiainen S, Pumpanen J, Rasilo T, Hari P, Vesala T (2011) Long-term direct CO_2 flux measurements over a boreal lake: five years of eddy covariance data. Geophys Res Lett 38. doi:10.1029/2011GL048753

Järvi L, Mammarella I, Eugster W, Ibrom A, Siivola E, Dellwik E, Keronen P, Burba G, Vesala T (2009) Comparison of net CO_2 fluxes measured with open- and closed-path infrared gas analyzers in urban complex environment. Boreal Environ Res 14:499-514

Jensen NO (1978) Change of surface roughness and the planetary boundary layer. Q J R Meteorol Soc 104:351-356

Jonsson A, Åberg J, Lindroth A, Jansson M (2008) Gas transfer rate and CO_2 flux between an unproductive lake and the atmosphere in northern Sweden. J Geophys Res 113:G04006. doi:10.1029/2008JG000688

Kelly CA, Fee E, Ramlal PS, Rudd JWM, Hesslein RH, Anema C, Schindler EU (2001) Natural variability of carbon dioxide and net epilimnetic production in the surface waters of boreal lakes of different sizes. Limnol Oceanogr 46:1054-1064

Kortelainen P, Rantakari M, Huttunen JT, Mattsson T, Alm J, Juutinen S, Larmola T, Silvola J, Martikainen PJ (2006) Sediment respiration and lake trophic state are important predictors of large CO_2 evasion from small boreal lakes. Glob Change Biol 12:1554-1567

Liu H, Zhang Y, Liu S, Jiang H, Sheng L, Williams QL (2009) Eddy covariance measurements of surface energy budget and evaporation in a cool season over southern open water in Mississippi. J Geophys Res 114: D04110. doi:10.1029/2008JD010891

MacIntyre S, Eugster W, Kling GW (2001) The critical importance of buoyancy flux for gas flux across the air-water interface. In: Donelan MA, Drennan WM, Saltzman ES, Wanninkhof R (eds) Gas transfer at water surfaces, Geophysical Monograph 127. American Geophysical Union, Washington DC, pp 135-139

MacIntyre S, Jonsson A, Jansson M, Aberg J, Turney DE, Miller SD (2010) Buoyancy flux, turbulence, and the gas transfer coefficient in a stratified lake. Geophys Res Lett 37:L24604. doi:10.1029/2010GL044164

Morison JIL, Piedade MTF, Müller E, Long SP, Junk WJ, Jones MB (2000) Very high productivity of the C4 aquatic grass *Echinochloa polystachya* in the Amazon floodplain confirmed by net ecosystem CO_2 flux measurements. Oecologia 125:400-411

Nordbo N, Launiainen S, Mammarella I, Leppäranta M, Huotari J, Ojanen A, Vesala T (2011) Long-term energy flux measurements and energy balance over a small boreal lake using eddy covariance technique. J Geophys Res 116. doi:10.1029/2010JD014542

Panin GN, Nasonov AE, Foken T, Lohse H (2006) On the parameterisation of evaporation and sensible heat exchange for shallow lakes. Theor Appl Climatol 85:123-129. doi:10.1007/s00704-005-0185-5

Raatikainen M, Kuusisto E (1990) Suomen järvien lukumäärä ja pinta-ala (The number and surface area of the lakes in Finland). Terra 102:97-110 (In Finnish with English summary)

Rouse WR, Blanken PD, Bussières N, Oswald CJ, Schertzer WM, Spence C, Walker AE (2008) An investigation of the thermal and energy balance regimes of Great Slave and Great Bear Lakes. J Hydrometeorol 9(6):1318-1333

Salgado R, Le Moigne P (2010) Coupling of the FLake model to the Surfex externalized surface model. Boreal Environ Res 15:231-244

Spence C, Rouse WR, Worth D, Oswald C (2003) Energy budget processes of a small northern lake. J Hydrometeorol 4:694-701

Stull RB (1988) An introduction to boundary layer meteorology. Kluwer, Dordrecht, 310 pp

Sun J, Desjardins R, Marth L, MacPherson I (1998) Transport of carbon dioxide, water vapor, and ozone by turbulence and local circulations. J Geophys Res 103:25873-25885

Tranvik LJ, Downing JA, Cotner JB, Loiselle SA, Striegl RG, Ballatore TJ, Dillon P, Finlay K, Fortino K, Knoll LB, Kortelainen PL, Kuster T, Larsen S, Laurion I, Leech DM, McCallister SL, McKnight DM, Melack JM, Overholt E, Porter JA, Prairie Y, Renwick WH, Roland F, Sherman BS, Schindler DW, Sobek S, Tremblay A, Vanni MJ, Verschoor AM, van Wachenfeldt E, Weyhenmeyer GA (2009) Lakes and reservoirs as regulators of carbon cycling and climate. Limnol Oceanogr 54:2298-2314

Vercauteren N, Bou-Zeid E, Parlange MB, Lemmin U, Huwald H, Selker J, Meneveau C (2008) Subgrid-scale dynamics of water vapour, heat, and momentum over a lake. Bound Layer Meteorol 128:205-228. doi:10.1007/s10546-008-9287-9

Vesala T, Huotari J, Rannik Ü, Suni T, Smolander S, Sogachev A, Launiainen S, Ojala A (2006) Eddy covariance measurements of carbon exchange and latent and sensible heat fluxes over a boreal lake for a full open-water period. J Geophys Res Atmos 111:D11101. doi:10.1029/ 2005JD006365

Walter KM, Smith LC, Chapin FS Ⅲ (2007) Methane bubbling from northern lakes: present and future contributions to the global methane budget. Philos Trans R Soc A 365:1657-1676

Webb EK, Pearman GI, Leuning R (1980) Correction of flux measurements for density effects due to heat and water vapour transfer. Q J R Meteorol Soc 106:85-100

Wyngaard JC, Coté OR, Izumi Y (1971) Local free convection, similarity, and the budgets of shear stress and heat flux. J Atmos Sci 28:1171-1182

第 16 章

城市生态系统涡度协方差通量测量

Christian Feigenwinter, Roland Vogt, Andreas Christen

16.1 引　　言

过去 20 年,许多科研项目将涡度协方差(EC)方法应用于城市生态系统来直接测量城市地表和大气的湍流通量,以量化与(空气污染)扩散评定以及城市能量和碳水平衡相关的能量、水汽、温室气体、空气污染和气溶胶的交换。用于城市中的扩散、空气污染和气象预报的数值模型取决于湍流和地表交换的参数化方案,而这些方案须将城市极端复杂的粗糙表面带来的影响考虑在内。尽管迄今为止,我们已经理解了发生在城市粗糙亚层(roughness sublayer)的物理扩散和能量交换(见第 16.1.2 节)的绝大部分内容,但是将其参数化和/或简化仍具挑战性。对于粗糙亚层的较低部分,相似性理论有可能并不适用,这对于相关研究显然很不理想,因为这个区域是城市居民生活的地方,因此是碳排放预测产品中最重要的一层。此外,相对于乡村生态系统,城市能量平衡的分配被强烈改变,这是由城市地表的独特属性(三维几何学、粗糙度、非渗透性的地表及人为热量注入)和复杂的源/汇分布所造成的。人为通过交通、供暖及废弃物管理等方式向大气注入热量、碳和水,这也改变了能量和物质的湍流通量。从这层意义上来说,相比非城市化的生态系统,城市生态系统还存在其他的附加前提。

C.Feigenwinter (✉) · R.Vogt
Institute of Meteorology, Climatology and Remote Sensing, University of Basel, Basel, Switzerland
e-mail: feigenwinter@metinform.ch; Roland.vogt@unibas.ch

A.Christen
Department of Geography and Atmospheric Science Program, University of British Columbia, Vancouver, Canada
e-mail: andreas.christen@ubc.ca

M.Aubinet et al. (eds.), *Eddy Covariance: A Practical Guide to Measurement and Data Analysis*, Springer Atmospheric Sciences, DOI 10.1007/978-94-007-2351-1_16,

许多在非常粗糙的表面(比如森林)之上的涡度协方差测量的限制也同样适用于城市地表,但是仍有一些区别,主要由于存在一个较深的城市粗糙亚层,在该层中气流受到周围独栋建筑/物体的显著影响。相对于植被冠层,城市建筑物、树木以及其他物体的集合可以被视作“城市冠层”(Oke 1976)。

16.1.1 城市气候尺度

城市地区对地-气交换的改变跨越几个量级的空间和时间尺度。Oke(2006a)提出,在城市环境中应用涡度协方差技术时,应该重视城市尺度的概念(表 16.1 和图 16.1):

表 16.1 城市尺度

城市尺度	水平距离尺度	建筑特点	气象学尺度
建筑物(building)	10×10 m	独户住房、高层建筑	微尺度(micro)
峡谷(canyon)	30×40 m	街道、峡谷	微尺度(micro)
街区(block)	500×500 m	街区、工厂	微尺度(micro)
领域(neighborhood,当地气候区)	5×5 km	市中心、居民区、工业区等	局部尺度(local)
城市(city)	25×25 km	城市区域	中尺度(meso)
市区(urban region)	100×100 km	城市及其市郊	中尺度(meso)

改编自 Oke(2006a)。

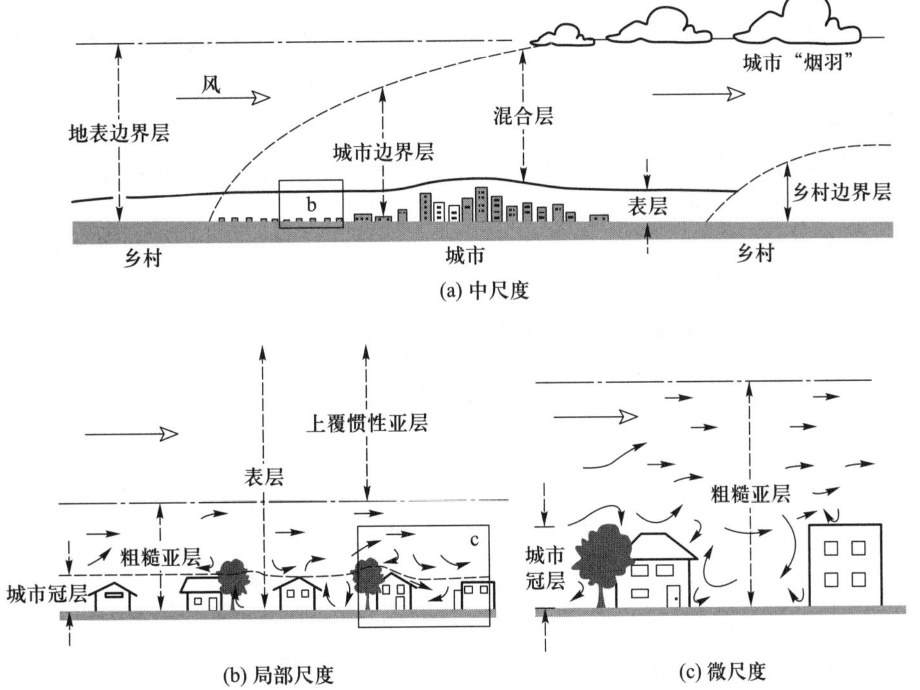

图 16.1 城市边界层的垂直尺度(地表边界层,城市边界层,城市冠层)与水平尺度((a) 中尺度,(b) 局部尺度,(c) 微尺度)(改编自 Oke(2006b))

(1) 建筑物、峡谷和街区,也被称作“微尺度”:由不规则的三维结构起主导作用(建筑物、树木、道路、公园、庭院、广场)。这是计算流体力学(computational fluid dynamics, CFD)模拟的选择尺度。由于很难确定源区,涡度协方差测量的使用受到限制。

(2) 邻域尺度(neighborhood scale),又名“局部尺度”:以当地气候区(local climate zone, LCZ)(见第16.1.4节)为代表,由地表覆被的重复斑块、建筑物规模和间距及人类活动(民用、商业、工业)组成。由于其通量代表来自特定城市生态系统的综合响应,这是涡度协方差测量的选择尺度。

(3) 城市和市区,也被称作“中尺度”:代表典型城市范围模式(例如,城市热岛(urban heat island, UHI))和城乡间的交互作用。值得注意的是,单一站点无法代表这个尺度,需要有代表性的成对或网络的城乡涡度协方差测量。

16.1.2 城市大气

从概念上讲,城市生态系统的地表层可以分成两个亚层:城市粗糙亚层(roughness sublayer, RSL),其位置更靠近响应单独微尺度元素的城市冠层;上覆惯性亚层(inertial sublayer, ISL),由粗糙亚层中所有亚邻域尺度的混合构成;城市冠层(urban canopy layer, UCL),从地面到高为 z_h 的建筑物的城市粗糙亚层的最低层。在冠层空间(例如街道峡谷)和屋顶上方的粗糙亚层之间的受限的对流性与辐射性的耦合使得城市冠层能维持其自身的气候。微气候效应只存在于离它们源很短的距离内,且一旦在水平及垂直方向上被湍流混合,这种效应就会失效。在水平方向上,这些效应可能维持几百米远的范围,而在垂直方向上,只有在城市粗糙亚层才是明显的,从地平面延伸到混合高度 z_r,范围从建筑密集区的1.5倍 z_h 高度到低密度区的5倍 z_h 高度(Grimmond and Oke 1999)。城市粗糙亚层的交换不仅受湍流交换驱动,而且受扩散通量(“形式引导的”通量)的驱动,其通过由围绕建筑物和其他大型地表元素的气流所引起的稳定涡旋来显著促进城市冠层中的交换,这与具有通透性但不规则的自然冠层形成鲜明的对照。z_r 上方的涡度协方差测量,即在上覆惯性亚层中,应该测量能代表局部尺度的混杂的、空间平均的信号。与非城市化生态系统相比,城市地表层垂直结构的主要区别在于粗糙亚层的实质深度(图16.2)和非湍流交换的重要性(小尺度水平对流、扩散通

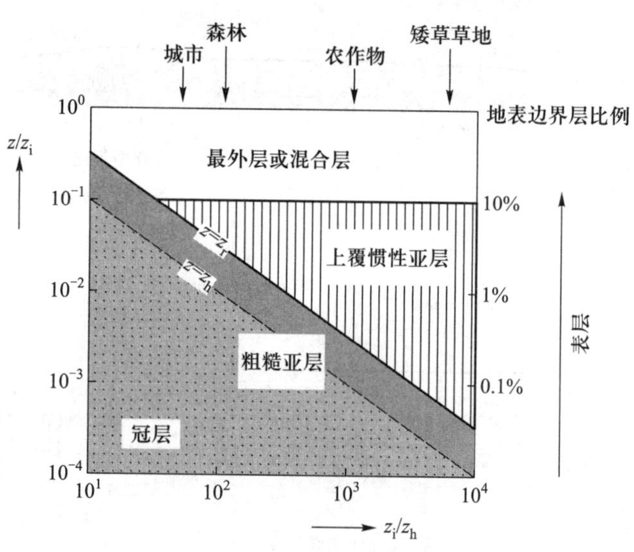

图16.2 地表边界层亚层特定下垫面的不同深度。z_i 代表地表边界层的高度(改编自 Rotach(1999))

量)。注意在图 16.2 中,具有高建筑群的城市站点牺牲了粗糙亚层,而上覆惯性亚层甚至可能消失。

16.1.3 城市大气的交换过程

支配城市大气中质量与标量垂直湍流交换的主要特征概括如下(改编自 Roth (2000)):

- 强烈的剪切层在冠层顶端附近形成,它的性质(湍流动能、高湍流强度)与那些由于峡谷流动的旋涡(vortice)和流经建筑物后产生的尾流所造成的上覆惯性亚层存在系统差别。
- 粗糙元素之后的尾流扩散(wake diffusion)与由于穿过个体粗糙元素(阻流体)的压力不同而形成的形状阻力(form drag)将导致高湍流动能、有效的纵向和横向混合,并且产生能够导致巨大扩散通量的稳定旋涡。
- 源/汇的三维组织(阳光照射/荫蔽的屋顶、街道和墙壁、寒冷/酷热的地方、潮湿/干燥的地方、呈点或线状的污染源)形成了一个具有活性表面的复杂系统,并且由于高空间异质性,能量和物质传输也各不相同。
- 所有长度尺度上的极端表面异质性使得建立一致性几乎不可行,所以很可能造成局部空气平流。
- 已在倾斜结构、扫射及喷射中证明的有组织运动源于高效传热建筑结构的某种特定规则性。
- 增强的机械混合与城市热岛效应导致边界层高度升高和大气稳定性降低。

城市表层受到内部边界层生长速率的强烈影响,这一特性对涡度协方差传感器的源区位置有决定性影响。内部边界层的流动结构和热力学性质是由局部尺度表面形成的,适合它们各自表面类型的特性。内部边界层的生长率取决于粗糙度和分层。由于与大的粗糙度和热岛效应相关的机械湍流和热量湍流的增加,城市趋向于中性条件,因此典型的高度/距离比的范围建议为 1∶25~1∶50。如果所需风区的表面属性并不相似,那么测量值就不能代表当地城市生态系统,因此风区要求是站点位置选择的重要限制因素。

接着以上的讨论,准确描述源区特征对测量的正确阐释最为重要。在应用莫宁-奥布霍夫相似理论(MOST)时,足迹模型(见第 8 章)可以给出对上覆惯性亚层中湍流传递过程的可靠性估计。在这层以下,即粗糙亚层中,由于作为城市冠层特征的建筑群和街区的复杂三维几何学及气流通道作用会引发很多的复杂性,所以动量、能量、水分和污染物的湍流通量都具有高度依赖性(Rotach 2001)。

16.1.4 城市表面-大气界面特征描述

城市土地覆被和土地利用方式的多样性为大气呈现了种类繁多的边界条件,而这些边界条件通过与城市表面的粗糙度(建筑的规模、形状和间距、树木和其他大型结构体)、辐射、热力学和湿度特征、它们的空间分布以及排放模式(如 CO_2)等相关的具体属性得到证明。任何给定城市地区的属性都是通过独特的方式而组织的。对这一点的认识对理解城市中地表-大气交换的空间和时间变异性有着极为重要的意义(Grimmond et al. 2004),并且对阐释城市研究的结果有重要影响。

当地气候区(local climate zones,LCZ)体系是描述城市地区和行政区特点的有效方法,是解释和比较城市气象测量的必要条件(Stewart and Oke 2009; Stewart 2009)。

当地气候区体系中关键的第一步是从转换(transition)和非均质性两方面来评估城市地形的物理性质。辐射和气流属性严重依赖于粗糙元素的规模和空间布局,这可以通过与几何学特征、表面组分及长度尺度有关的一些典型测量来表示。Stewart 和 Oke(2009)基于这些测量中的一部分,提出了包括"建造序列"在内的当地气候区野外站点分类。图 16.3 表明,城市结构参数和当地气候区的"建造序列"的主要特点。

从平均建筑物高度 z_h 推导而来的城市粗糙长度 z_0 和零平面位移高度 d 之间的经典关系分别是:$z_0/z_h=0.1$ 和 $d/z_h=0.5$(Grimmond et al. 1998)。在选定位置的测量应当能代表当地气候区各自的特征,这意味着传感器的源区能完全代表所调查的当地气候区。

16.2 城市涡度协方差测量的概念框架

从 20 世纪 80 年代早期开始,城市热岛效应(UHI)现象开始出现。在城市使用涡度协方差技术的实验性尝试也陆续得到开展(如 Oke 1976),目的就是要更好地量化影响城市能量平衡(urban energy balance,UEB)的通量,即感热通量、潜热通量以及间接的储存热通量,最后一项也是量化城市能量平衡中最可疑的通量。正因如此,需要对用于城市地区的数值预测模型采取更好的参数化,并且促使研究人员用涡度协方差技术来研究城市特有的湍流结构。最近,城市 CO_2 通量测量吸引了越来越多科研人员的注意,国际城市气候协会(IAUC)致力于组织和将城市通量站点纳入到城市通量网络(URBAN FLUX NETWORK)中(可登录 IAUC 主页获取相关信息 www.urban-climate.org)。

对现有研究的完整回顾已经超出了本章节的范围,但可以获得一些总结过去数十年城市湍流研究的最重要发现的全面综述。Roth(2000)基于严格选择的截至 2000 年的高质量实验结果,提出了一个极好的"城市湍流回顾"。Arnfield(2003)综述了"近 20 年来城市气候研究",而 Grimmond(2006)总结了"城市大气测量与观测的进展"。尽管后两篇文章是从一个更宽泛的观点来撰写,但这三篇文章都对城市环境的涡度协方差测量给出了深刻见解。另外,我们将参考 BRIDGE 报告(Grimmond et al. 2010)对目前与城市能量、水汽和 CO_2 通量相关的研究做一个全面概述。

16.2.1 湍流特性

Roth(2000)及其中探讨的研究结果显示,在城市环境与植被冠层上的湍流的积分统计和(协)频谱极其相似。Roth 推断可能可以在平面混合层气流(plane mixing-layer flow)的架构内解释城市湍流(Raupach et al. 1996),但需要将对尾迹湍流的修改考虑在内。Kastner-Klein 和

	当地气候区(LCZ)		开阔度①	纵横比②	建筑表面分数③(%)	非渗透地表分数④(%)	天然地表分数⑤(%)	粗糙元件高度(z_h)⑥(m)	地形粗糙等级⑦	人为热通量密度(Q_F)⑧($W\ m^{-2}$)
建筑系列	B1：紧凑的高层建筑		0.2~0.5	>2.0	40~60	40~60	<10	>35	8	50~300
	B2：紧凑的中层建筑		0.3~0.6	0.75~1.25	40~70	30~50	<15	8~25	6~7	<75
	B3：紧凑的低层建筑		0.3~0.5	1.0~1.5	50~70	20~30	<15	3~8	6	<75
	B4：开放的高层建筑		0.4~0.7	0.75~1.25	20~40	30~40	30~40	>30	7~8	<50
	B5：开放的中层建筑		0.8~0.9	0.3~0.5	20~40	20~40	20~40	8~25	5~6	<25
	B6：开放的低层建筑		0.6~0.8	0.5~0.75	20~50	20~30	30~50	3~8	5~6	<25
	B7：广延性的低层建筑		>0.9	0.1~0.3	30~50	40~50	<20	3~10	5	<50
	B8：轻型低层建筑		0.3~0.5	1.0~1.5	50~80	<10	10~30	2~4	4~5	<5
	B9：稀疏建筑		>0.9	0.1~0.2	10~20	<20	60~80	3~25	5~6	<10
	B10：高能耗工业		0.7~0.9	0.2~0.5	20~30	20~40	40~50	5~10	5~6	>300

① 地平面上可见半球的比例(面积)。② 城市冠层(B1—B4,B6,B8)和建筑空间(B5,B7,B9,B10)的平均高宽比。③ 建筑物覆盖(占据的)地区平坦下垫面的比例。④ 不透水材料覆盖(占据的)地区平坦下垫面的比例。⑤ 自然材料覆盖(占据的)地区平坦下垫面的比例。⑥ 建筑高度的几何平均值。⑦ 基于 Davenport 等(2000)的有效地貌粗糙度分类。⑧ 平均年际人为热通量密度,随纬度和季节变化明显。

图 16.3 局部气候区的“建筑系列”(改编自 Stewart(2009))

Rotach(2004)、Kanda(2006)、Moriwaki 和 Kanda(2006)、Moriwaki 等(2006)以及 Christen 等(2009a)的研究证实了城市粗糙亚层的统计值与在植物冠层气流中发现的有很多相似之处。同样,研究表明,有序的结构在城市环境的热传输方面十分高效(Feigenwinter and Vogt 2005; Oikawa and Meng 1995; Christen et al. 2007),但在城市环境的水汽及 CO_2(Moriwaki and Kanda 2006)传输方面效率较低。

16.2.2 体积平衡法

接下来,我们将参照图 16.4 回顾在体积平衡法背景下潜热、感热以及 CO_2 的湍流通量的具体特征。由于城市生态系统的三维属性,体积平衡法对城市生态系统而言是更优的概念。

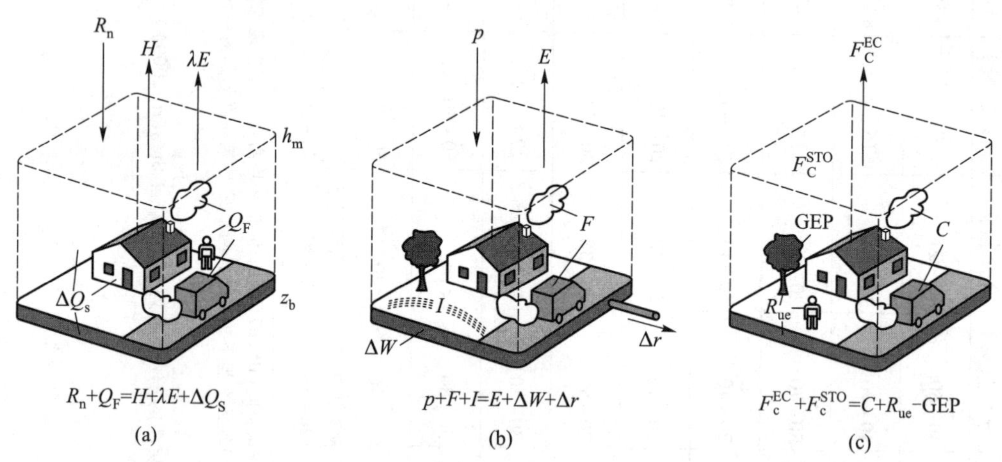

图 16.4 (a) 城市能量平衡的体积平衡途径示意图;(b) 城市水平衡的体积平衡途径示意图;(c) 城市碳平衡的体积平衡途径示意图。箭头代表正通量密度。注意并不考虑平流通量。符号意义见正文

16.2.2.1 城市环境能量平衡研究背景下的湍流热通量

城市表面能量平衡通常作为体积收支而获得(图 16.4)。为了给涡度协方差和辐射测量提供水平方向上的均一性,通常选择预算收支体积的上边界 h_m 高于上覆惯性亚层的粗糙亚层高度 z_r。下边界 z_b 位于地表下方,其基质的年温度变化趋近于 0(图 16.4a)。

$$R_n+Q_F=H+\lambda E+\Delta Q_S \tag{16.1}$$

全波段净辐射(R_n)、感热和潜热湍流通量密度(H 和 λE)可直接在 h_m 高度测量,而后两项用涡度协方差方法获取。两个附加项说明了收支体积中的人为热通量密度 Q_F 和净储存热通量密度 ΔQ_S。由于以上两项对城市环境来说比较独特,下面简单讨论一下。

人为热通量密度 Q_F 是解释人为活动向大气注入感热和潜热的一个额外的输入项(燃烧过程、建筑物供暖和冷却以及人体新陈代谢释放的热量)。显然这些注入的热量在城市冠层中

分布不均,但通常在水平和垂直方向上受到限制。需注意的是,测量 H 和 λE 的涡度协方差系统位置要足够远离人为的点、线热源(引擎、通风系统、烟囱等),但仍能捕获 Q_F 释放的局部尺度的整合热量。估测 Q_F 的常用方法是清查法(自上向下的能耗统计建模、交通负荷数据等等)、建筑物能量模型和交通模型(自下而上建模),或假设能量平衡闭合并使用 R_n、H 和 λE 的长期(例如年尺度,ΔQ_S 接近于 0)测量值。年剩余项即是 Q_F(Christen and Vogt 2004; Offerle et al. 2005; Pigeon et al. 2007a)。郊区 Q_F 的典型值(图 16.3)变化区间为 10~15 W m^{-2}(当地气候区 B6 低层开放设置),而密集建筑区的 Q_F 为 20~30 W m^{-2}(当地气候区 B3 低层紧凑设置),但在极端情况如东京中心商业区这样的限制区域,甚至能够超过 400 W m^{-2}(Ichinose et al. 1999)。

净储存热通量密度 ΔQ_S 可记为地表层下物质的热储备(ΔQ_{Sg})、建筑物的热储备(ΔQ_{Sb})、植被热储备(ΔQ_{Sv})、室内外空气热储备(ΔQ_{Sa})的变化的总和。与 ΔQ_{Sg} 和 ΔQ_{Sb} 相比,ΔQ_{Sv} 和 ΔQ_{Sa} 都很小。因为在市区无法直接测量 ΔQ_S,所以一般有两种经验方法来计算(Roberts et al. 2006):第一种是能量平衡残差法,测量所有其他物理量(Q_F 可能是估计值),用公式(16.1)计算 ΔQ_S;第二种是热质量体系(thermal mass scheme, TMS),即用一个温度测量值阵列(地表和内部)来估算许多有代表性的城市界面的材料和切面的感热变化率。然后基于调查数据的权重因子,测得的"城市主体"的温度变化率就可以用于计算从交界面释放或移除的能量。与非城市化的生态系统相比,ΔQ_S 在表面能量平衡中所占份额很大(几乎约占 R_n 的 60%)。

16.2.2.2 城市环境水分平衡研究背景下的蒸发散

与城市能量平衡类似,城市水分平衡也可写为体积收支(图 16.4b,Oke 1987):

$$P_r + I + F = E + \Delta W + \Delta r \tag{16.2}$$

与非城市生态系统的水平衡相似,所有项都是以单位时间内 mm 来表示的。在城市背景下,需要整合足够大的地区或集水区,以获取局部尺度有代表性的水分平衡。平衡体积的输入包括降水 P_r、灌溉 I 和燃烧过程 F。灌溉供水 I 所占比重很大,在干旱城市的值甚至超过了每月的降雨量(如草地喷灌)。F 通常较小,近似于 CO_2 通量的直接测量值(见第 16.2.2.3 节)。输出包括通常在 h_m 高度由涡度协方差测量的蒸发散 E 以及径流 Δr。相比非城市生态系统,城市系统的径流得到极大增强,这是因为诸如下水道系统的非渗透地表材料和结构会促进快速径流。平衡体积里唯一的重要储存出现在地表下物质(ΔW),相对而言,其他的城市表面材料(屋顶和墙壁)都不具备渗透能力,从而其蓄水量可忽略不计。

16.2.2.3 城市新陈代谢研究背景下的 CO_2 通量

与能量和水分平衡相似,城市碳平衡也可以用 h_m 上边界的体积收支来处理,尽管为了避免 CO_2 和有机碳库间的转换,下边界变成了三维表面(图 16.4c)。在城市生态系统,存在包括建筑材料和食物等的碳输入和以废弃物、垃圾和除草等形式的碳输出(Churkina 2008),因此只需直接关注大气和下垫面的转换过程(呼吸作用、燃烧及光合作用),而无须追踪复杂的碳库。这个方法将碳平衡简单处理为城市冠层的 CO_2 质量平衡。

在 h_m处用涡度协方差方法可以测量 CO_2综合湍流质量通量密度(F_c^{EC},单位是μmol m^{-2} s^{-1}):

$$F_c^{EC}+F_c^{STO}=C+R_{ue}+GEP \tag{16.3}$$

城市碳库和大气间的表面交换可以分为燃烧过程 C、城市生态系统呼吸 R_{ue}和光合作用 GEP。F_c^{STO}是表面和测量水平高度 h_m间的室内外空气随时间的储存变化(见第 16.4.1 节)。

与非城市化的生态系统相反,城市表面-大气间的 CO_2交换几乎总是正值,并且通常以化石燃料燃烧过程所造成的释放为主导。从概念上可将化石燃料燃烧的质量通量密度分为车辆排放 C_V和空间供暖及工业进程导致的建筑物排放 C_B。与人为热量释放 Q_F相似,C_V和 C_B的源在水平或垂直方向上分布不均,C_V来自地面水平的移动源的释放,而 C_B来自点源(通风系统、烟囱)的释放。C_V和 C_B遵循昼夜、工作日和季节性人类活动周期(交通负荷、供热需要)。

进一步来讲,城市生态系统的呼吸作用 R_{ue}不仅是城市土壤和植被的自养和异养呼吸作用 R_{SV}的结果,也包括了废弃物分解 R_W和人类呼吸作用 R_M。在密集管理的人居生态系统里,由密集灌溉和施肥促进的土壤和植被的呼吸作用 R_{SV}普遍存在。在温暖夏季条件下,对于灌溉良好的地段,住宅区草坪的呼吸通量密度可规律性地超过 10 mol m^{-2} s^{-1}(Christen et al. 2009b)。人类的呼吸 R_M也是碳平衡的一个重要组成。Moriwaki 和 Kanda(2004)对日本一个人口稠密的城区(每公顷居住居民 118 人)估计的结果显示人类呼吸的值是 2.2 mol m^{-2} s^{-1},占夏季站点总 F_c^{EC}的 38%和冬季的 17%。

城市植被(树木、草坪及花园等)同样被认为能显示更高的生产力和更高的年总碳固定,这是因为:① 灌溉水的可利用性;② 城市生态系统中通常更温暖及更恒定的温度(城市热岛效应)延长了植物生长期以及减少了冻害;③ 城市中升高的大气氮沉降和 CO_2浓度造成的施肥作用(Trusilova and Churkina 2008)。但另一方面,空气污染也会带来严重的生理胁迫和损伤,尤其是在 O_3浓度高的地方,GEP 值就会降低。

16.2.3 其他痕量气体与气溶胶

目前,城市中非 CO_2痕量气体和气溶胶的涡度协方差测量研究甚少。在减少空气污染和温室气体排放策略的背景下,随着以窄频光谱学和质谱分析法为基础的新型快速响应设备的开发和可用性的增加(见第 2.4.4 节、第 10.3.2 节及第 2 章),以涡度协方差为基础的研究在不久的将来会变得越来越普及,这是因为这一技术为改进和评价排放清单以及更好地了解城市大气化学提供了极好的工具。近期的研究报道了基于涡度协方差测量的挥发性有机化合物(VOC)通量(Velasco et al. 2005a, 2005b, 2009; Langford et al. 2009)、N_2O 通量(Famulari et al. 2009)和包括其组成的气溶胶通量(Dorsey et al. 2002; Longley et al. 2004; Donateo et al. 2006; Järvi et al. 2009b)。

16.3 城市涡度协方差站点选址的挑战

尽管城市表面存在异质性,但是如果注意某些针对城市地区的原则和概念,也会得到有效并具代表性的结果。然而,在城市选择理想的涡度协方差测量位置几乎不可能;在城市环境中遇到由后勤和实验困难造成的限制,甚至比在森林的还要多。因此,除非有一个以上测量塔/站点的情况,否则观察可能仅限于城市生态系统湍流交换的某些方面。考虑到后勤和安全限制,又必须获得公众和管理部门的认可,通常只能通过已有的塔进行测量,这就使得在高度和/或源区方面受限。灵活度也尤为重要,因为必须考虑高度、下垫面、建筑和人工热源、水蒸气和CO_2等"非标准的"的情况(Oke 2006b)。

有关城市生态系统的涡度协方差测量由不同的动机驱动,并且表达了多种空间尺度的结果。涡度协方差系统最常用于从典型当地气候区(LCZ)测量整合通量。如果那样,涡度协方差系统就应当被安装在足够高的通量塔上,接近或超出粗糙亚层的顶端,但同时在当地气候区下方的内部边界层的上覆惯性亚层(ISL)内。考虑到城市街区的各种特性,研究者要遵循"通量塔和仪器的布局安排必须与各自的当地气候区相适应"的原则。城市景观中当地气候区的斑块限制了内部边界层 z_{ib} 的垂直延伸,而内部边界层由每个当地气候区发展而来,并形成特定当地气候区测量的上层边界。下边界是粗糙亚层高度 z_r,为的是避免个体粗糙元素的影响。所产生的狭窄高度范围 $z_r<z<z_{ib}$ 和后勤限制,通常需要在可接受水平的粗糙亚层的影响(例如,粗糙亚层上层的测量)和非理想足迹(例如,在 z_{ib} 以上选定的稳定度和风向的测量,但排除分析中的特定情况)之间做出权衡。因此强烈建议在决定通量塔位置之前,核对简单足迹区模型给出的估计值(参考第 8 章)。值得注意的是,湍流通量和辐射传感器的源区不可能匹配,所以必须特别注意收集能代表同一当地气候区的能量平衡测量结果。

另外,有些研究通过高通量塔来调查城乡景观的区域通量,用特殊系统来测量粗糙亚层/城市冠层的通量变异性。粗糙亚层内的涡度协方差系统能提供局部的测量(例如湍流动能(TKE)、统计矩),但由于涡度协方差理论的许多基本假设没有得到满足(包括水平均一性、相关通量密度的垂直方向以及可忽略的通量扩散和水平对流),其解释受到严格限制。重要的是避免(如果不是明确要求)那些被孤立的高层建筑、屋顶几何构造、街道峡谷周围的气流所干扰的流线特征化的区域以及由变化的峡谷纵横比(aspect ratio)造成的流态区域。

16.4 城市边界层特性对涡度协方差测量的影响

相比非城市生态系统,城市站点通量塔的突出优点之一是环境历史记录通常都较为完整详尽,通常可以从官方渠道获得航拍照片、排放清单、高分辨率地图和三维表面模型、人口普查数据以及交通统计等资料。在研究活动的前期准备、实施期间以及后期处理中,强烈建议充分利用这些数据集。另外建议使用足迹模型,可以详尽描述城市通量塔的源区,对结果进行地统计阐述(geostatistical interpretation),并定义拒绝标准以及被动实验控制。

接下来介绍相对于非城市生态系统的、与涡度协方差技术相关的一些最重要的推论。

16.4.1 平流和储存

草地、农田和森林的通量能够代表特定的生态系统，然而如果是这样的话，城市通量则代表一个特定的当地气候区。粗糙元素以及源/汇分布的空间异质性在城市生态系统非常常见，因此，需要在第16.2.2节讨论的体积平衡方法的概念中考虑平流和储存通量。

城市的三个尺度都存在水平对流。首先，在微尺度，城市冠层内水平对流十分常见，例如阴影和光照斑块间的感热、干湿斑块间的潜热、高排放斑块（例如街道）和无源斑块（例如庭院）间的空气污染。然而，上覆惯性亚层以内的局部尺度的涡度协方差测量并不关注微尺度的水平对流，这是因为湍流已经混杂了各种影响，并且在粗糙亚层顶端的涡度协方差系统对微尺度混杂的积分效应做出响应。尽管这样，微尺度水平对流也意味着可以存在非线性相互作用，例如，相较于单一的与潮湿斑块隔离的较大的干燥地块，即使干-湿地表的相对分数（relative fraction）可能相似，小尺度干湿混杂斑块的蒸散量却明显升高。第二，在局部尺度，平流通量出现的原因是城市公园、水体及不同密度的建筑群间距太近。如果研究并非特别关注于这类通量，应该避免包含几个当地气候区和陡峭地势的源区。第三，中尺度水平对流发生在整体城市和周围乡村环境之间（“城市微风”），沿海城市水平对流出现的原因是海风（Pigeon et al. 2007b）。而且，周围地势有可能诱发在与其他生态系统的连接中发现的相似的上升或下降流动（例如山谷和/或坡风系统、泄流）。实际上，城市的野外实验几乎都不测量平流，在阐释市区环境中平流通量的影响时，遇到的问题与非城市生态系统所报道的有相似之处（Aubinet et al. 2010）。

在城市研究中，涡度协方差系统在地表上方相当高的位置运行，这导致低于观测高度 h_m 的空气体积中产生不可忽略的垂直通量辐散。在平衡体积内，热量和浓度随时间的通量辐散在收支方程中作为储存项的一部分被明确考虑在内（见第16.2.2节和图16.4）。但在很多应用中，表面瞬时排放和吸收变得非常重要，即在三维地面-建筑-空气界面，而不是 h_m。在 h_m 高度用涡度协方差测量的通量密度 $\overline{w'c'_S}\,|\,h_m$ 可以“降低”到在交界面的空间平均通量密度 F_0。这可以通过用一段时间里空气体积 $\langle\overline{\partial c_S/\partial t}\rangle$ 中的热量和质量浓度变化的代表性测量（垂直廓线为代表）来实现，类似于具有高冠层的非城市生态系统的通用方法（见第1.4.2节，公式（1.24））：

$$F_S = \overline{w'c'_S}\,|\,h_m + \int_0^{h_m} \Lambda_a \left\langle \overline{\frac{\partial c_S}{\partial t}} \right\rangle \mathrm{d}z \tag{16.4}$$

除了森林生态系统，还必须引入附加项 Λ_a，即在特定高度 z 处总平衡体积中户外空气的体积分数。在城市冠层内，建筑占据了总体积的重要部分，所以在密集城市社区 Λ_a 可以小到30%（在森林中，树木占据的体积是可以忽略的）。严格来讲，建筑物也包含一定空间，但“室内”空域与户外大气在机械和热量上解耦，而研究感兴趣的界面通常是建筑外壳。从建筑物三维数据集可以提取 Λ_a 的垂直剖面，或基于建筑物平面积比 λ_P，简单计算为城市冠层里的一个数字。

表 16.2 总结了在欧洲某密集城市中心的一座 30 m 塔上的涡度协方差系统测量的通量大小与在 h_m 以下空气体积中测得的感热 ΔQ_{Sa} 和 $CO_2 \Delta S_a$ 的典型通量辐散值的比较(Vogt et al. 2005)。该研究使用 6 个温度计、10 个不同高度的 CO_2 气体多路转换器进气口来计算储存变化,同时考虑 Λ_a 的垂直廓线。表 16.2 强调对于感热通量,h_m 以下白天的通量辐散较小(ΔQ_{Sa} 小于感热通量的 5%),但在晚上,相关性加强(高达感热通量的 30%)。值得注意的是,在夜间,塔顶部测量的感热通量为正值,但城市冠层以下的空气开始降温。而对于 CO_2 通量,在测量水平以下的空气中的储存与通量辐散更具有相关性,尤其是在早上,当热量混合开始将富含 CO_2 的空气从街道冠层释放出去时,塔顶就会产生对 CO_2 通量的高估。对于更长时间如全日或全年总数,空气体积里的储存相对全部通量可以忽略不计。

表 16.2 市区 30 m 通量塔顶测得的通量密度以及测量高度以下空气体积(风量大小)存储变化影响的平均值(2002 年 6 月 15 日—7 月 15 日,Basel-Sperrstrasse)

	感热通量			CO_2 通量		
时间	塔 $H_{(h_m)}$ ($W\ m^{-2}$)	储量 ΔQ_{Sa} ($W\ m^{-2}$)	校正 $H_{(0)}$ ($W\ m^{-2}$)	塔 $F_{c(h_m)}$ ($\mu mol\ m^{-2}\ s^{-1}$)	储量 ΔS_a ($\mu mol\ m^{-2}\ s^{-1}$)	校正 $F_{c(0)}$ ($\mu mol\ m^{-2}\ s^{-1}$)
03 : 00	+21	−3	+18	+5.3	+1.2	+6.5
09 : 00	+114	+7	+121	+14.8	−3.4	+11.4
15 : 00	+222	+2	+224	+14.4	+0.0	+14.4
21 : 00	+23	−5	+18	+11.7	+2.5	+14.2

最后需要注意的是,在我们基本的概念框架(图 16.4 和公式(16.1)、公式(16.2)、公式(16.3)和公式(16.4))中,平流是被完全忽略的,但在实际的城市设置中,水平对流过程在几个尺度都很有可能发生。所以最终,在 h_m 下方体积里浓度随时间的变化也可以是水平交换过程的结果。

另一个城市独有的挑战来自这样一个事实:公式(16.4)包含了不同高度水平平均浓度变化 $\langle \overline{\partial c_S / \partial t} \rangle$。尽管可以预期森林冠层里的空气可以在水平方向上很好地混合,但我们经常在较低的城市冠层遇到水平风向上中断的空间,例如内部庭院可与街道峡谷分隔开来,显示随时间不同的浓度和变化。在具有水平隔绝空域的情况下,单一剖面是不足以量化储存变化的,理想情况是需要几个水平分离的测量。

16.4.2 气流畸变

与地面不平行的平均流线是通量测量的一个问题(Finnigan et al. 2003)。通常,这一问题至少部分可以由适当的旋转和校准步骤来克服(见第 3.2.4 节和第 7.3.3.2 节),但是城市环境的气流畸变也能由围绕及越过城市冠层中的当地和远方的建筑物的气流的分离和偏转导致。与绝大多数具有良好透水和透气性的植物冠层不同,建筑物是阻流体,不透水且不具弯曲性。所以,建筑物在其平面上造成强烈的动力学压力差,反过来导致大量的垂直风组分、降低的平均风以及增强的湍流动能。对于孤立的建筑,平均流线的位移可以在屋顶的几个建筑物高度

(several building heights above the roof)上检测到,而巨大的尾流效应的影响范围可以达到建筑高度下风向的10~15倍(例如 Oke 1987,图7.6)。

因此,需要避免在动力学气压梯度附近即裸露墙壁和建筑物顶部进行涡度协方差测量(Oke 2006b)。从后勤上来讲,使用孤立的高层建筑作为市区涡度协方差系统的平台可能看起来很方便,但几乎在所有情况下都不建议这样做。图16.5a表示的是在一座孤立高层建筑(楼高120 m,楼宽约40 m)的楼顶边缘一个3 m高的桅杆上的涡度协方差系统测出的迎风角与风向的关系,可以发现在楼顶边缘区域的风畸变强烈。虽然涡度协方差系统的位置比周围建筑平均高度高6倍之多(h_m/z_h约为6),因此理论上是处于上覆惯性亚层里,但是此处的通量测量并不可行。第二个例子见图16.5b,表示的是对给定当地气候区的典型建筑物(建筑物高20 m,宽约20 m)顶部的20 m格架式塔(lattice tower)上的涡度协方差系统的观测结果。尽管这个涡度协方差系统的垂直位置关系仅为$h_m/z_h=2$,测量位置的流动畸变已大为减小。总之,不仅涡度协方差测量的高度是城市通量测量的位置确定的一个决定性因素,气流畸变也是选择合适平台和测量位置的严格限制因素。

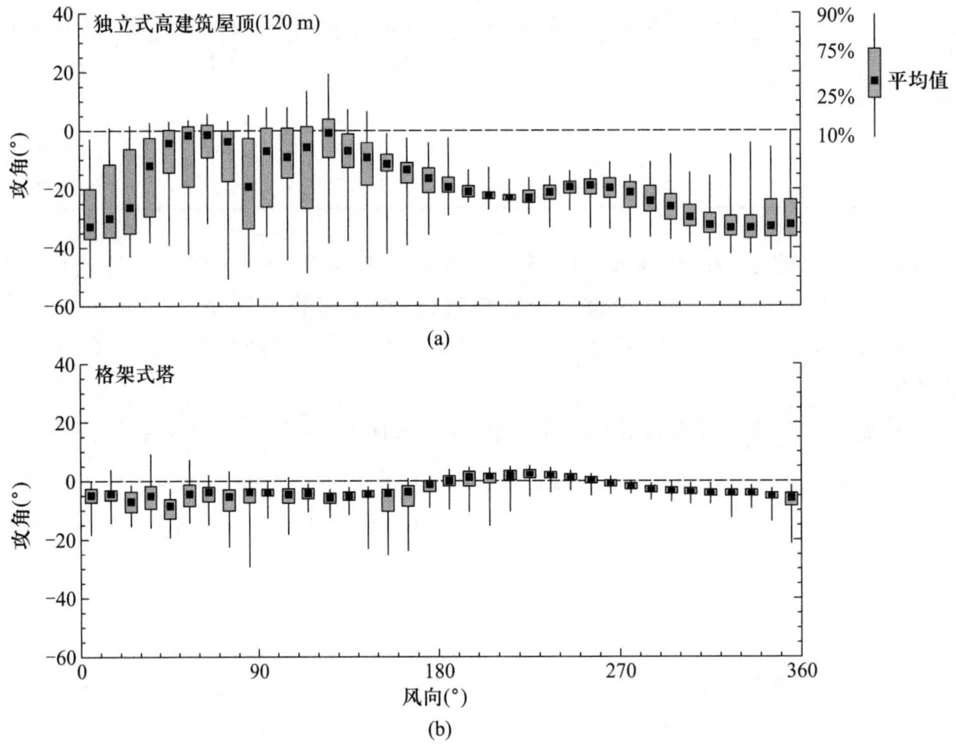

图16.5 从选取的两个涡度协方差测量站点获取,以平均垂直攻角表示的流动畸变:系统(a)位于120 m高的建筑顶以上3 m的位置,系统(b)位于20 m高建筑顶的高20 m的格架式塔上

16.4.3 夜间通量问题、空缺填补和 QC/QA

造成夜间通量问题(见第 5 章)的典型前提是低摩擦风速、稳定分层和解耦的冠层,而这些在城市大气中几乎不存在。所有城市表面形态的显著粗糙性造成了机械湍流,连同储存的和人为的热量释放加剧了热扰动,从而产生了一个在白天和夜晚都混合良好的上覆惯性亚层。因此可以认为,对城市夜间通量的低估并不像森林生态系统那么严重。图 16.6 表示的是在瑞士巴塞尔城内外五个同时运行的站点的上覆惯性亚层中动力学稳定组别的夜间频率。夜间稳定状况的频率从乡村站点的 60%降低到市中心的 10%。城市站点的夜间大气的不稳定状况由显著的热储存和人为热量释放而造成(Christen and Vogt 2004)。

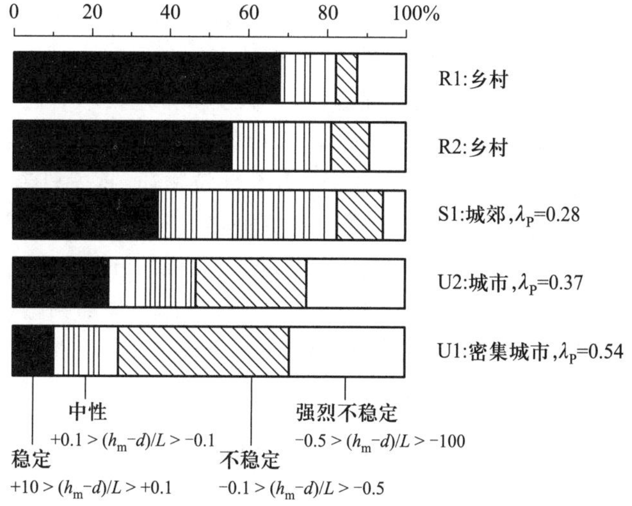

图 16.6 2002 年 6 月 10 日至 7 月 10 日在瑞士巴塞尔,5 座涡度协方差塔同时测量的夜间(22—04 h,CET)不同稳定组别频率(改编自 Christen 和 Vogt(2004))

接下来讨论的是城市涡度协方差数据的空缺填补,其主要受限于统计学方法(第 6 章),这是因为呼吸和光响应模型必须适合于特定的城市状况,而和/或对于特定的当地气候区重要性较小。第 4 章讲的质量控制检验可能导致大量数据被剔除,这是因为这些检验严格基于莫宁-奥布霍夫相似理论,并不适用于城市粗糙亚层,并且由于热对流增加,尤其在白天,不稳定性很可能增加。但当前没有专门针对城市的 QC/QA 框架,建议用第 4 章讲的数据检测程序作为第一步来处理。后续步骤中可能减少一些限制条件。

16.4.4 仪器检修与维护

除了城市自身特征所带来的特殊问题,正如之前章节所述,气溶胶导致的仪器(传感器、IRGA 窗口)污染是最严重的问题。这意味着尤其需要加强对站点和仪器的检修和维护。本书之前已详细探讨了开路和闭路系统的优缺点(见第 2.4.4 节),这些特点同样适用于城市通量塔和设备(Järvi et al. 2009a)。但是两个系统都需要额外关注。对于闭路系统,我们建议进气口滤膜更换的最长间隔是一周,而环境污染严重的话,可能需要缩短到几天。同样的规则也适用于开路系统传感器。闭路系统 IRGA 的内置采样单元尽管受空气滤膜的保护,但当暴露于城市污浊空气时也要格外注意。

16.5 总结与结论

虽然将涡度协方差方法应用在城市地区仍不能做到即插即用那样简单,但通过努力,如果留心一些具体城市的特有属性,研究者就能从城市地区的涡度协方差测量中获取适当的结果。相对于非城市生态系统的站点定位,城市通量塔的选址更为重要。最重要的是,研究人员要对特定站点对通量观测的影响有明确的认识,这是因为"理想"的城市通量站根本不存在。为得到测量值的合理解释,广泛了解源区特点,仔细分析站点附近环境造成的气流畸变必不可少。谨记以上要求,并采用一般的数据处理过程链,基于涡度协方差技术的通量测量就能够成为研究城市部分新陈代谢特点(即能量、物质通量)的有价值的工具。最初涡度协方差设备仅限于测量能量、水分和碳通量,现在新推出的仪器可用于颗粒物质、挥发性有机化合物(VOC)和 N_2O 的通量测量,这也为在空气污染研究背景下探究城市大气化学特点提供了有力的帮助。

城市与"非城市"通量塔的仪器在本质上一致,存在同样的开路和闭路传感器优缺点。须注意的是由于严重的大气污染而导致仪器和空气过滤装置的污染加剧;除此之外,城市通量塔与非城市生态系统通量塔以同样的方式来维修。

致 谢

获得这些结果的研究得到了欧盟第 7 框架项目(FP7/2007—2013)的资助(编号为 ne211345)。感谢 Tim Oke 提供了有价值的学术讨论。

参考文献

Arnfield AJ (2003) Two decades of urban climate research: a review of turbulence, exchanges of energy and water, and the urban heat island. Int J Climatol 23:1-16

Aubinet M, Feigenwinter C, Heinesch B, Bernhofer C, Canepa E, Lindroth A, Montagnani L, Rebmann C, Sedlak P, van Gorsel E (2010) Direct advection measurements do not help to solve the night-time CO_2 closure problem: evidence from three different forests. Agric For Meteorol 150:655-664

Christen A, Vogt R (2004) Energy and radiation balance of a central European city. Int J Climatol 24:1395-1421

Christen A, van Gorsel E, Vogt R (2007) Coherent structures in urban roughness sublayer turbulence. Int J Climatol 27:1955-1968

Christen A, Vogt R, Rotach MW (2009a) The budget of turbulent kinetic energy in the urban roughness sublayer.

Bound Layer Meteorol 131:193-223

Christen A, Coops N, Crawford B, Liss K, Oke TR (2009b) The role of soils and lawns in urban-atmosphere exchange of carbon dioxide. In: 7th International Conference on Urban Climate, Yokahama, Japan

Churkina G (2008) Modeling the carbon cycle of urban systems. Ecol Model 216(2):107-113

Donateo A, Contini D, Belosi F (2006) Real time measurements of PM2.5 concentrations and vertical turbulent fluxes using an optical detector. Atmos Environ 40:1346-1360

Dorsey JR, Nemitz E, Gallagher MW, Fowler D, Williams PI, Bower KN, Beswick KM (2002) Direct measurements and parameterisation of aerosol flux, concentration and emission velocity above a city. Atmos Environ 36:791-800

Famulari D, Nemitz E, Di Marco C, Phillips GJ, Thomas R, House E, Fowler D (2009) EC measurements of nitrous oxide fluxes above a city. Agric For Meteor 150:786-793. doi:10.1016/j.agrformet.2009.08.003

Feigenwinter C, Vogt R (2005) Detection and analysis of coherent structures in urban turbulence. Theor Appl Climatol 81:219-230. doi:10.1007/s00704-004-0111-2

Finnigan JJ, Clement R, Malhi Y, Leuning R, Cleugh HA (2003) A re-evaluation of long-term flux measurement techniques - Part I: averaging and coordinate rotation. Bound Layer Meteorol 107:1-48

Grimmond CSB (2006) Progress in measuring and observing the urban atmosphere. Theor Appl Climatol 84:3-22. doi:10.1007/s00704-005-0140-5

Grimmond CSB, Oke TR (1999) Aerodynamic properties of urban areas derived from analysis of urban form. J Appl Meteorol 38:1262-1292

Grimmond CSB, King TS, Roth M, Oke TR (1998) Aerodynamic roughness of urban areas derived from wind observations. Bound Layer Meteorol 89:1-24

Grimmond CSB, Salmond JA, Oke TR, Offerle B, Lemonsu A (2004) Flux and turbulence measurements at a densely built-up site in Marseille: heat, mass (water and carbon dioxide), and momentum. J Geophys Res 109: D24101. doi:10.1029/2004JD004936

Grimmond CSB, Young D, Lietzke B, Vogt R, Marras S, Spano D (2010) Inventory of current state of empirical and modelling knowledge of energy, water and carbon sinks, sources and fluxes. BRIDGE-Collaborative Project. FP7 contract 211345, pp. 108. Available online on: http://www.bridge-fp7.eu/images/reports/BRIDGE%20D.2.1.pdf

Ichinose T, Shimodozono K, Hanaki K (1999) Impact of anthropogenic heat on urban climate in Tokyo. Atmos Environ 33:3897-3909

Järvi L, Mammarella I, Eugster W, Ibrom A, Siivola E, Dellwik E, Keronen P, Burba G, Vesala T (2009a) Comparison of net CO_2 fluxes measured with open- and closed-path infrared gas analyzers in an urban complex environment. Boreal Environ Res 14:499-514

Järvi L, Rannik Ü, Mammarella I, Sogachev A, Aalto PP, Keronen P, Siivola E, Kumala M, Vesala T (2009b) Annual particle flux observations over a heterogeneous urban area. Atmos Chem Phys 9:7847-7856

Kanda M (2006) Large eddy simulations on the effects of surface geometry of building arrays on turbulent organized structures. Bound Layer Meteorol 118:151-168

Kastner-Klein P, Rotach MW (2004) Mean flow and turbulence characteristics in an urban roughness layer. Bound Layer Meteorol 111:55-84

Langford B, Davison B, Nemitz E, Hewitt CN (2009) Mixing ratios and eddy covariance flux measurements of volatile organic compounds from an urban canopy Manchester, (UK). Atmos Chem Phys 9:1971-1987

Longley D, Gallagher MW, Dorsey JR, Flynn M, Bowr KN, Allen JD (2004) Street canyon aerosol pollutant transport measurements. Sci Total Environ 334-335:327-336

Moriwaki R, Kanda M (2004) Seasonal and diurnal fluxes of radiation, heat, water vapor and CO_2 over a suburban area. J Appl Meteorol 43:1700-1710

Moriwaki R, Kanda M (2006) Local and global similarity in turbulent transfer of heat, water vapour, and CO_2 in the dynamic convective sublayer over a suburban area. Bound Layer Meteorol 120:163-179. doi:10.1007/s10546-005-9034-4

Moriwaki R, Kanda M, Harumi N (2006) CO_2 build-up within a suburban canopy layer in winter night. Atmos Environ 40:1394-1407. doi:10.1016/j.atmosenv.2005.10.059

Offerle B, Grimmond CSB, Fortuniak K (2005) Heat storage and anthropogenic heat flux in relation to the energy balance of a central European city centre. Int J Climatol 25:1405-1419

Oikawa S, Meng Y (1995) Turbulence characteristics and organized motions in a suburban roughness sublayer. Bound Layer Meteorol 74:289-312

Oke TR (1976) The distinction between canopy and boundary-layer urban heat islands. Atmosphere 14:268-277

Oke TR (1987) Boundary layer climates. Methuen, London

Oke TR (2006a) Towards better scientific communication in urban climate. Theor Appl Climatol 84:179-190

Oke TR (2006b) Initial guidance to obtain representative meteorological observations at urban sites. Instrument and Observing Methods (IOM), report No.81, WMO/TD. No. 1250. World Meteorological Organization, Geneva

Pigeon G, Legain D, Durand P, Masson V (2007a) Anthropogenic heat release in an old European agglomeration (Toulouse, France). Int J Climatol 27:1969-1981

Pigeon G, Lemonsu A, Grimmond CSB, Durand P, Thouron O, Masson V (2007b) Divergence of turbulent fluxes in the surface layer: case of a coastal city. Bound Layer Meteorol 124:269-290

Raupach MR, Finnigan JJ, Brunet Y (1996) Coherent eddies and turbulence in vegetation canopies: the mixing-layer analogy. Bound Layer Meteorol 78:351-382

Roberts SM, Oke TR, Grimmond CSB, Voogt JA (2006) Comparison of four methods to estimate urban heat storage. J Appl Meteorol Climatol 45:1766-1781

Rotach MW (1999) On the influence of the urban roughness sublayer on turbulence and dispersion. Atmos Environ 33:4001-4008

Rotach MW (2001) Simulation of urban-scale dispersion using a Lagrangian stochastic dispersion model. Bound Layer Meteorol 99:379-410

Roth M (2000) Review of atmospheric turbulence over cities. Q J R Meteorol Soc 126:941-990

Stewart I (2009) Classifying urban climate field sites by "Local Climate Zones". Urban Climate News 34, 8-11. www.urban-climate.org/IAUC034.pdf

Stewart I, Oke TR (2009) Newly developed 'thermal climate zones' for defining and measuring urban heat island magnitude in the canopy layer. Preprints T. R. Oke symposium & eighth symposium on urban environment, Phoenix, Paper J8.3. American Meteorological Society, Boston, MA

Trusilova K, Churkina G (2008) The response of the terrestrial biosphere to urbanization: land cover conversion, climate, and urban pollution. Biogeosciences 5:1505-1515

Velasco E, Lamb B, Pressley S, Allwine E, Westberg H, Jobson BT, Alexander M, Prazeller P, Molina L, Molina M (2005a) Flux measurements of volatile organic compounds from an urban landscape. Geophys Res Lett 32:L20802. doi:10.1029/2005GL023356

Velasco E, Pressley S, Allwine E, Westberg H, Lamb B (2005b) Measurements of CO_2 fluxes from the Mexico City urban landscape. Atmos Environ 39:7433-7446

Velasco E, Pressley S, Grivicke R, Allwine E, Coons T, Foster W, Jobson BT, Westberg H, Ramos R, Hernandez F, Molina LT, Lamb B (2009) EC flux measurements of pollutant gases in urban Mexico city. Atmos Chem Phys 9:7325-7342

Vogt R, Christen A, Rotach MW, Roth M, Satyanarayana ANV (2005) Temporal dynamics of CO_2 fluxes and profiles over a central European city. Theor Appl Climatol 84:117-126. doi:10.1007/s00704-005-0149-9

第 17 章

数据管理、共享及合作

Dario Papale, Deborah A. Agarwal, Dennis Baldocchi, Robert B. Cook, Joshua B. Fisher, Catharine van Ingen

“我之所以能够看得更远，”艾萨克·牛顿在1967 年写给罗伯特·胡克的信中提到：“那是因为我站在巨人的肩膀上。”[①]这句话的含义是：牛顿能够做到更多，知道更多，并进一步推动整个科学，这都建立在先辈们不断探索进步的前提下。但如果“巨人们”不提供“肩膀”，牛顿将

D.Papale (✉)
DIBAF, University of Tuscia, Viterbo, Italy
e-mail: darpap@unitus.it

D.A.Agarwal
Lawrence Berkeley National Laboratory, Berkeley, CA, USA
e-mail: DAAgarwal@lbl.gov

D.Baldocchi
Department of Environmental Science, Policy and Management, University of California, Berkeley, CA, USA
e-mail: baldocchi@berkeley.edu

R.B.Cook
Oak Ridge National Laboratory, Oak Ridge, TN, USA
e-mail: cookrb@ornl.gov

J.B.Fisher
Jet Propulsion Laboratory, California Institute of Technology, Pasadena, CA, USA

C.van Ingen
Microsoft Research, San Francisco, CA, USA
e-mail: vaningen@microsoft.com

M.Aubinet et al. (eds.), *Eddy Covariance: A Practical Guide to Measurement and Data Analysis*, Springer Atmospheric Sciences, DOI 10.1007/978-94-007-2351-1_17,

① 这段话实际上出自公元前 5 世纪沙特尔的伯纳德(d.1130)：“我们像站在巨人肩上的矮人，所以比他们看到的多……”Gimpel J 1961. The Cathedral Builders. Grove Press, New York

局限于自己的能力范围去“看”;换句话说,如果先辈们不分享他们的工作——即他们的科学发现和数据——牛顿也不会做出如此多的科学贡献。

如今,科学问题比以往更加国际化,回答这些问题可能要以多学科、多领域的科学家或科研机构合作为前提。数据的复杂性和覆盖面常常超越了单个科学家的理解。分布式的数据收集和数据分析共享机会越来越多,合作研究的重要性日渐凸显,这种研究形式又被称为“协作研究体”或“没有围墙的研究中心”(Clery 2006)。

在当今的科学研究活动中,一个大的挑战依旧是创造能够支持科学家们高效地进行数据合作分析的媒介。显然通过传统文件系统概念来管理分布式数据是不能够加速科学发现的。唯有仔细鉴别和分析数据贡献者、管理者和使用者的不同需求之后,我们才能构建一个优秀的数据管理架构。这个架构中的数据集将能够随着数据、数据注释、参与者以及数据使用规则的改变而变化。

这就需要数据贡献者、收集者及其团队不仅要认真做好测量工作,并准备在科学团体中共享其测量结果,也需要建立能够被普遍使用的规则,从而保证数据的准备、安全储存以及实现其工作和站点等资料最大程度的共享与公开。

在这一章中,我们提供了多个实例用以介绍不同数据管理系统的功能类型和优势,特别关注其数据库的结构和特征、数据体验及用户数据服务。最后,以数据综合分析共享及数据政策选择等合作效应的重要性和优势为例,进行讨论和分析。

17.1 数据管理

涡度协方差(EC)技术产生大量数据,包括 10 Hz 测量到 30 min 均值及其他相关辅助数据。另外与其他统一性的工作不同,如统一的遥感数据中心,涡度协方差各测量单位间存在高度异质性,需要更多的工作才能使各单位协调一致、测量统一。要达到这个目标,一个可行的操作规程非常关键,而涡度协方差通量测量的各单位都有几个数据管理步骤,每一步骤都会影响网络中涡度协方差通量站点的总体数据管理、数据归一与可用性分析。第一个数据管理层由通量塔和管理通量塔的团队提供。测量的原始数据首先由负责通量塔的团队进行质量检验并存档。其他数据管理中心,包括区域网络以及全球 FLUXNET 网络的,他们的主要职责是提供完整的数据存档和用户服务。

17.1.1 功能

一个典型的涡度协方差通量和气象数据管理系统,至少具备以下功能:原始数据存档、提供标准数据产品、用户使用授权、其他数据及数据产品的使用记录。数据管理系统给涡度协方差通量测量的科学家之间提供合作机会,并且给用户和涡度协方差数据提供者之间搭建桥梁。总的来说,科学的数据库集成管理系统应具备以下特征:

(1) 存档:碳、能量、水及其他气体通量的测量数据极为重要,应仔细留存原始数据。包括生成数据产品在内,应整合全部的完整数据到管理系统中。

(2) 质量:判断出数据质量好坏及潜在的问题,并将其同数据一起储存到数据库中。如果可能,应该更正检查出的数据质量问题。除了数据提供者应用的质量检查方法,数据管理中心应当进一步鉴别数据质量和可能存在的错误,并同数据提供者和使用者紧密沟通,给后者提供额外且独立的质量控制工具。数据修正和运算方法应该随着科学与技术发展及时更新。

(3) 安全性:由于多种原因,大多数科学数据要求访问权限控制(例如,哪些人可以访问数据)。例如,即使政策允许每个人都可以访问数据,但仍须注册及验证后才能访问(为确保数据能够发挥最大效用)。总体上,管理系统必须符合数据提供者和使用者的安全需要(符合政策和规定)。

(4) 更新:网络在过去10年间迅速壮大(图17.1),而且会持续发展,尤其在全球还没有通量塔的区域。系统必须在多个维度上做出准备:数据库容量管理、元数据规模管理、整合数据库管理容量、有效参与者数量(作者、管理者、出版者及消费者)。另外,数据管理系统的高效运行应该符合以下前提:稳定和健全的数据库;有能力及时给使用者提供数据,能够实现新数据或元数据上传;管理者能够决定哪些方面需要完善,哪些新需要应当考虑满足等等。

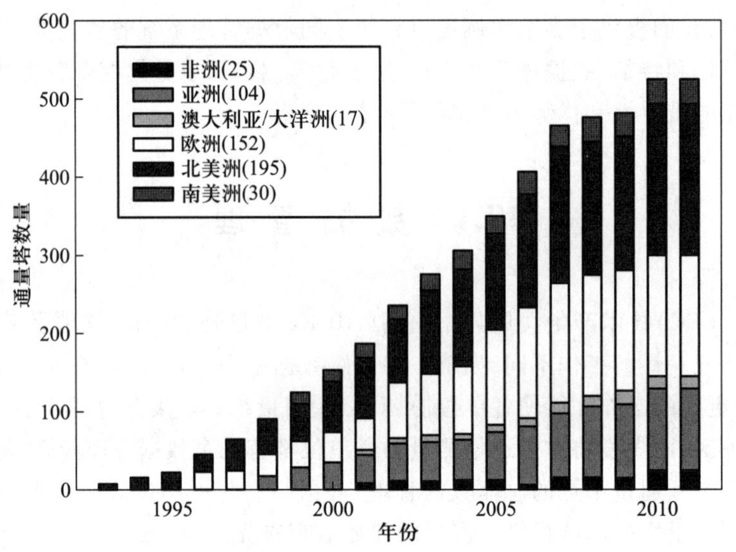

图 17.1 各大洲自1993年以来FLUXNET站点发展状况(截止至2011年3月)。数据来源于FLUXNET注册站点ORNL数据库(www.fluxnet.ornl.gov,登录网站查看最新更新)

(5) 可用度:使用者能够很方便地根据研究需要获得相关数据、数据产生过程介绍及数据质量控制等。总之,使用者能够通过关键词和数据具体特征搜索到所需的数据——例如,"基于1999年1月1日至2002年6月30日间由SensorX观测的数据,直接或间接查找所有科学产出(文章、起源数据库等)"。

(6) 通用数据通联软件:使用数据并不需要特殊的软件。理想化地讲,数据分析合作中,参与者不需要学习新的软件包。最好的方法是数据使用者只要通过浏览器或表格软件即可完全使用数据。

(7) 痕迹管理:数据管理系统中的数据及元数据间拥有潜在的多重关系。例如,一套特殊数据的潜在使用者可能会在特定的博客中提出问题,而这些问题的答案可能对其他数据或元数据有参考价值。数据管理系统应该能够记录这些历史痕迹,并将其整合到数据管理系统中(如提供痕迹搜索能力)。

(8) 通知:系统使用者并不需要参与数据管理来了解上次访问之后的数据变化。也就是说,系统可以以通知的形式来告知系统用户感兴趣的改变或增减(例如,数据的修订或增加、元数据的修订或增加及新使用者群体),系统能够通过多种选择机制(e-mail 或者 SMS)发出更新通知。实质上,系统应该能够通过系统订阅或系统推送的方式告知使用者。

(9) 附加运算:系统应该按照统一方法与计算流程从原始数据(指计算出的通量)得出变量。这些衍生产品包括了质量保证和质量控制标记(第 4 章)、数据插补(第 6 章)以及计算的其他变量,如通量分配的 GPP 和 R_{eco}(第 9 章)、直接的数据产品(如水分和辐射利用效率)、潜在蒸发散、表面导度等。另外,还能够处理相关数据,比如气象网络数据、遥感数据及气候模型结果等。

(10) 使用痕迹记录:要及时追踪由该数据系统衍生出的论文及其他科学结论。例如,建立一个产品列表列出使用了数据库的每一个数据集,记录在特定时间或特定站点产生的数据,并能够让数据拥有者和资助机构随时得知。

17.1.2 通量塔数据库

涡度协方差数据的长期价值和质量首先取决于每一个通量塔提供数据的质量。通量塔观测者在整个数据管理中扮演着关键角色。观测者提供的原始存档数据要保存好,以备将来用新方法或者新校正进行重新计算。从始至终使用统一的变量名及单位,可以有效地减少混淆,避免造成老数据重新运算的错误。这不仅是指涡度协方差和气象数据,而且包括所有观测数据。

以下信息的组织和整理十分重要,包括测量设备的搭建、仪器使用、仪器型号和序列号、仪器在塔上的位置(高度)及所测足迹(位置、土壤中埋置深度)、校正日期和方法、每一个传感器维护和受干扰情况、计算及校正通量和数据的方法等。同样地,站点所有生物的干扰和管理信息及这些测量的收集人及方法的信息都要一起存档。这些都是涡度协方差测量中关键的数据。建议对这些数据进行备份,并且保存在站点以外的地方(多数情况下区域网络负责这方面的离站数据存档)。定期检查存档系统有助于提高紧急情况下数据恢复的可能性。

17.1.3 区域数据库

最早的涡度协方差测量区域数据库要追溯到 20 世纪 90 年代的两个主要区域网络——美洲通量网和欧洲通量网。最初的两个数据库相对简单,并没有太多的功能。但近 10 年来它们迅速发展,增加了新的功能,并且定位为合作和标准化服务。

并列且互相联系的区域网络比单一的全球网络更有效率。首先,地方合作者在政治和文化上更容易被地方协调者所管理,联系更紧密,且比外来协调者对当地的状况了解更深入。第二,目前很少有资助机构有兴趣全额资助涡度协方差及相关数据的全球性数据库系统。相反,区域性的资助机构却有兴趣资助区域性的数据库(例如,美国的 DOE 及欧洲的 EU)。因此,区域数据库的协调对于维护和提高互用性和数据库间标准化十分必要。FLUXNET 是全球性倡导组织,与区域网络一起,帮助构建一个更大的,旨在共享运算设置、标准和政策,促进全球尺度研究的网络(图 17.2)。

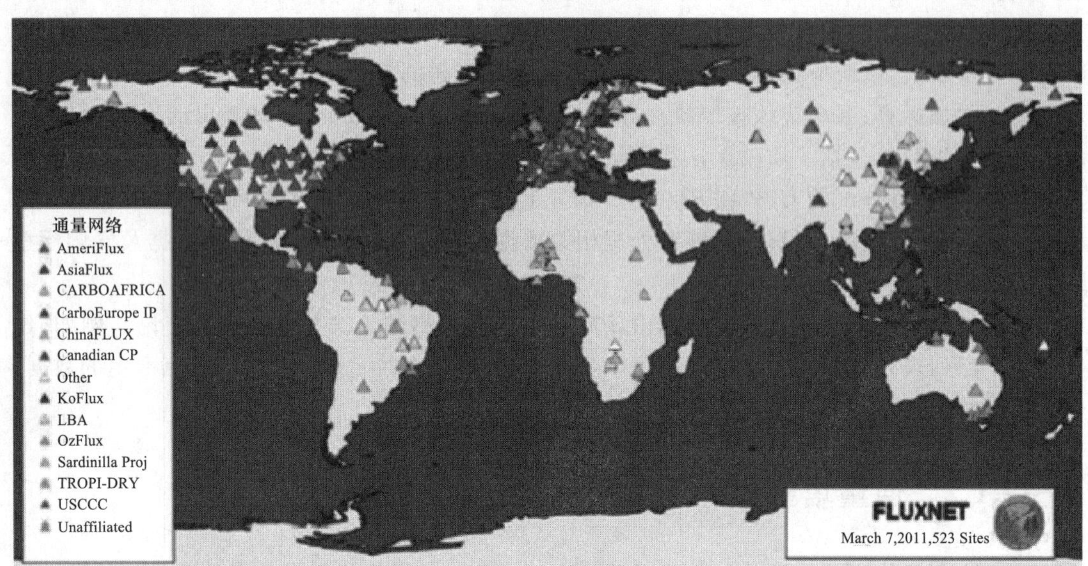

图 17.2 区域网络和 FLUXNET。持续更新版本见 FLUXNET 的 ORNL 网站(www.fluxnet.ornl.gov)(见书末彩插)

已经建立的不同区域数据库合作网络有几十个到上百个站点。主要的涡度协方差数据库有美洲通量网(http://public.ornl.gov/ameriflux/index.html)、欧洲和非洲通量网(http://www.europe-fluxdata.eu)、加拿大通量网(http://fluxnet.ccrp.ec.gc.ca/e_about.htm)以及亚洲通量网(https://db.cger.nies.go.jp/asiafluxdb/)等。

17.1.3.1 实例:欧洲涡度协方差通量数据库系统

欧洲通量网络创建于 1996 年,EuroFlux-EU 项目包含 16 个森林站点。现在该网络已经增加到 140 多个站点,这得力于欧洲其他几个项目的资助,例如,TCOS-Siberia、GreenGrass、CarboMont、CarboEuroflux、CarboEurope-IP、IMECC、CarboExtreme 和 GHG-Europe 等。为了和网络发展相适应,数据库系统已经发展为主控制、质量控制、标准化以及不同站点间共享数据的网络。该数据库——基于 SQL 和.NET 架构——目前位于维泰博(意大利)的图西亚大学,该系统是一个双备份系统,与一套工作站连接并进行数据处理。为了促进不同项目间协调和数据交流,不同项目使用相同的数据结构和运算,以保持数据产品一致性(格式相同、质量控制标记相同、变量名相同、单位相同以及运算方法相同);不同项目包括的站点不再需要在不同的界面上传,而替换为统一上传(见 www.europe-fluxdata.eu)。同时,通用数据库部分项目有具体的可视化界面,以简化项目内协调,并且能够控制增加其他的具体项目数据库。

2005 年,欧洲涡度协方差通量数据库启用了一系列针对数据拥有者和使用者的技术改善方法,同时也改变了数据库的性质,将数据储藏库转变为真正的数据管理系统。一种新的标准数据运算方法被引入系统中,包括 Papale 等(2006)介绍的 QA/QC 方法、Reichstein 等(2005 年)的 u^* 剔除标准、2 种数据插补可选项(MDS—Reichstein et al. 2005 及 ANN—Papale and Valentini 2003),而通量划分数据库(flux partition database)也以标准格式提供,以简化使用并实现自助阅读。在该章撰写之时,数据库运算套装可选项正在评阅之中,包括新的 QA/QC 工具及通量区分方法(Lasslop et al. 2010)。随着时间推移,数据运算方法也会不断地更新,这将是数据库系统最重要的实用特征之一。这也会在很大程度上解决单个站点的管理者常常面临的文献提出的新方法在使用上带来的困难。

另外引入的两个主要服务包括版本系统和 PI 信息系统(PI 是首要调查人,他们是站点负责人和数据拥有人)。版本系统介绍新版本及新的运算方法的启用及使用的数据集。事实上,正在使用的运算方法是后来下载或运行中出现错误的数据集的集中订正,而这也正是版本系统的主要功能。如此一来,我们就能够通知所有数据使用者已经有了新的版本可用,并介绍与上一版本的详细区别。只有了解这些信息,用户才可以理解同一站点使用不同数据集进行连续研究的不同。关于版本方面更详尽的介绍见本章后半部分。

PI 信息系统是数据库中数据提供者的专用部分。在这里,PI 可以上传数据、检查数据运算状态、确定数据访问和数据使用政策、掌握数据使用者情况及下载他们站点的数据。另外,e-mail 系统会自动通知 PI 谁提出了使用数据的要求及分析计划。有了这些信息,一方面,PI 可以方便地共享数据。根据潜在的数据使用者的数据使用情况,PI 可以直接联系数据使用者,甚至进一步进行合作研究;另一方面,他们还可以了解有多少人对他们的站点感兴趣,判断自身的工作对科学界有多大贡献,这些结论可以用于决定是否有必要继续工作或提供资助。

17.1.4 FLUXNET 的建立及其数据库

FLUXNET 是网络集合的网络,包括区域网络及独立测量站点间合作构建的全球涡度协方差通量测量网络。该网络的建立促进了全球尺度上的分析整合研究。FLUXNET 主要目标是构建区域网络和世界各地的涡度协方差观测人员之间的联系,同时汇总现存站点的分布状况、站点数据时间段及站点所测量的项目,并且促进站点间交流与合作。FLUXNET 也使用标准数据集,其产品通过会议和专题的形式促进全球尺度科学分析研究。FLUXNET 负责收集新数据集,为进行全球分析作准备(不连续)。每个数据集收集的目的在于通过收集各站点(包括区域数据集或者独立站点)的预加工数据来产生新的 FLUXNET 数据集。典型的 FLUXNET 分析会议是根据已经搜集的数据,将之提供给使用者进行讨论,寻求数据集的科学前景和起草新的站点集成分析,并着手这些分析等过程的总体。第一次 FLUXNET 综合会议是 2000 年在马可尼(Marconi)会议中心举办的。在准备该会议时,已经收集到的数据集包括来自美洲和欧洲的总共 40 个站点中 97 个站点-年的数据。这个数据集经过了质量检查并使用标准的方法进行了插补。该数据集经综合分析产生了 11 篇综合分析文章,它们被发表在 2002 年 12 月的农林气象(*Agricultural Forest and Meteorology*)专刊上。

对马可尼数据集,所有的分析团队均了解每一个测量的科学家,因此团队间沟通和信任相对容易建立。故该数据集是通过人工下载数据和人工通信联系(ftp、e-mail 和电话)建立起来的。最终结果数据集只包含通量和气象数据。综合分析小组直接联系站点观测者获得所需的辅助数据。

第二届 FLUXNET 综合大会于 2007 年 2 月在意大利(La Thuile)举办。会议达成了长期努力的共识,也为 2007 年 9 月 La Thuile 数据集面向集成分析小组开放打下了基础。但最终开放时间比原计划有所延迟,原因有两个方面:首先是数据完全收集和运算需要更多时间;其次是构建登录界面花费了一些时间。开放的 La Thuile 数据集包括世界各地 180 多名科学家在内的 250 余个站点,时间长达 960 多个站点-年的数据。4 年后,110 多个综合分析小组利用这些数据撰写了一系列文章(见 http:∥www.fluxdata.org,列出了目前已经发表的文章)。

随着涡度协方差通量测量队伍的壮大,其对于广大科学团体的价值也日益体现出来。例如,FLUXNET La Thuile 数据集是迄今为止最大的碳通量观测数据集,协助了站点间、区域间、生态系统尺度和全球尺度的分析。正是由于其运用了先进的标准运算方法以及完善了辅助数据,La Thuile 数据集比 FLUXNET 以前的其他数据集更有价值。

遵循马可尼会议的首创精神,La Thuile-2007 FLUXNET 分析活动中的数据和使用者越来越多,随着运算的进步及信息技术的发展,其数据库结构也进行了彻底的改变。用户可以通过网络界面连接数据库结构,并提供专门的接入点用于 FLUXNET 综合分析与研究(www.fluxdata.org)。该数据库与 FLUXNET 综合数据库以及区域数据库同步进行维护升级。新的数据收集和运算目前正在进行中,其目标是在 2012 年发布新的 FLUXNET 数据集。新的数据集将明显比 La Thuile 数据集更强大,其中包括附加运算和不确定性评估工具。

17.2 数据体验

17.2.1 数据贡献和反馈规则

数据一般是由通量测量者提供给区域数据库,再由区域数据库负责下一步的质量控制及运算,并最终将数据提交给 FLUXNET 分析。这两步工作可以更精确控制数据质量,但也可能因区域网络和 FLUXNET 要求不同而产生一些不统一。因此,协调一致非常重要。

提交给区域网络的数据传输规章通常因区域网络不同而变化。虽然这不会影响到网络间的数据共享,这是因为区域数据库的基本职能是以原始格式保存重要数据,并以经过数据质量控制和质量确认后的标准格式输出;但从总体出发点考虑,各站点使用通用的数据格式和传输规章意义重大。然而在不同生态系统和气候条件下,使用统一的规定可能并不合适。尽管如此,数个大规模协调工作正在进行中,并已初见成效。美国通量网首先启用了生物(biological)、辅助(ancillary)、干扰(disturbances)及管理(management)模板,即所谓的 BADM 模板(见 www.fluxdata.org)。该模板已经被其他网络(欧洲、非洲)所采纳。美洲通量网建议补充完善的模板包括了其他地区的通量网在开始的模板中可能忽略的数据类型和信息。该模板现在被用于汇报所有短期(天到年)的测量及信息,但更重要的是用于对更正数据的解释。

BADM 模板逐渐成为 FLUXNET 的国际标准,用户可以下载 Excel 文件离线填写信息,然后提交完整的数据。但是 BADM 模板收集数据包含了广泛而复杂的数据范围,比如包括了查询控制词汇表(物种或干扰类型)填出植物物种百分比、站点干扰情况及其数值(百分比或年),同时还包含其他相关信息。尽管模板数据输入界面友好,但 Excel 格式不能够给出输入检查。如果用户不严格按照说明进行操作,则会导致以后需要大量人力劳动来重新整理数据并更新模板。

基于 web 的数据库界面也提供了直接更新或者提交辅助数据的服务。这种方法可以快捷提交和登记数据,并且直接访问原始数据,也能通过简单的规则保证输入数据的正确性,例如通过一个输入框中的文本字符串限制就可以实现:如果变量“干扰发生的年份”(disturbance_year)错误输入为[两千]或者[2000-2001]或者[2001 年 1 月]或者[03-01-2001],web 界面可以马上提示需要重新输入。正确的格式为[2001],其他信息可以在其他输入框或者备注中输入并进行检查。web 数据输入界面可以有效避免数据输入出错而导致的大量人工更正工作。

尽管 web 形式的数据提交有以上这些可控性方面的改善,但还是会有其他错误。为了能够发现这些错误,研究人员可以建立一个临时文件储存新提交的信息,待站点管理人检查确认后再提交。一般要求管理人是能够核查提交质量的专家,并能够及时联系 PI 进行可疑值的检查。比如常见的单位错误,导致数据“可能对”,但不是“很精确”,这时可以被检查出来。管理人确认数据后,就可以移入数据库。

17.2.2 通用命名/单位/汇报/版本

FLUXNET 是一个由单独网络及合作网络共享数据产品组成的综合分析组织。数据产品包括不同运算方法的通量数据、气象时间序列、野外观测数据、衍生数据(如光能利用效率、水分利用效率或者干旱指数等);附属数据包括站点分类、干扰、经营历史或者生物量特征和遥感数据等。如今,这些数据产品通常汇总为一个收集表。随着跨站点、跨网络的综合分析组织的日渐发展以及站点间和网络间的分析研究重要性日渐提升,数据标准化的需求也愈显紧迫。

17.2.2.1 促进站点间分析:站点标签、变量和单位

站点间合作分析的先决条件是不同区域站点间的数据能够进行比对。促进分析合作的第一步是站点标记唯一性:一个站点仅使用一个标记名字,除测量位置明显变动(即不同的足迹,见第 8 章)外,站点名称不能随便变动。不同站点采用不同的名称,典型的做法是使用与地理位置相关的代码作为每一个站点的标签。这种标签提供了人们可读名称的同时,还保证了其标签的唯一性(尽管在非必须情况下,不推荐更换站点名称)。

站点间的分析还需要数据本身在不同站点间可比,这理论上需要完全相同的仪器、搭建及数据获得及处理方法。尽管一直向高标准测量网络组织的方向努力(例如,ICOS,www.icos-infrastructure.eu),但由于涡度协方差测量运算知识存在不确定性(第 7 章)的缘故,非完全标准化的数据分析活动也得到认可。但是这些分析活动还是要遵循基本的前提,比如不仅要报道站点基本指标及相关的综合数据来描述系统过程,同时,不同站点间还要采用统一的变量名和单位。尽管理想状态下,各站点采用统一的 FLUXNET 标准名字和单位,但由于不同环境、

不同细节、不同国家国标单位不同而造成相关测量的差别,这个规定难以实施。折中的办法是统一区域数据库的变量名和单位,并使用转换工具转化为符合 FLUXNET 的标准。最新的标准变量名及单位见区域通量网及 FLUXNET 网站,在准备数据提交前必须加以核实。

17.2.2.2 数据发布

在不久的将来,FLUXNET 数据库的目标之一是不断(或者经常)用新上传的数据更新其内部数据集。在这种情况下,通量-气象数据将形成群组,而其辅助数据也将连续更新。随着数据库的不断更新,数据使用者使用时需要标明用的是哪一个版本进行的分析。许多模板均可作为数据发布过程的参考。例如,美国地质调查局(USGS)在数据收集和质量检验之后进行发布,而发布的数据不作改变。美国国家航空航天局(NASA)通过收集的摘要形式发布,但在收到新数据并运算后进行更新。NASA 如果有新的运算和校正法则,则会将整个数据库进行重新计算,而后将新算数据以新数据集方式发布。站点 fluxdata.org 采用与 NASA 相似的收集和发布方式,在重新计算后发布升级版本(在目前的状况下,所有数据将都被重新计算)。发布数据含有相同数据类型及同样的格式和单位。例如发布的数据必须包含一套站点-年及质量标记的半小时和天尺度集合的通量-气象数据文件。

所有文件要有版本信息,并通过一系列文件序列号标明数据和文件的改变状况以提高使用效率。如果由同一个文件产生的发布数据,则版本号不变。例如,一个站点除非采用了新的运算后的版本,否则连续发布的数据文件版本应保持不变。

发布的数据分为固定(frozen)版本和最新(latest)版本两类:

(1) 固定版本数据发布不会变化。数据使用者在采用同样的分析方法时会得出相同的结果。有时科学家要用固定版本的数据发表文章,尤其是对于综合研究。固定版本的制作方法是将所有的更新都放在最新版本中。

(2) 最新版本数据是指随时可能改变的版本。可以添加新文件,升级文件版本可以代替现存的文件,文件也可能被移走,而算法也会改变。

网络可实现数据的实时发布。这些数据公开仅面向网络成员,综合组织如 La Thuile 或者其他合作者都这样管理数据。由于质量标准或者科学目标不同,发布内容也可以不面向网络中的所有站点。

当网络间综合分析数据集(例如,FLUXNET 数据集,La Thuile 数据集——www.fluxdata.org——或者马可尼综合数据集,Falge et al. 2005)被固定时,所有有贡献的网络或非网络站点数据发布都应当是固定的。换句话说,当一个综合发布数据 x 被固定,它应当基于来自每一个网络及用于创造综合数据产品的非网络站点的原始数据的冻结数据发布。这样做的好处是方便追踪全网数据发布(即不管是网络还是站点都明确知道哪些数据在哪个发布版本中),但这样做也可能会使得整个网络或某些站点在非正常时间固定已有最新数据。

在实践中的优势在于:

(1) 每个站点网络至少提供包含所有数据产品的一份固定数据和一份最新数据。例如,美国通量网发布各网络原始综合版本数据 x(上期已经被网络冻结的数据)和一份新发布的数据。

(2) 存在解释文件说明不同发布数据版本间的差别。尽管每个单点的数据改变不必详细说明,但知道哪些数据没有变化和哪些数据已经变化同等重要。历年结果的不同和变化也很有用。

(3) 发布的数据应包括通量、气象数据及辅助数据。完整的发布有助于促进科研探索。

17.2.2.3 文件命名

使用者下载的文件名、区域网络间交流的文件名或者提交 FLUXNET 综合数据集准备的文件名均应含有与内容相关的重要信息。接下来将讨论文件名命名标准的问题。文件名的首要作用是容易被人们理解,清晰标明数据源的版本并注明数据类型和所采用的运算方法。所有这些可以也应该包括在元数据或数据信息文件中,但如果在文件名字中简洁地表示出来,将有助于使用者快速了解数据。

文件名除了包含站点代号及年份信息外,还应有如下信息:

(1) 数据类型:如通量、气象、生物、辅助数据、遥感输出等。

(2) 数据版本:用单调上升的数字唯一标识的同种数据的多种后续版本(比如原先运算程序或者数据错误)。这个数字只有在文件内容相对于前个版本发生改变时才会变化。

(3) 所用运算:数据提交数据库或者已经使用 QA/QC、数据空缺插补及划分。

(4) 测量的时间方法:从天到年尺度数据。

(5) 区域网络或者分析过程:利于使用者辨别哪个地区或者项目获得的数据。

例如,可以使用如下名字:AAAA_LL_PPP_T_CC-SSS_YYYY_vvv.<扩展名>。

这里,AAAA,网络(如:CEUR 表示欧洲通量网、AMFL 表示美洲通量网、CAFL 表示加拿大通量网);LL,运算水平(例如,L1 表示原始数据、L2 表示运算后数据、L3 表示数据质量控制后的数据及 L4 表示插补后数据等等);PPP,数据类型(如:FLX 表示通量、MET 表示气象、ANC 表示附属数据以及 SLR 表示土壤呼吸等等);T,时间区分(H 是半小时、D 是天、W 是周等);CC 及 SSS,国家及站点代码;YYYY,年份;vvv,版本号。

17.2.3 辅助数据收集

2007 年,FLUXNET 集成分析活动提出了辅助数据汇报草案(BADM 模板,见 www.fluxdata.org),但是这些数据格式的不统一造成汇总分析困难。常用的方式是报道数据范围和用大约数值代替简单的数值,因此所有的辅助数据应该存为文本格式以保存精确的信息,并且在开展数据质量评估和控制时,这些辅助数据还能够支持非数据项数据的转换。

提交日期、使用者及方法等这些原始信息要与辅助数据一起保存。另外,以前所有的数据及原始信息也须留存,以便这些历史数据在需要时重现。与数据声明相关的辅助数据管理中,最关键的一点是要及时记录所有信息。

fluxdata.org 提供了一个汇交数据的 web 界面与规章实例。完成这项工作的难点是能否在提交数据或者核查提交格式之前就让通量塔数据收集者及其分析团队准备好这些数据。

17.3 数据使用者服务

通量数据可以给科学分析带来广阔的收益。广泛使用的通量数据服务可提高数据的影响和价值,而这一切的前提是数据提供给使用者的及时性。数据标准化、版本、质量评估及校正等内容在前面已有介绍。在本小节中,我们将讨论其他数据服务及其功能,当然还包括了共享规则和动机。

17.3.1 数据产品:以 fluxdata.org 为例

大尺度分析研究越来越普遍,这些分析研究通常建立在全球各地分布的研究团队及其数据共享的基础之上。现在广泛的全球合作及数据分析工具都支持这些科研工作。然而,要让这些工具能够真正地投入使用仍需要大量的工作。本小节中我们将介绍区域网络与 FLUXNET 组织合作的实例,他们共同构建了 fluxdata.org 门户,用以支持使用者数据分析。fluxdata.org 通过数据库基本构架的使用来实现数据组织、优化及分析。交叉站点数据汇报及在线分析处理多维数据集(On-Line Analytical Processing Data Cubes,OLAP)提高了数据可浏览性。这是数据服务及产品提供给使用群体的一个实例。接下来我们将讨论涡度协方差通量门户应该支持的用户数据类型与功能。

17.3.1.1 使用者和使用实例

构建数据库基本结构的首个重要步骤是明确使用者及其相关需要。在 fluxdata.org,有 4 种类型数据的使用者及相关的碳通量数据登录使用情形,即

(1) 分析科学家(数据使用者)——站点选择、数据集信息及数据下载、分析支持及论文写作支持。

(2) 测量站点科学家(数据提供者)——计划用自己数据发表论文的信息、数据下载、数据提交/更新。

(3) 区域通量网络(数据管理人)——数据更正、检查及更新和协调区域贡献者。

(4) 公众——计划和发表的论文信息、数据集信息及资助信息。

尽管试图严格区分以上使用群体,但实际情况是复杂的,不同群体之间的操作行为有大量的交叉之处,例如测量站点科学家通常还会参与综合分析活动及区域网络活动。

故我们将基本使用情形分类如下:

(1) 综合站点选择——依评估标准决定哪些站点适合综合分析。通常做法是使用高水平集合数据处理选择的大部分站点,包括年度汇总、平均或者百分比的高质量数据、辅助数据和站点综合信息,综合比对,最终得出结果。

(2) 数据集信息——能够快速回答有关数据集的简单问题,包括什么数据、哪年数据、站点在哪、谁是负责站点的测量科学家以及测量系统特征是什么。

(3) 数据下载——能够浏览和下载通量、气象和站点辅助数据。按照具体数据许可政策,

提供不同等级数据许可。

(4) 数据更新——提交辅助数据和新的辅助数据及更新记录。

(5) 论文写作支持——能够联系测量站点科学家、收集引用情况及数据致谢。

(6) 计划和发表的论文——公布计划的和发表的论文、文章进展及文章所使用的站点-年信息。

(7) 数据管理——告知管理者所提交的变化,提供机会让管理者熟悉站点情况,以便于有针对性地检验提交的数据。

以上情形中,没有包括通量和气象数据提交。这些数据是数据库的核心,由区域数据库收集并周期性地传送给 fluxdata.org。该机构直接连接区域网络,而区域网络之间也有直接联系。负责测量工作的科学家们和区域输入网络检查及运算数据,并协助 fluxdata.org,为数据收集和运算负责。

接下来的小节,将讨论有关用户登录方面的基本知识,给碳通量数据分析使用提供支持。

17.3.1.2 公共访问区域

网站公共登录区域允许所有使用者浏览,没有任何限制和身份识别。公共登录区域包含有数据集的所有信息及可开放获取的合作信息。该公共信息供所有使用者访问,因此内容不同于其他登录界面。下面介绍针对潜在使用者、潜在数据贡献者和其他机构的设置。公共登录区域通常包含:

(1) 测定站点的位置和特征、站点科学团队信息及资金资助情况。该信息最好用可以互动的地图和报告的形式表示出来。例如,包括塔位置的可互动地图,以及有任一站点每年均值的报道,这些东西都可以供公众参考。

(2) 站点测量的指标变量表,所测指标及其衍生指标包括可使用年、插补方法、数据结构、单位及质量标记等。

(3) 前后一致的版本信息,供使用者重复使用及鉴别。

(4) 列出所有站点和数据的公共信息,最好包括站点图片。

(5) 动态信息提供定期的数据集升级、公告以及新功能的信息。

(6) 最好提供分析团队组成、论文、进展及参与的每一个分析。

(7) 数据使用和发表指南。

(8) 如何参与共享新数据,进行科学分析使用活动说明。

公共访问区域有助于使用者有的放矢。也为新使用者在使用数据前了解和评估欲使用的数据集提供帮助。

17.3.1.3 特许用户访问区域

使用者访问其他区域应得到授权,并且其访问活动能够被追踪。这样,站点数据提供者可以知道有多少用户对自己的数据感兴趣,并且通过这些信息来决定站点的去留及修改数据共享政策。另外,数据提供者有数据下载使用者列表,可以在数据发现错误或者有新的更新时能及时联系他们。随着数据下载使用者人数剧增,自动化的数据分析及分析支持结构会对使用者有较大的帮助。通常分析团队不如站点测量团队更加熟悉数据情况,并且他们给出的数据产品如质量控制和插补数据集、计算的总生产及净生产变量等都非常有价值。提供这些信息以及相关的方法介绍将利于使用者正确地解释结论。

另一个数据使用者关心的关键要素是站点相关的辅助信息。这些信息在前面 BADM 部分已经做过介绍。因为数据集由若干个个体单位完成收集,其数据统一化的收集、储存、更新很有难度,附上附属站点数据信息是登录的重要功能。

特许用户访问区域理想的可用功能包括:

(1) 下载统一格式的通量-气象数据,并含有 QA/QC 标志。

(2) 浏览和下载一个站点或者交叉站点的辅助数据。

(3) 允许分析团队更新他们的分析状态(便于测量站点科学家们掌握进展)、更新分析中使用的站点列表、与测量站点科学家们通过电子邮件交流,并在文章发表时告知。

(4) 允许访问每年站点通量、气象和辅助数据汇报,及站点间的数据汇报及数据质量报告。这种报告可以简化分析团队的工作,不需要下载每个数据库进行分析筛选。

(5) 告知数据提供者数据使用情况,并鼓励交流。

(6) 快速可视化浏览工具(例如简单的点线图),便于更好预选感兴趣的数据和站点。

数据使用者可以通过两种方式通知数据贡献者。第一种,数据被下载时,系统将自动发送电子邮件给数据贡献者。第二种,数据分析团队判断何时使用数据后,提供给数据贡献者进行了哪些指标分析的报告。即使自动电子邮件已经进行了下载告知,但进一步声明分析的站点可以促进数据间的交流发表。随着数据的日益增多,分析团队和测量站点团队间继续通过非正式和手动方法进行交流已经不太现实。

17.3.1.4 用以支持测量站点科学家的功能

尽管典型的数据登录窗口是为服务数据使用者设计的,但是在许多方面也可以给数据贡献者使用。站点科学家们应该有权限通过登录界面访问数据,以便于查看数据运算过程及他们分享数据的版本。这方面的登录界面功能应包括:

(1) 下载站点通量-气象数据。

(2) 显示所有站点收集的辅助数据。

(3) 提交新的辅助数据,更新已有辅助数据。

(4) 检索自己站点数据被哪些分析活动具体使用。

(5) 列表及联系下载站点数据的使用者。

(6) 数据及相关文档发布告知。

(7) 列出使用自己站点发表的论文。

(8) 详述与站点相关的具体论文,供查阅及引用。

(9) 详述具体致谢,供加入出版物中。

17.4 数据共享和使用政策

17.4.1 数据共享动机

数据共享管理便于数据应用,限制共享会阻碍整体发展。例如,如果汽车的每一部分都由不同的人掌握专利,那么就很难完全制造或者使用汽车——比方说,所有人都到场了但唯独掌握车轮专利者缺席,汽车会制造不出来。事实上这种“不明智之举”在生物技术领域曾经发生(English and Schweik 2007; Heller 1998; Heller and Eisenberg 1998),在产品完全生产出来之前可能会发生合作终止的情形。对于数据共享,可以预见的是,如果没有各地数据源通力合作作为保障,那么将很难得到对全球性科学问题的满意解答。

与分享自然资源相类似,数据共享不是一件容易的事情。以 Garret Hardin 的“共同悲剧”(Hardin 1968)为例可以理解:有些人消费大部分资源直至资源耗竭,而其他人却不能使用。虽然有很多种方法可以保证资源持续共享,维持资源不会枯竭,但具体如何才能避免共享资源而不走向枯竭悲剧? 2009 年的诺贝尔经济学奖得主 Elinor Ostrom 潜心研究了这个问题。她发现在满足一定条件的前提下,公共资源可以实现持续共享,当这些条件(被她称为设计原理)不具备时,资源不太可能被持续共享(Ostrom 1990)。该理论中有 8 条共享前提条件:① 清晰定义公共资源共享范围;② 因地制宜共享;③ 集体选择安排,允许多数参与者进行决策;④ 有监督;⑤ 有约束;⑥ 具备冲突解决机制;⑦ 社区的自我决定要由较高层组织来认定;⑧ 窝巢式组织[①]。

尽管如此,这些规则适用于可能枯竭的自然资源(例如,能被消除或根除)——而数据是不会枯竭的知识产权资源。然而,知识产权也可能被误用。有知识产权的(即公众资助的)数据公布于众后,面临产权保护问题(Drazen 2002; Hess and Ostrom 2003; Hughes 1988; Litman 1990; May 2000; Posey et al. 1995; Rai 1999; Reichman and Samuelson 1997)。数据可以被收集者保存,也可能未经许可被使用(首次使用权可以折中),不恰当地分析会降低优秀数据集的使用价值。受限制的可能不是数据本身,而是出版物和/或致谢。近来使用 FLUXNET 数据共享公共资源,遵循了 Ostrom 设计的方案(Fisher and Fortmann 2010)。

从科学角度来说,数据越多,统计分析结果就越有力,空间代表性就越强(尽管不总是这样,而且事实上,部分领域相比之下更容易出现偏差)。各种各样的生物型、年龄级、干扰格局、气候条件、大气耦合及所有其他生态系统复杂组分均伴随数据量增加而增加。或许更重要的是随着分享增加,更多的人会参与到分析工作中,产生多元化的观点、理论背景、偏差、文化、世界功能、甚至包括生态系统功能间的碰撞。如果我们的宏伟目标是了解全球是如何工作的,那么我们就不能孤立起来,必须同全世界合作。

数据可以通过单个通量塔的网站、区域网站或者 FLUXNET 网站向更多的使用者发布使

① 该组织面对较大的共有资源,仍按照小地方性共有资源的方式管理。——译者注

用。那么,清晰的碳通量数据集使用规则,应该让使用者快速获知并遵守。数据公平使用规则包括正确使用、合作作者、引用及致谢等方面。尤其要明确在发表任何结果前,数据使用者必须要做什么。

17.4.2 数据使用规则

商业世界的中心目标是实现利润最大化;而在学术界/科学界,则是出版物。出版物促进职业发展并取得优先权,总目标是在学术界占有地位(Suber 2007)。所以,出版物致谢、引用和署名是学术界或科学界最关注的方面。

科学数据的知识产权问题最重要的是:谁是数据所有者(May 2000)?例如,一个教授得到联邦政府资助,他是大学雇员并使用着学校资源,并雇佣着一个实验室技术员,还有一名私人组织资助的博士后,那么发表的科学论文应该被要求共享或者放弃一部分工作产出的权利。在使用数据进行进一步分析时,可能会遇到类似的问题。随着国际合作的开展,需要分享成果的代理人或者代理机构会不断增多。一般说来,这些代理人和代理机构属于数据公共所有者,虽然他们可能受到不同等级的知识产权法律、合同权利和职责及州资助项目的限制。

管理数据有三个尺度:宏观、中等和微观(Fisher and Fortmann 2010)。例如,在美国的宏观尺度,数据有版权①,尽管有一些研究者喜欢自由发布他们的工作(Heffan 1997)。中等尺度管理和拥有数据发生在大学间和研究机构间、国家学术机构间及如 FLUXNET 的组织间(Fienberg et al. 1985; Fisher and Fortmann 2010)。微观管理是从个人水平上的理解(或冲突)到不成文的关系和规范(Rai 1999)。

进一步区分数据获取政策和数据使用政策十分必要。两者相关联但也有不同。有的使用者可能仅仅对浏览数据感兴趣,但不会使用数据发表,或仅限于个人使用或验证已发表的结论。建议采纳全球气候观测系统(Global Climate Observing System, GCOS)和地球观测组织(Group on Earth Observation, GEO)的指导方针和数据规范提高数据直接访问的透明度。

数据使用政策包括使用规则、使用步骤、申请方式、如何联系和致谢数据提供者及数据集管理者,可以总结为引用、致谢及共同作者。

关键的问题是“什么情况下给出/被给出合作作者、引用或者致谢?”这是最受关注但又意见不一致的问题,没有一致的答案。上述提到的“所有权”网络就像一个复杂的食物网,合理而合适地分配所有权关系的难度就像蜘蛛网一样错综复杂。期望、规范和实际情况在不同组织、机构和国家间各不相同,没有矛盾似乎是不可能的。比如说,有一些科学团体认为仅仅贡献数据不足以成为共同作者,还需要有“显著的智力贡献”。但另外的团体、区域,如发展中国家,由于他们的语言或其他障碍,数据发表是一个较为困难的事情,故他们认为贡献数据就应该是共同作者。最终的发展可能是西方人更容易从发展中国家取得数据,并首先发表出来。一旦这种事情发生,发展中国家的科学家可能不愿意再共享他们的数据。

① 举例来说,《数字千年版权法》(H.R. 2281)更新了版权法(美国法典第17项),将电子数据包括在内;《公共领域加强法》(H.R. 2601);《公共获取科学法案》(H.R. 2613);《2004年消费者获取信息法》(H.R. 3872);《2005年电子媒体消费者权益法》(H.R. 1201)。

即使在美国这样的国家内，规则也不清晰。例如，医学杂志编辑国际委员会（International Committee of Medical Journal Editors）建议共同作者的符合条件是：① 对构想和设计有实质性的贡献，或者测得数据，或者分析和解释数据；② 撰写论文或者对内容的修订有重要智力贡献；③ 最后同意版本发表。然而，即使如此界定，仍会出现模糊情形。例如，如何判断“实质性”、“重要的”、“关键的”？在词典中，“作者”定义为“发起或者创造”、“最初的”、“使产生”。一个人贡献了数据可能不一定是文章的最初设计者或者使文章产生，但如果没有这些数据，文章的产生也就不可能了。

作为科学家，我们寻求统一的第一定律和基于物理的模型。然而，定义统一的作者及致谢在实际操作中有难度，比如像 *Nature* 和 *PNAS* 等期刊要求明确每一个共同作者的贡献，例如论文的实验设计、实验执行、数据分析和撰写。有关作者事宜可借鉴 Elinor Ostrom（1990），需要明确界定界限，但这种界限要根据各地情况而定，而不是将一个组织的意志强加给个人。或者，我们可以通过简单的方法解决：① 由主要作者决定合作作者是否“有重要的智力贡献”；② 从数据/观点最初发表的地方进行引用；③ 致谢——尽量考虑周全。可能有些人不太同意这些观点，但是我们可以在开始时先遵循这些，然后在使用中进行修改完善。在 FLUXNET 这样的世界性网络中，不同的职位、观点、文化特点、态度和障碍都应该加以考虑、分析，从而达成一致的数据使用政策，以期最后建立全球整合网络。在涡度协方差数据第一个集成分析活动出版 10 年之时，共同署名是一个有用的方法，这将有效促使大家贡献各自的数据。现如今，共同作者意味着数据提供者更直接地参与科学问题的讨论，并由简单致谢向这个方向转变。

举例来说，数据政策要求分析团队必须联系测量站点科学家，并通知他们如何使用数据、取得使用许可以及得到分析所需的其他信息，并且邀请他们参与分析以及了解正确的数据引用和致谢。

测量站点科学家的数据可以得到广泛应用。像 La Thulie 整合分析数据集的贡献者一样，他们得到了合作作者、致谢及引用他们数据等益处，虽然也存在没有致谢或者曲解的可能性。数据贡献者通过集成分析共享数据，在不妨碍他们自己分析的前提下，一般会得到恰当的“好处”。而对于恰当的“好处”，现在也有了不同的理解，即要求出版物中使用的所有站点数据的提供者都列为合作作者。

2007 年 FLUXNET 的 La Thuile 分析集为了使不同站点管理者达成一致，规定了 3 条数据政策（见 www.fluxdata.org）。每一个管理者可以选择其中一条适合自己贡献数据的政策。另外建立了一个包括测量站点科学家代表、区域网络代表和整合分析团队的常委会代表，他们将尽量保证政策的执行，解决可能发生的冲突。在这种情况下，数据使用政策系统看起来（也确实很）复杂，数据也没有完全共享。但是如果数据完全无偿共享，除非没有资助机构的硬性规定，才可能在信任数据使用者并能够得到好处的前提下共享，这在如今是不现实的。2007 年 FLUXNET 的 La Thuile 分析集成政策系统开创了共享数据的良好开端，使得越来越多的人愿意共享数据，对后来产生了积极的影响。

17.4.3 其他荣誉的可能性

通量数据最基本的产出，除了数据集本身，还有通过分析数据发表的文章。测量站点科学家通常不但对使用他们的数据感兴趣，还希望得到数据使用的其他“好处”，确保他们致谢了资助的基金来源及运用了合适的引用。在过去，常用做法是署名为共同作者，即使仅仅提供了数据，并没有参与其他分析。通过分析团队逐个与数据贡献者联系，出示草稿并提供合作作者。但现在对这个问题的处理有些变化，只有当数据贡献者也对论文提供了显著的智力或者科学付出时，才署名为共同作者。这种情形下，在论文所用站点数目不太多的情况下，使用者与贡献者还是可以相互间直接联系。贡献者对分析提供自己的见解，也容易被加为共同作者。现在大部分情形是，全球尺度的分析会涉及许多站点，这就使得通过公开讨论，大家都贡献自己的见解变得不太现实，同时分析活动也很难达成一致。另外，越来越多的科学分析用到涡度协方差产品，比如复杂的模型分析（例如在数据同化系统中），而这都需要非常专业的方法和知识。这也使得在不同领域数据贡献者均发挥智力贡献变得不现实。但是即便如此，也必须致谢数据贡献者。

在许多其他科学领域，尤其在几千人参与的大型实验中也存在这样的问题。这些组织通常遵循一个共同作者规则。另外他们起草一个统一的致谢群体的格式供致谢时使用，因为这种大型实验，单独致谢个人的贡献是不现实的。通量数据库有一点不同就是每一个站点-年的数据有清晰的贡献者和资助者。所以，合理的做法应该是借鉴大型实验在这里介绍的共同作者署名方法，但同时也要考虑个体的贡献。

一个可能的做法，就是前面已经讨论过的对每个数据集安排一个数字对象识别号（digital object identifier，DOI，参见 www.doi.org）。DOI 标记了数据集作者、所有者、特征、地点及其他相关智力财产特征信息。该系统目前在很多期刊中被用于鉴别一篇文章相关的数据来源。但是使用该系统也要考虑评估体系，每一个个体也应该认可 DOI 为高水平的产品。DOI 的发布可以委托区域数据库管理，并附带有质量、文件和完整的编排，以提高标签的价值。DOI 使用的现实例子可参见马可尼集成数据集（Falge et al. 2005）。

参考文献

Clery D（2006）Can grid computing help us work together? Science 313(5786)：433-434

Drazen JA（2002）Who owns the data in a clinical trial? Sci Eng Ethics 8(3)：407-411

English R，Schweik CM（2007）Identifying success and tragedy of FLOSS commons：a preliminary classification of Sourceforge.net projects. Paper presented at 29th international conference on software engineering workshops，Minneapolis

Falge E，Aubinet M，Bakwin P，Baldocchi D，Berbigier P，Bernhofer C，Black A，Ceulemans R，Davis K，Dolman A，Goldstein A，Goulden M，Granier A，Hollinger D，Järvis P，Jensen N，Pilegaard K，Katul G，Kyaw Tha Paw P，Law B，Lindroth A，Loustau D，Mahli Y，Monson R，Moncrieff P，Moors E，Munger W，Meyers T，Oechel W，Schulze E，Thorgeirsson H，Tenhunen J，Valentini R，Verma S，Vesala T，Wofsy S

(2005) FLUXNET Marconi Conference Gap-Filled Flux and Meteorology Data, 1992—2000. Data set. Available on-line [http//www. daac. ornl. gov] from Oak Ridge National Laboratory Distributed Active Archive Center, Oak Ridge, Tennessee, U.S.A. doi:10.3334/ORNLDAAC/811

Fienberg SE, Martin ME, Straf ML (1985) Sharing research data. Committee on National Statistics, National Research Council, Washington DC, 240 pp

Fisher JB, Fortmann LP (2010) Governing the data commons: policy, practice, and the advancement of science. Inf Manage 47:237-245

Hardin G (1968) The tragedy of the commons. Science 162(3859):1243-1248

Heffan IV (1997) Copyleft: licensing collaborative works in the digital age. Stanford Law Rev 49(6):1487-1521

Heller MA (1998) The tragedy of the anticommons: property in the transition from Marx to markets. Harv Law Rev 111(3):621-688

Heller MA, Eisenberg RS (1998) Can patents deter innovation? The anticommons in biomedical research. Science 280:698-701

Hess C, Ostrom E (2003) Ideas, artifacts, and facilities: information as a common-pool resource. Law Contemp Probl 66:111

Hughes J (1988) The philosophy of intellectual property. Georget Law J 77(287):296-314

Lasslop G, Reichstein M, Papale D, Richardson AD, Arneth A, Barr A, Stoy P, Wohlfahrt G (2010) Separation of net ecosystem exchange into assimilation and respiration using a light response curve approach: critical issues and global evaluation. Glob Change Biol 16:187-208. ISSN:1354-1013, doi:10.1111/j.1365-2486.2009.02041.x

Litman J (1990) The public domain. Emory Law J 965:975

May C (2000) A global political economy of intellectual property rights: the new enclosures? Routledge, New York

Ostrom E (1990) Governing the commons: the evolution of institutions for collective action. Cambridge University Press, Cambridge

Papale D, Valentini R (2003) A new assessment of European forests carbon exchanges by eddy fluxes and artificial neural network ki. Glob Change Biol 9:525-535

Papale D, Reischtein M, Aubinet M, Canfora E, Bernhoher C, Longdoz B, Kutsch W, Rambal S, Valentini R, Vesala T, Yakir D (2006) Towards a standardized processing of Net Ecosystem Exchange measured with eddy covariance technique: algorithms and uncertainty estimation. Biogeosciences 3:571-583

Posey DA, Dutfield G, Plenderleith K (1995) Collaborative research and intellectual property-rights. Biodivers Conserv 4(8):892-902

Rai AK (1999) Regulating scientific research: intellectual property rights and the norms of science. Northwest Univ Law Rev 94(1):77-152

Reichman JH, Samuelson P (1997) Intellectual property rights in data? Vanderbilt Law Rev 51(1):49-166

Reichstein M, Falge E, Baldocci D, Papale D, Aubinet M, Berbigier P, Bernhofer C, Buchmann N, Gilmanov T, Granier A, Grünwald T, Havránková K, Ilvesniemi H, Janous D, Knohl A, Laurila T, Lohila A, Loustau D, Matteucci G, Meyers T, Miglietta F, Ourcival J-M, Pumpanen J, Rambal S, Rotenberg E, Sanz M, Tenhunen J, Seufert G, Vaccari F, Vesala T, Yakir D, Valentini R (2005) On the separation of net ecosystem exchange into assimilation and ecosystem respiration: review and improved algorithm. Glob Change Biol 11:1424-1439

Suber P (2007) Creating an Intellectual Commons through Open Access. In: Hess C, Ostrom E (eds) Understanding knowledge as a commons: from theory to practice. The MIT Press, Cambridge

符 号 索 引

符号	含义
A_{SFi}	边材面积(m^2边材 m^{-2}土壤)
Bo	波文比
c, c_1, c_2, c_3	声速及其沿各个超声风速仪轴测量的分量
c_p	空气比热
c_s	组分 s 的摩尔浓度(mol m^{-3})
C	城市区域源于燃烧过程的 CO_2通量
C_{ss}	信号χ_s 的谱密度
C_{ws} , C_{wc} , C_{wu} , $C_{w\theta}$	χ_s ,χ_c ,u,θ 的协谱密度
d	零平面位移高度
d_s	标量传感器的路径长度(如 IRGA 或超声风速仪)
d_{ss}	两个传感器之间的横向间隔距离
d_{pl}	超声风速仪路径长度
D_s	标量 s 的分子扩散系数
e	水汽压
E_0	活化能(劳埃德-泰勒方程中)
E_{SF}	树林的液流密度
E_{tot} , E_{plant} , E_{int} , E_{soil}	蒸发散及其各组分:植物蒸腾、截留水分蒸发和土壤表面水分蒸发
f	频率
f_{os}	半功率频率(组分 s)
f_s	取样频率
$F_s(f)$, $F_s^*(f)$	信号的傅里叶变换及其复共轭

M.Aubinet et al. (eds.), *Eddy Covariance: A Practical Guide to Measurement and Data Analysis*, Springer Atmospheric Sciences, DOI 10.1007/978-94-007-2351-1,

续表

符号	含义
F	源于燃烧的水汽通量(城市区域)
F_c , F_s , F_v	CO_2、组分 s、水汽的净生态系统交换,用质量单位表示
F_c^{EC} , F_s^{EC} , F_v^{EC}	CO_2、组分 s、水汽的湍流通量,用质量单位表示
$F_{s,mol}^{EC}$, $F_{c,mol}^{EC}$, $F_{v,mol}^{EC}$	所有标量 s、CO_2、水汽的湍流通量,用摩尔单位表示
F_{manure} , $F_{animal-products}$, $F_{erosion}$, F_{leach} , $F_{harvest}$, F_{fire} , F_{VOC}	草地生态系统尺度的不同 CO_2 通量交换
g	重力加速度
G	土壤热通量
G_s	归因于传感器损失的传递函数
GEP	总生态系统生产力
H	感热通量
H_s	浮力通量
h , h_c	冠层高度
h_m	测量高度
I	源于灌溉的水通量
K_ζ	量 ζ 的分子扩散系数
L	奥布霍夫长度
L_{self}	滤波电感
L_t	闭路系统的管道长度
m_d	干空气摩尔质量
m_v	水汽摩尔质量
n	无量纲频率
NBP	净生物群生产力
NECB	生态系统净碳平衡
NEE	净生态系统交换
Og_{ws}	拱形(Ogive)
P_r	降雨
p	大气压
$\bar{p}_i$	气体分析仪中测量的气压
PPFD	光合有效辐射光量子通量密度

续表

符号	含义
Q	闭路管中的气流
Q_F	人为热通量密度
$Q(\hat{x})$	地表-植被体积中的源释放速率/汇强度
Q_{10}	温度敏感性参数
r_h	相对湿度
r_t	闭路系统管道半径
R	通用气体常数
R_{eco}	生态系统呼吸
R_{ue}	城市生态系统呼吸
Re	雷诺数
R_g	总辐射
R_n	净辐射
REW	相对含水量
$\boldsymbol{R}_{01}$，$\boldsymbol{R}_{12}$，$\boldsymbol{R}_{23}$，$\boldsymbol{R}_{03}$	旋转矩阵
R_{10}	在 10 ℃的生态系统基础呼吸
S_s	组分 s 的源/汇强度
S_i	组分 s 的源/汇强度（动量方程中）
SWC	土壤含水量
t	时间
t_l	时滞
T_{ws}	总的设备传递函数
T_{ss}，T_{pw}，T_{ps}，T_{ta}	归因于横向间隔、平均风速、平均标量、管道衰减的传递函数
u	平行于平均风速的水平风速组分
$\boldsymbol{u}$	风速矢量
u_i	风速分量（在动量方程中）
u_f	闭路管道中的流速
u_{SFi}	液流通量密度（m^3水 m^{-2}边材 s^{-1}）
u^*	摩擦风速
u^*_{crit}	摩擦风速阈值

续表

符号	含义
v	速度的侧向组分
V	测量设备的输出电压
$V(t)$	表现为时间函数的投影速度(拉格朗日足迹模型)
VAI	植被面积系数
w	垂直风速分量
WTD	地下水位深度
$\overline{w'u'}$	涡度协方差术语
x	水平方向的笛卡儿坐标,平行于平均风速
x_f	风区长度
$X(t)$	表现为时间函数的投影坐标(拉格朗日足迹模型)
y	水平方向的笛卡儿坐标,垂直于平均风速
z	垂直方向的笛卡儿坐标
z_h , z_i , z_r	城市冠层、行星边界层、粗糙亚层的高度

希腊符号

α , β , γ	欧拉角
α , β , γ	NEE 的光响应参数(分别为光量子效率、光饱和值和暗呼吸)
γ	恒定压力和恒定体积热容之比
χ_s	组分 s 的质量混合比(kg kg^{-1})
$\chi_{s,m}$	组分 s 的摩尔混合比(mol mol^{-1})
$\hat{\chi}$	变量 χ 的测量值
Δ	拉普拉斯算子 $\left(\frac{\partial^2}{\partial x^2}+\frac{\partial^2}{\partial y^2}+\frac{\partial^2}{\partial z^2}\right)$
ΔQ_S	净储存热通量密度(在城市区域)
Δr	径流水(在城市区域)
ΔW	储存在地下物质中的水分(在城市区域)
δ	通量测量的系统误差
δ_{cal}	校准误差
δ_a , δ_N , δ_R	空气、呼吸和 NEE 的同位素组成
δ_s/F_s^{EC}	相对频谱误差

续表

Δp	闭路箱体中的压降
Δ_{canopy}	光合作用导致的同位素分馏
ε	通量测量的随机误差
$\overline{\varepsilon}$	湍流动能的平均耗散速率
Φ	浓度或通量足迹函数
κ	冯卡尔曼常数
λ	水的汽化潜热
λE	潜热通量
ν	空气动黏滞率
η	在位置 x 处测量的量(足迹分析)
θ	气温
$\overline{\theta_i}$	在气体分析仪中测量的气温
θ_{ref}	参考温度(在劳埃德-泰勒方程中)
θ_s , θ_v	超声温度,虚温
θ_{NRH}	非直角双曲线的曲率度数
ρ , ρ_s , ρ_c , ρ_d , ρ_v	总空气、标量 s、CO_2、干空气、水汽的密度
σ	水汽和干空气密度比
σ	标准偏差
σ_θ , σ_{θ_s}	温度、超声温度的标准偏差
τ	动量通量
τ_R	系统响应时间
μ	水汽和干空气摩尔质量的比
ζ	稳定性参数
ζ	任意变量
ξ	任意变量

其他符号

∂	偏导数算子
$-$	雷诺平均算子(引申:时间平均)
$\langle\rangle$	总体平均(第 8 章)或空间平均(第 16 章)
$\hat{}$	真实值

下标

BA	块平均
c	CO_2
d	干空气
DR	双旋转
LD	线性去倾
M	米切利希方程
NRH	非直角双曲线
PF	平面拟合
RH	直角双曲线
s	任意标量或超声温度
v	水汽

缩写词和首字母缩写词

ABL	大气边界层
AF	自回归滤波
ANN	人工神经网络
BA	块平均
CFD	计算流体动力学
DBH	胸径
DEC	间断涡度协方差
DI	干扰指标
DIC	溶解无机碳
DIN	溶解无机氮
DOC	溶解有机碳
DR	双旋转
EC	涡度协方差
EW	可提取土壤水
GHG	温室气体
HeNe	氦氖
IRGA	红外气体分析仪
ISL	惯性亚层
ISR	中间储存库
LAI	叶面积指数
LD	线性去倾
LES	大涡模拟
LS	拉格朗日随机
LUT	查表法

M.Aubinet et al. (eds.), *Eddy Covariance: A Practical Guide to Measurement and Data Analysis*, Springer Atmospheric Sciences, DOI 10.1007/978-94-007-2351-1,

续表

MDS	边际分布采样
MDV	平均日变化法
MOST	莫宁-奥布霍夫相似理论
NDVI	归一化植被指数
NEON	美国国家生态观测网络
NLR	非线性回归
PBL	行星边界层
PDF	概率分布函数
PF	平面拟合
POM	颗粒有机物
PTR-MS	质子转移反应质谱仪
RSL	粗糙亚层
SAT	超声风速仪-温度计
TDL	可调谐二极管激光
TDR	时域反射仪
TMS	热质量体系
UBL	城市边界层
UCL	城市冠层
UEB	城市能量平衡
UHI	城市热岛
VOC	挥发性有机化合物
VPD	水汽压差
WPL	Webb, Pearman 和 Leuning(稀释校正)

索　　引

M.Aubinet et al.（eds.）, *Eddy Covariance: A Practical Guide to Measurement and Data Analysis*, Springer Atmospheric Sciences, DOI 10.1007/978-94-007-2351-1,

S

T

U

W

X

Y

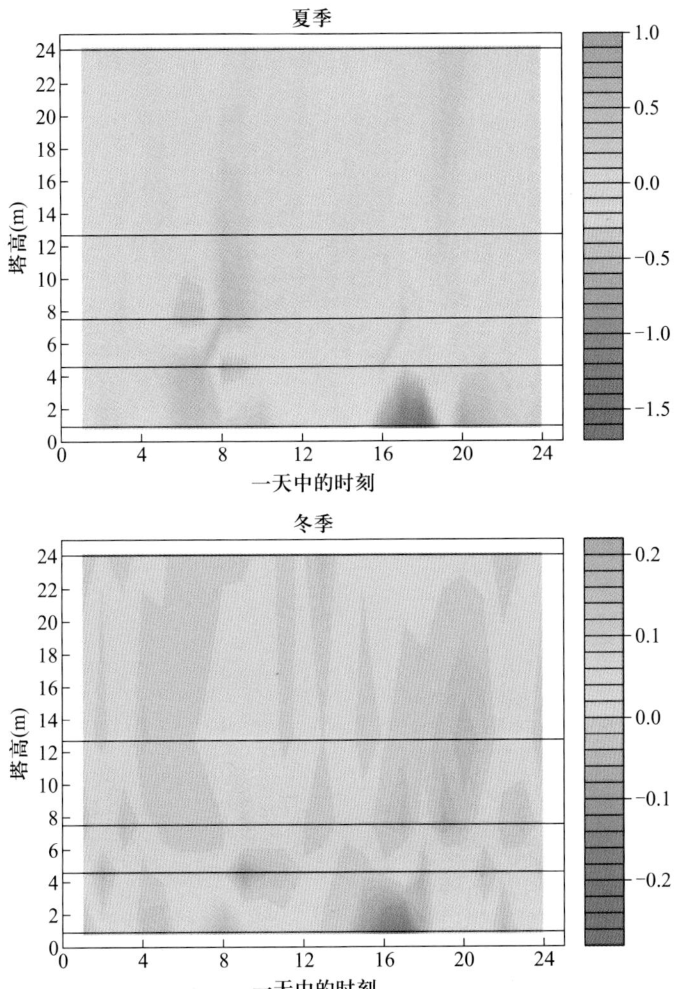

图 2.9 当一个测量位置被移除时，CO_2 浓度廓线的差异。数据采自 2004—2008 年的哈佛森林，其中主塔30 min/次，分别在 0.3 m、0.8 m、4.5 m、7.5 m、12.7 m、18.3 m、24.1 m 和 28 m 高度处测量，而夏季和冬季分别获得 31 142 个数据。我们评估了移除 4.5 m、7.5 m、12.7 m、24.1 m 测量位置对 CO_2廓线的影响（通常固定 0.3 m、18 m、28 m 高度以用于观测和预测值）。在每种情况下，广义增强模型（generalized boosting model, GBM）拟合来自塔不同高度的数据，而排除其中一个测量水平的值。之后，来自所有高度的观测测量值跟 GBM 模型拟合值进行比较评估。观测数据和来自模型拟合的预测值之间的差异可用以下统计值来计算：拟合度的损失 =（（观测值 - 预测值）^{2}）$^{0.5}$。CO_2单位为 $\mu mol\ m^{-2}\ s^{-1}$，并且假设正态分布

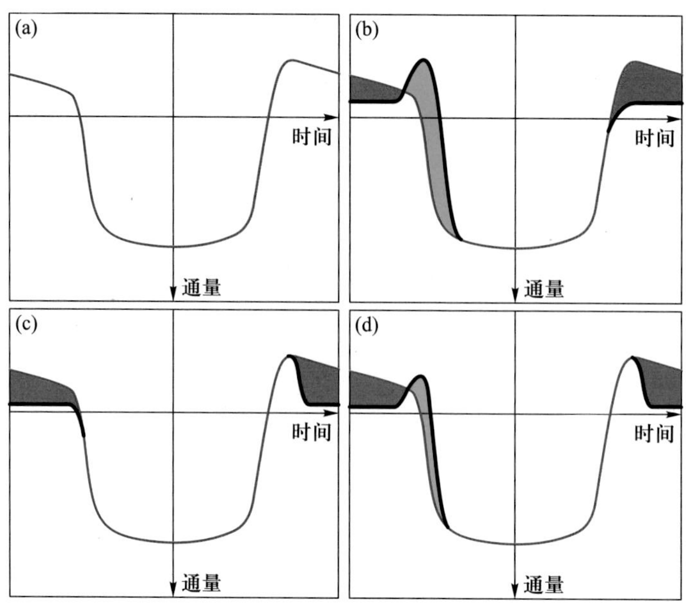

图 5.2 生态系统交换的 CO_2 通量的典型昼夜演变。(a)(及所有其他图中的蓝色曲线):生物通量的期望演变(通量在夜间降低,模拟了对温度的响应);(b)(黑色曲线):期望测得通量,在假设夜间通量低估仅由储存变化(红色和绿色曲面相互抵消)导致的情况下获得;(c)(黑色曲线):期望测得通量,在假设夜间通量低估仅由夜间呼吸产生的 CO_2 的非湍流排放引起的情况下获得。见第 5.4.1 节对傍晚峰值的解释;(d)(黑色曲线):期望测得通量,在假设储存变化和非湍流传输都造成夜间通量低估的情况下获得(红色和绿色曲面不相互抵消)

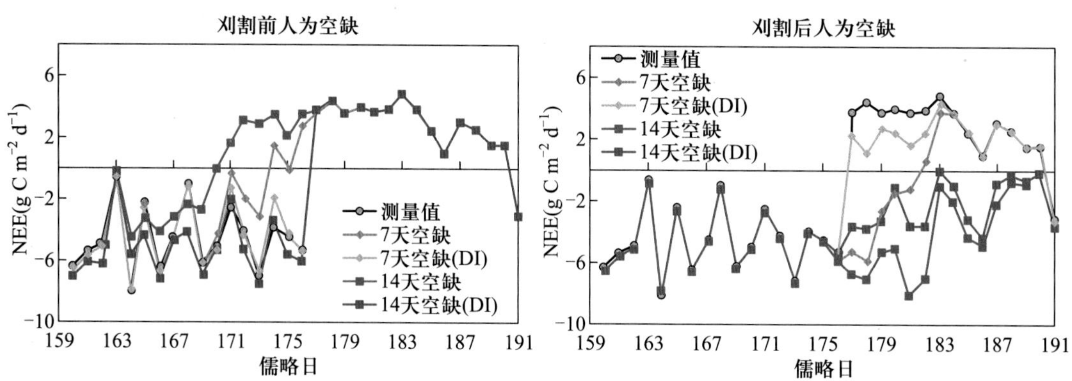

图 6.1 在人工管理草地中,使用干扰指标对所测的 NEE 数据进行空缺填补。两个 7 d 和 14 d 的人为缺失已经添加到造成中断的刈割日期前(左侧)、后(右侧)。已用平均日变化(MDV)方法来填补人为缺失(见第 6.3.3.2 节)。可以发现当使用干扰指标时,空缺填补方法的表现如何得到提升(这些数据经过平滑处理,由 Arnaud Carrara 提供)

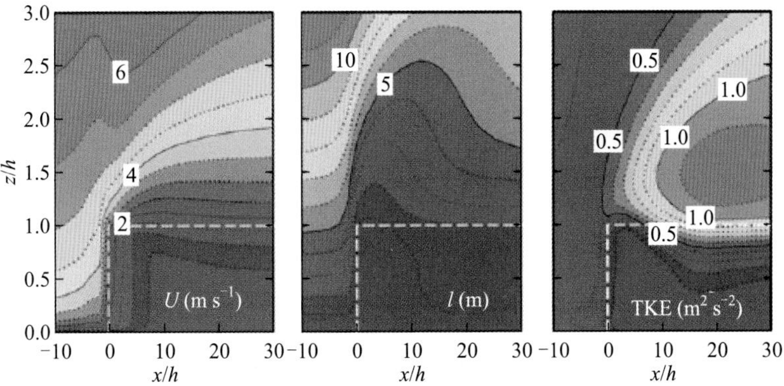

图 8.8 通过 $E-\omega$ 模型推导获得的靠近森林前沿的水平风速(U)、混合长度(l)和湍流动能(TKE)的二维场。粗虚线将一个森林包括在内,其近似为具有 15 m 冠层高度和 LAI = 3 的垂直均匀植被。水平距离通过树木高度而均一化,x/h。这里及之后的图中,气流都是从左到右(Sogachev and Panferov 2006)

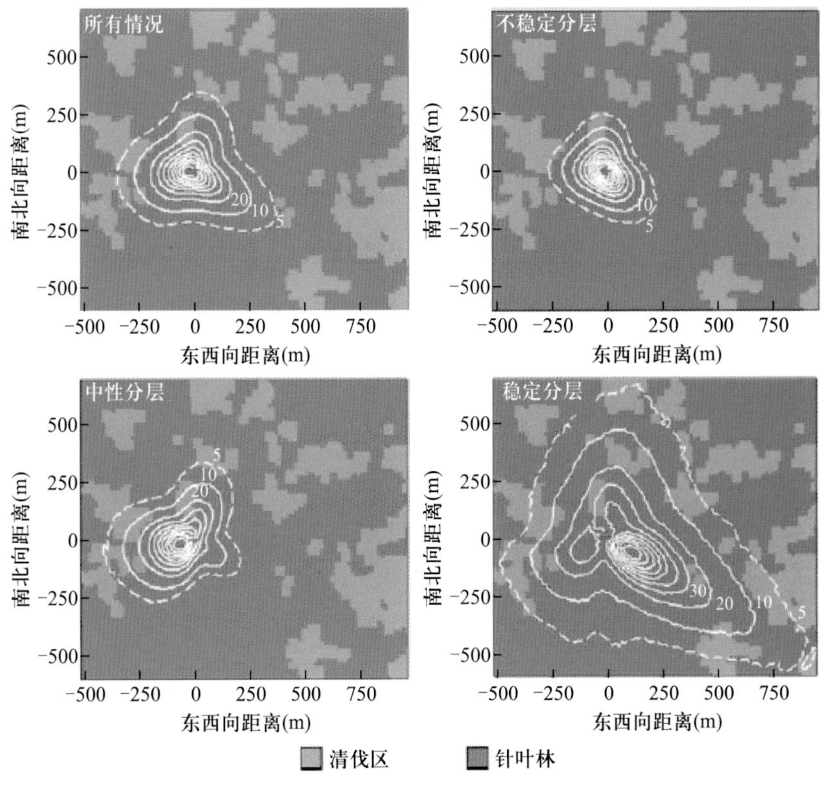

图 8.17 自上而下的足迹气候学(白线)视野,分别表示不同气象稳定度状况下的累积情况,数据源自位于德国东南部的 Weidenbrunnen 塔。这些图提供了所有情况(上左)、不稳定分层(上右)、中性分层(下左)和稳定分层(下右)状况下的足迹气候学。数值表示为函数最高值的比例,同时实线表明10%~90%的范围,而虚线是最高值的 5%。高值表征在给定观测期间,特定区域对测得通量的贡献。背景中的颜色表征陆地覆盖等级。离塔(红色十字)的距离单位为 m

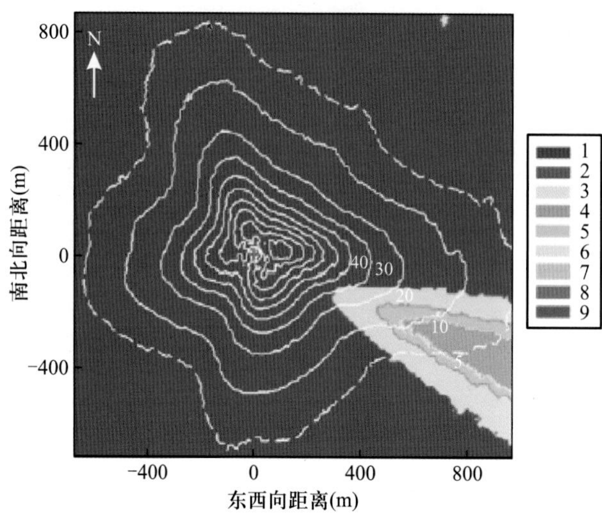

图 8.18 数据质量下降的分离风矢量的例子,引自 Göckede 等(2008)。背景颜色表明在稳定分层(z/L>0.0625,z:测量高度(m);L:奥布霍夫长度(m))状况下动量通量的中值质量等级(1 为最好),数据来自在德国中东部的 Wetzstein 站点(更多细节见图 8.17 的标题)

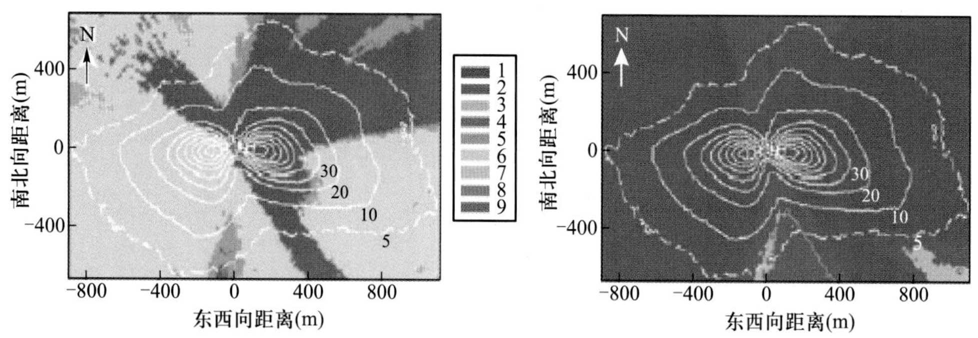

图 8.19 在稳定分层状况下,潜热通量(左图)和 CO_2 通量(右图)的空间数据质量的比较,引自 Göckede 等(2008)。背景颜色表明中值质量等级(1 为最好),数据来自丹麦的 Soroe 站点(更多细节见图 8.17 的标题)

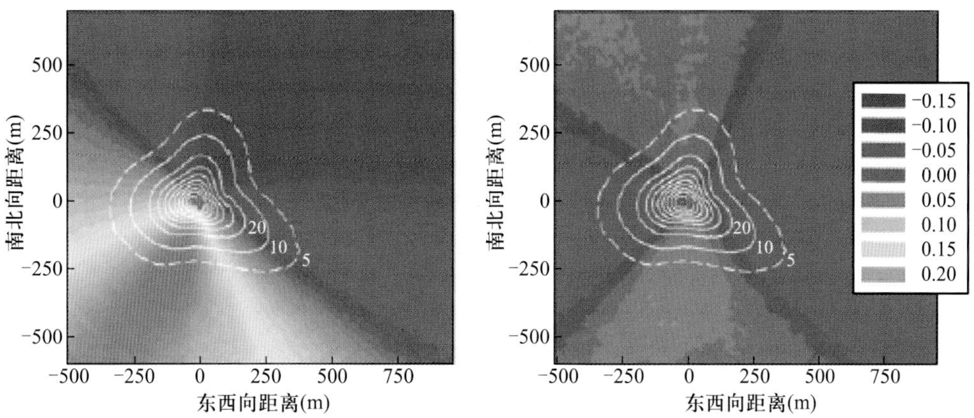

图 8.20 应用平面拟合坐标旋转前(左图)、后(右图)的平均垂直风组分的空间地图。结果来自德国东南部的 Weidenbrunnen 站点的站点分析(更多细节见图 8.17 的标题)

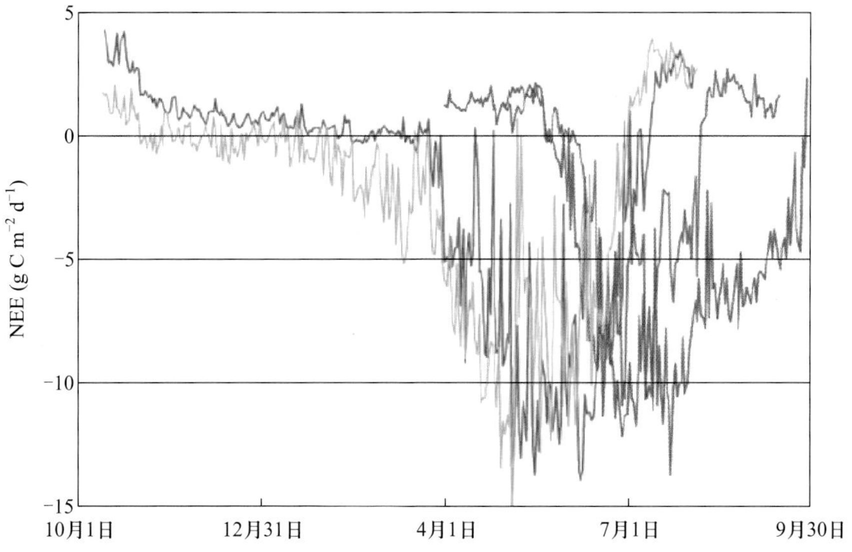

图 12.1 在比利时(Lonzée 站点),4 种农作物从播种至收获期间的 NEE 的日变化。红色和橙色线条分别表示 2005 年和 2007 年的冬小麦。蓝线表示甜菜(2004),绿线表示马铃薯(2006)

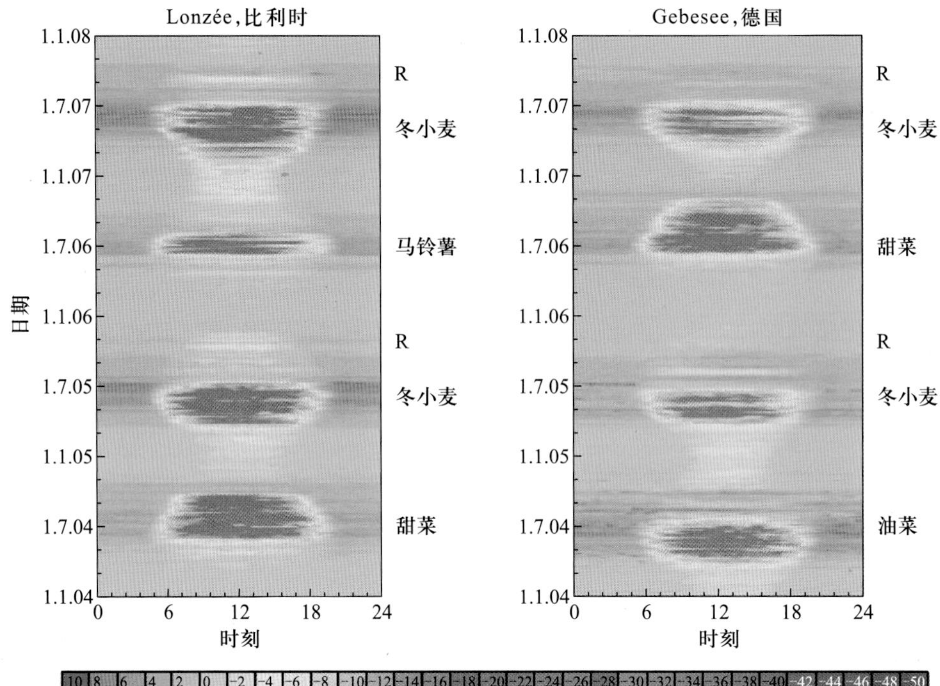

图 12.2 比利时(Lonzée 站点)和德国(Gebesee 站点)4 种农作物轮作的 NEE。R 表示植物再生长

图 12.3 农田涡度协方差站点举例:(a) 移动式轻型塔,其中只有电源输出/电池盒(在黑色 PVC 管之上的白色箱子)是固定结构(CH-Oen2);(c) 农田中间的固定塔,其中在围栏内的作物是按照类似围栏外作物的管理方式用手工管理的(FR-Lam);(b)、(d)来自西班牙水稻田的例子,表明对于受到季节性水淹的站点,需要做出特别的计划(照片分别由 Eugster(a)、Carrara(b)、(d)及 Béziat(c)提供)

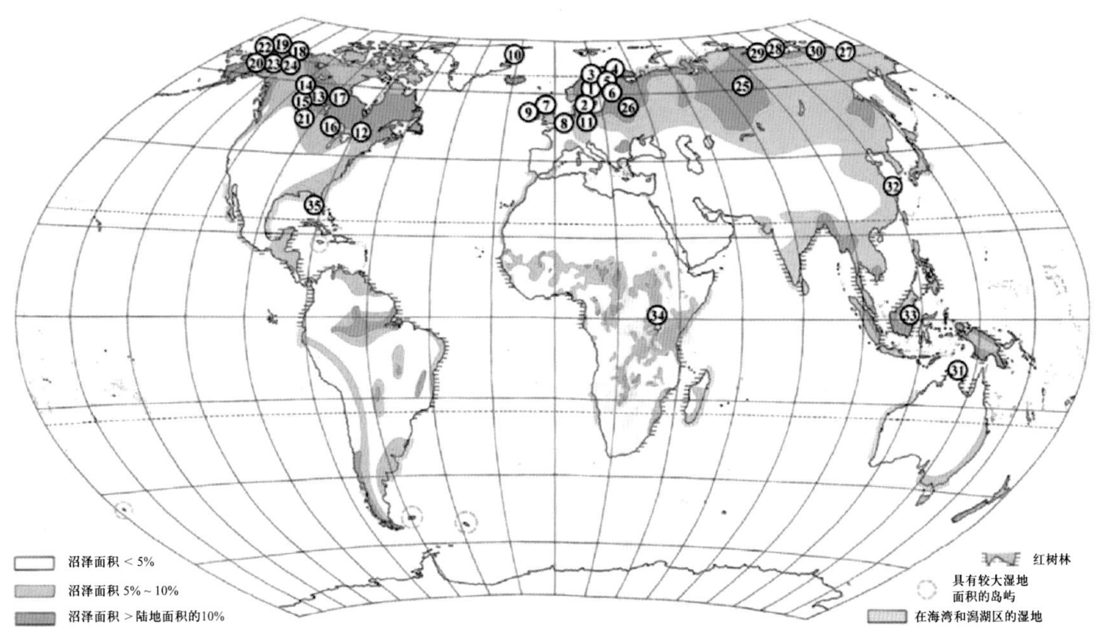

图 14.1 全球沼泽分布(Lappalainen 1996)以及目前和早期全世界多种湿地生态系统的涡度相关测量站点(圈码编号)。对应表 14.1 中的序号,介绍了每个站点的具体信息

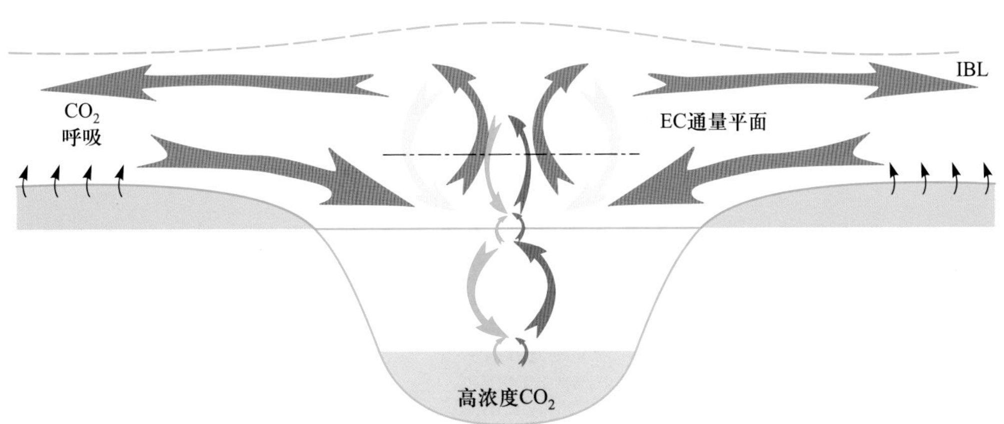

图 15.2 在夜间,影响湖面上涡度协方差(EC)通量测量的过程。因为 EC 测量不能直接在大气-水界面进行,在 EC 参照高度(黑色虚线)进行的湖泊-大气 CO_2交换(蓝色和红色箭头)的测量同时包括了与湖泊周边陆地富含 CO_2大气的交换通量(粉红和黄色箭头)。在这些陆地,CO_2源自土壤和植被的呼吸作用。这种本地湖泊-陆风类型的循环在其垂直范围上受到内部边界层(internal boundary layer,IBL)的限制(根据 Eugster 等(2003)重绘)

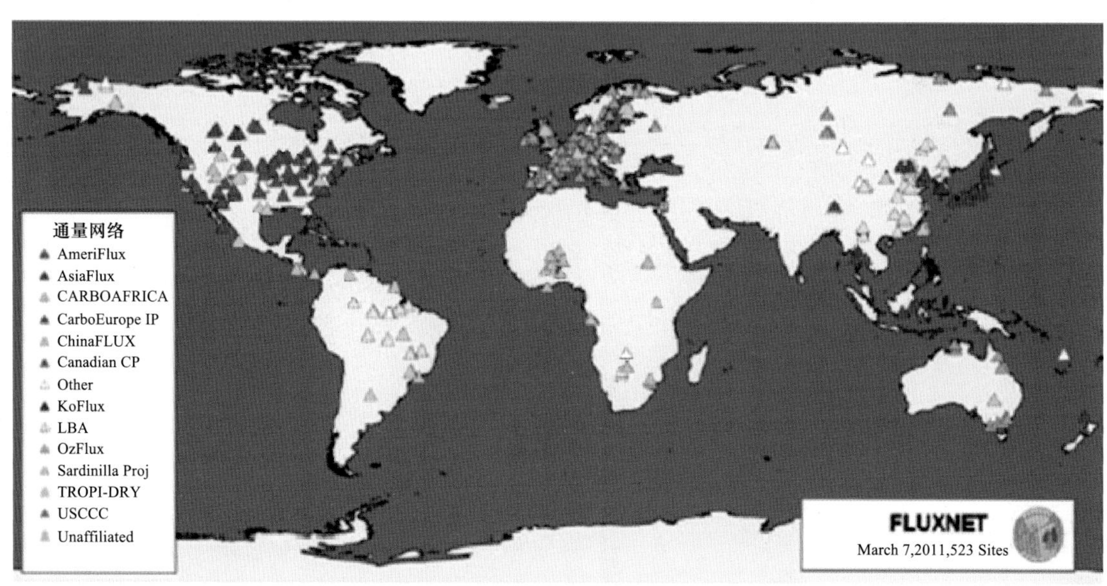

图 17.2　区域网络和 FLUXNET。持续更新版本见 FLUXNET 的 ORNL 网站(www.fluxnet.ornl.gov)